Ulrich Krüger

Stahlbau

Teil 2 Stabilitätslehre
Stahlhochbau und Industriebau

3. Auflage

Ulrich Krüger

Stahlbau

Teil 2 Stabilitätslehre
Stahlhochbau und Industriebau

3. Auflage

Professor Dr.-Ing. Ulrich Krüger
Hermann-Rombach-Straße 22
74321 Bietigheim-Bissingen

Dieses Buch enthält 192 Abbildungen und 92 Tabellen

Bibliografische Information Der Deutschen Bibliothek
Die Deutsche Bibliothek verzeichnet diese Publikation in der Deutschen Nationalbibliografie; detaillierte bibliografische Daten sind im Internet über <http://dnb.ddb.de> abrufbar.

ISBN 3-433-01640-2

Umschlaggestaltung: blotto design, Berlin
Druck: betz-druck GmbH, Darmstadt
Bindung: Großbuchbinderei J. Schäffer GmbH & Co. KG, Grünstadt
Printed in Germany

Vorwort

Meine Fragen über die Physik könnten den Titul bekommen: "Vermächtnisse". Man vermacht ja auch Kleinigkeiten.

Georg Christoph Lichtenberg, 1742 - 1799
Professor in Göttingen
Mathematiker, Physiker, Sprachlehrer, Philosoph

Vorwort zur 3. Auflage

Im Stahlbau und in den mit ihm in Beziehung stehenden Nachbargebieten besteht eine nach wie vor schwierig zu überblickende Vielfalt an Begriffen und Regelungen.

Mit spitzer Feder zeigt Klaus Stiglat, wie neue Begriffe die Vorstellungswelt manches Bauschaffenden überholt haben.

"Nun warten wir schon zwei Stunden auf das angekündigte Fließgelenk ... Was ist das eigentlich?..."

Die Flut stets feiner zugefeilter Nachweise und die immer mehr anschwellenden Statischen Berechnungen sind auch nicht geeignet, die Übersicht über solches Tun zu verbessern. Am Ende erdrückt die Masse des zu seiner Berechnung bedruckten Papiers den auf diese Weise dimensionierten Einfeldträger.

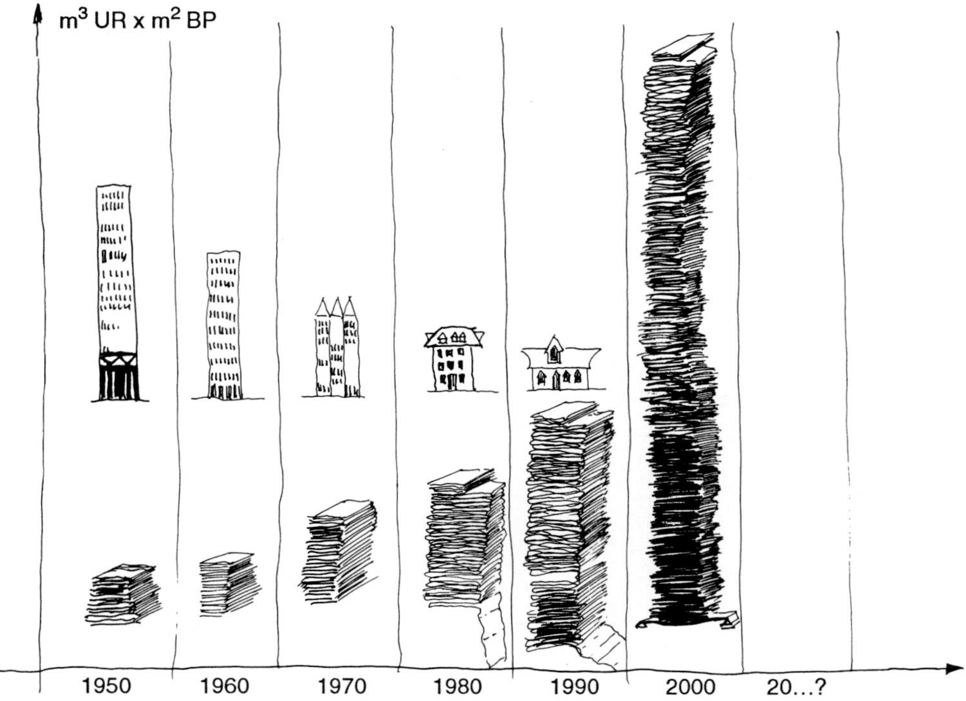

"Das Produkt aus Volumen umbauten Raums und Quadratmeter bedruckten Papiers ist konstant", hat der Sonderforschungsbereich 3.14 "Entwicklung der Chiffren" in seinem Schlußbericht nach 9-jähriger Arbeit an die DFG festgestellt.

Beide Darstellungen sind entnommen aus "Schon genormt?" von K. Stiglat, Ernst & Sohn, 1993, mit freundlicher Erlaubnis des Autors.

Für eine neue Kanalbrücke über die Elbe, gewiß kein einfaches Bauwerk, geben die Aufsteller an: ca. 350.000 Seiten EDV-Berechnung und ca. 10.000 Seiten "Handstatik". Das sind mehr als 2 Tonnen bedrucktes und beschriebenes Papier (Mehrfachfertigungen nicht berücksichtigt). Wer behält hier den Überblick?

Die 90 m weit gespannte Salginatobelbrücke in Graubünden (Schweiz) berechnete 1929 ihr Erbauer Robert Maillart (1872-1940) auf 45 gestochen sauber und übersichtlich handgeschriebenen Seiten (einschließlich Ansichten, Schnitten, System- und Belastungsskizzen, Cremonaplänen, usw.), bis in die Fundamente. Und es fehlt nichts, was wesentlich zur Beurteilung der Standsicherheit und Gebrauchstauglichkeit ist. Der Dreigelenkbogen aus Stahlbeton über schwindelerregender Tiefe gehört heute zum Weltkulturerbe der UNESCO.

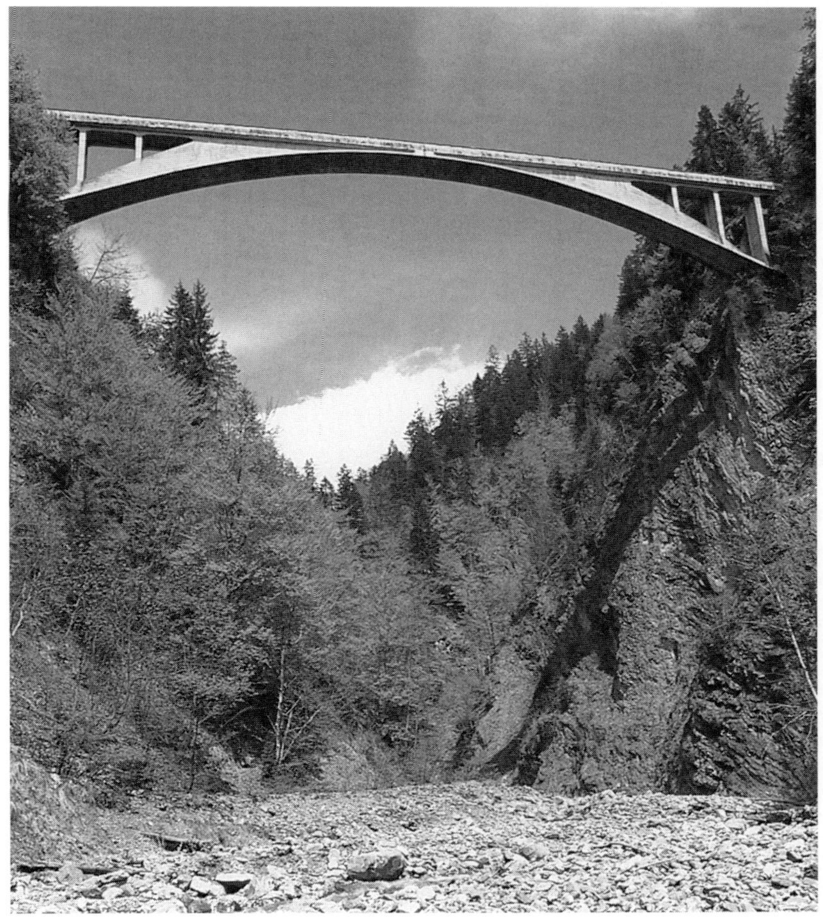

Salginatobelbrücke (Graubünden / Schweiz)
aus A. Kessler: Vom Holsteg zum Weltmonument, Verlag AG Buchdruckerei Schiers, 1996

Im "STAHLBAU", Jahrgang 2002, S. 688-698, gibt J. Scheer eine vernichtende Kritik an Stand und Übersichtlichkeit, Logik und Anwendbarkeit des Eurocode 3. Die deutsche Fassung von 1993 ist, zusammen mit einem Nationalen Anwendungsdokument, der DASt-Richtlinie 103 von 1994, auch 10 Jahre später nur probeweise zur Anwendung freigegeben. Fortschritte und Verbesserungen sind seither nicht erzielt worden. Entsprechend gering ist die Akzeptanz in der Ingenieurpraxis, in Deutschland wie in anderen europäischen Ländern.

Es wäre anachronistisch, sich gegen die immer weiter entwickelten Rechenmethoden der EDV zu stemmen oder die Fortschritte auf dem Gebiet der Regelwerke nicht anerkennen zu wollen. Es sollte aber jeder Ingenieur sein Handwerk so weit verstehen, daß ihm benutzte Software von der Methodik her er deren Ergebnisse interpretieren, kontrollieren und für einen sinnvollen Gebrauch aufarbeiten kann. Er muß, wenn er praktisch tätig sein will, die Regelungen der "neuen" DIN 18800 kennen und anwenden können. Dann wird er auch im Stande sein zu beurteilen, wieviel ihm die Entwicklungen internationaler Regelwerke bringen können.

Dies Buch soll zu den geforderten Grundverständnissen seinen Beitrag geben. Gegenüber der 2. Auflage sind insbesondere die Kapitel über Seile, Verbundbau und Glaskonstruktionen überarbeitet worden, nebst anderen Erweiterungen, Änderungen, Aktualisierungen und Verbesserungen.

Allen, die mir geholfen haben, danke ich herzlich.

Bietigheim-Bissingen, im Juli 2003 U. Krüger

Aus dem Vorwort zur 1. Auflage

Ziel und Zweck

In diesem Buch "Stahlbau Teil 2" gebe ich meine an der FH Karlsruhe gehaltenen Vorlesungen "Stahlbau 3" und "Stahlbau 4" in überarbeiteter Form wieder.

Das Wesentliche über Absicht, Ziel und Zweck dieses Buches ist schon im Vorwort zum Buch "Stahlbau Teil 1" gesagt und soll hier auszugsweise zitiert werden:

- Ausgehend von der Einschätzung, daß mehr als 90 % aller Versagensunfälle bei Stahltragwerken auf Stabilitäts- bzw. Traglastversagen druckbeanspruchter Bauteile zurückzuführen sind, wurde ausschließlich diesem Thema die Vertiefer-Vorlesung "Stahlbau 4" (Abschnitt "Stabilitätstheorie") gewidmet. Außer anschaulichen Herleitungen der wichtigsten Problemstellungen und deren Lösungen wird besonderer Wert auf die Vermittlung praktischer Hilfsmittel (Tafeln, Nomogramme) gelegt.
- In der Vorlesung "Stahlbau 3" (Abschnitt "Stahlhochbau und Industriebau") wurden besonders die praktischen Erfahrungen zu üblichen Hoch- und Industriebauten vermittelt. Dabei werden Ausbildung und Berechnung von Dächern, Wänden und Decken im Zusammenhang mit Stahlbauten behandelt, danach Sondergebiete wie Verbundkonstruktionen, Kranbahnen, Brandschutz und Wärmeschutz.
- Die derzeitige Unübersichtlichkeit bezüglich der Bemessungskonzepte bei üblichen Hochbauten, Verbundbauten, Kranbahnen, Brücken, usw. soll möglichst durchschaubar gemacht werden.
- Viele Hilfsmittel konnten sowohl vom Umfang her als auch zur Beachtung der Urheberrechte nur auszugs- und beispielweise gebracht werden, wobei die Nennung der Quellen eine gute Empfehlung zur Nutzung der Originale sein dürfte.
- Wiederholungen von wesentlichen Regelungen aus der Grundvorlesung in den Vertiefervorlesungen erwiesen sich als wichtig.

Die beiden Abschnitte dieses Buches "Stabilitätslehre" und "Stahlhochbau und Industriebau" stehen *jeweils für sich* und haben nur übergeordneten Bezug zueinander. Vom didaktischen Rahmen her sind beide Teile völlig getrennt zu sehen: im ersten Teil mit hauptsächlichem Bezug zur Theorie und deren praktischer Umsetzung, während der zweite Teil primär anwendungsorientiert ist. Das kommt auch in den getrennten Einleitungen beider Teile zum Ausdruck.

Bietigheim-Bissingen, im Juli 1998 U. Krüger

Inhaltsverzeichnis

Stabilitätslehre

Stahlhochbau und Industriebau

Stabilitätslehre

Einleitung

Überblick

Die "alte" Stabilitätsnorm DIN 4114 von 1952 führte den Titel "Stabilitätsfälle - Knickung, Kippung, Beulung" und nannte damit die wesentlichen Stabilitätsfälle für druckbeanspruchte Konstruktionen im Stahlbau. Innerhalb des Normentextes wurde noch das Biegedrillknicken aufgeführt, womit auch im heutigen Sinn alle Stabilitätsfälle beschrieben waren. Die Norm basierte, wie auch die damaligen Normen für Stahlhochbau, Stahlbrückenbau, usw., auf dem Konzept des Nachweises zulässiger Spannungen unter Gebrauchslast. Sie bot als Nachweisformat auch schon, wenn auch nur ganz nebenbei erwähnt, den elastischen Spannungsnachweis nach Theorie II. Ordnung an. Mit Einführung der DASt-Richtlinie 008 war auch ein plastischer Nachweis erlaubt.

Die neue Norm DIN 18800 von 1990 basiert auf einem grundsätzlich anderen Konzept. Aktuelle theoretische und praktische Forschung sowie die Notwendigkeit der Abstimmung mit dem Normenwerk anderer europäischer Staaten fanden Eingang. Der Grundgedanke der Nachweise ist heute: die Traglast eines Tragwerks oder Tragglieds (Beanspruchbarkeit) ist größer als die Beanspruchung durch die Bemessungslasten (oder wenigstens gleichgroß):

Beanspruchbarkeit R ≥ Beanspruchung S

Sicherheiten bezüglich der Materialwerte sind nach dem neuen Normenkonzept in die Festigkeiten (Beanspruchbarkeit), Sicherheiten gegenüber den theoretisch zu erwartenden Lasten (Gebrauchslasten) in die Beanspruchungen (Bemessungslasten) eingearbeitet.

Die Grundnorm DIN 18800 "Stahlbauten" [2] gliedert sich in:

Teil 1	Bemessung und Konstruktion (11.90)
Teil 2	Stabilitätsfälle; Knicken von Stäben und Stabwerken (11.90)
Teil 3	Plattenbeulen (11.90)
Teil 4	Schalenbeulen (11.90)
Teil 5	Verbundkonstruktionen (z.Zt. im Entwurf)
Teil 7	Ausführung und Herstellungsqualifikation (9.02)

() = Erscheinungsdatum. Teil 6 und Teil 8 wird es vermutlich nicht geben.

Die Norm gilt für *alle* Stahlbauten. Ihr angeschlossen sind die Fachnormen DIN 18801 (Stahlhochbau) und weitere.

Grundlage dieses Buches ist insbesondere DIN 18800 Teil 1 bis 3, mit Schwerpunkt auf Teil 2. Die Kenntnis von DIN 18800 Teil 1 und 2, im Umfang der Grundlagen, wie sie in "Stahlbau Teil 1" [1] aufgeführt sind, wird vorausgesetzt.

Ziel und Zweck

Im Stahlbau hat die Stabilitätslehre wegen der Gefährdung, die bei druckbeanspruchten schlanken Konstruktionen infolge Instabilität auftreten kann, zentrale Bedeutung.

Druckbeanspruchte Tragwerke oder Konstruktionsteile können auch bei theoretisch exakter gerader Form und ohne den Einfluß irgendwelcher Störungen aus Lasteinleitungen oder inneren Ungleichmäßigkeiten nur Lasten bis zu einer idealen Grenze, der Eulerschen Knicklast oder (bei Flächentragwerken) entsprechender Beullast aufnehmen. Während für zugbeanspruchte Konstruktionen die Tragkraft durch die Materialfestigkeit festgelegt wird, kann bei druckbeanspruchten Konstruktionen die ideale Knicklast auch durch höhere Festigkeiten nicht über einen Grenzwert ansteigen, der im wesentlichen durch die Schlankheit der Druckglieder und den E-Modul charakterisiert wird.

Perfekte Konstruktionen, die von der idealen (meist geraden) Linie nicht abweichen, und bei denen die Lasteintragung derselben Linie folgt, und die frei von inneren Störungen aus der Herstellung sind, gibt es in der Realität nicht. Während zugbeanspruchte Konstruktionen bei steigender Belastung in die Richtung ihrer Idealform hingezogen werden, wirkt sich ansteigende Belastung bei druckbeanspruchten Konstruktionen so aus, daß die Abweichung von der Ideallinie sich gleichfalls steigert, und das noch überproportional zur Laststeigerung. Hier sind neben der Schlankheit die Streckgrenze des Materials und besonders die "Imperfektionen" die charakterisierenden Werte für die erreichbare Last, die Traglast.

Moderne EDV ist heute in jedem guten Büro vorhanden. Die Computer-Berechnung von Stabilitäts- und Tragsicherheitsnachweisen ist dann meist kein Problem, verlangt jedoch vom Anwender genügend Überblick.

Der Teil "Stabilitätslehre" dieses Buches will das Verständnis für diese Verfahren schärfen. Das soll dem Ingenieur ermöglichen, Manipulationen seines Rechners kritisch zu verfolgen und diese auch kontrollieren zu können. Druckbeanspruchte Standard-Systeme sollte er auch noch "von Hand" nach Theorie II. Ordnung oder mit Hilfe von Ersatzstabverfahren berechnen können.

DIN 18800 Teil 2 bietet zahlreiche Nachweis-Möglichkeiten, die an Hand von Beispielen aufgezeigt und analysiert werden.

Literatur

Am Ende des Buchteils "Stabilitätstheorie" finden sich zugehörige Literatur-Angaben. [3] bis [7] sind universelle Nachschlagewerke bzw. das Thema übergreifende Lehrbücher, die eigentlich jeder im Stahlbau tätige Bauingenieur wenigstens einmal durchgeschaut haben sollte. [8] zeichnet sich durch zahlreiche Rechenbeispiele zum Thema aus. Auf die übrigen Titel ist im Buchtext Bezug genommen.

Grundlagen

Dieses Buch ist ähnlich wie das Buch "Stahlbau Teil 1" [1] aufgebaut. Es nimmt Bezug auf DIN 18800 Teil 1 bis 3. Abkürzend bedeuten z.B.:

[1/301]	DIN 18800 Teil 1, Element (301),
(2/28)	DIN 18800 Teil 2, Formel (28),
{1/13}	DIN 18800 Teil 1, Tabelle 13.

Zusätzlich sind wichtige Formeln, die keine Elemente der Norm sind, eigens numeriert, z.B. (5.3) = 3. Formel in Kapitel 5.

Beispiele sind in die einzelnen Kapitel eingemischt. Sie sollen an Hand möglichst konkreter und praxisnaher Aufgabenstellung die Anwendung des Textes aufzeigen.

Wichtig: In (fast) allen Rechenbeispielen zur Stabilitätslehre sind Lastangaben als die γ_M-fachen Bemessungswerte der Einwirkungen im Sinne der Norm DIN 18800 (11.90) zu verstehen! Abweichungen sind ausdrücklich vermerkt.

Beim Nachweis mit γ_M-fachen Bemessungslasten sind für Festigkeiten und Steifigkeiten die *charakteristischen* Werte der Widerstandsgrößen anzusetzen!

Das heißt z.B.:

- Die elastische Grenzspannung ist $\sigma_{R,k} = f_{y,k}$
- Plastische Querschnittsgrößen sind etwa $M_{pl,k} = \alpha_{pl} \cdot W_{el} \cdot f_{y,k}$
- Bei der Berechnung der Biegesteifigkeit EI wird der E-Modul mit dem bekannten Wert E = 21000 kN/cm^2 und das Trägheitsmoment I mit dem Tabellenwert eingesetzt.

Würde man dagegen auf der Einwirkungsseite mit den 1-fachen Bemessungswerten arbeiten, so müßte auf der Widerstandsseite z.B. mit $EI_d = EI/\gamma_M = EI/1{,}1$ gerechnet werden. Dies wird auch in der Praxis und bei Anwendung von EDV-Programmen sehr oft übersehen!

Bei korrekten Ansätzen auf der Einwirkungs- wie auf der Widerstandsseite führen beide Berechnungsmöglichkeiten, ob

- mit Einwirkung aus γ_M-fachen Bemessungslasten und charakteristischen Werten der Widerstandsgrößen oder
- mit Einwirkung aus Bemessungslasten und $1/\gamma_M$-fachen charakteristischen Werten der Widerstandsgrößen

bezüglich der Tragsicherheit zum selben Ergebnis, auch bei Theorie II. Ordnung!

Außerdem sei vereinbart, daß in den Beispielen, sofern nicht ausdrücklich etwas anderes angegeben ist, für die nachzuweisenden Tragteile als Werkstoff S 235 (St 37) anzunehmen ist.

Aus didaktischen Gründen sind diese Vorgaben bisweilen trotzdem wiederholt.

1 Stabilität und Traglast am Druckstab

1.1 Stabilität und Traglast

1.1.1 Stabilität gerader druckbeanspruchter Stäbe

Wird ein ideal gerader Stab mit doppeltsymmetrischem Querschnitt durch eine Druckkraft N genau mittig belastet, so wird bei Erreichen einer Last N_{Ki} die Stabachse plötzlich in Richtung des geringsten Widerstands ausweichen. N_{Ki} ist die Eulersche Knicklast, die für einen stählernen Stab mit unbegrenzt angenommenem Hookeschem Spannungs-Dehnungs-Verhalten nur vom Querschnitt und den Lagerungsbedingungen (Randbedingungen) abhängig ist.

Die Stabachse weicht bei Erreichen der Knicklast schlagartig erheblich weit von der Geraden ab; der Vorgang ist (zumindest innerhalb vernünftiger Grenzen) nicht mehr aufzuhalten; das System wird wegen der großen Ausbiegungen unbrauchbar.

Dieser nur theoretisch exakt denkbare Vorgang führt auf eine rechnerische Grenzlast, die Knicklast. Der mathematisch-physikalische Vorgang wird Stabilitätsproblem (auch Verzweigungsproblem) genannt.

1.1.2 Imperfektionen und Traglast

In der Natur (d.h. in Wirklichkeit) gibt es keine exakt gerade Stabachse, und auch ein genau mittiger Lastangriff ist nicht realisierbar. Bei der Herstellung und Montage der Stäbe wie auch bei der Lasteinleitung entstehen Abweichungen von der Sollform, die als *Imperfektionen* bezeichnet werden, und deren Auswirkung mit brauchbaren, erfahrungsbezogenen Rechenannahmen berücksichtigt werden muß.

Bei allen schlanken, druckbeanspruchten Stäben führen Imperfektionen zur Reduzierung der Beanspruchbarkeit. Die Berechnung der aufnehmbaren Last, der Traglast, ist nur möglich, wenn die aus der ausmittig verlaufenden Druckkraft resultierenden Momente (nämlich jeweils Druckkraft mal Abweichung von der gerade gedachten Stabachse) berücksichtigt werden, und zwar in dem sich letztlich einstellenden Gleichgewichtszustand, d.h. nach Theorie II. Ordnung.

Wichtig: Theorie II. Ordnung ist die Berechnung unter Berücksichtigung des Gleichgewichts *am verformten* System. Nach wie vor gilt aber die Voraussetzung *kleiner* Verformungen. Das heißt für die Krümmung $\rho_y = 1/r_y \approx v''$ und für die Geometrie der Stabachse: Bogen = Sehne.

Sowohl Stabilitäts- als auch Spannungsprobleme für normalkraftbeanspruchte Stäbe sind nur mit Hilfe der Theorie II. Ordnung lösbar. Berechnungen nach einem Ersatzstabverfahren sind vereinfachende Rechenbehelfe, welche die Auswirkungen einer Berechnung nach Th. II.O. formelmäßig (und i.a. auf der sicheren Seite liegend) simulieren sollen.

1.2 Einführung in die Theorie II. Ordnung

1.2.1 Theorie I. Ordnung am eingespannten Stab

Am eingespannten Stab (Bild 1.1) werden für 2 Lastfälle die Schnittgrößen und die Ausbiegung der Stabachse w(x) nach Theorie I. Ordnung berechnet.

Der Stab der Länge l habe gleichbleibenden Querschnitt. Somit gilt: EI = const.

Lastfall 1: Druckstab

$$V_z = 0 \qquad N = P \qquad M_y = 0 \qquad w = 0$$

Lastfall 2: Biegestab

$$V_z = -H \qquad N = 0 \qquad M_y = -H \cdot x$$

$$w'' = -\frac{M_y}{EI} = \frac{H \cdot x}{EI}$$

$$w' = \frac{H \cdot x^2}{2 \cdot EI} + C_1$$

$$w = \frac{H \cdot x^3}{6 \cdot EI} + C_1 \cdot x + C_0$$

Randbedingungen: $w'(l) = 0 \qquad C_1 = \frac{-H \cdot l^2}{2 \cdot EI}$

$w(l) = 0 \qquad C_0 = \frac{H \cdot l^3}{3 \cdot EI}$

Einführung der dimensionslosen Koordinate $\xi = x/l$

$$w(\xi) = \frac{H \cdot l^3}{3 \cdot EI} \cdot \left(\frac{1}{2}\xi^3 - \frac{3}{2}\xi + 1\right)$$

Für $\xi = 0$ ergibt sich: $\quad max\ w = w(0) = \frac{H \cdot l^3}{3 \cdot EI}$

Lastfall 3: Druck und Biegung

Bei "linearer" Theorie = Theorie I. Ordnung können die Schnittgrößen und die Verformungen aus beiden Lastfällen ohne weiteres überlagert werden. Es gilt das Superpositionsgesetz.

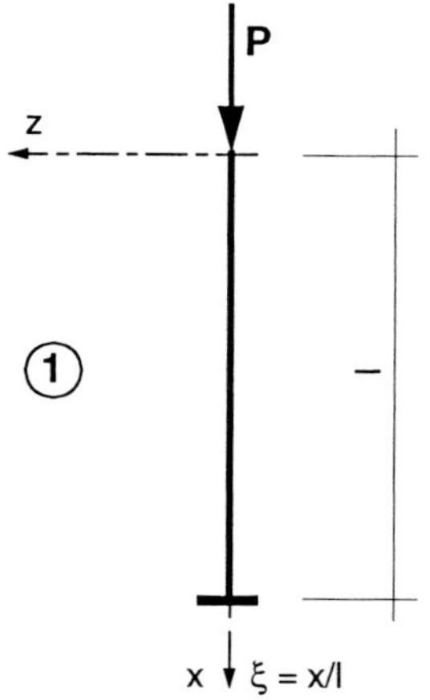

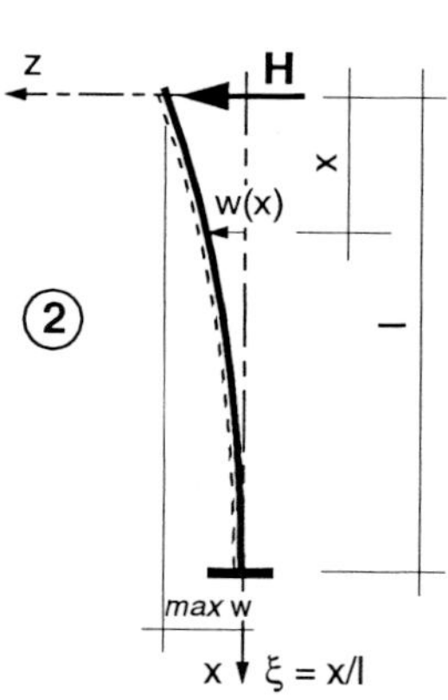

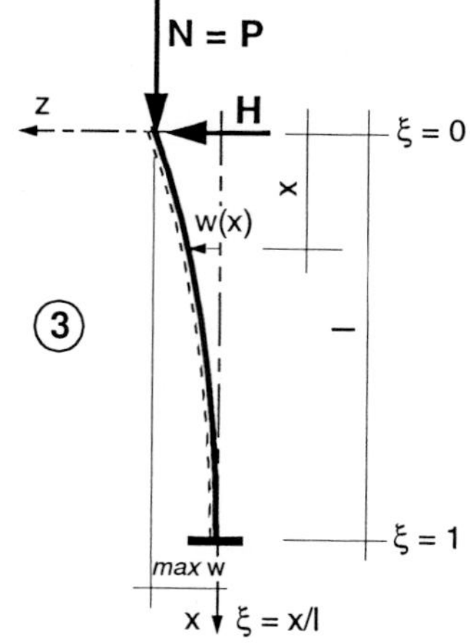

Bild 1.1 **Einspannstab**

Beispiel 1.1: Eingespannte Stütze (Bild 1.2), Stablänge l = 10,0 m.

Querschnitt: HEA-260

$A = 86{,}8\ cm^2$ $\quad N_{pl,k} = 2083\ kN$

$W_y = 836\ cm^3$ $\quad M_{pl,y,k} = 221\ kNm$

$I_y = 10450\ cm^4$ $\quad V_{pl,z,k} = 246\ kN$

$EI_y = 21945\ kNm^2$

Werkstoff: S 235

Belastung: N = 200 kN H = 14,3 kN

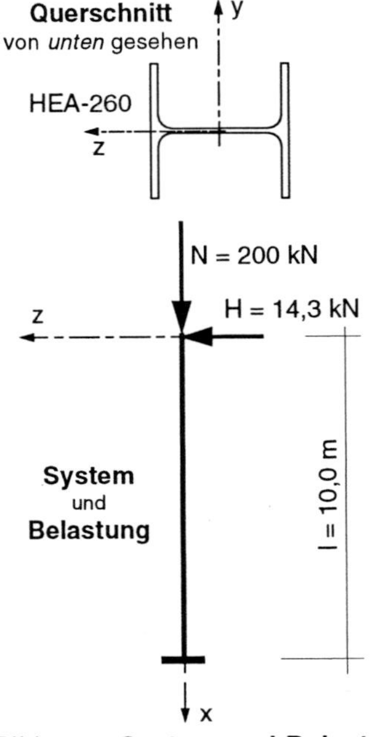

Bild 1.2 **System und Belastung**

Nach Theorie I. Ordnung wird:

$$max\ w = \frac{H \cdot l^3}{3 \cdot EI} = \frac{14,3 \cdot 10^3}{3 \cdot 21945} = 0,2172\ m$$

$$max\ M = H \cdot h = 14,7 \cdot 10 = 147\ kNm$$

Nachweis E-E:

$$max\ \sigma_D = \frac{N}{A} + \frac{M}{W} = \frac{200}{86,8} + \frac{14300}{836}\ kN/cm^2$$

$$max\ \sigma_D = 2,30 + 17,11 = 19,41\ kN/cm^2 < f_{y,k} = 24\ kN/cm^2$$

Die hier gezeigte Rechnung ist unrealistisch und als statischer Nachweis *falsch*. Sie berücksichtigt nicht die Stabilitätsgefährdung des Druckstabes bzw. die Auswirkungen der Theorie II. Ordnung.

1.2.2 Abgrenzungskriterien für Anwendung Theorie II. Ordnung

Biegeknicken. [1/739] Für Stäbe und Stabwerke ist der Nachweis der Biegeknicksicherheit nach DIN 18800 Teil 2 zu führen.

Der Einfluß der sich nach Theorie II. Ordnung ergebenden Verformungen auf das Gleichgewicht *darf* vernachlässigt werden, wenn der Zuwachs der maßgebenden Biegemomente infolge der nach Theorie I. Ordnung ermittelten Verformungen nicht größer als 10 % ist.

Diese Bedingung darf als erfüllt angesehen werden, wenn *eine* der Bedingungen für das betrachtete System eingehalten ist:

a) $N/N_{Ki,d} \leq 0,1$ $\quad N_{Ki,d}$ = Systemknicklast

b) $\bar{\lambda}_K \leq 0,3 \cdot \sqrt{f_{y,d} \cdot A/N}$ $\quad \bar{\lambda}_K$ = bezogener Schlankheitsgrad des Systems

c) $\beta \cdot \varepsilon \leq 1$ $\quad \beta$ = Knicklängenbeiwert, ε = Stabkennzahl

Rechnet man mit den γ_M-fachen Einwirkungen, so ist der Index d durch den Index k zu substituieren.

Jede der 3 Beziehungen a), b) oder c) setzt die Kenntnis der *Knicklänge* des betrachteten Systems voraus!

Anmerkung: Es läßt sich zeigen, daß alle drei Bedingungen praktisch identisch sind:

Aus $N_{Ki,d} = \frac{\pi^2 \cdot EI_d}{s_K^2} \approx 10 \cdot \frac{EI_d}{(\beta \cdot l)^2}$ wird $\beta = \frac{\sqrt{10}}{l} \cdot \sqrt{\frac{EI_d}{N_{Ki,d}}}$

und mit $\varepsilon = l \cdot \sqrt{\frac{N}{EI_d}}$ wird $\beta \cdot \varepsilon = \sqrt{10} \cdot \sqrt{\frac{N}{N_{Ki,d}}}$

Daraus folgt mit Beziehung a) $N/N_{Ki,d} \leq 0,1$ die Beziehung c) $\beta \cdot \varepsilon \leq 1$

Aus $\bar{\lambda}_K = \sqrt{\frac{N_{pl}}{N_{Ki}}} = \sqrt{\frac{N_{pl,d}}{N_{Ki,d}}} = \sqrt{\frac{N}{N_{Ki,d}}} \cdot \sqrt{\frac{N_{pl,d}}{N}} = \sqrt{\frac{N}{N_{Ki,d}}} \cdot \sqrt{\frac{A \cdot f_{y,d}}{N}}$

und mit Beziehung a) $N/N_{Ki,d} \leq 0,1$ oder $\sqrt{N/N_{Ki,d}} = \sqrt{0,1} = 0,316 \approx 0,3$

folgt Beziehung b) $\bar{\lambda}_K \leq 0,3 \cdot \sqrt{f_{y,d} \cdot A/N}$

Beispiel 1.1 (Fortsetzung). Abgrenzungskriterium:

Mit $N_{Ki,k} = \frac{\pi^2 \cdot EI}{s_K^2} = \frac{\pi^2 \cdot 21945}{(2 \cdot 10)^2} = 541,5\ \text{kN}$ wird $\frac{N}{N_{Ki}} = \frac{200}{541,5} = 0,37 > 0,1$

Der Einfluß Theorie II. Ordnung ist also zu berücksichtigen. Anstatt nach Th.II.O. *darf* mit den in der Norm angegebenen Ersatzstabverfahren gerechnet werden.

1.2.3 Nachweis nach dem Ersatzstabverfahren

Unter der Annahme, daß der Stab in Richtung der schwachen Achse (z-Achse) so gehalten ist, daß ein Versagen durch Ausweichen in Richtung dieser Achse ausgeschlossen ist, braucht Biegedrillknicken nicht nachgewiesen zu werden.

Beispiel 1.1 (Fortsetzung).

Der Nachweis nach dem Ersatzstabverfahren DIN 18800 Teil 2 für Druckkraft und einachsige Biegung lautet gemäß [2/314]:

$$\frac{N}{\kappa \cdot N_{pl}} + \frac{\beta_m \cdot M}{M_{pl}} + \Delta n \leq 1 \qquad (2/24)$$

In (2/24) darf Δn = 0,1 gesetzt werden. Die genaue Ermittlung von Δn ist etwas aufwendig, bringt aber bei sehr kleinen wie auch bei sehr großen Druckkräften noch einige Nachweisreserven.

$$\bar{\lambda}_y = \frac{\lambda_y}{\lambda_a} = \frac{s_k/i_y}{\pi \cdot \sqrt{E/f_{y,k}}} = \frac{(2 \cdot 1000)/11,0}{92,93} = 1,957 \qquad \text{damit} \qquad \kappa_b = 0{,}218$$

$$\Delta n = \frac{N}{\kappa \cdot N_{pl,d}} \cdot \left(1 - \frac{N}{\kappa \cdot N_{pl,d}}\right) \cdot \kappa^2 \cdot \bar{\lambda}_K^2 = 0,44 \cdot 0,56 \cdot 0,218^2 \cdot 1,957^2 = 0,045$$

Weil der Stab am oberen Ende verschieblich ist, muß trotz veränderlichen M-Verlaufs mit $\beta_m = 1$ gerechnet werden. Der Nachweis lautet nun:

$$\frac{N}{\kappa \cdot N_{pl}} + \frac{\beta_m \cdot M}{M_{pl}} + \Delta n = \frac{200}{0,218 \cdot 2083} + \frac{1,0 \cdot 143}{221} + 0,045 \qquad \text{oder}$$

$$\frac{N}{\kappa \cdot N_{pl}} + \frac{\beta_m \cdot M}{M_{pl}} + \Delta n = 0,440 + 0,647 + 0,045 = 1,132 > 1$$

Der Nachweis ist *nicht* erfüllt!

Hinweis: Im Fall $N/N_{pl} \geq 0{,}2$ darf bei doppeltsymmetrischen Querschnitten, die mindestens einen Stegflächenanteil von 18 % haben, in (2/24) M_{pl} durch $1,1 \cdot M_{pl}$ ersetzt werden. Bei genormten Walzprofilen gilt die Voraussetzung Stegflächenanteil ≥ 18 % ohne weiteren Nachweis als erfüllt.

$$\frac{N}{N_{pl}} = \frac{200}{2083} = 0,096 < 0,2$$ Die Voraussetzung $N/N_{pl} \geq 0{,}2$ ist hier *nicht* erfüllt.

Kritik des Verfahrens: Der Ersatzstabnachweis ist zwar durch die geschlossene Rechenanweisung einfach zu handhaben. Unbefriedigend ist dabei, daß die Nachweisformel (2/24) kaum zu durchschauen ist.

1.2.4 Berechnung nach Theorie II. Ordnung

Berechnungen nach Theorie II. Ordnung berücksichtigen realitätsnah geometrische und strukturelle Imperfektionen der Stäbe und Stabwerke. Wegen der allgemeinen Ansätze dieser Imperfektionen wird auf Kapitel 4 verwiesen. Hier soll die Auswirkung der nach DIN 18800 Teil 2 anzusetzenden Imperfektionen für System und Belastung wie in Beispiel 1.1 vorweggenommen werden, um auch die unterschiedlichen Nachweise im Ergebnis vergleichen zu können.

Die Imperfektionen werden meist durch gleichwertige Imperfektionslasten ersetzt. Für den normalkraftbelasteten Stab mit der Druckkraft N und Länge l ist:

$$H^{Imp} = \frac{N}{200} \cdot \sqrt{\frac{5}{h^{[m]}}} = \frac{200}{200} \cdot \sqrt{\frac{5}{10}} = 0,707 \approx 0,7 \text{ kN} \qquad \text{(für Nachweis E-P).}$$

Die Imperfektionslast ist zur äußerlich einwirkenden H-Last hinzuzufügen:

$$H^* = H + H^{Imp} = 14,3 + 0,7 = 15,0 \text{ kN}$$

Im folgenden Beispiel sind die Lasten demzufolge N = 200 kN und H = 15 kN.

Beispiel 1.2: Eingespannte Stütze.

1. Schritt:

Nach Theorie I. Ordnung ist:

$$w_0(0) = \frac{H \cdot l^3}{3 \cdot EI} = \frac{15 \cdot 10^3}{3 \cdot 21945}$$

$$w_0(0) = 0,2278 \text{ m}$$

Die Verformung $w_0(0)$ hätte auch nach dem Arbeitssatz ausgerechnet werden können.

2. Schritt:

Aus der Verformung w_0 entsteht ein Zusatzmoment ΔM_0.

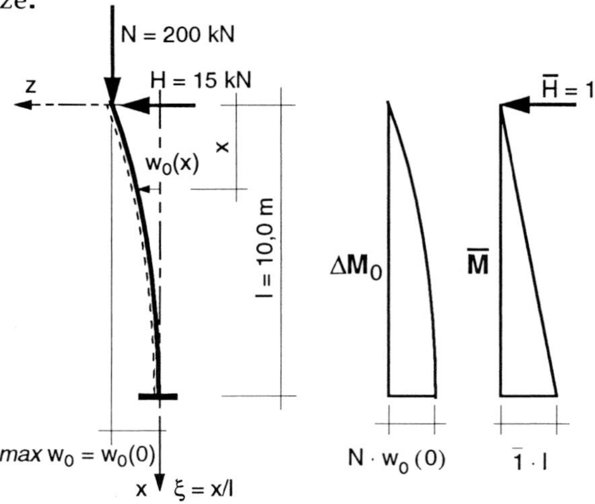

Bild 1.3 **Verformung, Zusatzmoment, virt. Moment**

Die Verformung Δw_0 aus diesem Zusatzmoment wird mit Hilfe des Arbeitssatzes berechnet:

$$\Delta w_0(0) = \int \Delta M_0 \cdot \overline{M} \cdot dx/EI = 0,4 \cdot 200 \cdot 0,2278 \cdot 10 \cdot 10/21945 = 0,0830 \text{ m}$$

Der Kopplungsfaktor 0,4 für die Parabel 3. Ordnung mit dem Dreieck ist exakt!

3. Schritt:

Aus der Zusatzverformung Δw_0 entsteht ein Zusatzmoment ΔM_1 mit der Fußordinate $N \cdot \Delta w_0(0)$. Die Verformung hieraus wird:

$$\Delta w_1(0) = \int \Delta M_1 \cdot \overline{M} \cdot dx/EI = 0,4 \cdot 200 \cdot 0,0830 \cdot 10 \cdot 10/21945 = 0,0303 \text{ m}$$

Der Kopplungsfaktor 0,4 ist jetzt nicht mehr exakt, denn der M-Verlauf von ΔM_1 ist eine Parabel 5. Ordnung. Der Fehler ist jedoch relativ gering.

Behält man den Kopplungsfaktor 0,4 bei, so ist leicht zu sehen, daß sich für die weiteren Schritte immer derselbe Faktor $f = 0,4 \cdot 200 \cdot 100/21945 = 0,3645$ als Multiplikator für die zuvor errechnete Verformungszunahme einstellt. Damit:

4. Schritt: $\Delta w_2(0) = 0,3645 \cdot 0,0303 = 0,0110 \text{ m}$

5. Schritt: $\Delta w_3(0) = 0,3645 \cdot 0,0110 = 0,0040 \text{ m}$

6. Schritt: $\Delta w_4(0) = 0,3645 \cdot 0,0040 = 0,0015 \text{ m}$

7. Schritt: $\Delta w_5(0) = 0,3645 \cdot 0,0015 = 0,0005 \text{ m}$

Nach dem 7. Schritt wird abgebrochen. Insgesamt ergibt sich dann:

$$w(0) = w_0(0) + \sum_{i=0}^{5} \Delta w_i(0) = 0,3581 \approx 0,358 \text{ m}$$

Das Fußmoment bei Berechnung nach Th. II.O wird:

$$M^{II} = M_0 + N \cdot w(0) = 150 + 200 \cdot 0,358 = 150 + 71,6 = 221,6 \text{ kNm}$$

Nachweis E-P: $\dfrac{N}{N_{pl}} = \dfrac{200}{2083} = 0,096 < 0,1$

Also braucht keine Interaktion N-M beachtet zu werden!

$$\frac{M}{M_{pl}} = \frac{221,6}{221} \approx 1$$

Der Nachweis ist praktisch exakt erbracht.

Kritisch ist anzumerken, daß die berechnete Verformung w(0) wegen der ab dem 3. Schritt nicht ganz genauen Kopplungsfaktoren und wegen der im (teil-)plastizierten Bereich des Stabes elastisch gerechneten Verformung nicht genau stimmt.

Vor allem die vergrößerte Stabkrümmung teilplastizierter Bereiche wirkt sich nach der unsicheren Seite hin aus! Ihre mathematische Erfassung (genannt "Fließzonentheorie") ist jedoch schwierig und i.a. verzichtbar.

Wie in diesem Buch später noch gezeigt wird, ist der hier beschrittene Weg der Summierung der Ausbiegung in vielen Teilschritten keine baupraktisch sinnvolle Lösung. Sie dient jedoch gut der Anschauung und liefert (trotz der vorhergegangenen kritischen Vermerke) brauchbare Ergebnisse.

Die Rechenbeispiele legen die Aussage nahe, daß der Nachweis E-P nach Th. II.O. gegenüber dem Ersatzstabverfahren im Vorteil sein müßte. Dies trifft zwar meist, aber nicht immer zu. In jedem Fall ist der Nachweis nach Th. II.O. jedoch realitätsnäher als ein Nachweis nach dem Ersatzstabverfahren.

Anmerkungen zu den Rechenbeispielen

Nachweise, bei denen ohne weiteres zu sehen ist, daß sie erfüllt sind, werden - wie in der Praxis üblich - nicht erwähnt. Das trifft z.B. oft auf den Nachweis der Querkräfte zu, für die der Grenzwert $V/V_{pl} \leq 0{,}33$ meist weit unterschritten ist, so daß ein Interaktionsnachweis mit den Schnittgrößten M bzw. N entfallen kann.

Bei den Nachweisen geht es hier *nur* um den Tragsicherheitsnachweis. Es sind öfter Beispiele gewählt, bei denen große Verformungen auftreten. Bei wirklicher Ausführung ist dann natürlich noch die Frage der *Gebrauchstauglichkeit* zu untersuchen! Es sei dabei daran erinnert, daß dieser Nachweis mit *Gebrauchslasten* zu führen ist.

2 Elastische Berechnung von Druckstäben

2.1 Grundgleichungen Theorie II. Ordnung

Grundgleichungen für den geraden Stab mit gleichbleibendem Querschnitt. Es gilt:

$$EI = \text{const}$$

Belastung durch eine mittig angreifende Normalkraft N an den beiden Stabenden sowie durch Querbelastung q(x) bzw. q(ξ). Es gilt:

$$N = \text{const}$$

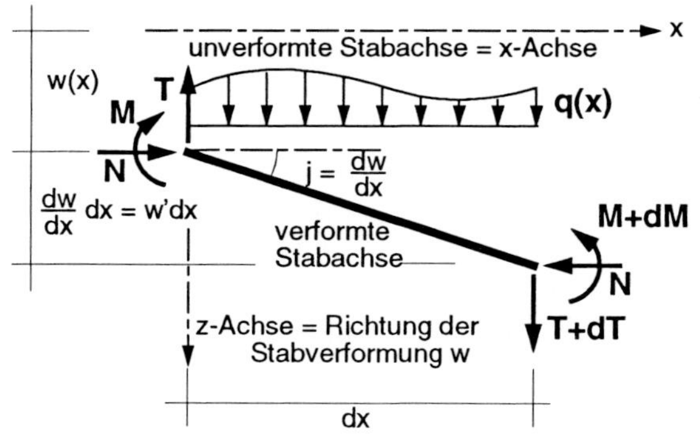

Bild 2.1 **Gleichgewicht am verformten Element**

Als Schnittgrößen am Element werden die Normalkraft N, das Biegemoment M und die Transversalkraft T eingeführt. T steht senkrecht zur unverformten Stabachse (x-Achse) und ist nicht gleichbedeutend mit der Querkraft V, die immer senkrecht zur (verformten) Stabachse steht.

Gleichgewichtsbedingungen:

$$\sum X = 0 \quad \rightarrow \quad \text{erfüllt wegen } N = \text{const}$$

$$\sum Z = 0 \quad \rightarrow \quad q(x)\,dx + dT = 0 \quad \rightarrow \quad \frac{dT}{dx} = -q(x) \quad \rightarrow$$

$$T = -\int q(x)\,dx + C \qquad (2.1)$$

$$\sum M = 0 \quad \rightarrow \quad -dM + T dx + N w' dx = 0 \quad \rightarrow$$

$$\frac{dM}{dx} = T + Nw' = -\int q(x)\,dx + Nw' + C \qquad (2.2)$$

(2.2) differenziert: $\dfrac{d^2M}{dx^2} = -q(x) + Nw''$ und mit $w'' = -\dfrac{M}{EI}$ wird:

$$EI \cdot w'''' + N \cdot w'' = q(x) \qquad (2.3)$$

Mit N = 0 wird daraus die bekannte DGL des querbelasteten Balkens. Bei dieser spielt Th. II.O. keine Rolle.

Anstatt der Variablen x wird die dimensionslose Variable $\xi = x/l$ eingeführt:

$$\xi = \frac{x}{l} \quad \rightarrow \quad \frac{dw}{dx} = \frac{1}{l} \cdot \frac{dw}{d\xi} = \frac{w^{\circ}}{l} \quad \rightarrow \quad \frac{d^2w}{dx^2} = \frac{1}{l^2} \cdot \frac{d^2w}{d\xi^2} = \frac{w^{\circ\circ}}{l^2} \quad \text{usw.}$$

Als Lastglied wird definiert: $$Q(\xi) = \frac{q(\xi) \cdot l^4}{EI} \tag{2.4}$$

Q(ξ) hat die Dimension [m]. Damit wird aus (2.3):

$$w^{oooo} + \frac{N \cdot l^2}{EI} \cdot w^{oo} = Q(\xi) \tag{2.5}$$

Als Stabkennzahl ε wird definiert: $$\varepsilon = l \cdot \sqrt{\frac{N}{EI}} \tag{2.6}$$

Mit (2.6) wird aus (2.5) die charakteristische Gleichung des Druckstabes:

$$w^{oooo} + \varepsilon^2 \cdot w^{oo} = Q(\xi) \tag{2.7}$$

2.2 Der gerade Stab ohne Querlast

2.2.1 Lösung der homogenen Differentialgleichung

Gleichung (2.7) läßt sich nicht allgemein lösen, weil die Lastfunktion Q(ξ) beliebig wählbar ist. Die Lösung der DGL läßt sich aufspalten in die Lösung der homogenen DGL (rechte Seite = "Null") und eine Partikularlösung für irgendeine spezielle Funktion Q(ξ).

Homogene DGL:

$$w^{oooo} + \varepsilon^2 \cdot w^{oo} = 0 \tag{2.8}$$

Lösung der homogenen DGL:

$$w = A \cdot \sin\varepsilon\xi + B \cdot \cos\varepsilon\xi + C_1 \cdot \xi + C_0 \tag{2.9}$$

$$w^{o} = A\varepsilon \cdot \cos\varepsilon\xi - B\varepsilon \cdot \sin\varepsilon\xi + C_1 \tag{2.9a}$$

$$w^{oo} = -A\varepsilon^2 \cdot \sin\varepsilon\xi - B\varepsilon^2 \cdot \cos\varepsilon\xi \tag{2.9b}$$

$$w^{ooo} = -A\varepsilon^3 \cdot \cos\varepsilon\xi + B\varepsilon^3 \cdot \sin\varepsilon\xi = -\varepsilon^2 \cdot (w^{o} - C_1) \tag{2.9c}$$

$$w^{oooo} = A\varepsilon^4 \cdot \sin\varepsilon\xi + B\varepsilon^4 \cdot \cos\varepsilon\xi = -\varepsilon^2 \cdot w^{oo} \tag{2.9d}$$

Die DGL (2.8) wird durch den Lösungsansatz (2.9) befriedigt.

2.2.2 Die Randbedingungen

Der Stab mit der Länge l hat als Koordinaten der Stabenden $\xi = 0$ und $\xi = 1$. Am Rand $\xi = 0$ lassen sich die wichtigsten Randbedingungen einfach formulieren.

Aus (2.2) folgt: $$T = \frac{dM}{dx} - N \cdot w' = -\frac{N}{l} \cdot \left(\frac{w^{\circ\circ\circ}}{\varepsilon^2} + w^{\circ} \right) = -\frac{N}{l} \cdot C_1$$

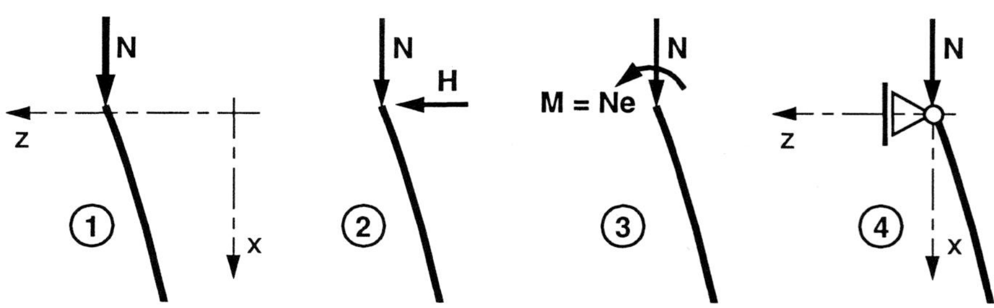

System Nr.		1	2	3	4
Randbedingungen	1	$w^{\circ\circ}(0) = 0$	$w^{\circ\circ}(0) = 0$	$M(0) = -N \cdot e$	$w^{\circ\circ}(0) = 0$
	2	$T(0) = 0$	$T(0) = -H$	$T(0) = 0$	$w(0) = 0$
Integrationskonstanten	1	$B = 0$	$B = 0$	$B = -e$	$B = 0$
	2	$C_1 = 0$	$C_1 = H\,l/N$	$C_1 = 0$	$C_0 = 0$

Bild 2.2 **Randbedingungen am oberen Rand** ($\xi = 0$)

Die Randbedingungen am unteren Rand ($\xi = 1$) ergeben sich aus den beiden anderen, noch fehlenden Integrationskonstanten.

2.2.3 Stabilitätsprobleme

Wenn keine Querlast vorhanden ist, und wenn auch am Rand $\xi = 0$ außer der Normalkraft N keine Belastung vorhanden ist, so ist der ideal gerade Stab im Gleichgewicht. Die Frage, ob es außer dieser geraden Stabachse bei irgendeiner Belastung noch andere Figuren für die Stabachse gibt, führt auf das Stabilitätsproblem als Verzweigungsproblem: ab einer Verzweigungslast N_{Ki} (= Knicklast) sind andere Biegelinien als die triviale Lösung $w(\xi) = 0$ möglich.

Die immer mögliche Lösung $w(\xi) = 0$ entspricht dem Fall des labilen Gleichgewichts, ist also für baupraktische Belange indiskutabel.

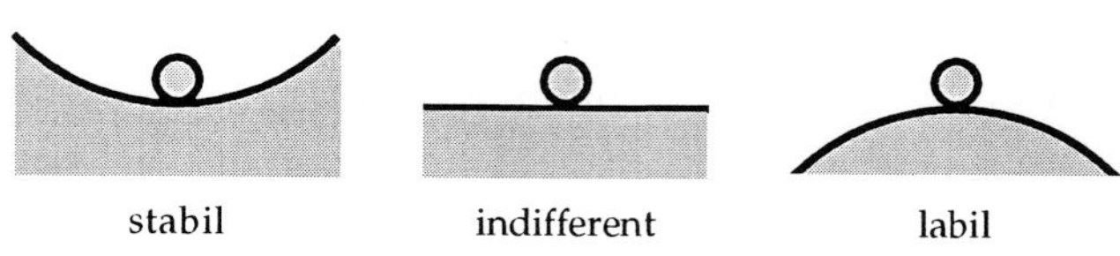

Bild 2.3 **Die drei Gleichgewichtsarten**

Mit der Definition der Knicklast $$N_{Ki} = \frac{\pi^2 \cdot EI}{s_K^2}$$ (2.10)

wird die Knicklänge $$s_K = \beta \cdot l$$ (2.11)

und über die Stabkennzahl $$\varepsilon = l \cdot \sqrt{\frac{N}{EI}}$$ (2.6)

ergibt sich im Grenzfall $N = N_{Ki}$ der Knicklängenbeiwert $$\beta = \frac{\pi}{\varepsilon}$$ (2.12)

Für den geraden, mittig auf Druck belasteten Stab unterscheidet man je nach Lagerbedingungen die 4 sog. "Eulerfälle":

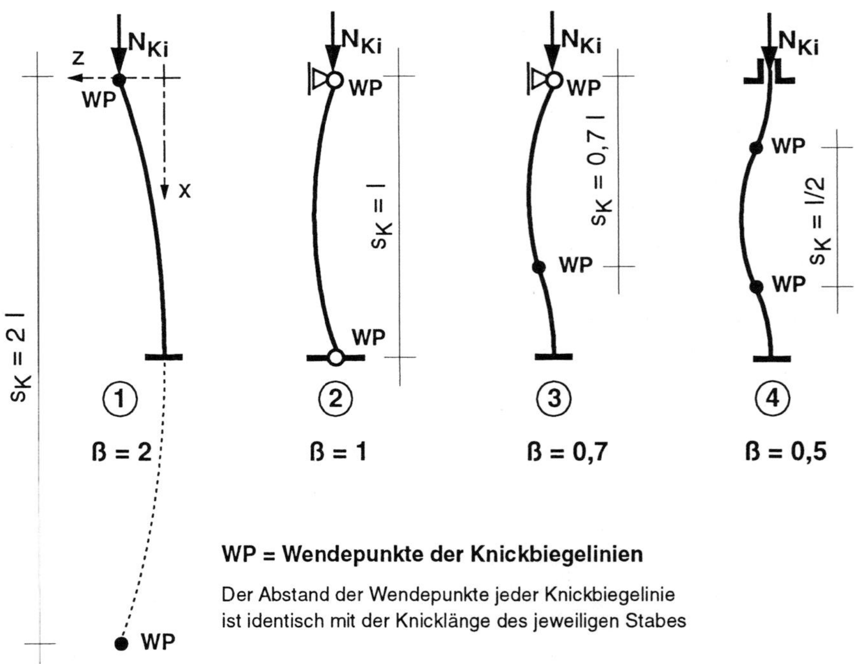

Bild 2.4 **Knickbiegelinien für die 4 Eulerfälle**

Fall 1: einseitig eingespannter Stab. Randbedingungen:

$\xi = 0$: $B = 0$ $C_1 = 0$ (wie bereits gezeigt)

$\xi = 1$: $w^\circ = 0$ $A\varepsilon \cdot cos\varepsilon = 0$ $\varepsilon = \pi/2$ $\beta = 2$
$w = 0$ $A \cdot sin\varepsilon + C_0 = 0$ (ohne Bedeutung)

Fall 2: beidseitig gelenkig gelagerter Stab. Randbedingungen:

$\xi = 0$: $B = 0$ $C_0 = 0$ (wie bereits gezeigt)

$\xi = 1$: $w^{\circ\circ} = 0$ $-A\varepsilon^2 \cdot sin\varepsilon = 0$ $\varepsilon = \pi$ $\beta = 1$

$w = 0$ $A \cdot sin\varepsilon + C_1 = 0$ (ohne Bedeutung)

Fall 3: oben gelenkig gelagerter, unten eingespannter Stab. Randbedingungen:

$\xi = 0$: $B = 0$ $C_0 = 0$ (wie zuvor)

$\xi = 1$: $w^{\circ} = 0$ $A\varepsilon \cdot cos\varepsilon + C_1 = 0$

$w = 0$ $A \cdot sin\varepsilon + C_1 = 0$

Das Gleichungssystem mit den beiden Unbekannten A und C_1 hat dann von Null verschiedene Lösungen, wenn die Nenner-Determinante des Gleichungssystems Null wird:

$$DetN = \varepsilon \cdot cos\varepsilon - sin\varepsilon = 0 \qquad \text{oder} \qquad tan\varepsilon - \varepsilon = 0$$

Die Lösung der transzendenten Gleichung ist nur näherungsweise möglich:

$$tan 4,49341 = 4,49342 \qquad \text{oder} \qquad \beta = \pi/\varepsilon = 0,69915 \approx 0,7$$

Fall 4: beidseitig eingespannter Stab. Randbedingungen:

$\xi = 0$: $w^{\circ} = 0$ $A\varepsilon + C_1 = 0$ $C_1 = -A\varepsilon$ (a)

$w = 0$ $B + C_0 = 0$ $C_0 = -B$ (b)

$\xi = 1$: $w^{\circ} = 0$ $A\varepsilon \cdot cos\varepsilon - B\varepsilon \cdot sin\varepsilon + C_1 = 0$ (c)

$w = 0$ $A \cdot sin\varepsilon + B \cdot cos\varepsilon + C_1 + C_0 = 0$ (d)

(a) und (b) in $A\varepsilon \cdot (cos\varepsilon - 1) - B\varepsilon \cdot sin\varepsilon = 0$

(c) und (d) eingesetzt: $A \cdot (sin\varepsilon - \varepsilon) + B \cdot (cos\varepsilon - 1) = 0$

Wieder ist die Bedingung *Det* N = 0 Voraussetzung für von Null verschiedene Lösungen:

$$DetN = \varepsilon \cdot (cos\varepsilon - 1)^2 + \varepsilon \cdot sin\varepsilon \cdot (sin\varepsilon - \varepsilon) = 0 \qquad \text{oder}$$

$$2 - 2 \cdot cos\varepsilon - \varepsilon \cdot sin\varepsilon = 0 \qquad \text{Lösung:} \quad \varepsilon = 2\pi \qquad \beta = 0,5$$

Wichtig: Die Knicklänge entspricht dem Abstand der Wendepunkte der Knickbiegelinie.

2.2.4 Der eingespannte Stab mit Druckkraft und H-Last

Wenn am freien Stabende außer der Druckkraft N noch Randkräfte oder Randmomente angreifen, ergibt die Lösung (2.9) der DGL (2.8) eindeutige Werte für die Ausbiegung $w(\xi)$. Es entsteht ein Spannungsproblem Th. II.O.

Randbedingungen:

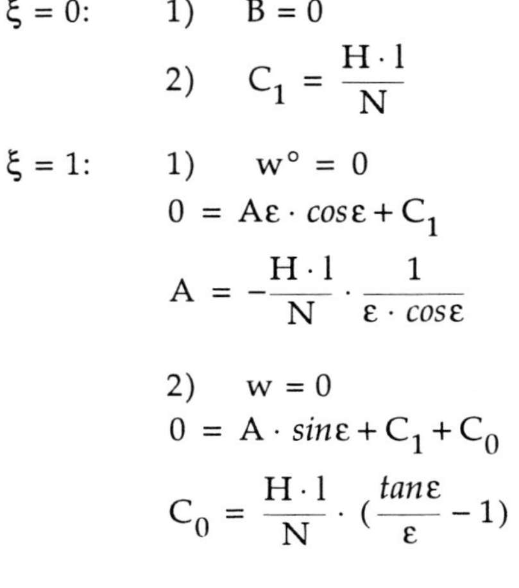

$\xi = 0$: 1) $B = 0$

2) $C_1 = \frac{H \cdot l}{N}$

$\xi = 1$: 1) $w° = 0$

$0 = A\varepsilon \cdot \cos\varepsilon + C_1$

$A = -\frac{H \cdot l}{N} \cdot \frac{1}{\varepsilon \cdot \cos\varepsilon}$

2) $w = 0$

$0 = A \cdot \sin\varepsilon + C_1 + C_0$

$C_0 = \frac{H \cdot l}{N} \cdot \left(\frac{\tan\varepsilon}{\varepsilon} - 1\right)$

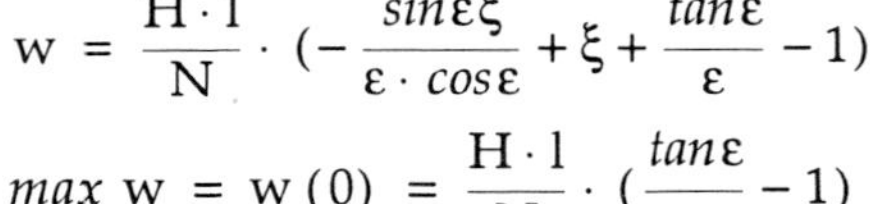

$$w = \frac{H \cdot l}{N} \cdot \left(-\frac{\sin\varepsilon\xi}{\varepsilon \cdot \cos\varepsilon} + \xi + \frac{\tan\varepsilon}{\varepsilon} - 1\right)$$

$$max\ w = w(0) = \frac{H \cdot l}{N} \cdot \left(\frac{\tan\varepsilon}{\varepsilon} - 1\right)$$

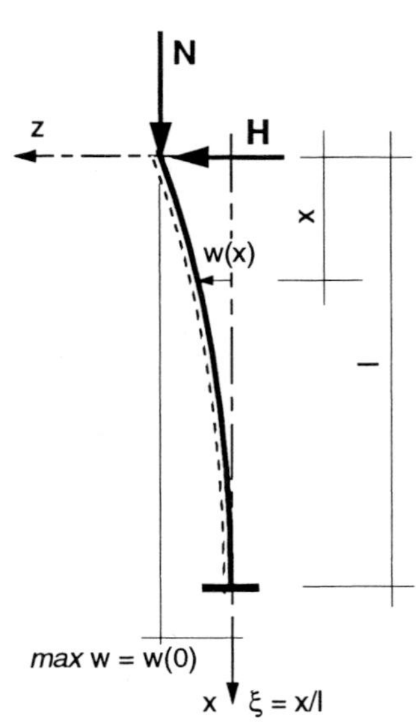

Bild 2.5 **Einspannstab mit H-Last**

Das Biegemoment Theorie II. Ordnung wird damit:

$$M^{II} = H \cdot l + N \cdot w(0) = H \cdot l + N \cdot \frac{H \cdot l}{N} \cdot \left(\frac{\tan\varepsilon}{\varepsilon} - 1\right) = H \cdot l \cdot \frac{\tan\varepsilon}{\varepsilon}$$

Wichtig: Die Verformung w und das Biegemoment Th. II.O. werden unendlich groß, wenn $\varepsilon \to \pi/2$. Aus diesem Grenzwert geht wieder der Knicklängenbeiwert $\beta = \pi/\varepsilon = 2$ bzw. die Knicklänge $s_K = 2 \cdot l$ hervor.

Beispiel 2.1: N = 200 kN, H = 15 kN, l = 10,0 m, HEA-260 mit EI = 21945 kNm^2

Stabkennzahl: $\varepsilon = l \cdot \sqrt{\frac{N}{EI}} = 10 \cdot \sqrt{\frac{200}{21945}} = 0,9547$ $\tan\varepsilon = 1,4122$ $\frac{\tan\varepsilon}{\varepsilon} = 1,4793$

Ausbiegung: $max\ w = w(0) = \frac{H \cdot l}{N} \cdot \left(\frac{\tan\varepsilon}{\varepsilon} - 1\right) = \frac{15 \cdot 10}{200} \cdot (1,4793 - 1) = 0,3595\ \text{m}$

Vergleich: Aus Beispiel 1.2 mit gleichen Ausgangswerten resultierte: w(0) = 0,358 m. Das *hier* aus der DGL ermittelte Ergebnis stellt den theoretisch *exakten* Wert dar.

Biegemoment Th. II.O.: $M^{II} = H \cdot l \cdot \frac{\tan\varepsilon}{\varepsilon} = 15 \cdot 10 \cdot 1,4793 = 221,90\ \text{kNm}$

2.2.5 Der eingespannte Stab mit ausmittiger Normalkraft

Ausmittige Normalkraft und Normalkraft + Moment $M \cdot e$ sind gleichbedeutend.

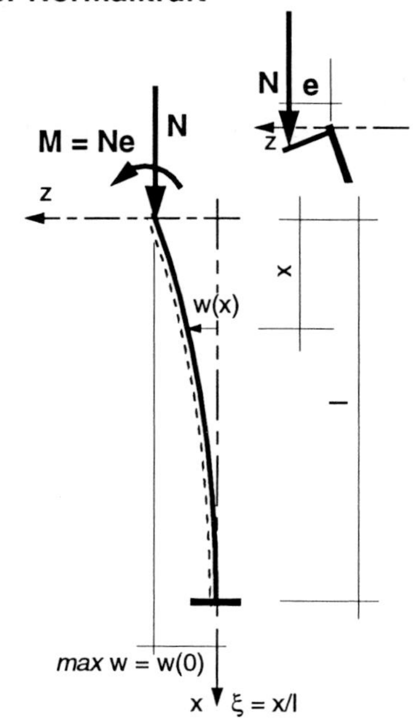

Bild 2.6 **Einspannstab mit Moment**

Randbedingungen:

$\xi = 0$: 1) $B = -e$

2) $C_1 = 0$

$\xi = 1$: 1) $w° = 0$

$$0 = A\varepsilon \cdot \cos\varepsilon - B\varepsilon \cdot \sin\varepsilon$$

$$A = -e \cdot \tan\varepsilon$$

2) $w = 0$

$$0 = A \cdot \sin\varepsilon + B \cdot \cos\varepsilon + C_0$$

$$C_0 = e \cdot \left(\frac{(\sin\varepsilon)^2}{\cos\varepsilon} + \frac{(\cos\varepsilon)^2}{\cos\varepsilon}\right) = \frac{e}{\cos\varepsilon}$$

$$w = e \cdot \left(-\tan\varepsilon \cdot \sin\varepsilon\xi - \cos\varepsilon\xi + \frac{1}{\cos\varepsilon}\right)$$

$$max\ w = w(0) = e \cdot \frac{1-\cos\varepsilon}{\cos\varepsilon}$$

Wichtig: Die Verformung w wird wieder unendlich groß, wenn $\varepsilon \to \pi/2$.

Beispiel 2.2: N = 200 kN, e = 0,1 m, l = 10,0 m, HEA-260 mit $EI = 21945\ kNm^2$

Stabkennzahl: $\varepsilon = l \cdot \sqrt{\frac{N}{EI}} = 10 \cdot \sqrt{\frac{200}{21945}} = 0,9547$ $\cos\varepsilon = 0,5779$

Ausbiegung: $max\ w = w(0) = e \cdot \frac{1-\cos\varepsilon}{\cos\varepsilon} = 0,1 \cdot \frac{1-0,5779}{0,5779} = 0,0730\ m$

Biegemoment: $M^{II} = 200 \cdot (0,1 + 0,073) = 34,6\ kNm$

Anmerkung: Doppelte Ausmitte e ergibt den doppelt so großen Wert für M^{II}. Wenn N gleichgroß bleibt, wachsen die Momente Th. II.O. proportional der Lastausmitte an.

2.2.6 Der eingespannte Stab mit Vorverdrehung

Es soll ein Stab betrachtet werden, der unbelastet bereits um das Maß φ_0 gegen die Senkrechte vorverdreht ist.

Wie schon in Abschnitt 1.2.4 erläutert, verlangt DIN 18800 Teil 2 bei Berechnung nach Th. II.O. die Berücksichtigung von Imperfektionen. Für den in den bisherigen Beispielen behandelten Stab bedeutet dies beim Nachweisverfahren E-P eine Vorverdrehung des Stabes um den Winkel φ_0.

Nachfolgend wird die statische Auswirkung einer Vorverdrehung um den Winkel φ_0 untersucht und gezeigt, daß der rechnerische Ansatz einer Imperfektionslast H^{Imp} zum identischen Ergebnis führt.

Wieder werden die Randbedingungen formuliert und in die allgemeinen Beziehungen eingesetzt:

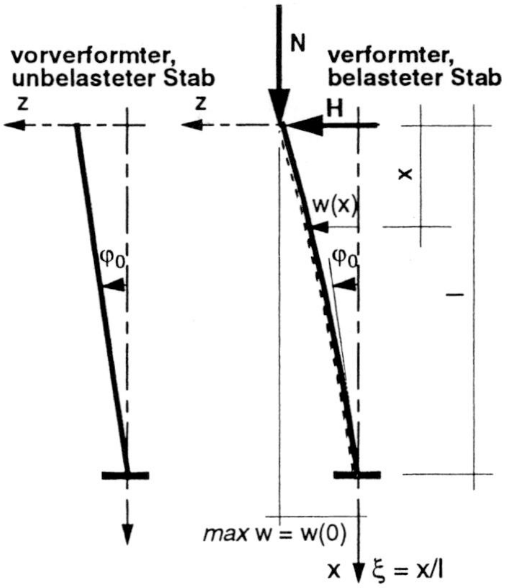

$\xi = 0$: 1) $B = 0$

2) $C_1 = \dfrac{H \cdot l}{N}$

$\xi = 1$: 1) $w^\circ = \dfrac{dw}{d\xi} = -\varphi_0 \cdot l$

$-\varphi_0 \cdot l = A\varepsilon \cdot cos\varepsilon + C_1$

$A = -\dfrac{H \cdot l/N + \varphi_0 \cdot l}{\varepsilon \cdot cos\varepsilon}$

2) $w = 0$

$0 = A \cdot sin\varepsilon + C_1 + C_0$

Bild 2.7 **Einspannstab mit Vorverdrehung**

$$C_0 = \left(\frac{H \cdot l}{N} + \varphi_0 \cdot l\right) \cdot \frac{tan\varepsilon}{\varepsilon} - \frac{H \cdot l}{N}$$

$$w = \left(\frac{H \cdot l}{N} + \varphi_0 \cdot l\right) \cdot \left(-\frac{sin\varepsilon\xi}{\varepsilon \cdot cos\varepsilon} + \frac{tan\varepsilon}{\varepsilon}\right) + \frac{H \cdot l}{N} \cdot (\xi - 1)$$

$$max\ w = w(0) = \left(\frac{H \cdot l}{N} + \varphi_0 \cdot l\right) \cdot \frac{tan\varepsilon}{\varepsilon} - \frac{H \cdot l}{N}$$

$$M^{II}(0) = H \cdot l + N \cdot max w = (H + N \cdot \varphi_0) \cdot l \cdot \frac{tan\varepsilon}{\varepsilon} = H^* \cdot l \cdot \frac{tan\varepsilon}{\varepsilon}$$

Der Ansatz der Ersatzlast $H^* = H + N \cdot \varphi_0$ *ohne* Imperfektion liefert also exakt dasselbe Ergebnis im Moment Th. II.O. wie der Ansatz von H *mit* Imperfektion!

Beispiel 2.3: N = 200 kN, H = 14,3 kN, l = 10,0 m, HEA-260. Vergleichsweise zu Beispiel 2.1 soll w(0) nach obiger Formel für die Schiefstellung $\varphi_0 = 1/283$ ausgerechnet werden.

Wie zuvor ist $\varepsilon = 0,9547$ und $\dfrac{tan\varepsilon}{\varepsilon} = \dfrac{1,4124}{0,9547} = 1,4793$

$$max\ w = w(0) = \left(\frac{14,3 \cdot 10}{200} + \frac{1}{283}\right) \cdot 1,4793 - \frac{14,3 \cdot 10}{200} = 1,063 - 0,715 = 0,358\ \text{m}$$

Weiter: Berechnung von M^{II} wie in Beispiel 2.1 und Nachweis E-P wie in Beispiel 1.2.

2.2.7 Last-Verformungs-Kurven und Elastische Grenzlast

Die vorangegangenen Berechnungen sind von einer bestimmten Stahlgüte nicht abhängig. Sie setzen jedoch voll-elastisches Verhalten, also die Gültigkeit des Hookeschen Spannungs-Dehnungs-Gesetzes voraus.

Bei vereinfachtem, bilinearem Elastizitätsgesetz geht man von rein elastischem Verhalten bis zur Fließgrenze $f_{y,k}$ aus. Danach tritt unbegrenztes Fließen ein.

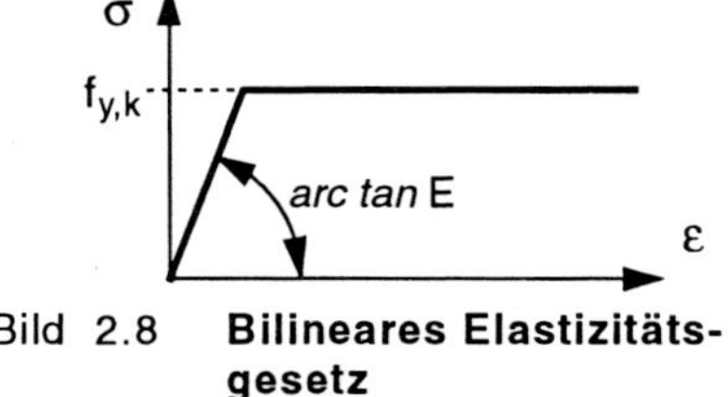

Bild 2.8 **Bilineares Elastizitätsgesetz**

Beispiel 2.4: Einspannstab wie zuvor:
$l = 10{,}0$ m, HEA-260, $EI = 21945$ kNm^2.

Es soll ein Last-Verformungs-Diagramm für unterschiedliche Abhängigkeiten zwischen H und N errechnet und gezeichnet werden. Variationen:

1) H = const = 15 kN
2) H/N = const = 0,1
3) H = 0, Lastausmitte e = 0,1 m

N [kN]	Verformung w [mm]		
	Fall 1	Fall 2	Fall 3
0	228	0	0
50	251	84	13
100	279	186	28
150	314	314	48
200	359	479	73
250	421	701	107
300	507	1014	156
350	639	1490	230
400	863		357
450	1333		623
500			1531

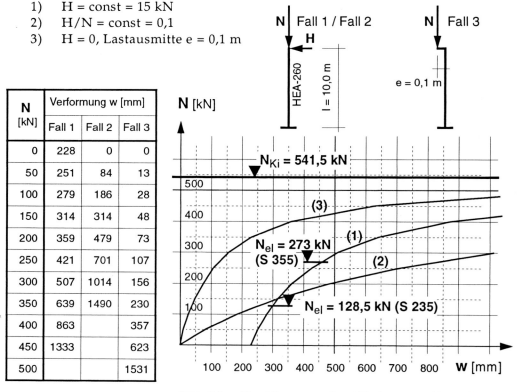

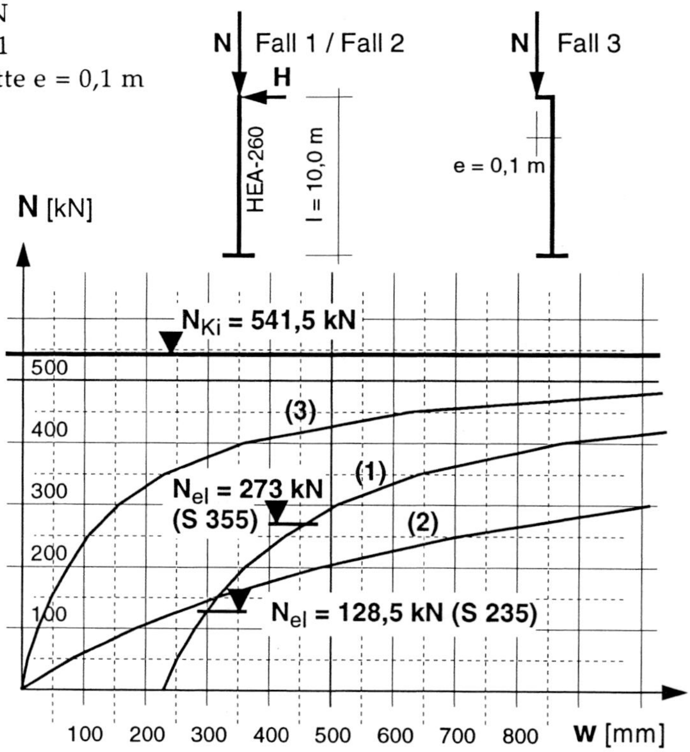

Bild 2.9 **N-w-Diagramm** (Last-Verformungs-Kurven)

Die Eulerlast $N_{Ki} = \dfrac{\pi^2 \cdot EI}{s_K^2} = \dfrac{\pi^2 \cdot 21945}{(2 \cdot 10)^2} = 541{,}5$ kN kann nie erreicht werden.

Beispiel 2.5: Für Fall 1 aus Beispiel 2.4 sind die elastischen Grenzlasten N_{el} als diejenigen Lasten zu bestimmen, bis zu denen die errechneten Verformungen w für S 235 bzw. S 355 gelten.

N[kN]	100	150	200	250	300	el. Grenzlast	128,5	273
ε	0,675	0,827	0,955	1,067	1,169		0,765	1,115
w [mm]	279	314	359	421	507		298	456
M [kNm]	177,88	197,10	221,90	255,15	302,10	el. Grenzmoment	188,29	274,58
σ [kN/cm²]	22,43	25,30	28,85	33,40	39,59	$\sigma = f_{y,k}$	24,00	35,99

Die Ausrechnung der Grenzlasten in obiger Tabelle erfolgte iterativ.

Bei Überschreiten von N_{el} beginnt der Querschnitt zu plastizieren, die Verformungen w werden größer als die elastisch berechneten. Die Last kann bis zum völligen Durchplastizieren gesteigert werden; die dabei erreichbare Last N_{kr} ist die Traglast.

2.3 Der gerade Stab mit Querlast

Die DGL des querbelasteten Stabes lautet, wie bereits gezeigt:

$$w^{\circ\circ\circ\circ} + \varepsilon^2 \cdot w^{\circ\circ} = Q(\xi) \qquad \text{mit} \qquad Q(\xi) = \frac{q(\xi) \cdot l^4}{EI} \tag{2.7}$$

Die Lösung setzt sich aus der Lösung der homogenen Gleichung und einer zusätzlichen, von der Lastfunktion q(ξ) abhängigen Partikularlösung zusammen:

$$w = A \cdot sin\varepsilon\xi + B \cdot cos\varepsilon\xi + C_1 \cdot \xi + C_0 + w_{part} \tag{2.13}$$

2.3.1 Konstante Querlast

Konstante Querlast: $$q(\xi) = q \tag{2.14}$$

Auf Herleitung der Lösung wird verzichtet. Es wird:

$$w = \left[\frac{1}{\varepsilon^2}\left(\frac{cos[\varepsilon(0,5-\xi)]}{cos[\varepsilon/2]} - 1\right) - \frac{\xi\xi'}{2}\right] \cdot \frac{q \cdot l^2}{N} \tag{2.14a}$$

$$w = \left[\frac{1}{\varepsilon^4}\left(\frac{cos[\varepsilon(0,5-\xi)]}{cos[\varepsilon/2]} - 1\right) - \frac{\xi\xi'}{2\varepsilon^2}\right] \cdot Q \tag{2.14b}$$

mit $$Q = \frac{ql^4}{EI} \tag{2.14c}$$

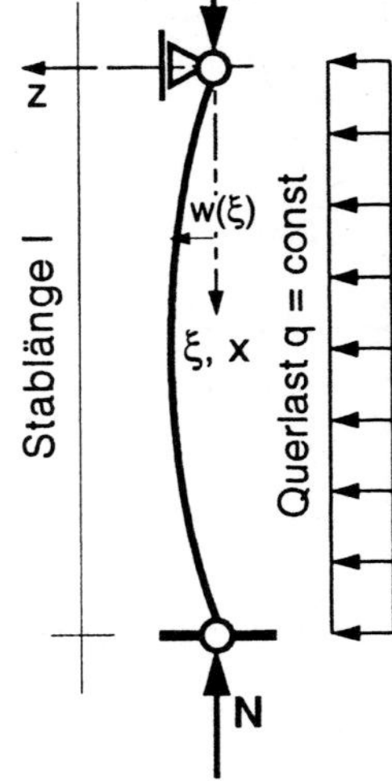

Bild 2.10 **Querbelasteter Druckstab**

Dafür soll rückwärts die Richtigkeit der Lösung gezeigt werden:

Mit $cos\,[\varepsilon(0,5-\xi)] = cos\,(\frac{\varepsilon}{2}-\varepsilon\xi) = cos\frac{\varepsilon}{2}\cdot cos\varepsilon\xi + sin\frac{\varepsilon}{2}\cdot sin\varepsilon\xi$

wird $w = \left[cos\varepsilon\xi + tan\frac{\varepsilon}{2}\cdot sin\varepsilon\xi - 1 - \varepsilon^2\cdot\frac{\xi}{2} + \varepsilon^2\cdot\frac{\xi^2}{2}\right]\cdot\frac{Q}{\varepsilon^4}$

$$w^{\circ\circ} = \left[-cos\varepsilon\xi - tan\frac{\varepsilon}{2}\cdot sin\varepsilon\xi + 1\right]\cdot\frac{Q}{\varepsilon^2}$$

$$w^{\circ\circ\circ\circ} = \left[cos\varepsilon\xi + tan\frac{\varepsilon}{2}\cdot sin\varepsilon\xi\right]\cdot Q$$

Die DGL (2.7) ist für den Fall Q = const bzw. q = const offensichtlich erfüllt.
Die Randbedingungen w = 0 und $w^{\cdot\cdot} = 0$ für $\xi = 0$ und $\xi = 1$ sind eingehalten.

Die größte elastische Ausbiegung in Stabmitte ist:

$$max\,w = \left[\frac{1}{cos\,(\varepsilon/2)} - 1 - \frac{\varepsilon^2}{8}\right]\cdot\frac{Q}{\varepsilon^4} = \left[\frac{1}{cos\,(\varepsilon/2)} - 1 - \frac{\varepsilon^2}{8}\right]\cdot\frac{EI\cdot q}{N^2} \qquad (2.15)$$

Es ist ersichtlich, daß bei *gleichbleibender* Normalkraft N die Verformung w auch bei Berechnung nach Theorie II. Ordnung proportional zur Querlast q ist.

Beispiel 2.6: Beidseits gelenkig gelagerter Stab: Länge l = 10,0 m
Querschnitt: HEA-260 mit EI = 21945 kNm
Druckkräfte: N = 200 / 400 / 800 / 1200 kN
Querlasten: q = 4,0 / 8,0 / 12,0 kN/m

Gesucht: Die Größtwerte der Ausbiegungen und der elastischen Spannungen. Es soll ein N-w-Diagramm gezeichnet werden, Parameter: q.

Druckkraft N [kN]	Stab-kennzahl ε	$[\ldots]\cdot\frac{1}{\varepsilon^4}$	Querlast q [kN/m]	*max* w [m]	Moment M^{II} [kNm]	elast. Spann. σ [kN/cm²]
200	0,9547	0,01435	4,0	0,0262	55,23	8,91
			8,0	0,0523	110,46	15,52
			12,0	0,0785	165,69	22,12
400	1,3501	0,01598	4,0	0,0291	61,65	11,98
			8,0	0,0583	123,30	19,36
			12,0	0,0874	184,95	26,73
800	1,9093	0,02067	4,0	0,0377	80,15	18,80
			8,0	0,0754	160,29	28,39
			12,0	0,1131	240,44	37,98
1200	2,3384	0,02926	4,0	0,0533	113,99	27,46
			8,0	0,1067	227,99	41,10
			12,0	0,1600	341,98	54,73

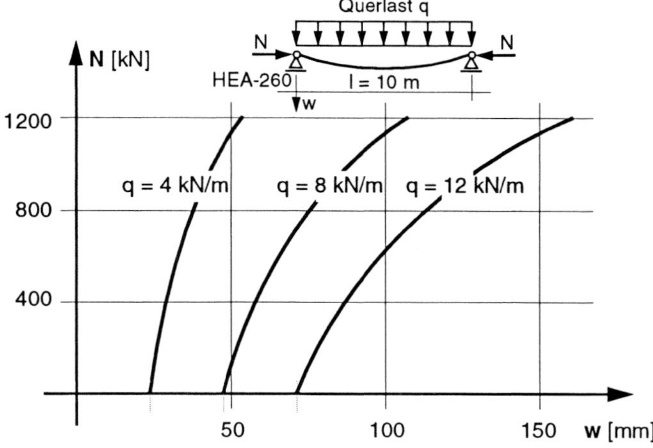

Man beachte, daß der Wert für N immer kleiner als die Eulersche Knicklast

$$N_{Ki} = \frac{\pi^2 \cdot EI}{l^2} = \frac{\pi^2 \cdot 21945}{10^2}$$

oder $N_{Ki} = 2166$ kN

bleiben muß, weil bei dieser Druckkraft unabhängig von der Größe der Querlast q die Verformung w unendlich groß wird (Stabilitätsfall).

Bild 2.11 **Last-Verformungs-Diagramm für verschiedene Querlasten q**

2.3.2 Der Stab mit Vorkrümmung

Wenn ein Druckstab vorgekrümmt ist, so entstehen auch nach Th. I.O. bereits Biegemomente. Dabei ist es gleichgültig, ob der Stab planmäßig gekrümmt hergestellt wurde oder ob für eine Imperfektionsannahme eine Abweichung von der planmäßig geraden Stabachse angenommen wird.

Hat die Vorverformung eines beidseits gelenkig gelagerten Stabes die Linie einer quadratischen Parabel mit der Größtordinate w_0, so entsteht in Stabmitte das Moment Th. I.O.: $M_0 = N \cdot w_0$. Der M-Verlauf ist eine quadratische Parabel.

Setzt man auf den Stab die Ersatzlast $q_{Ers} = \frac{8N \cdot w_0}{l^2}$ an, so entsteht hieraus dasselbe Moment Th. I.O: $M_0 = N \cdot w_0$.

Aus (2.4) folgt: $$Q = \frac{q_{Ers} \cdot l^4}{EI} = \frac{8N \cdot l^2 \cdot w_0}{EI} \qquad (2.16)$$

Damit läßt sich Gleichung (2.15) ohne weiteres anwenden.

Zur Größe der Ausbiegung w_0 aus Vorkrümmung siehe Abschnitt 4.2.2.

Wichtig: Die mit (2.15) errechnete Verformung gibt nur den Anteil Th. II.O. an. Für die endgültige Abweichung w von der Geraden ist die Vorverformung w_0 hinzuzuzählen!

Wichtig: Wird zur Berücksichtigung der Stab-Vorkrümmung q_{Ers} angesetzt, so ist es zur Erhaltung des Gleichgewichts im Tragwerk notwendig, an den beiden Stabenden jeweils eine gegengerichtete Einzellast $4 \cdot N \cdot w_0/l$ anzubringen!

Diese beidseitigen Einzellasten der Ersatzlast entsprechen den Abtriebskräften, die aus den Knickwinkeln der Vorverformung multipliziert mit N entstehen.

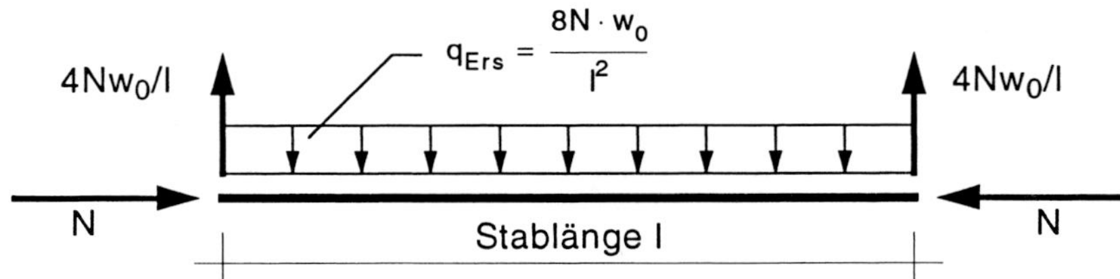

Bild 2.12 **Ersatzbelastung bei parabelförmiger Stab-Vorkrümmung** (Gleichgewichtsgruppe)

Beispiel 2.7: Beidseits gelenkig gelagerter Stab: Länge l = 10,0 m, Stabdruckkraft: 1200 kN. Querschnitt: HEA-260 mit EI = 21945 kNm^2. Verlangt:

a) Knicknachweis für Knicken um die y-Achse nach dem Ersatzstabverfahren,
b) Spannungsnachweis Th. II.O. für Ausweichen um y-y, Verfahren E-E: Vorkrümmung parabelförmig, Größtwert w_0 = l/250 x 2/3 = 26,67 mm.
c) Spannungsnachweis Th. II.O. für Ausweichen um y-y, Verfahren E-P: Vorkrümmung parabelförmig, Größtwert w_0 = l/250 = 40 mm.

a) $\bar{\lambda} = \frac{1000}{11,0 \cdot 92,93} = 0,978 \qquad \kappa_b = 0,611 \qquad \frac{N}{\kappa \cdot N_{pl}} = \frac{1200}{0,611 \cdot 2083} = 0,943 < 1$

b+c) Wie in Beispiel 2.6 wird: $\left[\frac{1}{cos\,(\varepsilon/2)} - 1 - \frac{\varepsilon^2}{8}\right] \cdot \frac{1}{\varepsilon^4} = 0,02926$

b) $Q = 8N \cdot l^2 \cdot w_0/EI = 8 \cdot 1200 \cdot 10^2 \cdot 0,02667/21945 = 1,167\ \text{m}$ (q_{Ers} = 2,560 kN/m)

$max\Delta w = 0,02926 \cdot 1,167 = 0,03413\ \text{m}$

$max w = w_0 + \Delta w = 0,02667 + 0,03413 = 0,06080\ \text{m}$

$M^{II} = 1200 \cdot 0,0608 = 72,96\ \text{kNm}$

$\sigma = \frac{1200}{86,8} + \frac{7296}{836} = 13,83 + 8,73 = 22,55\ \text{kN/cm}^2$

$\frac{\sigma}{\sigma_R} = \frac{22,56}{24} = 0,940 < 1$

c) $Q = 8N \cdot l^2 \cdot w_0/EI = 8 \cdot 1200 \cdot 10^2 \cdot 0,040/21945 = 1,750\ \text{m}$ (q_{Ers} = 3,840 kN/m)

$max\Delta w = 0,02926 \cdot 1,750 = 0,05120\ \text{m}$

$max w = w_0 + \Delta w = 0,0400 + 0,0512 = 0,0912\ \text{m}$

$M^{II} = 1200 \cdot 0,0912 = 109,5\ \text{kNm}$ (das ist *genau* $3/2 \cdot 70,96$ kNm!)

$\frac{N}{N_{pl}} = \frac{1200}{2083} = 0,576 \qquad \frac{M}{M_{pl}} = \frac{109,5}{221} = 0,495$

Interaktion: $0,9 \cdot \frac{M}{M_{pl}} + \frac{N}{N_{pl}} = 0,9 \cdot 0,495 + 0,576 = 1,022 > 1$

Ergebnis: Die verschiedenen Verfahren liefern durchaus unterschiedliche Ergebnisse! Bemerkenswert ist, daß der Nachweis E-P mit Th. II.O. hier am schlechtesten abschneidet.

2.3.3 Weitergehende Lösungen der DGL des Druckstabes

[5] enthält im Abschnitt 3 (Rubin/Vogel: "Baustatik ebener Tragwerke") als Stablasten eine große Anzahl unterschiedlicher Querbelastungen (Teilstreckenlast, Parabellast, Dreieckslast, Einzelkraft, Einzelmoment) sowie Vorverdrehungen, Vorkrümmungen, Knicke und Sprünge im Stab bereit. Angegeben sind zu diesen Lastfällen die Ausbiegung w, Verdrehung φ, Moment M und Querkraft V, und zwar sowohl für Th. I.O. als auch für Th. II.O.

Über die hier gezeigten Lösungsansätze hinaus wird im genannten Buchkapitel auch der Einfluß der Schubverformung (praktisch i.a. vernachlässigbar!) aufgezeigt.

2.4 Das Spannungs- und das Traglastproblem

Bei Berücksichtigung realer Verhältnisse treten, wie bereits erwähnt, *baupraktisch unvermeidbare Imperfektionen* auf. Ursachen dafür sind:

- Die Stabachse ist nicht ideal gerade. Möglicherweise treten örtliche Knicke, Rundungen und andere Abweichungen von der geraden Achse auf.
- Die Querschnitte sind nicht perfekt gleichbleibend. Abweichungen von den Sollabmessungen geben einen Versatz der Schwerachse.
- Die Auflagerbedingungen entsprechen nicht den getroffenen Idealisierungen. Die Lasten werden nicht exakt mittig zur Stabachse eingeleitet.
- Verbiegung aus Eigenlast des Stabes oder ungleichmäßige Erwärmung (Temperaturgradienten) werden meist rechnerisch nicht erfaßt.

Zu den genannten Ursachen für äußere Imperfektionen kommen noch innere Imperfektionen am Stab oder Tragwerk hinzu:

- Walz-, Schweiß- und sonstige Verarbeitungseigenspannungen, ungleichmäßige Verteilung der Festigkeitseigenschaften über den Querschnitt.

Als Folge der Imperfektionen stellt sich am realen Druckstab kein Stabilitätsfall mit Gleichgewichtsverzweigung ein. Es liegt vielmehr ein Spannungsproblem vor. Im N-w-Diagramm (Last-Verformungs-Diagramm) treten von Anfang an bei Laststeigerung Verformungen w auf. Unter Berücksichtigung des Einflusses der Verformungen auf das Gleichgewicht (Theorie II. Ordnung) ist bei druckbeanspruchten Stäben das N-w-Verhalten überproportional. Die ideale Knicklast N_{Ki} kann nie erreicht werden.

Berücksichtigt man außerdem ein wirklichkeitsnahes Spannungs-Dehnungs-Verhalten, so tritt ab Erreichen der Streckgrenze $f_{y,k}$ am stärker gedrückten Rand des Querschnitts Teilplastizierung ein. Bei stetiger Steigerung der Stabkraft N wird der Stab schließlich voll durchplastizieren; damit ist die *Traglast* des Stabes erreicht.

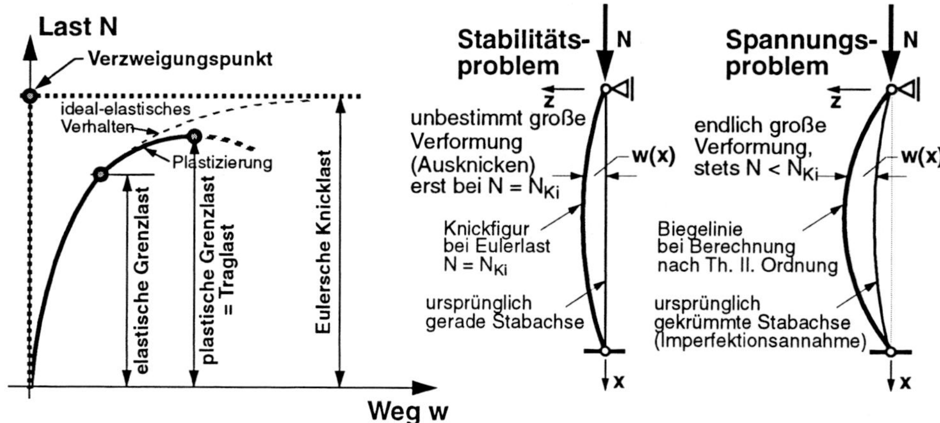

Bild 2.13 **N-w-Diagramm beim Stabilitäts- und beim Spannungsproblem**

Das Stabilitätsproblem ist so gesehen kein reales, sondern ein idealisiertes Problem, dessen Lösung, Knicklast und Knicklänge, jedoch für praktische Belange von großem Interesse ist.

3 Knicklängen von Stäben und Stabwerken

3.1 Bedeutung der Knicklänge

Für den Knicknachweis oder den Biegeknicknachweis gedrückter Stäbe sieht DIN 18800 Teil 2 als Möglichkeiten vor:

1) Nachweis nach Theorie II. Ordnung unter Berücksichtigung von Imperfektionen entsprechend den Maßgaben der Norm,
2) Nachweis nach einem der in der Norm genannten Ersatzstabverfahren.

Bei allen Nachweisen nach *Ersatzstabverfahren* wird der betrachtete Stab aus dem Gesamt-Tragwerk herausgetrennt und für sich allein betrachtet. Der Einfluß des Tragwerks, an das der Stab angeschlossen ist, wird als die Beeinflussung seines Knickverhaltens erfaßt über eine Ersatzgröße, die *Knicklänge* s_K.

Nachweis (2/3) für den mittig belasteten Druckstab: $\dfrac{N}{\kappa \cdot N_{pl}} \le 1$

Nachweis (2/24) für Druck und einachsige Biegung: $\dfrac{N}{\kappa \cdot N_{pl}} + \dfrac{\beta_m \cdot M}{M_{pl}} + \Delta n \le 1$

Bezogener Schlankheitsgrad $\bar{\lambda}_K = \dfrac{\lambda_K}{\lambda_a}$ mit wirklichem Schlankheitsgrad $\lambda_K = \dfrac{s_K}{i}$

Bezugsschlankheitsgrad $\lambda_a = \pi \cdot \sqrt{\dfrac{E}{f_{y,k}}}$ wodurch $\bar{\lambda}_K$ werkstoffunabhängig wird.

Für den Abminderungsfaktor κ gilt:

$\bar{\lambda}_K \le 0,2 \qquad \kappa = 1$ (2/4a)

$\bar{\lambda}_K > 0,2 \qquad \kappa = \dfrac{1}{k + \sqrt{k^2 - \bar{\lambda}_K^2}}$ (2/4b)

mit $\qquad k = 0,5 \cdot \left[1 + \alpha \cdot (\bar{\lambda}_K - 0,2) + \bar{\lambda}_K^2\right]$

Vereinfachend darf gerechnet werden für $\bar{\lambda}_K > 3,0$ mit $\kappa = \dfrac{1}{\bar{\lambda}_K \cdot (\bar{\lambda}_K + \alpha)}$ (2/4c)

Tab. 3.1 **α-Werte der Knickspannungslinien**

Knickspannungslinie	a	b	c	d
α	0,21	0,34	0,49	0,76

Zuordnung der Knickspannungslinien zu Querschnitten des Stahlbaus nach Tab. {2.5}. Siehe hierzu Tab. 8.4 in "Stahlbau Teil.1".

Weitere Einzelheiten: siehe "Stahlbau Teil 1" und andere Literatur.

3.2 Der poltreu belastete Stab

Die Druckkraft N wird senkrecht geführt. Weicht der eingespannte Stab aus, so stellt sich der Pendelstab schräg. Die Vertikalverschiebung des Lastangriffspunktes ist ohne Bedeutung; deshalb kann davon rechnerisch ausgegangen werden, daß der Lastangriff sich nicht verschiebt, also "poltreu" bleibt.

Am Pendelstab gilt: $\frac{N}{H} = \frac{a}{w(0)}$

oder $H = N \cdot \frac{w(0)}{a}$

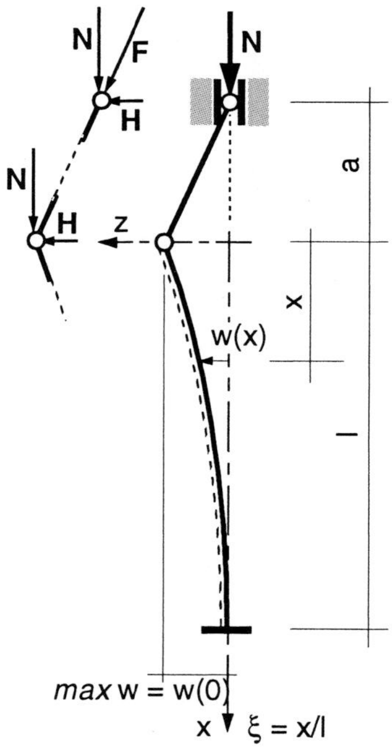

Randbedingungen:

oben:

1) $w''(0) = 0 \rightarrow \quad B = 0$ (a)

2) $T(0) = -H \rightarrow \quad C_1 = \frac{H \cdot l}{N} = w(0) \cdot \frac{l}{a}$

außerdem wegen $w(0) = C_0$:

$$C_0 = C_1 \cdot \frac{a}{l} \qquad \text{(b)}$$

unten:

3) $w'(l) = 0 \rightarrow \quad A\varepsilon \cdot \cos\varepsilon + C_1 = 0$ (c)

4) $w(l) = 0 \rightarrow \quad A \cdot \sin\varepsilon + C_1 + C_0 = 0$

oder $\rightarrow \quad A \cdot \sin\varepsilon + C_1 \cdot (1 + \frac{a}{l}) = 0$ (d)

Bild 3.1 **Poltreu belasteter Stab**

(3) und (4) ergeben ein homogenes Gleichungssystem für die Unbekannten A und C_1. Von Null verschiedene Lösungen sind wieder für den Fall erhältlich, daß die Nenner-Determinante $\Delta N = 0$ ist:

$$\Delta N = \varepsilon \cdot \cos\varepsilon \cdot (1 + \frac{a}{l}) - \sin\varepsilon = 0 \quad \text{oder}$$

$$\varepsilon \cdot (1 + \frac{a}{l}) - \tan\varepsilon = 0 \qquad (3.1)$$

Die transzendente Gleichung (3.1) ist nicht exakt lösbar.

Lösungsmöglichkeiten für Gleichung (3.1):

1) graphisch: die Kurven $y_1 = \varepsilon \cdot (1 + \frac{a}{l})$

und $y_2 = tan\varepsilon$

schneiden sich an der gesuchten Stelle ε.

Bild 3.2 **Graphische Lösung**

2) Aufstellen einer Wertetabelle für die Funktion

$y = \varepsilon \cdot (1 + \frac{a}{l}) - tan\varepsilon$

Eingrenzen der Nullstelle (probieren oder iterativ)

3) Mit Newtonschem Iterationsverfahren:

$\varepsilon_1 = \varepsilon_0 - \frac{y(\varepsilon_0)}{y'(\varepsilon_0)}$ usw. (rekursiv).

Schnelle Konvergenz ist bei ordentlicher Vorschätzung für ε_0 gegeben.

Bei schlechter Vorschätzung ist Divergenz des Verfahrens möglich!

Anstatt des Differentialquotienten kann auch der Differenzenquotient verwendet werden (Vorteil: die Ableitung y' muß nicht berechnet werden!).

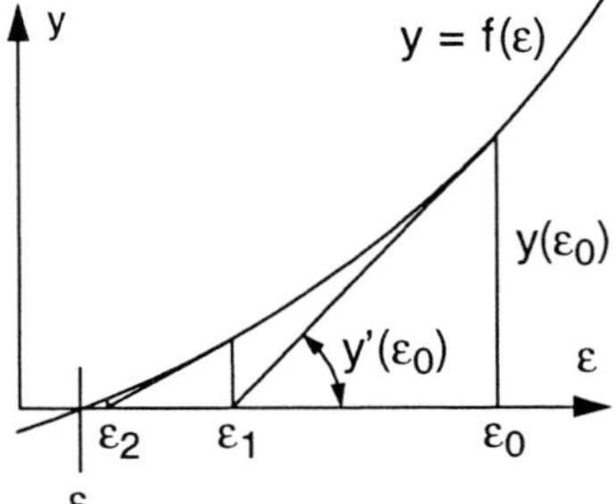

Bild 3.3 **Nullstelleniteration nach Newton**

4) Nachfolgende Tabelle enthält errechnete Werte für ε und β = π/ε. Zwischenwerte können interpoliert werden.

Tab. 3.2 **Knicklängenbeiwerte für den poltreu belasteten Stab**

a/l	0,01	0,02	0,03	0,04	0,05	0,06	0,07	0,08	0,09	0,10
ε	0,1722	0,2421	0,2947	0,3384	0,3762	0,4098	0,4401	0,4679	0,4936	0,5175
ß	18,2465	12,9785	10,6589	9,2842	8,3515	7,6670	7,1379	6,7138	6,3645	6,0706

a/l	0,10	0,20	0,30	0,40	0,50	0,60	0,70	0,80	0,90	1,00
ε	0,5175	0,6954	0,8131	0,8999	0,9674	1,0219	1,0669	1,1049	1,1374	1,1656
ß	6,0706	4,5174	3,8635	3,4912	3,2475	3,0743	2,9445	2,8433	2,7621	2,6953

a/l	1,00	1,50	2,00	2,50	3,00	3,50	4,00	4,50	5,00	10,00
ε	1,1656	1,2644	1,3242	1,3644	1,3932	1,4150	1,4320	1,4457	1,4569	1,5107
ß	2,6953	2,4846	2,3725	2,3026	2,2549	2,2202	2,1938	2,1731	2,1564	2,0796

Beispiel 3.1: Für den Freivorbau einer Brücke wird als Zwischenstütze ein im Boden eingespanntes Bockgerüst mit aufsitzendem Pendel (zum Ausgleich von Temperaturverformungen) gewählt.

Wie groß ist die Knicklänge der den Bock unterstützenden Stäbe?

Es ist: $a/l = 1{,}0/5{,}0 = 0{,}2$

Die Knicklänge der Einspannstützen ist nach Tabelle 3.2: $s_K = 4{,}5174\ l \approx 22{,}6$ m

Deutlich ist sichtbar, daß die Knicklänge umso größer wird, je kleiner das Verhältnis a/l wird (Kniehebelwirkung!). Kurze aufgesetzte Pendel sind sehr gefährlich und sollten konstruktiv vermieden werden.

Gleichung (3.1) gilt auch für $a < 0$ bzw. $a/l < 0$. Praktisch kommen Fälle mit negativem a vor, wenn das Pendel an der Stütze angehängt und beim Lastangriff vertikal geführt ist. Im Gegensatz zum aufgesetzten Pendel, das bei Schiefstellung durch die Abtriebskraft destabilisierend wirkt, bringt das rückziehende Zugpendel einen stabilisierenden Einfluß und damit $\beta < 2$.

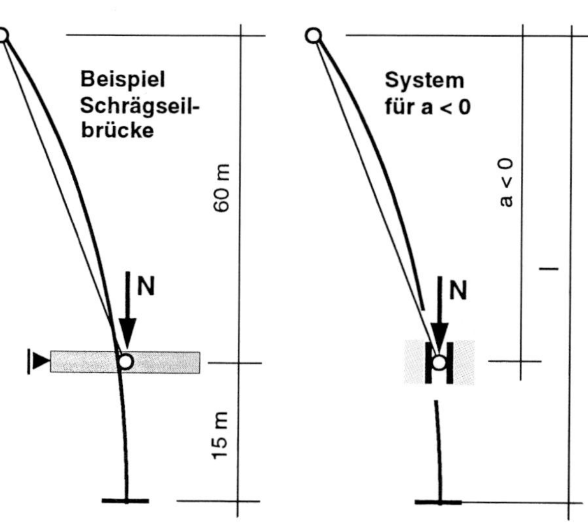

Bild 3.4 **Poltreu belasteter Stab mit a < 0**

Beispiel 3.2: Am 75 m hohen Pylonen einer Schrägseilbrücke ist die waagrecht abgestützte Fahrbahn in 15 m Höhe angehängt.

Wie groß ist die Knicklänge des eingespannten Pylonen?

Es ist: $a/l = -60/75 = -0{,}8$

Gleichung (3.1) liefert damit: $\varepsilon = 3{,}7902 \approx 3{,}79$

Die Knicklänge ist: $s_K = \frac{\pi}{\varepsilon} \cdot l = \beta \cdot l = 0{,}8289 \cdot l \approx 0{,}83 \cdot l \approx 62{,}25$ m

3.3 Der eingespannte Stab mit angehängten Pendelstützen

Eine eingespannte Stütze stabilisiert eine oder mehrere angeschlossene Pendelstützen. Dies beeinflußt die Knicklänge der eingespannten Stütze.

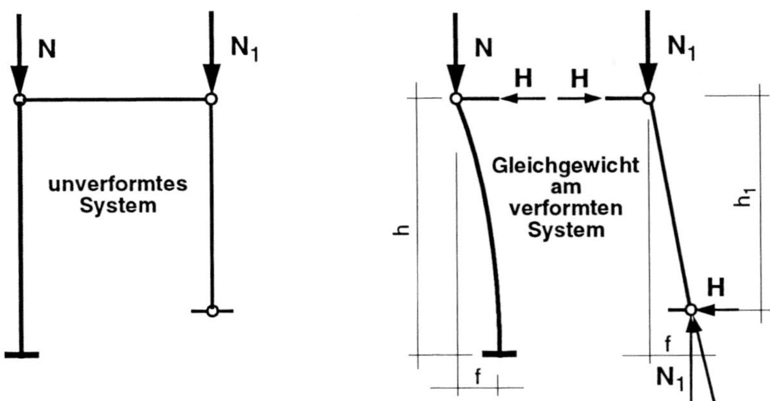

Bild 3.5 **Eingespannte Stütze mit angehängter Pendelstütze**

Aus der Schrägstellung des angehängten Pendelstabes folgt: $H = N_1 \cdot \frac{f}{h_1}$

Entsprechend der Herleitung beim poltreu belasteten Stab mit $H = N \cdot \frac{f}{a}$

folgt hier für die charakteristische Gleichung: $\varepsilon \cdot \left(1 + \frac{N}{N_1} \cdot \frac{h_1}{h}\right) - \tan\varepsilon = 0$ (3.2)

Die Lösungen zu (3.1) lassen sich für (3.2) verwenden mit $\frac{a}{l} \Leftrightarrow \frac{N}{N_1} \cdot \frac{h_1}{h}$

Für n angehängte Pendelstützen erweitert sich die Knickgleichung zu:

$$\varepsilon \cdot \left(1 + \frac{N/h}{\sum (N_i/h_i)}\right) - \tan\varepsilon = 0$$

oder mit $N_i = n_i \cdot N$

und $h_i = \alpha_i \cdot h$

$$\varepsilon \cdot \left(1 + \frac{1}{\sum\limits_{i=1}^{n} \frac{n_i}{\alpha_i}}\right) - \tan\varepsilon = 0 \qquad (3.3)$$

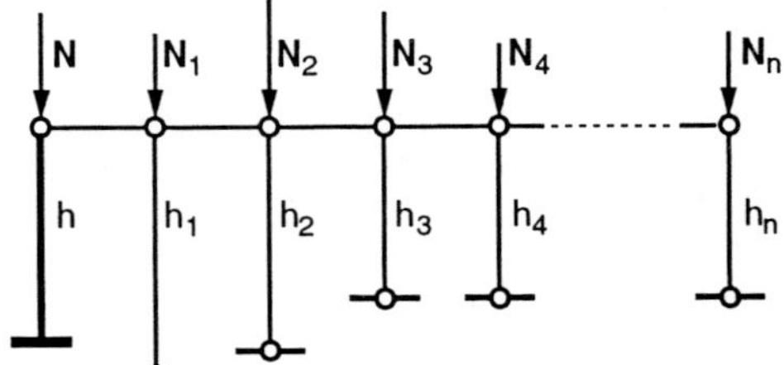

Bild 3.6 **Eingespannte Stützen mit n Pendelstützen**

Die Knicklängen der Pendelstützen entsprechen deren Einzellängen h_i.

Setzt man $\frac{a}{l} = 1/\sum \frac{n_i}{\alpha_i}$, so lassen sich wieder die Lösungen aus (3.1) verwenden.

Beispiel 3.3: Die Giebelwand einer Halle ist senkrecht aus ständiger Last und Schnee belastet: $F_g = 12$ kN, $F_s = 36$ kN.
Die Windlasten sind $W_1 = 10$ kN und $W_2 = 6{,}25$ kN (alles Gebrauchslasten!).

Eingespannte Stützen: 2 x U 200 (verschweißter Kastenquerschnitt), S 235.

Die Stützen sind nach dem Ersatzstabverfahren für die Kombination g+s+w nachzuweisen. Die Knicklänge ist aus der charakteristischen Gleichung zu bestimmen. Zum Vergleich ist die geschlossene Formel aus Abschnitt 3.7 zu verwenden.

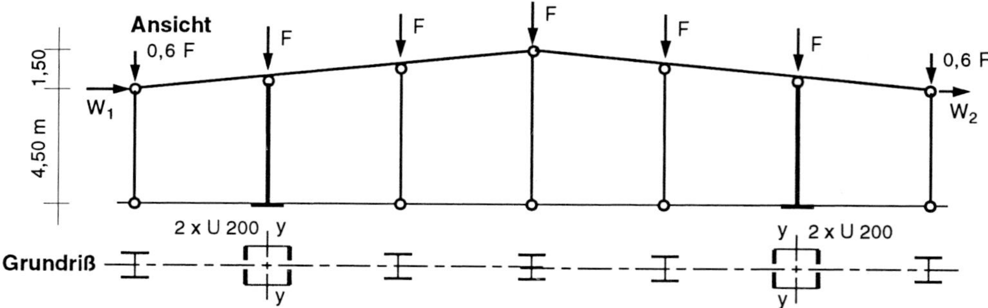

Betrachtung nur des *halben* Systems, mittige Pendelstütze mit P/2.

Querschnitt der Einspannstützen

y

2 x U 200

200

$$\sum \frac{n_i}{\alpha_i} = \frac{0,6}{0,9} + \frac{1,0}{1,1} + \frac{0,5}{1,2} = 1,992 \approx 2,0 \rightarrow \frac{a}{l} = \frac{1}{\sum \frac{n}{\alpha}} = 0,5 \rightarrow \text{Tab. 3.2: } \beta \approx 3{,}25$$

oder nach Abschnitt 3.7: $\beta = \pi \cdot \sqrt{\frac{5 + 4 \cdot 1,992}{12}} = 3,266$

Knicklänge: $s_K = \beta \cdot l = 3,25 \cdot 5,00 = 16,25 \text{ m}$

Knicklast: $N_{Ki} = \frac{\pi^2 \cdot EI}{s_K^2} = \frac{\pi^2 \cdot 8022}{16,25^2} = 299,8 \approx 300 \text{ kN}$

Querschnitt 2 x U 200: $N_{pl,k} = 2 \cdot 32,2 \cdot 24 = 1546 \text{ kN}$

($A = 32{,}2$ cm^2; $S_y = 114$ cm^3) $M_{pl,k} = 2 \cdot 2 \cdot 114 \cdot 24 = 10944 \text{ kNcm} \approx 109,4 \text{ kNm}$

Bezogener Schlankheitsgrad: $\bar{\lambda}_K = \frac{s_K/i_y}{\lambda_a} = \frac{1625/7,7}{92,93} = \frac{211,0}{92,93} = 2,27$

Knickspannungslinie b (geschweißter Kasten): $\kappa_b = 0{,}167$
Momentenbeiwert wegen verschieblichem Stützenkopf: $\beta_{m,\psi} = 1{,}0$
Vereinfachend wird $\Delta n = 0{,}1$ gesetzt (was noch eine geringe Reserve im Nachweis bedeutet).

Bemessungswerte der Einwirkungen: Bei Lastkombination (g+s+w) wird $\gamma_F = 1{,}35$ für *alle* Lasten.
Damit für die Einspannstütze: $\gamma_M \cdot N_d = 1,1 \cdot 1,35 \cdot (12 + 36) = 71,28 \text{ kN}$

Das Moment am Stützenfuß: $\gamma_M \cdot M_d = 1,1 \cdot 1,35 \cdot \frac{10 + 6,25}{2} \cdot 5,0 = 60,33 \text{ kNm}$

$$\frac{N}{\kappa \cdot N_{pl}} + \frac{\beta_m \cdot M}{M_{pl}} + \Delta n = \frac{71,28}{0,167 \cdot 1546} + \frac{1,0 \cdot 60,33}{109,4} + 0,1 = 0,276 + 0,551 + 0,1 = 0,927 < 1$$

Wegen $N/N_{pl} = 71,3/1546 = 0,046 < 0,2$ darf der M-Anteil *nicht* durch 1,1 dividiert werden!

3.4 Federnd abgestützte Stäbe

Die Lagerung von Stäben tritt nicht immer in reiner Form (eingespannt, gelenkig gelagert, in einer Richtung reibungslos verschieblich, ...) auf. Lagerungen können unter Belastung durch Kräfte nachgeben (Dehnfederung). Gelenke können Widerstand gegen Verdrehen leisten oder Einspannungen können sich unter Momentenbelastung verdrehen (Drehfederung).

Definition der Federkonstanten:

- Dehnfeder-Konstante C [kN/m]: C ist die Belastung [kN], die ein Nachgeben der Feder um 1 m bewirkt.
- Drehfeder-Konstante D [kNm/1]: D ist das Moment [kNm], das eine Verdrehung der Feder um den Winkel 1 bewirkt.

Für die Knickgleichungen werden dimensionslose Hilfsgrößen eingeführt:

- für Dehnfedern: $\Phi = \frac{EI}{Cl^3}$ (3.4a)
- für Drehfedern: $\chi = \frac{EI}{Dl}$ (3.4b)

$\Delta s = \frac{N}{C}$ $\Delta\varphi = \frac{M}{D}$

Bild 3.7 **Definition Federkonstanten**

l ist dabei immer die Länge des betrachteten Knickstabes.

Als Grenzwerte bedeuten:	$\Phi = 0$	starres Lager senkrecht zur Stabachse
	$\Phi = \infty$	keine Lagerung senkrecht zur Stabachse
	$\chi = 0$	starre Einspannung des Stabes
	$\chi = \infty$	keinerlei Einspannung des Stabes

Der dargestellte Stab ist beidseitig gelenkig gelagert, oben horizontal federnd abgestützt.

2 Möglichkeiten des Ausweichens sind:

1) Biegeknicken mit $N_{Ki} = \frac{\pi^2 \cdot EI}{l^2}$

2) Eindrücken der Dehnfeder, wobei aus der Schiefstellung folgt:

$$\frac{H}{N} = \frac{\Delta s}{l}$$

und mit $H = C \cdot \Delta s$

als kritische Last $N_{kr} = C \cdot l$

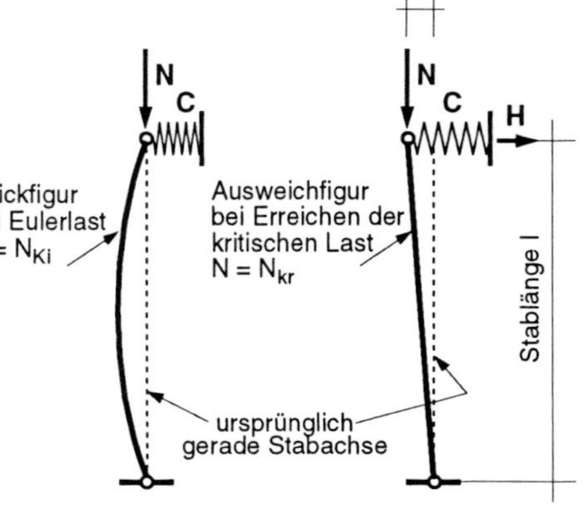

Bild 3.8 **Ausweichformen für den einseitig federnd abgestützten Stab**

Bei dem gezeigten Pendelstab mit horizontal federnder Lagerung sind die beiden Stabilitätsfälle entkoppelt; die Knickgleichung ist nachfolgend (System 1) angegeben. Die Entkoppelung tritt bei den meisten sonstigen Lagerungsmöglichkeiten nicht auf; die Knickgleichung läßt dann nur *eine* Knicklast zu.

Für unterschiedliche federnde Lagerungen von Druckstäben sind nachfolgend die Knickgleichungen angegeben. Sie folgen jeweils aus der allgemeinen Lösung (2.9) der Knickgleichung (2.8) unter Beachtung der vorgegebenen Randbedingungen mit Berücksichtigung der Federkonstanten.

In Tabelle 3.3 angegeben sind die mit EDV errechneten Lösungswerte für die Parameter Φ bzw. χ.

Wichtig: Die Grenzwerte für die Knicklängen der angegebenen Systeme für ganz starre Lagerung ($\Phi = 0$ bzw. $\chi = 0$) oder ganz weiche Federn ($\Phi = \infty$ bzw. $\chi = \infty$) lassen sich durch einfache Überlegungen auf die 4 Eulerfälle zurückführen.

Als Feder kommt sehr oft ein anschließender Stab oder ein anschließendes Stabsystem in Betracht, an dem der betrachtete Stab durch die Weichheit dieses Systems nicht starr, sondern elastisch nachgiebig, also federnd gelagert ist.

Beispiel 3.4: Die dargestellten Systeme sind den Systemen in Bild 3.9 zuzuordnen; daraus sind die Knicklängen der Druckstäbe zu ermitteln.

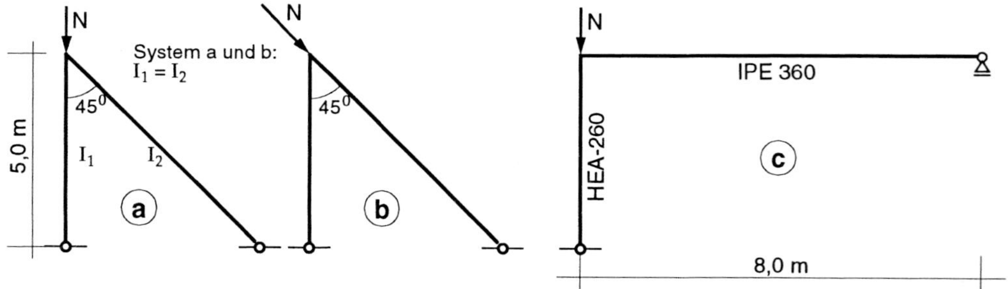

a) Der senkrechte Stab ist durch den schrägen Stab drehelastisch eingespannt und waagrecht unverschieblich gehalten.

$$D = \frac{3 \cdot EI_2}{l_2} \qquad \chi = \frac{EI_1}{Dl_1} = \frac{EI_1 \cdot l_2}{3 \cdot EI_2 \cdot l_1} = \frac{\sqrt{2}}{3} = 0,471 \qquad \text{System 3: } \beta = 0,870 \qquad s_K = 4,35 \text{ m}$$

b) Der Druckstab ist jetzt der schräge Stab, durch den senkrechten drehelastisch eingespannt und waagrecht unverschieblich gehalten.

$$D = \frac{3 \cdot EI_1}{l_1} \qquad \chi = \frac{EI_2}{Dl_2} = \frac{EI_2 \cdot l_1}{3 \cdot EI_1 \cdot l_2} = \frac{1}{3 \cdot \sqrt{2}} = 0,236 \qquad \text{System 3: } \beta = 0,815 \qquad s_K = 5,76 \text{ m}$$

c) Der Stiel S ist durch den Riegel R drehelastisch eingespannt, aber waagrecht *nicht* gehalten!

$$D = \frac{3 \cdot EI_R}{l_R} \qquad \chi = \frac{EI_S}{Dl_S} = \frac{EI_S \cdot l_R}{3 \cdot EI_R \cdot l_S} = \frac{I_S \cdot l_R}{3 \cdot I_R \cdot l_S} = \frac{10450 \cdot 8,0}{3 \cdot 16270 \cdot 5,0} = 0,3426$$

Bild 3.9, System 4: $\varepsilon = 1,1852$ $\beta = 2,65$ Knicklänge $s_K = 13,25$ m

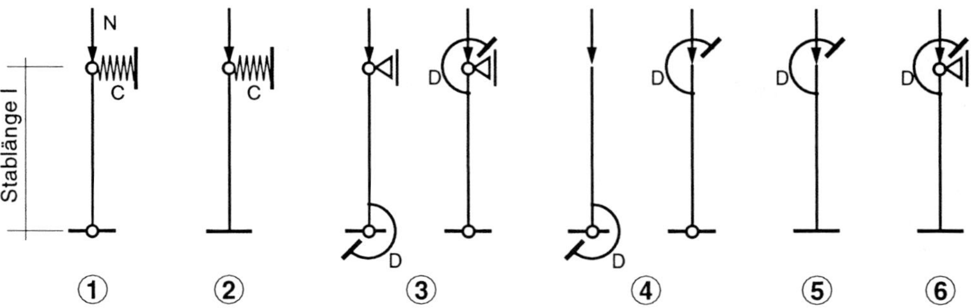

Bild 3.9 **Systeme für federnd gelagerte Druckstäbe**

Knickgleichungen der abgebildeten Systeme federnd gelagerter Druckstäbe:

		Bereiche für β:
System 1:	$0 = (1 - \phi \cdot \varepsilon^2) \cdot \sin\varepsilon$	$0{,}7 \le \beta \le 2$
System 2:	$0 = \varepsilon \cdot (1 - \phi \cdot \varepsilon^2) \cdot \cos\varepsilon - \sin\varepsilon$	$0{,}7 \le \beta \le 1$
System 3:	$0 = \varepsilon \cdot \cos\varepsilon - (1 + \chi \cdot \varepsilon^2) \cdot \sin\varepsilon$	$\beta \ge 2$
System 4	$0 = \cos\varepsilon - \chi \cdot \varepsilon \cdot \sin\varepsilon$	$1 \le \beta \le 2$
System 5:	$0 = \sin\varepsilon + \chi \cdot \varepsilon \cdot \cos\ \varepsilon$	
System 6:	$0 = \chi \cdot \varepsilon \cdot (\varepsilon\cos\varepsilon - \sin\varepsilon) - 2 \cdot (1 - \cos\varepsilon) + \varepsilon\sin\varepsilon$	$0{,}5 \le \beta \le 0{,}7$

Tab. 3.3 **Knicklängenbeiwerte ß für federnd gelagerte Druckstäbe**

ϕ bzw. χ	0,01	0,02	0,03	0,04	0,05	0,06	0,07	0,08	0,09	0,10
System 2	0,7077	0,7209	0,7411	0,7701	0,8064	0,8462	0,8862	0,9248	0,9613	0,9956
System 3	0,7061	0,7128	0,7194	0,7258	0,7320	0,7381	0,7439	0,7495	0,7550	0,7602
System 4	2,0200	2,0400	2,0600	2,0799	2,0998	2,1197	2,1395	2,1593	2,1790	2,1987
System 5	1,0100	1,0200	1,0299	1,0398	1,0496	1,0594	1,0690	1,0786	1,0881	1,0974
System 6	0,5050	0,5100	0,5148	0,5196	0,5243	0,5289	0,5333	0,5375	0,5417	0,5456

ϕ bzw. χ	0,10	0,20	0,30	0,40	0,50	0,60	0,70	0,80	0,90	1,00
System 2	0,9956	1,2426	1,3890	1,4869	1,5572	1,6104	1,6521	1,6856	1,7132	1,7364
System 3	0,7602	0,8038	0,8347	0,8575	0,8749	0,8885	0,8995	0,9085	0,9161	0,9225
System 4	2,1987	2,3912	2,5752	2,7504	2,9173	3,0766	3,2291	3,3753	3,5160	3,6516
System 5	1,0974	1,1839	1,2574	1,3196	1,3725	1,4179	1,4572	1,4915	1,5217	1,5485
System 6	0,5456	0,5777	0,5994	0,6147	0,6260	0,6347	0,6416	0,6471	0,6517	0,6555

ϕ bzw. χ	1,00	1,50	2,00	2,50	3,00	3,50	4,00	4,50	5,00	10,00
System 2	1,7364	1,8120	1,8539	1,8805	1,8989	1,9124	1,9227	1,9308	1,9374	1,9680
System 3	0,9225	0,9439	0,9561	0,9639	0,9693	0,9734	0,9765	0,9789	0,9805	0,9902
System 4	3,6516	4,2684	4,8090	5,2956	5,7416	6,1557	6,5437	6,9101	7,2581	10,0999
System 5	1,5485	1,64723	1,7106	1,7545	1,7869	1,8117	1,8313	1,8472	1,8604	1,9250
System 6	0,6555	0,6681	0,6750	0,6794	0,6825	0,6847	0,6864	0,6878	0,6889	0,6939

Beispiel 3.5: Der planmäßig auf mittigen Druck belastete Stab c-d ist in y-Richtung durch einen Verband ausreichend ausgesteift. In c ist dieser Stab durch den Stab a-b in z-Richtung federnd gehalten.

Querschnitte: beide Stäbe HEA-260.

a) Wie groß ist die ideale Knicklast N_{Ki} bzw. N_{Kr} für Ausknicken in z-Richtung?

b) Wie groß sind Knicklänge und ideale Knicklast, wenn der Stab bei d fest eingespannt ist?

c) Wie groß sind Knicklänge und ideale Knicklast für den Stab c-d, wenn kein aussteifender Verband vorhanden ist, wenn der Stab c-d in d gelenkig gelagert, jedoch in c mit dem Stab a-b in jeder Richtung biegesteif verbunden ist?

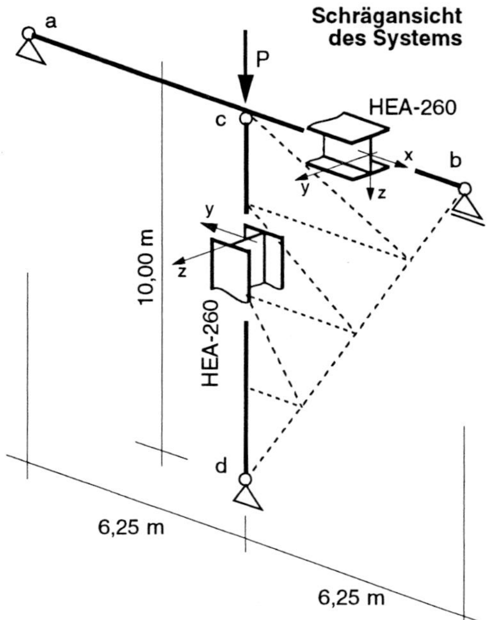

a) Bild 3.9, System 1. Die Federkonstante C [kN/m] ist der Kehrwert der Verschiebung f [m] des Haltepunkts infolge P = 1 kN.

$$f_H = \frac{H \cdot l^3}{48 \cdot EI_z} = \frac{1 \cdot 12,5^3}{48 \cdot 7707} = 0,00528 \text{ m} \qquad C = \frac{1}{f_H} = \frac{1}{0,00528} = 189,4 \text{ kN/m}$$

Es ist $N_{kr} = C \cdot l = 189,4 \cdot 10 = 1894$ kN *maßgebend!*

und $N_{Ki} = \dfrac{\pi^2 \cdot EI_y}{l^2} = \dfrac{\pi^2 \cdot 21945}{10,0^2} = 2166$ kN *nicht* maßgebend!

ⓐ

b) Bild 3.9, System 2. $C = 189{,}4$ kN/m $\Phi = \dfrac{EI_y}{Cl^{3e}} = \dfrac{21945}{189,4 \cdot 10^3} \approx 0,116$

$\beta = 1{,}035$ (interpoliert) bzw. $\beta = 1{,}046$ (genau gerechnet).

Damit $s_K \approx 10{,}35$ m und $N_{Ki} = \dfrac{\pi^2 \cdot EI_y}{s_K^2} = \dfrac{\pi^2 \cdot 21945}{10,35^2} = 2021$ kN

ⓑ

c) Bild 3.9, System 3. Maßgebend wird das Ausknicken *in* der System-Ebene. Die Federkonstante D [kNm] ist der Kehrwert der Verdrehung φ des Haltepunkts infolge des Moments M = 1 [kNm].

M = 1 kNm
0,5 kNm
0,5 kNm
M

ⓒ

$$EI \cdot \varphi = \int M^2 dx = 2 \cdot \frac{1}{3} \cdot 0,5^2 \cdot 6,25 = 1,0417 \text{ kNm}^2 \qquad D = \frac{EI}{EI \cdot \varphi} = \frac{21945}{1,0417} = 21067 \text{ kNm}$$

$$\chi = \frac{EI_z}{Dl} = \frac{7707}{21067 \cdot 10} = 0,0366 \qquad \beta = 0,724 \qquad N_{Ki} = \frac{\pi^2 \cdot EI_z}{s_K^2} = \frac{\pi^2 \cdot 7707}{7,24^2} = 1451 \text{ kN}$$

Für Stützen, die in ein Fundament eingespannt sind, stellt auch der Baugrund eine nachgiebige Lagerung dar. Aus [6] sind die Beziehungen für die Ermittlung der Federkonstanten D beim "Elastischen Halbraum" entnommen:

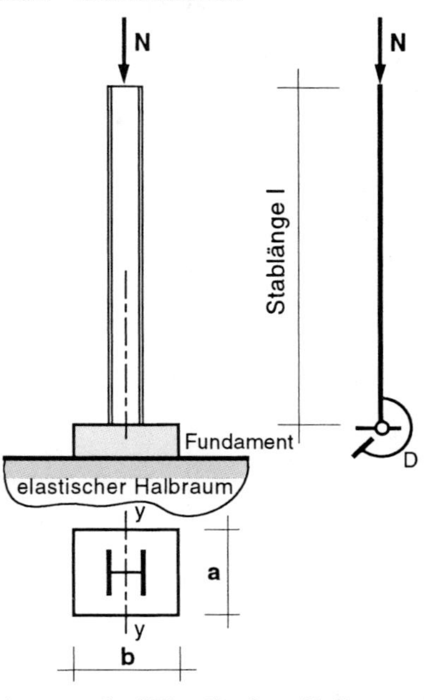

Bild 3.10 **Im "Elastischen Halbraum" eingespannte Stütze**

$$D = a \cdot b^2 \cdot \frac{E}{i \cdot k} \qquad (3.5)$$

Hierin bedeuten: $E = \frac{1 - \mu - 2\mu^2}{1 - \mu} \cdot E_S$

E_S = Steifezahl des Baugrunds (DIN 4019)
μ = Querkontraktionszahl (DIN 4019)
i = 4,64 im "Elastischen Halbraum"
k = f(a/b) gemäß nachstehender Tabelle

a/b	0	0,5	1,0	1,5	2,0	2,5	3,0
k	1,00	0,87	0,76	0,66	0,59	0,54	0,50

Die Beziehungen gelten für Knicken um die y-Achse gemäß Bild 3.9

Anmerkung: "Elastischer Halbraum" bedeutet, daß Unterkante Fundament = Oberkante tragfähiges Erdreich ist. Andere Möglichkeiten sind in [6] behandelt.

Beispiel 3.6: Stütze HEA-260, 10 m lang, im Fundament eingespannt. Die Stütze sei senkrecht zu ihrer z-Achse ausreichend stabilisiert. Die Knicklängen für verschiedene Fundamentabmessungen und Baugrundbeschaffenheit sind zu berechnen.

a) Baugrund: Kies mitteldicht, E_s = 15 kN/cm² bzw. E = 11,25 kN/cm².
Fundamentabmessungen: a = b = 1,0 m.

$$D = 1,0 \cdot 1,0^2 \cdot \frac{11,25 \cdot 10^4}{4,64 \cdot 0,76} = 31902 \text{ kNm}$$

$$\chi = \frac{EI}{Dl} = \frac{21945}{31902 \cdot 10} = 0,0688$$ Bild 3.9, System 4: $\beta = 2{,}137$ und $s_K = 21{,}37$ m

b) Baugrund: Lehm, halbfest, E_s = 2,5 kN/cm² bzw. E =1,17 kN/cm².
b1) Fundamentabmessungen: a = b = 1,0 m,
b2) a = b = 2,0 m.

b1) $D = 1,0 \cdot 1,0^2 \cdot \frac{1,17 \cdot 10^4}{4,64 \cdot 0,76} = 3248 \text{ kNm}$ $\chi = \frac{EI}{Dl} = \frac{21945}{3248 \cdot 10} = 0,675$ $\beta = 3{,}19!$

b2) $D = 2,0 \cdot 2,0^2 \cdot \frac{1,17 \cdot 10^4}{4,64 \cdot 0,76} = 26543 \text{ kNm}$ $\chi = \frac{EI}{Dl} = \frac{21945}{26543 \cdot 10} = 0,0827$ $\beta = 2{,}165$

3.5 Knicklängen von Rahmenstielen

Der symmetrisch belastete Zweigelenkrahmen kann antimetrisch oder symmetrisch ausknicken. Für die Bestimmung der Knicklängen lassen sich Ersatzstäbe für die Rahmenstiele finden, wobei die Steifigkeit des Riegels durch eine Drehfeder simuliert wird.

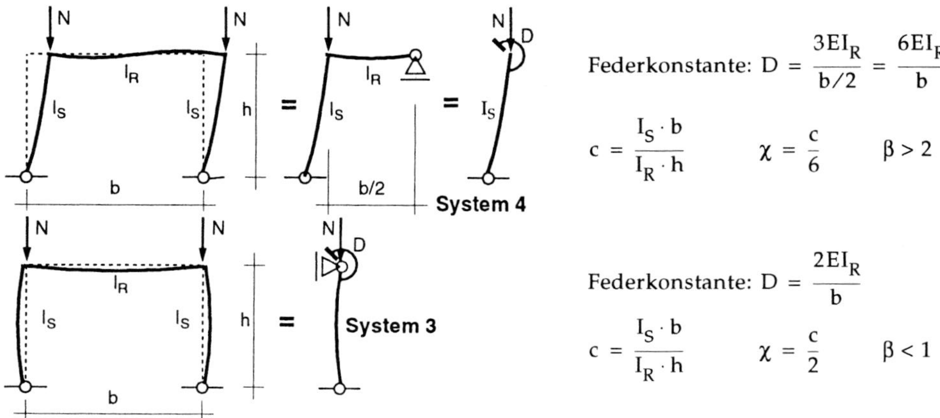

Bild 3.11 **Antimetrisches und symmetrisches Ausknicken am Zweigelenkrahmen**

Der kleinere Eigenwert ε bzw. die kleinere Knicklast N_{Ki} entscheidet über die Art der Knickfigur (antimetrisch oder symmetrisch).

Grenzbetrachtungen der Knicklängen am Ersatzstab lassen erkennen: verschiebliche Rahmen knicken mit antimetrischer Knickfigur aus. Symmetrische Knickfiguren ergeben sich für unverschiebliche Rahmen (Riegel horizontal gehalten).

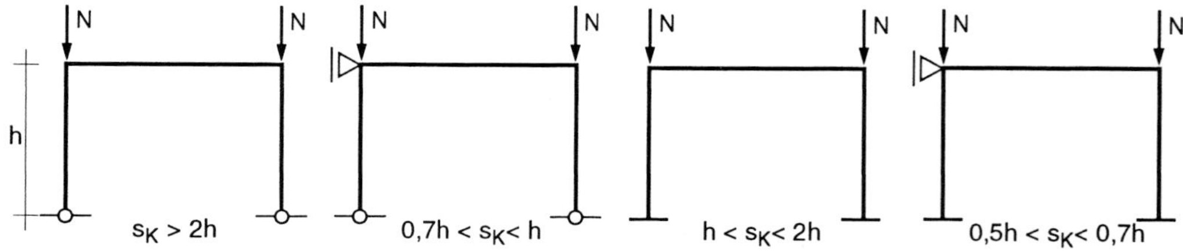

Bild 3.12 **Grenzwerte für Knicklängen verschieblicher und unverschieblicher Rahmen**

Für den Fall unterschiedlich hoch belasteter Rahmenstiele enthält die "alte" Norm DIN 4114 eine große Formelsammlung. Nachfolgend sind daraus einige Werte wiedergegeben (Bezeichnungen gegenüber der Norm etwas umgestellt!).

DIN 18800 Teil 2 enthält Nomogramme für die Knicklängen symmetrisch belasteter Rahmen, woraus nachfolgend das Nomogramm für verschiebliche Rahmen wiedergegeben wird.

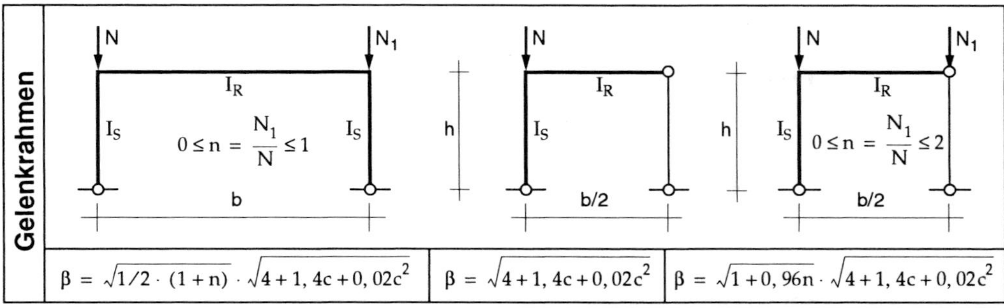

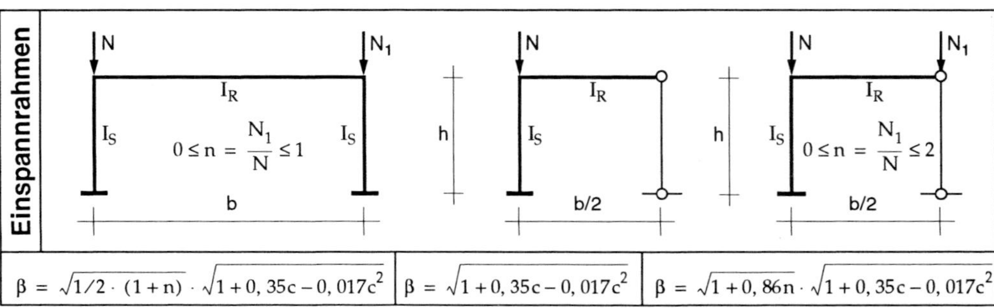

Bild 3.13 **Knicklängenbeiwerte ß für Rahmen** nach DIN 4114

Für *alle* Rahmen: $c = \dfrac{I_S \cdot b}{I_R \cdot h} \le 10$

Hinweis: Die Formeln der DIN 4114 enthalten auch Anteile der Normalkraftverformung. Sehr große Normalkräfte können sich auch auf die Federkonstanten und damit auch auf die Knicklängen auswirken. Diese Einflüsse sind hier, wie auch in den Beispielen, weggelassen worden, weil sie praktisch in aller Regel bedeutungslos sind.

Beispiel 3.7: Zweigelenkrahmen.
Gesucht: Knicklänge der Stiele.

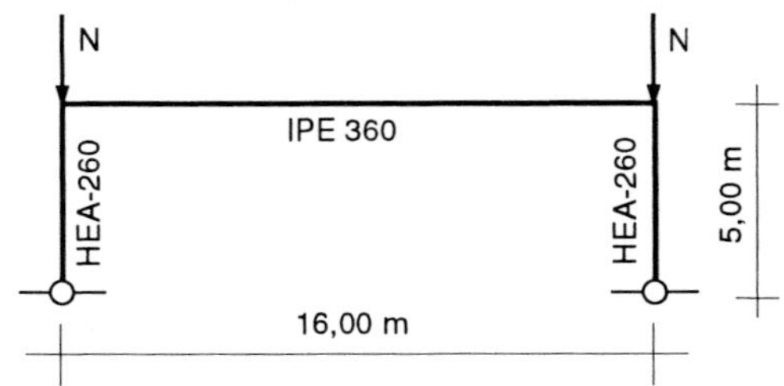

a) Nach DIN 4114:

$$c = \frac{10450 \cdot 16}{16270 \cdot 5} = 2,055 < 10$$

$$n = N_1/N = 1$$

$$\beta = \sqrt{4 + 1,4c + 0,02c^2} = 2,64$$

b) Nach Nomogramm DIN 18800:

$$c_u = 1 \quad \text{und} \quad c_o = \frac{c}{2+c} = \frac{2,055}{2 + 2,055} = 0,507$$

Im Nomogramm liest man (auf der rechten Leiter) ab: $\beta \approx 2,65$

c) Nach Abschnitt 3.7 ergibt sich:

$$\beta = \pi \cdot \sqrt{\frac{5}{12} + \frac{c}{6}} = \pi \cdot \sqrt{\frac{5}{12} + \frac{2,055}{6}} = 2,74$$

d) Der entsprechende Halbrahmen wurde bereits in Beispiel 3.4c berechnet. Dort ergab sich: β = 2,65 (was den "genauen" Wert darstellt).

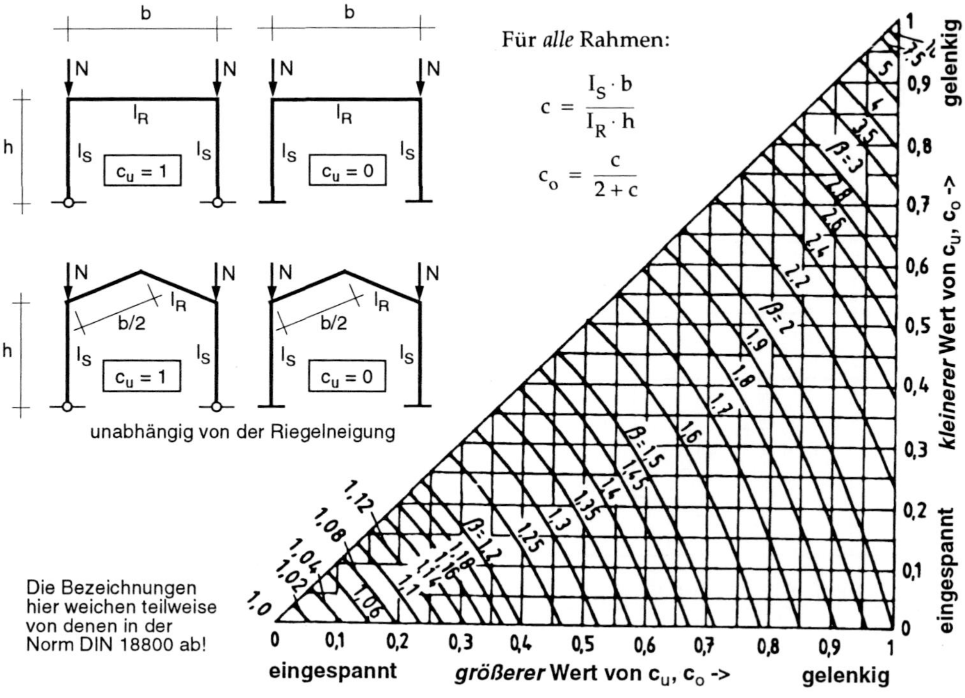

Bild 3.14 **Knicklängen für symmetrisch belastete, verschiebliche Rahmen** nach DIN 18800 Teil 2

Mit dem angegebenen Nomogramm läßt sich auch eine federnde Fußeinspannung berücksichtigen. Dann gilt:

$$c_u = \frac{1}{1 + \frac{Dh}{3EI_s}} = \frac{1}{1 + \frac{1}{3\chi}} = \frac{3\chi}{1 + 3\chi}$$

Die Grenzübergänge zum gelenkig gelagerten und zum eingespannten Rahmen lassen sich leicht vollziehen.

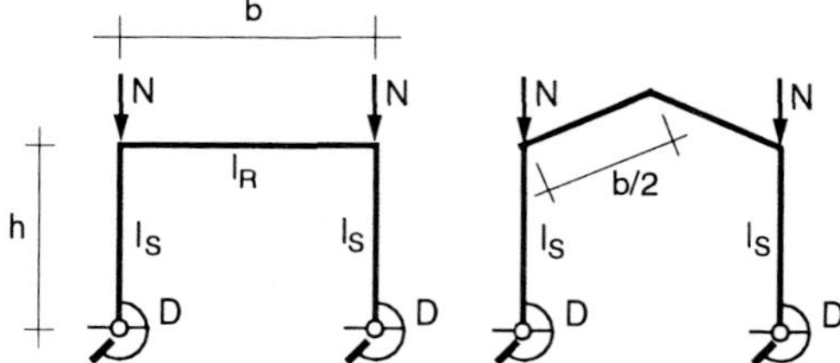

Bild 3.15 **Federnd eingespannte Rahmen**

DIN 18800 Teil 2 enthält über die oben angegebenen Systeme hinaus weitere Angaben für die Knicklängen von Rahmenstielen in verschieblichen und unverschieblichen Rahmen unterschiedlicher Ausführung.

Die Rahmen*riegel* erhalten bei üblicher Belastung der Rahmen meist auch Druckkräfte. Diese sind jedoch in der Regel so gering, daß ein Knicknachweis nicht geführt werden muß. Nähere Angaben hierzu bei Rieckmann [9].

Beispiel 3.8: Der biegesteife, geschlossene Rahmen ist mit den angegebenen γ_M-fachen Bemessungslasten belastet.

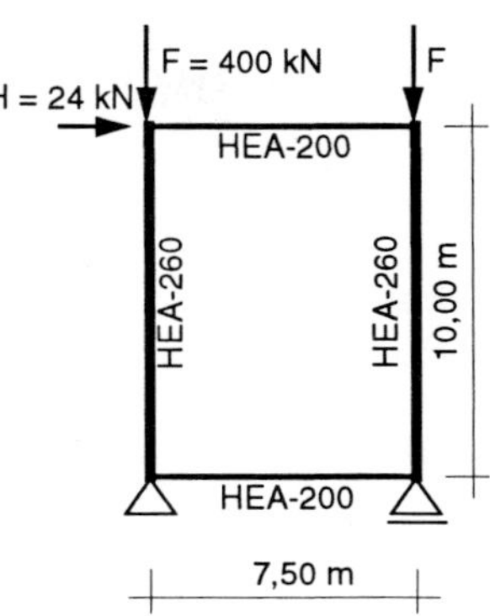

Als Ersatzsystem soll ein Zweigelenkrahmen mit federnd eingespannten Stützen berechnet werden. Die Rahmenstiele sind nach dem Ersatzstabverfahren nachzuweisen.

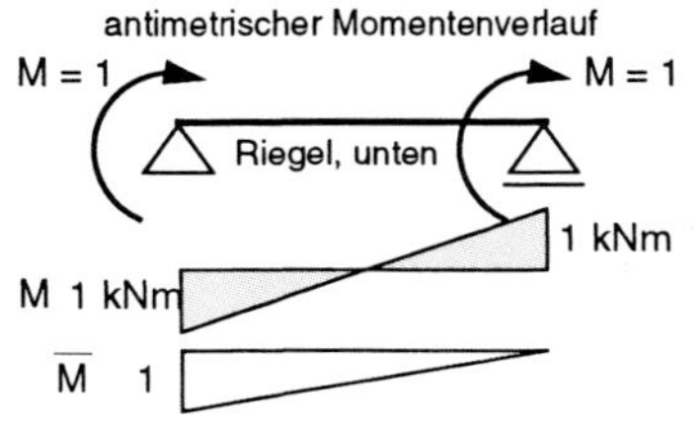

Berechnung der Federkonstanten für die Einspannung der Stützenfüße des Rahmens durch den unteren Riegel:

$$EI \cdot \varphi = \left(\frac{1}{3} - \frac{1}{6}\right) \cdot l \qquad D = \frac{1}{\varphi} = \frac{6 \cdot EI}{l} \qquad \chi = \frac{EI_S}{Dh} = \frac{EI_S}{h} \cdot \frac{l_{R,u}}{6 \cdot EI_{R,u}} = \frac{1}{6} \cdot \frac{I_S \cdot l_{R,u}}{I_{R,u} \cdot h}$$

Knicklängenbeiwert nach Diagramm DIN 18800:

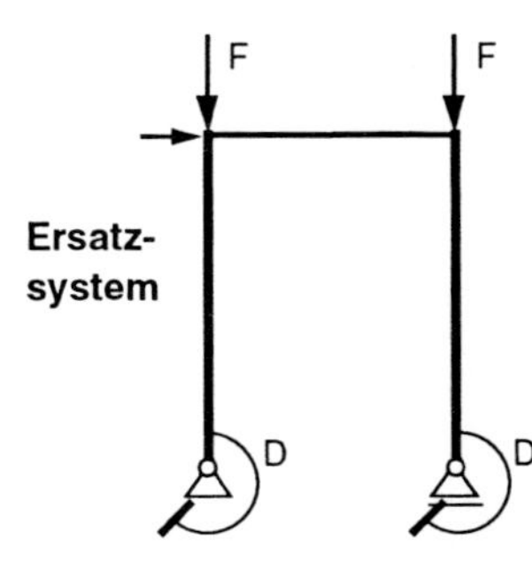

$$\chi = \frac{1}{6} \cdot \frac{I_S \cdot l_{R,u}}{I_{R,u} \cdot h} = \frac{1}{6} \cdot \frac{10450 \cdot 7,50}{3690 \cdot 10,00} = 0,354$$

$$c_u = \frac{3\chi}{1 + 3\chi} = \frac{1,062}{2,062} = 0,515$$

$$c = \frac{10450 \cdot 7,50}{3690 \cdot 10,00} = 2,124 \qquad c_o = \frac{c}{2 + c} = \frac{2,124}{4,124} = 0,515$$

Ablesewert: $\beta \approx 1,63$ -> $s_K = 16,30$ m
(Ohne unteren Riegel wäre: $\beta \approx 2,65$!)

Der Momentenverlauf infolge der H-Last ergibt sich am besten durch Ausnutzung der Symmetrieverhältnisse des Tragwerks und der Antimetrie der Belastung.

Auflagerkr. inf. H: $-A_V = B_V = 24 \cdot \frac{10,00}{7,50} = 32,0$ kN

Insgesamt im rechten Stiel: $N = 400 + 32 = 432$ kNm

Eckmomente: $M_{Eck} = \frac{32}{2} \cdot \frac{7,50}{2} = 60$ kNm

Schlankheitsgrad: $\bar{\lambda} = \frac{1630/11}{92,93} = 1,595$

$\kappa_b = 0,310$

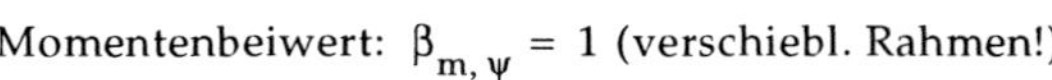
Momentenbeiwert: $\beta_{m,\psi} = 1$ (verschiebl. Rahmen!)

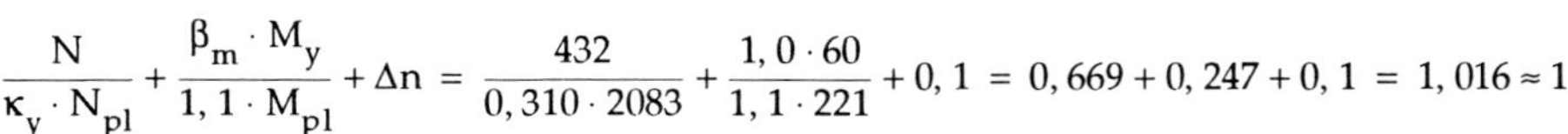
$$\frac{N}{\kappa_y \cdot N_{pl}} + \frac{\beta_m \cdot M_y}{1,1 \cdot M_{pl}} + \Delta n = \frac{432}{0,310 \cdot 2083} + \frac{1,0 \cdot 60}{1,1 \cdot 221} + 0,1 = 0,669 + 0,247 + 0,1 = 1,016 \approx 1$$

Mit $\Delta n = 0,669 \cdot (1 - 0,669) \cdot 0,31^2 \cdot 1,595^2 = 0,054$ gibt die Interaktionsbeziehung: $I = 0,970 < 1$!

Wegen $N/N_{pl} = 432/2083 = 0,207 > 0,2$ durfte zuvor der M-Anteil durch 1,1 dividiert werden.

Anmerkung: Zum selben Ergebnis führt eine Berechnung am Zweigelenkrahmen mit den Stielen HEA-260, h = 5,0 m und dem Riegel HEA-200, b = 7,5 m: c = 4,25 und β = 3,21 x 5,0 = 16,05 m (s.o.).

3.6 Gekoppelte Einspannstützen

Knickgleichung für zwei gekoppelte eingespannte Stützen mit unterschiedlicher Belastung, Länge und Steifigkeit samt Lösungs-Schaubild nach [6]:

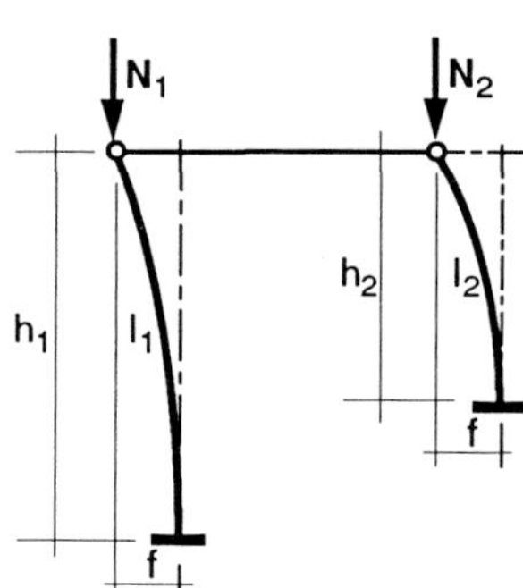

Hilfsgrößen: $\mu = \frac{N_2 \cdot h_1}{N_1 \cdot h_2}$ $\rho = \frac{\varepsilon_2}{\varepsilon_1} = \frac{h_2 \cdot \sqrt{N_2 \cdot I_1}}{h_1 \cdot \sqrt{N_1 \cdot I_2}} \leq 1$

Achtung bei ρ > 1: ggf. Indizes 1 und 2 vertauschen!

Charakteristische Gleichung:

$$\mu\rho \cdot cos\rho\varepsilon_1 \cdot (\varepsilon_1 \cdot cos\varepsilon_1 - sin\varepsilon_1) + cos\varepsilon_1 \cdot (\rho\varepsilon_1 \cdot cos\rho\varepsilon_1 - sin\rho\varepsilon_1) = 0$$

Knicklängen: $s_{K1} = \beta_1 \cdot h_1$ $s_{K2} = \beta_2 \cdot h_2 = \frac{\beta_1}{\rho} \cdot h_2$

Die Abhängigkeit der beiden Stützen voneinander bewirkt, daß für die eine β > 2 und für die andere β < 2 wird.

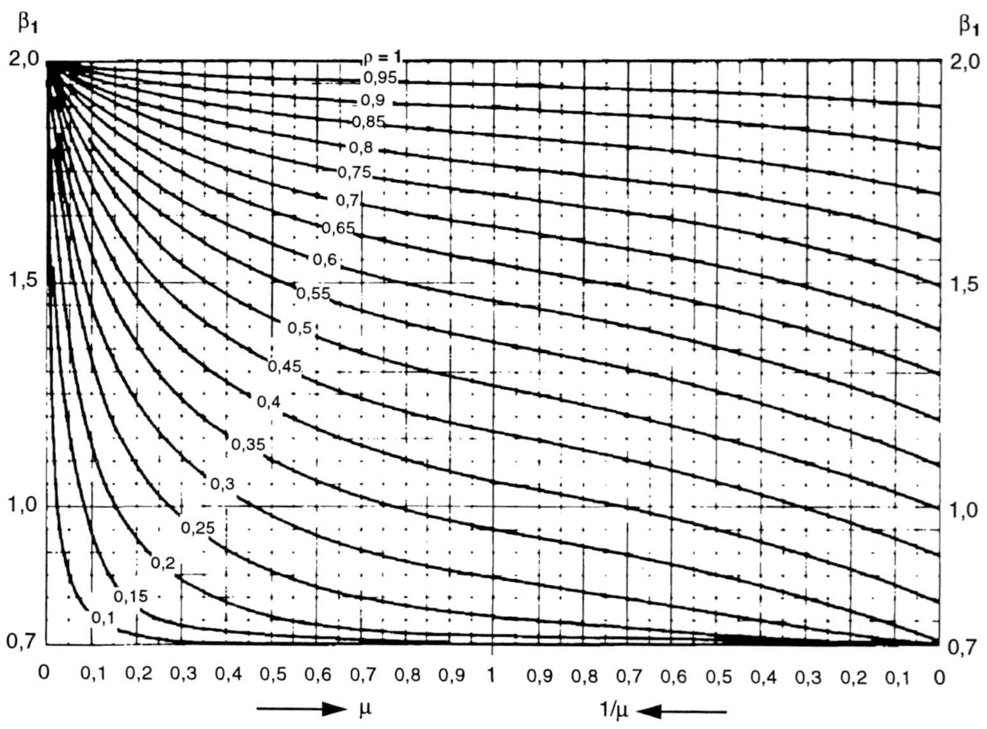

Bild 3.16 **Knicklängenbeiwert für zwei gekoppelte Einspannstützen** nach [6]

Beispiel 3.9: Am System mit eingespannten Stützen sind für die maßgebende Lastkombination die γ_M-fachen Bemessungslasten angegeben.

Die Knicklängen der Stützen sind zu bestimmen. Die Stützen sind nach dem Ersatzstabverfahren nachzuweisen.

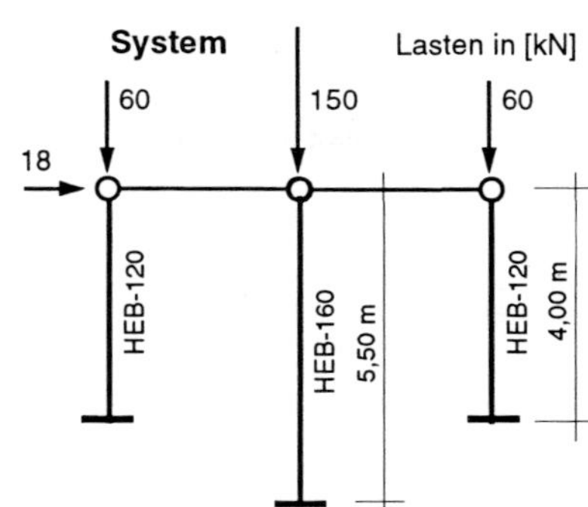

Am besten reduziert man das System auf ein solches mit 2 Koppelstützen (Symmetrie ausnützen!).

Ersatzsystem

$N_1 = 75$ kN $N_2 = 60$ kN H = 9 kN

① 1/2 HEB-160, $h_1 = 5{,}50$ m ② HEB-120, $h_2 = 4{,}00$ m

Querschnitte: 1/2 HEB-160 $\quad I_1 = 0,5 \cdot 2490 = 1245\ \text{cm}^4$

HEB-120: $\quad I_2 = 864\ \text{cm}^4$

Lösung mit Bild 3.16:

$$\rho = \frac{\varepsilon_2}{\varepsilon_1} = \frac{h_2 \cdot \sqrt{N_2 \cdot I_1}}{h_1 \cdot \sqrt{N_1 \cdot I_2}} = \frac{4,00 \cdot \sqrt{60 \cdot 1245}}{5,50 \cdot \sqrt{75 \cdot 864}} = 0,78$$

$$\mu = \frac{N_2 \cdot h_1}{N_1 \cdot h_2} = \frac{60 \cdot 5,50}{75 \cdot 4,00} = 1,10 \quad \text{bzw.} \quad \frac{1}{\mu} = 0,91$$

Aus dem Nomogramm liest man ab: $\quad \beta_1 = 1,73$

$$s_{K1} = 1,73 \cdot 5,50 = 9,51\ \text{m} \quad \text{und} \quad s_{K2} = \frac{1,73}{0,78} \cdot 4,00 = 2,218 \cdot 4,00 = 8,87\ \text{m}$$

Aufteilung der H-Last: $\quad \dfrac{H_1}{H_2} = \dfrac{h_2^3 \cdot I_1}{h_1^3 \cdot I_2} = \dfrac{4,00^3 \cdot 1245}{5,50^3 \cdot 864} = 0,554 \quad$ und $\quad H_1 + H_2 = H = 9\ \text{kN}$

$$H_1 = \frac{0,554}{1,554} \cdot 9,0 = 3,21\ \text{kN} \quad \text{und} \quad H_2 = 9,0 - 3,21 = 5,79\ \text{kN}$$

$$M_1 = 3,21 \cdot 5,50 = 17,65\ \text{kNm} \quad \text{und} \quad M_2 = 5,79 \cdot 4,00 = 23,17\ \text{kNm}$$

Stütze 1 (1/2 HEB-160): $\quad \bar{\lambda}_y = \dfrac{951/6,78}{92,93} = 1,509 \quad \kappa_b = 0,339 \quad \beta_m = 1,0$

$$\frac{N}{\kappa \cdot N_{pl}} + \frac{\beta_m \cdot M}{M_{pl}} + \Delta n = \frac{75}{0,339 \cdot 651} + \frac{1,0 \cdot 17,65}{42,5} + 0,1 = 0,340 + 0,414 + 0,1 = 0,854 < 1$$

Stütze 2 (HEB-120): $\quad \bar{\lambda}_y = \dfrac{887/5,04}{92,93} = 1,894 \quad \kappa_b = 0,231 \quad \beta_m = 1,0$

$$\frac{N}{\kappa \cdot N_{pl}} + \frac{\beta_m \cdot M}{M_{pl}} + \Delta n = \frac{60}{0,231 \cdot 816} + \frac{1,0 \cdot 23,17}{39,7} + 0,1 = 0,318 + 0,584 + 0,1 = 1,002 \approx 1$$

Für beide Stützen ist $N/N_{pl} = 60/816 = 0,074 < 0,2$. Daher darf in den Nachweisen der M-Anteil *nicht* durch 1,1 dividiert werden!

Nachweis mit genauem $\Delta n = 0{,}013$ bringt für Stütze 2: $I = 0,318 + 0,584 + 0,042 = 0,944 < 1$

3.7 Knicklängen ausgewählter Systeme

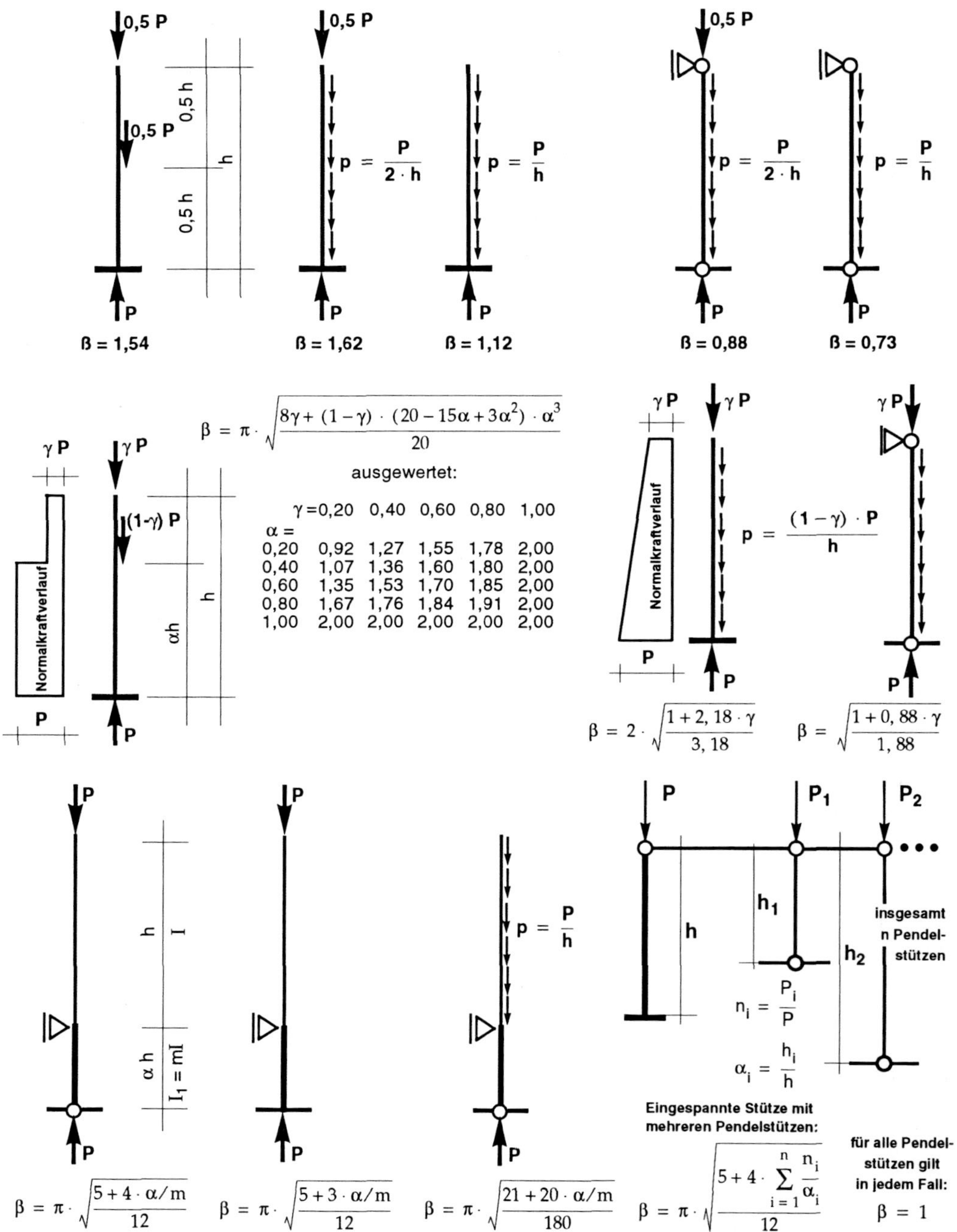

α = \ γ =	0,20	0,40	0,60	0,80	1,00
0,20	0,92	1,27	1,55	1,78	2,00
0,40	1,07	1,36	1,60	1,80	2,00
0,60	1,35	1,53	1,70	1,85	2,00
0,80	1,67	1,76	1,84	1,91	2,00
1,00	2,00	2,00	2,00	2,00	2,00

Bild 3.17 **Knicklängenbeiwerte für Stäbe unterschiedlicher Belastung und Lagerung**

3.8 Drillknicken planmäßig mittig belasteter Stäbe

3.8.1 Drillknicken von Stäben mit wölbfreiem Querschnitt

Am ausgedrillten Stab wird durch die Schiefstellung der Stabfasern im Flächenelement dA eine Abtriebskomponente

$$dF = \alpha \cdot \sigma \cdot dA$$

erzeugt, die im gesamten Querschnitt aufintegriert ein Torsionsmoment M_x ergibt:

$$M_x = \int_{(A)} r \cdot dF = \sigma \cdot \int_{(A)} \alpha \cdot r \cdot dA$$

Mit $\alpha = r \cdot \frac{d\vartheta}{dx} = r \cdot \vartheta'$ und

$$I_p = \int_{(A)} r^2 \cdot dA = \int_{(A)} (y^2 + z^2) \cdot dA = I_z + I_y$$

wird $M_x = \sigma \cdot \int_{(A)} r^2 \cdot \vartheta' \cdot dA = \sigma \cdot \vartheta' \cdot I_p$ (a)

Für Stäbe mit wölbfreiem Querschnitt gilt:

$$M_x = G \cdot I_T \cdot \vartheta' \qquad \text{(b)}$$

Ist der Querschnitt zudem doppeltsymmetrisch, so fallen Schwerpunkt (Stabachse) und Schubmittelpunkt (Drillachse) zusammen, so daß aus der Gleichsetzung der Beziehungen (a) und (b) folgt:

$$\sigma_{Di} = \frac{G \cdot I_T}{I_P} \qquad \text{und} \qquad N_{Di} = \sigma_{Di} \cdot A$$

Dabei ist: G = Schubmodul
I_T = St. Venantscher Drillwiderstand
$I_p = I_y + I_z$ = polares Trägheitsmoment

Mit dem Vergleichsschlankheitsgrad λ_{Vi} wird:

$$\lambda_{Vi} = \pi \cdot \sqrt{\frac{E \cdot I_p}{G \cdot I_T}} = 5,066 \cdot \sqrt{\frac{I_p}{I_T}} \qquad (3.6)$$

$$\sigma_{Di} = \frac{\pi^2 \cdot E}{\lambda^2_{Vi}} \qquad (3.7)$$

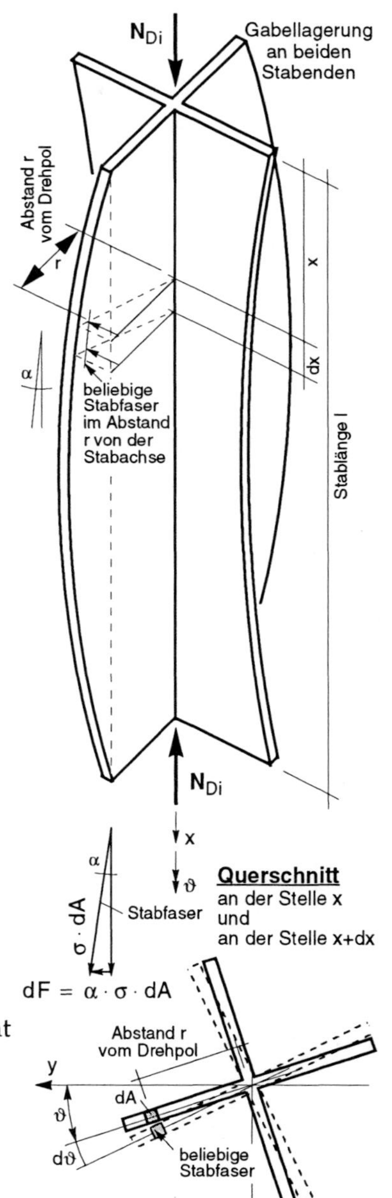

Bild 3.18 **Drillknicken eines Stabes mit wölbfreiem Querschnitt**

3.8.2 Drillknicken von Stäben mit nicht-wölbfreiem Querschnitt

Für das Aktions-Moment ergibt sich auch beim nicht-wölbfreien Querschnitt derselbe Zusammenhang wie beim wölbfreien Querschnitt:

$$M_x = \sigma \cdot \vartheta' \cdot I_p$$

Für die innere Reaktion wird auch der Wölbwiderstand C_M aktiviert:

$$M_x = GI_T \cdot \vartheta' - EC_M \cdot \vartheta'''$$

Durch Gleichsetzung folgt daraus:

$$EC_M \cdot \vartheta''' + (\sigma \cdot I_p - GI_T) \cdot \vartheta' = 0 \quad \text{und mit} \quad \alpha^2 = \frac{\sigma \cdot I_p - GI_T}{EC_M} \quad \text{wird:}$$

$$\vartheta''' + \alpha^2 \cdot \vartheta' = 0$$

Lösungsansatz: $\vartheta = A \cdot sin\alpha x + B \cdot cos\alpha x + C$

Randbedingungen: $x = 0$ -> $\vartheta = 0$ -> $C = 0$
$\vartheta'' = 0$ -> $B = 0$ (freie Verwölbung der Ränder)
$x = l$ -> $\vartheta = 0$ -> $0 = A \cdot sin\alpha l$ und damit

$$\alpha l = \pi \quad \text{oder} \quad \alpha^2 = \pi^2/l^2 \quad \text{oder}$$

$$\sigma_{Di} = \frac{\alpha^2 \cdot EC_M + GI_T}{I_p} \quad \text{oder} \quad \sigma_{Di} = \frac{\pi^2 \cdot EC_M + l^2 \cdot GI_T}{l^2 \cdot I_p}$$

Setzt man wie zuvor $\sigma_{Di} = \dfrac{\pi^2 \cdot E}{\lambda^2_{Vi}}$, dann wird der Vergleichsschlankheitsgrad

$$\lambda_{Vi} = \sqrt{\frac{l^2 \cdot I_p}{C_M + (l^2/\pi^2) \cdot (G/E) \cdot I_T}} = l \cdot \sqrt{\frac{I_p}{0,039 \cdot I_T \cdot l^2 + C_M}} = \sqrt{\frac{I_p}{0,039 \cdot I_T + C_M/l^2}} \tag{3.8}$$

Der Einfluß des Wölbwiderstands nimmt mit größer werdender Stablänge l ab. Für l -> ∞ gehen die Beziehungen über in jene des wölbfreien Querschnitts.

Für I-Querschnitte ist $C_M = I_z \cdot \dfrac{\bar{h}^2}{4}$ mit $\bar{h}$ = mittlerer Flanschabstand.

Die hergeleiteten Beziehungen gelten *nur* für doppeltsymmetrische Querschnitte bzw. solche Querschnitte, für die Schwerpunkt S und Schubmittelpunkt M zusammenfallen. In anderen, allgemeineren Fällen vermischen sich Biegeknick- und Drillknickproblem zum Biegedrillknickproblem.

Drillknicken wird dann maßgebend, wenn $\lambda_{Vi} > \lambda_{Biegung}$.

Drillknickgefährdet sind besonders wölbfreie dünnwandige offene Querschnitte. Bei nicht-wölbfreien Querschnitten erhöht die Wölbsteifigkeit EC_M i.a. den Drillwiderstand beträchtlich, so daß Drillknicken nicht maßgebend wird.

Beispiel 3.10: Eine 3,75 m lange Stütze hat den dargestellten Querschnitt und ist beidseitig gabelgelagert. Die Stütze ist für die γ_M-fache Bemessungslast N = 500 kN nachzuweisen.

Querschnitt

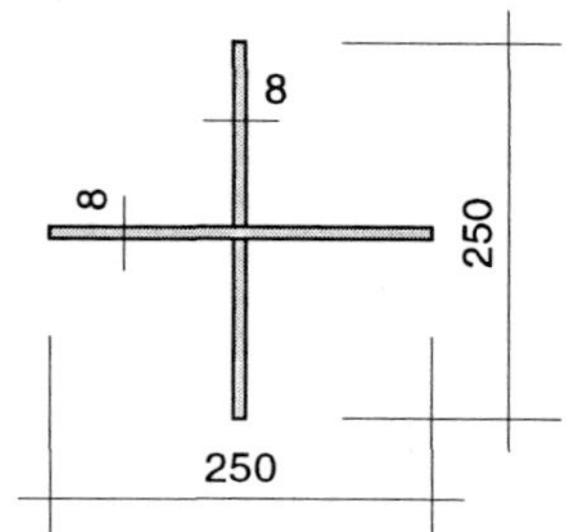

Von welcher Stablänge an aufwärts ist Biegeknicken maßgebend?

Querschnittswerte: $A \approx 2 \cdot 0,8 \cdot 25 = 40,0 \text{ cm}^2$

$I_y = I_z = 0,8 \cdot 25^3/12 = 1042 \text{ cm}^4$

$I_p = I_y + I_z = 2 \cdot 1042 = 2084 \text{ cm}^4$

$I_T = \frac{1}{3} \cdot \sum s \cdot t^3 = \frac{1}{3} \cdot 2 \cdot 25 \cdot 0,8^3 = 8,53 \text{ cm}^4$

Biegeknicken: $\lambda_y = \lambda_z = \frac{l}{i} = \frac{l}{\sqrt{I/A}} = \frac{375}{\sqrt{1042/40}} = 73,5$

Drillknicken: $\lambda_{Vi} = \pi \cdot \sqrt{\frac{E \cdot I_P}{G \cdot I_T}} = 5,066 \cdot \sqrt{\frac{I_P}{I_T}} = 5,066 \cdot \sqrt{\frac{2084}{8,53}} = 79,18 > 73,5$

Knicknachweis: $\bar{\lambda} = \frac{\lambda}{\lambda_a} = \frac{79,18}{92,93} = 0,852$ KSL c -> $\kappa_c = 0,630$

$\frac{N}{\kappa \cdot N_{pl}} = \frac{500}{0,630 \cdot 40 \cdot 24} = 0,827 < 1$

$grenz\ \frac{b}{t} = 12,9 \cdot \sqrt{\frac{24}{\sigma}} = 12,9 \cdot \sqrt{\frac{24}{500/40}} = 17,87$ -> $vorh\ \frac{b}{t} = \frac{12,1}{0,8} = 15,1$

Grenzlänge, bei der $\lambda_{Vi} = \lambda_y = \lambda_z$ ist: $grenz\ l = i \cdot \lambda_{Vi} = 5,10 \cdot 79,18 = 404 \text{ cm}$

Beispiel 3.11: Für eine 5 m lange Stütze, Querschnitt HEA-260, beidseits gabelgelagert, soll untersucht werden, ob Drillknicken maßgebend werden kann.

Biegeknicken: $\lambda_z = \frac{500}{6,50} = 76,92$

Drillknicken: $\lambda_{Vi} = l \cdot \sqrt{\frac{I_P}{0,039 \cdot I_T \cdot l^2 + C_M}} = 500 \cdot \sqrt{\frac{10450 + 3670}{0,039 \cdot 52,7 \cdot 500^2 + 516400}}$

$\lambda_{Vi} = 58,54 < \lambda_z = 76,92$

Für Stützen mit I-Querschnitt muß bei mittiger Druckbelastung in der Regel kein Nachweis auf Sicherheit gegen Drillknicken geführt werden.

3.9 Stabilität von Druckrohren

Statisches System einer Druckrohrleitung: durchlaufendes, dünnwandiges Rohr mit der Wanddicke t, dem mittleren Radius r, an Spanten im Abstand l abgestützt. Belastung: gleichmäßiger Innendruck $p_i = p$.

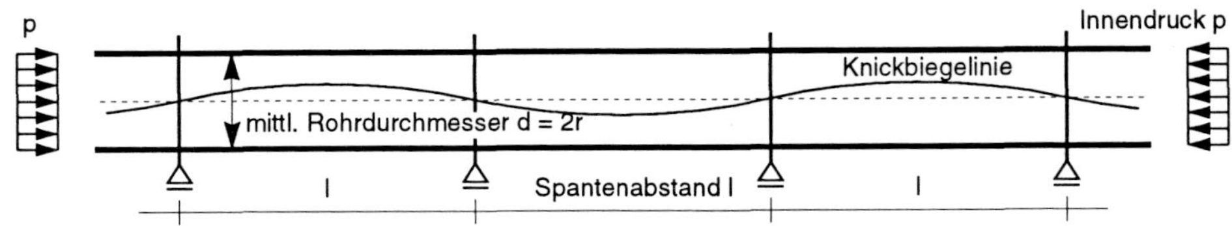

Bild 3.19 **Druckrohrleitung mit Knickbiegelinie aus Innendruck p**

Die Ursache möglichen Ausknickens kann so gedeutet werden: Die Knickbiegelinie verläuft wie dargestellt sinus-förmig. In der Querschnittshälfte, die in Richtung der Ausbiegung liegt, werden die Fasern gedehnt, in der gegenüberliegenden gestaucht. Die senkrechten Komponenten des Differenzflächendrucks ergeben eine die Auslenkung unterstützende Belastung q:

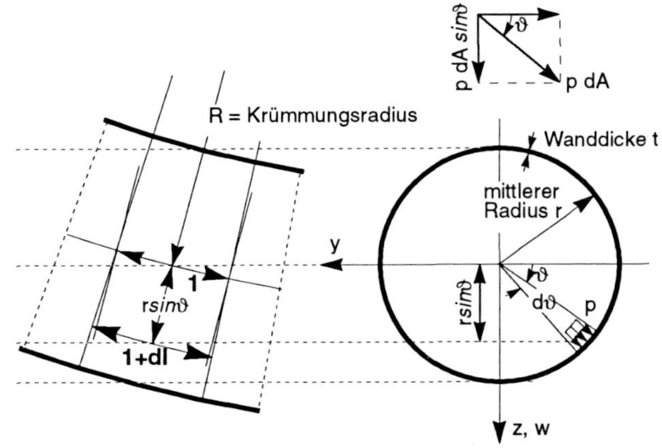

Bild 3.20 **Dehnung einer Stabfaser der Länge "1"**

$$dA = dl \cdot r \cdot d\vartheta = \frac{r}{R} \cdot \sin\vartheta \cdot r \cdot d\vartheta \quad \text{und} \quad dq = p \cdot dA \cdot \sin\vartheta = p \cdot \frac{r^2}{R} \cdot \sin^2\vartheta \cdot d\vartheta$$

dq über den Kreisumfang integriert: $\quad q = \int_0^{2\pi} p \cdot \frac{r^2}{R} \cdot \sin^2\vartheta \cdot d\vartheta = p \cdot \frac{r^2}{R} \cdot \pi$

Mit $-\frac{1}{R} = w''$ und $q = -p \cdot r^2 \cdot \pi \cdot w''$ sowie $EI \cdot w'''' = q$ als DGL der Biegelinie

folgt: $\quad EIw'''' + p \cdot r^2 \cdot \pi \cdot w'' = 0 \qquad$ Die Abkürzung $\quad k^2 = \frac{p \cdot r^2 \cdot \pi}{EI}$

ergibt als charakteristische Gleichung des Problems: $\quad w'''' + k^2 \cdot w'' = 0$

Mit der Lösung $kl = \pi$ der DGL (Randbedingungen wie Eulerfall 2) wird:

$$p_{Ki} = \frac{\pi \cdot EI}{r^2 \cdot l^2} \quad \text{und mit} \quad I = \pi \cdot r^3 \cdot t \quad \text{folgt daraus:} \quad p_{Ki} = \frac{\pi^2 \cdot r \cdot t}{l^2} \cdot E \qquad (3.9)$$

Beispiel 3.12: Man vergleiche die über Innendruck einer flüssigkeitsgefüllten Stütze mit Kreisrohrquerschnitt erreichbare ideale Knicklast (Lasteinleitung theoretisch mit einem Stempel) mit jener, welche die Stütze bei direkter Belastung des Stahlquerschnitts (und ohne zusätzlichen Innendruck) erreichen kann.

a) Stütze mit Innendruck: $N_{Ki} = p_{Ki} \cdot A_i = \frac{\pi^2 \cdot r \cdot t}{l^2} \cdot E \cdot \pi \cdot r^2 = \frac{\pi^3 \cdot r^3 \cdot t}{l^2} \cdot E$

b) Stütze direkt belastet: $N_{Ki} = \frac{\pi^2 \cdot EI}{l^2} = \frac{\pi^2}{l^2} \cdot E \cdot \pi \cdot r^3 \cdot t = \frac{\pi^3 \cdot r^3 \cdot t}{l^2} \cdot E$

Die Knicklast der Stütze ist in beiden Fällen gleich groß! Auch wenn das Verfahren der Lastübertragung mittels Flüssigkeitsdrucks kaum baupraktische Bedeutung hat, ist das Phänomen als solches doch beachtlich.

Beispiel 3.13: Eine waagrecht verlaufende Druckrohrleitung von 1,0 m Außendurchmesser und 12 mm Wanddicke ist im Abstand von 20 m auf Spanten gelagert (System entspricht Bild 3.19). Die Beanspruchung aus statischem Druck (einschließlich Druckzunahme beim Abschalten) entspricht 400 m Wassersäule.

a) Wie groß ist (ohne Berücksicht. von γ_M und γ_F) die Sicherheit gegen Knicken?

b) Im Spannungsnachweis E-E soll die größte Vergleichsspannung aus Ringzugspannung und Biege(druck)spannung als σ_V überlagert werden. Wegen der genau definierten Wasserlast darf für diese $\gamma_F = 1{,}35$ gesetzt werden. Die Stahlsorte (S 235 oder S 355) ist zu wählen.

Druckhöhe 400 m WS: $p_i = 400 \text{ bar} = 4000 \text{ kN/m}^2 = 0{,}4 \text{ kN/cm}^2$

a) Knickspannung: $p_{Ki} = \frac{\pi^2 \cdot r \cdot t}{l^2} \cdot E = \frac{\pi^2 \cdot 49{,}4 \cdot 1{,}2}{2000^2} \cdot 21000 = 3{,}07 \text{ kN/cm}^2$

Knicksicherheit: $\gamma_{Knick} = 3{,}07/0{,}4 = 7{,}68$ Der Wert ist von der Stahlsorte unabhängig!

b) Ringzugspannung: $\sigma_r = \gamma_F \cdot p \cdot \frac{r}{t} = 1{,}35 \cdot 0{,}4 \cdot \frac{49{,}4}{1{,}2} = 22{,}23 \text{ kN/cm}^2$

Vertikallast: $g_E = \pi \cdot 0{,}988 \cdot 0{,}012 \cdot 80 = 2{,}98 \text{ kN/m}$

$q_{Wasser} = \pi \cdot 0{,}976^2/4 \cdot 10 = 7{,}48 \text{ kN/m}$

$\gamma_F \cdot \Sigma q = 1{,}35 \cdot (2{,}98 + 7{,}48) = 14{,}12 \text{ kN/m}$

Stützmoment am DLT: $M_{St} = 14{,}12 \cdot 20^2/12 = 471 \text{ kNm}$

Längsdruckspannung: $\sigma = \frac{M \cdot z}{I} = \frac{47100 \cdot 50}{\pi \cdot 49{,}4^3 \cdot 1{,}2} = 5{,}18 \text{ kN/cm}^2$

Vergleichsspannung: $\sigma = \sqrt{\sigma_x^2 + \sigma_z^2 - \sigma_x \cdot \sigma_z} = \sqrt{5{,}18^2 + 22{,}23^2 + 5{,}18 \cdot 22{,}23} = 25{,}22 \text{ kN/cm}^2$

Gewählt S 355: $\frac{\sigma_{S,d}}{\sigma_{R,d}} = \frac{25{,}22}{36/1{,}1} = 0{,}77 < 1$ S 235 genügt offensichtlich nicht.

4 Berechnungen nach Theorie II. Ordnung

4.1 Praktische Berechnungsverfahren für Elastizitätstheorie II. Ordnung

In Kapitel 1 wurde der Einspannstab (Bild 4.1) nach Theorie II. Ordnung berechnet, indem das Ergebnis iterativ angenähert wurde. Wie dort erwähnt, waren die höheren Iterationsschritte nicht mehr exakt, weil dort der Koppelungsfaktor nicht genau stimmte.

Nachfolgend soll dieser Mangel dadurch ausgeglichen werden, daß über die Biege-DGL mathematisch genau integriert wird:

Ausgang ist wieder der Zustand Th.I.O.:

$$M_0 = -H \cdot x = -H \cdot l \cdot \xi$$

Die zugeordnete Biegelinie erhält man aus:

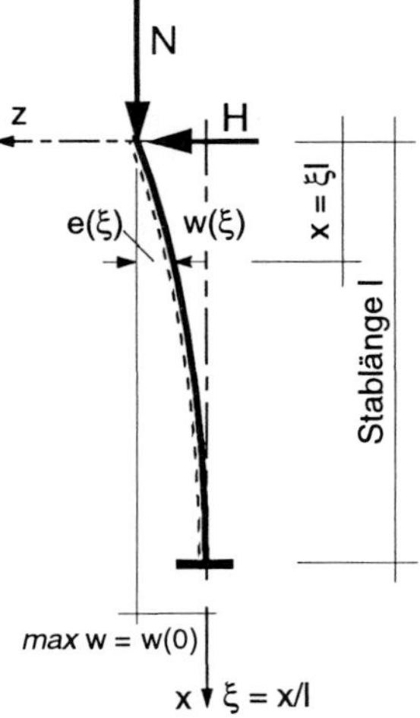

Bild 4.1 **Einspannstab**

$$\frac{d^2w}{dx^2} = -\frac{M(x)}{EI} \qquad \text{oder} \qquad \frac{d^2w}{d\xi^2} = -\frac{M(\xi)}{EI} \cdot l^2$$

$$w_0(\xi) = \frac{H \cdot l^3}{EI} \cdot \left(\frac{\xi^3}{6} + C_1 \cdot \xi + C_0\right)$$

und mit den Randbedingungen $w'(1) = 0$ und $w(1) = 0$ wird (wie bereits gezeigt):

$$w_0(\xi) = \frac{H \cdot l^3}{EI} \cdot \left(\frac{\xi^3}{6} - \frac{\xi}{2} + \frac{1}{3}\right)$$

und damit die Lastausmitte $e_0(\xi) = w_0(0) - w_0(\xi) = \frac{H \cdot l^3}{EI} \cdot \left(-\frac{\xi^3}{6} + \frac{\xi}{2}\right)$

Daraus ergibt sich das Zusatzmoment $\Delta M_0(\xi) = -N \cdot e_0(\xi)$

und daraus wieder eine Zusatzverformung $\Delta w_0(\xi)$, ein weiteres Zusatzmoment $\Delta M_1(\xi)$, eine Zusatzverformung $\Delta w_1(\xi)$, ein Zusatzmoment $\Delta M_2(\xi)$, usw.

Nachfolgend wird die Zahlenrechnung durchgeführt. Mit jedem Iterationsschritt steigt die Biegelinie um 2 Potenzen von ξ an; der rechnerische Aufwand nimmt entsprechend zu.

$$EI \cdot w''_0(\xi) = -M_0(\xi) = H \cdot l \cdot \xi$$

$$EI \cdot w'_0(\xi) = H \cdot l^2 \cdot \left(\frac{\xi^2}{2} + C_1\right) \qquad w'(1) = 0 \rightarrow \quad C_1 = -\frac{1}{2}$$

$$EI \cdot w_0(\xi) = H \cdot l^3 \cdot \left(\frac{\xi^3}{6} - \frac{\xi}{2} + C_0\right) \qquad w(1) = 0 \rightarrow \quad C_0 = \frac{1}{3}$$

$$EI \cdot e_0(\xi) = EI \cdot [w_0(0) - w_0(\xi)] = H \cdot l^3 \cdot \left(-\frac{\xi^3}{6} + \frac{\xi}{2}\right)$$

$$\Delta M_0(\xi) = -N \cdot e_0(\xi) = \frac{N \cdot H \cdot l^3}{EI} \cdot \left(\frac{\xi^3}{6} - \frac{\xi}{2}\right) = H \cdot l \cdot \frac{\varepsilon^2}{3!} \cdot (\xi^3 - 3\xi) \qquad \text{mit} \quad \varepsilon^2 = \frac{N \cdot l^2}{EI}$$

$$\Delta M_0(1) = \frac{\varepsilon^2}{3} \cdot M_0(1) \qquad \text{mit} \quad M_0(1) = -H \cdot l$$

$$EI \cdot \Delta w''_0(\xi) = -\Delta M_0(\xi) = -H \cdot l \cdot \frac{\varepsilon^2}{3!} \cdot (\xi^3 - 3\xi)$$

$$EI \cdot \Delta w'_0(\xi) = H \cdot l^2 \cdot \frac{\varepsilon^2}{3!} \cdot \left(\frac{\xi^4}{4} - \frac{3\xi^2}{2} + C_1\right) \qquad w'(1) = 0 \rightarrow \quad C_1 = \frac{5}{4}$$

$$EI \cdot \Delta w_0(\xi) = H \cdot l^3 \cdot \frac{\varepsilon^2}{3!} \cdot \left(\frac{\xi^5}{20} - \frac{\xi^3}{2} + \frac{5\xi}{4} + C_0\right) \qquad w(1) = 0 \rightarrow \quad C_0 = -\frac{4}{5}$$

$$\Delta M_1(\xi) = -N \cdot \Delta e_0(\xi) = N \cdot [\Delta w_0(\xi) - \Delta w_0(0)] = H \cdot l \cdot \frac{\varepsilon^4}{5!} \cdot (\xi^5 - 10\xi^3 + 25\xi)$$

$$\Delta M_1(1) = \frac{2\varepsilon^4}{15} \cdot M_0(1)$$

$$EI \cdot \Delta w'_1(\xi) = H \cdot l^2 \cdot \frac{\varepsilon^4}{5!} \cdot \left(\frac{\xi^6}{6} - \frac{5\xi^4}{2} + \frac{25\xi^2}{2} + C_1\right) \qquad w'(1) = 0 \rightarrow \quad C_1 = -\frac{61}{6}$$

$$EI \cdot \Delta w_1(\xi) = H \cdot l^3 \cdot \frac{\varepsilon^4}{5!} \cdot \left(\frac{\xi^7}{7} - \frac{\xi^5}{2} + \frac{25\xi^3}{6} - \frac{61\xi}{6} + C_0\right) \qquad w(1) = 0 \rightarrow \quad C_0 = -\frac{272}{42}$$

$$\Delta M_2(\xi) = -N \cdot \Delta e_1(\xi) = N \cdot [\Delta w_1(\xi) - \Delta w_1(0)] = H \cdot l \cdot \frac{\varepsilon^6}{7!} \cdot (\xi^7 - 21\xi^5 + 175\xi^3 - 427\xi)$$

$$\Delta M_2(1) = \frac{17\varepsilon^6}{315} \cdot M_0(1)$$

$$EI \cdot \Delta w_2(\xi) = -H \cdot l^2 \cdot \frac{\varepsilon^6}{7!} \cdot \left(\frac{\xi^9}{72} - \frac{\xi^7}{2} + \frac{85\xi^5}{4} -- \frac{427\xi^3}{6} + \frac{1385\xi}{8} + C_0\right)$$

$$\Delta M_3(\xi) = -H \cdot l \cdot \frac{\varepsilon^8}{9!} \cdot (\xi^9 - 36\xi^7 + 630\xi^5 - 5124\xi^3 + 12365\xi) \qquad \Delta M_3(1) = \frac{62\varepsilon^8}{2835} \cdot M_0(1)$$

$$EI \cdot \Delta w_3(\xi) = -H \cdot l^2 \cdot \frac{\varepsilon^8}{9!} \cdot (\ldots)$$

$$\Delta M_4(\xi) = -H \cdot l \cdot \frac{\varepsilon^{10}}{11!} \cdot (\xi^{11} - 55\xi^9 + 1650\xi^7 - 28182\xi^5 + 228525\xi^3 - 555731\xi)$$

$$\Delta M_4(1) = \frac{1382\varepsilon^{10}}{155925} \cdot M_0(1) \qquad \text{usw.}$$

Beispiel 4.1: Einspannstab, siehe Beispiele 1.1 / 1.2 / 2.1:
HEA-260, l = 10 m, N = 200 kN, H = 15 kN

Gesucht: Iterative Ermittlung der Momente Th.II.O. mit vorherigen Formeln.

Stabkennzahl: $\varepsilon = l \cdot \sqrt{\frac{N}{EI}} = 10 \cdot \sqrt{\frac{200}{21945}} = 0,9547$

An der Einspannstelle $\xi = x/l = 1$ werden die Biegemomente:

$$M_0 = -H \cdot l = -15 \cdot 10 \qquad = -150{,}0000 \text{ kNm}$$

$$\Delta M_0 = \frac{\varepsilon^2}{3} \cdot M_0 = 0,30379 \cdot M_0 \qquad = -45{,}5685 \text{ kNm} \qquad \frac{\Delta M_0}{M_0} = 0,30379$$

$$\Delta M_1 = \frac{2\varepsilon^4}{15} \cdot M_0 = 0,11075 \cdot M_0 \qquad = -16{,}6119 \text{ kNm} \qquad \frac{\Delta M_1}{\Delta M_0} = 0,36455$$

$$\Delta M_2 = \frac{17\varepsilon^6}{315} \cdot M_0 = 0,04085 \cdot M_0 \qquad = -6{,}1279 \text{ kNm} \qquad \frac{\Delta M_2}{\Delta M_1} = 0,36889$$

$$\Delta M_3 = \frac{62\varepsilon^8}{2835} \cdot M_0 = 0,01509 \cdot M_0 \qquad = -2{,}2631 \text{ kNm} \qquad \frac{\Delta M_3}{\Delta M_2} = 0,36931$$

$$\Delta M_4 = \frac{1382\varepsilon^{10}}{155925} \cdot M_0 = 0,00557 \cdot M_0 = \qquad -0{,}8359 \text{ kNm} \qquad \frac{\Delta M_4}{\Delta M_3} = 0,36936$$

$$\Delta M_5 = \frac{\Delta M_4}{\Delta M_3} \cdot \Delta M_4 = 0,36936 \cdot \Delta M_4 = \qquad -0{,}3087 \text{ kNm}$$

$\Delta M_6 = \ldots \qquad = -0{,}1140$ kNm
$\Delta M_7 = \ldots \qquad = -0{,}0421$ kNm
$\Delta M_8 = \ldots \qquad = -0{,}0156$ kNm
$\Delta M_9 = \ldots \qquad = -0{,}0057$ kNm
$\Delta M_{10} = \ldots \qquad = -0{,}0021$ kNm
$\Delta M_{11} = \ldots \qquad = -0{,}0008$ kNm
$\Delta M_{12} = \ldots \qquad = -0{,}0003$ kNm Abbruch!

Insgesamt: $M \approx M_0 + \sum_{i=0}^{11} \Delta M_i \qquad = -221{,}8966 \text{ kNm}$

Vergleich: das exakte Ergebnis ist, wie bekannt:

$$M^{II} = -H \cdot l \cdot \frac{\tan\varepsilon}{\varepsilon} = -150 \cdot 1,47931 = \qquad -221{,}8969 \text{ kNm}$$

Die Zahlenrechnung zeigt, daß sich die Quotienten $\Delta M_{i+1}/\Delta M_i$ ab dem 2. Glied $\Delta M_1/\Delta M_0$ kaum noch verändern. Das bedeutet, daß die Biegelinien aus dem jeweils nächsten Zuwachs denjenigen des jeweils vorhergegangenen Zuwachses annähernd affin (d.h. geometrisch ähnlich) sind. Diese Erkenntnis läßt sich verallgemeinern. Darauf basiert das nachfolgend gezeigte Verfahren.

Näherungsweise setzt man $\frac{\Delta M_1}{\Delta M_0} = \frac{\Delta M_2}{\Delta M_1} = \frac{\Delta M_3}{\Delta M_2} = \frac{\Delta M_4}{\Delta M_3} = \alpha = const$

Damit läßt sich das Biegemoment M^{II} in eine Reihe entwickeln, für die sich ein einfach zu bestimmender Grenzwert ergibt:

$$M^{II} = M_0 + \Delta M_0 + \Delta M_1 + \Delta M_2 + \Delta M_3 + \Delta M_4 + \ldots$$

$$M^{II} = M_0 + \Delta M_0 + \Delta M_1 + \frac{\Delta M_1}{\Delta M_0} \cdot \Delta M_1 + \frac{\Delta M_1}{\Delta M_0} \cdot \Delta M_2 + \frac{\Delta M_1}{\Delta M_0} \cdot \Delta M_3 + \ldots$$

$$M^{II} = M_0 + \Delta M_0 + \alpha \cdot \Delta M_0 + \alpha^2 \cdot \Delta M_0 + \alpha^3 \cdot \Delta M_0 + \alpha^4 \cdot \Delta M_0 + \ldots$$

$$M^{II} = M_0 + \Delta M_0 \cdot (1 + \alpha + \alpha^2 + \alpha^3 + \alpha^4 + \ldots)$$

$$M^{II} = M_0 + \Delta M_0 \cdot \frac{1}{1-\alpha} = M_0 + \frac{\Delta M_0}{1 - \frac{\Delta M_1}{\Delta M_0}}$$

Mit $\Delta M_0 = N \cdot w_0$ und $\Delta M_1 = N \cdot \Delta w_0$ wird

$$M^{II} = M_0 + \frac{N \cdot w_0}{1 - \frac{N \cdot \Delta w_0}{N \cdot w_0}} = M_0 + N \cdot \frac{w_0}{1 - \frac{\Delta w_0}{w_0}} = M_0 + N \cdot w \qquad (4.1)$$

Das heißt, die Verformung w nach Th. II. O. wird $w = \dfrac{w_0}{1 - \frac{\Delta w_0}{w_0}}$ (4.2)

Beispiel 4.1 (Fortsetzung): Das Moment Th.II.O. berechnet sich damit:

$$w_0 = \frac{H \cdot l^3}{3 \cdot EI} = \frac{15 \cdot 10^3}{3 \cdot 21945} = 0,2278 \text{ m}$$

$$\Delta w_0 = \frac{0,4 \cdot N \cdot w_0 \cdot l^2}{EI} = \frac{0,4 \cdot 200 \cdot 0,2278 \cdot 10^2}{21945} = 0,0831 \text{ m}$$

$$w = \frac{w_0}{1 - \frac{\Delta w_0}{w_0}} = \frac{0,2278}{1 - \frac{0,0831}{0,2278}} = 0,3586 \text{ m}$$

$$M^{II} = M_0 + N \cdot w = 150 + 200 \cdot 0,3586 = 221,7 \text{ kNm}$$

Verglichen mit dem genauen Wert $M^{II} = 221,8969 \approx 221,9$ kNm stellt dies eine sehr gute Näherung dar, die mit geringem Aufwand zu berechnen ist!

Dies ist der *praktische* Weg für eine "Handrechnung" nach Theorie II. Ordnung.

Anmerkung: w ist die Ausbiegung in Richtung der z-Achse; dies entspricht Biegung $M = M_y$ um die y-Achse. Bei Biegung $M = M_z$ um die z-Achse ist die entsprechende Ausbiegung v.

Der "Kopplungsfaktor" k aus $\int \Delta M_0 \cdot \overline{M} \cdot dx = k \cdot i \cdot j \cdot l$ ist im vorherigen Beispiel exakt k = 0,4.

Für andere Verläufe von ΔM_0 ändert sich auch k. Es läßt sich leicht nachrechnen, daß unterschiedliche Annahmen für den Verlauf $\Delta e_0(\xi)$, die aber die richtige geometrische Form einigermaßen treffen, das Endergebnis wenig beeinflussen. Nachfolgend wird dies für Beispiel 4.1 gezeigt:

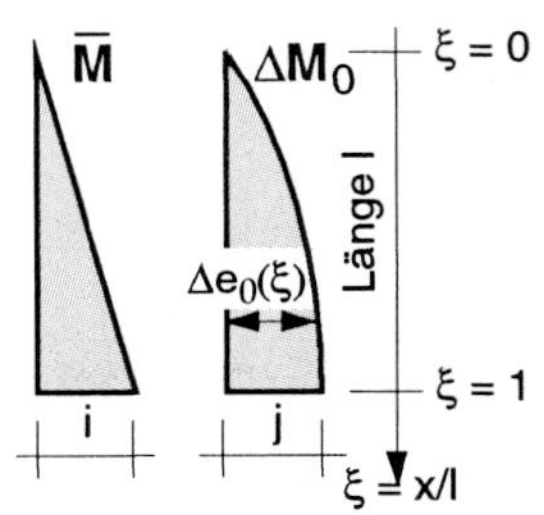

Momenten-Verlauf $\overline{M} = i \cdot \xi$ = virtuelles Moment	$k = \frac{1}{ij}\int_0^1 \Delta M_0 \overline{M} d\xi$	Δw_0 [m]	w [m]	M^{II} [kNm]
exakte Werte aus der DGL			0,3595	221,90
$\Delta M_0 = j \cdot (2\xi - \xi^2)$ = Parabel. 2. Ordnung	5/12 = 0,4167	0,0865	0,3673	223,47
$\Delta M_0 = j \cdot (\frac{3}{2}\xi - \frac{1}{2}\xi^3)$ = Parabel. 3. Ordnung	0,4000	0,0831	0,3586	221,72
$\Delta M_0 = j \cdot \sin(\frac{\pi}{2}\xi)$ = Sinus-Affinität	$4/\pi^2 = 0{,}4053$	0,0842	0,3613	222,26

Alle Ergebnisse für das Moment Th. II.O. befriedigen trotz unterschiedlich angesetzten Kopplungsfaktors k für praktische Belange vollauf. Ein sinus- (bzw. cosinus)-förmiger Ansatz für die Zusatzverformungen wird auch bei anderen Systemen und Belastungen meist gute Näherungen bringen.

Für den Einspannstab läßt sich mit der Wahl des Kopplungsfaktors k auch die Ausbiegung w explizit angeben. Mit dem Kopplungsfaktor k = 0,4 wird:

$$w = \frac{w_0}{1 - \frac{\Delta w_0}{w_0}} = \frac{EI \cdot w_0}{EI - \frac{EI \cdot \Delta w_0}{w_0}} = \frac{H \cdot l^3/3}{EI - \frac{k \cdot N \cdot w_0 \cdot l^2}{w_0}} = \frac{H \cdot l^3}{3 \cdot EI - 1{,}2 \cdot N \cdot l^2}$$

Mit $\Delta w_0 / w_0 \rightarrow 1$ folgt $w \rightarrow \infty$.

Die zugehörige Stabkraft N ist dann die Knicklast N_{Ki}.

Die der Verformungsberechnung zugrundeliegende Last N muß also mit dem Faktor $w_0/\Delta w_0$ multipliziert werden, um die Knicklast N_{Ki} zu erhalten:

$$N_{Ki} = N \cdot \frac{w_0}{\Delta w_0} \tag{4.3}$$

Beispiel 4.1 Es wird damit: $N_{Ki} = 200 \cdot \frac{0{,}2278}{0{,}0831} = 548{,}3 \text{ kN}$

Der exakte Wert ist: $N_{Ki} = \frac{\pi^2 \cdot EI}{(\beta \cdot l)^2} = \frac{\pi^2 \cdot 21945}{20{,}0^2} = 541{,}5 \text{ kN}$

Aus $N_{Ki} = \frac{\pi^2 \cdot EI}{(\beta \cdot l)^2}$ folgt $\beta = \frac{\pi}{l} \cdot \sqrt{\frac{EI}{N_{Ki}}} = \frac{\pi}{l} \cdot \sqrt{\frac{EI}{N \cdot w_0/\Delta w_0}}$ (4.4)

Aus dieser Beziehung lassen sich für Systeme, für die w als geschlossene Lösung gewonnen worden ist, auch geschlossene Formeln für den Knicklängenbeiwert β aufstellen (siehe auch Abschnitt 3.5 und 3.7).

Für den Einspannstab wird daraus mit dem Kopplungsfaktor k = 0,4:

$$\beta = \frac{\pi}{l} \cdot \sqrt{\frac{EI}{(EI \cdot N \cdot w_0) / (0,4 \cdot N \cdot w_0 \cdot l^2)}} = \pi \cdot \sqrt{0,4} = 1,987$$

Der exakte Wert ist bekanntlich β = 2,0.

Wird der Kopplungsfaktor $k = 4/\pi^2$ gesetzt, so erhält man aus (4.4) exakt β = 2,0, weil die hiermit angesetzte Sinus-Affinität der Biegelinie für den Stabilitätsfall genau stimmt.

4.2 Imperfektionen nach DIN 18800 Teil 2

4.2.1 Berücksichtigung und Ansatz von Imperfektionen

Herstellungsbedingt sind Stäbe mit Imperfektionen behaftet. Man unterscheidet:

geometrische Imperfektionen:
- Abweichung der Stabachse von der gedachten Linie = Vorkrümmung,
- Abweichung der Stabendpunkte von der gedachten Linie = Vorverdrehung

strukturelle Imperfektionen:
- Eigenspannungen infolge Walzens, Schweißens oder von Richtarbeiten,
- Inhomogenität des Werkstoffes,
- Ausbreitung der Fließzonen von den Fließgelenken weg.

[2/201] Zur Erfassung beider Imperfektionen dürfen als geometrische Ersatzimperfektionen Vorkrümmungen und Vorverdrehungen angenommen werden, die mit den angegebenen Werten auch die strukturellen Imperfektionen abdecken.

Wichtig: Ersatzimperfektionen können - wie schon in Kapitel 2 gezeigt - durch den Ansatz gleichwertiger Ersatzlasten berücksichtigt werden.

Bei Anwendung des Nachweisverfahrens E-E brauchen nur 2/3 der Werte der für E-P angegebenen Werte für die Ersatzimperfektionen angesetzt zu werden.

[2/202] Die geometrischen Ersatzimperfektionen sind so anzusetzen, daß sie sich der zum niedrigsten Knickeigenwert gehörenden Verformungsfigur (= Knickbiegelinie) möglichst gut anpassen. Sie sind in ungünstiger Richtung anzusetzen.

Wichtig: Die Ersatzimperfektionen brauchen mit den geometrischen Randbedingungen des Systems nicht verträglich zu sein.

4.2.2 Vorkrümmung

[2/204] Für Einzelstäbe, für Stäbe von Stabwerken mit *unverschieblichen* Knotenpunkten und für Stäbe an *verschieblichen* Stabwerken mit Stabkennzahlen $\varepsilon > 1{,}6$ sind in der Regel Vorkrümmungen gemäß Tab. 4.1 und Bild 4.2 anzusetzen.

Tab. 4.1 **Stich der Vorkrümmung bei einteiligen Stäben**

zugeordnete Knickspannungslinie	Stich w_0, v_0 der Vorkrümmung
a	l/300
b	l/250
c	l/200
d	l/150
mehrteilige Druckstäbe	l/500

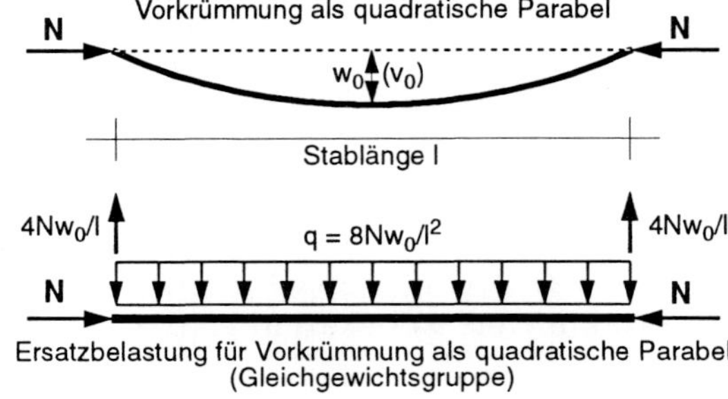

Bild 4.2 **Vorkrümmung und Ersatzbelastung**

Wenn gemäß den Abgrenzungskriterien in DIN 18800 Teil 1 nach Th.I.O. gerechnet werden darf, muß keine Vorkrümmung der Stäbe in Ansatz gebracht werden.

4.2.3 Vorverdrehung

[2/205] Vorverdrehungen sind für solche Stäbe und Stabzüge anzunehmen, die am verformten Stabwerk Stabdrehwinkel aufweisen können und die durch Druckkräfte beansprucht werden.

Die Vorverdrehung beträgt in der Regel für einteilige Stäbe

$$\varphi_0 = \frac{1}{200} \cdot r_1 \cdot r_2 \qquad (2/1)$$

Die Reduktionsfaktoren r sind dabei:

$r_1 = \sqrt{5/l}$ Reduktionsfaktor für Stäbe oder Stabzüge mit $l > 5$ m, wobei l die Systemlänge des vorverdrehten Stabes L bzw. Stabzuges L_r in m ist. Maßgebend ist jeweils derjenige Stab oder Stabzug, dessen Vorverdrehung sich auf die betrachtete Beanspruchung am ungünstigsten auswirkt.

$r_2 = \frac{1}{2} \cdot (1 + \sqrt{\frac{1}{n}})$ Reduktionsfaktor zur Berücksichtigung von n voneinander unabhängigen Ursachen für Vorverdrehungen von Stäben und Stabzügen. Siehe Bild 4.3.

Bei der Berechnung von r_2 für Rahmen darf für n die Anzahl der Stiele des Rahmens je Stockwerk (in der betrachteten Rahmenebene) eingesetzt werden. Stiele mit *geringer Normalkraft* zählen dabei nicht. Als Stiele mit geringer Normalkraft gelten solche, deren Normalkraft kleiner als 25 % der Normalkraft des höchstbelasteten Stieles im betrachteten Geschoß (und betrachteter Rahmenebene) ist.

Die Berechnung vorverdrehter Stabwerke erfolgt am einfachsten durch Ansatz von Horizontallasten als gleichwertige Ersatzlasten für die Schiefstellungen.

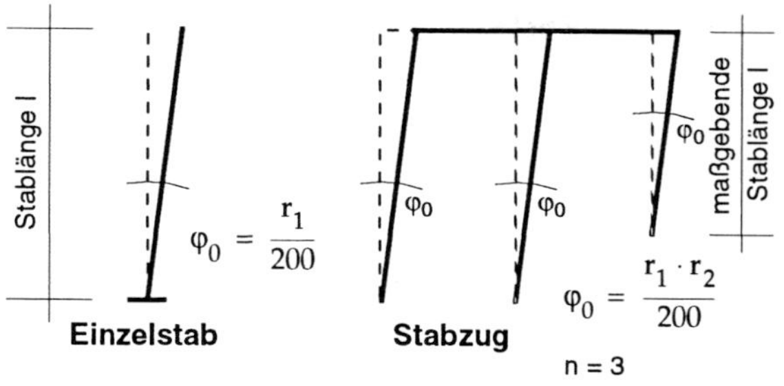

Bild 4.3 **Vorverdrehungen beim Einzelstab und bei Stabzügen** (unabhängig von der Lagerung der einzelnen Stäbe)

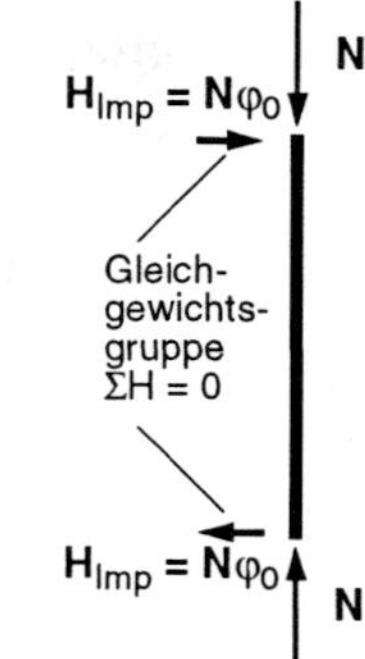

Bild 4.4 **Ersatzbelastung für Vorverdrehung**

Der Reduktionsfaktor r_2 kann sinngemäß auch bei Dachverbänden, die Träger stabilisieren, angewendet werden.

Für *mehrgeschossige* Stabwerke enthält DIN 18800 Teil 2 besondere Vorgaben (hier nicht wiedergegeben).

Bei *mehrteiligen* Druckstäben gilt für die Schiefstellung der reduzierte Wert $\varphi_0 = r_1 \cdot r_2/400$

Verminderte Vorverdrehung $\varphi_0 = r_1 \cdot r_2/400$ für einteilige Stäbe ist nach DIN 18800 Teil 1 möglich, wenn nach dortigem Kriterium nach Th.I.O. gerechnet werden darf.

Verminderte Vorverdrehung bei Berechnung nach Th.I.O. wird damit begründet, daß strukturelle Imperfektionen nur im Zusammenhang mit der Ausbreitung von Fließzonen von Einfluß sind. Bei Th.I.O. müssen deshalb nur geometrische Imperfektionen berücksichtigt werden.

4.2.4 Andere Imperfektionen

[2/202] Beim *Biegeknicken* infolge *einachsiger* Biegung mit Normalkraft brauchen Vorkrümmungen nur mit dem Stich v_0 *oder* w_0 in der jeweils untersuchten Ausweichrichtung angesetzt zu werden.

Beim *Biegeknicken* infolge *zweiachsiger* Biegung mit Normalkraft brauchen nur diejenigen Ersatzimperfektionen angesetzt zu werden, die zur Ausweichrichtung bei planmäßig mittiger Druckbeanspruchung gehören.

Beim *Biegedrillknicken* genügt es, nur eine Vorkrümmung mit dem Stich 0,5 v_0 anzusetzen. Eine Berechnung dieses Biege-Torsions-Problems gestaltet sich allerdings schwierig und ist ohne spezielle EDV-Programme kaum praktikabel. In diesen Fällen ist ein Nachweis mit Hilfe eines Ersatzstabverfahrens meist wesentlich einfacher.

4.3 Berechnung spezieller Systeme nach E-Theorie II. Ordnung

4.3.1 Einspannstab mit angehängten Pendelstützen

Herleitung der Beziehungen anhand des Einspannstabes mit *einer* Pendelstütze:

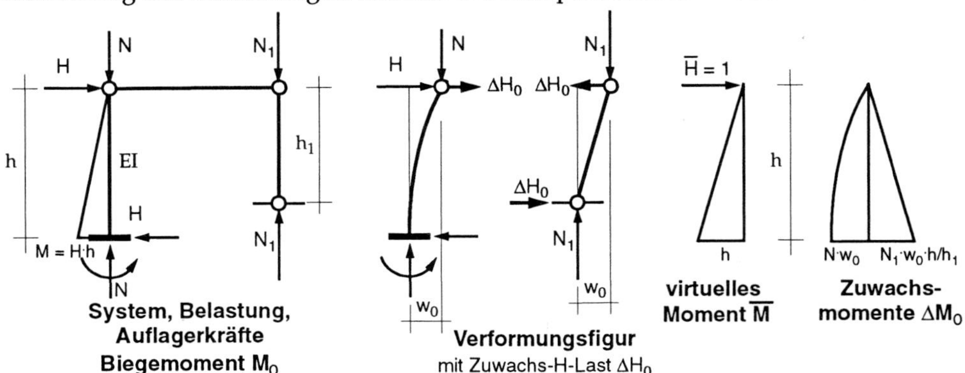

Bild 4.5 **Einspannstütze mit angehängter Pendelstütze**

$$EI \cdot w_0 = \frac{1}{3} \cdot H \cdot h^3 \qquad \text{Zuwachs-H-Last:} \quad \Delta H_0 = N_1 \cdot \frac{w_0}{h_1}$$

$$EI \cdot \Delta w_0 = \left(0,4 \cdot N \cdot w_0 + \frac{1}{3} \cdot N_1 \cdot \frac{w_0 \cdot h}{h_1}\right) \cdot h^2 = \left(0,4 + \frac{1}{3} \cdot \frac{N_1}{N} \cdot \frac{h}{h_1}\right) \cdot w_0 \cdot Nh^2$$

Mit den Verhältniswerten $h_1 = \alpha \cdot h$ und $N_1 = n \cdot N$ wird:

$$\Delta w_0 = \left(0,4 + \frac{1}{3} \cdot \frac{n}{\alpha}\right) \cdot w_0 \cdot N \cdot h^2$$

Damit wird die endgültige Verformung w nach Th.II.O.:

$$w = \frac{w_0}{1 - \frac{\Delta w_0}{w_0}} = \frac{EI \cdot w_0}{EI - \frac{EI \cdot \Delta w_0}{w_0}} = \frac{\frac{1}{3} \cdot H \cdot h^3}{EI - \left(0,4 + \frac{1}{3} \cdot \frac{n}{\alpha}\right) Nh^2} = \frac{H \cdot h^3}{3EI - \left(1,2 + \frac{n}{\alpha}\right) Nh^2}$$

Der Knicklängen-Beiwert β errechnet sich mit Gl. (4.4) zu:

$$\beta = \frac{\pi}{h} \cdot \sqrt{\frac{EI \cdot \Delta w_0}{N \cdot w_0}} = \frac{\pi}{h} \cdot \sqrt{\left(0,4 + \frac{1}{3} \cdot \frac{n}{\alpha}\right) \cdot h^2} = \pi \cdot \sqrt{0,4 + \frac{1}{3} \cdot \frac{n}{\alpha}}$$

Probe hierzu: Mit $N_1 = N$ und $h_1 = h$ wird $n = 1$ und $\alpha = 1$ und damit $\beta = 2{,}690$. Dies stimmt mit dem exakten Wert 2,695 sehr gut überein!

Anmerkung: Die Knicklänge interessiert für eine Berechnung Th.II.O. i.a. nicht. Sie kann für spezielle Systeme und deren Berechnung nach dem Ersatzstabverfahren bereitgestellt werden.

Beim Biegemoment nach Th.II.O. ist wieder die Abtriebskraft der Pendelstütze zu berücksichtigen:

$$M^{II} = H \cdot h + N \cdot w + N_1 \cdot \frac{w}{h_1} \cdot h = H \cdot h + N \cdot \left(1 + \frac{n}{\alpha}\right) \cdot w$$

Erweiterung auf das System Einspannstab mit *mehreren* angehängten Pendelstützen (siehe auch Abschnitt 3.3!):

Mit $N_i = n_i \cdot N$

und $h_i = \alpha_i \cdot h$ wird:

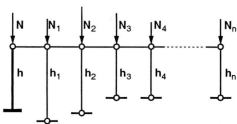

Bild 4.6 **Einspannstütze mit n Pendelstützen**

$$w = \frac{H \cdot h^3}{3 \cdot EI - \left(1{,}2 + \sum_{i=1}^{n} \frac{n_i}{\alpha_i}\right) \cdot Nh^2}$$

und für die Knicklänge des Einspannstabes gilt: $\beta = \pi \cdot \sqrt{0{,}4 + \frac{1}{3} \cdot \sum_{i=1}^{n} \frac{n_i}{\alpha_i}}$

Entsprechend wird das Biegemoment nach Th.II.O.:

$$M^{II} = H \cdot h + N \cdot \left(1 + \sum_{i=1}^{n} \frac{n_i}{\alpha_i}\right) \cdot w$$

Beispiel 4.2: siehe Beispiel 3.3.

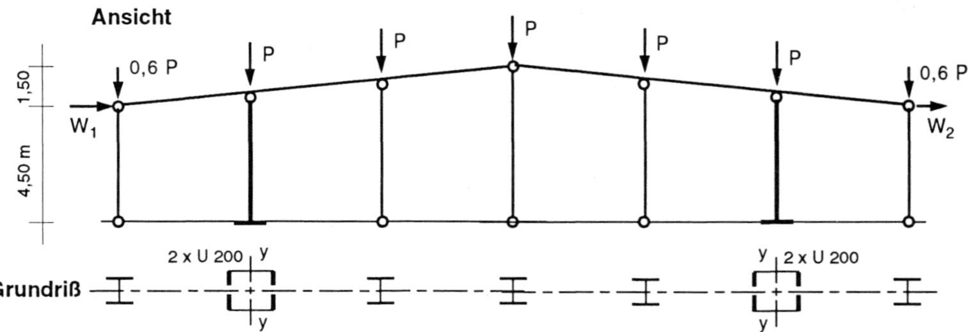

γ_M-fache Bemessungslasten: $P = 71{,}28$ kN $H = W_1 + W_2 = 24{,}13$ kN

Ermittlung der Vorverdrehung: $\varphi_0 = \frac{1}{200} \cdot r_1 \cdot r_2$.

Für den Reduktionsfaktor r_1 ist die kürzeste Stütze maßgebend, also $l = 4{,}5$ m < 5 m. Daher: $r_1 = 1$, d.h.: keine Reduktion.

Alle 7 Stützen haben mehr als 25 % der Maximallast, also zählen alle für den Red.faktor r_2 mit:

$$r_2 = \frac{1}{2} \cdot \left(1 + \sqrt{\frac{1}{7}}\right) = 0,689$$

Vorverdrehung: $\varphi_0 = \frac{1}{200} \cdot 1 \cdot 0,689 = 0,003445 = \frac{1}{290}$

Imperfektionslast: $H^{Imp} = (2 \cdot 0,6 + 5 \cdot 1) \cdot \frac{71,28}{290} = 1,55 \text{ kN}$

Ersatzlast: $H^* = H + H_{Imp} = 24,13 + 1,55 = 25,68 \text{ kN}$

Wie schon in Beispiel 3.3 wird jetzt mit dem *halben* System gerechnet, und von dort der Wert $\sum \frac{n_i}{\alpha_i} = \frac{0,6}{0,9} + \frac{1,0}{1,1} + \frac{0,5}{1,2} = 1,992 \approx 2,0$ übernommen. Es ist daher die *halbe* H*-Last anzusetzen!

$$w = \frac{0,5 \cdot 25,68 \cdot 5,0^3}{3 \cdot 8022 - (1,2 + 2,0) \cdot 71,28 \cdot 5,0^2} = \frac{1605}{24066 - 5702} = 0,0874 \text{ m}$$

$$M^{II} = H \cdot h + N \cdot \left(1 + \sum_{i=1}^{n} \frac{n_i}{\alpha_i}\right) \cdot w$$

$$M^{II} = 0,5 \cdot 25,68 \cdot 5,0 + 71,28 \cdot (1 + 2,0) \cdot 0,0874 = 64,20 + 18,69 = 82,89 \text{ kNm}$$

Nachweis E-P: $\frac{N}{N_{pl}} = \frac{71,28}{1546} = 0,046 < 0,1$ und $\frac{M}{M_{pl}} = \frac{82,89}{109,4} = 0,758 < 1$

Die Bedingung $\frac{V}{V_{pl}} \leq 0,33$ kann ohne weiteres als erfüllt vorausgesetzt werden.

4.3.2 Gekoppelte Einspannstützen

Die Ausbiegung $w_1 = w_2 = w$ der beiden Stützen nach Th.II.O. wird gleichgesetzt:

$$w_1 = \frac{H_1 \cdot h_1^3}{3 \cdot EI_1 - 1,2 \cdot N_1 \cdot h_1^2} = \alpha_1 \cdot H_1$$

$$w_2 = \frac{H_2 \cdot h_2^3}{3 \cdot EI_2 - 1,2 \cdot N_2 \cdot h_2^2} = \alpha_2 \cdot H_2$$

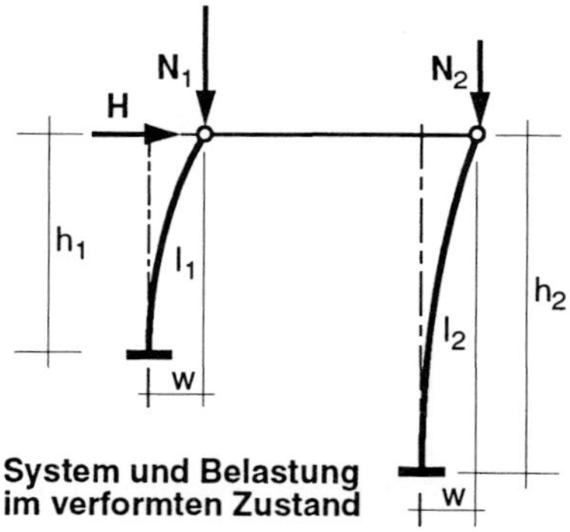

Bild 4.7 **Gekoppelte Einspannstützen**

Mit $w_1 = w_2$ und $\alpha = \frac{H_1}{H_2} = \frac{\alpha_2}{\alpha_1}$ wird:

$$H_1 = \frac{\alpha}{\alpha + 1} \cdot H \qquad \text{und} \qquad H_2 = \frac{1}{\alpha + 1} \cdot H$$

Daraus kann mit Hilfe der Eingangsformeln jede der beiden Stützen für sich unter der Einwirkung von N_1 und H_1 bzw. von N_2 und H_2 nachgewiesen werden.

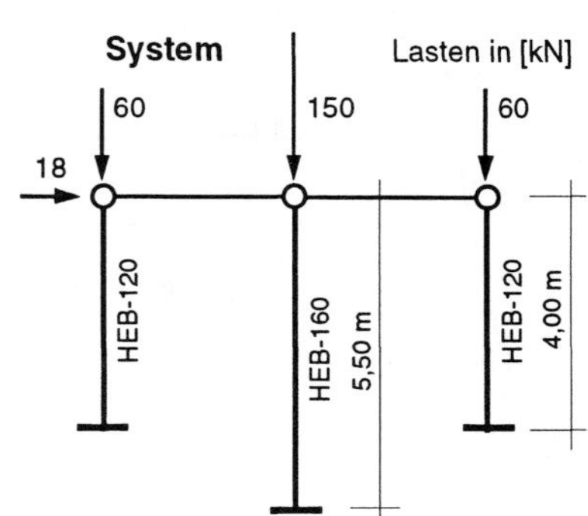

Beispiel 4.3: Am System mit eingespannten Stützen sind für die maßgebende Lastkombination die γ_M-fachen Bemessungslasten angegeben.

Das System (siehe auch Beispiel 3.9) ist nach Th.II.O. zu berechnen und mit dem Verfahren E-P nachzuweisen.

Die Reduktionsfaktoren der Vorverdrehung sind am Gesamtsystem (3 Stützen!) zu bestimmen.

Wegen *min* l < 5 m ist $r_1 = 1$.

$$\varphi_0 = \frac{1}{200} \cdot \frac{1}{2} \cdot \left(1 + \sqrt{\frac{1}{3}}\right) = 0,00394 = \frac{1}{253}$$

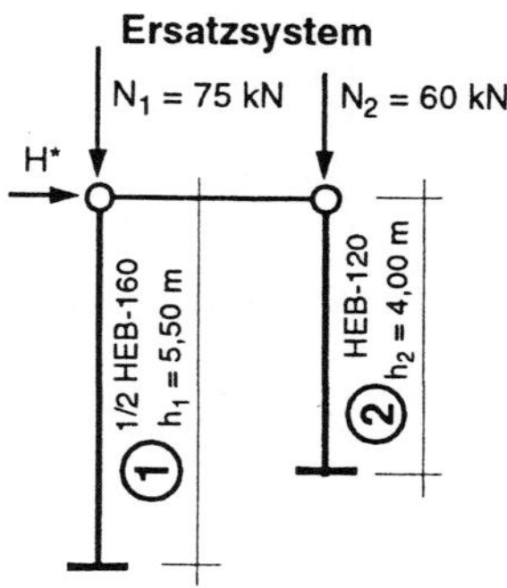

Weiterrechnung am Ersatzsystem = halbes System mit halben Lasten.

Hierfür wird die H-Last: $H^* = 9 + (75 + 60) \cdot 0,00394 = 9,53$ kN

$$\alpha_1 = \frac{h_1^3}{3 \cdot EI_1 - 1,2 \cdot N_1 \cdot h_1^2} = \frac{5,5^3}{3 \cdot 2614,5 - 1,2 \cdot 75 \cdot 5,5^2} = 0,03249$$

$$\alpha_2 = \frac{h_2^3}{3 \cdot EI_2 - 1,2 \cdot N_2 \cdot h_2^2} = \frac{4,0^3}{3 \cdot 1814,4 - 1,2 \cdot 60 \cdot 4,0^2} = 0,01491$$

$$\alpha = \frac{\alpha_2}{\alpha_1} = \frac{0,01491}{0,03249} = 0,459$$

$$H_1 = \frac{\alpha}{\alpha + 1} \cdot H = \frac{0,459}{1,459} \cdot 9,53 = 3,00 \text{ kN}$$

$$H_2 = \frac{1}{\alpha + 1} \cdot H = \frac{1}{1,459} \cdot 9,53 = 6,53 \text{ kN}$$

$$w = \alpha_1 \cdot H_1 = 0,03249 \cdot 3,00 = 0,0975 \approx 0,10 \text{ m}$$ *oder* (zur Kontrolle!)

$$w = \alpha_2 \cdot H_2 = 0,01491 \cdot 6,53 = 0,0974 \approx 0,10 \text{ m}$$

Stab 1 (1/2 HEB-160): $M^{II} = 3,00 \cdot 5,5 + 75 \cdot 0,10 = 24,00$ kNm

$$\frac{N}{N_{pl}} = \frac{75}{651} = 0,115 > 0,1 \qquad \frac{M}{M_{pl}} = \frac{24,0}{42,5p} = 0,565$$

$$\frac{N}{N_{pl}} + 0,9 \cdot \frac{M}{M_{pl}} = 0,115 + 0,9 \cdot 0,565 = 0,623 < 1$$

Stab 2 (HEB-120): $M^{II} = 6,53 \cdot 4,0 + 60 \cdot 0,10 = 32,12$ kNm

$$\frac{N}{N_{pl}} = \frac{60}{816} = 0,074 < 0,1 \qquad \frac{M}{M_{pl}} = \frac{32,12}{39,7} = 0,809 < 1$$

4.3.3 Zweigelenkrahmen mit verschieblichem Riegel

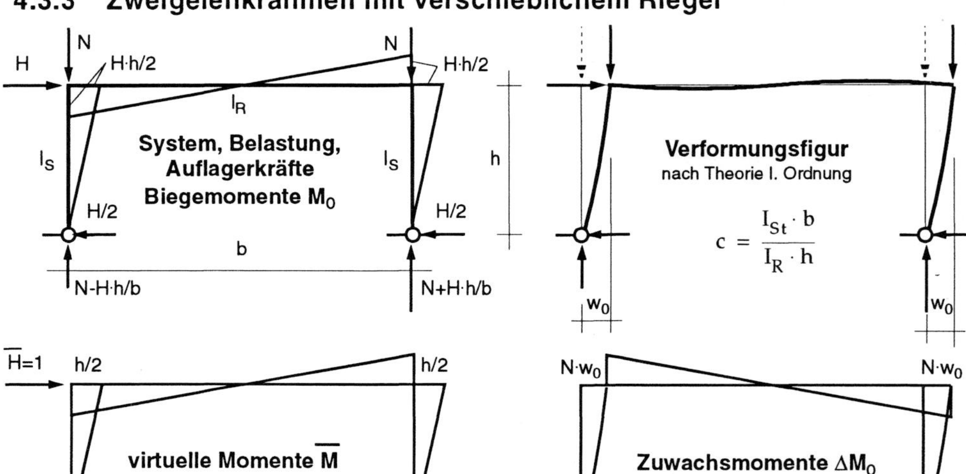

Bild 4.8 **Zweigelenkrahmen - Berechnung nach Th. II. Ordnung**

$$w_0 = \int M_0 \overline{M} \frac{dx}{EI} = \frac{1}{3} \cdot \left(2 \cdot \frac{h}{EI_{St}} + \frac{b}{EI_R}\right) \cdot \frac{Hh}{2} \cdot \frac{h}{2}$$

$$EI_{St} \cdot w_0 = \frac{1}{12} \cdot Hh^3 \cdot (2 + c)$$

Der Momentenzuwachs ΔM_0 ist wegen unterschiedlich großer Druckkräfte in beiden Stielen

an der rechten Rahmenecke $(N + H \cdot h/b) \cdot w_0$

an der linken Rahmenecke $(N - H \cdot h/b) \cdot w_0$

Vereinfachend wird an beiden Ecken mit dem Mittelwert gerechnet.
Zuwachsmomente aus der Riegelkrümmung sind klein und blieben vernachlässigt.

$$\Delta w_0 = \int \Delta M_0 \overline{M} \frac{dx}{EI} \approx \left(2 \cdot \frac{5}{12} \cdot \frac{h}{EI_{St}} + \frac{1}{3} \cdot \frac{b}{EI_R}\right) \cdot Nw_0 \cdot \frac{h}{2}$$

$$EI_{St} \cdot \Delta w_0 \approx \frac{1}{12} \cdot Nw_0 \cdot h^2 \cdot (5 + 2c)$$

$$w = \frac{w_0}{1 - \frac{\Delta w_0}{w_0}} = \frac{H \cdot h^3 \cdot (2 + c)}{12 \cdot EI_{St} - (5 + 2c) \cdot Nh^2}$$

Für den rechten Stiel bzw. die rechte Rahmenecke werden die Schnittgrößen:

$$N^{II} = N \cdot (1 + \frac{2w}{b}) + H \cdot \frac{h}{b} \qquad \text{und} \qquad M^{II} = \frac{H \cdot h}{2} + N^{II} \cdot w$$

Anmerkungen: 1) Die Herleitung gilt nur für symmetrisch belastete Rahmen.

2) Der Zuwachs 2w/b bei N^{II} ist klein von 2. Ordnung; er kann auch vernachlässigt werden.

Beispiel 4.4: Zweigelenkrahmen.

Die Lasten sind γ_M-fache Bemessungslasten. Werkstoff: S 235.

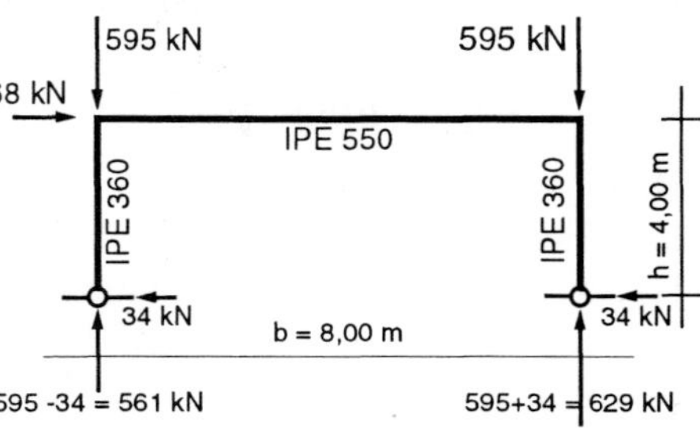

System und Belastung, Auflagerkräfte

Die örtlichen Verhältnisse in den Rahmenecken bleiben unberücksichtigt.

Riegel: IPE 550 $A = 134\ cm^2$ $I = 67120\ cm^4$
$EI_R = 140952\ kNm^2$
$N_{pl} = 3216\ kN$
$M_{pl} = 668\ kNm$

Stütze: IPE 360 $A = 72{,}7\ cm^2$ $I = 16270\ cm^4$
$EI_S = 34167\ kNm^2$
$N_{pl} = 1740\ kN$
$M_{pl} = 245\ kNm$

Biegemomente nach Th.I.O.

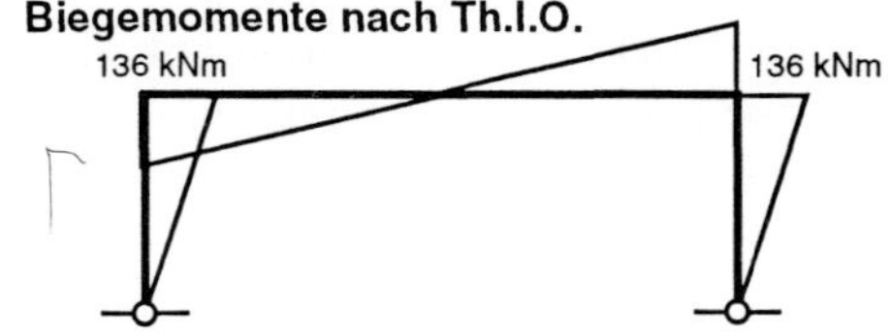

Beiwert: $$c = \frac{I_S \cdot b}{I_R \cdot h} = \frac{16270 \cdot 8,0}{67120 \cdot 4,0} = 0,485$$

Vorverdrehung: $$\varphi_0 = \frac{1}{200} \cdot r_1 \cdot r_2 = \frac{1}{200} \cdot 1,0 \cdot \frac{1}{2} \cdot \left(1 + \sqrt{\frac{1}{2}}\right) = 0,00427 = \frac{1}{234}$$

Imperf.last: $$H^{Imp} = H + \varphi_0 \cdot \sum N = 68 + 0,00427 \cdot 2 \cdot 595 = 68 + 5,08 \approx 73,1\ kN$$

Verschiebung: $$w = \frac{H \cdot h^3 \cdot (2 + c)}{12 \cdot EI_{St} - (5 + 2c) \cdot Nh^2} = \frac{73,1 \cdot 4,0^3 \cdot 2,485}{12 \cdot 34167 - 5,97 \cdot 595 \cdot 4,0^2} = 0,0329 \approx 0,033\ m$$

Schnittgrößen Th.II.O.:

$$N^{II} = N \cdot \left(1 + \frac{2w}{b}\right) + H \cdot \frac{h}{b} = 595 \cdot \left(1 + \frac{2 \cdot 0,033}{8,0}\right) + 73,1 \cdot \frac{4,0}{8,0} = 599,9 + 36,55 \approx 636,5\ kN$$

$$M^{II} = \frac{H \cdot h}{2} + N^{II} \cdot w = \frac{73,1 \cdot 4,0}{2} + 636,5 \cdot 0,033 = 146,2 + 21,0 = 167,2\ kNm$$

Nachweis: $$\frac{N}{N_{pl}} = \frac{636,5}{1740} = 0,366 > 0,1$$

$$\frac{M}{M_{pl}} = \frac{167,2}{245} = 0,682$$

$$\frac{V}{V_{pl}} < 0,33$$ ohne genauen Nachweis, für Interaktion ohne Bedeutung

Interaktion: $$\frac{N}{N_{pl}} + 0,9 \cdot \frac{M}{M_{pl}} = 0,366 + 0,9 \cdot 0,682 = 0,980 < 1$$

EDV-Ergebnisse: a) ohne Normalkraft $w^{II} = 0,032\ m$ $N^{II} = 636,3\ kN$ $M^{II} = 165,3\ kNm$

b) mit Normalkraftverformungen $w^{II} = 0,032\ m$ $N^{II} = 636,3\ kN$ $M^{II} = 165,2\ kNm$

4.4 Andere Nachweisformen für Rahmentragwerke

4.4.1 Allgemeines

DIN 18800 Teil 1 und Teil 2 nennen für Rahmenberechnungen außer dem bekannten Ersatzstabverfahren (*ohne* Vorverformung) und der Berechnung nach Theorie II. Ordnung (*mit* Vorverformung) eine Anzahl von Bedingungen, bei deren Einhaltung der Nachweis nach Sonderverfahren erlaubt ist. Die verschiedenen Bedingungen, Verfahren und Bezeichnungen sind nach dem Normtext nur schwierig abzuschätzen und anzuwenden.

Vor allem bei Möglichkeit der Nutzung von EDV-Programmen zur Berechnung nach Th.II.O. wird man nicht gern Zeit auf die Prüfung der Möglichkeit der Anwendung von Sonderverfahren verwenden, sondern gleich die ja dann vollkommen mühelose Berechnung E-Th.II.O. wählen.

Nachfolgend soll jedoch ein Überblick über die von der Norm angebotenen Möglichkeiten gegeben werden, der sich aus Gründen der Übersichtlichkeit *nur* auf den eingeschossigen Zweigelenkrahmen mit verschieblichem Riegel beschränkt. Die Angaben aus der Norm wurden in den Diagrammen bereits auf diesen Sonderfall hin vereinfacht!

Wichtig: Die angegebenen Verfahren und Beziehungen betreffen nur das Verhalten des Rahmens und die Nachweise *in* der Rahmenebene. Unabhängig hiervon sind Riegel und Stiele *senkrecht* zur Rahmenebene auf Biegedrillknicken mit den hierfür zutreffenden Lagerungsbedingungen zu untersuchen!

Beispiel 4.5: Zweigelenkrahmen nach verschiedenen Nachweisverfahren. Vorgehen entsprechend Diagramm in Abschnitt 4.4.2.

Lasten und Werkstoff wie in Beispiel 4.4.

Die örtlichen Verhältnisse in den Rahmenecken bleiben unberücksichtigt.

$$c = \frac{I_S \cdot b}{I_R \cdot h} = \frac{16270 \cdot 8,0}{67120 \cdot 4,0} = 0,485$$

$$\varepsilon_R = b \cdot \sqrt{\frac{N_R}{EI_R}} = 8,0 \cdot \sqrt{\frac{34}{140952}} = 0,124 < 1$$

Also: Rahmenformeln sind anwendbar!

$$\frac{30}{2+c} \cdot \frac{I_S}{A_S \cdot h^2} = \frac{30}{2,485} \cdot \frac{16270}{72,7 \cdot 400^2} = 0,0169 < 1$$

Also: Normalkraftverformungen müssen nicht berücksichtigt werden!

Fortsetzung nach Flußdiagramm!

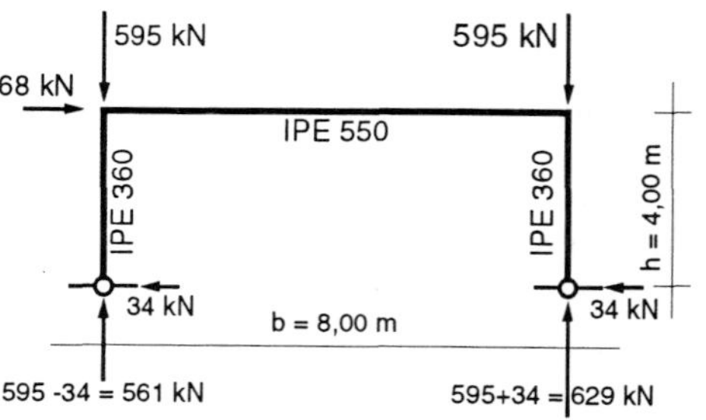

System und Belastung, Auflagerkräfte

Biegemomente nach Th.I.O.

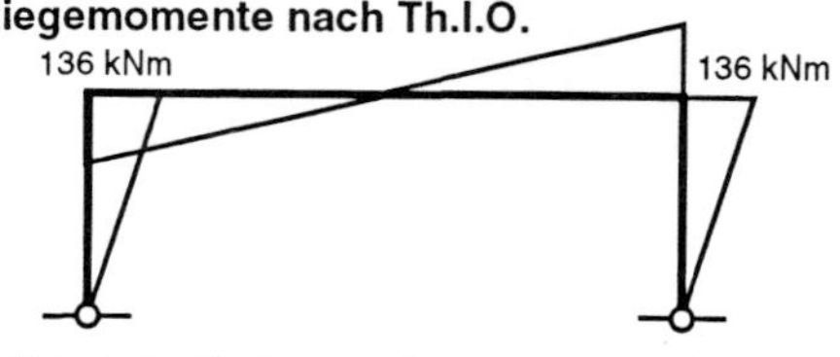

Bild 4.9 **Rahmen, Bemessungslasten**

4.4.2 Nachweisverfahren in Diagrammform

Einen Überblick über die Nachweisverfahren für einstöckige verschiebliche Zweigelenkrahmen mit den Last- und Form-Vorwerten nach Tabelle 4.2 gibt das Flußdiagramm auf der nächsten Seite.

Tab. 4.2 **Erläuterung der Formelzeichen zum Flußdiagramm "Nachweisformen für einstöckige verschiebliche Zweigelenkrahmen"**

System und Belastung

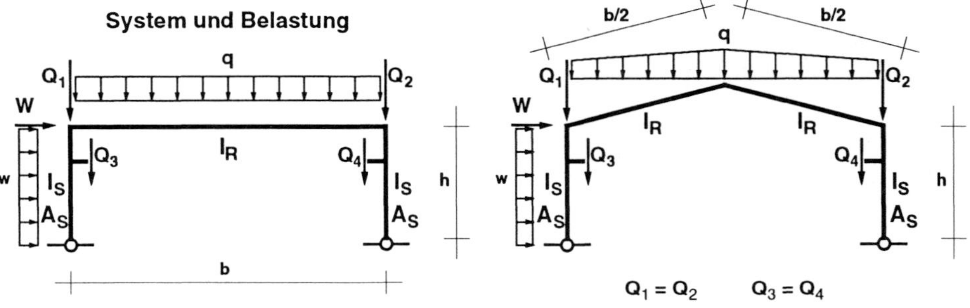

Lastwerte:

Alle Lasten sind γ-fache Gebrauchslasten!

Stabkraft (Druck positiv!) N

Stiel- / Riegeldruckkraft N_S N_R

Summe der vertikalen Stockwerkslasten $N_r = \sum Q_i + \int q\,dx$

Summe der horizontalen Stockwerkslasten $V_r^H = W + w \cdot \frac{h}{2}$

Vorverformung:

für E-Th.I.O. $\varphi_0 = \frac{1}{400} \cdot r_1 \cdot r_2$

in allen anderen Fällen $\varphi_0 = \frac{1}{200} \cdot r_1 \cdot r_2$

Reduktionsfaktoren:

$r_1 = \sqrt{\frac{5}{h}}$ h in [m] für Stäbe mit h > 5 m, sonst $r_1 = 1$

$r_2 = \frac{1}{2} \cdot \left(1 + \sqrt{\frac{1}{n}}\right)$ n = Anzahl der Stiele hier: n = 2

Die Formelzeichen zum Nachweis nach dem Ersatzstabverfahren werden hier nicht erläutert!

Im Flußdiagramm bedeuten (beispielweise):
(1/23): DIN 18800, Teil 1, Formel 23
[2/314]: DIN 18800, Teil 2, Element 314

Systemwerte:

Steifigkeitsverhältnis $c = \frac{I_S \cdot b}{I_R \cdot h}$

Stabkennzahlen

Stiele $\varepsilon_S = h \cdot \sqrt{\frac{N_S}{E \cdot I_S}}$

Riegel $\varepsilon_R = b \cdot \sqrt{\frac{N_R}{E \cdot I_R}}$

Knicklängenbeiwert $\beta = \sqrt{4 + 1,4 \cdot c + 0,02 \cdot c^2}$ *)

Stiel-Knicklast $N_{Ki} = \frac{\pi^2 \cdot E \cdot I_S}{(\beta \cdot h)^2}$

System-Knicklast $N_{Ki,r} = 2 \cdot N_{Ki}$ *)

Verzweigungslastfaktor des Systems $\eta_{Ki,r} = \frac{N_{Ki,r}}{N_r}$

Erlaubt ist auch nach (2/55): $\eta_{Ki,r} \approx \frac{V_r^H}{\varphi_r \cdot N_r}$

mit φ_r = Stockwerksdrehwinkel berechnet nach Th. I. Ordnung

und daraus $\eta_{Ki,r} \approx \frac{12 \cdot E \cdot I_S}{(2 + c) \cdot N_r \cdot h^2}$

*) Die Formeln für den Knicklängenbeiwert ß, $N_{Ki,r}$ usw. gelten nur für (etwa) symmetrische Vertikalbelastung

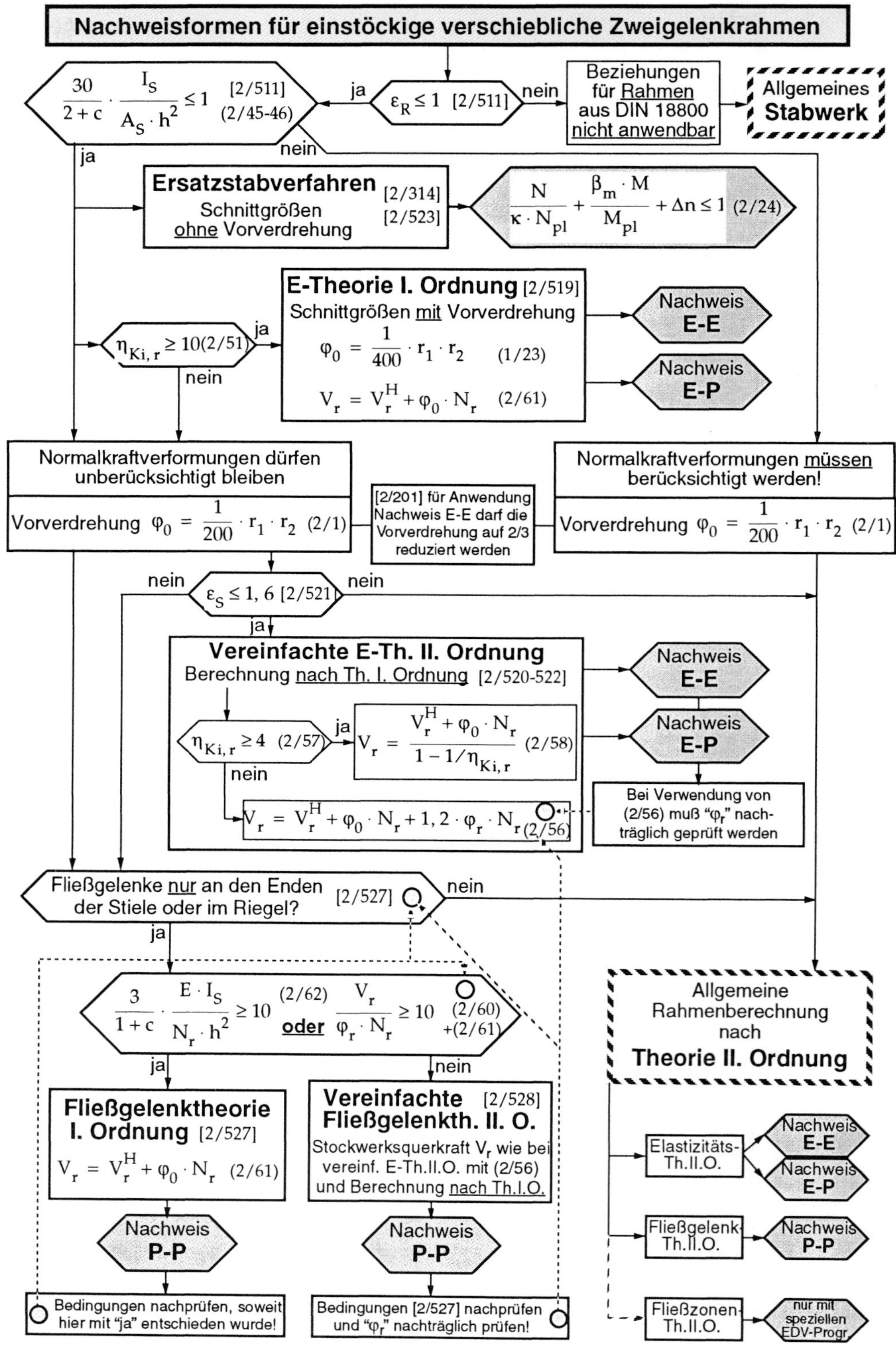

Nachweisformen für einstöckige verschiebliche Zweigelenkrahmen
$\frac{30}{2+c} \cdot \frac{I_S}{A_S \cdot h^2} \le 1$ [2/511] (2/45-46)
ja
$\varepsilon_R \le 1$ [2/511]
nein
Beziehungen für Rahmen aus DIN 18800 nicht anwendbar
Allgemeines Stabwerk
ja
nein
Ersatzstabverfahren [2/314]
Schnittgrößen ohne Vorverdrehung [2/523]
$\frac{N}{\kappa \cdot N_{pl}} + \frac{\beta_m \cdot M}{M_{pl}} + \Delta n \le 1$ (2/24)
E-Theorie I. Ordnung [2/519]
Schnittgrößen mit Vorverdrehung
$\varphi_0 = \frac{1}{400} \cdot r_1 \cdot r_2$ (1/23)
$V_r = V_r^H + \varphi_0 \cdot N_r$ (2/61)
Nachweis E-E
Nachweis E-P
$\eta_{Ki,r} \ge 10$ (2/51)
ja
nein
Normalkraftverformungen dürfen unberücksichtigt bleiben
Vorverdrehung $\varphi_0 = \frac{1}{200} \cdot r_1 \cdot r_2$ (2/1)
[2/201] für Anwendung Nachweis E-E darf die Vorverdrehung auf 2/3 reduziert werden
Normalkraftverformungen müssen berücksichtigt werden!
Vorverdrehung $\varphi_0 = \frac{1}{200} \cdot r_1 \cdot r_2$ (2/1)
nein
$\varepsilon_S \le 1,6$ [2/521]
nein
ja
Vereinfachte E-Th. II. Ordnung
Berechnung nach Th. I. Ordnung [2/520-522]
$\eta_{Ki,r} \ge 4$ (2/57)
ja
$V_r = \frac{V_r^H + \varphi_0 \cdot N_r}{1 - 1/\eta_{Ki,r}}$ (2/58)
nein
$V_r = V_r^H + \varphi_0 \cdot N_r + 1,2 \cdot \varphi_r \cdot N_r$ (2/56)
Nachweis E-E
Nachweis E-P
Bei Verwendung von (2/56) muß "φ_r" nachträglich geprüft werden
Fließgelenke nur an den Enden der Stiele oder im Riegel? [2/527]
nein
ja
$\frac{3}{1+c} \cdot \frac{E \cdot I_S}{N_r \cdot h^2} \ge 10$ (2/62) oder $\frac{V_r}{\varphi_r \cdot N_r} \ge 10$ (2/60) +(2/61)
ja
nein
Fließgelenktheorie I. Ordnung [2/527]
$V_r = V_r^H + \varphi_0 \cdot N_r$ (2/61)
Vereinfachte Fließgelenkth. II. O. [2/528]
Stockwerksquerkraft V_r wie bei vereinf. E-Th.II.O. mit (2/56) und Berechnung nach Th.I.O.
Nachweis P-P
Nachweis P-P
Bedingungen nachprüfen, soweit hier mit "ja" entschieden wurde!
Bedingungen [2/527] nachprüfen und "φ_r" nachträglich prüfen!
Allgemeine Rahmenberechnung nach Theorie II. Ordnung
Elastizitäts-Th.II.O.
Nachweis E-E
Nachweis E-P
Fließgelenk-Th.II.O.
Nachweis P-P
Fließzonen-Th.II.O.
nur mit speziellen EDV-Progr.

1) Ersatzstabverfahren

Knicklänge: $\beta = \sqrt{4 + 1,4c + 0,02c^2} = 2,164$ $\quad s_K = 2,164 \cdot 4,0 = 8,656$ m

Schlankheitsgrad: $\bar{\lambda} = \dfrac{865,6}{15,0 \cdot 92,93} = 0,621$ $\quad \kappa_a = 0,882$

Wegen verschieblichem System Momentenbeiwert: $\beta_m = 1,0$

Wegen $N/N_{pl} = 629/1740 = 0,361 > 0,2$ Divisor 1,1 im M-Term erlaubt:

Mit $\Delta n = 0,1$: $I = \dfrac{N}{\kappa \cdot N_{pl,d}} + \dfrac{\beta_m \cdot M}{1,1 \cdot M_{pl,d}} + \Delta n = \dfrac{629}{0,882 \cdot 1740} + \dfrac{1,0 \cdot 136}{1,1 \cdot 245} + 0,1 = 1,014 > 1$

Genauer: $\Delta n = \dfrac{N}{\kappa \cdot N_{pl,d}} \cdot \left(1 - \dfrac{N}{\kappa \cdot N_{pl,d}}\right) \cdot \kappa^2 \cdot \bar{\lambda}_K^2 = 0,410 \cdot (1 - 0,410) \cdot 0,882^2 \cdot 0,621^2 = 0,073$

$I = 0,410 + 0,505 + 0,073 = 0,988 < 1$ Nachweis erfüllt!

2) E-Theorie I. Ordnung

Kriterium: $\eta_{Ki,r} = \dfrac{N_{Ki,r}}{N_r} = \dfrac{2 \cdot 4500}{2 \cdot 595} = 7,56 < 10$ Abgrenzungskriterium *nicht* erfüllt!

mit $N_{Ki,r} = \dfrac{\pi^2 \cdot EI_S}{(\beta \cdot h)^2} = \dfrac{\pi^2 \cdot 34167}{(2,164 \cdot 4,0)^2} = 4500$ kN

Nachweis nach E-Theorie I. Ordnung ist *nicht* erlaubt!

3) Vereinfachte E-Theorie II. Ordnung

Kriterium: $\varepsilon_S = h \cdot \sqrt{\dfrac{N_S}{EI_S}} = 8,0 \cdot \sqrt{\dfrac{629}{34167}} = 0,543 < 1,6$ erfüllt!

Kriterium: $\eta_{Ki,r} = 7,56 > 4$ erfüllt, es kann mit der einfacheren Beziehung für V_r gerechnet werden!

Vorverdrehung: $\varphi_0 = \dfrac{1}{200} \cdot r_1 \cdot r_2 = \dfrac{1}{200} \cdot 1,0 \cdot \dfrac{1}{2} \cdot \left(1 + \sqrt{\dfrac{1}{2}}\right) = 0,00427 = \dfrac{1}{234}$

Imperfektionslast: $H^{Imp} = \varphi_0 \cdot N_r = 2 \cdot 595 \cdot 0,00427 = 5,08$ kN

Stockwerks-Querkraft: $V_r = \dfrac{V_r^H + \varphi_0 \cdot N_r}{1 - 1/\eta_{Ki,r}} = \dfrac{68 + 5,085}{1 - 1/7,56} = 84,23$ kN

Eckmomente am Rahmen: $M_{Eck} = \dfrac{84,23}{2} \cdot 4,0 = 168,45$ kNm

Nachweis: $\dfrac{N}{N_{pl}} = \dfrac{629}{1740} = 0,361$ $\quad \dfrac{M}{M_{pl}} = \dfrac{168,45}{245} = 0,688$

Interaktion: $I = \dfrac{N}{N_{pl}} + 0,9 \cdot \dfrac{M}{M_{pl}} = 0,361 + 0,9 \cdot 0,688 = 0,361 + 0,619 = 0,980 < 1$ erfüllt!

4.4.3 Fließgelenktheorie II. Ordnung

Beim Verfahren E-P wird nachgewiesen, daß unter der Annahme eines überall elastischen Systems an jeder Stelle des Tragwerks die Schnittgrößen plastisch aufgenommen werden können, wobei die Interaktionsbedingungen zu beachten sind.

Bei statisch unbestimmten Systemen ist mit Erreichen der plastischen Grenzlasten an einer Stelle des Systems die Tragfähigkeit nicht ausgeschöpft. Bei weiterer Steigerung der einwirkenden Lasten bildet sich an der Stelle, an der die plastischen Grenzlasten zuerst erreicht worden sind, ein Fließgelenk aus. Das Fließgelenk arbeitet wie ein echtes Gelenk, überträgt dabei aber weiter die plastischen Grenzlasten (System "Rutschkupplung").

Dies bewirkt eine Umlagerung der Schnittgrößen auf die nicht ausgenutzten Systemteile (plastische Schnittgrößen-Ermittlung). Die Rechnung muß am geänderten statischen System durchgeführt werden, wobei man am Fließgelenk die plastischen Grenzlasten als Gleichgewichtsgruppe von außen einwirkend ansetzen muß. Im allgemeinen Fall muß nach Th.II.O. gerechnet werden.

Je nach Grad der statischen Unbestimmtheit können sich mehrere Fließgelenke ausbilden. Möglich ist jedoch auch, daß das System schon vor Erreichen des letzten Fließgelenks nicht mehr im stabilen Gleichgewicht ist und daher vorzeitig versagt.

Für die Durchführung der Berechnung P-P bedient man sich vorteilhafterweise der EDV. Die Ausbildung von Fließgelenken muß durch entsprechende Systemänderungen berücksichtigt werden. Meistens wird man nicht ohne iterative Annäherung an die Grenzzustände auskommen.

Im Abschnitt 4.5 soll die Effektivität der verschiedenen Verfahren zur Berechnung von Rahmen am Beispiel eines Zweigelenkrahmens aufgezeigt werden.

4.4.4 Fließzonentheorie II. Ordnung

In der Umgebung sich ausbildender plastischer Gelenke ist die Momenten-Krümmungs-Beziehung nicht mehr linear. Die überproportionale Zunahme der Verkrümmung führt zu einem zusätzlichen Ansteigen der Beanspruchungen aus Th.II.O.

Der rechnerische Aufwand ist sehr groß und läßt sich nur mit speziellen EDV-Programmen bewältigen. Eine systematische Berechnung nach Fließzonentheorie II. Ordnung bleibt speziellen Forschungsvorhaben vorbehalten. Man sollte sich jedoch darüber im klaren sein, daß dem gegenüber die Ergebnisse aus der Fließgelenktheorie II. Ordnung auf der unsicheren Seite liegen!

Für die praktische Anwendung hat das Verfahren keine Bedeutung.

4.5 Vergleich verschiedener Verfahren am Beispiel

System: Zweigelenkrahmen mit beidseitigen Vouten. Abmessungen in Bild 4.10.

Belastung: Untersucht wird nur die Grundkombination aus ständiger Last g, Schneelast s und Windlast W; die Windlast wird als Einzellast in der Rahmenecke angesetzt.

Werkstoff: S 235.

Zur Berechnung:

- Die Verhältnisse innerhalb der Vouten (Stoß, Schubfeld, usw.) werden nicht untersucht. Maßgebend sind nur die Bereiche der unveränderten Stiele und des Riegels; nur hier können sich Spannungen bis zur Fließgrenze, Plastizierungen und Fließgelenke ausbilden.
- Für die "Handrechnungen" nach Th.I.O. wird die erhöhte Steifigkeit im Voutenbereich nicht berücksichtigt.
- Für die EDV-Berechnung nach Th.II.O. wird im Voutenbereich 2-3-4 und 6-7-8 eine Ersatzsteifigkeit angesetzt.
- Es wird entsprechend dem vorausgegangen vorgestellten Schema und den dort verwendeten Abkürzungen vorgegangen.
- Die Belastungswerte entsprechen denen eines Hallenrahmens mit 5,0 m Rahmenabstand. Trapezblecheindeckung, Schnee 0,75 kN/m^2. In die Einzellast auf den Stielen sind außer der Eigenlast derselben auch die zusätzliche Belastung aus Überstand der Konstruktion über die Systemmaße sowie eine Belastung aus der Attika von ca. 13 kN eingerechnet.
- Biegedrillknicken der Stäbe wird nicht untersucht.

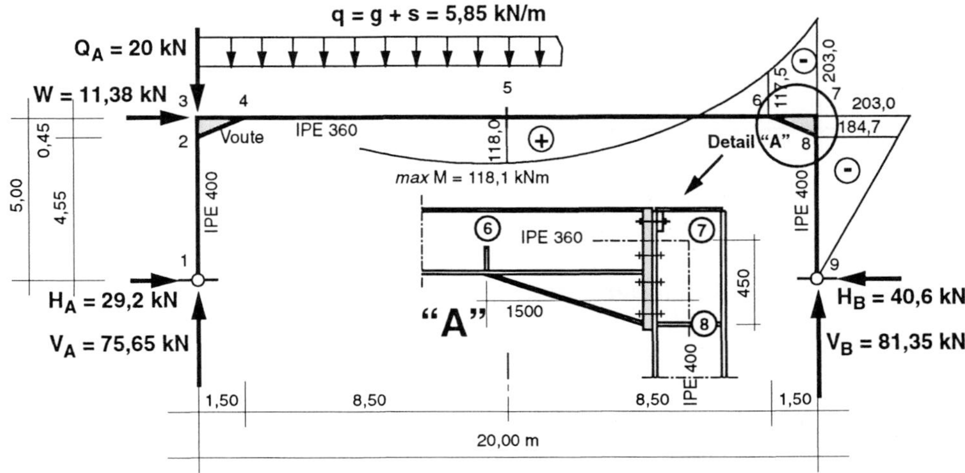

Bild 4.10 **System, Belastung und Momentenverlauf infolge Gebrauchslasten**

Schnittgrößen nach Theorie I. Ordnung infolge Gebrauchslasten

Berechnung der Schnittgrößen am statisch unbestimmten System mit Hilfe von Tabellenwerten.

Tab. 4.3 **Querschnittswerte für die Profile von Riegel und Stielen**

Profil	A [cm²]	W [cm³]	I_y [cm⁴]	$N_{pl,k}$ [kN]	$M_{pl,y,k}$ [kNm]	$V_{pl,z,k}$ [kN]	EI [kNm²]
IPE 360	72,7	904	16270	1746	245	385	34167
IPE 400	84,5	1160	23130	2027	314	461	48573

a) Belastung vertikal: **q = g + s = 5,85 kN/m** und $\mathbf{Q_A = Q_B = 20\ kN}$

Auflagerkräfte vertikal: $V_A = V_B = 5,85 \cdot \frac{20}{2} + 20 = 58,5 + 20 = 78,5\ kN$

Hilfswert für Rahmenformeln: $c = \frac{I_S \cdot b}{I_R \cdot h} = \frac{23130 \cdot 20}{16270 \cdot 5} = 5,687$

Auflagerkräfte horizontal: $H_A = H_B = \frac{q \cdot b^2}{4h \cdot (2/c + 3)} = \frac{5,85 \cdot 20^2}{4 \cdot 5 \cdot 3,352} = 34,9\ kN$

Biegemomente Rahmenecken: $M_C = M_D = -34,91 \cdot 5 = -174,5\ kNm$

Biegemoment in Riegelmitte: $M_m = -174,54 + \frac{5,85 \cdot 20^2}{8} = -174,54 + 292,50 = 118,0\ kNm$

b) Belastung horizontal: **W = 11,38 kN** (einseitig!)

Auflagerkräfte vertikal: $-V_A = V_B = \frac{11,38 \cdot 5}{20} = 2,85\ kN$

Auflagerkräfte horizontal: $-H_A = H_B = \frac{11,38}{2} = 5,7\ kN$

Biegemomente Rahmenecken: $M_C = -M_D = 5,69 \cdot 5 = 28,5\ kNm$

Biegemoment in Riegelmitte: $M_m = 0$

Tab. 4.4 **Schnittgrößen bei Handrechnung nach Th. I. O. aus Gebrauchslasten**

Stelle	**5**	**6**	**7** (links)	**7** (unten)	**8**
M_y [kNm]	118,0	-117,5	-203,0		-184,7
V_z [kN]	-2,8	-52,6	-61,4	+40,6	-40,6
N [kN]	-40,6	-40,6	-40,6	-81,4	-81,4

Vorwerte für die Rahmenberechnung

Hier ist für *alle* Lasten $\gamma = \gamma_M \cdot (\gamma_F \cdot \psi) = 1,1 \cdot 1,35 = 1,485$

Vertikale Stockwerkslasten: $N_r = 1,485 \cdot (5,85 \cdot 20 + 2 \cdot 20) = 233,2\ kN$

Horizontale Stockwerkslasten: $V_r^H = 1,485 \cdot 11,38 = 16,9\ kN$

Reduktionsfaktoren zur Vorverdrehung: $r_1 = 1$ wegen $h \le 5\ m$

2 Stiele: $r_2 = \frac{1}{2} \cdot \left(1 + \sqrt{\frac{1}{2}}\right) = 0,854$

Riegel, IPE 360: $\varepsilon_R \approx 20,0 \cdot \sqrt{\frac{60}{34167}} \approx 0,84 < 1$ Rahmenformeln sind gültig.

Stiele, IPE 400: $\varepsilon_S \approx 5,0 \cdot \sqrt{\frac{122}{48573}} \approx 0,25 < 1,6$ Vereinfachte E-Th.II.O. möglich.

Knicklängenbeiwert: $\beta = \sqrt{4 + 1,4 \cdot 5,687 + 0,02 \cdot 5,687^2} = 3,55$

Stiel-Knicklast $N_{Ki} = \dfrac{\pi^2 \cdot 48573}{(3,55 \cdot 5,0)^2} = 1522\ \text{kN}$

Ber. *ohne* Normalkraftverf.? $\dfrac{30}{2+c} \cdot \dfrac{I_S}{A_s \cdot h^2} = \dfrac{30}{7,687} \cdot \dfrac{23130}{84,5 \cdot 500^2} = 0,0043 \ll 1$ erlaubt!

E-Th.I.O. möglich? $\eta_{Ki,r} = \dfrac{N_{Ki,r}}{N_r} = \dfrac{2 \cdot N_{Ki}}{N_r} = \dfrac{2 \cdot 1522}{233,2} = 13,05 > 10$ ja!

Erlaubt ist für $\eta_{Ki,r}$ auch: $\eta_{Ki,r} = \dfrac{12 \cdot E \cdot I_S}{(2+c) \cdot N_r \cdot h^2} = \dfrac{12 \cdot 48573}{7,687 \cdot 233,2 \cdot 5,0^2} = 13,01 > 10$

Fließgelenkth. I.O. möglich? $\dfrac{3}{1+c} \cdot \dfrac{E \cdot I_S}{N \cdot h^2} = \dfrac{3}{6,687} \cdot \dfrac{48573}{122,3 \cdot 5,0^2} = 7,13 < 10$ *nicht* erfüllt!

Diese Bedingung ist *nicht* erfüllt, jedoch kann (nachträglich) versucht werden, ob die andere Forderung $V_r / (\varphi_r \cdot N_r) \geq 10$ erfüllt ist. Es wird sich zeigen, daß dies kritisch ist!

1) Ersatzstabverfahren

Der Übersicht wegen wird *nur* die *maßgebende* Stelle 8 (UK Voute) der rechten Stütze untersucht.

$$\bar{\lambda} = \frac{\lambda_K}{\lambda_a} = \frac{s_K/i}{\lambda_a} = \frac{1775/16,5}{92,93} = \frac{107,6}{92,93} = 1,158 \quad \rightarrow \quad \kappa_a = 0,557$$

Verschiebliches Tragwerk: $\beta_{m,\psi} = 1,0$

$$\frac{N}{\kappa \cdot N_{pl,d}} + \frac{\beta_m \cdot M}{M_{pl,d}} + \Delta n = \frac{120,9}{0,557 \cdot 2027} + \frac{1,0 \cdot 274,3}{314} + 0,1 = 0,107 + 0,874 + 0,1 = 1,081 > 1$$

Schärfer kann der Nachweis mit genauer Berechnung von Δn geführt werden:

$$\Delta n = \frac{N}{\kappa \cdot N_{pl,d}} \cdot \left(1 - \frac{N}{\kappa \cdot N_{pl,d}}\right) \cdot \kappa^2 \cdot \bar{\lambda}_K^2 = 0,107 \cdot (1 - 0,107) \cdot 0,557^2 \cdot 1,158^2 = 0,040$$

$$\frac{N}{\kappa \cdot N_{pl,d}} + \frac{\beta_m \cdot M}{M_{pl,d}} + \Delta n = 0,107 + 0,874 + 0,040 = 1,021 > 1$$

Als Belastbarkeitsgrad wird der Quotient R/S = Belastbarkeit / Belastung nach dem jeweils angewandten Nachweisverfahren definiert. Hier ist $\eta_L = 1/1,021 = 0,979$, d.h. mit den 0,979-fachen Lasten ist der Rahmen beim Nachweis nach dem Ersatzstabverfahren genau ausgenutzt.

2) Elastizitätstheorie I. Ordnung

Vorverdrehung: $\varphi_0 = \dfrac{1}{400} \cdot 0,854 = 0,002135$

Gegenüber den mit dem Faktor 1,485 vervielfachten Schnittgrößen der Handrechnung Th.I.O. ergeben sich aus der Vorverdrehung zusätzlich die Δ-Werte:

$\Delta V_r = \varphi_0 \cdot N_r = 0,002135 \cdot 233,2 = 0,50\ \text{kN}$ $V_r = 1,485 \cdot 11,38 + 0,50 = 17,40\ \text{kN}$

$\Delta H_B = \Delta V_r/2 = 0,25\ \text{kN}$ $H_B = 1,485 \cdot 40,6 + 0,25 = 60,54\ \text{kN}$

$\Delta M_7 = 0,25 \cdot 4,55 = 1,14\ \text{kNm}$ $M_8 = 60,54 \cdot 4,55 = 275,5\ \text{kNm}$

$\Delta N_{7-9} = 0,50 \cdot \frac{5,0}{20,0} = 0,13\ \text{kN}$ $N_{7-9} = 1,485 \cdot 81,4 + 0,13 = 121,0\ \text{kN}$

Nachweis E-E: $\sigma = \frac{N}{A} + \frac{M}{W} = \frac{121}{84,5} + \frac{27550}{1160} = 1,43 + 23,75 = 25,18\ \text{kN/cm}^2 > 24$

Anmerkung: Die erlaubte Reduzierung der Vorverformung auf 2/3 beim Nachweis E-E bringt nur geringe Änderung im Ergebnis (σ = 25,14 kN/cm^2 anstatt 25,18 kN/cm^2).

E-E mit örtlicher Plastizierung: $\sigma = 1,43 + \frac{23,75}{1,14} = 1,43 + 20,83 = 22,26\ \text{kN/cm}^2 < 24$

Die Voraussetzung für diesen Nachweis sind ausreichende b/t-Verhältnisse. Bei ausschließlicher oder weit überwiegender Beanspruchung auf Biegung um die y-Achse erfüllen IPE-Profile aus S 235 die diesbezüglichen Anforderungen grundsätzlich.

Nachweis E-P: $\frac{N}{N_{pl}} = \frac{121}{2027} = 0,060 < 0,1$

$\frac{V}{V_{pl}} = \frac{60,54}{461} = 0,131 < 0,33$

$\frac{M}{M_{pl}} = \frac{275,5}{314} = 0,877 < 1$

Zusammenfassung: Bei den 3 Nachweisarten ist η_L = 0,953 / 1,078 / 1,140.

3) Fließgelenktheorie I. Ordnung

Vorverdrehung: $\varphi_0 = \frac{1}{200} \cdot 0,854 = 0,00427$

Gegenüber den mit dem Faktor 1,485 vervielfachten Schnittgrößen der Handrechnung Th.I.O. ergibt sich zusätzlich:

$\Delta V_r = \varphi_0 \cdot N_r = 0,00427 \cdot 233,2 = 1,00\ \text{kN}$ $V_r = 1,485 \cdot 11,38 + 1,00 = 17,90\ \text{kN}$

$\Delta H_B = \Delta V_r/2 = 0,50\ \text{kN}$ $H_B = 1,485 \cdot 40,6 + 0,50 = 60,8\ \text{kN}$

$\Delta M_7 = 0,50 \cdot 4,55 = 2,28\ \text{kNm}$ $M_8 = 60,8 \cdot 4,55 = 276,6\ \text{kNm}$

$\Delta N_{7-9} = 1,00 \cdot \frac{5,0}{20,0} = 0,25\ \text{kN}$ $N_{7-9} = 1,485 \cdot 81,4 + 0,25 = 121,1\ \text{kN}$

Es gilt, zuerst die Laststufe η_L zu ermitteln, bei der sich das 1. Fließgelenk (an der Stelle 8) einstellt. Bei η_L = 1 ist M_8/M_{pl} = 276,6/314 = 0,881. Die Interaktionsbeziehungen werden - wie bei den vorausgegangenen Nachweisen - nicht maßgebend. Daraus, und wegen des linearen Verhaltens bei Th.I.O. folgt für das erste Fließgelenk: η_L = 1/0,881 = 1,135. Es ist dann $M_8 = M_{pl}$ = 314 kNm.

Die Weiterrechnung nach Theorie I. Ordnung ist besonders einfach. Zu beachten ist, daß jetzt immer $H_B = 60,9 \cdot 1,135 = 69,1$ kN bleibt, und damit sich auch M_7 und M_8 nicht verändern!

Bei der folgenden, frei gewählten Laststufe η_L = 1,20 (Tab. 4.5, Zeile 4) ist besonders das Anwachsen des Feldmoments im Riegel zu beachten:

$$max M = M_7 + \frac{V^2_{7,\text{links}}}{2 \cdot q} = -345,0 + \frac{109,8^2}{2 \cdot 1,20 \cdot 8,7} = 232,4\ \text{kNm}$$

Die plastische Grenzlast Th. I.O ist erreicht, wenn *max* M = M_{pl} = 245 kNm erreicht wird. Da Theorie I. Ordnung gerechnet wird, sind auch im System mit *einem* Fließgelenk Proportionalität zwischen Lasten und Schnittgrößen gegeben. Ein einfacher Dreisatz ergibt für die plastische Grenzlast die Laststufe 1,226 gegenüber den γ-fachen Einwirkungen:

$$\eta_L = 1,135 + \frac{245,0-200,8}{232,4-200,8} \cdot (1,20-1,135) = 1,135 + 0,091 = 1,226$$

Die Schnittgrößen für die verschiedenen Laststufen sind in der Tabelle 4.4 zusammengefaßt.

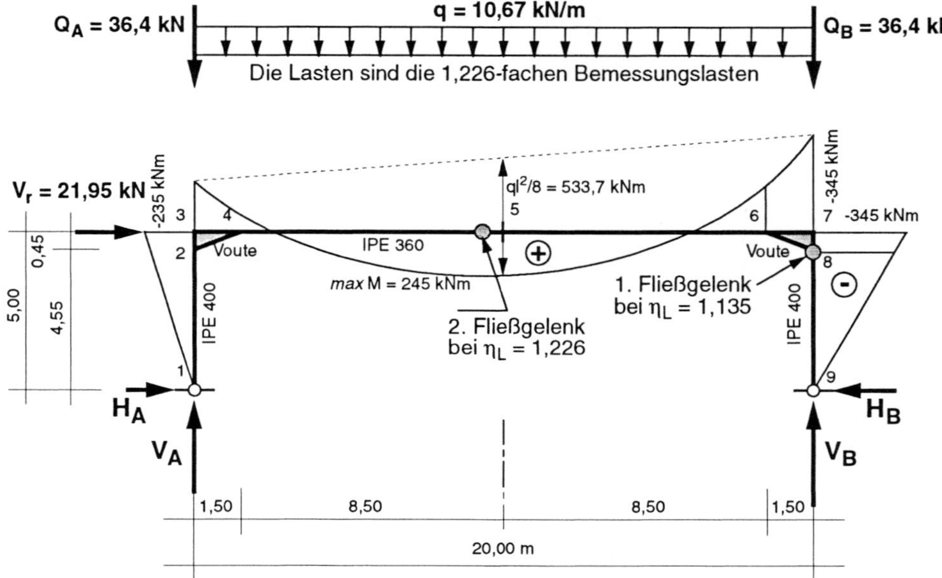

Bild 4.11 **System, Belastung** und **Momentenverlauf für FließgelenkTh.I.O.** für die Laststufe η_L = 1,226

Tab. 4.5 **Elastische und plastische Berechnung nach Theorie I.O.**

Nachweis	Laststufe η_L Multiplikator gegen γ-fache Belastung	Auflagerkräfte [kN]			Querkraft	Biegemomente M [kNm]			
		V_B	H_B	H_A	$V_{7,li}$	P. 3	*max* M	P. 7	P. 8
E-P	1,000 x (Q+q+V_r)	121,1	60,8	42,9	-91,5	-214,5	176,1	-304,0	-276,6
	1,135 x (Q+q+V_r)	137,5	69,0	48,7	-103,8	-243,5	200,8	-345,0	-314,0
P-P	1,135 x (Q+q+V_r)	137,5	69,0	48,7	-103,8	-243,5	200,8	-345,0	-314,0
	1,200 x (Q+q+V_r)	145,4	69,0	47,5	-109,8	-237,5	232,4	-345,0	-314,0
	1,226 x (Q+q+V_r)	154,4	69,0	47,0	-116,6	-235,0	245,0	-345,0	-314,0

Wie ersichtlich, stellt sich am Riegel bei der letztgenannten Laststufe η_L = 1,226 *max* M ≈ M_{pl} ein. Im Zweifelsfall ist nochmal nachzuprüfen, ob auch jetzt noch bei Punkt 8 mit $N/N_{pl} < 0,1$ die Voraussetzung für die Vernachlässigung der Normalkraft bei der Interaktion gegeben ist.

Nachzuweisen ist noch die Voraussetzung (2/60) für die Anwendung des Verfahrens. Es muß sein:

$$\frac{V_r}{\varphi_r \cdot N_r} \geq 10 \qquad \text{mit} \quad \varphi_r = \frac{w^H_{Riegel}}{h}$$

Bei der Berechnung der Horizontalverschiebung w^H des Rahmenriegels ist zu beachten, daß bei Anwendung des Arbeitssatzes auch der virtuelle Zustand am System mit dem 1. Fließgelenk anzusetzen ist!

Für den virtuellen Zustand ist das 2. Fließgelenk ohne Belang, denn mit dessen Ausbildung wird das System ja kinematisch! Das dargestellte virtuelle System kann für die Verformungsberechnung sowohl mit als auch ohne das 1. Fließgelenk benutzt werden (Reduktionssatz!).

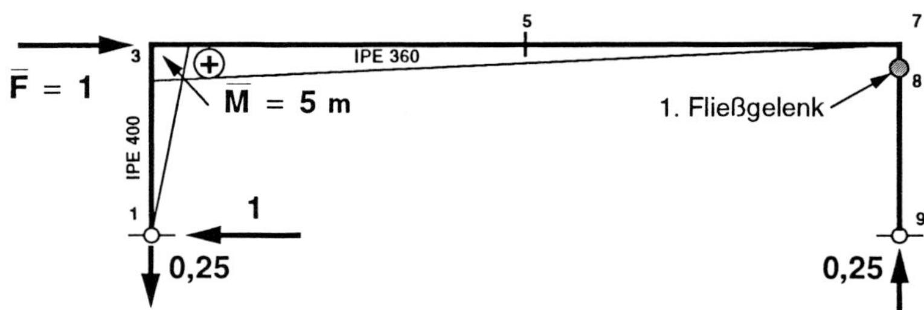

Bild 4.12 **Virtueller Zustand zur Ermittlung von w^H**

Allgemein: $$E \cdot I_S \cdot \varphi_r = E \cdot I_S \cdot \frac{w^H_R}{h} = \left(-\frac{|M_3|}{3} \cdot (1+c) - \frac{|M_7|}{6} \cdot c + \frac{1}{3} \cdot \frac{q \cdot b^2}{8} \cdot c\right) \cdot h$$

1. Fließgelenk: $$E \cdot I_S \cdot \varphi_r = \left(-\frac{243,5}{3} \cdot 6,687 - \frac{345}{6} \cdot 5,687 + \frac{9,875 \cdot 20^2}{3 \cdot 8} \cdot 5,687\right) \cdot 5,0 = 331 \text{ kNm}^2$$

2. Fließgelenk: $$E \cdot I_S \cdot \varphi_r = \left(-\frac{235}{3} \cdot 6,687 - \frac{345}{6} \cdot 5,687 + \frac{10,666 \cdot 20^2}{3 \cdot 8} \cdot 5,687\right) \cdot 5,0 = 801 \text{ kNm}^2$$

Man beachte, daß von der Ausbildung des 1. Fließgelenkes bis zu der des 2. Fließgelenks die Last um 8 % zunimmt, die Schiefstellung des Rahmens aber um 142 %!

$\eta_L = 1{,}135$ (1. Fließgelenk): $$\varphi_r = \frac{331}{48573} = 0,00682 \qquad \frac{V_r}{\varphi_r \cdot N_r} = \frac{20,32}{0,00682 \cdot 264,9} = 11,25 > 10$$

$\eta_L = 1{,}226$ (2. Fließgelenk): $$\varphi_r = \frac{801}{48573} = 0,0165 \qquad \frac{V_r}{\varphi_r \cdot N_r} = \frac{21,95}{0,0165 \cdot 286,2} = 4,67 < 10$$

Die Forderung $\frac{V_r}{\varphi_r \cdot N_r} \geq 10$ ist also bei Ausbildung des 2. Fließgelenks bei weitem *nicht* erfüllt!

Die Zunahme der Verdrehung erfolgt jedoch linear (Th.I.O.!), deshalb läßt sich direkt interpolieren:

$$\eta_L = 1,135 + \frac{11,25 - 10}{11,25 - 4,67} \cdot (1,226 - 1,135) = 1,135 + 0,017 = 1,152$$

ist die Laststufe, bei der Bedingung (2/60), siehe Berechnungsschema, genau eingehalten ist.

Natürlich ist zum Schluß die Überprüfung notwendig, ob für den Traglastzustand an den Fließgelenken die Interaktionsbedingungen auch wirklich eingehalten sind. Dies ist hier ganz offensichtlich der Fall.

Auch die Überprüfung, ob nicht an anderer Stelle des Tragwerks die Grenzschnittgrößen überschritten sind, ist grundsätzlich erforderlich. In Frage kommt die Stelle 6 am Riegel. Auch hier ist leicht zu sehen, daß diese Bedingung eingehalten ist.

Bei der Berechnung dieses Beispiels hat sich der Aufwand für die Fließgelenktheorie nicht gelohnt. Gegenüber der Berechnung nach E.Th.I.O. mit Nachweis E-P ist die Zunahme des Lastfaktors η_L gerade 1 %.

4) Vereinfachte Elastizitätstheorie II. Ordnung

Berechnung nach Th. I. O. mit $V_r = V_r^H + \varphi_0 \cdot N_r + 1,2 \cdot \varphi_r \cdot N_r$

Die Rechnung kann gut "von Hand" durchgeführt werden, erfordert aber Probieren bei der Ermittlung von $\varphi_r = w_{Riegel}/h$ φ_0 ist die Vorverdrehung wie üblich bei Th.II.O.

1. Versuch mit $\eta_L = 1{,}05$ und geschätztem Wert $\varphi_r = 0{,}008$:

$$V_r = 1,05 \cdot (17,9 + 0,00427 \cdot 233,2 + 1,2 \cdot 0,008 \cdot 233,2) = 1,05 \cdot (17,9 + 1,0 + 2,24) = 22,2 \text{ kN}$$

$$V_A = 1,05 \cdot (29,7 + 8,7 \cdot 10) - 22,2 \cdot 5,0/20 = 122,54 - 5,55 = 117,0 \text{ kN}$$
$$H_A = 1,485 \cdot 1,05 \cdot 34,9 - 22,2/2 = 54,42 - 11,10 = 43,32 \text{ kN}$$
$$V_B = 122,54 + 5,55 = 128,1 \text{ kN} \qquad H_B = 54,42 + 11,10 = 65,52 \text{ kN}$$
$$M_3 = -43,32 \cdot 5,0 = -216,6 \text{ kNm} \qquad M_7 = -65,52 \cdot 5,0 = -327,6 \text{ kNm}$$
$$M_8 = -65,52 \cdot 4,55 = -298,1 \text{ kNm} < M_{pl} = 314 \text{ kNm}$$

$$\text{Verdrehung: } E \cdot I_S \cdot \varphi_r = \left(-\frac{216,6}{3} \cdot 6,687 - \frac{327,6}{6} \cdot 5,687 + \frac{9,122 \cdot 20^2}{3 \cdot 8} \cdot 5,687\right) \cdot 5,0 = 356,5 \text{ kNm}^2$$

$$\text{Kontrolle: } \varphi_r = 356,5/48573 = 0,00734 < 0,008$$

2. Versuch mit $\eta_L = 1{,}10$ und geschätztem Wert $\varphi_r = 0{,}008$:

$$V_r = 1,10 \cdot (17,9 + 0,00427 \cdot 233,2 + 1,2 \cdot 0,008 \cdot 233,2) = 1,10 \cdot (17,9 + 1,0 + 2,24) \approx 23,25 \text{ kN}$$

$$V_A = 1,10 \cdot (29,7 + 8,7 \cdot 10) - 23,25 \cdot 5,0/20 = 128,37 - 5,81 = 122,56 \text{ kN}$$
$$H_A = 1,485 \cdot 1,10 \cdot 34,9 - 23,25/2 = 57,01 - 11,62 = 45,39 \text{ kN}$$
$$V_B = 128,37 + 5,81 = 134,18 \text{ kN} \qquad H_B = 57,01 + 11,62 = 68,63 \text{ kN}$$
$$M_3 = -45,39 \cdot 5,0 = -226,95 \text{ kNm} \qquad M_7 = -68,63 \cdot 5,0 = -343,15 \text{ kNm}$$
$$M_8 = -68,63 \cdot 4,55 = -312,27 \text{ kNm} < M_{pl} = 314 \text{ kNm}$$

$$\text{Verdreh.: } E \cdot I_S \cdot \varphi_r = \left(-\frac{226,95}{3} \cdot 6,687 - \frac{343,15}{6} \cdot 5,687 + \frac{9,56 \cdot 20^2}{3 \cdot 8} \cdot 5,687\right) \cdot 5,0 = 375,0 \text{ kNm}^2$$

$$\text{Kontrolle: } \varphi_r = 375,0/48573 = 0,00772 < 0,008$$

Der 2. Versuch mit $M_8 \approx M_{pl}$ und fast zutreffend gesetztem φ_r liegt genügend nah an der Grenzlast.

5) Fließgelenktheorie II. Ordnung (EDV-Berechnung)

Die EDV-Berechnung wurde mit Berücksichtigung von Normalkraftverformung und in den Voutenbereichen 2-3-4 und 6-7-8 mit ideellem, konstantem Trägheitsmoment ($I = 33500\ cm^4$) durchgeführt. Dabei ist die Berechnung am Ausgangssystem bis zur Bildung des 1. Fließgelenks eigentlich gar nicht notwendig, wurde aber zu Kontroll- und Vergleichszwecken geführt. Bei $\eta_L \approx 1{,}045$ bildet sich das 1. Fließgelenk in Punkt 8 aus.

Für die Berechnung höherer Laststufen wird das geänderte System mit Gelenk in Punkt 8 zugrunde gelegt. An dieser Stelle muß jetzt als äußere Belastung das Doppelmoment = Fließmoment angesetzt werden (Gleichgewichtsgruppe!).

Es ist ersichtlich, daß für die Laststufe η_L = 1,045, bei der im ursprünglichen System sich das 1. Fließgelenk ausbildet, in beiden Systemen sich praktisch dieselben Schnittgrößen und Verformungen ausbilden. Bei $\eta_L \approx$ 1,15 bildet sich im Riegel das 2. Fließgelenk aus; die Traglast ist erreicht.

Schnittgrößen und Riegelverschiebung sind in Tab. 4.6 zusammengestellt.

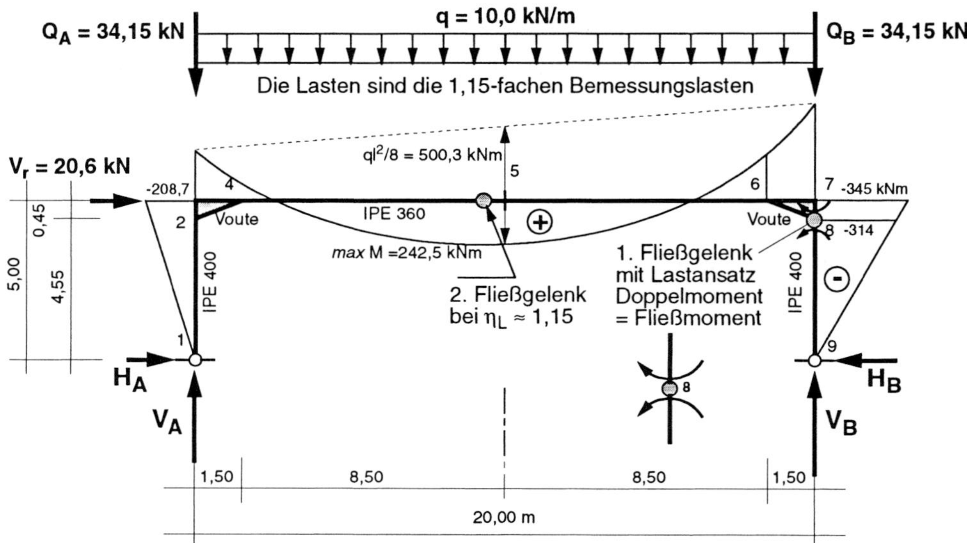

Bild 4.13 **System, Belastung und Momentenverlauf für Fließgelenktheorie II.O.** für die Laststufe η_L = 1,15

Tab. 4.6 **Elastische und plastische Berechnung nach Theorie II.O.** (EDV-Werte)

Nachweis	**Laststufe η_L** Multiplikator gegen γ-fache Belastung	**Auflagerkräfte** [kN]			**Biegemomente M** [kNm]				**Riegel** w^H [mm]
		V_B	H_B	H_A	P. 3	*max* M	P. 7	P. 8	
E-P	1,000 x (Q+q+V_r)	121,5	65,1	47,2	-232,9		-328,6	-299,5	27
	1,045 x (Q+q+V_r)	127,0	68,1	49,4	-243,7		-344,0	-313,6	28
P-P	1,045 x (Q+q+V_r)	127,0	68,2	49,5	-244,3		-344,5	-314,0	28
	1,150 x (Q+q+V_r)	140,8	65,3	44,7	-208,7	242,5	-342,3	-314,0	114

Zusammenstellung nach verschiedenen Verfahren erreichter Laststufen

1) Ersatzstabverfahren η_L = 0,98
2) Elastizitätstheorie I. Ordnung (Nachweis E-P) η_L = 1,14
3) Fließgelenktheorie I. Ordnung η_L = 1,15
4) Vereinfachte Elastizitätstheorie II. Ordnung η_L = 1,10
5) Fließgelenktheorie II. Ordnung (EDV-Nachweis) η_L = 1,15

Last-Verschiebungs-Diagramm

Die Berechnung nach Fließgelenktheorie II. Ordnung erlaubt eine klare Aussage über die Last-Verformungs-Beziehungen. Aufgezeichnet zeigen diese deutlich, wie rasant die Verformungen nach Ausbildung des 1. Fließgelenks ansteigen.

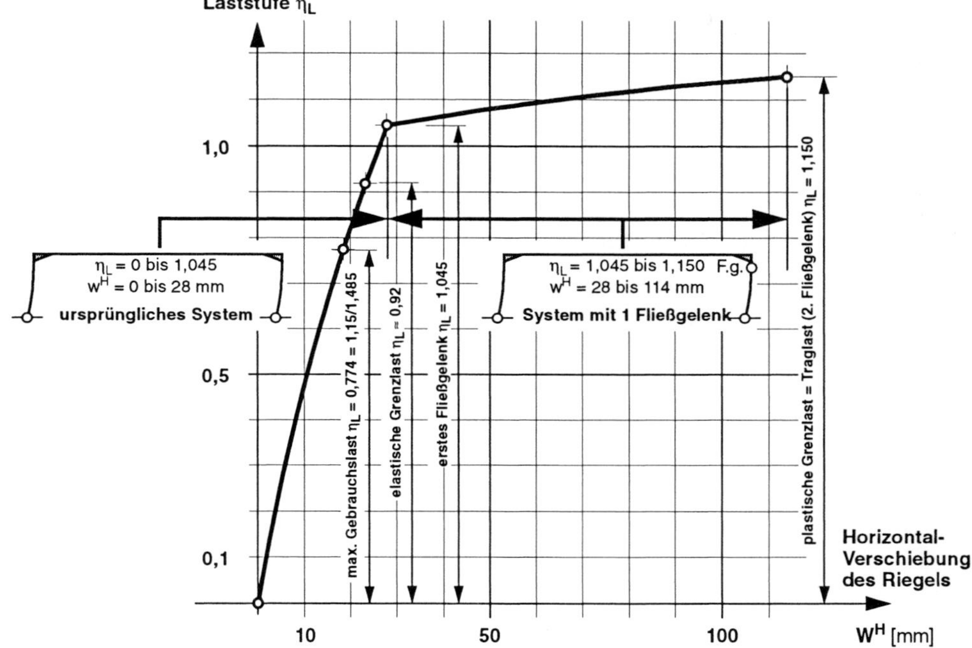

Bild 4.14 **Last-Verschiebungs-Diagramm für Fließgelenktheorie II. Ordnung**

Andererseits wird deutlich, daß auch bei einer Bemessung auf die plastische Grenzlast die *wirklichen Verformungen* am System *unter Gebrauchslast* verhältnismäßig klein bleiben, weil sie immer noch unter dem Niveau der elastischen Grenzlast liegen: der Quotient auf die γ_M-fache Bemessungslast ist 1,485, und damit ist im Falle größter Gebrauchslast $\eta_L = 1{,}150/1{,}485 = 0{,}774$, das sind rund 84 % der elastischen Grenzlast.

Man sieht, daß im Gebrauchszustand im System nirgends plastische Verformungen auftreten, auch wenn die Bemessung mit Bemessungslasten bis zum 2. Fließgelenk geführt worden ist.

Entsprechende Last-Verformungs-Aussagen sind für die anderen vorgestellten Berechnungsmöglichkeiten (Ersatzstabverfahren, linearisierte und/oder vereinfachte Berechnungsmethoden) nicht möglich, weil Ersatzlasten bzw. Ersatzverformungen keine real vergleichbaren Werte darstellen.

6) Alternative Lastannahmen

DIN 1055 erlaubt anstatt der üblichen Lastkombinationen aus ständiger Last g, Schneelast s und Windlast w (nämlich g+s, g+w, g+s+w mit unterschiedlichen $\gamma_F \cdot \psi$-Werten) *ersatzweise* den Ansatz der Lasten g+s+w/2 *und* g+s/2+w, wobei jeweils s+w/2 und s/2+w als *eine* Einwirkung im Sinne DIN 18800 Teil 1 anzusehen ist.

Bei üblichen Rahmentragwerken im Hallenbau wird i.a. *nur* die Kombination g+s+w/2 maßgebend. Nachfolgend sollen die Schnittgrößen aus dieser Einwirkungskombination gegenübergestellt werden den Schnittgrößen aus 2) für eine Berechnung nach E-Th.I.O.

Berechnung nach Th.I.O. ist gemäß Abgrenzungs-Kriterien erlaubt, siehe "Vorwerte"; die Zahlen ändern sich nur unwesentlich.

Einwirkungen:

$$\gamma_M \cdot \gamma_F \cdot q = 1,1 \cdot (1,35 \cdot 2,10 + 1,5 \cdot 3,75) = 9,30 \text{ kN/m}$$

$$\gamma_M \cdot \gamma_F \cdot Q_A \approx 1,1 \cdot (1,35 \cdot 18 + 1,5 \cdot 2) = 30 \text{ kN}$$

$$\gamma_M \cdot \gamma_F \cdot W/2 = 1,1 \cdot 1,5 \cdot 11,38/2 = 9,39 \text{ kN}$$

$$\gamma_M \cdot \gamma_F \cdot \Delta V_r = 0,854/400 \cdot (9,30 \cdot 20 + 2 \cdot 30) = 0,53 \text{ kN}$$

$$\gamma_M \cdot \gamma_F \cdot V_r = 9,39 + 0,53 = 9,92 \text{ kN}$$

Auflagerkräfte:

aus $q + Q_A$: $H_A = H_B = \dfrac{9,30 \cdot 20^2}{4 \cdot 5 \cdot 3,352} = 55,5 \text{ kN}$ $\quad V_B = 93 + 30 = 123 \text{ kN}$

aus V_r: $-H_A = H_B = \dfrac{9,92}{2} = 4,96 \text{ kN}$ $\quad V_B = 9,92 \cdot \dfrac{5,0}{20} = 2,5 \text{ kN}$

Schnittgrößen:

Stelle 7: $M_7 = -(55,5 + 4,96) \cdot 5,0 = 275,1 - 302,3 \text{ kNm}$

Stelle 8: $M_8 = -(55,5 + 4,96) \cdot 4,55 = -275,1 \text{ kNm}$

Stiel r.: $N_{7-9} = 123 + 2,5 = 125,5 \text{ kN}$

Riegel: $x' = \dfrac{93 + 2,5}{9,30} = 10,27 \text{ m}$ = Stelle für *max* M

$$max\ M = -302,5 + 95,5 \cdot 10,27 - 9,30 \cdot \frac{10,27^2}{2} = 187,8 \text{ kNm}$$

Bemessung:

Es genügt ein Vergleich mit den Werten aus den vorangegangenen Berechnungen, siehe 7). Alle erforderlichen Nachweise sind offensichtlich erfüllt.

Es ist klar, daß die Grundkombination g+s/2+w *nicht* maßgebend wird, trotzdem kurz:

$\gamma_M \cdot \gamma_F \cdot q = 6,21 \text{ kNm}$ $\quad \gamma_M \cdot \gamma_F \cdot Q_A = 28,4 \text{kN}$ $\quad \gamma_M \cdot \gamma_F \cdot W = 18,78 \text{ kN}$

$$\gamma_M \cdot \gamma_F \cdot V_r = 18,78 + 0,854/400 \cdot (6,21 \cdot 20 + 2 \cdot 28,4) = 19,13 \text{ kN}$$

$H_B = \dfrac{6,21 \cdot 20^2}{4 \cdot 5 \cdot 3,352} + \dfrac{19,13}{2} = 37,05 + 9,57 = 46,62 \text{ kN}$ $\quad M_7 = -46,62 \cdot 5,0 = -233,1 \text{ kNm}$

Weitere Nachweise sind nicht erforderlich.

7) Vergleich der Schnittgrößen

Verglichen werden die Berechnungen nach Th.I.O.:

Verfahren nach Abschnitt 2) mit beiden Grundkombinationen g+s und g+s+w

Verfahren nach Abschnitt 6) mit der Grundkombination g+s+w/2

Tab. 4.7 **Vergleich der Bemessungs-Schnittgrößen aus verschiedenen Lastannahmen**

nach Abschnitt	**Einwirkung** $\gamma_M \cdot \gamma_F$-fach	*max* **M** (Riegel)	**M (6)** [kNm]	**M (7)** [kNm]	**M (8)** [kNm]	**N (7-9)** [kN]
2)	g+s	187,7	nicht relevant			
	g+s+w	177,1	-166,9	-302,7	-275,5	121,0
6)	g+(s+w/2)	187,8	-168,9	-302,3	-275,1	125,9

Tabelle 4.7 zeigt, daß im vorliegenden Fall der Unterschied in den maßgebenden Bemessungs-Schnittgrößen für die Stiele M(8) und N(7-9) unerheblich ist. Das größte Riegelmoment ist praktisch gleich.

Der Vergleich läßt sich jedoch nicht verallgemeinern, er kann nur Tendenzen aufzeigen.

Oft wird man beim Nachweis von Hallenrahmen, die nicht durch zusätzliche Einwirkungen (wie z.B. Kranbahnen) belastet sind, mit Methode 6) überhaupt nur eine einzige Einwirkungskombination untersuchen müssen, und auch hier läßt sich meist nach Th.I.O. rechnen.

Die gängige Nachweis-Praxis mit EDV-Berechnung von mehreren Kombinationen nach Th.I.O. und Th.II.O. beschert dagegen vielfach einen unübersichtlichen "Zahlenfriedhof", gegenüber dem die gezeigte Methode zeit- und platzsparender und übersichtlicher ist.

4.6 Weitere Beispiele

4.6.1 Einhüftiger Rahmen mit angelenkter Pendelstütze

Der dargestellte einhüftige Rahmen ist für die angegebene Belastung nach Theorie II. Ordnung zu untersuchen. Werkstoff: S 235.

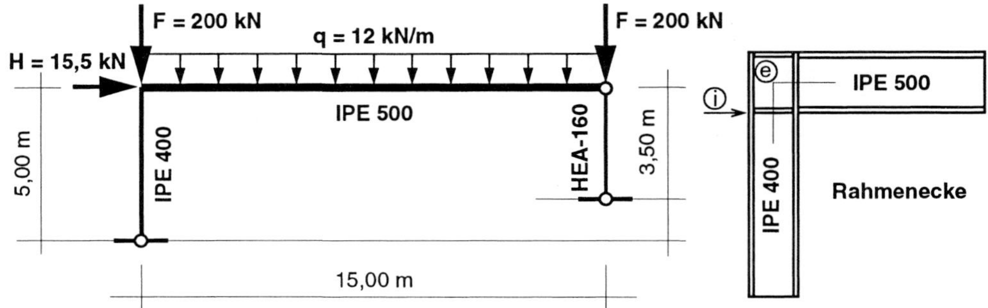

1) H-Last und rechnerische Imperfektionslast sind zu bestimmen.
2) Die Horizontalverschiebung w des Rahmenriegels ist nach E-Theorie II. Ordnung zu berechnen.
3) Das Biegemoment Th.II.O. in der Rahmenecke (e) ist zu berechnen.
4) Für Unterkante Rahmenecke, Stelle (i), sind die Schnittgrößen M_y, V_z und N anzugeben.
5) An der Stelle (i) ist für den Rahmenstiel der Nachweis E-P zu führen. Die Rahmenecke soll nicht untersucht werden.
6) Die System-Knicklast ist anzugeben. Die Knicklänge des Rahmenstiels ist zu berechnen.
7) Hätte der Rahmen auch nach Theorie I. Ordnung berechnet werden dürfen?

Plastische Schnittgrößen (charakteristische Werte):

Stiel IPE 400: $I_y = 23130\ \text{cm}^4$ $M_{pl,y,k} = 318$ kNm $V_{pl,z.k} = 461$ kN $N_{pl,k} = 2024$ kN

Riegel IPE 500: $I_y = 48200\ \text{cm}^4$

1) Imperfektion: $\varphi_0 = \dfrac{r_1 \cdot r_2}{200}$

Wegen h ≤ 5,0 m ist: $r_1 = 1$

2 Stützen: $r_2 = \dfrac{1}{2} \cdot \left(1 + \dfrac{1}{\sqrt{2}}\right) = 0,854$

Vorverdrehung: $\varphi_0 = \dfrac{0,854}{200} = 0,00427 = \dfrac{1}{234}$

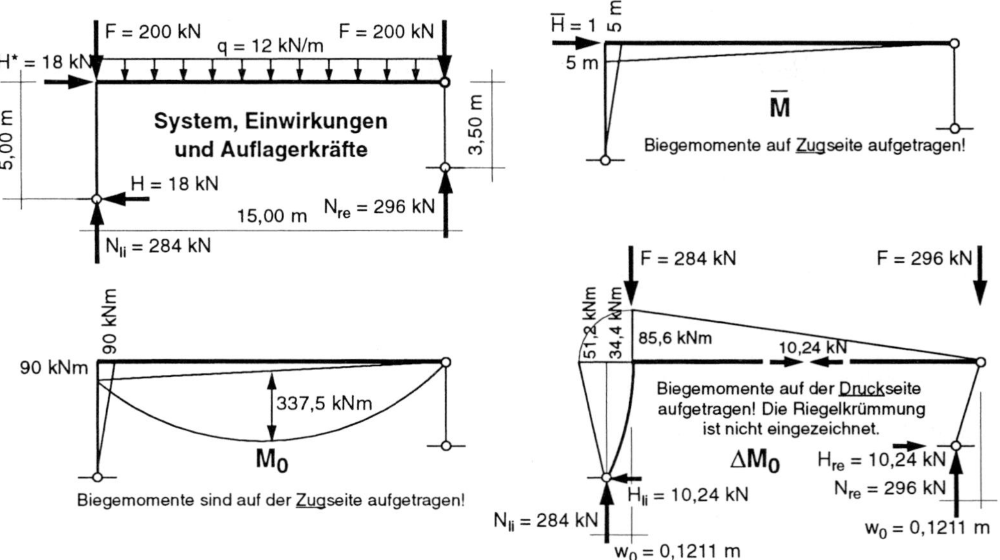

Imperfektionslast: $H^{Imp} = \sum V \cdot \varphi_0 = \dfrac{2 \cdot 200 + 12 \cdot 15}{234} = \dfrac{580}{234} = 2,48 \approx 2,5 \text{ kN}$

Gesamte H-Last: $H^* = H + H^{Imp} = 15,5 + 2,5 = 18 \text{ kN}$

2a) Verschiebung nach Th.I.O.:

Steifigkeiten: $I_S/I_R = 23130/48200 = 0,480$

$$EI_S = 21000 \cdot 23130 \cdot 10^{-4} = 48573 \text{ kNm}^2$$

$$EI_S \cdot w_0 = \frac{1}{3} \cdot 90 \cdot 5 \cdot (5 + 15 \cdot 0,48) + \frac{1}{3} \cdot 337,5 \cdot 5 \cdot 15 \cdot 0,48 = 1830 + 4050 = 5880 \text{ kNm}^3$$

$$w_0 = \frac{5880}{48573} = 0,1211 \text{ m}$$

2b) Zusatzmomente in der Rahmenecke infolge w_0:

$$\Delta M = 284 \cdot 0,1211 + 296 \cdot 0,1211 \cdot \frac{5,0}{3,5} = 34,4 + 51,2 = 85,6 \text{ kNm}$$

2c) Zusatzverschiebung nach Th.II.O.:

$$EI_S \cdot \Delta w_0 = \left[\left(\frac{4}{\pi^2} \cdot 34,4 + \frac{1}{3} \cdot 51,2\right) \cdot 5,0 + \frac{1}{3} \cdot 85,6 \cdot 15,0 \cdot 0,48\right] \cdot 5 = 1802 \text{ kNm}^3$$

$$\Delta w_0 = \frac{1802}{48573} = 0,0371 \text{ m}$$

2d) Gesamtverformung nach Th.II.O.: $w = \dfrac{w_0}{1 - \dfrac{\Delta w_0}{w_0}} = \dfrac{0,1211}{1 - \dfrac{0,0371}{0,1211}} = 0,1746 \approx 0,175 \text{ m}$

3) Stelle (e): $M^{II} = 90 + 0,175 \cdot (284 + 296 \cdot \frac{5,0}{3,5}) = 90 + 123,7 = 213,7$ kNm

4) Stelle (i): $M^{II} \approx \frac{4,75}{5,00} \cdot (90 + 74) + 49,7 = 155,8 + 49,7 = 205,5$ kNm

$$V = \frac{90 + 74}{5,00} = 32,8 \text{ kN}$$

$$N = 200 + 12 \cdot 15/2 - 18 \cdot 5,0/15,0 = 200 + 90 - 6 = 284 \text{ kN}$$

5a) Nachweis E-P: $M/M_{pl} = 205,5/318 = 0,646$

$$V/V_{pl} = 32,8/461 = 0,071 < 0,33$$

$$N/N_{pl} = 284/2024 = 0,140 > 0,1$$

Interaktion: $\frac{N}{N_{pl}} + 0,9 \cdot \frac{M}{M_{pl}} = 0,140 + 0,9 \cdot 0,646 = 0,721 < 1$

5b) Nimmt man die Umverteilung der Normalkraft durch Schiefstellung des Systems aus der errechneten Verformung w_0 hinzu, so ergibt sich für den linken Stiel:

$$\Delta N = -\frac{\Sigma V \cdot w}{b} = -\frac{580 \cdot 0,175}{15} = -6,8 \approx -7 \text{ kN}$$

Damit: $N_{links} = 284 - 7 = 277$ kN

$$N_{rechts} = 296 + 7 = 303 \text{ kN}$$

Stelle (e): $M^{II} = 90 + 0,175 \cdot (277 + 303 \cdot \frac{5,0}{3,5}) = 90 + 124,2 = 214,2$

Das Eckmoment Th.II.O. ändert sich dadurch nur unwesentlich; gleiches gilt für das Bemessungsmoment bei (i).

6) System-Knicklast: $N_{Ki} = N_r \cdot \frac{w_0}{\Delta w_0} = 284 \cdot \frac{0,1211}{0,0371} = 927$ kN

Knicklänge des Rahmenstiels: $s_K = \beta \cdot l = \pi \cdot \sqrt{\frac{EI}{N_{Ki}}} = \pi \cdot \sqrt{\frac{48573}{927}} = 22,74$ m

7a) Der Zuwachs der maßgebenden Biegemomente aus Th.II.O. ist bei (e):

$$\frac{\Delta M^{II}}{M^I} = \frac{M^{II} - M^I}{M^I} = \frac{214 - 90}{90} = \frac{124}{90} = 1,38 \gg 0,1$$

Eine Berechnung nach Th.I.O. ist also ausgeschlossen.

7b) Möglich ist auch die Untersuchung, ob $N/N_{Ki} < 0,1$ ist:

$$\frac{N_r}{N_{Ki}} = \frac{284}{927} = 0,31 \gg 0,1$$

Eine Berechnung nach Th.I.O. ist ausgeschlossen.

Grundsätzlich sind die Nachweise 7a) und 7b) gleichwertig, was sich zahlenmäßig erst in der Nähe des Grenzfalls (der Erlaubnis zur Berechnung nach Th.I.O.) zeigt.

4.6.2 Pylon einer Schrägseilbrücke

Der Pylon einer Schrägseilbrücke ist in der dargestellten Ebene zu untersuchen.

Die angegebenen Lasten sind γ_M-fache Bemessungslasten. Die Vertikallast soll richtungstreu wirkend angenommen werden (siehe dazu auch Beispiel 4.6.3). Eigenlasten der Konstruktion sollen bei der Berechnung nicht berücksichtigt werden.

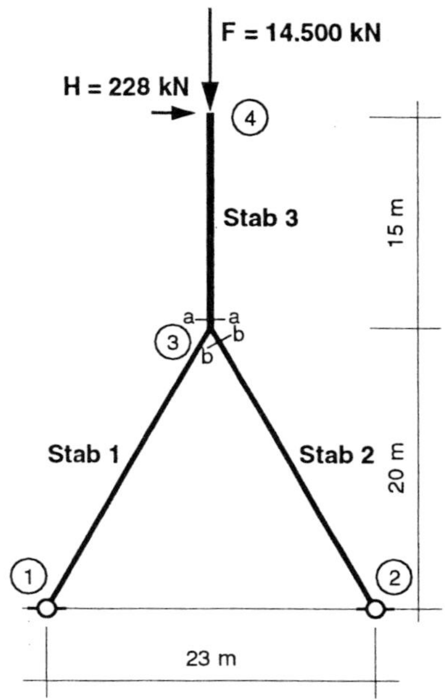

Werkstoff: S 235. Querschnitte:

Stab 3:
$A = 1.800\ cm^2$
$W_y = 46.600\ cm^3$
$I_y = 2.381.000\ cm^4$
$EI_y = 5.000.000\ kNm^2$

Stäbe 1+2:
$A = 1.200\ cm^2$
$W_y = 38.400\ cm^3$
$I_y = 1.905.000\ cm^4$
$EI_y = 4.000.000\ kNm^2$

Für die Verformungsberechnungen soll *kein* Normalkraft-Anteil berücksichtigt werden.

Zur Berechnung plastischer Momente soll für die angenommenen Kastenquerschnitte bei allen 3 Stäben $\alpha_{pl} = 1,2$ sein.

Anmerkung: Bei Kastenquerschnitten ist wegen des hohen Steganteils der Beiwert α_{pl} gewöhnlich etwas höher als bei Walzprofilen (mit $\alpha_{pl} \approx 1,14$).

1) Normalkräfte N_0 und Biegemomente M_0 nach Th.I.O. sind zu bestimmen; die Biegemomente sind aufzuzeichnen.

2) Stab 3 soll als bei Punkt (3) federnd eingespannt betrachtet werden; hieraus ist seine Knicklänge zu berechnen.

3) Mit der Knicklänge aus 2) ist Stab 3 für Knicken um die y-Achse nach dem Ersatzstabverfahren nachzuweisen.

4) Alternativ soll das System nach Theorie II. Ordnung berechnet und die Tragsicherheitsnachweise E-P geführt werden.

   Hierfür sind die Imperfektionslasten bereitzustellen.

5) Für die Berechnung Th.II.O. sind der Verlauf der Ausbiegungen w_0, die Zusatzmomente ΔM_0 und die Zusatzverformung Δw_0 zu berechnen.

   Daraus ist die endgültige Verformung w zu berechnen.

6) Mit der errechneten Horizontalverformung w sind die Schnittgrößen aus Th.II.O. zu berechnen.

   Der Nachweis E-P soll in den Schnitten a-a und b-b geführt werden.

7) Aus den Ergebnissen in 5) sind die Systemknicklast und die Knicklänge für Stab 3 zu errechnen. Das Ergebnis für die Knicklänge ist mit dem aus 2) zu vergleichen.

1) Schnittgrößen aus Th.I.O.: Die Einwirkungen F und H werden getrennt betrachtet. H ergibt antimetrische Biegemomente und Normalkräfte.

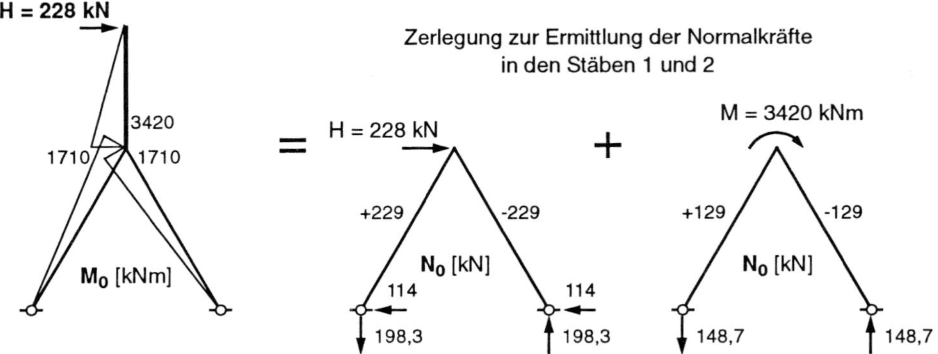

Infolge F entstehen keine Biegemomente, nur symmetrische Normalkräfte. Schließlich werden die Normalkräfte aus drei Einzelzuständen superponiert.

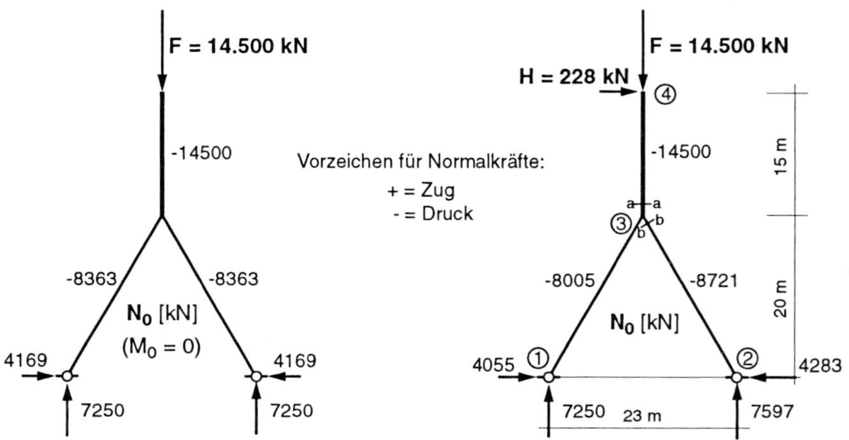

2) Zur Ermittlung der Drehfeder-Konstanten wird ein Moment M = 1 kNm am Lagerbock angesetzt. Die Verdrehung wird ermittelt. Der Kehrwert ist die Drehfeder-Konstante.

Verdrehung inf. M: $EI_u \cdot \varphi = 2 \cdot \frac{1}{3} \cdot 0,5^2 \cdot 23,07 = 3,845\ \text{kNm}^2$

Drehfeder-Konstante: $D = \frac{1}{\varphi} = \frac{EI_u}{EI_u \cdot \varphi} = \frac{4 \cdot 10^6}{3,845} = 1,04 \cdot 10^6\ \text{kNm}$

Dimensionsloser Wert: $\chi = \frac{EI_o}{D \cdot L} = \frac{5 \cdot 10^6}{1,04 \cdot 10^6 \cdot 15} = 0,32$

System 4, interpoliert: $\beta = 2,61$

Knicklänge: $s_K = \beta \cdot L = 2,61 \cdot 1500 = 3915\ \text{cm}$

M = 1 kNm
bzw. $\overline{M}$ = 1
0,5
0,5
M [kNm]
$\overline{M}$ [1]
0,0435 kN

Vorausgesetzt ist beim Nachweis von Stab (3) mittels Drehfeder in Punkt (3), daß der aus den Stäben (1) und (2) gebildete Bock selber ausreichend stabil ist (hier ohne Nachweis).

3) Stab 3, Trägheitsradius: $i = \sqrt{\frac{I}{A}} = \sqrt{\frac{2381000}{1800}} = 36,37\ \text{cm}$

Bezogener Schlankheitsgrad: $\bar{\lambda} = \frac{3915}{36,37 \cdot 92,93} = 1,158$

Geschweißter Kasten, KSL b: $\kappa_b = 0,501 \approx 0,5$

Plastische Schnittgrößen: $N_{pl,k} = 1800 \cdot 24 = 43200\ \text{kN}$

Mit der Vorgabe $\alpha_{pl} = 1{,}2$: $M_{pl,k} = 1,2 \cdot 46600 \cdot 24/100 = 13420\ \text{kNm}$

Für Stab 3 ist: $N/N_{pl} = 14500/43200 = 0,336 > 0,2$

Sonstige Beiwerte: $\beta = 1$ wegen des verschieblichen oberen Stabendes, $\Delta n = 0{,}075 < 0{,}1$.

$$\frac{N}{\kappa \cdot N_{pl}} + \frac{\beta \cdot M}{1,1 \cdot M_{pl}} + \Delta n = \frac{14500}{0,5 \cdot 43200} + \frac{1 \cdot 3420}{1,1 \cdot 13420} + 0,075 = 0,671 + 0,232 + 0,075 = 0,978 < 1$$

4) Berechnung nach E-Theorie II. Ordnung, Verfahren E-P.

Imperfektionslasten ergeben sich für Stab 3 aus der Vorverdrehung, für die Stäbe 1 und 2 jeweils aus der Vorkrümmung.

Aus Vorverdrehung von Stab 3: $H^{Imp} = \frac{V}{200} \cdot r_1 \cdot r_2 = \frac{14500}{200} \cdot \sqrt{\frac{5}{15}} \cdot 1 = 41,86 \approx 42\ \text{kN}$

Aus äußerer Einwirkung + Imperfektion: $H^* = 228 + 42 = 270\ \text{kN}$

H^{Imp} ist als Gleichgewichtsgruppe horizontaler Lasten an den Stabenden anzusetzen!

Aus Vorkrümmung für Stab 1: $M = N \cdot w_0 = 7981 \cdot 23,07/250 = 736\ \text{kNm}$

Aus Vorkrümmung für Stab 2: $M = N \cdot w_0 = 8745 \cdot 23,07/250 = 807\ \text{kNm}$

Für die Stäbe 1 und 2 ist der Ansatz von Ersatzlasten für die Imperfektion nur erforderlich, wenn das System mittels EDV berechnet werden soll. Er ist hier für Beispiel 4.6.3 angegeben.

Die Richtung der Imperfektionslasten ist so zu wählen, daß sie die maßgebenden Verformungen vergrößern.

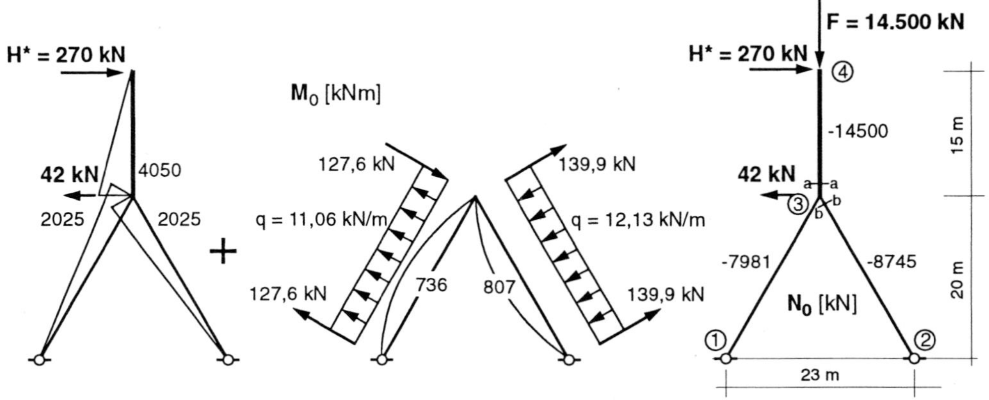

5) Punkt (3) erfährt (unter der Voraussetzung, daß Normalkraftverformungen vernachlässigt werden) als Zweistabknoten-Anschluß keine Horizontalverschiebung.

Berechnet wird nur die H-Verschiebung w im Punkt (4).

In Punkt (4) wird die virtuelle H-Last 1 angesetzt.

Rechenwerte:

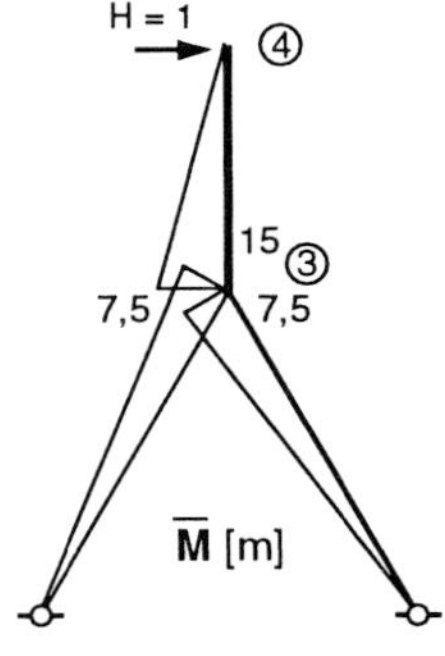

Bezugs-Steifigkeit: $EI_c = 5 \cdot 10^6$ kNm^2

Für die Stäbe 1 und 2 ist: $\frac{I_c}{I} = \frac{5 \cdot 10^6}{4 \cdot 10^6} = 1,25$

Mit dem Arbeitssatz wird:

$$EI_c \cdot w_0 = \frac{1}{3} \cdot 4050 \cdot 15 \cdot 15 \cdot 1 + \frac{1}{3} \cdot (2 \cdot 2025 + 736 + 807) \cdot 7,5 \cdot 23,07 \cdot 1,25$$

$$EI_c \cdot w_0 = 303750 + 403220 = 706970 \text{ kNm}^3$$

$$w_0 = \frac{706970}{5 \cdot 10^6} = 0,1414 \text{ m}$$

Um den Rechenaufwand erträglich zu halten, wird der Einfluß der Knotenverdrehung in Punkt (3) auf die Zusatzmomente nicht berücksichtigt. Mit Ansatz des Kopplungsfaktors 0,4 erhält man für Stab (3) etwas zu große, für die Stäbe (1) und (2) wegen Vernachlässigung zusätzlicher Stabkrümmungen etwas zu kleine Werte für Δw_0.

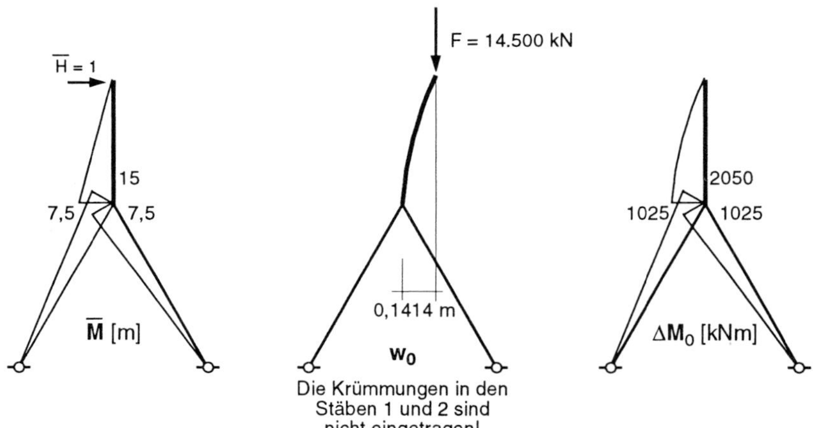

$$\Delta w_0 \approx 0,4 \cdot 2050 \cdot 15 \cdot 15 \cdot 1 + 2 \cdot \frac{1}{3} \cdot 1025 \cdot 7,5 \cdot 23,07 \cdot 1,25 = 184500 + 147792 \approx 322300 \text{ kNm}^3$$

$$\Delta w_0 = \frac{322300}{5 \cdot 10^6} = 0,0665 \text{ m}$$ und daraus die endgültige Ausbiegung:

$$w = \frac{w_0}{1 - \Delta w_0 / w_0} = \frac{0,1414}{1 - 0,0665/0,1414} = \frac{0,1414}{1 - 0,470} = 0,2668 \approx 0,267 \text{ m}$$

Man beachte die große Zunahme aus Th.II.O. von fast 100 %!

6a) Schnitt a-a.

Schnittgrößen: $N^{II} = 14500 \text{ kN}$

$$M^{II} = 4050 + 14500 \cdot 0,267 = 4050 + 3868 = 7918 \text{ kNm}$$

Nachweis: $\frac{N}{N_{pl}} = \frac{14500}{1800 \cdot 24} = \frac{14500}{43200} = 0,336$

$$\frac{M}{M_{pl}} = \frac{7918 \cdot 100}{1,2 \cdot 46600 \cdot 24} = \frac{7918}{13420} = 0,590$$

$$\frac{N}{N_{pl}} + 0,9 \cdot \frac{M}{M_{pl}} = 0,336 + 0,9 \cdot 0,590 = 0,867 < 1$$

6b) Schnitt b-b.

Schnittgrößen: $N^{II} = 8745 + 3868 \cdot \frac{\sin\alpha}{23,07} = 8745 + 145 = 8890 \text{ kN}$

$$M^{II} = 7918/2 = 3959 \text{ kNm}$$

Nachweis: $\frac{N}{N_{pl}} = \frac{8890}{1200 \cdot 24} = 0,309$

$$\frac{M}{M_{pl}} = \frac{3959 \cdot 100}{1,2 \cdot 38400 \cdot 24} = \frac{3959}{11059} = 0,358$$

$$\frac{N}{N_{pl}} + 0,9 \cdot \frac{M}{M_{pl}} = 0,309 + 0,9 \cdot 0,358 = 0,631 < 1$$

7) Systemknicklast: $N_{Ki} = N \cdot \frac{w_0}{\Delta w_0} = 14500 \cdot \frac{0,1414}{0,0665} = 30850 \text{ kN}$

Knicklängenbeiwert: $\beta = \frac{\pi}{L} \cdot \sqrt{\frac{EI}{N \cdot w_0/\Delta w_0}} = \frac{\pi}{15} \cdot \sqrt{\frac{5 \cdot 10^6}{30850}} \approx 2,67$

Unter 2) wurde $\beta = 2,61$ errechnet.

Die Übereinstimmung ist ordentlich.

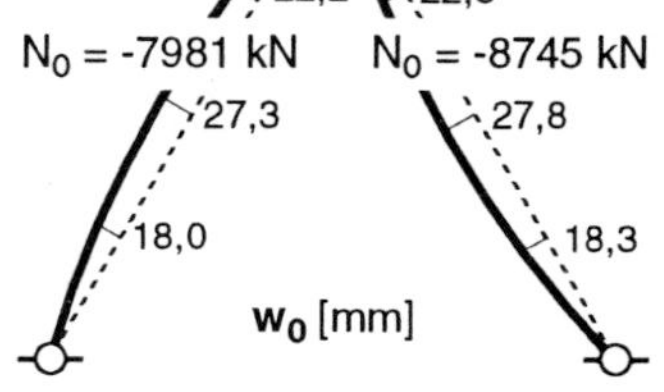

Es sei hier darauf hingewiesen, daß die unter 7) ausgeführte Berechnung des Knicklängenbeiwerts β aus einer Berechnung nach Th.II.O. nur dann Sinn macht, wenn daraus prinzipielle Formeln für Knicklängenbeiwerte hergeleitet werden sollen oder, wie hier, zur grundsätzlichen Kontrolle anderer Berechnungsverfahren.

Zu 5) sei noch erwähnt, daß man genauere Werte für Δw_0 erhält, wenn man die wirkliche Verformungsfigur für w_0 der Berechnung von Δw_0 zugrunde legt. Dies bedingt aufwendige Berechnung der Biegelinien und numerische Integration des Verformungs-Integrals. Daraus ergibt sich $\Delta w_0 = 0,0690$ m und w = 0,276 m.

Eine solche "Handrechnung" ist in der Praxis nicht mehr zu verantworten. Hier ist eine EDV-Berechnung das einzig Sinnvolle. Vorgehen und "genaue" Ergebnisse zeigt das Beispiel 4.6.3.

Schließlich sei darauf hingewiesen, daß bei einer Berechnung nach Th.II.O. nicht die unteren beiden Stäbe durch eine Drehfeder ersetzt werden dürfen, weil damit die Auswirkung der Imperfektionen aus diesem Teil des Systems unberücksichtigt blieben.

4.6.3 EDV-Berechnungen am Pylon

Der Pylon derselben Schrägseilbrücke aus Beispiel 4.6.2 ist mit Hilfe eines EDV-Programms zu untersuchen. Nach Th.II.O. mit den zuvor gegebenen (schematisierten) Lasten sollen die Ergebnisse verglichen werden:

1) mit richtungstreuer Last an der Pylonenspitze (wie zuvor in Beispiel 4.6.2),

2) mit $F_o = 2000$ kN (simulierte Eigenlast Pylon) und poltreuer Last $F_u = 12500$ kN an der Pylonenspitze, hervorgerufen durch ein 8,0 m über den Lagern befindliches Brückenband, das an den Seilen hängt und seine Lage horizontal nicht (bzw. nicht wesentlich) ändert.

Lasten und Abmessungen zu 2) sind zur besseren Verdeutlichung am verformten System eingetragen. Die poltreue Richtung der Last wird über den Hilfsstab 4 simuliert.

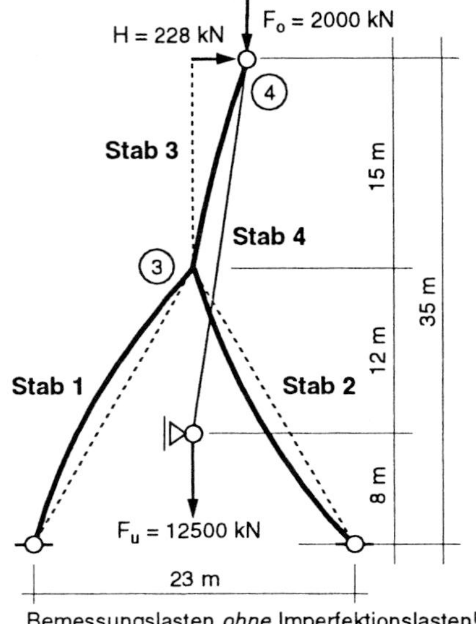

Bemessungslasten *ohne* Imperfektionslasten!

Für beide Systeme werden die Imperfektionslasten so angesetzt, wie es in Beispiel 4.6.2 unter 4) gezeigt ist, so daß $H^{Imp} = \pm 42$ kN ist, und die Stäbe (1) und (2) mit den gezeigten Gleichgewichtsgruppen als Ersatzlasten für Stabvorkrümmung belastet werden.

Nachfolgend werden die relevanten Ergebnisse einer EDV-Untersuchung tabellarisch gezeigt (Software Friedrich & Lochner, Stuttgart). Die vom Programm berücksichtigten Normalkraftverformungen wirken sich nur sehr geringfügig (Größenordnung ≤ 0,1 %) aus.

Fall	Berechn. nach Theorie	Schnittgrößen						Verformungen		Interaktionsgleichung $N/N_{pl} + 0{,}9\ M/M_{pl}$	
		Stab 1		Stab 2		Stab 3		Stab 3 /Punkt 4			
		N [kN]	M [kNm]	N [kN]	M [kNm]	N [kN]	M [kNm]	w [mm]	φ [rad]	Stab 2 Punkt 3	Stab 3 Punkt 3
1)	I. O.	7980	1965	8742	2085	14500	4050	142,5	0,01148		
	II.O.	7830	4013	8897	4064	14500	8077	278,7	0,02288	0,640	0,877
2)	I.O.	7980	1965	8742	2085	14500	4050	142,5	0,01148		
	II.O.	8018	2733	8708	2811	14500	5544	198,9	0,01622	0,531	0,707

Biegemomente und Normalkräfte (immer Druck) sind in der Tabelle ohne Vorzeichen angegeben.

Die stabilisierende Wirkung der poltreuen Belastung im Vergleich mit der richtungstreuen Belastung ist deutlich zu erkennen.

Es sei hier nachdrücklich darauf hingewiesen, daß es *nicht* genügt, in einem EDV-Programm die gewünschte Berechnung nach Th.II.O. anzukreuzen. Es müssen zu den äußeren Lasten hinzu die *Imperfektionslasten*, und zwar *als Gleichgewichtsgruppen*, angesetzt werden! Kontrolle der EDV-Ausgabe für die Auflagerkräfte: ΣV und ΣH müssen wieder den *äußeren* Lasten entsprechen!

5 Biegedrillknicken

5.1 Das allgemeine Biegedrillknickproblem

Als "Biegedrillknicken" bezeichnet man das plötzliche seitliche Ausweichen eines quer- und längsbelasteten Stabes bei gleichzeitiger Verdrehung um seine Längsachse. Es handelt sich um ein Stabilitätsproblem.

Unter allgemeiner Belastung einschließlich Vorverformungen des Stabes und allgemeinen Stützbedingungen entwickelt sich ein Spannungsproblem, das nach Theorie II. Ordnung berechnet werden muß.

5.1.1 Das Spannungsproblem

Das Spannungsproblem ist in allgemeiner Form z.B. in [10] dargestellt. Die folgenden Ausführungen gehen von teilweise vereinfachenden Voraussetzungen aus:

- gerader Stab mit dünnwandigem, doppeltsymmetrischem Querschnitt,
- die äußeren Lasten und die elastischen Bettungen sind richtungstreu,
- die Normalkraft N ist konstant über den betrachteten Stababschnitt,
- uneingeschränkte Gültigkeit des Hookeschen Gesetzes $\sigma = E \cdot \varepsilon$.

Folgende Lasten und Stützungen werden betrachtet:

- in der x-z-Ebene angreifende Querlast $q_z(x)$ im Achsabstand z_q ($\downarrow$ = positiv),
- konstante Normalkraft N (als Druckkraft positiv definiert),
- Vorverformungen v_0 und w_0 der Stabachse in y- und z-Richtung,
- Drehbettung c_ϑ [kNm/m],
- Schubfeld mit Steifigkeit S* [kN] mit Angriff im Achsabstand y_{S^*} und z_{S^*}.

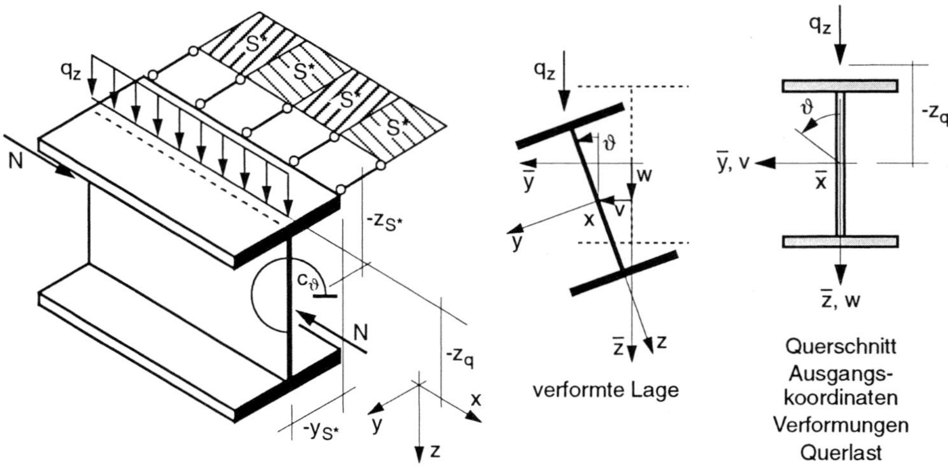

Bild 5.1 **Stabelement und Koordinaten**

Bild 5.1 zeigt einen Stababschnitt mit definierten Lasten und elastischer Bettung. Die Ausgangslage des Stabes beschreibt das Koordinatensystem $\bar{x}$-$\bar{y}$-$\bar{z}$. Die den verformten Stab charakterisierenden Koordinaten sind x-y-z.

Das räumliche Tragverhalten des Stabes beschreiben die folgenden Gleichgewichtsbedingungen.

$$\Sigma Y = 0: \quad [M_z + M_y \vartheta]'' + N(v'' + v_0'') - S^* (v'' - z_{S^*} \vartheta'') = 0 \tag{5.1}$$

mit den auf die ursprünglichen Achsen bezogenen Randgrößen

$$V_{\bar{y}} = -[M_z + M_y \vartheta]' - N(v' + v_0') + S^* (v' - z_{S^*} \vartheta') \tag{5.1a}$$

und

$$M_{\bar{z}} = M_z + M_y \vartheta \tag{5.1b}$$

$$\Sigma Z = 0: \quad [M_y - M_z \vartheta]'' - N(w'' + w_0'') + q_z = 0 \tag{5.2}$$

mit

$$V_{\bar{z}} = [M_y - M_z \vartheta]' - N(w' + w_0') \tag{5.2a}$$

und

$$M_{\bar{y}} = M_y - M_z \vartheta \tag{5.2b}$$

$$\begin{aligned}\Sigma M_x = 0: \quad & M_\omega'' + (GI_T - Ni_p^2)\vartheta'' - M_y(v'' + v_0'') - M_z(w'' + w_0'') - c_\vartheta \vartheta - q_z z_q \vartheta \\ & - S^* (v'' - z_{S^*} \vartheta'')(z_{S^*} + y_{S^*} \vartheta) - S^* y_{S^*} (v' - z_{S^*} \vartheta')\vartheta' = 0\end{aligned} \tag{5.3}$$

mit

$$\begin{aligned}M_{\bar{x}} = {} & M_\omega' + (GI_T - Ni_p^2)\vartheta' - M_y(v' + v_o') \\ & - M_z(w' + w_0') - S^* (v' - z_{S^*} \vartheta')(z_{S^*} + y_{S^*} \vartheta)\end{aligned} \tag{5.3a}$$

und

$$M_{\bar{\omega}} = M_\omega \tag{5.3b}$$

Explizit oder implizit erscheinen in diesen Differentialgleichungen 6 unbekannte Verformungen:

- 2 Verschiebungen v und w,
- 3 Verdrehungen um die Koordinatenachsen φ_y, φ_z, ϑ,
- die Verdrillung (bezogene Stabverdrehung) ϑ'.

Hierzu gehören die 6 Schnittgrößen:

- die Querkräfte V_y und V_z,
- die Biegemomente M_y, M_z und das Torsionsmoment M_x,
- das Wölbmoment (Bimoment) M_ω.

Dabei korrespondieren die Verdrehungen φ_y und φ_z mit den Biegemomenten M_y und M_z und die Verwindung ϑ' mit dem Bimoment M_ω. Auf Grund der getroffenen Annahme N = const ist die Gleichgewichtsbeziehung $\Sigma X = 0$ trivial erfüllt.

Das DGL-System läßt keine geschlossene Lösung zu. Für eine numerische Lösung hat sich die numerische Integration (z.B. nach Runge-Kutta) als sehr effektiv erwiesen. Hiermit können Übertragungsmatrizen aufgestellt werden, mit deren Hilfe ein Stab oder auch ein über mehrere Felder durchlaufender Stabzug unter Berücksichtigung der Rand- und Zwischenbedingungen iterativ berechnet werden kann. Aus den Übertragungsmatrizen können Steifigkeitsmatrizen abgeleitet werden. Sie finden Eingang in die Finite-Elemente-Methoden, mit deren Hilfe auch Rahmentragwerke oder allgemeine Stabwerke berechnet werden können.

Man bedient sich zweckmäßig entsprechend hochentwickelter Software, wobei der Bearbeiter allerdings des Aufwands für den Ansatz entsprechender Vorverformungen für die Berechnung nach Th.II.O. nicht enthoben ist.

Sind die Schnittgrößen bekannt, bietet sich das Nachweisverfahren E-E an:

$$\sigma = \frac{N}{A} + \frac{M_y}{I_y} \cdot z - \frac{M_z}{I_z} \cdot y + \frac{M_\omega}{C_M} \cdot \omega \leq \sigma_{R,d}$$

$N > 0 \rightarrow$ *hier* Zugkraft!
$\sigma > 0 \rightarrow$ Zugspannung

Siehe dazu auch die Angaben im 2. Teil dieses Buches, Abschnitt 6.3.4.

5.1.2 Das Stabilitätsproblem

Wenn im DGL-System (5.1+2+3) die Vorverformungen und die elastischen Bettungen außer Betracht bleiben, so vereinfachen sich die Beziehungen zu

$$\Sigma Y = 0 \qquad EI_z \cdot v'''' + N \cdot v'' + (M_y \cdot \vartheta)'' = 0 \tag{5.4a}$$

$$\Sigma Z = 0 \qquad EI_y \cdot w'''' + N \cdot w'' - q_z = 0 \tag{5.4b}$$

$$\Sigma M_x = 0 \qquad EC_M \cdot \vartheta'''' - GI_T \cdot \vartheta'' + N \cdot i_p^2 \cdot \vartheta'' + M_y \cdot v'' = 0 \tag{5.4c}$$

Gl. (5.4a+b+c) stellen 3 gekoppelte DGL 4. Ordnung dar, die das Stabilitätsproblem des Biegedrillknickens für den geraden Stab mit konstanter mittiger Druckkraft N und Querlast q_z charakterisieren. Gl. (5.4b) ergibt mit $q_z \neq 0$ die herausgelöste Beziehung für den längs- und querbelasteten Stab, siehe Abschnitt 2.1, Gl. (2.3). Die Koppelung von (5.4b) mit (5.4a+c) ist über das Primär-Biegemoment M_y gegeben. Das Stabilitätsproblem (5.4a+c) gibt die Lastkombination aus N und M_y an, bei der BDK auftritt, das heißt plötzliches Ausweichen in y-Richtung und gleichzeitiges Verdrehen um die Stabachse x.

Eine geschlossene Lösung des Stabilitätsproblems gelingt nur für Sonderfälle in Belastung und Randbedingungen des Einfeldträgers, z.B. für ausmittige Normalkraft N ($\rightarrow$ konstantes M_y) und $q_z = 0$ mit beidseitiger Gabellagerung des Trägers.

Wenn $q_z = 0$ ist und die Normalkraft N mittig angreift ($\rightarrow M_y = 0$), so sind alle 3 Gleichungen entkoppelt, und das Problem zerfällt in 2 Biegeknickprobleme mit den charakteristischen Gleichungen (5.4a) und (5.4b). Das Drillknickproblem ist durch Gleichung (5.4c) charakterisiert, siehe Abschnitt 3.8.2, wo als zugehörige Lösung der Ersatzschlankheitsgrad λ_{Vi} angegeben ist.

5.2 Biegedrillknicken am Kragträger

5.2.1 Das Prandtlsche Kipp-Problem

Als spezielles Biegedrillknickproblem berechnete Prandtl [11] das Kippen eines Kragträgers unter Wirkung einer Einzellast. Die DGL des Kipp-Problems kann hier anschaulich aus dem Gleichgewicht hergeleitet und explizit gelöst werden.

Die Bezeichnung "Kippung" oder "Kippen" kennt DIN 18800 (9.90) nicht mehr. "Biegedrillknicken" ist der generelle Oberbegriff, der auch das gleichzeitige Auftreten von Normalkraft und allgemeinen Belastungs- und Lagerungsbedingungen einschließt.

Es sollen folgende Voraussetzungen gelten:

- doppeltsymmetrischer, *wölbfreier* Stabquerschnitt (der dargestellte Rechteckquerschnitt ist nur angenähert wölbfrei) *oder* Stabeinspannung ohne Wölbbehinderung,
- uneingeschränkte Gültigkeit des Hookeschen Gesetzes $\sigma = E \cdot \varepsilon$,
- richtungstreue Last Q auch beim Ausweichen der Stabachse, Lastangriff in Höhe der Stabachse.

Der Träger wird in ausgelenkter Lage bei Angriff der idealen Kipplast $Q = Q_{Ki}$ betrachtet, siehe Bild 5.2.

Elastizitätsgesetze: $v'' = \frac{M_z}{EI_z}$ (5.5a) und $\vartheta' = \frac{M_x}{GI_T}$ (5.5b)

Gleichgewicht:

$$M_z = [Q \cdot \vartheta(x)] \cdot x \qquad (5.6a)$$

$$M_x = -Q \cdot \delta(x) = -Q \cdot [v_0 - v(x) + v'(x) \cdot x] \qquad (5.6b)$$

Gl. (5.5) in Gl. (5.6) eingesetzt:

$$EI_z \cdot v'' - Q \cdot \vartheta \cdot x = 0 \qquad (5.7a)$$

$$GI_T \cdot \vartheta' + Q \cdot [v_0 - v(x) + v'(x) \cdot x] = 0 \qquad (5.7b)$$

Gl. (5.7a) umgeformt:

$$v'' = \frac{Q}{EI_z} \cdot \vartheta \cdot x \qquad (5.8a)$$

Gl. (5.7b) differenziert:

$$GI_T \cdot \vartheta'' + Q \cdot v'' \cdot x = 0 \qquad (5.8b)$$

Gl. (5.8a) in Gl. (5.8b):

$$GI_T \cdot \vartheta'' + \frac{Q^2}{EI_z} \cdot x^2 \cdot \vartheta = 0 \qquad (5.9)$$

Gl. (5.9) erhält man auch direkt aus Gl. (5.4c) der in Abschnitt 5.1.2 allgemein formulierten Stabilitätsgleichungen, wenn man dort $C_M = 0$ und $N = 0$ setzt, und wenn man ferner $M_y = -Q \cdot x$ und Gl. (5.5a) berücksichtigt.

Mit der Abkürzung $\alpha^2 = \frac{Q^2}{EI_z \cdot GI_T}$ (5.10) wird aus Gl. (5.9) die

DGL des Kipp-Problems:

$$\vartheta'' + \alpha^2 \cdot x^2 \cdot \vartheta = 0 \qquad (5.11)$$

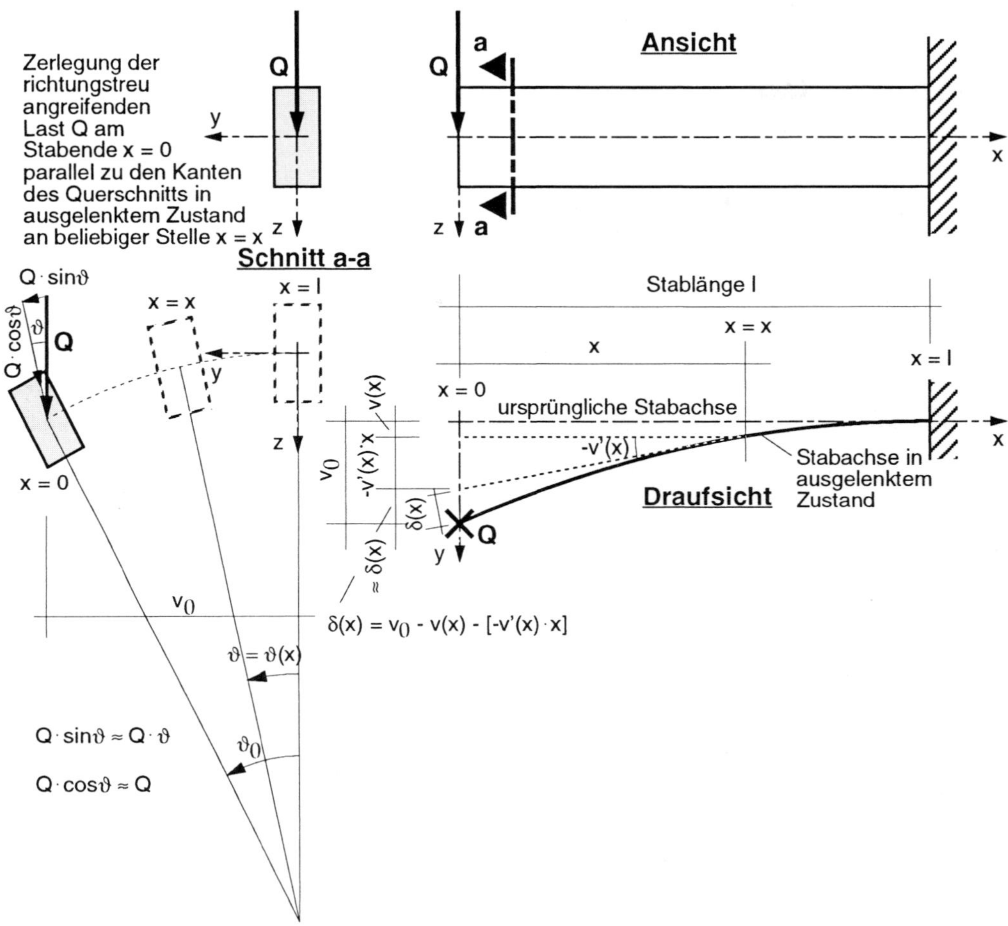

Bild 5.2 **Kipp-Problem nach Prandtl**

Lösung mit Reihenansatz für ϑ: $\vartheta = a_0 + a_1 x + a_2 x^2 + a_3 x^3 + a_4 x^4 + \ldots$ (5.12a)

$$\vartheta' = a_1 + 2a_2 x + 3a_3 x^2 + 4a_4 x^3 + \ldots \quad (5.12b)$$

$$\vartheta'' = 1 \cdot 2a_2 + 2 \cdot 3a_3 x + 3 \cdot 4a_4 x^2 + 4 \cdot 5a_5 x^3 + \ldots \quad (5.12c)$$

Am Kragende $x = 0$ ist $M_x = 0$ und damit $\vartheta' = 0$

Aus Gl. (5.12b) folgt dann $a_1 = 0$

Damit wird aus Gl. (5.11): $\vartheta'' + \alpha^2 x^2 \cdot \vartheta = 1 \cdot 2a_2 + 2 \cdot 3a_3 \cdot x + (3 \cdot 4a_4 + \alpha^2 a_0) \cdot x^2 + \ldots$

$$+ (4 \cdot 5a_5 + \alpha^2 a_1) \cdot x^3 + (5 \cdot 6a_6 + \alpha^2 a_2) \cdot x^4 + (6 \cdot 7a_7 + \alpha^2 a_3) \cdot x^5 + (7 \cdot 8a_8 + \alpha^2 a_4) \cdot x^6 + \ldots$$

Das fordert, daß jeder Koeffizient von x^n gleich 0 gesetzt werden muß und ergibt mit Einschluß des vorherigen:

$$
\begin{array}{llll}
a_1 = 0 \quad \text{(wie vor)} \rightarrow & a_5 = 0^{\cdot} & \rightarrow & a_9 = 0 \\
a_2 = 0 \quad \rightarrow & a_6 = 0< & \rightarrow & a_{10} = 0 \\
a_3 = 0 \quad \rightarrow & a_7 = 0 & \rightarrow & a_{11} = 0 \\
a_4 = -\frac{\alpha^2}{3 \cdot 4} \cdot a_0 \quad \rightarrow & a_8 = \frac{\alpha^4}{3 \cdot 4 \cdot 7 \cdot 8} \cdot a_0 & \rightarrow & a_{12} = -\frac{\alpha^6}{3 \cdot 4 \cdot 7 \cdot 8 \cdot 11 \cdot 12} \cdot a_0 \quad \text{usw.}
\end{array}
$$

Aus Gl. (5.12a) folgt: $$\vartheta = a_0 \cdot \left(1 - \frac{\alpha^2 \cdot x^4}{3 \cdot 4} + \frac{\alpha^4 \cdot x^8}{3 \cdot 4 \cdot 7 \cdot 8} - \frac{\alpha^6 \cdot x^{12}}{3 \cdot 4 \cdot 7 \cdot 8 \cdot 11 \cdot 12} \pm \ldots\right) \tag{5.13a}$$

Die 2. Randbedingung $\vartheta = 0$ für die Einspannstelle $x = l$ macht daraus:

$$0 = 1 - \frac{\alpha^2 \cdot l^4}{3 \cdot 4} + \frac{\alpha^4 \cdot l^8}{3 \cdot 4 \cdot 7 \cdot 8} - \frac{\alpha^6 \cdot l^{12}}{3 \cdot 4 \cdot 7 \cdot 8 \cdot 11 \cdot 12} \pm \ldots \tag{5.13b}$$

mit dem numerischen Ergebnis $$\alpha^2 \cdot l^4 = 16,1 = 4,013^2 \tag{5.14}$$

Daraus folgt für die ideale Kipplast: $$Q_{Ki} = \frac{4,013}{l^2} \cdot \sqrt{EI_z \cdot GI_T} \tag{5.15}$$

und für die ideale Kippspannung: $$\sigma_{Ki} = 4,013 \cdot \frac{h}{2l} \cdot \frac{\sqrt{EI_z \cdot GI_T}}{I_y} \tag{5.16}$$

Bei nicht-wölbfreiem Querschnitt *und* wölbstarrer (oder wenigstens wölbbehindernder) Einspannung muß die Wölbsteifigkeit des Querschnitts berücksichtigt werden, wodurch die ideale Kippspannung ansteigt.

5.2.2 BDK-Nachweis für Kragträger mit freiem Kragende

Für Kragträger mit symmetrischem I-Querschnitt wird die ideale BDK-Spannung:

$$\sigma_{Ki} = k \cdot \frac{\bar{h}}{2l} \cdot \frac{\sqrt{EI_z \cdot GI_T}}{I_y} = 0,62 \cdot k \cdot \frac{\bar{h}}{2l} \cdot \frac{\sqrt{I_z \cdot I_T}}{I_y} \cdot E \tag{5.17a}$$

Der Beiwert $k(\chi)$ kann Bild 5.3 (aus DIN 4114 Blatt 2, Bild 23) entnommen werden. An der Einspannstelle wird volle Wölbbehinderung vorausgesetzt.

Es ist zu beachten, daß mit σ_{Ki} die *mittlere* Flanschspannung und mit $\bar{h}$ der *mittlere* Flanschabstand gemeint sind! Damit wird das ideale BDK-Moment:

$$M_{Ki} = \frac{0,62 \cdot k}{l} \cdot \sqrt{I_z \cdot I_T} \cdot E \tag{5.17b}$$

Bild 5.3 zeigt k-Werte für 6 verschiedene Lastbilder bzw. Höhen des Lastangriffs. Die Werte k_3 bzw. k_6 sind für Lasten Q bzw. q bestimmt worden, die in Höhe der Schwerachse des oberen Flanschquerschnitts angreifen, k_4 entsprechend für eine Last Q, die in Höhe der Schwerachse des unteren Flanschquerschnitts angreift.

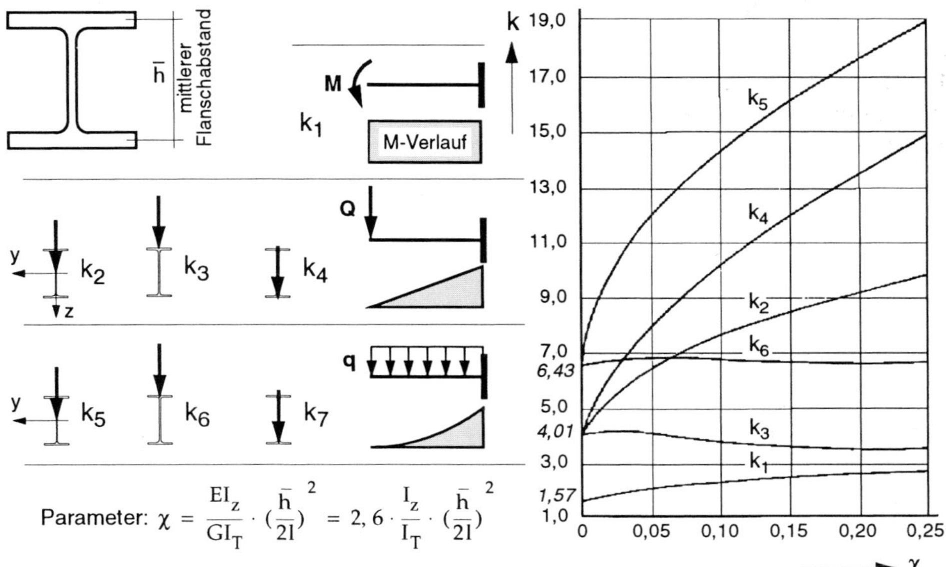

Bild 5.3 **Beiwerte k(χ) zur Ermittlung der idealen Kippspannung an Kragträgern**

Heil [12] hat dazu Tabelle 5.1 aufbereitet und darin die Werte für k_7, Angriff einer Gleichlast q am *unteren* Flanschquerschnitt, ergänzt.

Tab. 5.1 **Ideale Biegedrillknicklasten für Kragträger mit freiem Kragende**

Last	χ =	0	0,02	0,04	0,06	0,08	0,10	0,12	0,14	0,16	0,18	0,20	0,22	0,24	0,26	0,28	0,30
M	k_1 =	1,57	1,61	1,65	1,69	1,72	1,76	1,79	1,82	1,86	1,89	1,92	1,95	1,98	2,01	2,04	2,07
Einzellast	k_2 =		5,49	6,20	6,75	7,21	7,61	7,97	8,30	8,60	8,88	9,15	9,40	9,64	9,87	10,09	10,31
	k_3 =	4,01	4,26	4,10	3,93	3,79	3,68	3,60	3,53	3,48	3,44	3,41	3,39	3,37	3,36	3,35	3,35
	k_4 =		6,32	7,53	8,54	9,42	10,23	10,97	11,66	12,32	12,94	13,53	14,10	14,64	15,17	15,67	16,16
Streckenlast	k_5 =		9,98	11,63	12,90	13,97	14,91	15,74	16,51	17,22	17,88	18,50	19,09	19,65	20,18	20,70	21,20
	k_6 =	6,46	6,94	6,84	6,74	6,65	6,58	6,53	6,49	6,46	6,45	6,44	6,44	6,44	6,45	6,46	6,48
	k_7 =		12,74	16,04	18,69	20,99	23,05	24,93	26,68	28,32	29,86	31,33	32,73	34,07	35,36	36,60	37,81

Geringe Abweichungen, die zwischen den Werten aus Bild 5.3 und denen aus Tabelle 5.1 erkennbar werden, sind darauf zurückzuführen, daß die Tabellenwerte für Lastangriff Oberkante Flansch bzw. Unterkante Flansch (und *nicht* in Höhe der Flansch*achse*) berechnet wurden, kalibriert an einem Walzprofil IPE 200.

Die hieraus entstehende Profilabhängigkeit ist von geringem Einfluß. Im Fall des Vergleichs mit einem Profil HEB-300 zeigten sich Abweichungen im k-Wert von 0,5 bis 1,6 %. Das Ergebnis des BDK-Nachweises wird dadurch sehr wenig beeinflußt.

5.2.3 BDK-Nachweis für Kragträger mit gebundenem Kragende

Ein wesentliches Element zur Verbesserung der Stabilität von Kragträgern ist die Halterung der Kragarmspitze gegen Verdrehen und seitliches Ausweichen. Bei Kragdächern kann dies annähernd erreicht werden durch die Anordnung eines biegesteifen Randträgers und eines Dachverbandes, siehe Bild 5.4.

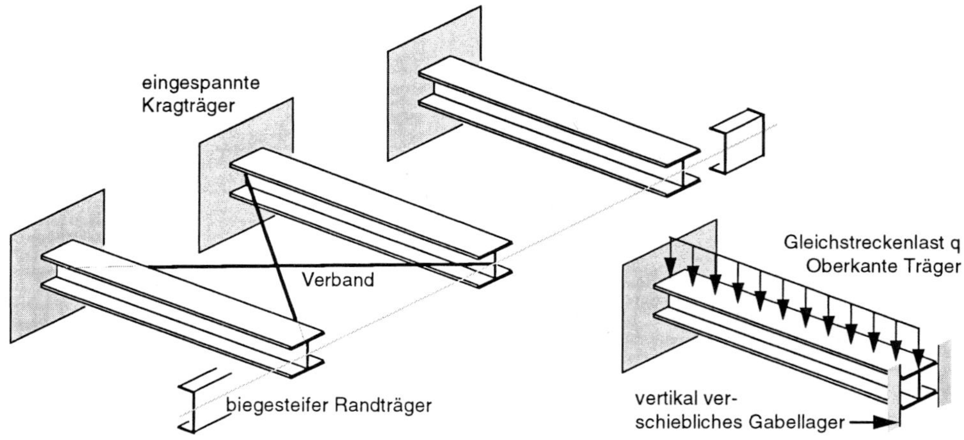

Bild 5.4 **Kragträger mit gebundenem Kragende - räumliche Anordnung und System**

Die Lagerung des eingespannten Stabes am Kragende entspricht praktisch einem vertikal verschieblichen Gabellager.

Die von Heil [12] errechneten k-Werte für diesen Lagerungsfall enthält Tabelle 5.2.

Tab. 5.2 **Ideale Biegedrillknicklasten für Kragträger mit gebundenem Kragende**

Last	χ =	0	0,02	0,04	0,06	0,08	0,10	0,12	0,14	0,16	0,18	0,20	0,22	0,24	0,26	0,28	0,30
M	k_1 =	4,50	5,33	6,05	6,68	7,27	7,81	8,31	8,79	9,24	9,67	10,08	10,48	10,86	11,23	11,58	11,93
P	k_{2-4}=	10,45	13,03	14,95	16,61	18,11	19,50	20,78	22,00	23,14	24,24	25,28	26,28	27,25	28,18	29,08	29,96
Streckenlast	k_5 =		23,46	27,55	30,96	33,97	36,72	39,25	41,63	43,87	46,00	48,03	49,98	51,86	53,67	55,42	57,11
	k_6 =	16,65	19,39	21,46	23,34	25,07	26,70	28,24	29,70	31,09	32,43	33,71	34,95	36,14	37,30	38,42	39,51
	k_7 =		27,65	34,14	39,45	44,07	48,23	52,05	55,61	58,94	62,09	65,09	67,96	70,70	73,35	75,90	78,37

Definition der k-Werte: siehe Bild 5.3.

k-Werte für andere Höhenlagen des Lastangriffs enthält [6], wobei die etwas abweichenden Definitionen, Abkürzungen und Angaben zu beachten sind.

k-Werte für Einfeldträger mit Kragarm und vielen unterschiedlichen Lastbildern findet man in [13]. Dabei wird auch die Abhängigkeit des k-Werts von χ deutlich.

5.3 Biegedrillknicken nach dem Ersatzstabverfahren

5.3.1 Nachweis nach DIN 18800 Teil 2

Die (schon aus den Grundlagen bekannten) Beziehungen lauten für einen doppeltsymmetrischen I-Querschnitt mit üblicher Achsbezeichnung:

bei reiner Biegung $$\frac{M_y}{\kappa_M \cdot M_{pl,y}} \leq 1 \qquad (2/16)$$

bei Biegung und Normalkraft $$\frac{N}{\kappa_z \cdot N_{pl}} + \frac{M_y}{\kappa_M \cdot M_{pl,y}} \cdot k_y \leq 1 \qquad (2/27)$$

bzw. $$\frac{N}{\kappa_z \cdot N_{pl,d}} + \frac{M_y}{\kappa_M \cdot M_{pl,y}} \cdot k_y + \frac{M_z}{M_{pl,z}} \cdot k_z \leq 1 \qquad (2/30)$$

$$\bar{\lambda}_M \leq 0,4 \qquad \kappa_M = 1 \qquad (2/17)$$

$$\bar{\lambda}_M > 0,4 \qquad \kappa_M = \left(\frac{1}{1 + \left(\frac{M_{pl,y}}{M_{Ki,y}} \right)^n} \right)^{1/n} = \left(\frac{1}{1 + \bar{\lambda}_M^{2n}} \right)^{1/n} \qquad (2/18)$$

Bezogener Schlankheitsgrad für Momente M_y $\qquad \bar{\lambda}_M = \sqrt{\frac{M_{pl,y}}{M_{Ki,y}}}$

Beiwert $\quad n = n^* \cdot k_n \quad$ mit Trägerbeiwert n* nach Tab. {2/9} und Reduktionsfaktor k_n nach Bild (2/14). - Siehe dazu auch [1], Abschnitt 9.3.4.

Für den Träger mit doppeltsymmetrischem Querschnitt gilt:

$$M_{Ki,y} = \zeta \cdot N_{Ki,z} \cdot \left(\sqrt{c^2 + 0,25 \cdot z_P^2} + 0,5 \cdot z_P \right) \qquad (2/19)$$ mit

ζ = Momentenbeiwert für Gabellagerung an den Stabenden nach {2/10}

z_P = Abstand des Lastangriffspunktes der Querlast von der y-Achse, auf der Biegezugseite positiv!

$N_{Ki,z} = \pi^2 \cdot E \cdot I_z / l^2$ = ideale Knicklast für Knicken um die z-Achse

Bei beidseitiger *Gabellagerung* gilt: $$c^2 = \frac{I_\omega + 0,039 \cdot l^2 \cdot I_T}{I_z}$$

l = Stablänge, Netzlänge des gedrückten Gurtes

I_ω = Wölbwiderstand [cm^6] (auch mit C_M oder $A_{\omega\omega}$ bezeichnet)

I_T = St. Venantscher Torsionswiderstand [cm^4]

Bei *allgemeiner* Lagerung der Stabenden ist: $c^2 = \dfrac{I_\omega \cdot (\beta \cdot s)^2 / (\beta_0 \cdot s_0)^2 + 0,039 \cdot I_T \cdot (\beta \cdot s)^2}{I_z}$

s = Stablänge, Netzlänge des Stabes
= Abstand der seitlichen Halterungen des gedrückten Gurtes
s_0 = Abstand der Stabanschlüsse an den Stabenden

β = Einspanngrad für Biegung um y-y: $\beta = 1,0 \rightarrow$ frei drehbar
$\beta = 0,5 \rightarrow$ Volleinspannung
β_0 = Einspanngrad für Verwölbung: $\beta_0 = 1,0 \rightarrow$ keine Wölbbehinderung
$\beta_0 = 0,5 \rightarrow$ volle Wölbbehinderung

Die Ermittlung der Einspanngrade kann erhebliche Schwierigkeiten bereiten; oft wird man auf die Abschätzung "nach der sicheren Seite hin" angewiesen sein.

Oft sind auch die Beiwerte ζ nur durch Abschätzung zu erhalten. Für unterschiedliche Momentenformen sind in Bild 5.5 einige ζ-Werte zusammengestellt:

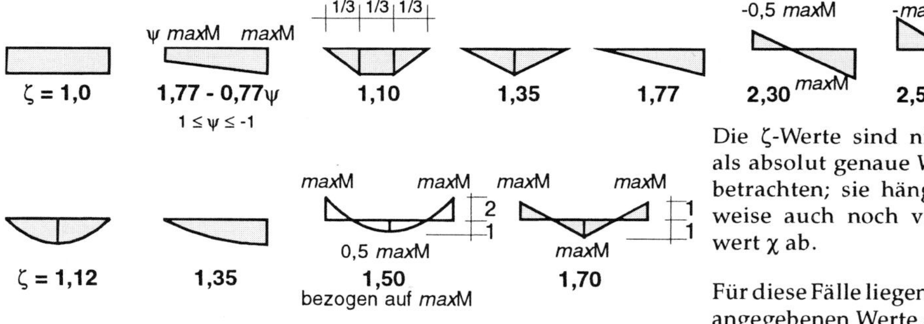

Bild 5.5 **Momentenbeiwerte ζ**

Die ζ-Werte sind nicht alle als absolut genaue Werte zu betrachten; sie hängen teilweise auch noch vom Beiwert χ ab.

Für diese Fälle liegen die hier angegebenen Werte stets auf der sicheren Seite.

Wenn Stabendmomente M_y auftreten, müssen für M_y und N als Stabendschnittgrößen die am ebenen System nach Th.II.O. gerechneten Werte eingesetzt werden, sofern die Abgrenzungskriterien (siehe Abschnitt 1.2.2) dies verlangen.

Dies ist z.B. bei der BDK-Untersuchung von Rahmenstielen zu beachten. Für den Wert von N wird sich Th.II.O. dabei im allgemeinen nur unwesentlich auswirken.

[13] gibt ζ-Werte an für Einfeldträger mit Gabellagerung mit oder ohne Wölbbehinderung und für unterschiedliche Belastungen und Momentenverläufe. Dabei wird auch die Abhängigkeit vom Parameter χ aufgezeigt und berücksichtigt.

5.3.2 Hilfsmittel zur Bestimmung des idealen BDK-Moments

Die Hauptschwierigkeit in der Anwendung der Nachweisformeln bereitet in der Praxis die Ermittlung des zutreffenden Wertes für $M_{Ki,y}$. Die Verwendung komplizierter Computer-Programme bleibt den Spezialisten und Forschern vorbehalten und ist für die Praxis i.a. nicht brauchbar.

Für Systeme, die vom Einfeldträger abweichen, sind geschlossene Formeln für die Größe $M_{Ki,y}$ meistens nicht mehr praktikabel.

Für die Praxis sind für Einfeld- und Durchlaufträger zahlreiche Hilfsmittel verfügbar, von denen einige nachfolgend vorgeführt werden.

5.4 BDK-Nomogramme für gabelgelagerte Einfeldträger

5.4.1 Nomogramme für Walzprofile von Müller

Für die Berechnung nach alten Normen mit Gebrauchslasten und Nachweis der zulässigen Spannungen eigneten sich die Müllerschen Kipp-Nomogramme [14] bestens. Die ideale Kippspannung σ_{Ki} und die mit ζ beaufschlagte und bezüglich der wirklichen Fließspannung reduzierte Kippspannung σ_K sind ablesbar. Der Vergleich zur mittleren Flanschspannung σ (aus Gebrauchslasten) ergibt direkt die Kippsicherheit γ_K, die mit der erforderlichen Kippsicherheit zu vergleichen ist. Dieses Verfahren ist nach den neuen Normen DIN 18800 nicht mehr möglich. Jedoch läßt sich σ_{Ki} auf das ideale Kippmoment M_{Ki} umrechnen, siehe dazu [1].

5.4.2 Nomogramme für Walzprofile von Künzler

Die Nomogramme von Künzler [15] sind gleichfalls aus "Stahlbau Teil 1" [1] schon bekannt. Sie führen auf kürzestem Weg mit Ablesen und Ausrechnen von

$$\kappa_M \cdot M_{pl} = \kappa_M \cdot W_{pl} \cdot f_y = \frac{\text{Ablesewert}}{k} \cdot f_y$$

zum Ziel, wobei allerdings für *jeden* z_P-Wert *und* für jeden ζ-Wert eine andere Kurventabelle notwendig wird.

Außer den drei schon in [1] wiedergegebenen Tafeln für Profile IPE, HEA und HEB mit je $z_P = -h/2$ und $\zeta = 1{,}12$ werden nachfolgend 9 Tafeln für die Momentenbeiwerte $\zeta = 1{,}0$ / $1{,}12$ / $1{,}77$ und für einen Lastangriff entlang der Stabachse ($\rightarrow z_P = 0$) für Profile IPE, HEA, und HEB bereitgestellt.

Für alle diese Tafeln gilt der Trägerbeiwert n = 2,5 gemäß {2/9}. Für die Kurven mit $\zeta = 1{,}0$ ist der Faktor $k_n = 0{,}8$ aus DIN 18800 Teil 2, Bild 14, berücksichtigt.

Für die Beiwerte $\zeta = 1{,}0$ (konstantes Moment über die Trägerlänge) und $\zeta = 1{,}77$ (dreieckförmige Momentenfläche) ist $z_P = 0$ die einzig sinnvolle Möglichkeit, weil bei geradlinigem M-Verlauf keine Querlasten angreifen können!

Die Kurven für $\zeta = 1{,}77$ eignen sich besonders für den BDK-Nachweis bei Stützen von Zweigelenkrahmen, wo der M-Verlauf im wesentlichen dreieckförmig ist.

[15] enthält außer Tafeln für die Profile I (-NP), IPE, HEA, HEB und HEM auch Tafeln für nicht genormte Profilreihen HEAA, IPEo, IPEv, IPEa. Die M-Beiwerte $\zeta = 1{,}0$ / $1{,}12$ / $1{,}35$ / $1{,}77$ sind für alle sinnvollen Kombinationen mit $z_P = -h/2$ / $z_P = 0$ / $z_P = +h/2$ ausgewertet, jeweils für n = 2,5 und auch für n = 2,0 (ausgeklinkte Träger). Damit sind die praktischen Belange für I-Profile weitgehend abgedeckt.

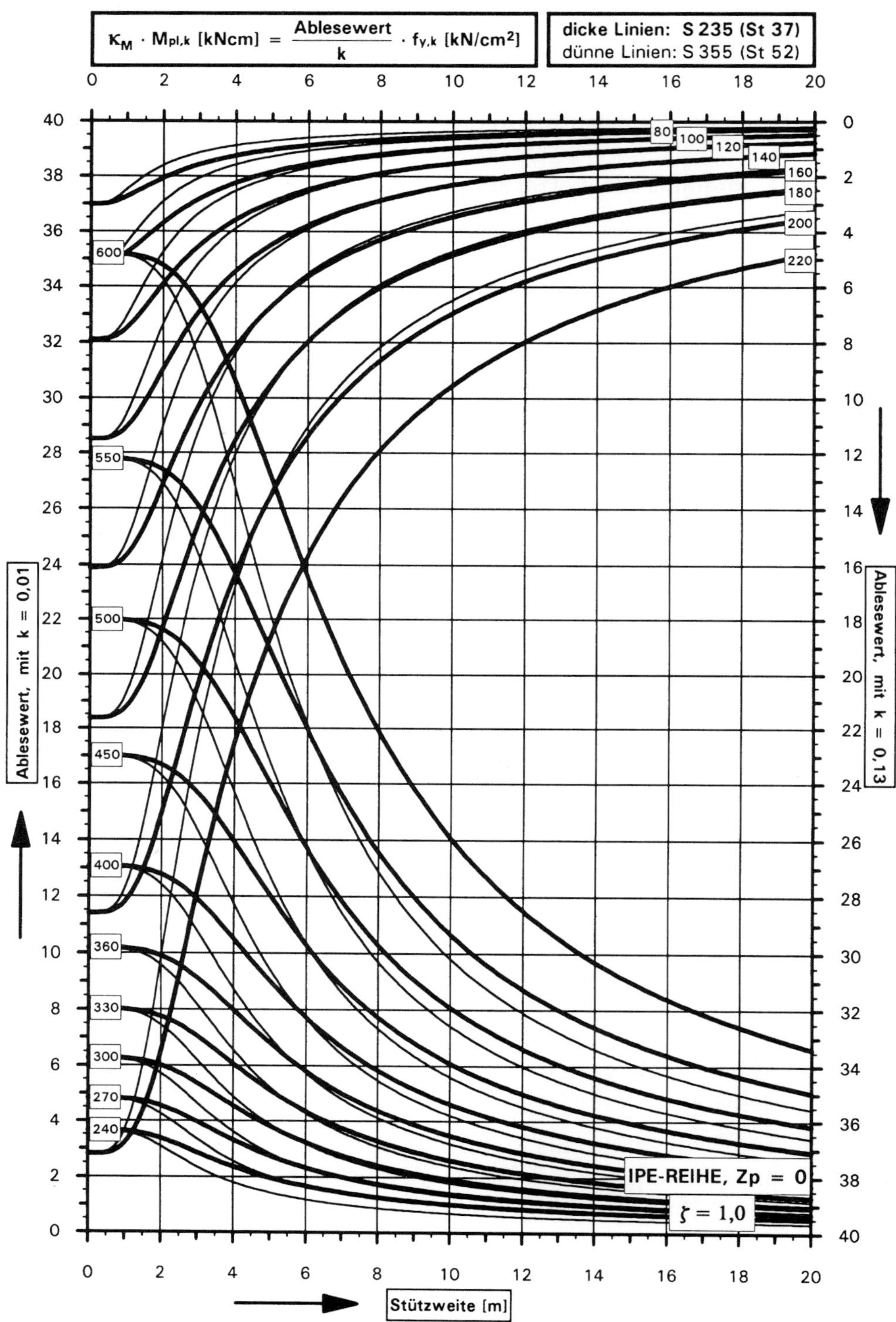

Bild 5.6 **BDK-Kurven für IPE-Profile mit $z_P = 0$ und $\zeta = 1{,}0$** nach [15]

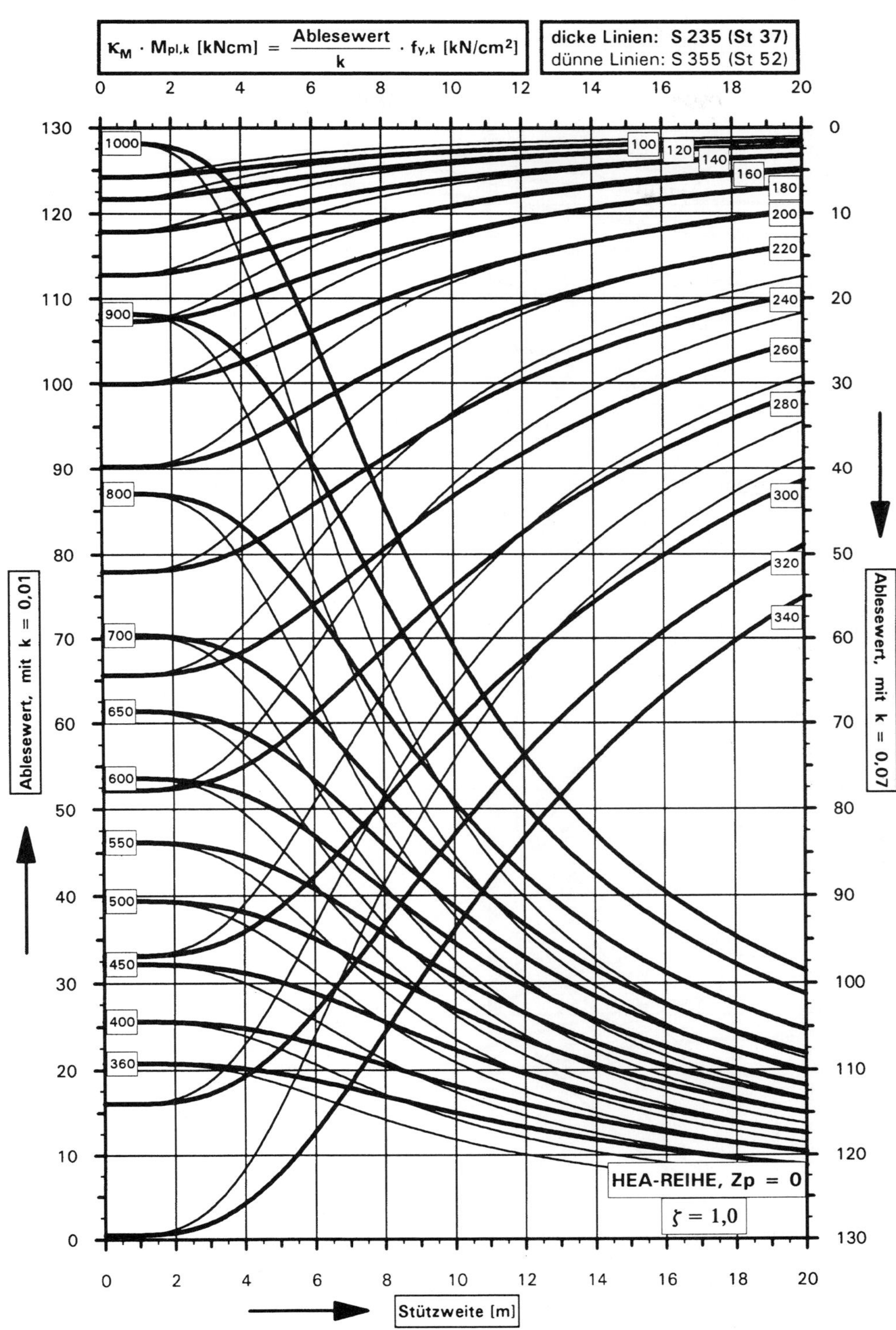

Bild 5.7 **BDK-Kurven für HEA-Profile mit z_P = 0 und ζ = 1,0** nach [15]

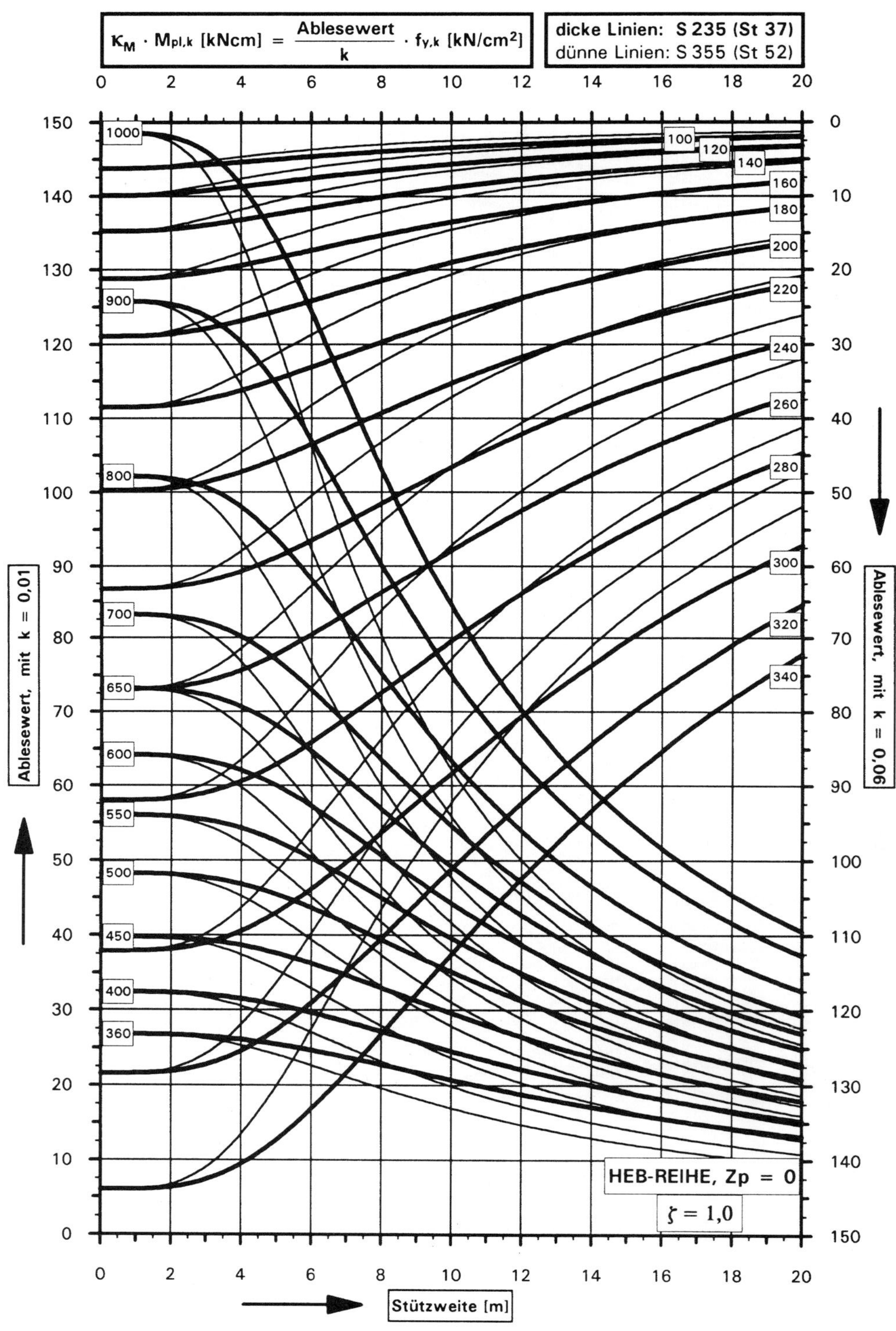

Bild 5.8 **BDK-Kurven für HEB-Profile mit $z_P = 0$ und $\zeta = 1,0$** nach [15]

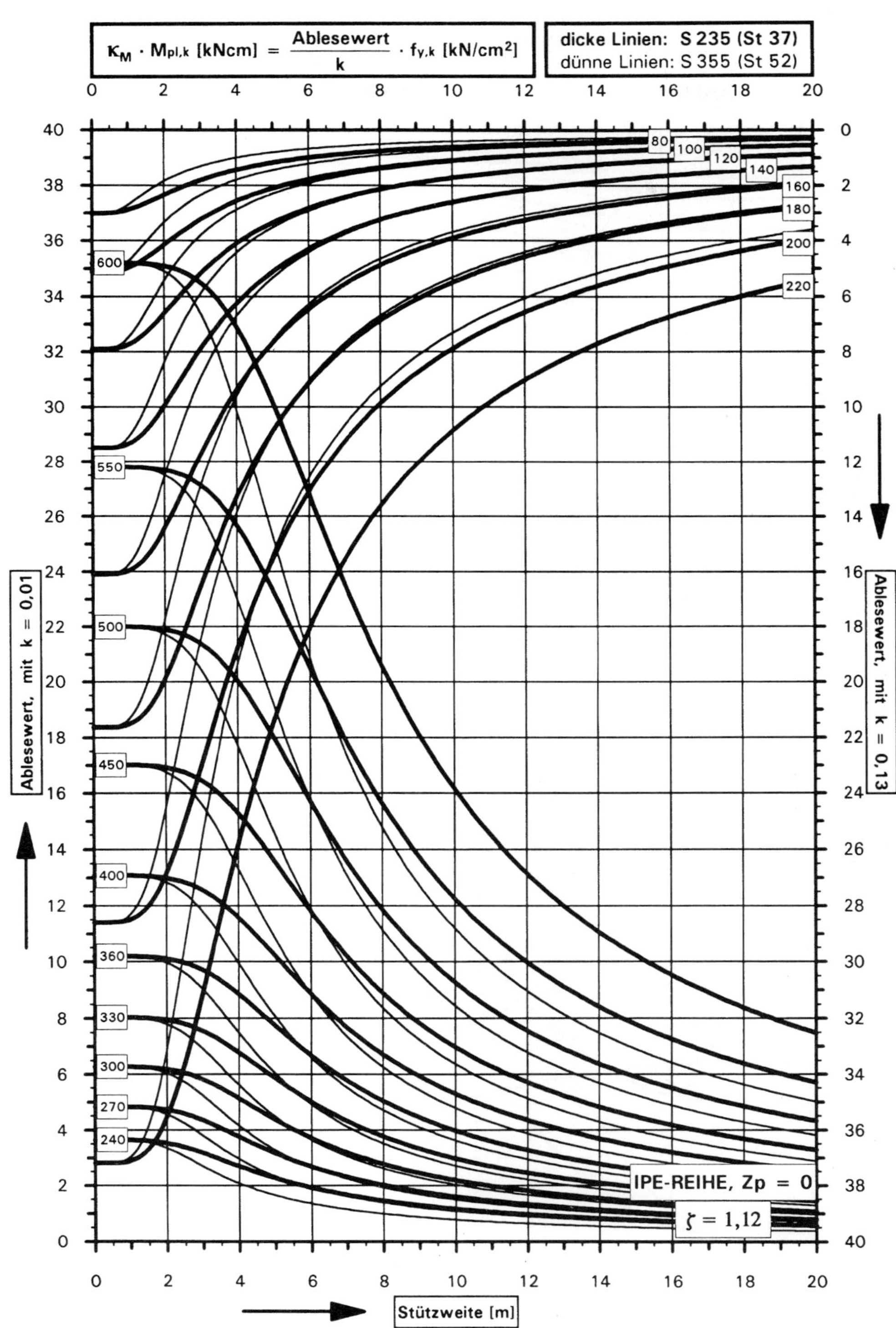

Bild 5.9 **BDK-Kurven für IPE-Profile mit z_P = 0 und ζ = 1,12** nach [15]

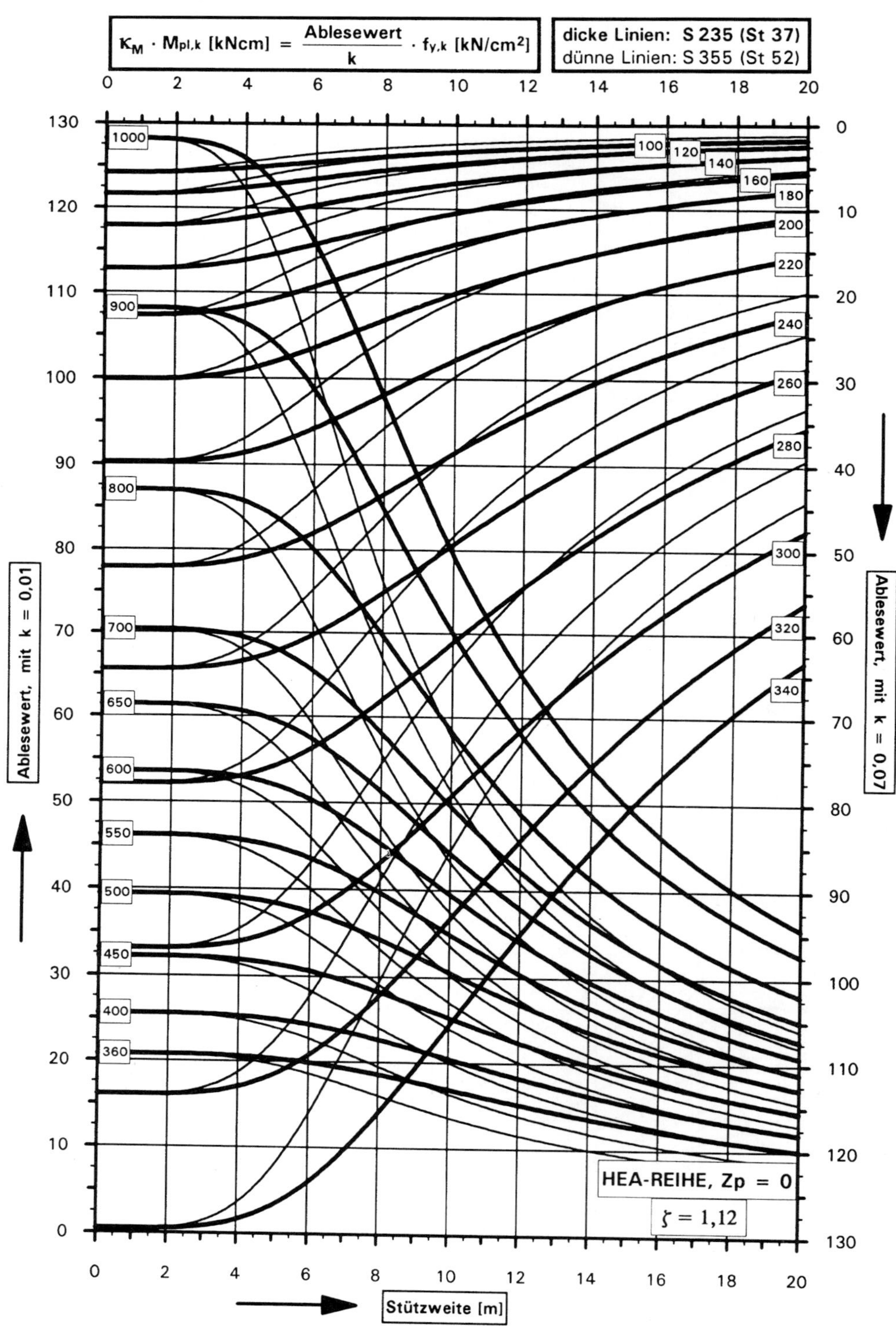

Bild 5.10 **BDK-Kurven für HEA-Profile mit z_P = 0 und ζ = 1,12** nach [15]

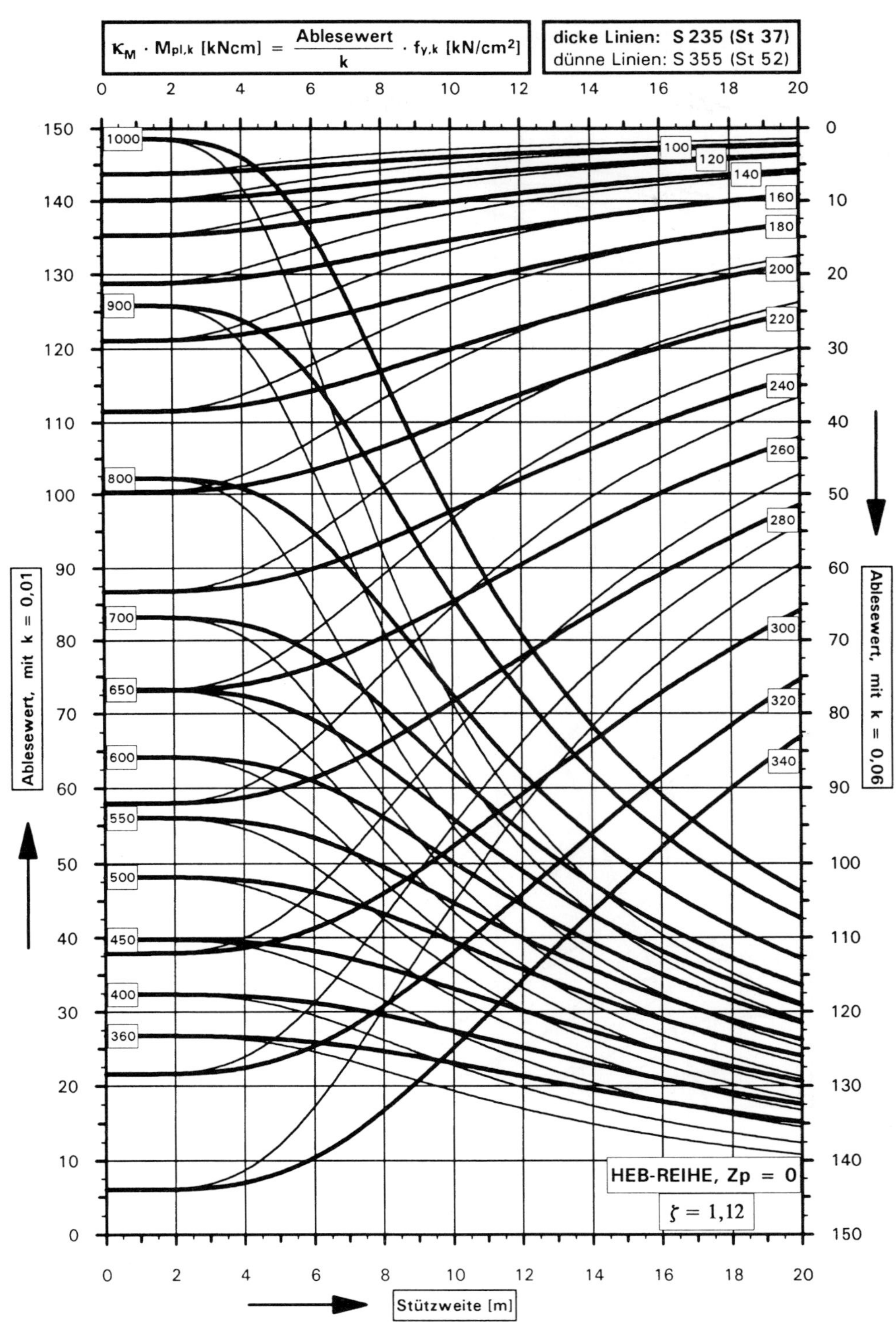

Bild 5.11 **BDK-Kurven für HEB-Profile mit $z_P = 0$ und $\zeta = 1{,}12$** nach [15]

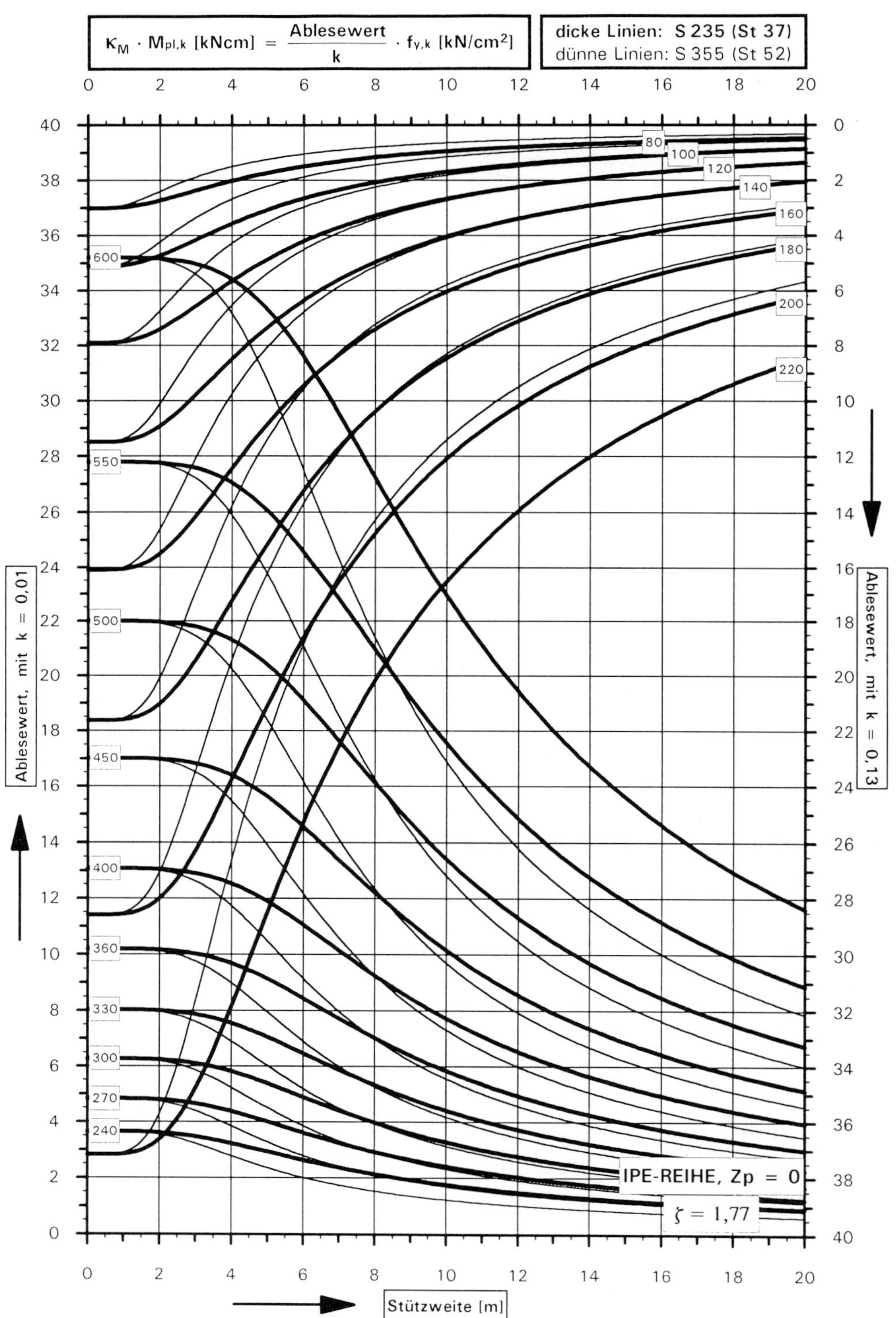

Bild 5.12 **BDK-Kurven für IPE-Profile mit z_P = 0 und ζ = 1,77** nach [15]

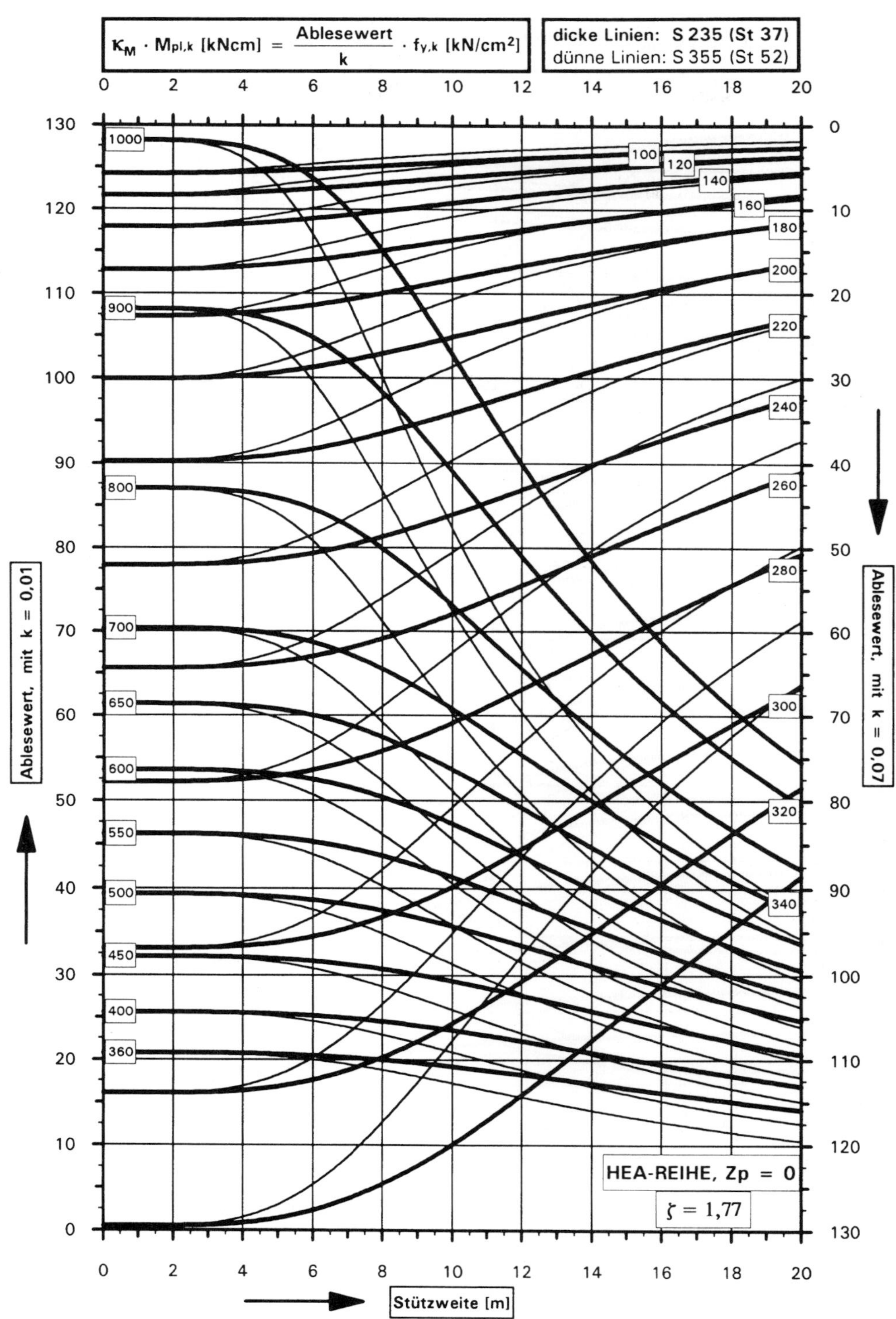

Bild 5.13 **BDK-Kurven für HEA-Profile mit $z_P = 0$ und $\zeta = 1{,}77$** nach [15]

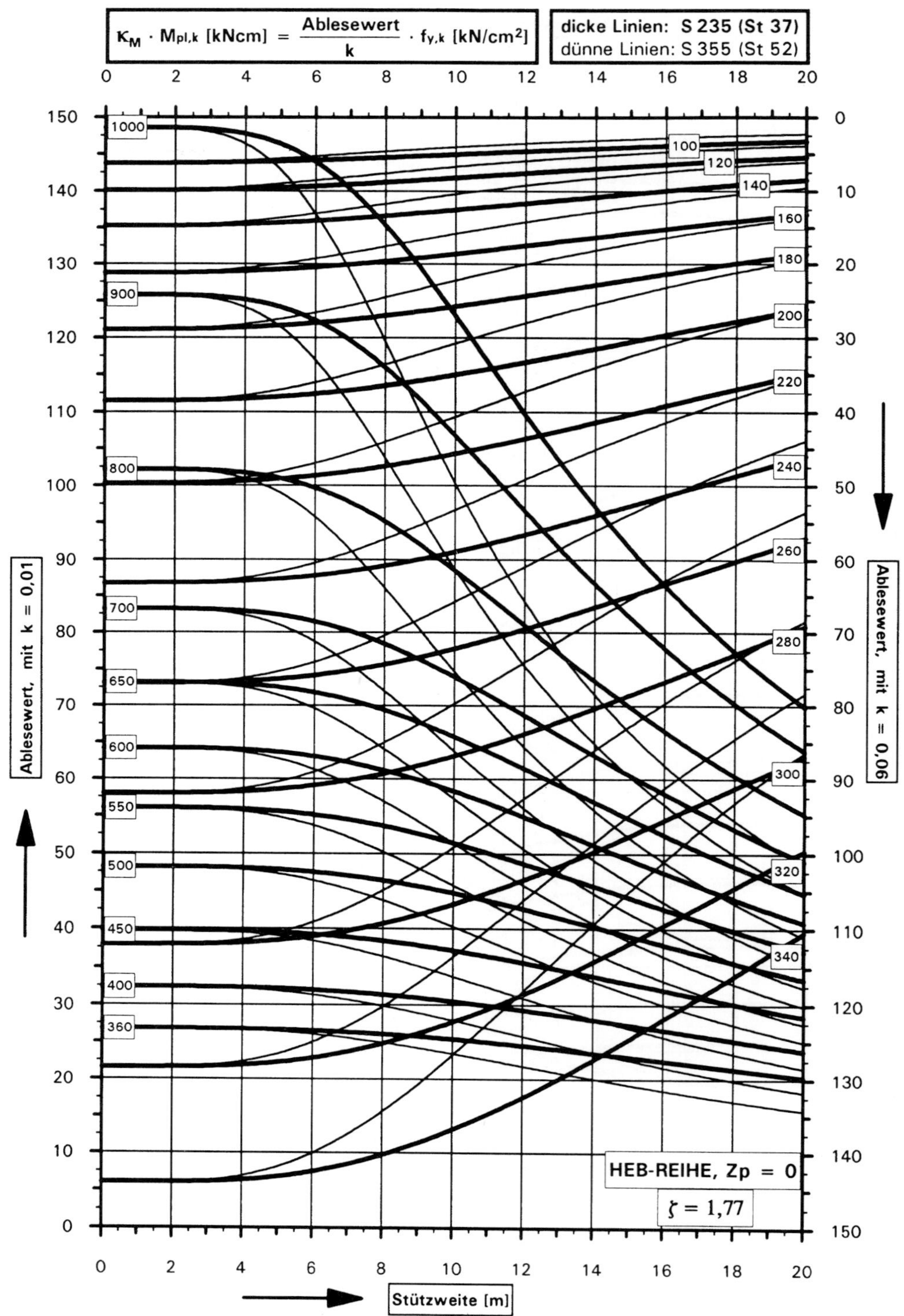

Bild 5.14 **BDK-Kurven für HEB-Profile mit $z_P = 0$ und $\zeta = 1{,}77$** nach [15]

5.5 BDK-Nomogramme für Durchlaufträger

5.5.1 Nomogramme für teilweise Randeinspannung von Petersen

In [6] sind zahlreiche Kipp-Nomogramme für Einfeld-, Mehrfeld- und Kragträger dargestellt. Aus der Vielzahl sind in Bild 5.15 einige Tafeln aus [6] für Innen- und für Randfelder von Durchlaufträgern mit voller und mit teilweiser (50 %) Einspannung abgebildet. Damit lassen sich für Gleichstreckenlast die $M_{Ki,y}$-Werte für unterschiedliche z_P-Werte errechnen.

Anmerkung: Zur einfacheren Handhabung wurden die Bezeichnungen aus [6] in Bild 5.15 den in diesem Buch verwendeten angeglichen.

In [6] und [7] finden sich ausgiebige theoretische Erörterungen und (besonders in [6]) viele weitere Kurventafeln zum Thema BDK.

5.5.2 Nomogramme für Durchlaufträger von Dickel/Klemens/Rothert

In [16] sind ausschließlich BDK-Nomogramme für Zwei- bis Vierfeldträger mit unterschiedlichen Stützweitenverhältnissen und mit feldweise unterschiedlichen Strecken- und Einzellasten ohne und mit gebundener Drehachse angegeben. Die große Zahl der Variationen hat ein sehr umfangreiches und spezielles Werk ergeben, aus dem in Bild 5.16 beispielhaft nur ganz wenige Tafeln wiedergegeben sind.

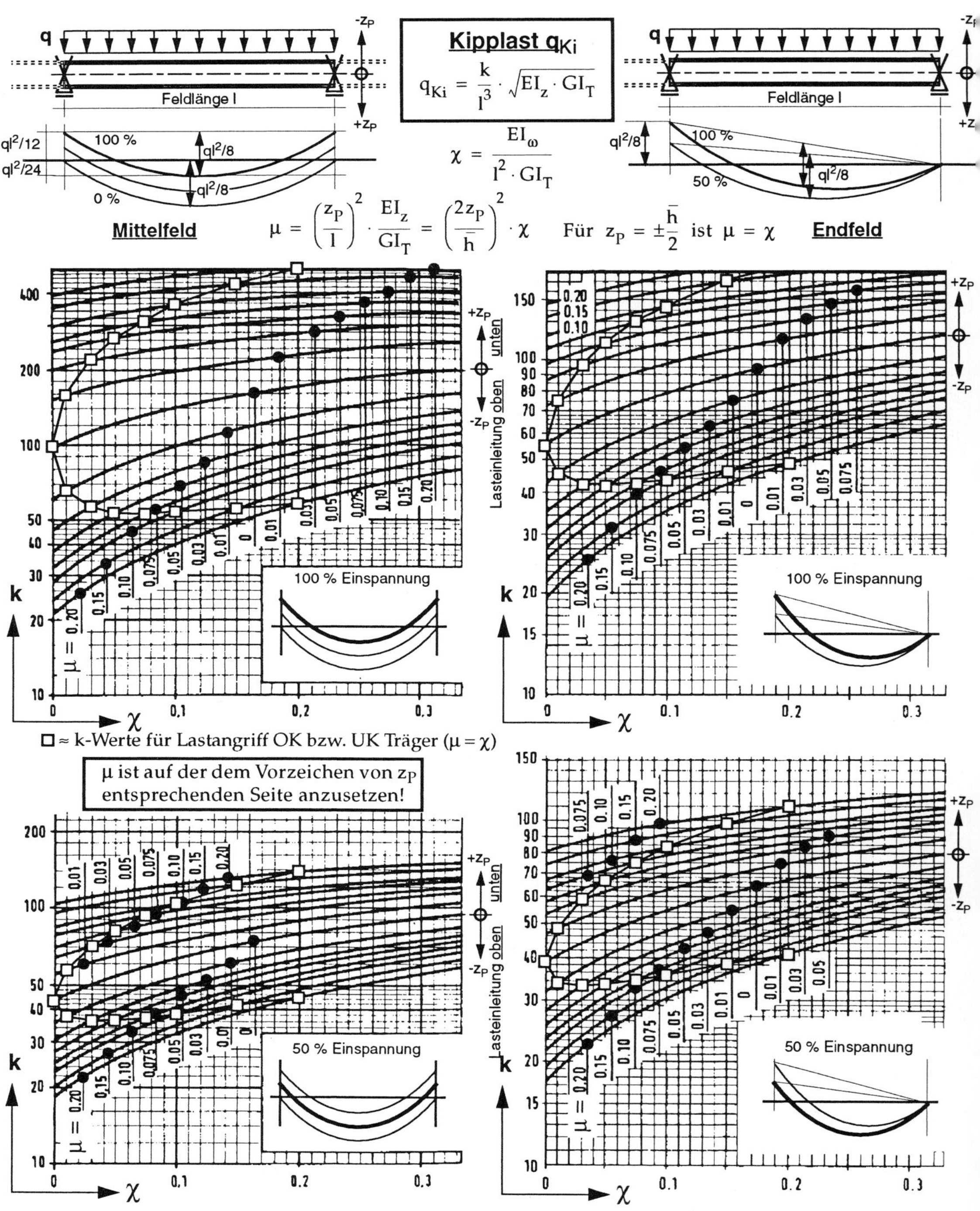

Bild 5.15 **Kipplasten für Durchlaufträger mit I-Querschnitt** nach [6] **für unterschiedliche Randeinspannung**

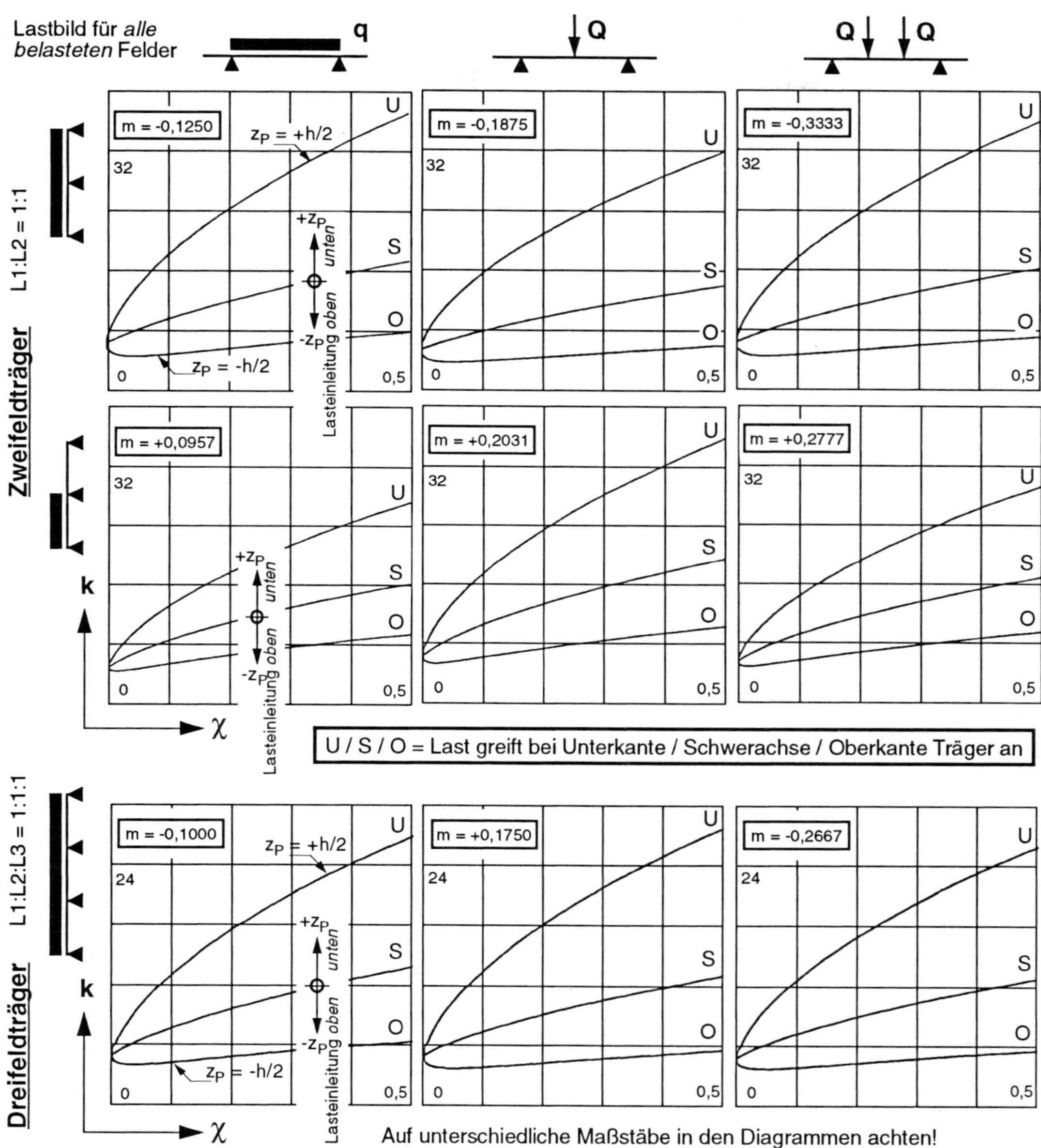

Bild 5.16 **BDK-Beiwerte k für Zwei- und Dreifeldträger** nach [14]

Beiwert $\chi = \dfrac{EI_\omega}{l^2 \cdot GI_T}$ Für I-Profile (Stahl): $\chi = 2,6 \cdot \dfrac{I_z}{I_T} \cdot \left(\dfrac{\bar{h}}{2l}\right)^2$ und $M_{Ki} = \dfrac{0,62 \cdot k}{l} \cdot \sqrt{I_z \cdot I_T} \cdot E$

Bezugsmoment $M = |m \cdot q \cdot l^2|$ bzw. $M = |m \cdot Q \cdot l|$ für den Nachweis $\dfrac{M}{\kappa_M \cdot M_{pl}} \le 1$

5.6 Behinderung der Verformung

Biegedrillknicken ist bekanntlich ein Vorgang, bei dem unter der Einwirkung von Biegemomenten und ggf. Normalkraft der gedrückte Gurt eines Stabes seitlich ausweicht und sich gleichzeitig verdreht. Konstruktive Gegebenheiten, die eine oder beide Verformungsarten behindern, vergrößern die BDK-Sicherheit.

Bei Einwirkung von Biegemoment M_y und keiner (bzw. kleiner) Druckkraft N und keinem (bzw. geringem) Biegemoment M_z kann ein BDK-Nachweis *entfallen*, wenn seitliche Verschiebung oder Verdrehung ausreichend behindert werden.

5.6.1 Behinderung der seitlichen Verschiebung

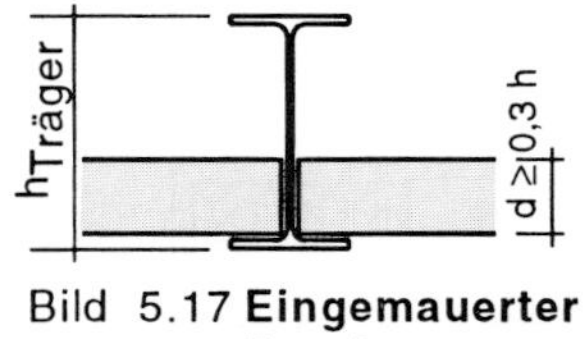

Bild 5.17 **Eingemauerter Druckgurt**

[2/308] **Mauerwerk**: Ausreichende Behinderung der seitlichen Verschiebung ist vorhanden bei Stäben, die durch kontinuierlich am Druckgurt anschließendes Mauerwerk ausgesteift sind. Die Mauerwerksdicke muß wenigstens die 0,3-fache Querschnittshöhe des Stabes aufweisen.

[2/308] **Trapezblech**: Die Anschlußebene eines Trapezbleches darf als unverschieblich gehalten angesehen werden, wenn für die Schubsteifigkeit S nach DIN 18807 Teil 1 nachfolgende Bedingung eingehalten ist:

$$S \geq \left(EI_{\omega} \cdot \frac{\pi^2}{l^2} + GI_T + EI_z \cdot \frac{\pi^2}{l^2} \cdot 0,25 \cdot h^2 \right) \cdot \frac{70}{h^2} \qquad (2/7)$$

Wenn die Befestigung der Trapezprofile nur in jeder 2. Profilrippe erfolgt, ist eine 5-mal so hohe Schubsteifigkeit erforderlich.

Anmerkung: Formel (2/7) ist umstritten; die Anforderungen erscheinen zu hoch! Siehe hierzu auch die Erläuterungen im 2. Teil dieses Buches.

5.6.2 Behinderung der Verdrehung

[2/309] Die Norm fordert für den Nachweis ausreichender Drehbettung $c_{\vartheta,k}$:

$$c_{\vartheta,k} = \frac{1}{\frac{1}{c_{\vartheta M,k}} + \frac{1}{c_{\vartheta A,k}} + \frac{1}{c_{\vartheta P,k}}} \geq \frac{M_{pl,k}^2}{EI_{z,k}} \cdot k_{\vartheta} \cdot k_v \qquad (2/8+9)$$

Die Drehbettung $c_{\vartheta,k}$ setzt sich dabei aus Anteilen der Biegesteifigkeit des Trapezblechs $c_{\vartheta M,k}$, des Anschlusses der Trapezprofile $c_{\vartheta A,k}$ und der Verformung des Trägerstegs $c_{\vartheta P,k}$ zusammen. Die k_v-Werte hängen vom Nachweisverfahren (E-P oder P-P) ab, und die k_{ϑ}-Werte hängen vom Momentenverlauf ab. Es wird auf die Norm bzw. den 2. Teil dieses Buches verwiesen.

Der Nachweis ist aufwendig, bringt jedoch häufig befriedigende Resultate.

5.7 Beispiele

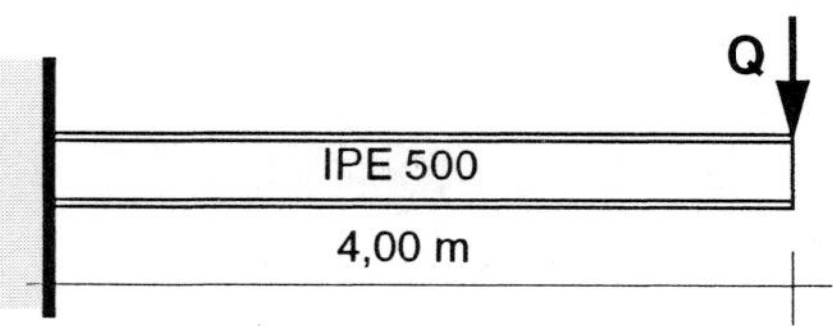

Beispiel 5.1: Kragträger, freies Kragende.
Querschnitt: IPE 500, Werkstoff S 235.
Kraglänge: l = 4,00 m.

Belastung an der Kragarmspitze OK Träger.
Gebrauchslasten: $Q_G = 24$ kN, $Q_P = 35$ kN
Die Träger-Eigenlast ist zu berücksichtigen!

γ_M-fache Einwirkungen:

$$Q = (1,35 \cdot 24 + 1,50 \cdot 35) \cdot 1,1 = 93,4 \text{ kN}$$

$$g = 1,485 \cdot 0,91 = 1,35 \text{ kN/m}$$

$$M_{Krag} = 93,4 \cdot 4,0 + 1,35 \cdot 4,0^2/2 = 373,6 + 10,8 = 384,4 \text{ kNm}$$

Parameter:

$$\chi = 2,6 \cdot \frac{I_z}{I_T} \cdot \left(\frac{\bar{h}}{2l}\right)^2 = 2,6 \cdot \frac{2140}{89,7} \cdot \left(\frac{50 - 1,6}{2 \cdot 400}\right)^2 = 0,227$$

Mit Tabelle 5.1 für Einzellast an Träger-OK: $k_3 \approx 3,4$
Die Träger-Eigenlast g spielt nur geringe Rolle; sie wird deshalb beim k-Wert nicht berücksichtigt.

Kippmoment:

$$M_{Ki} = \frac{0,62 \cdot k}{l} \cdot \sqrt{I_z \cdot I_T} \cdot E = \frac{0,62 \cdot 3,4}{400} \cdot \sqrt{2140 \cdot 89,7} \cdot \frac{21000}{100} = 485 \text{ kNm}$$

$$\bar{\lambda}_M = \sqrt{\frac{M_{pl,y}}{M_{Ki,y}}} = \sqrt{\frac{527}{485}} = 1,043 \quad \text{und} \quad n = 2,5 \quad \rightarrow \quad \kappa_M = 0,725$$

Nachweis:

$$\frac{M_y}{\kappa_M \cdot M_{pl,y}} = \frac{384,4}{0,725 \cdot 527} = 0,978 < 1$$

Beispiel 5.2: Kragträger mit unterschiedlicher Halterung des Kragendes.

Ein Vordach weist Kragträger IPE 300 in gleichem Abstand a auf. Ein 6,0 m langer Kragträger ist auf seine Belastbarkeit bezüglich des Versagens auf Biegedrillknicken zu untersuchen.

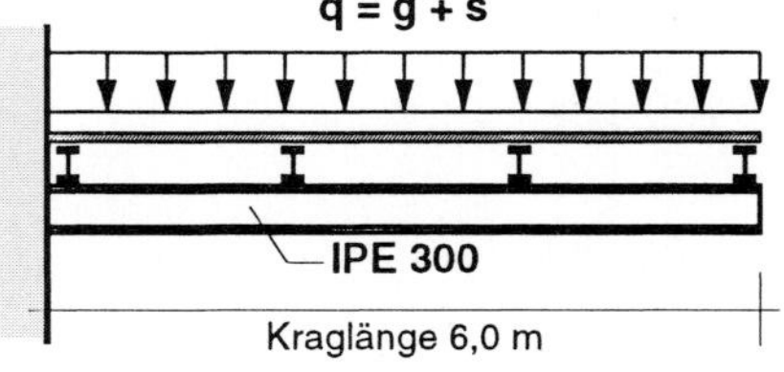

Die Belastbarkeit auf Biegedrillknicken für eine OK Träger angreifende Streckenlast ist zu bestimmen. Für folgende Gebrauchslasten ist der zulässige Abstand der Kragträger zu berechnen:

Dachhaut mit Pfetten	0,30 kN/m^2
Schnee	0,75 kN/m^2

Für das Kragende sollen unterschiedliche Lagerungen angenommen werden:

1) Freies Kragende (kein Dachverband, kein Randträger),
2) gebundenes Kragende (Dachverband und biegesteifer Randträger).

IPE 300: $I_z = 604\ cm^4$ $I_T = 20{,}2\ cm^4$ $M_{pl,y,d} = 139\ kNm$ $g = 42{,}2\ kg/m$

$$\chi = 2,6 \cdot \frac{I_z}{I_T} \cdot (\frac{\bar{h}}{2l})^2 = 2,6 \cdot \frac{604}{20,2} \cdot (\frac{30-1,07}{2 \cdot 600})^2 = 0,045$$

1) Mit Bild 5.3 oder Tabelle 5.1 für Gleichstreckenlast OK Träger und *freies* Kragende: $k_6 \approx 6{,}8$

$$M_{Ki} = \frac{0,62 \cdot k}{l} \cdot \sqrt{I_z \cdot I_T} \cdot E = \frac{0,62 \cdot 6,8}{600} \cdot \sqrt{604 \cdot 20,2} \cdot \frac{21000}{100} = 163,0\ kNm$$

$$\bar{\lambda}_M = \sqrt{\frac{M_{pl}}{M_{Ki}}} = \sqrt{\frac{139 \cdot 1,1}{163}} = 0,969 \qquad n = 2{,}5 \qquad \kappa_M = 0,781$$

$$grenz\ M_d = \kappa_M \cdot M_{pl,d} = 0,781 \cdot 139 = 108,6\ kNm$$

$$grenz\ q_d = \frac{2 \cdot M_d}{l^2} = \frac{2 \cdot 108,6}{6,0^2} = 6,03\ kN/m$$

Abstand der Kragträger: a [m]

Bemessungslast: $q_d = 1,35 \cdot (0,422 + 0,30 \cdot a) + 1,5 \cdot 0,75 \cdot a = 0,57 + 1,53 \cdot a\ [kN/m]$

Mit *grenz* $q_d = 6{,}0\ kN/m$ folgt daraus: *grenz* a = 3,57 m

2) Mit Tabelle 5.2 für Gleichstreckenlast OK Träger und *gebundenes* Kragende: $k_6 \approx 21{,}9$

$$M_{Ki} = \frac{0,62 \cdot k}{l} \cdot \sqrt{I_z \cdot I_T} \cdot E = \frac{0,62 \cdot 21,9}{600} \cdot \sqrt{604 \cdot 20,2} \cdot \frac{21000}{100} = 525\ kNm$$

$$\bar{\lambda}_M = \sqrt{\frac{M_{pl}}{M_{Ki}}} = \sqrt{\frac{139 \cdot 1,1}{525}} = 0,540 \qquad n = 2{,}5 \qquad \kappa_M = 0,982$$

$$grenz\ M_d = \kappa_M \cdot M_{pl,d} = 0,982 \cdot 139 = 136,5\ kNm$$

$$grenz\ q_d = \frac{2 \cdot M_d}{l^2} = \frac{2 \cdot 136,5}{6,0^2} = 7,58\ kN/m$$

Daraus folgt (wie oben): *grenz* a = 4,58 m

Beispiel 5.3: Gabelgelagerter Einfeldträger.
Querschnitt: IPE 500, Werkstoff S 235.
Spannweite l = 6,00 m.

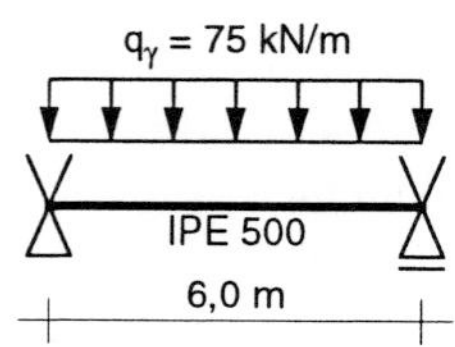

Belastung: Gleichstreckenlast, Lastangriff OK Träger:
γ_M-fache Bemessungslast: $q_\gamma = 75\ kN/m$.
Die Träger-Eigenlast ist bereits eingerechnet.

1) Rechnerischer Nachweis nach DIN 18800.

$$N_{Ki,z} = \frac{\pi^2 \cdot E \cdot I_z}{l^2} = \frac{\pi^2 \cdot 21000 \cdot 2140}{600^2} = 1232\ kN \qquad \zeta = 1{,}12 \qquad z_P = -25\ cm$$

$$c^2 = \frac{I_\omega + 0,039 \cdot l^2 \cdot I_T}{I_z} = \frac{1249000 + 0,039 \cdot 600^2 \cdot 89,7}{2140} = \frac{1249000 + 1259388}{2140} = 1172\ \text{cm}^2$$

$$M_{Ki,y} = \zeta \cdot N_{Ki,z} \cdot (\sqrt{c^2 + 0,25 \cdot z_P^2} + 0,5 \cdot z_P) = 1,12 \cdot 1232 \cdot (\sqrt{1172 + 0,25 \cdot 25^2} - 0,5 \cdot 25)$$

Ideales Kippmoment: $M_{Ki,y} = 33040\ \text{kNcm} \approx 330\ \text{kNm}$

$$\bar{\lambda}_M = \sqrt{\frac{M_{pl,y}}{M_{Ki,y}}} = \sqrt{\frac{527}{330}} = 1,264 \qquad \text{und} \quad n = 2,5 \qquad \rightarrow \qquad \kappa_M = 0,562$$

Nachweis: $$\frac{M_y}{\kappa_M \cdot M_{pl,y}} = \frac{75 \cdot 6^2/8}{0,563 \cdot 527} = \frac{337,5}{296,7} = 1,138 > 1$$ *nicht* erfüllt!

2) Nachweis nach Künzler.

Ablesewert im Nomogramm: 12,4; Divisor: k = 0,01.

Damit: $$\kappa_M \cdot M_{pl,y} = (\kappa_M \cdot W_{pl,y}) \cdot f_{y,k} = (\frac{12,4}{0,01}) \cdot \frac{24}{100} = 12,4 \cdot 24 = 298\ \text{kNm}$$

oder kurz: $$\frac{M_y}{\kappa_M \cdot M_{pl,y}} = \frac{338}{12,4 \cdot 24} = 1,136 > 1$$

Beispiel 5.4: Wie Beispiel 5.3, jedoch Werkstoff S 355.

1) Nachweis nach DIN 18800.

Es bleibt $M_{Ki,y}$ = 330 kNm. $M_{pl,y}$ wird 1,5-mal so groß wie bei S 235.

$$\bar{\lambda}_M = \sqrt{\frac{M_{pl,y}}{M_{Ki,y}}} = \sqrt{\frac{527 \cdot 1,5}{330}} = 1,548 \qquad \text{und} \quad n = 2,5 \qquad \rightarrow \qquad \kappa_M = 0,401$$

Nachweis: $$\frac{M_y}{\kappa_M \cdot M_{pl,y}} = \frac{75 \cdot 6^2/8}{0,401 \cdot 790,5} = \frac{337,5}{317} = 1,065 > 1$$ auch *nicht* erfüllt!

2) Nach Künzler: $$\frac{M_y}{\kappa_M \cdot M_{pl,y}} = \frac{338}{8,8 \cdot 36} = 1,067 > 1$$

Der Einfluß der Werkstoffgüte auf die BDK-Sicherheit erweist sich hier als gering.

Beispiel 5.5: Wie Beispiel 5.3 (S 235), jedoch Lastangriff in Höhe der Trägerachse.

1) Nachweis nach DIN 18800. Jetzt ist: $z_P = 0$.

Ideales Kippmoment: $M_{Ki,y} = \zeta \cdot N_{Ki,z} \cdot c = 1,12 \cdot 1232 \cdot \sqrt{1172}/100 = 472,4\ \text{kNm}$

$$\bar{\lambda}_M = \sqrt{\frac{M_{pl,y}}{M_{Ki,y}}} = \sqrt{\frac{527}{472,4}} = 1,056 \qquad \text{und} \quad n = 2,5 \qquad \rightarrow \qquad \kappa_M = 0,715$$

Nachweis: $$\frac{M_y}{\kappa_M \cdot M_{pl,y}} = \frac{75 \cdot 6^2/8}{0,715 \cdot 527} = \frac{337,5}{376,5} = 0,896 < 1 \qquad \text{erfüllt!}$$

2) Nach Künzler: $$\frac{M_y}{\kappa_M \cdot M_{pl,y}} = \frac{338}{15,65 \cdot 24} = 0,900 < 1$$

Die Höhenlage des Lastangriffs hat großen Einfluß auf die BDK-Sicherheit!

Beispiel 5.6: Wie Beispiel 5.3 (S 235), jedoch als Zweifeld-Durchlaufträger.

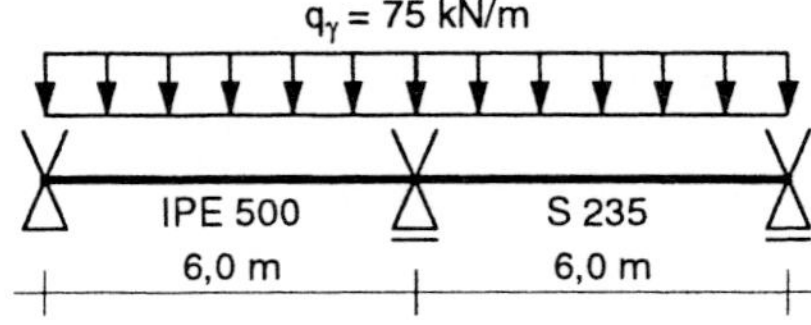

Der BDK-Nachweis soll erbracht werden:
1) nach Dickel/Clemens/Rothert [16],
2) nach Petersen [6].

1) Nachweis nach Dickel/Clemens/Rothert [16]:

Parameter: $$\chi = 2,6 \cdot \frac{I_z}{I_T} \cdot \left(\frac{\bar{h}}{2l}\right)^2 = 2,6 \cdot \frac{2140}{89,7} \cdot \left(\frac{50-1,6}{2 \cdot 600}\right)^2 = 0,10$$

Ablesewert im Nomogramm in [16]: k = 5,4.

Damit: $$M_{Ki} = \frac{0,62 \cdot k}{l} \cdot \sqrt{I_z \cdot I_T} \cdot E = \frac{0,62 \cdot 5,4}{600} \cdot \sqrt{2140 \cdot 89,7} \cdot \frac{21000}{100} = 513 \text{ kNm}$$

$$\bar{\lambda}_M = \sqrt{\frac{M_{pl,y}}{M_{Ki,y}}} = \sqrt{\frac{527}{513}} = 1,014 \quad \text{und} \quad n = 2,5 \quad \rightarrow \quad \kappa_M = 0,747$$

Nachweis: $$\frac{M_y}{\kappa_M \cdot M_{pl,y}} = \frac{0,125 \cdot 75 \cdot 6^2}{0,747 \cdot 527} = \frac{337,5}{394} = 0,857 < 1 \qquad \text{erfüllt!}$$

2) Nachweis nach Petersen [6]:

Wie zuvor ist $\chi = 0,1$.

Außerdem ist $\mu \approx \chi$ wegen $z_P = -\frac{h}{2} \approx -\frac{\bar{h}}{2}$.

Ablesewert (wegen Symmetrie bei "Endfeld mit 100 % Einspannung"): k = 44

$$q_{Ki} = \frac{k}{l^3} \cdot \sqrt{EI_z \cdot GI_T} = 0,62 \cdot \frac{k}{l^3} \cdot \sqrt{I_z \cdot I_T} \cdot E = 0,62 \cdot \frac{44}{6,0^3} \cdot \sqrt{2140 \cdot 89,7} \cdot \frac{21000}{10000} = 116 \text{ kN/m}$$

Genauer ist: $$\mu = \left(\frac{z_P}{l}\right)^2 \cdot \frac{EI_z}{GI_T} = \left(\frac{25}{600}\right)^2 \cdot 2,6 \cdot \frac{2140}{89,7} = 0,108 \quad \rightarrow \quad k = 43$$

Ideale Kipplast: $$q_{Ki} = 0,62 \cdot \frac{43}{6,0^3} \cdot \sqrt{2140 \cdot 89,7} \cdot \frac{21000}{10000} = 114 \text{ kN/m}$$

Kippmoment: $$M_{Ki} = 114 \cdot 6,0^2/8 = 513 \text{ kNm}$$

Dieser Wert stimmt mit dem nach [16] errechneten überein! Die übrige Rechnung ist identisch.

Der "BAUIGEL" der FH Karlsruhe, SS 96, beschäftigt sich in seinem wissenschaftlichen Teil gleichfalls mit dem Kipp-Problem. Die überzeugende Lösung (Verfasser: staticus anonymus) wird nachfolgend vorgestellt.

Hinweis: Ausschließliche Problem-Lösung gemäß dieser Theorie erscheint einseitig und kann (gleichermaßen im täglichen Leben wie beim statischen Nachweis) zu Schwierigkeiten führen!

6 Plattenbeulen

6.1 Ideale Beulspannung einer Rechteckplatte

6.1.1 Plattengleichung nach Theorie II. Ordnung

Ein ebener Flächenträger, der nur durch Kräfte belastet ist, die in seiner Ebene wirken, wird *Scheibe* genannt. Greifen auch (oder ausschließlich) quer zur Mittelebene gerichtete Kräfte an, dann wird der Flächenträger als *Platte* bezeichnet.

Die DGL einer homogenen Platte von konstanter Dicke t, die mit einer Flächenlast q = q(x,y) belastet ist, lautet:

$$\frac{\partial^4 w}{\partial x^4} + 2\frac{\partial^4 w}{\partial x^2 \partial y^2} + \frac{\partial^4 w}{\partial y^4} = q \cdot \frac{12 \cdot (1-\mu^2)}{E \cdot t^3} \tag{6.1a}$$

mit
- $w = w(x,y)$ = Durchbiegung senkrecht zur Plattenebene
- $q = q(x,y)$ = Belastung senkrecht zur Plattenebene
- t = Plattendicke (= konstant)
- E = Elastizitätsmodul
- μ = Querdehnungszahl

Mit $K = \dfrac{E \cdot t^3}{12 \cdot (1-\mu^2)}$ = Plattensteifigkeit

und $\Delta w = \dfrac{\partial^2 w}{\partial x^2} + \dfrac{\partial^2 w}{\partial y^2}$ = Δ-Operator

läßt sich die Plattengleichung einfach schreiben:

$$\Delta\Delta w = \frac{q}{K} \tag{6.1b}$$

Die Schnittgrößen der Platte sind:

Biegemomente
$$m_x = -K \cdot \left(\frac{\partial^2 w}{\partial x^2} + \mu \cdot \frac{\partial^2 w}{\partial y^2}\right)$$
$$m_y = -K \cdot \left(\frac{\partial^2 w}{\partial y^2} + \mu \cdot \frac{\partial^2 w}{\partial x^2}\right)$$

Drillmomente
$$m_{xy} = m_{yx} = -(1-\mu) \cdot K \cdot \frac{\partial^2 w}{\partial x \partial y}$$

Querkräfte
$$q_x = -K \cdot \frac{\partial(\Delta w)}{\partial x}$$
$$q_y = -K \cdot \frac{\partial(\Delta w)}{\partial y}$$

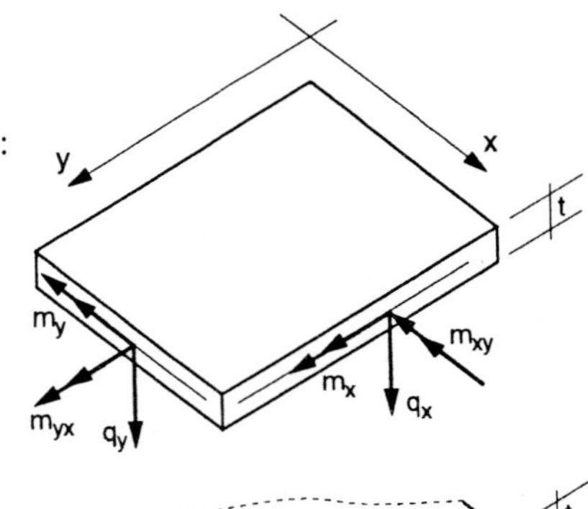

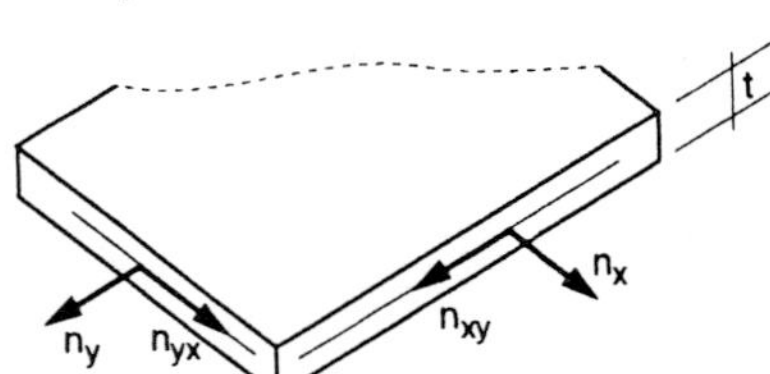

Bild 6.1 **Schnittgrößen an Platte und Scheibe**

Wird eine Platte durch ein in ihrer Mittelebene wirkendes, im Gleichgewicht befindliches System von Randkräften als Scheibe beansprucht, wobei die Plattenränder beliebig gelagert sein dürfen, die Verschiebung in Plattenebene aber nicht behindern dürfen, so kann bei genügend hohen Druckkräften Instabilität durch Ausbeulen entstehen.

Wieder führt nur eine Betrachtung nach Theorie II. Ordnung zu Aussagen über die Beullast, und wegen der dann auftretenden Momente und Querkräfte handelt es sich weiter um ein Plattenproblem (für das die Normal- und Schubkräfte zuvor als Scheibenproblem ermittelt worden sind). Die DGL lautet hierfür:

$$K \cdot \Delta\Delta w = n_x \cdot \frac{\partial^2 w}{\partial x^2} + 2 \cdot n_{xy} \cdot \frac{\partial^2 w}{\partial x \partial y} + n_y \cdot \frac{\partial^2 w}{\partial y^2} \tag{6.2}$$

Zusätzliche Scheiben-Schnittgrößen:

n_x, n_y, n_{xy} = Normal- und Schubkräfte in der Platte (Zug = *positiv*!)

Im allgemeinen Fall müssen diese Schnittgrößen aus der Scheibengleichung $\Delta\Delta F = 0$ mit Hilfe der Airyschen Spannungsfunktion ermittelt werden.

Gl. (6.2) stellt die Beziehung für die um w verwölbte Plattenfläche dar. Diese Ausbiegung *nur* infolge Normalkräften in der Plattenebene wird *Beulen* genannt.

Denkt man sich eine in y-Richtung unendlich lange Platte, so entfällt in (6.2) die Abhängigkeit von y und die DGL wird nur von der Variablen x abhängig. Läßt man noch den Einfluß der Querkontraktion μ weg, so bleibt die DGL für einen Balken mit K = EI. Nach entsprechender Umstellung sind Gl. (6.2) und (2.8) identisch!

6.1.2 Rechteckplatte mit konstanter Längsspannung

Eine allseits frei drehbar gelagerte Rechteckplatte von der Dicke t und mit den Randlängen a und b sei längs der Ränder x = 0 und x = a durch gleichmäßig verteilte Druckkräfte d [kN/m] belastet (Bild 6.2).

Es ist ohne weiteres einsichtig, daß

$n_x = -d$, $n_y = 0$, $n_{xy} = 0$ ist.

Die Platten-DGL (6.2) lautet dafür:

$$K \cdot \Delta\Delta w = -d \cdot \frac{\partial^2 w}{\partial x^2} \tag{6.3}$$

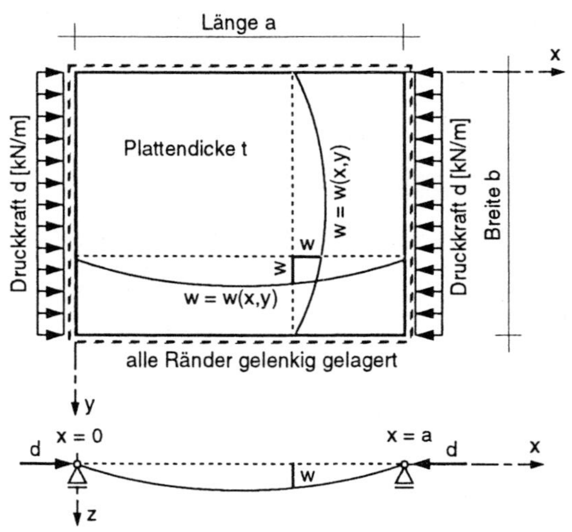

Bild 6.2 **Rechteckplatte mit Längsspannung**

Wegen der geforderten gelenkigen Lagerung muß für einen Rand x = const dort die Bedingung w = 0 erfüllt sein, und weil keine Biegemomente auftreten dürfen auch $\frac{\partial^2 w}{\partial x^2} + \mu \cdot \frac{\partial^2 w}{\partial y^2} = 0$ sein, und wegen $w = \frac{\partial w}{\partial y} = \frac{\partial^2 w}{\partial y^2} = 0$ schließlich $\Delta w = 0$.

Für einen Rand y = const gilt gleichfalls w = 0 und $\Delta w = 0$.

DGL 6.3 und die Randbedingungen befriedigt der Lösungsansatz

$$w = c \cdot \sin\frac{m\pi x}{a} \cdot \sin\frac{n\pi y}{b} \qquad \text{mit } m = 1, 2, 3, \ldots \text{und } n = 1, 2, 3, \ldots \tag{6.4}$$

c ist eine Konstante. Da sie im folgenden unbestimmt bleibt, zeigt sich auch hier, wie bei anderen schon behandelten Stabilitätsproblemen, daß keine Aussage über das Maß der Auslenkung, hier der Ausbeulung w, möglich ist.

$$\frac{\partial^2 w}{\partial x^2} = -c \cdot \frac{m^2\pi^2}{a^2} \cdot \sin\frac{m\pi x}{a} \cdot \sin\frac{n\pi y}{b} = -\frac{m^2\pi^2}{a^2} \cdot w \tag{6.5a}$$

$$\Delta\Delta w = c \cdot \left(\frac{m^2\pi^2}{a^2} + \frac{n^2\pi^2}{b^2}\right)^2 \cdot \sin\frac{m\pi x}{a} \cdot \sin\frac{n\pi y}{b} = \left(\frac{m^2\pi^2}{a^2} + \frac{n^2\pi^2}{b^2}\right)^2 \cdot w \tag{6.5b}$$

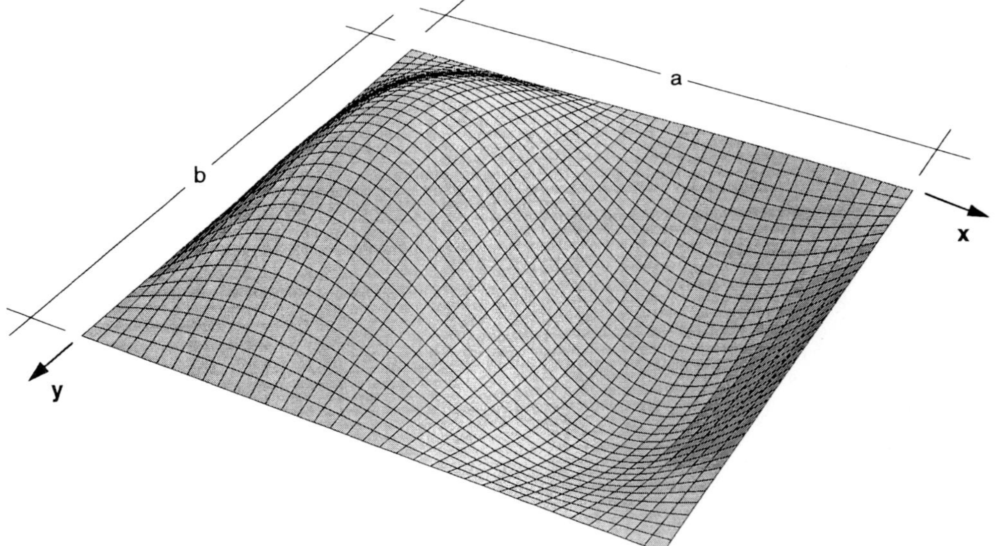

Bild 6.3 **Beulfläche für m = 2, n = 1**

Bild 6.3 zeigt beispielhaft die Beulform für den Fall m = 2 (doppelte Halbwelle in x-Richtung) und n = 1 (eine Halbwelle in y-Richtung).

(6.5a+b) in (6.3) eingesetzt:

$$K \cdot \left(\frac{m^2\pi^2}{a^2} + \frac{n^2\pi^2}{b^2}\right)^2 \cdot w = d \cdot \frac{m^2\pi^2}{a^2} \cdot w \qquad \text{oder}$$

$$d = K \cdot \frac{a^2\pi^2}{m^2} \cdot \left(\frac{m^2}{a^2} + \frac{n^2}{b^2}\right)^2 \qquad \text{mit } m = 1, 2, 3, \ldots \text{und } n = 1, 2, 3, \ldots \tag{6.6}$$

Gesucht wird die ideale Beullast $d = d_{Ki}$, für die d ein Minimum darstellt. Variabel sind in (6.6) m und n, die Halbwellenzahlen für die Beulfigur in x- und y-Richtung.

Da n nur im Zähler des Klammerausdrucks erscheint, ist die kleinstmögliche von Null verschiedene Lösung gegeben mit n = 1. Aus (6.6) wird:

$$d = K \cdot \frac{\pi^2}{b^2} \cdot \left(\frac{mb}{a} + \frac{a}{mb}\right)^2 \qquad \text{und mit der Abkürzung } \alpha = \frac{a}{b} \text{ wird:} \tag{6.7}$$

$$d = K \cdot \frac{\pi^2}{b^2} \cdot \left(\frac{m}{\alpha} + \frac{\alpha}{m}\right)^2 = K \cdot \frac{\pi^2}{b^2} \cdot k \qquad \text{mit } k = \left(\frac{m}{\alpha} + \frac{\alpha}{m}\right)^2 \tag{6.8}$$

Die Forderung d = min kann also reduziert werden auf k = min. Diese Forderung ist erfüllt, wenn die 1. Ableitung von k nach m zu Null wird:

$$\frac{\partial k}{\partial m} = 2 \cdot \left(\frac{m}{\alpha} + \frac{\alpha}{m}\right) \cdot \left(\frac{1}{\alpha} - \frac{\alpha}{m^2}\right) = 0 \tag{6.9}$$

Nur der 2. Klammerausdruck kann Null werden. Die Lösung ist:

$$m^2 = \alpha^2 \qquad \text{oder} \qquad m = \pm\alpha \tag{6.10}$$

wobei nur $m = +\alpha$ interessiert. Damit wird aus (6.8):

$$min\,k = \left(\frac{m}{\alpha} + \frac{\alpha}{m}\right)^2 = (1+1)^2 = 4 \qquad \text{und weiter} \tag{6.11}$$

$$min\,d = d_{Ki} = 4 \cdot \frac{\pi^2}{b^2} \cdot K \qquad \text{und durch die Plattendicke dividiert} \tag{6.12}$$

$$\sigma_{x,Ki} = \sigma_{Ki} = \frac{d_{Ki}}{t} = 4 \cdot \frac{\pi^2 \cdot K}{b^2 \cdot t} \tag{6.13}$$

Bestimmt man zum Vergleich die Eulersche Knickspannung eines Plattenstreifens von der Länge b (= Plattenbreite), der Breite 1 und der Plattenbiegesteifigkeit EI = K (Bild 6.4), so ist diese Beulvergleichsspannung σ_e:

$$\sigma_e = \frac{N_{Ki}}{t} = \frac{\pi^2 \cdot EI}{b^2 \cdot t} = \frac{\pi^2 \cdot K}{b^2 \cdot t} \qquad (6.14)$$

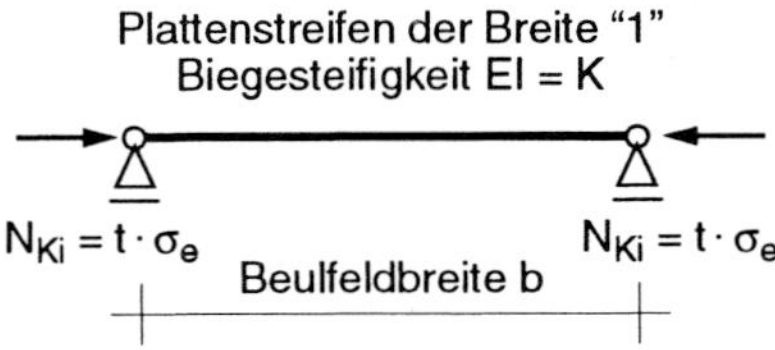

Bild 6.4 **Beulvergleichsspannung**

(6.14) in (6.13) eingesetzt:

$$\sigma_{Ki} = 4 \cdot \sigma_e \qquad (6.15)$$

Voraussetzung für (6.15) ist (6.10): m = α. Gemäß Lösungsansatz (6.4) ist m = 1, 2, 3, ... m ist also ganzzahlig! Wenn nicht zufällig das Seitenverhältnis α = a/b auch ganzzahlig ist, kann (6.10) gar nicht erfüllt werden. Damit ist dann auch die Lösung (6.15) nicht mehr gegeben.

Im allgemeinen Fall wird aus (6.8):

$$\sigma_{Ki} = \frac{\mathit{min}\,d}{t} = \mathit{min}\,k \cdot \frac{\pi^2 \cdot K}{b^2 \cdot t} = \mathit{min}\,k \cdot \sigma_e \qquad (6.16)$$

und mit der Bezeichnung

$\mathit{min}\,k = k_\sigma$ gilt für die Beulspannung (6.17)

$$\sigma_{Ki} = k_\sigma \cdot \sigma_e \qquad (6.18)$$

k = f(α,m) läßt sich als Kurvenschar für m = 1, 2, 3, ... aufzeichnen. Dafür wird eine Wertetabelle aufgestellt:

Tab. 6.1 **Beulwerte k = f(α,m)**

α =	0	0,33	0,5	1,0	$\sqrt{2}$	2,0	$\sqrt{6}$	3,0	$\sqrt{12}$	4,0	$\sqrt{20}$	5,0
m = 1	∞	11,11	6,25	**4,00**	4,50	6,25	8,17	11,11				
m = 2	∞		18,06	6,25	4,50	**4,00**	4,17	4,69	5,33	6,25		
m = 3	∞			11,11	6,72	4,69	4,17	**4,00**	4,08	4,34		
m = 4	∞				10,13	6,25	5,04	4,34	4,08	**4,00**	4,05	
m = 5	∞					8,41	6,41	5,14	4,56	4,20	4,05	**4,00**

Die maßgebenden Werte k = k_σ ergeben die sogenannte "Beulgirlande", Bild 6.5. Aus Tab. 6.1 und Bild 6.5 sieht man, daß für α ≥ 1 der Beulwert mit der jeweils maßgebenden "Beulenzahl" m kaum mehr größer wird als k = 4.

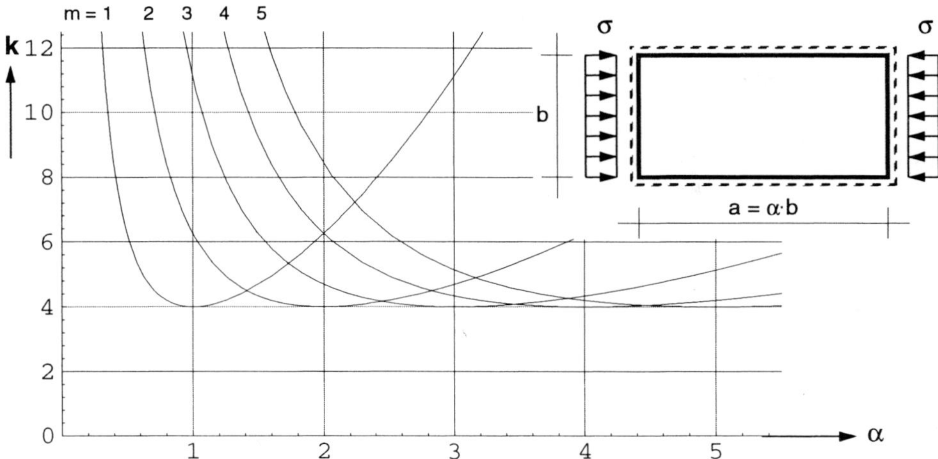

Bild 6.5 **Beulkurvenschar k = f(α,m) für eine allseits gelenkig gelagerte Rechteckplatte**

Praktisch ausreichend (und auf der sicheren Seite liegend) kann man festlegen:

für $\alpha \leq 1 \quad \rightarrow \quad k_\sigma = (\alpha + 1/\alpha)^2$ und für $\alpha \geq 1 \quad \rightarrow \quad k_\sigma = 4$

Entsprechend (aber etwas schwieriger) erhält man Beulwerte für andere Verteilung der Längsspannungen σ_x über die Beulfeldbreite b, die abhängig vom Randspannungsverhältnis ψ angegeben werden können. Siehe Bild 6.6 (vergleiche Tab. 6.3!).

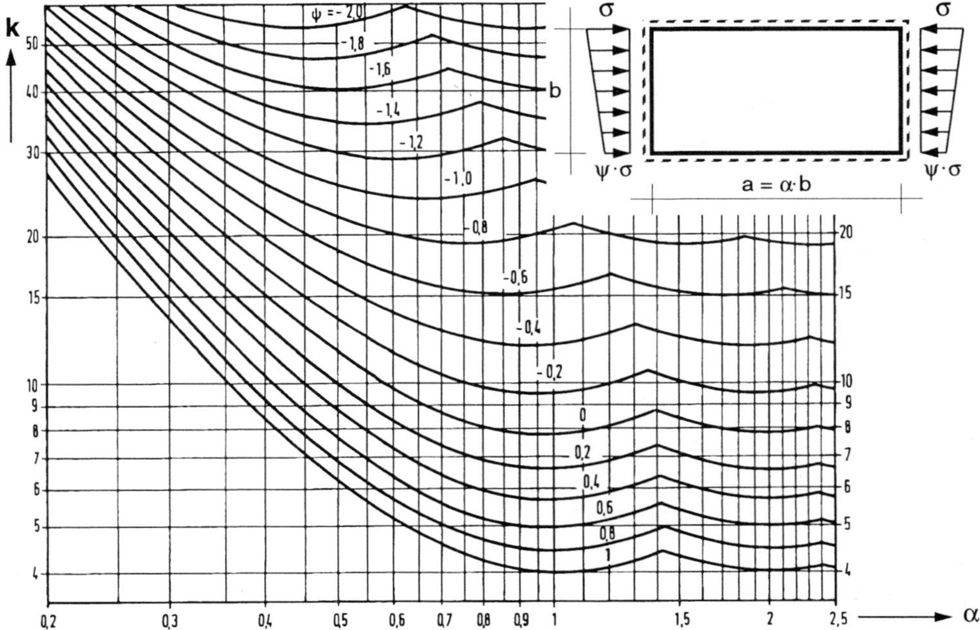

Bild 6.6 **Beulkurven k = f(α,ψ) für allseits gelenkig gelagerte Rechteckplatten** nach [7]

6.2 Beulnachweis nach DIN 18800 Teil 3

6.2.1 Allgemeines

[3/101] Die Norm regelt den Tragsicherheitsnachweis von stabilitätsgefährdeten plattenartigen Bauteilen aus Stahl. Dabei sind die Beanspruchungen (Schnittgrößen und Spannungen) nach der Elastizitätstheorie (Verfahren E-E nach DIN 18800 Teil 1) zu ermitteln. Querschnitts- oder Systemreserven durch plastischen Ausgleich werden rechnerisch nicht in Anspruch genommen.

Anmerkung: Auch hier kann mit den Bemessungswerten der Einwirkungen *oder* mit deren γ_M-fachen Werten gerechnet werden (siehe auch Abschnitt 6.2.6).

Die Erfassung des Einflusses des Beulens auf das Knicken von Stäben mit unversteiften Querschnittsteilen wird *hier* nicht behandelt.

Die Regeln der Norm gelten für versteifte und unversteifte Rechteckplatten, die in ihrer Ebene durch Normal- und Schubspannungen beansprucht werden.

6.2.2 Definitionen

[3/104] Beulgefährdete Rechteckplatten in Bauteilen werden Beulfelder genannt; ihre Längsränder sind in Richtung der Längsachse des Bauteils orientiert.

Beulfelder können durch Längs- und Quersteifen versteift werden.

Gesamtfeld = Feld $a_G \cdot b_G$

Teilfelder = Felder $a_i \cdot b_G$

Einzelfelder = Felder $a_i \cdot b_i$

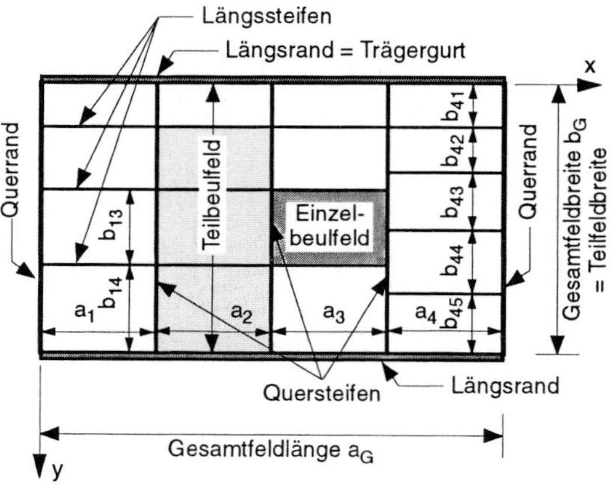

Bild 6.7 **Definition der Beulfelder**

Bild 6.7 zeigt die Definition der Beulfelder nach der Norm.

[3/105] Gesamtfelder sind versteifte oder unversteifte Platten, die in der Regel an ihren Längs- und Querrändern unverschieblich gelagert sind.

[3/106] Teilfelder sind längsversteifte oder unversteifte Platten, die zwischen benachbarten Quersteifen oder zwischen einem Querrand und einer benachbarten Quersteife und den Längsrändern des Gesamtfeldes liegen.

[3/107] Einzelfelder sind unversteifte Platten, die zwischen Steifen oder zwischen Steifen und Rändern längsversteifter Teilfelder liegen. Querschnittsteile von Steifen sind ebenfalls Einzelfelder.

Die maßgebenden Beulfeldbreiten b_G für Gesamt- und Teilfelder und b_{ik} für Einzelfelder gehen aus Bild 6.8 hervor.

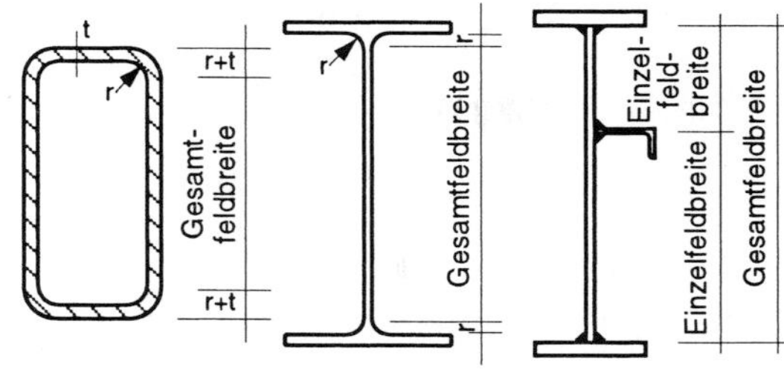

Bild 6.8 **Maßgebende Beulfeldbreiten**

[3/109] Für rechtwinklig zur Platte unverschieblich gelagerte Plattenränder ist in der Regel gelenkige Lagerung anzunehmen.

Auch Ränder von Teil- und Einzelfeldern, die durch Steifen gebildet werden, dürfen für den Beulnachweis unverschieblich gelenkig gelagert angenommen werden.

6.2.3 Formelzeichen

Es gelten die Formelzeichen DIN 18800 Teil 1 und 2 sowie die schon zuvor definierten Zeichen. Nur ergänzend definierte Zeichen sind nachfolgend aufgeführt.

Koordinaten, Spannungen [3/110]

x, y	Achsen längs und quer
σ_x, σ_y	Normalspannungen (Druck *positiv*!)
τ	Schubspannung
ψ	Randspannungsverhältnis im untersuchten Beulfeld, bezogen auf die größte Druckspannung

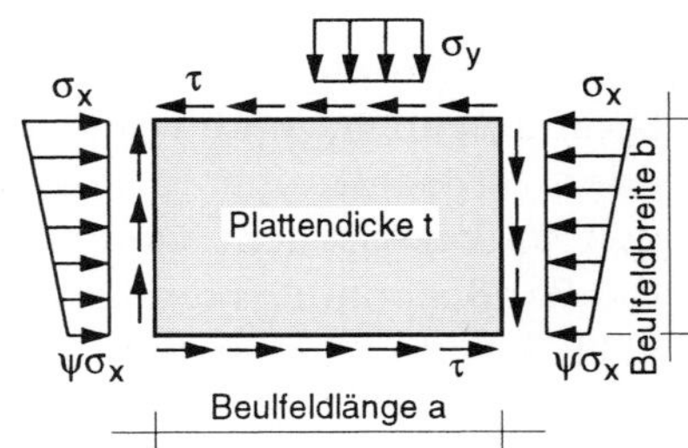

Bild 6.9 **Spannungen an den Beulfeldrändern**

Wichtig: Die weiteren Beziehungen sind zur Vereinfachung *alle* unter der Voraussetzung wiedergegeben, daß $\sigma_y = 0$ ist!

Außerdem wird *hier* nur der Nachweis unversteifter Rechteckplatten aufgezeigt.

Systemgrößen [3/113]

a, b	Länge und Breite des untersuchten Beulfeldes
$\alpha = a/b$	Seitenverhältnis

$$\sigma_e = \frac{\pi^2 \cdot E}{12 \cdot (1-\mu^2)} \cdot \left(\frac{t}{b}\right)^2 = 189800 \cdot \left(\frac{t}{b}\right)^2 \; [\mathrm{N/mm^2}] \text{ Beulvergleichsspannung}$$

k_σ, k_τ	Beulwerte im Beulfeld bei alleiniger Wirkung von σ_x oder τ
$\sigma_{Pi} = k_{\sigma x} \cdot \sigma_e$	Ideale Beulspannung bei alleiniger Wirkung von σ_x
$\tau_{Pi} = k_\tau \cdot \sigma_e$	Ideale Beulspannung bei alleiniger Wirkung von τ

$\lambda_a = \pi \cdot \sqrt{E/f_{y,k}}$ Bezugsschlankheitsgrad (siehe DIN 18800 Teil 2)

$\lambda_P = \pi \cdot \sqrt{E/\sigma_{Pi}}$ bzw.

$\lambda_P = \pi \cdot \sqrt{E/(\tau_{Pi} \cdot \sqrt{3})}$ Plattenschlankheit

$\bar{\lambda}_P = \lambda_P/\lambda_a$ bezogener Plattenschlankheitsgrad nach {3/1}, s. Tab. 6.5

$\kappa_x, \kappa_y, \kappa_\tau$ Abminderungsfaktoren (bezogene Tragbeulspannungen)

κ_K Abminderungsfaktor für Stabknicken nach DIN 18800 Teil 2

$\sigma_{P,R}$ Grenzbeulspannung

$\sigma_{PK,R}$ Grenzbeulspannung bei knickstabähnlichem Verhalten

6.2.4 Bauteile ohne oder mit vereinfachtem Nachweis

[3/201] Beulsicherheitsnachweise sind *nicht* erforderlich für Platten, deren Ausbeulen durch angrenzende Bauteile verhindert wird (Beispiele: Gurtplatten von Verbundträgern, ausbetonierte Kastenstützen).

[3/202] Beulsicherheitsnachweise sind *nicht* erforderlich für Stege von Walzprofilen, die nur durch Spannungen σ_x und τ und keine oder vernachlässigbare Spannungen σ_y beansprucht werden und die Randspannungsverhältnisse ψ nach Tabelle 6.2 einhalten.

Tab. 6.2 **Randspannungsverhältnisse ψ für Walzprofilstege ohne Beulnachweis**

Profile aus	S 235	S 355
I, U	ψ beliebig	
HEA, HEB HEM, IPE	$\psi \leq 0{,}7$	$\psi \leq 0{,}4$

Einhaltung der Randbedingungen aus Tab. 6.2 bedeutet aber nur die grundsätzliche Erlaubnis zur Anwendung des Nachweisverfahrens E-E (siehe Abschnitt 6.2.1).

[3/203] *Kein* Nachweis ist erforderlich für unversteifte Teil- und Gesamtfelder in Platten mit unverschieblich gelagerten Längsrändern, die nur durch Spannungen σ_x und τ beansprucht werden und für die eingehalten ist:

$$b/t \leq 0,64 \cdot \sqrt{k_{\sigma x} \cdot E/f_{y,k}} \quad (3/1)$$

[3/204] *Anstelle* eines Beulsicherheitsnachweises kann für unversteifte Querschnittsteile auch ein Nachweis geführt werden:

$$b/t \leq grenz\,(b/t) \quad (3/2)$$

Grenzwerte (b/t) für entlang der Längsränder gelenkig gelagerte und für einseitig gelagerte Plattenstreifen unter *alleiniger* Wirkung von $\sigma_x = \sigma_1$ sind in {1/12} und {1/13} angegeben. In Tab. 6.3 und Tab. 6.4 wird versucht, den wesentlichen Inhalt etwas übersichtlicher zu gestalten.

Tab. 6.3 **Grenzwerte (b/t) und Beulwerte k_σ für längsseitig gelenkig gelagerte Plattenstreifen unter alleiniger Wirkung einer Längsspannung**

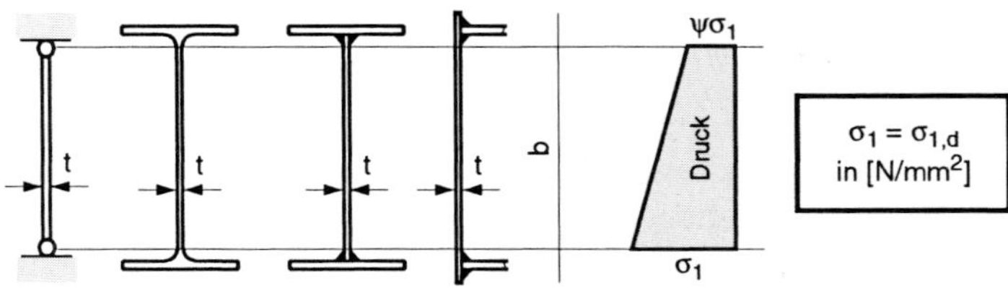

Randspannungsverhältnis ψ	*grenz* (b/t)	Beulwert k_σ	*grenz* (b/t) im Sonderfall $\sigma_1 = f_{y,d}$ S 235	S 355
1	$\frac{586}{\sqrt{\sigma_1 \cdot \gamma_M}}$	4	37,8	30,9
$1 > \psi > 0$	$420 \cdot (1 - 0,278\psi - 0,025\psi^2) \cdot \sqrt{\frac{k_\sigma}{\sigma_1 \cdot \gamma_M}}$	$\frac{8,2}{\psi + 1,05}$		
0	$420 \cdot \sqrt{\frac{k_\sigma}{\sigma_1 \cdot \gamma_M}}$	7,81	75,8	61,9
$0 > \psi > -1$		$7,81 - 6,29 \cdot \psi + 9,78 \cdot \psi^2$		
-1		23,9	132,7	108,3

Tab. 6.4 **Grenzwerte (b/t) und Beulwerte k_σ für einseitig gelenkig gelagerte Plattenstreifen unter alleiniger Wirkung einer Längsspannung**

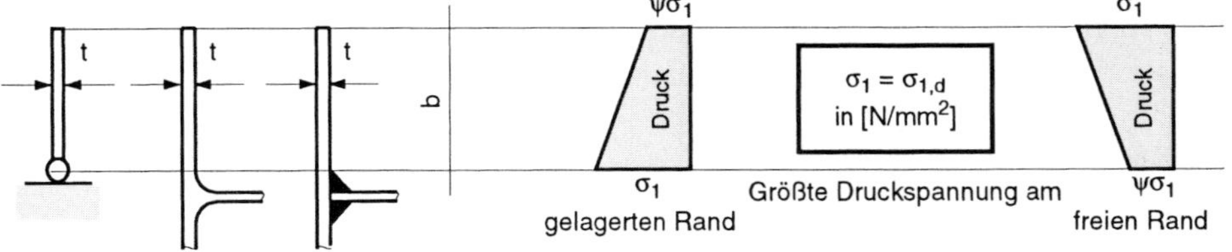

Randspannungsverhältnis ψ	*grenz* (b/t) (in beiden Fällen)	Größte Druckspannung am gelagerten Rand: Beulwert k_σ	*grenz* (b/t) für $\sigma_1 = f_{y,d}$ S 235	S 355	Größte Druckspannung am freien Rand: Beulwert k_σ	*grenz* (b/t) für $\sigma_1 = f_{y,d}$ S 235	S 355
1	$305 \cdot \sqrt{\frac{k_\sigma}{\sigma_1 \cdot \gamma_M}}$	0,43	12,9	10,55	0,43	12,9	10,55
$1 > \psi > 0$		$0,578/(\psi + 0,34)$			$0,57 - 0,21\psi + 0,07\psi^2$		
0		1,70	25,7	21,0	0,57	14,9	12,15
$0 > \psi > -1$		$1,70 - 5\psi + 17,1\psi^2$			$0,57 - 0,21\psi + 0,07\psi^2$		
-1		23,8	96,1	78,5	0,85	18,2	14,8

Die angegebenen Formeln liegen für spannungsmäßig nicht ausgenutzte Beulfelder auf der sicheren Seite gegenüber einem genauen Beulsicherheitsnachweis. Sie gelten exakt nur bei *alleiniger* Einwirkung von $\sigma_{x,d}$, wenn *nicht gleichzeitig* Schubspannungen τ_{xy} oder Querdruckspannungen σ_y auftreten. Vertretbar ist gleichzeitig $\tau \leq 0{,}2\ \sigma_1$. Dabei ist jedoch die Vergleichsspannung σ_v einzuhalten!

Hier sei auf Tab. 4.5 in "Stahlbau Teil 1" [1] hingewiesen. Für Profile IPE, HEA, HEB, HEM und HEAA ist angegeben, ob je nach Beanspruchung (mittiger Druck N *oder* Biegung M_y) und Werkstoffgüte die Grenzwerte (b/t) stets eingehalten sind.

Für ein Kreisrohr (Kreiszylinder) mit

d = *mittlerer* Durchmesser
t = Wanddicke
σ_1 = Randspannung in [N/mm^2]

ist in {1/14} angegeben:

$$grenz\ \frac{d}{t} = \left(90 - 20\frac{\sigma_N}{\sigma_1}\right) \cdot \frac{240}{\sigma_1 \cdot \gamma_M}$$

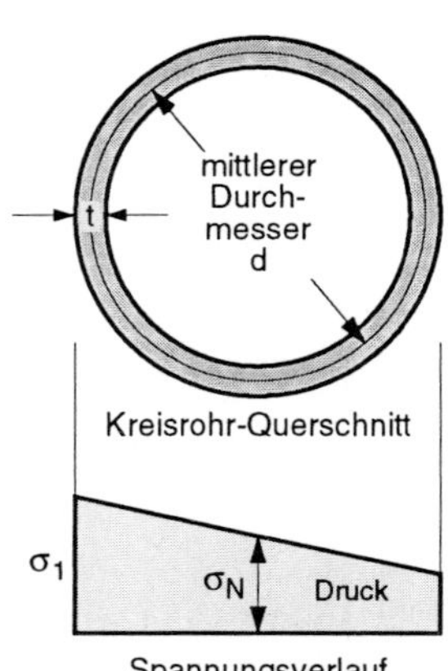

Bei gleichmäßiger Druckspannung $\sigma = \sigma_1 = f_{y,d}$

wird	für S 235	*grenz* (d/t) = 70,0
und	für S 355	*grenz* (d/t) = 46,7.

Überschreiten der Grenzwerte b/t

Um innerhalb der Grenzwerte (b/t) zu bleiben, ist es möglich, Querschnittsteile als ausgefallen zu betrachten und diese auch bei der Berechnung der Beanspruchbarkeiten nicht zu berücksichtigen. Gehören diese Querschnittsteile zu Druckstäben, ist die Auswirkung auf die Knicksicherheit zu beachten; siehe Abschnitt 6.5.

6.2.5 Beul-Nomogramme

Für die Ermittlung von *grenz* (b/t) bei Einwirkung von σ_x *und* τ_{xy} stellen die in [3] wiedergegebenen Kurventafeln ein sehr praktisches Hilfsmittel dar. Hierbei handelt es sich um Auswertung der exakten Beulnachweise nach DIN 18800 Teil 3.

Variiert werden die Randspannungsverhältnisse ψ = 1 / 0,5 / 0 / -0,5 / -1 sowie die Werkstoffgüten S 235 und S 355. Ausgang ist dabei die Annahme unendlich langer Beulfelder. Bei kurzen Beulfeldern und hohem Schubspannungsanteil ist es daher möglich, daß die abgelesenen Grenzwerte noch Reserven enthalten.

Wenn der ψ-Wert des vorgegebenen Problems die ψ-Werte der Tafeln nicht genau trifft, liegt man bei Auswertung für den nächsthöheren ψ-Wert auf der sicheren Seite. Auch Interpolation ist denkbar.

Bilder 6.10 und 6.11 geben die Tafeln aus [3] (etwas aufgearbeitet) wieder.

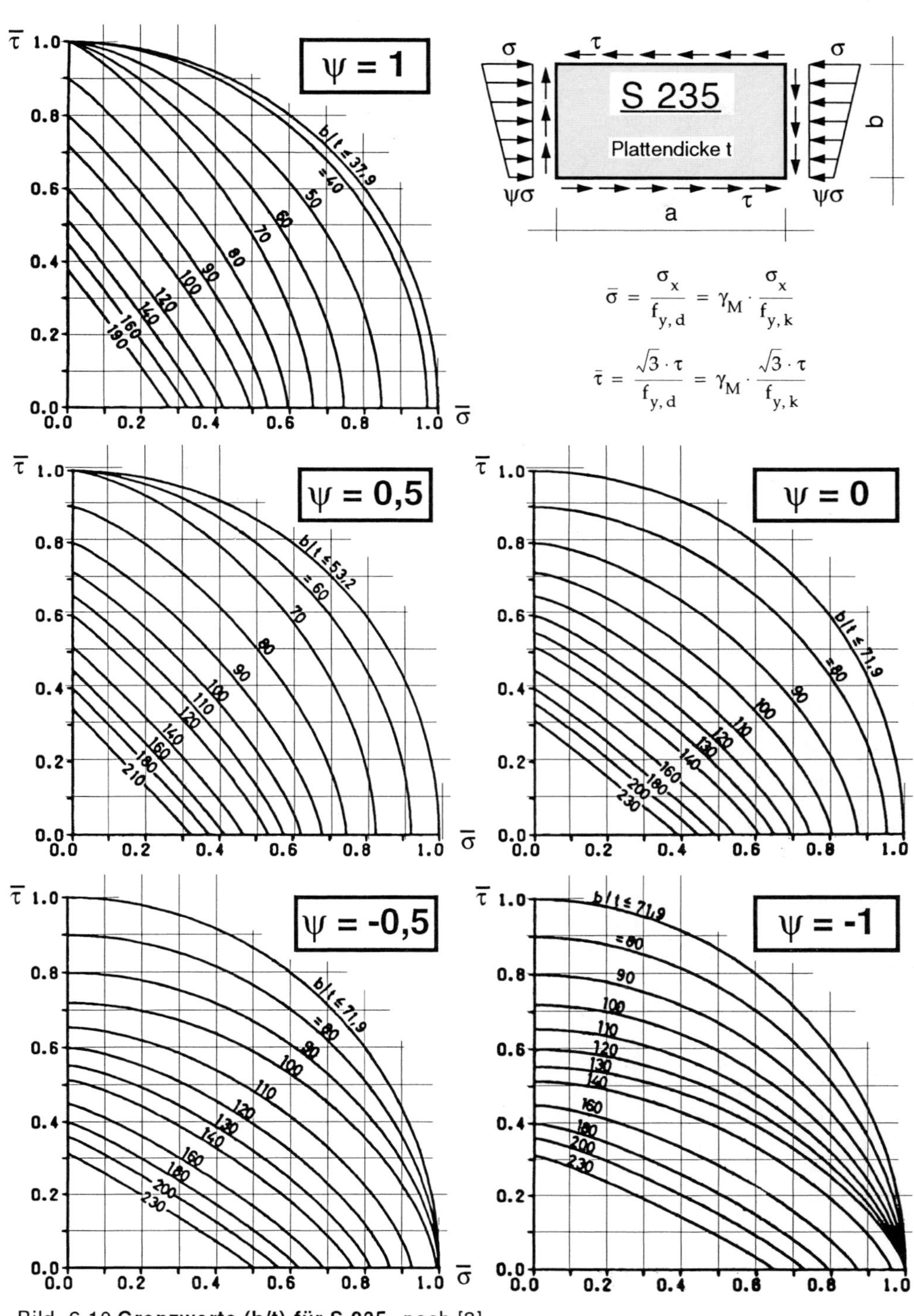

Bild 6.10 **Grenzwerte (b/t) für S 235** nach [3]

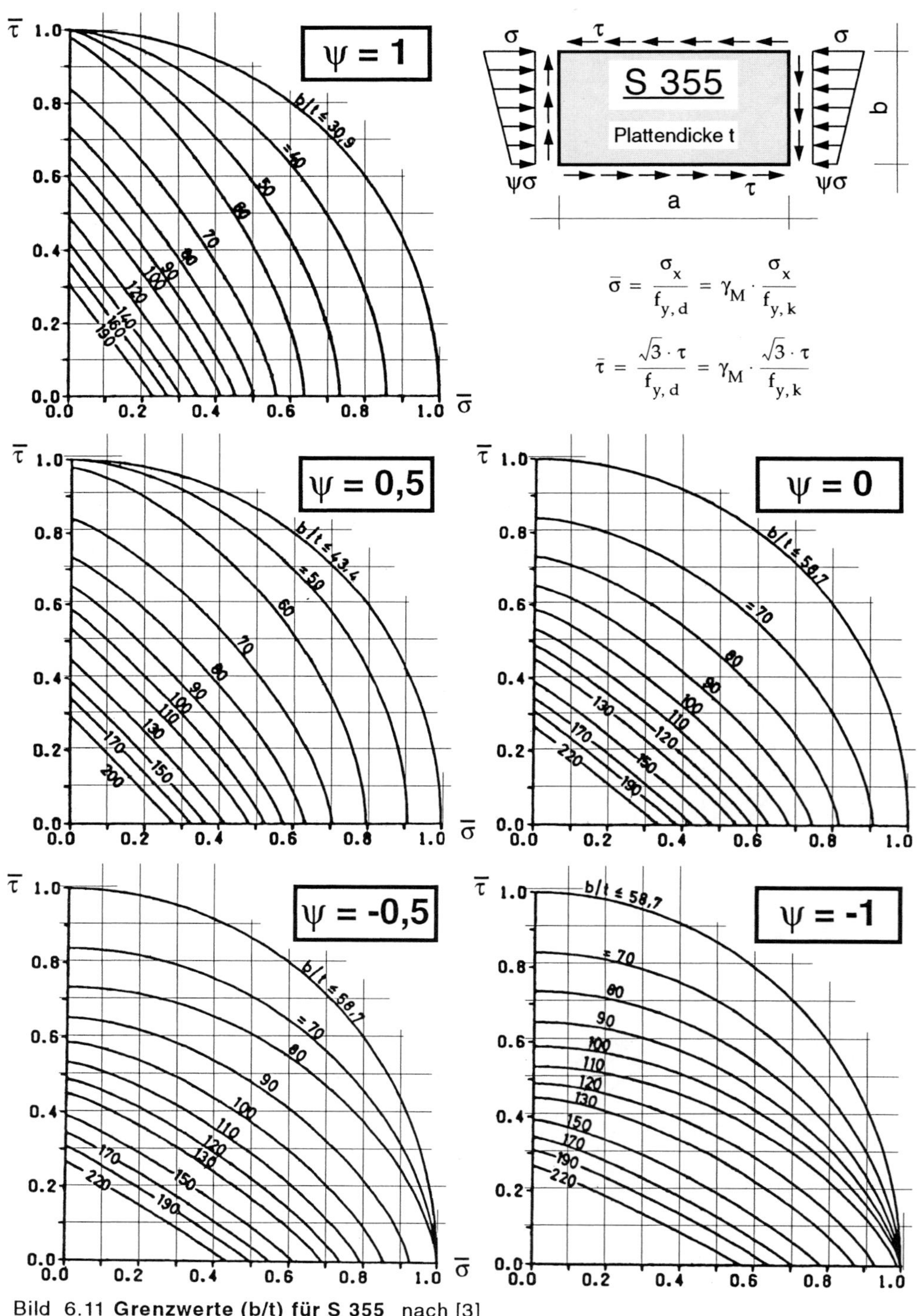

$$\bar{\sigma} = \frac{\sigma_x}{f_{y,d}} = \gamma_M \cdot \frac{\sigma_x}{f_{y,k}}$$

$$\bar{\tau} = \frac{\sqrt{3} \cdot \tau}{f_{y,d}} = \gamma_M \cdot \frac{\sqrt{3} \cdot \tau}{f_{y,k}}$$

Bild 6.11 **Grenzwerte (b/t) für S 355** nach [3]

6.2.6 Spannungen infolge Einwirkungen

[3/401] Spannungen sind mit den Bemessungswerten der Einwirkungen und mit den geometrisch vorhandenen Querschnittsflächen zu ermitteln, sofern die Schnittgrößen nach Theorie I. Ordnung bestimmt werden dürfen.

[3/402] Müssen Schnittgrößen nach Theorie II. Ordnung ermittelt werden, dürfen die Verformungen und Spannungen ebenfalls mit den geometrisch vorhandenen Querschnittsflächen berechnet werden, wenn nachgewiesen wird, daß alle Querschnittsteile voll wirksam sind. Diese Bedingung ist erfüllt, wenn für alle Querschnitte $\bar{\lambda}_P \leq 0,673$ ist. Sonst ist mit wirksamen Querschnittsflächen zu rechnen.

Anmerkung: Angaben, wann Th. II. O. erforderlich ist, enthalten [1/728+739] (10 %-Regel). Angaben zu wirksamen Querschnittsflächen enthält DIN 18800 Teil 2, Abschnitt 7. Siehe hierzu auch Abschnitt 6.5.

[3/403] Schubspannungen, die über die Breite b des Beulfeldes veränderlich sind, sind zu berücksichtigen mit dem größeren der beiden Werte
- Mittelwert von τ,
- 0,5 $max\tau$.

[3/404] Sind bei gleichbleibenden Plattenkennwerten die Spannungen σ_x oder τ über die Beulfeldlänge a veränderlich, sind in der Regel Nachweise mit den einander zugeordneten Spannungen sowohl im Querschnitt mit der größten Druckspannung σ_x als auch in dem mit der größten Schubspannung τ zu führen. Diese Spannungszustände sind dann konstant über die Beulfeldlänge anzunehmen.

Treten die Größtwerte der Spannungen an Querrändern auf, dürfen anstelle der Größtwerte die Spannungen in Beulfeldmitte benutzt werden, jedoch nicht weniger als die Spannungswerte im Abstand b/2 vom Querrand mit dem jeweiligen Größtwert und nicht weniger als der Mittelwert der über die Beulfeldlänge vorhandenen Spannungen.

6.2.7 Nachweise

Nachweis bei alleiniger Wirkung von Randspannungen σ_x, σ_y oder τ

[3/501] Es ist für Einzel-, Teil- und Gesamtfelder nachzuweisen, daß die Spannungen aus den Einwirkungen die Grenzbeulspannungen nicht überschreiten:

$$\frac{\sigma}{\sigma_{P,R,d}} \leq 1 \qquad (3/9)$$

$$\frac{\tau}{\tau_{P,R,d}} \leq 1 \qquad (3/10)$$

Anmerkung: σ und τ sind die Bemessungswerte der Einwirkungen. Es kann auch hier mit γ_M-fachen Einwirkungen und den charakteristischen Werten für die Widerstände (Grenzbeulspannungen, usw.) gerechnet werden.

Grenzbeulspannungen ohne Knickeinfluß [3/502]

Die Grenzbeulspannungen sind wie folgt zu ermitteln:

$$\sigma_{P,R,d} = \kappa \cdot f_{y,k}/\gamma_M \qquad (3/11)$$

$$\tau_{P,R,d} = \kappa_\tau \cdot f_{y,k}/(\sqrt{3} \cdot \gamma_M) \qquad (3/12)$$

Die Abminderungsfaktoren κ und κ_τ sind im nächsten Abschnitt erläutert.

Grenzbeulspannungen mit Knickeinfluß [3/503]

Falls für das Bauteil, in dem das zu untersuchende Beulfeld liegt, der Nachweis des Biegeknickens erforderlich ist und dazu nach DIN 18800 Teil 2 κ-Werte aus den KSL ermittelt werden, ist die Grenzbeulspannung zu berechnen aus:

$$\sigma_{P,R,d} = \kappa_K \cdot \kappa \cdot f_{y,k}/\gamma_M \qquad (3/13)$$

κ_K ist der Abminderungsfaktor für das Biegeknicken nach [2/304].

Anmerkung: Die Berechnung kann sehr ungünstig werden, wenn beim Biegeknicken der Einfluß der Biegemomente auf die Spannungen σ_x hoch ist. Es empfiehlt sich dann ein anderer Nachweis, z.B. für Stäbe mit unversteiften Querschnittsteilen nach DIN 18800 Teil 2, Abschnitt 7 (gerade Stäbe mit ebenen dünnwandigen Querschnittsteilen, *hier* nicht behandelt).

Nachweis bei gleichzeitiger Wirkung von Randspannungen σ_x und τ

Interaktionsgleichung (3/14) für σ_x, σ_y und τ vereinfacht sich für $\sigma_y = 0$ zu

$$\left(\frac{\sigma}{\sigma_{P,R,d}}\right)^{1+\kappa^4} + \left(\frac{\tau}{\tau_{P,R,d}}\right)^{1+\kappa \cdot \kappa_\tau^2} \leq 1 \qquad (3/14^*)$$

Die Nachweise bei gleichzeitigem Auftreten von σ_y sind i.a. schwierig und werden hier nicht behandelt.

6.2.8 Abminderungsfaktoren

Beulen unversteifter Beulfelder ohne knickstabähnliches Verhalten

[3/601] Die Abminderungsfaktoren κ und κ_τ werden "bezogene Tragbeulspannungen" genannt. Sie geben das Verhältnis Grenzbeulspannung zu Streckgrenze wieder; aus (3/11) folgt $\kappa = \sigma_{P,R,d}/f_{y,d}$ bzw. aus (3/12) $\kappa_\tau = \tau_{P,R,d}/(\sqrt{3} \cdot f_{y,d})$.

Ursache der Abminderungen sind die Imperfektionen im Beulfeld. Grundlage für die Festlegung sind zahlreiche Versuche und theoretische Überlegungen.

κ und κ_τ werden in Abhängigkeit des bezogenen Plattenschlankheitsgrades $\bar{\lambda}_P$ angegeben, dessen Berechnung die Kenntnis der Beulwerte k_σ und k_τ voraussetzt. k_σ kann für unversteifte Beulfelder Tab. 6.3 entnommen werden, k_τ aus Tab. 6.5.

Tab. 6.5 **Beulwerte k_τ für unversteifte Beulfelder**

$\alpha \geq 1$	$k_\tau = 5,34 + 4/\alpha^2$	$\alpha < 1$	$k_\tau = 4 + 5,34/\alpha^2$

Die Festlegung der Abminderungsfaktoren κ und κ_τ erfolgt in {3/1} und ist in Tab. 6.6 gekürzt wiedergegeben.

Tab. 6.6 **Abminderungsfaktoren** κ (= bezogene Tragbeulspannungen) **bei alleiniger Wirkung von σ_x oder τ für unversteifte, allseitig gelagerte Einzel-, Teil- und Gesamtfelder** nach {3/1} (gekürzt)

Beanspruchung	Bezogener Schlankheitsgrad	Abminderungsfaktor κ	Beiwert c
Normalspannung σ mit Randspannungsverhältnis $\psi_T \leq 1$ bzw. $\psi \leq 1$	$\bar{\lambda}_P = \sqrt{\frac{f_{yk}}{\sigma_{Pi}}}$	$\kappa = c\left(\frac{1}{\bar{\lambda}_P} - \frac{0,22}{\bar{\lambda}_P^2}\right) \leq 1$	Einzelbeulfeld: $c = 1,25 - 0,12 \cdot \psi_T \leq 1,25$ Teil- oder Gesamtfeld: $c = 1,25 - 0,25 \cdot \psi \leq 1,25$
Schubspannungen τ	$\bar{\lambda}_P = \sqrt{\frac{f_{yk}}{\tau_{Pi} \cdot \sqrt{3}}}$	$\kappa_\tau = \frac{0,84}{\bar{\lambda}_P} \leq 1$	

Bei Einzelbeulfeldern ist ψ_T das Randspannungsverhältnis desjenigen Teilfeldes, in dem das Einzelfeld liegt. - Die Abminderungsfaktoren für dreiseitige Lagerung sind *hier* nicht aufgeführt.

Knickstabähnliches Verhalten

[3/602+603] Knickstabähnliches Verhalten einer längsgedrückten Platte kann bei einem sehr breiten Beulfeld auftreten, bei dem der mittlere Bereich der Platte nicht mehr von den Lagerungen der Längsränder profitiert und ein Verhalten wie bei vielen nebeneinanderliegenden Knickstäben mit der Biegesteifigkeit EI = K entsteht.

(3/21-24) enthalten mathematische Abgrenzungen, auf die hier nicht eingegangen wird. Es werden verringerte Abminderungsfaktoren angegeben.

Für praktische Belange empfiehlt es sich sowieso, diese Bereiche als unwirtschaftlich zu meiden. Nach [2] ist mit knickstabähnlichem Verhalten *nicht* zu rechnen für $\psi \leq 0$ bei $\alpha \geq 0,3$ und für $\psi = 1$ bei $\alpha \geq 0,65$.

6.2.9 Versteifte Beulfelder

Hohe, schlanke Blechträger (wie sie besonders im Brückenbau vorkommen) können wirtschaftlich nur dadurch hergestellt werden, daß Beulsteifen (Längssteifen, Quersteifen) die unversteiften Beulfelder verkleinern. Teil- und Gesamtfelder müssen unter Berücksichtigung der Steifigkeiten dieser Beulsteifen nachgewiesen werden. Die Regelungen der Norm werden hier nicht behandelt.

Praktische Nachweise erfolgen z.B. mit den Beulwerttafeln [17], [18].

6.3 Beulverhalten im überkritischen Bereich

6.3.1 Stegbleche von Trägern

Bei schlanken geschweißten Trägern übernehmen die Gurte im wesentlichen die Biegebeanspruchung, der Steg übernimmt die Querkraftbeanspruchung.

Beim Ausbeulen des Stegblechs versagt die Querkraftübertragung; der Träger verformt sich in Art der Gleitung schubbeanspruchter Elemente, siehe Bild 6.12.

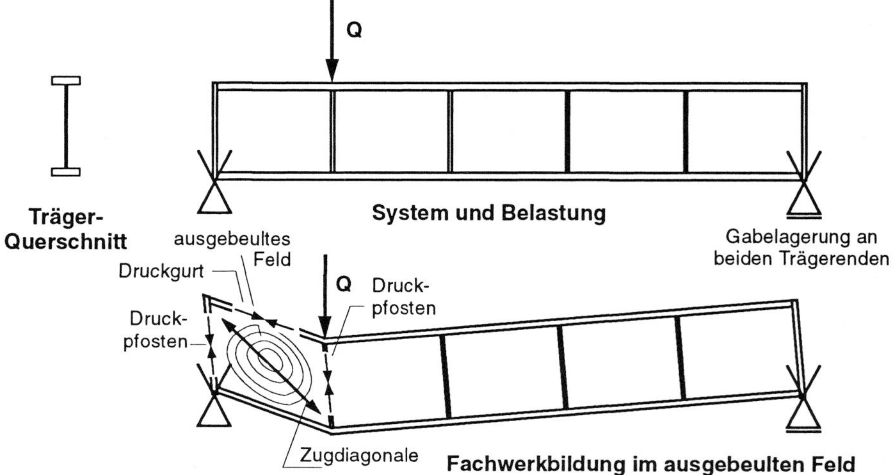

Bild 6.12 **Ausbildung einer Zugdiagonale im überkritischen Bereich**

Die Längung der Diagonale im ausgebeulten Feld ruft diagonal gerichtete Zugspannungen hervor; es bildet sich eine Zugdiagonale aus. Diese behindert auch das Maß der Ausbeulung, so daß sich der Zustand stabilisiert und im ausgebeulten Feld eine Lastabtragung in Art eines Fachwerkträgers stattfindet. Beulsteifen als Druckpfosten des Fachwerks begünstigen diese Wirkung. Ausreichende seitliche Halterung des gedrückten Gurtes wird vorausgesetzt.

Anders als bei Druckstäben, bei denen es im baupraktischen Bereich keine überkritische Stabilisierung gibt, kann sich der geschweißte Vollwandträger nach Ausbeulen des Stegblechs wieder stabilisieren.

6.3.2 Gurte von Kastenträgern

Wenn bei Kastenträgern der gedrückte Untergurt wegen Ausbeulens versagt, ist dies anders als beim Vollwandträger. Dann fällt die Möglichkeit einer weiteren Übertragung der Kraft im Druckgurt und damit des Biegemoments aus: die Traglast ist erreicht. Eine Stabilisierung im überkritischen Bereich gibt es nicht.

Das unterschiedliche Nachbeulverhalten von Stegblechen und Gurten sollte sich auch in den Sicherheitskriterien beim Beulsicherheitsnachweis widerspiegeln.

6.3.3 Regelwerke im Wandel der Zeit

DIN 4114 "Stabilitätsfälle (Knickung, Kippung, Beulung)" war zur Zeit ihres Erscheinens 1952 sicherlich eine bahnbrechende Norm. Bezüglich des Beulens richtete sie sich im Sicherheitsgrad an den bekannten Erscheinungen des überkritischen Verhaltens bei Vollwandträgern aus. Dünnwandige Kastenquerschnitte entsprachen nicht der damaligen Konstruktionspraxis.

Nach DIN 4114 betrug die geforderte Sicherheit gegen Beulen im "Lastfall H" 1,35 (entspricht dem Wert $\gamma_M \cdot \gamma_F$ aus DIN 18800 Teil 1). Für dünnwandige Teile gedrückter Stäbe galten besondere Regelungen, die hier die Beulsicherheit auf das Maß der Sicherheit 1,71 für gedrückte Stäbe anhob.

Etwa um das Jahr 1970 ereigneten sich mehrere spektakuläre Unfälle im Brükkenbau, immer während der Montage. Im Montagelastfall können Zustände der Auslastung von Tragteilen auftreten, die später im Gebrauchszustand der fertigen Brücke wahrscheinlich nie wieder auftauchen. Die Unfälle hatten ihre Ursache durchgängig im Versagen dünnwandiger flächenartiger Bauteile auf Druck, also durch Beulen.

Betroffen waren meistens Kastenträger, deren Druckgurte versagten. Es kamen zwar stets andere Unzulänglichkeiten in der Konstruktion, dem rechnerischen Nachweis oder der Bauausführung hinzu, doch trug letztlich auch der Ansatz der geringen Beulsicherheit, die im Montagelastfall nochmals abgemindert werden durfte, zum Unglück bei.

Die dringende Änderung im Nachweisverfahren wurde durch Herausgabe der DASt-Richtlinie 012 "Beulsicherheitsnachweise für Platten" (1978) erreicht. In ihr wurde sowohl die Beulbezugsspannung (die gegenüber der idealen Beulspannung bei geringeren Schlankheiten erheblich reduzierte Beulspannung) geändert; vor allem wurden aber die Sicherheiten für Beulfelder heraufgesetzt, die nicht Stegbleche von Biegeträgern ($\psi \approx -1$) sind, so daß diese bei gleichmäßiger Druckbeanspruchung ($\psi = +1$) den Wert 1,71 (H) erreichen; dazwischen wurde der Sicherheitswert interpoliert.

Konsequent weiterentwickelt und auf das neue Normenkonzept umgestellt ist DIN 18800 Teil 3 (9.90). Beanspruchungen werden Beanspruchbarkeiten gegenübergestellt. Der Einfluß der Schlankheit einer Platte, ihres Seitenverhältnisses, das Verhältnis von Normalspannungen (und deren Verteilung über die Beulfeldbreite) zu den Schubspannungen führen zu einer überschaubaren Interaktionsgleichung.

Für Beulfelder, die Teile von Druckstäben sind, werden weitere Reduktionsfaktoren eingeführt. Hier steht auf der anderen Seite ein evtl. wirtschaftlicherer Nachweis für dünnwandige Druckstäbe nach DIN 18800 Teil 2 zur Verfügung.

6.4 Grenzwerte b/t bei den Nachweisverfahren E-P und P-P

DIN 18800 Teil 3 regelt den Beulnachweis für Platten bei Beanspruchung nach der Elastizitätstheorie, Verfahren E-E *ohne* Ausnutzung plastischer Querschnittsreserven (siehe Abschnitt 6.2.1).

Beim Verfahren E-E *mit* Ausnutzung plastischer Reserven genauso wie beim Verfahren E-P muß eine höhere Rotationskapazität der Querschnitte gewährleistet sein. Nach [1/753] werden für Querschnitte, die *im Bereich der Fließzonen* liegen, schärfere Anforderungen an die (b/t)-Werte gestellt, die in {1/15} festgelegt sind.

Beim Verfahren P-P (Fließgelenk- oder Fließzonentheorie) sind die Anforderungen an die Rotationskapazität nochmals gesteigert. Nach [1/758] sind *im Bereich der Fließgelenke* (bzw. der Fließzonen) die (b/t)-Werte aus {1/18} einzuhalten.

Definitionen und Regelungen der Norm geben Bild 6.13 und Tab. 6.7 wieder.

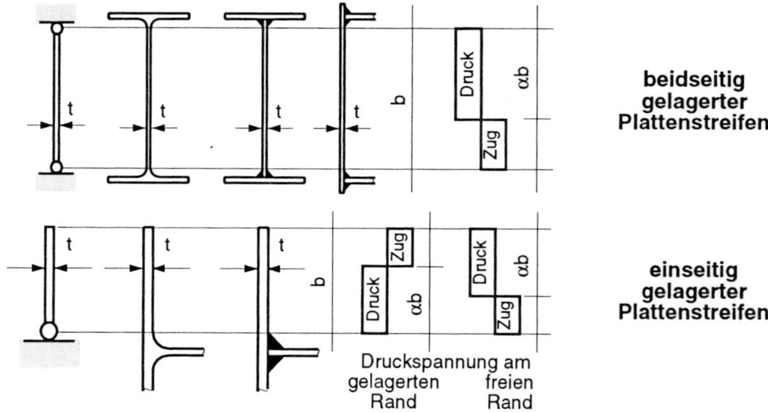

Bild 6.13 **Definition der Abmessungen und der Spannungen (bei Vollplastizierung)**

Tab. 6.7 **Grenzwerte (b/t) für volles Mitwirken von Querschnittsteilen unter Druckspannungen σ_x beim Tragsicherheitsnachweis nach Verfahren E-P und P-P**

Lagerung		Verfahren E-P	Verfahren P-P	
beidseitig gelagerter Plattenstreifen		$\frac{37}{\alpha} \cdot \sqrt{\frac{240}{f_{y,k}}}$	$\frac{32}{\alpha} \cdot \sqrt{\frac{240}{f_{y,k}}}$	
einseitig gelagerter Plattenstreifen	Druckspannung am gelagerten Rand	$\frac{11}{\alpha \cdot \sqrt{\alpha}} \cdot \sqrt{\frac{240}{f_{y,k}}}$	$\frac{9}{\alpha \cdot \sqrt{\alpha}} \cdot \sqrt{\frac{240}{f_{y,k}}}$	$f_{y,k}$ in [N/mm^2]
	Druckspannung am freien Rand	$\frac{11}{\alpha} \cdot \sqrt{\frac{240}{f_{y,k}}}$	$\frac{9}{\alpha} \cdot \sqrt{\frac{240}{f_{y,k}}}$	
d/t für Kreiszylinder mit Wanddicke t und mittleren Durchmesser d		$70 \cdot \frac{240}{f_{y,k}}$	$50 \cdot \frac{240}{f_{y,k}}$	

6.5 Überschreiten der Grenzwerte b/t am Druckstab

[2/701] Wenn bei Druckstäben die Grenzwerte (b/t) einzelner Querschnittsteile überschritten sind, ist der Einfluß des Beulens auf das Knicken zu berücksichtigen. Dies betrifft sowohl die Berechnung der Schnittgrößen (dieser Einfluß wird jedoch meist gering sein) als auch die Beanspruchbarkeiten.

Beulen einzelner Querschnittsteile setzt die Stabsteifigkeit herab. Die Spannungen innerhalb des Querschnitts lagern sich auf steifere und/oder weniger beanspruchte Querschnittsteile um. Nachweise dürfen nach den Verfahren E-E oder E-P geführt werden. Vereinfachende Nachweisregelungen enthält DIN 18800 Teil 2, 7.2 bis 7.6. Dabei wird vorausgesetzt, daß

- die Stäbe planmäßig gerade und aus ebenen dünnwandigen Querschnittsteilen zusammengesetzt sind,
- die Schubspannungen keinen wesentlichen Einfluß auf das Beulen haben,
- die Querschnittsform der Stäbe sich einordnen läßt als: rechteckige Hohlprofile, Profile der Form I, U, C, Z, Hutprofile, Trapezhohlrippen.

Berechnungsgrundlage ist ein den Gegebenheiten aus Querschnitt und Beanspruchung entsprechendes Modell mit reduziertem Querschnitt (Bild 6.14). Die wirksamen Breiten errechnen sich aus (2/81-83) für das Verfahren E-E und aus (2/84-87) für das Verfahren E-P. Die Berechnung muß eventuell iterativ durchgeführt werden. Die Verschiebung der Stabachse wegen des rechnerischen Ansatzes ausgefallener Querschnittsteile muß berücksichtigt werden. Formeln werden *hier* nicht angegeben.

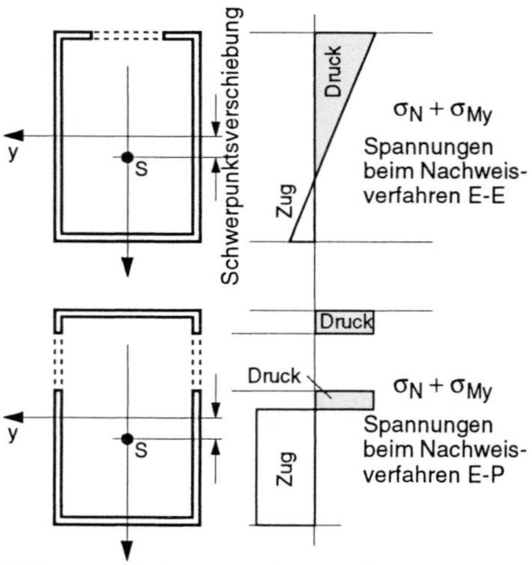

Bild 6.14 **Beispiele für wirksame Querschnitte, Verfahren E-E und P-P**

Nachweis für planmäßig mittigen Druck:

$$\frac{N}{\kappa' \cdot A' \cdot f_{y,d}} \leq 1 \qquad (2/89)$$

wobei A' die reduzierte Querschnittsfläche ist und der Reduktionsfaktor $\kappa' \leq 1$ sich aus umfänglichen Berechnungen ergibt. - Aufwendig sind die Nachweise für Biegung mit Normalkraft und für Biegedrillknicken.

Bedeutung haben diese Nachweise vor allem für Trapezprofile und andere stranggepreßte Profile, bei denen sehr geringe Dicken (ab t = 0,5 mm) auftreten, und die durch Sicken soweit stabilisiert werden, daß ein ausreichender reduzierter Querschnitt verbleibt.

Ausführliche Betrachtungen mit teilweise zur Norm abweichenden Ergebnissen über mittragende Breiten im plastischen Zustand findet man in [19] und [19a].

6.6 Beispiele

6.6.1 Kantprofil bei zweiachsiger Biegung

Das dargestellte Kantprofil, Blechdicke 6 mm, wird als Durchlaufträger genutzt. Werkstoff: S 355.

Die Bemessungs-Schnittgrößen sind:

a) $M_{y,d} = -27{,}8$ kNm $\quad M_{z,d} = -66{,}9$ kNm

b) $M_{y,d} = +15{,}5$ kNm $\quad M_{z,d} = +41{,}5$ kNm

Querschnittswerte wurden vereinfacht am Strichprofil gerechnet:

$A = 45{,}6\ \text{cm}^2 \quad I_y = 1874\ \text{cm}^4 \quad I_z = 7909\ \text{cm}^4$

Die erforderlichen Nachweise sind zu erbringen. Querkräfte und Schubspannungen sollen keine wesentliche Rolle spielen.

Werkstoff: S 355
Blechdicke: t = 6 mm

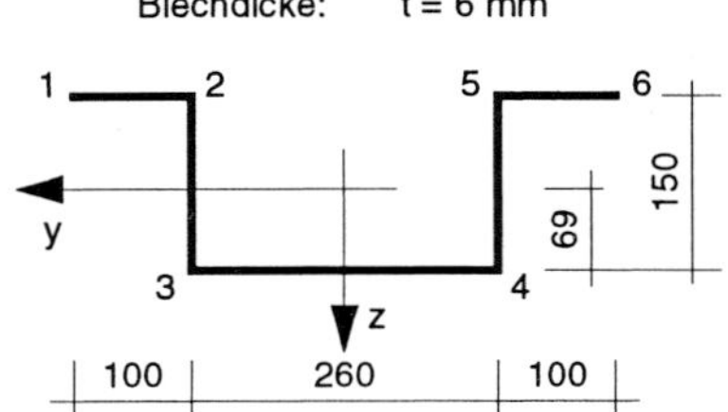

Maße beziehen sich auf Profilmitte

Spannungsnachweis

Die Spannungen [kN/cm²] aus beiden Schnittgrößenpaaren werden tabellarisch aufgelistet.

Punkt	1	2	3	4	5	6
Fall a)	31,46	23,00	0,75	-21,44	1,01	-7,45
Fall b)	-18,76	-13,52	-1,11	12,54	0,13	5,38

Vom Betrag her größte Normalspannung im Fall a) an Punkt 1:

$\sigma = 31{,}46\ \text{kN/cm}^2 < \sigma_{R,d} = 36/1{,}1 = 32{,}73\ \text{kN/cm}^2$ Der maßgebende Nachweis ist erfüllt.

Nachweis der Verhältnisse b/t

a) Zwischen den Punkten 3 und 4.

Aus Tab. 6.3: $\psi = -21{,}44/0{,}75 = -0{,}035$

$$k_\sigma = 7{,}81 - 6{,}29 \cdot \psi + 9{,}78 \cdot \psi^2 = 8{,}04$$

$$grenz\ \frac{b}{t} = 420 \cdot \sqrt{\frac{8{,}04}{214{,}4 \cdot 1{,}1}} = 77{,}6 > vorh\ \frac{b}{t} = \frac{254}{6} = 42{,}3$$

b) Zwischen den Punkten 1 und 2.

Aus Tab. 6.4: $\psi = 13{,}52/18{,}76 = 0{,}721$

$$k_\sigma = 0{,}57 - 0{,}21 \cdot \psi + 0{,}07 \cdot \psi^2 = 0{,}455$$

$$grenz\ \frac{b}{t} = 305 \cdot \sqrt{\frac{0{,}455}{187{,}6 \cdot 1{,}1}} = 14{,}32 < vorh\ \frac{b}{t} = \frac{97}{6} = 16{,}17$$

Ergebnis: Während der Nachweis für den Fall a) erfüllt ist, wird im Fall b) der Grenzwert b/t um ca. 13 % überschritten. Der erforderliche Nachweis ist also nicht erbracht.

Abhilfe läßt sich schaffen durch 1 mm größere Blechdicke, Änderung der geometrischen Verhältnisse am Querschnitt oder (wie dargestellt) durch nochmaliges Umkanten des Querschnitts bei den Punkten 1 und 6.

6.6.2 Kragträger mit T-Querschnitt

3,0 m weit auskragender Träger mit T-Querschnitt. Werkstoff: S 235.

a) schräg aufgetrenntes Walzprofil IPE 400,
b) geschweißtes T-Profil mit gleicher Querschnittsfläche wie bei a).

Trägerabstand: 5,0 m. Die Träger-Eigenlast ist zu berücksichtigen. Belastung:

Dachlast	g_1	$= 0{,}25\ \text{kN/m}^2$
Randträger	g_2	$= 0{,}22\ \text{kN/m}$
Schnee	s	$= 0{,}75\ \text{kN/m}^2$.

Die Kragträger sind durch konstruktive Maßnahmen gegen BDK gesichert. Die Beulsicherheit soll anhand der (b/t)-Werte untersucht werden.

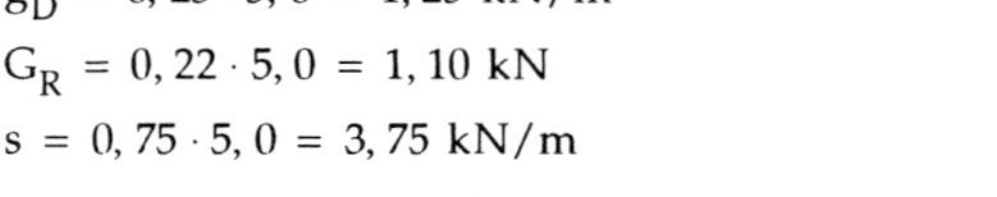

a) Schräg aufgetrenntes Walzprofil

Querschnitt: $A = 56{,}0\ \text{cm}^2;\ I_y = 7465\ \text{cm}^4$

$W_u = 7465/25{,}7 = 290{,}5\ \text{cm}^3$

$W_h = 7465/6{,}85 = 1090\ \text{cm}^3$

$max\ S_y = 284\ \text{cm}^3$

$b/t = 325{,}5/8{,}6 = 37{,}85$

Belastung: $g_E = 0{,}44\ \dots\ 0{,}22\ \text{kN/m}$

$g_D = 0{,}25 \cdot 5{,}0 = 1{,}25\ \text{kN/m}$

$G_R = 0{,}22 \cdot 5{,}0 = 1{,}10\ \text{kN}$

$s = 0{,}75 \cdot 5{,}0 = 3{,}75\ \text{kN/m}$

Schnittgrößen:
$$M_d = 1{,}35 \cdot \left(\frac{0{,}44 + 0{,}22}{2} \cdot 3{,}0 \cdot 1{,}25 + 1{,}25 \cdot 3^2/2 + 1{,}1 \cdot 3\right) + 1{,}5 \cdot 3{,}75 \cdot 3^2/2$$
$$M_d = 13{,}72 + 25{,}31 = 39{,}03 \approx 39{,}0\ \text{kNm}$$
$$V_d = 1{,}35 \cdot \left(\frac{0{,}44 + 0{,}22}{2} \cdot 3 + 1{,}25 \cdot 3 + 1{,}1\right) + 1{,}5 \cdot 3{,}75 \cdot 3 = 24{,}6\ \text{kN}$$

Spannungen:
$$\sigma_u = 3900/290{,}5 = 13{,}43\ \text{kN/cm}^2 < \sigma_{R,d} = 21{,}82\ \text{kN/cm}^2$$
$$\sigma_h = 3900/1090 = 3{,}58\ \text{kN/cm}^2\ \text{(Zugspannung!)}$$
$$\tau = \frac{24{,}6 \cdot 284}{7465 \cdot 0{,}86} = 1{,}09\ \text{kN/cm}^2 < 0{,}2 \cdot \sigma_{R,d} = 4{,}36\ \text{kN/cm}^2$$

Grenzwert:
$$\psi = -3{,}58/13{,}43 = -0{,}267$$
$$k_\sigma = 0{,}57 + 0{,}21 \cdot 0{,}267 + 0{,}07 \cdot 0{,}267^2 = 0{,}631$$
$$grenz\ \frac{b}{t} = 305 \cdot \sqrt{\frac{k_\sigma}{\sigma_1 \cdot \gamma_M}} = 305 \cdot \sqrt{\frac{0{,}631}{134{,}3 \cdot 1{,}1}} = 19{,}93 < vorh\ \frac{b}{t} = 37{,}85$$

Ergebnis: Obwohl der Querschnitt spannungsmäßig nur zu 61 % ausgenutzt wird, ist der Nachweis des (b/t)-Verhältnisses ist bei weitem *nicht erfüllt*!

Anmerkung: Auch ein genauer Beulsicherheitsnachweis ist hier aussichtslos. Desgleichen wird ein Nachweis E-P am reduzierten Querschnitt nicht gelingen.

b) **Geschweißtes T-Profil**

Querschnitt: $A = 56{,}0\ cm^2$
$I_y = 5741\ cm^4$
$W_u = 5741/18{,}92 = 303{,}5\ cm^3$
$W_h = 5741/10{,}63 = 540\ cm^3$
$max\ S_y = 250{,}6\ cm^3$
$b/t = 295{,}5/14 = 21{,}1$

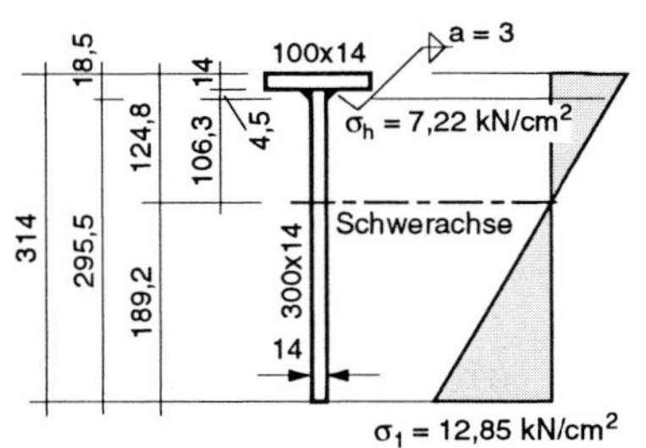

Geschweißter Querschnitt

Belastung und Schnittgrößen:wie bei a)

b1) **Nachweis E-E** mit Grenzwert (b/t) gemäß Tab. 6.4

Spannungen: $\sigma_u = 3900/303{,}5 = 12{,}85\ kN/cm^2 < \sigma_{R,d} = 21{,}82\ kN/cm^2$

$\sigma_h = 3900/540 = 7{,}22\ kN/cm^2$ (Zugspannung!)

$$\tau = \frac{24{,}6 \cdot 250{,}6}{5741 \cdot 1{,}4} = 0{,}77\ kN/cm^2 < 0{,}2 \cdot \sigma_{R,d} = 4{,}36\ kN/cm^2$$

Grenzwert: $\psi = -7{,}22/12{,}85 = -0{,}562$

$$k_\sigma = 0{,}57 + 0{,}21 \cdot 0{,}562 + 0{,}07 \cdot 0{,}562^2 = 0{,}710$$

$$grenz\ \frac{b}{t} = 305 \cdot \sqrt{\frac{k_\sigma}{\sigma_1 \cdot \gamma_M}} = 305 \cdot \sqrt{\frac{0{,}710}{128{,}5 \cdot 1{,}1}} = 21{,}62 > vorh\ \frac{b}{t} = 21{,}1$$

Ergebnis: Der Nachweis ist *erfüllt*!

b2) **Nachweis E-P** Reduzierter Querschnitt zur Einhaltung der Grenzwerte (b/t)

Der reduzierte Querschnitt wird am Maß $b_D = 11 \cdot t$ für den Druckbereich ausgerichtet (siehe Anmerkungen). Aufteilung in zwei flächengleiche auf Zug bzw. Druck durchplastizierte Bereiche:

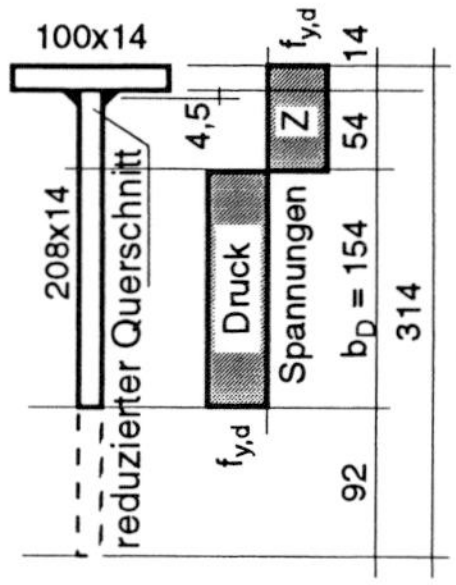

Druckbereich: $b_D = 11 \cdot 1{,}4 = 15{,}4\ cm$

Flächen: $A_D = A_Z = 15{,}4 \cdot 1{,}4 = 21{,}56\ cm^2$

Plastisches Moment für den reduzierten Querschnitt:

Hebelarme: $e_o = 5{,}4 + 1{,}4 - (14 \cdot 0{,}7 + 7{,}56 \cdot 4{,}1)/21{,}56 = 4{,}91\ cm$

$e_u = 15{,}4/2 = 7{,}7\ cm$

Plast. Moment: $M_{pl,d} = 21{,}56 \cdot 21{,}82 \cdot (4{,}91 + 7{,}7)/100 = 59{,}3\ kNm > vorh\ M = 39{,}0\ kNm$

Ergebnis: Der Nachweis ist *erfüllt*! Es werden zudem erhebliche Reserven aufgezeigt.

Anmerkungen: Tab. 6.7 gibt $grenz\ \frac{b}{t} = \frac{11}{\alpha} \cdot \sqrt{\frac{240}{f_{y,k}}}$ für Druckspannung am freien Rand an (E-P).

Daraus folgt mit Werkstoff S 235 allein für den Druckbereich immer $b_D = 11 \cdot t$. Damit gestaltet sich der Nachweis sehr einfach.

Wäre der Stab (auch) durch eine Druckkraft beansprucht, so müßte entsprechend Abschnitt 6.5 verfahren werden.

Die skizzierten Spannungen stellen natürlich nur einen fiktiven Grenzzustand dar, keinesfalls eine realistische Spannungsverteilung.

6.6.3 Geschweißter Träger mit Quersteifen

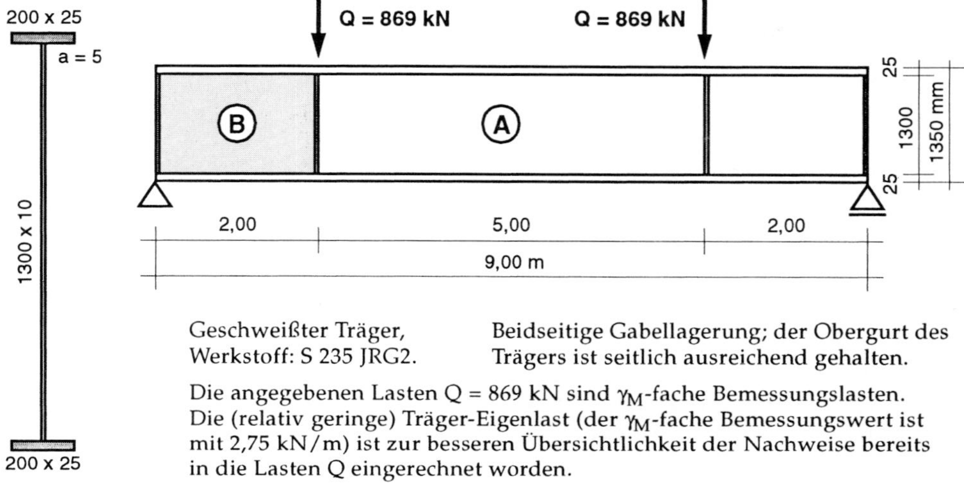

Geschweißter Träger, Werkstoff: S 235 JRG2.

Beidseitige Gabellagerung; der Obergurt des Trägers ist seitlich ausreichend gehalten.

Die angegebenen Lasten Q = 869 kN sind γ_M-fache Bemessungslasten. Die (relativ geringe) Träger-Eigenlast (der γ_M-fache Bemessungswert ist mit 2,75 kN/m) ist zur besseren Übersichtlichkeit der Nachweise bereits in die Lasten Q eingerechnet worden.

Querschnitt $I_y = 2 \cdot 20 \cdot 2,5 \cdot 66,25^2 + 1,0 \cdot 130^3/12 = 438906 + 183083 \approx 622000 \text{ cm}^4$

$max\ S = 20 \cdot 2,5 \cdot 66,25 + 65^2/2 \cdot 1,0 = 3313 + 2112 = 5425 \text{ cm}^3$

Schnittgrößen $max\ M = 869 \cdot 2,0 = 1738 \text{ kNm} \qquad max\ V = 869 \text{ kN}$

Spannungen Nachweis E-P kommt nicht in Frage, weil im Steg $b/t \approx 130 > grenz\ b/t = 74$, siehe [12], Tab 4.6. Es kommt nur das Nachweisverfahren E-E in Frage!

Randspannung $\sigma = \dfrac{173800}{622000} \cdot \dfrac{135}{2} = 18,86 \text{ kN/cm}^2 < \sigma_{R,k} = 24 \text{ kN/cm}^2$

Schubspannung $max\ \tau = \dfrac{869 \cdot 5425}{622000 \cdot 1,0} = 7,58 \text{ kN/cm}^2 < \tau_{R,k} = \dfrac{24}{\sqrt{3}} = 13,86$

am Stegrand $\sigma_1 = \dfrac{173800}{622000} \cdot 65 = 18,16 \text{ kN/cm}^2$

$\tau_1 = \dfrac{869 \cdot 3313}{622000 \cdot 1,0} = 4,63 \text{ kN/cm}^2 < \dfrac{13,86}{2}$ $\qquad \sigma_v$ *nicht* erford.

Beulsicherheitsnachweise

Gurte $b/t = (10 - 0,5 - 0,5 \cdot \sqrt{2})/2,5 = 8,8/2,5 = 3,52$

Nach DIN 18800 Teil 1 gilt beim Nachweisverfahren E-E für gedrückte Trägergurte (= einseitig längs gelagerte gedrückte Rechteckplatten):

$$grenz\ b/t = 12,9 \cdot \sqrt{\frac{240}{\sigma_1 \cdot \gamma_M}}$$

Siehe dazu Tab. 6.4. Für spannungsmäßig *voll ausgenutzte* Gurte und Werkstoff S 235 folgt daraus:

$grenz\ b/t = 12,9 > vorh\ b/t = 3,52$

Für die Gurte ist kein weiterer Nachweis erforderlich.

Steg-Beulfelder Die Beulfelder zwischen den Quersteifen sind unversteifte Teilbeulfelder. Das Gesamtbeulfeld ist für den Nachweis ohne Interesse.

Steg - Beulfeld A

Maßgebende Schnittgrößen: $M = 869 \cdot 2,00 = 1738$ kNm

$V = 0$ kN

Beulfeldspannungen: $\gamma_M \cdot \sigma_1 = \dfrac{173800}{622000} \cdot 65 = 18,16\ \text{kN/cm}^2$ $\quad \psi = -1$

$\tau = 0$

Tab. 6.3: *grenz* b/t = 132,7 > *vorh* b/t = 130 - 1,4 = 128,6

oder genauer: $\mathit{grenz}\ b/t = 420 \cdot \sqrt{k_\sigma/(\sigma_1 \cdot \gamma_M)} = 420 \cdot \sqrt{23,9/182} = 152,2 > 128,6$

Steg - Beulfeld B

Maßgebende Schnittgrößen: $M = 869 \cdot (2,00 - 1,30/2) = 869 \cdot 1,35 = 1173$ kNm

Die Stelle für das maßgebende Moment liegt b/2 von *der* Quersteife entfernt, an der die höheren Normalspannungen auftreten. Die Querkraft ist konstant.

$V = 869$ kN

Beulfeldspannungen: $\gamma_M \cdot \sigma_1 = \dfrac{117300}{622000} \cdot 65 = 12,26\ \text{kN/cm}^2$ $\quad \psi = -1$

$\gamma_M \cdot \tau_m = \dfrac{869}{132,5} = 6,56\ \text{kN/cm}^2$

Vergleichsspannung: $\gamma_M \cdot \sigma_V = \sqrt{12,26^2 + 3 \cdot 6,56^2} = 16,72\ \text{kN/cm}^2 < f_{y,k} = 24\ \text{kN/cm}^2$

Die Beuluntersuchung soll nacheinander nach unterschiedlichen Methoden behandelt werden, die - wie man sehen wird - nur teilweise zum Ziel führen:

1) Untersuchung mit *grenz* b/t-Werten nach Tab. 6.3.

   Wegen der hohen Schubspannungen $\tau/\sigma_1 = 6,56/12,26 = 0,54 > 0,2$ darf dieser Nachweis *nicht* angewendet werden!

2) Untersuchung, ob nach [3/203] *kein* Nacheis erforderlich ist.

   Bedingung: $b/t \le 0,64 \cdot \sqrt{k_{\sigma x} \cdot E/f_{y,k}}$

   $0,64 \cdot \sqrt{k_{\sigma x} \cdot E/f_{y,k}} = 0,64 \cdot \sqrt{23,9 \cdot 21000/24} = 92,5 < b/t = 130$ *nicht* erfüllt!

3) Untersuchung mit Beul-Nomogrammen aus [3], siehe Bild 6.10.

   bezogene Normalspannung: $\bar{\sigma} = 12,26/24 = 0,511$

   bezogene Schubspannung: $\bar{\tau} = 6,56 \cdot \sqrt{3}/24 = 0,473$

   grenz b/t = 120 >? *vorh* b/t = 130/1,0 = 130 *nicht* erfüllt!

   Anmerkung: Berechnung von b/t ist für Beulnachweise in DIN 18800 Teil 3 anders definiert als für die Einhaltung der b/t-Werte in DIN 18800 Teil 1, wo Abzug der Breite der Schweißnähte erlaubt ist. Diese Unterscheidung scheint wenig sinnvoll!

4) Genauer Beulsicherheitsnachweis für das Teilfeld B.

Beulvergleichsspannung: $\sigma_e = 18980 \cdot \left(\frac{1}{130}\right)^2 = 1,123\ kN/cm^2$

Seitenverhältnis: $\alpha = a/b = 200/130 = 1,538$

k-Werte aus Tab. 6.3: $k_\sigma = 23,9$ bzw. aus Bild 6.6, aus dem ersichtlich ist, daß sich erst ab etwa $\alpha < 0,65$ größere k_σ-Werte ergeben.

Tab. 6.4: $k_\tau = 5,34 + 4/\alpha^2 = 5,34 + 1,69 = 7,03$

Ideale Einzelbeulspannung: $\sigma_{Pi} = 23,9 \cdot 1,123 = 26,84\ kN/cm^2$

bzw. $\tau_{Pi} = 7,03 \cdot 1,123 = 7,90\ kN/cm^2$

Bezogener Plattenschlankheitsgrad und Abminderungsfaktoren aus Tab. 6.5:

für Normalspannung: $\bar{\lambda}_P = \sqrt{24/26,84} = 0,946$

für Schubspannung: $\bar{\lambda}_P = \sqrt{24/(7,90 \cdot \sqrt{3})} = 1,324$

Abminderungsfaktoren: $c = 1,25 - 0,25 \cdot \psi = 1,25 - 0,25 \cdot (-1) = 1,50$

aber $c \le 1,25$ -> $c = 1,25$

$$\kappa = 1,25 \cdot \left(\frac{1}{0,946} - \frac{0,22}{0,946^2}\right) = 1,014$$

aber $\kappa \le 1,0$ -> $\kappa = 1,0$

und $\kappa_\tau = \frac{0,84}{1,324} = 0,634 < 1$ -> $\kappa_\tau = 0,634$

Grenzbeulspannungen: $\sigma_{P,R} = 1,0 \cdot 24 = 24\ kN/cm^2$

und $\tau_{P,R} = 0,634 \cdot 24/\sqrt{3} = 8,78\ kN/cm^2$

Interaktionsgleichung:

$$\left(\frac{12,26}{24}\right)^{1+1} + \left(\frac{6,56}{8,78}\right)^{1+1\cdot 0,634^2} = 0,511^2 + 0,747^{1,402} = 0,261 + 0,665 = 0,925 < 1$$

Der genaue rechnerische Beulsicherheitsnachweis ist erfüllt. Gegenüber dem Ergebnis mit Beul-Nomogrammen wirkt sich in diesem Nachweis die Berücksichtigung der endlichen Länge des Beulfelds (durch den entsprechenden k_τ-Wert) günstig aus.

6.6.4 Geschweißter Träger mit Kastenquerschnitt

Der auf der Folgeseite dargestellte Träger mit geschweißtem Kastenquerschnitt ist durch 2 Einzellasten belastet. Werkstoff: S 355.

Die angegebenen Lasten F_1 und F_2 sind γ_M-fache Bemessungslasten. Die Träger-Eigenlast ist in diese Lasten schon eingerechnet.

Die erforderlichen Trag- und Beulsicherheitsnachweise sind (so einfach wie möglich) zu führen.

Die Schnittgrößen am Träger sind dargestellt.

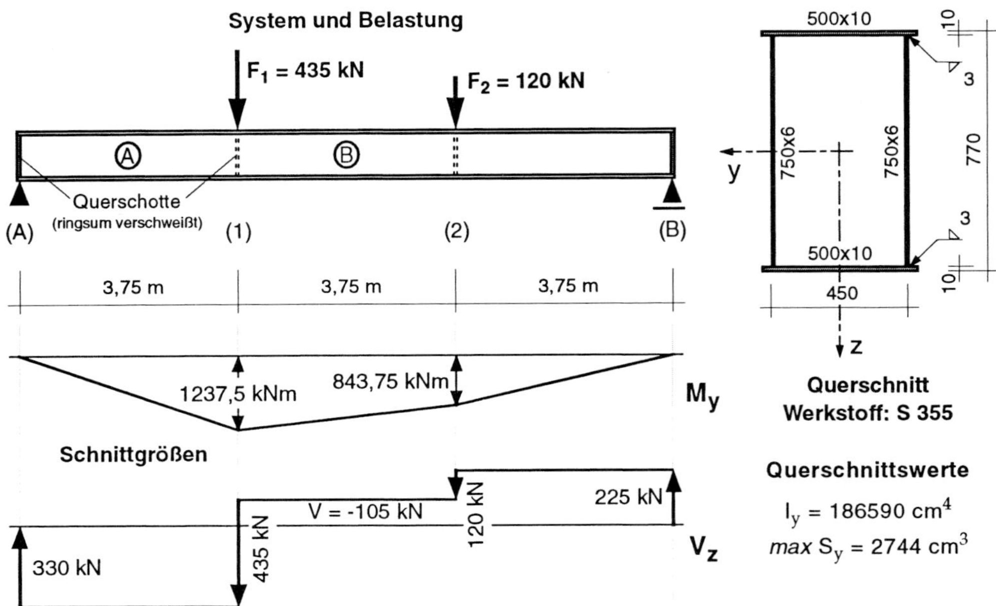

Spannungsnachweis

Der Tragsicherheitsnachweis wird nach dem Verfahren E-E geführt.

Die maßgebende Stelle für den Spannungsnachweis ist unmittelbar links von (1):

Randspannung: $\sigma = \frac{123750}{186590} \cdot \frac{77}{2} = 25,53\ \text{kN/cm}^2 < \sigma_{R,k} = f_{y,k} = 36\ \text{kN/cm}^2$

Schubspannung: $max\ \tau = \frac{330 \cdot 2744}{186590 \cdot 2 \cdot 0,6} = 4,04\ \text{kN/cm}^2 < \frac{36}{\sqrt{3}} = 20,78\ \text{kN/cm}^2 = \gamma_M \cdot \tau_{R,d}$

Wegen $max\ \tau < \frac{1}{2} \cdot \frac{36}{\sqrt{3}} = 10,39\ \text{kN/cm}^2 = \frac{1}{2} \cdot \gamma_M \cdot \tau_{R,d}$

muß kein Nachweis der Vergleichsspannung σ_v geführt werden.

Beulsicherheitsnachweise

Alle Beulfelder sind unversteifte Gesamtbeulfelder, weil die Schotte unverschiebliche Lagerungen der Bleche darstellen. Einzel- und Teilbeulfelder kommen nicht vor.

Stegbleche Verhältniswert $b/t = 75/0,6 = 125$

Bereich (A) Maßgebende Stelle $\frac{b_{Steg}}{2}$ links von (1): $x = 3,75 - \frac{0,75}{2} = 3,375$ m

Biegemoment: $M^* = 330 \cdot 3,375 = 1113,75$ kNm Querkraft: $V = 330$ kN

Randspannung Stegblech: $\sigma_1 = \frac{111375}{186590} \cdot \frac{75}{2} = 22,38\ \text{kN/cm}^2$

Mittlere Schubspannung: $\tau = \frac{330}{75 \cdot 2 \cdot 0,6} = 3,67\ \text{kN/cm}^2$

Bereich (B) Maßgebend Stelle $\frac{b_{Steg}}{2}$ rechts von (1): $x = x(1) + \frac{0,75}{2}$ m

Biegemoment: $M^* = 1237,5 - 105 \cdot 0,375 = 1198$ kNm Querkraft: V = 106 kN

Randspannung Stegblech: $\sigma_1 = \frac{119800}{186590} \cdot \frac{75}{2} = 24,08 \text{ kN/cm}^2$

Mittlere Schubspannung: $\tau = \frac{106}{75 \cdot 2 \cdot 0,6} = 1,18 \text{ kN/cm}^2$

Wegen des Verhältnisses bei (A) $\frac{\tau}{\sigma_1} = \frac{3,67}{22,38} = 0,164 < 0,2$ darf Tab. 6.3 angewendet werden.

Bei Anwendung von Tab. 6.3 wird mit der größeren Normalspannung bei (B) weitergerechnet:

Randspannungsverhältnis: $\psi = -1$ Tab. 6.3:

$$grenz\ \frac{b}{t} = 420,4 \cdot \sqrt{\frac{23,9}{240,8}} = 132 > 125 = vorh\ b/t$$ erfüllt!

Zum Vergleich wird der Nachweis mit den Beul-Nomogrammen (Bild 6.11) geführt. Hier ist wegen der größeren Schubspannungen Beulfeld (A) maßgebend:

Bezogene Randspannung: $\bar{\sigma}_1 = \frac{22,38}{36} = 0,622$

$$\bar{\tau} = \frac{3,67 \cdot \sqrt{3}}{36} = 0,176$$

Ablesewert: $grenz\ \frac{b}{t} \approx 136 > 125 = vorh\ b/t$ erfüllt!

Die Ergebnisse nach 2 verschiedenen Nachweismethoden lassen sich nicht direkt vergleichen.

Gurtblech des Druckgurts Verhältniswert b/t = 45/1,0 = 45

Maßgebend ist die Stelle $\frac{b_{Gurt}}{2}$ rechts von (1): $x = x(1) + \frac{0,45}{2} = x(1) + 0,225$ m

Biegemoment: $M^* = 1237,5 - 105 \cdot 0,225 = 1214$ kNm

Mittlere Spannung im Gurtblech: $\sigma = \frac{121400}{186590} \cdot \frac{76}{2} = 24,72 \text{ kN/cm}^2$

Die Schubspannung im Gurtblech (an der z-Achse ist $\tau = 0$) kann vernachlässigt werden. Tab. 6.3 darf angewendet werden.

Randspannungsverhältnis: $\psi = +1$ Tab. 6.3:

$$grenz\ \frac{b}{t} = \frac{586}{\sqrt{247}} = 37,3 < 45 = vorh\ b/t$$ *nicht* erfüllt!

Nachweis mit Beul-Nomogrammen (Bild 6.11):

Bezogene Randspannung: $\bar{\sigma} = \frac{24,72}{36} = 0,687$

Ablesewert: $grenz\ \frac{b}{t} \approx 56 > 45 = vorh\ b/t$ erfüllt!

7 Seile

7.1 Das schlaffe Seil

Seile sind Tragglieder, die nur auf Zug beansprucht werden können, für die sich also ein Stabilitätsfall ausschließt. Ein kurzer Abschnitt zur Seilstatik wird hier angehängt, weil dies einmal zum Thema Theorie II. Ordnung paßt, und weil das spezielle Problem des gespannten Seils in der Literatur kaum behandelt ist, in der Ingenieurpraxis aber bisweilen auftritt.

Zwei klassische Probleme der Statik schlaffer Seile seien zunächst gezeigt:

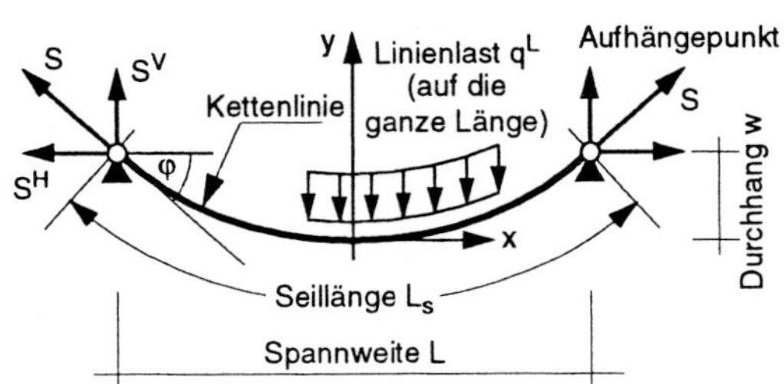

1) Das Seil unter Eigenlast bzw. bezogen auf die Längeneinheit gleichmäßig angebrachter Last q^L ergibt als Seilkurve die Kettenlinie (Katenoide), eine Hyperbelfunktion:

Kettenlinie: $$y = \frac{L}{\alpha} \cdot \left(\cosh\left(\alpha \frac{x}{L}\right) - 1\right) \quad \text{mit} \quad \alpha = \frac{q^L \cdot L}{S^H}$$

Seilneigung: $$y' = \sinh\left(\alpha \frac{x}{L}\right)$$

Seilkraft: $$\max S = \frac{S^H}{\cos\varphi} \quad \text{mit} \quad \tan\varphi = \sinh\frac{\alpha}{2}$$

Seildurchhang: $$w = \frac{L}{\alpha} \cdot \left(\cosh\frac{\alpha}{2} - 1\right)$$

Für eine explizite Lösung müssen die Elemente des dimensionslosen Parameters α bekannt sein: außer Spannweite L und Last q^L auch der Horizontalzug S^H.

Schwieriger ist die Bestimmung des Horizontalzugs S^H aus vorgegebener Last q^L und vorgegebener Seillänge L_s heraus:

Seillänge: $$L_s = \int_{-L/2}^{L/2} \sqrt{1 + y'^2}\,dx = \int_{-L/2}^{L/2} \cosh\left(\alpha \frac{x}{L}\right) dx = \frac{2L}{\alpha} \cdot \sinh\frac{\alpha}{2}$$

In α ist der Horizontalzug S^H enthalten, daher gibt es hier keine explizite Lösung.

2) Das Seil unter gleichmäßig verteilter Last q (bezogen auf die Abszisse x) ergibt als Seilkurve eine quadratische Parabel. Die Seil-Eigenlast ist zu berücksichtigen.

Als Eigenlast des Seils setzt man dann einen Last-Mittelwert: $q_m = q^L \cdot L_s / L$

Die Zusammenhänge sind vielfach ausführlich dargestellt, z.B. in [6], [20].

7.2 Tragsicherheitsnachweis für Seile

Der Nachweis "hochfester Zugglieder" wird in DIN 18800 Teil 1, Abschnitt 9, geregelt. Angaben zur Ausbildung von Seilen siehe auch in [1], Abschnitt 7.3.

Nachweis für die Zugkraft Z in Zuggliedern: $\frac{Z}{Z_{R,d}} \leq 1$ (1/78) in [1/902]

mit $Z_{R,d} = min \begin{cases} Z_{B,k}/(1,5 \cdot \gamma_M) \\ Z_{D,k}/(1,0 \cdot \gamma_M) \end{cases}$ gemäß (1/79) in [1/903]

Anmerkung: Der Doppelnachweis gewährleistet ausreichende Tragsicherheit und stellt sicher, daß die Beanspruchung des Zugglieds auch bei γ_F-facher Last im elastischen Bereich bleibt. Bei vollverschlossenen Seilen und Paralleldrahtbündeln wird der 2. Nachweis wegen $f_{(0,2\%)} \geq 0,66\ f_{u,k}$ nicht maßgebend.

Es ist $Z_{B,k} = A_m \cdot f_{u,k} \cdot k_S \cdot k_e$ (1/80) in [1/905]

sowie $Z_{D,k} = f_{(0,2\%)} \cdot A_m$ mit den Angaben zur Ermittlung gemäß [1/906]

Darin A_m metallischer Querschnitt $A_m = (\pi \cdot d^2)/4 \cdot f$ (1/9)
f Füllfaktor nach {1/10}
$f_{u,k}$ char. Wert der Zugfestigkeit der Drähte (Nennfestigkeit)
$f_{(0,2\%)}$ char. Wert der Drahtspannung an der 0,2-%-Dehngrenze
k_S Verseilfaktor nach {1/23}
k_e Verlustfaktor nach {1/24}

Die verschiedenen Faktoren der Gleichungen (1/9) und (1/80) hängen von Werkstoff, Ausbildung und Querschnitt des Zugglieds und von dessen Verankerung ab. Bild 7.1 zeigt Beispiele für den Querschnitt von Zuggliedern (aus DIN 18800).

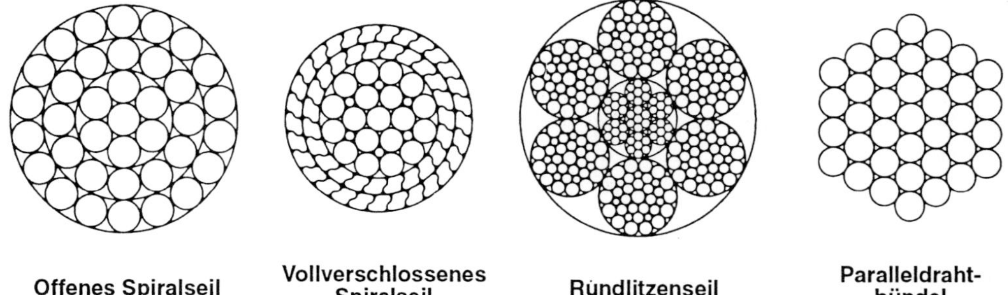

Bild 7.1 **Querschnitte von hochfesten Zuggliedern** (Beispiele)

Die Einzeldrähte sind in ihren Abmessungen begrenzt.

- Drahtdurchmesser d: 0,7 mm ≤ d ≤ 7,0 mm
- Formdrahthöhe h: 3,0 mm ≤ h ≤ 7,0 mm

Nennfestigkeit der Drähte und Stähle: bis ca. $f_u = 2000 \ N/mm^2$. Festlegungen in Normen (DIN EN 10016 für Drähte) oder bauaufsichtlichen Zulassungen.

Die Bruchkraft $Z_{B,k}$ und die Dehnkraft (0,2-%-Dehngrenze) $Z_{D,k}$ dürfen durch Versuche gemäß den Vorgaben in [1/904] bzw. [1/906] ermittelt werden.

Der Füllfaktor *f* gibt das Verhältnis metallischer Querschnitt A_m zur Fläche des Seilumkreises an (Tab. 7.1).

Beim Seilgewicht läßt sich mit dem Eigenlastwert γ^* die Korrosionsschutzbeschichtung einrechnen. Sofern man nicht genauer rechnet, sind Erfahrungswerte in {1/10} gegeben (siehe Tab. 7.1).

Tab. 7.1 **Füllfaktoren und Eigenlastwerte** nach {1/10}

Art des Zugglieds	Füllfaktor *f*							Eigenlastwert γ^* $\left[\frac{kN}{m^3}\right]$
	Runddrahtkern und n Lagen Profildrähte			Kerndraht und n um ihn angeordnete Drahtlagen				
	n = 1	n = 2	n > 2	n = 1	n = 2	n = 3...6	n > 6	
Offene Spiralseile	-			0,77	0,76	0,75	0,73	83
Vollverschlossene Spiralseile	0,81	0,84	0,88	-				83
Rundlitzenseil mit Stahleinlage	-			0,55				93
Paralleldrahtbündel Korrosionsschutz durch Verzinken u. Beschichten	-			0,78	0,76		0,75	85
Paralleldrahtbündel Korrosionsschutz m. zementinjiziertem Kunststoffrohr	-			0,60				105

Der Verseilfaktor k_S berücksichtigt den Einfluß des Verseilens auf die Bruchkraft des Seils (ohne Einfluß der Verankerung). Dies beinhaltet die Möglichkeit vereinzelter Drahtbrüche. Die Werte nach {1/23} sind für

Offene Spiralseile: $k_S = 0{,}90 \ / \ 0{,}88 \ / \ 0{,}87$ für $n = 1 \ / \ 2 \ / \ \geq 3$
Vollverschlossene Seile: $k_S = 0{,}95$
Rundlitzenseile: $k_S = 0{,}70 \ldots 0{,}84$ je nach Drahtanzahl d. Außenlitzen
Paralleldrahtbündel: $k_S = 1{,}00$

Der Verlustfaktor k_e berücksichtigt den Einfluß der Verankerung auf die Bruchkraft. Bei üblichen Verankerungen von vollverschlossenen Seilen oder Paralleldrahtbündeln in Seilköpfen mittels metallischem oder Kunststoff-Verguß entsteht kein Verankerungsverlust; dann ist $k_e = 1{,}0$.

7.3 Das vorgespannte Seil

Soll ein Seil beispielsweise als Geländer verwendet werden, so muß es vorgespannt werden. Von Interesse ist die Nachgiebigkeit bei horizontaler oder anders gerichteter Belastung. Im folgenden werden die Fälle der Belastung mit einer mittigen Einzellast und mit Gleichstreckenlast vorgestellt.

7.3.1 Das vorgespannte Seil unter Einzellast

Voraussetzungen:

1) Das untersuchte Seil soll im Bereich der untersuchten Kräfte und Lasten eine konstante, effektive Dehnsteifigkeit aufweisen. Dazu muß das Seil vor dem Einbau (im Werk) so weit gedehnt worden sein, daß der "Seilreck", die einmalige Nachgiebigkeit bei hoher Belastung, ausgezogen worden ist.
2) Die Verankerungspunkte des Seils sollen unnachgiebig sein.

Bezeichnungen:

Spannweite des Seils	L	[m]
Länge im belasteten (umgelenkten) Zustand	L'	[m]
Effektive Dehnsteifigkeit (im betrachteten Bereich konstant!)	EA_m	[kN]
Vorspannung des (quer unbelasteten) Seils	S_v	[kN]
Belastung mit Einzellast in Seilmitte	F	[kN]
Auslenkung des mit F querbelasteten Seils	w	[m]

Damit ergeben sich folgende Beziehungen:

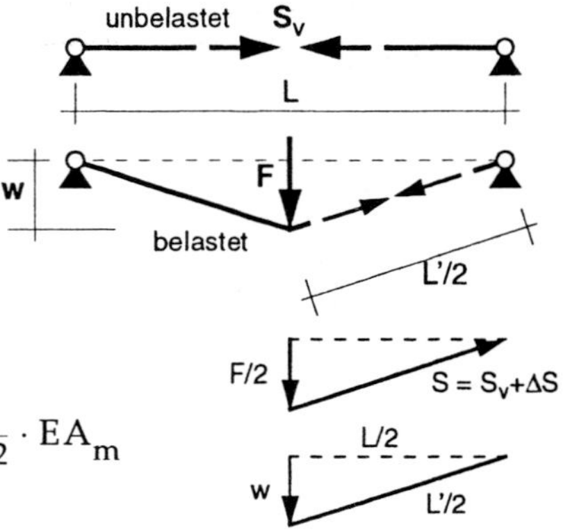

$$w = \frac{F \cdot L'}{4 \cdot S} \approx \frac{F \cdot L}{4 \cdot S} \qquad \text{mit} \qquad w \ll L$$

$$S = S_v + \Delta S = S_v + \Delta\varepsilon \cdot EA_m$$

$$\Delta\varepsilon = \frac{L' - L}{L} = \frac{\sqrt{L^2 + 4w^2} - L}{L} \approx \frac{2w^2}{L^2} = \frac{1}{8} \cdot \frac{F^2}{S^2}$$

$$\Delta S = \Delta\varepsilon \cdot EA_m = \frac{1}{8} \cdot \frac{F^2}{S^2} \cdot EA_m = \frac{1}{8} \cdot \frac{F^2}{(S_v + \Delta S)^2} \cdot EA_m$$

Charakteristische Gleichung: $$(S_v + \Delta S)^2 \cdot \Delta S = \frac{EA_m}{8} \cdot F^2 \qquad (7.1)$$

Lösung der charakteristischen Gleichung am besten durch Näherung: man sucht nach einem der bekannten Verfahren (sh. Abschnitt 3.2) die Nullstelle der Funktion

$$y = (S_v + x)^2 \cdot x - \frac{EA_m}{8} \cdot F \qquad \text{mit} \qquad x = \Delta S$$

Bei ordentlichem Schätzwert für $x = \Delta S$ konvergiert eine Iteration sehr gut.

Beispiel 7.1:

Offenes Spiralseil: d = 25 mm; *f* = 0,75; k_S = 0,73; k_e = 1,0; E_{eff} = 15000 kN/cm².

Anmerkung: Anhaltswerte für Füllfaktor, Verseilfaktor, E-Modul bei Offenen Spiralseilen und Rundlitzenseilen sind in den Tabellen {1/10+23+24} DIN 18800 Teil 1 angegeben.

Drahtfestigkeit: $f_{u,k}$ = 90 kN/cm²; $f_{(0,2\%)}$ = 70 kN/cm².

System, Belastung: Spannweite L = 4,5 m; Vorspannung S_v = 90 kN; Last F = 5 kN.

Gesucht: Seilkraft S, reale Seilspannung σ, Auslenkung w, Rechenwert für die Seilspannung $\gamma_M \cdot \sigma_d$, Tragsicherheitsnachweis nach (1/78+79).

Effektive Dehnsteifigkeit:

$$EA_m = 15000 \cdot [(\pi \cdot 2,5^2/4) \cdot 0,75] = 15000 \cdot 3,68 = 55223 \text{ kN}$$

Die Rechnung wird zunächst mit Gebrauchslasten durchgeführt. Aus der charakteristischen Gleichung (7.1) folgt:

$$(90 + \Delta S)^2 \cdot \Delta S = \frac{55332}{8} \cdot 5,0^2 = 172572 \text{ kN}^3$$

Lösung der char. Gleichung durch Probieren oder mit Programm: $\Delta S = 15,5 \text{ kN}$

Reale Seilkraft: $S = 90 + 15,5 = 105,5 \text{ kN}$

Reale Seilspannung: $\sigma = 105,5/3,68 = 28,65 \text{ kN/cm}^2$

Seilauslenkung: $w \approx \frac{5,0 \cdot 450}{4 \cdot 105,5} = 5,33 \text{ cm}$

Für den Tragsicherheitsnachweis sind die γ_M-fachen Bemessungswerte:

Vorspannung: $\gamma_M \cdot S_{v,d} = 1,1 \cdot 1,35 \cdot 90 = 133,7 \text{ kN}$

Nutzlast: $\gamma_M \cdot F_d = 1,1 \cdot 1,5 \cdot 5,0 = 8,25 \text{ kN}$

$$\frac{EA_m}{8} \cdot (\gamma_M \cdot F_d)^2 = \frac{55223}{8} \cdot 8,25^2 = 469827 \text{ kN}^3$$

Charakteristische Gleichung: $(133,65 + \gamma_M \cdot \Delta S)^2 \cdot (\gamma_M \cdot \Delta S) = 469827 \text{ kN}^3$

Daraus Differenzkraft: $\gamma_M \cdot \Delta S = 19,9 \text{ kN}$

Rechenwert Seilkraft: $\gamma_M \cdot S_d = 133,7 + 19,9 \approx 153,6 \text{ kN}$

Rechenwert Seilspannung: $\gamma_M \cdot \sigma_d = 153,6/3,68 = 41,74 \text{ kN/cm}^2$

Anforderungen an das Seil gemäß (1/78+79):

Rechnerische Bruchkraft: $Z_{B,k} = A_m \cdot f_{u,k} \cdot k_s \cdot k_e = 3,68 \cdot 90 \cdot 0,73 \cdot 1,0 = 241,8 \text{ kN}$

Anforderung: $Z_{B,k} \geq 1,5 \cdot 153,6 = 230 \text{ kN}$

Dehnkraft (0,2 %-Dehngrenze): $Z_{D,k} = 70 \cdot 3,68 = 257,6 \text{ kN}$

Anforderung: $Z_{D,k} \geq 1,0 \cdot 153,6 = 153,6 \text{ kN}$

Beide Anforderungen sind eingehalten.

7.3.2 Das vorgespannte Seil unter Streckenlast

Voraussetzungen und Bezeichnungen wie zuvor, jedoch:

Belastung mit Gleichstreckenlast:	q	[kN/m]
Zusammenfassung zu Gesamtlast:	$Q = q \cdot L$	[kN]

Die Seilkurve wird eine quadratische Parabel mit dem Stich w und der Endneigung φ:

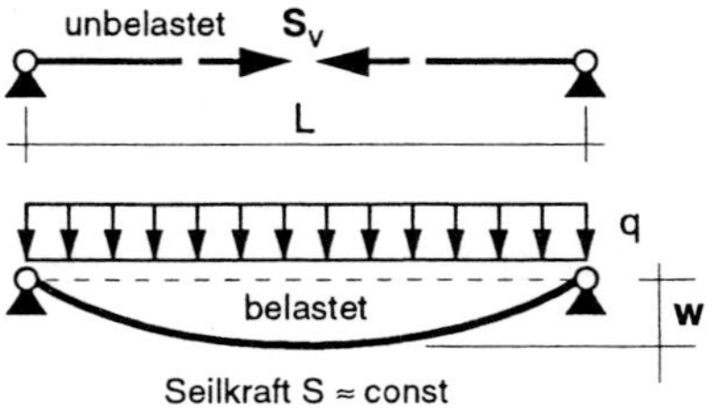

unbelastet S_v
L
q
belastet
w
Seilkraft S ≈ const

$$\frac{Q}{2 \cdot S} = \sin\varphi \approx \varphi$$

$$w = \varphi \cdot \frac{L}{4} = \frac{Q}{2 \cdot S} \cdot \frac{L}{4} = \frac{Q \cdot L}{8 \cdot S}$$

$$L' = L \cdot \left[1 + \frac{8}{3} \cdot \left(\frac{w}{L}\right)^2 \mp \ldots\right]$$

$$\Delta\varepsilon \approx \frac{L \cdot \frac{8}{3} \cdot \left(\frac{w}{L}\right)^2}{L} = \frac{8}{3} \cdot \left(\frac{w}{L}\right)^2 = \frac{8}{3} \cdot \left(\frac{Q}{8S}\right)^2 = \frac{1}{24} \cdot \left(\frac{Q}{S}\right)^2$$

$$\Delta S = \Delta\varepsilon \cdot EA_m = \frac{EA_m}{24} \cdot \left(\frac{Q}{S}\right)^2 = \frac{EA_m}{24} \cdot \frac{Q^2}{(S_v + \Delta S)^2}$$

Charakteristische Gleichung: $$(S_v + \Delta S)^2 \cdot \Delta S = \frac{EA_m}{24} \cdot Q^2 \qquad (7.2)$$

Der Form nach entspricht die Gleichung derjenigen für eine Einzellast. Für $Q = F \cdot \sqrt{3}$ ergeben sich dieselben Zahlenwerte und dasselbe Ergebnis für ΔS.

Beispiel 7.2:

Rundlitzenseil: Durchmesser d = 15 mm; Füllfaktor *f* = 0,80; $E_{eff} = 13000\ kN/cm^2$.
System: Spannweite L = 4,0 m; Vorspannung $S_v = 30$ kN.
Belastung: q = 0,5 kN/m (Geländerlast nach DIN 1055).
Gesucht: Seilkraft S, reale Seilspannung σ, Auslenkung w.

Gesamtlast: $Q = 0{,}5 \cdot 4{,}0 = 2{,}0\ kN$

$EA_m = 13000 \cdot [(\pi \cdot 1{,}5^2/4) \cdot 0{,}80] = 13000 \cdot 1{,}41 = 18378\ kN$

Charakt. Gleichung: $(30 + \Delta S)^2 \cdot \Delta S = \frac{18378}{24} \cdot 2{,}0^2 = 3063\ kN^3$

Lösung durch Probieren oder mit Programm: $\Delta S = 2{,}84\ kN$

Reale Seilkraft: $S = 30 + 2{,}84 = 32{,}84\ kN$

Reale Seilspannung: $\sigma = 32{,}84/1{,}41 = 23{,}29\ kN/cm^2$

Seilauslenkung: $w = \frac{Q \cdot L}{8 \cdot S} = \frac{2{,}0 \cdot 400}{8 \cdot 32{,}84} = 3{,}05\ cm$

7.3.3 Temperatur-Einfluß

Vorgespannte Seile reagieren empfindlich auf Temperaturänderungen. Gleichmäßige Änderung der Temperatur um ΔT [K] bewirkt die Temperatur-Dehnung:

$$\varepsilon_T = \alpha_T \cdot \Delta T \quad \text{mit dem Dehnungskoeffizienten} \quad \alpha_T = 12 \cdot 10^{-6} \quad 1/K$$

Entsprechend ändert sich die ursprüngliche Vorspannkraft $S_{v,0}$ im Seil zu:

$$S_v = S_{v,0} - S_{v,T} = S_{v,0} - \varepsilon_T \cdot EA_m \quad \text{mit} \quad S_{v,T} = \alpha_T \cdot \Delta T \cdot EA_m \tag{7.3}$$

Beispiel 7.3: Ergänzung zu Beispiel 7.1.

Rundlitzenseil: Seildurchmesser 25 mm; Füllfaktor f = 0,75; E_{eff} = 15000 kN/cm².

System, Belastung: Spannweite L = 4,5 m; Vorspannung S_v = 90 kN; Last F = 5 kN.

Gesucht: Seilkraft S, Rechenwert Seilspannung, Auslenkung w bei Berücksichtigung einer Temperatur-Änderung von $\Delta T = \pm 35$ K gegen die Aufstelltemperatur.

1) Bei ΔT = +35 K (Erwärmung) ist die größere Seilauslenkung zu beachten:

Effektive Dehnsteifigkeit (siehe Beispiel 7.1): $EA_m = 55223$ kN

Vorspannkraft: $S_v = 90 - 12 \cdot 10^{-6} \cdot 35 \cdot 55223 = 90 - 23,2 \approx 66,8$ kN

Charakt. Gleichung: $(59 + \Delta S)^2 \cdot \Delta S = \frac{55223}{8} \cdot 5,0^2 = 172573$ kN³

Differenzkraft: $\Delta S = 21,9$ kN

Seilkraft: $S = 66,8 + 21,9 = 88,7$ kN

Auslenkung: $w = \frac{5,0 \cdot 450}{4 \cdot 88,7} = 6,34$ cm

Ohne Temperatur-Einfluß war der entsprechende Wert w = 5,33 cm.

2) Bei ΔT = -35 K (Abkühlung) ergibt sich eine größere Beanspruchung des Seils:

Vorspannkraft: $S_v = 90 + 12 \cdot 10^{-6} \cdot 35 \cdot 55223 = 90 + 23,2 \approx 113,2$ kN

Die Berechnung wird mit den γ_M-fachen Bemessungswerten durchgeführt:

Bemessungswert: $\gamma_M \cdot S_{v,d} = 1,1 \cdot 1,35 \cdot 113,2 = 168,1$ kN

Horizontallast: $\gamma_M \cdot F_d = 1,1 \cdot 1,5 \cdot 5,0 = 8,25$ kN

$$\frac{EA_m}{8} \cdot (\gamma_M \cdot F_d)^2 = \frac{55223}{8} \cdot 8,25^2 = 469827 \text{ kN}^3$$

Charakt. Gleichung: $(168,1 + \gamma_M \cdot \Delta S)^2 \cdot (\gamma_M \cdot \Delta S) = 469827$ kN³

Differenzkraft: $\gamma_M \cdot \Delta S = 14,15$ kN

Rechenwert Seilkraft: $\gamma_M \cdot S_d = 168,1 + 14,15 = 182,25$ kN

Rechenwert Seilspannung: $\gamma_M \cdot \sigma_d = 182,25/3,68 = 49,52$ kN/cm²

Ohne Temperatur-Einfluß war der entsprechende Wert $\gamma_M \cdot \sigma_d = 41,74$ kN/cm².

7.3.4 Nachgiebige Lagerung

Wenn die Befestigungspunkte des Seils in Seilrichtung nicht annähernd starr sind, wird sich die Nachgiebigkeit der Lagerung auf Kräfte und Verformungen auswirken.

Bei der folgenden Betrachtung werden die Verformungen beim Vorspannen des Seils nicht betrachtet: diese Verformungen seien bereits vorweggenommen.

Annahme: einseitig nachgiebige Lagerung. Die Nachgiebigkeit wird über die Federkonstante c [kN/cm] ausgedrückt.

$$w = \frac{F \cdot L'}{4 \cdot S} \approx \frac{F \cdot (L - \Delta s)}{4\,(S_v + \Delta S)} \approx \frac{F \cdot L}{4\,(S_v + \Delta S)}$$

$$\Delta s \approx \Delta S / c \qquad \text{und} \qquad S = S_v + \Delta S$$

$$\Delta\varepsilon = \frac{L' - L}{L} = \frac{\sqrt{(L - \Delta s)^2 + (2w)^2} - L}{L}$$

$$\frac{\Delta S}{EA_m} = \Delta\varepsilon = \frac{\sqrt{L^2 - 2L\Delta s + \Delta s^2 + 4w^2} - L}{L} \approx \frac{\sqrt{L^2 - 2L\Delta s + 4w^2} - L}{L}$$

Charakt. Gleichung:

$$\Delta S = EA_m \cdot \left[\sqrt{1 - \frac{2\Delta S}{c \cdot L} + \left(\frac{F/2}{S_v + \Delta S}\right)^2} - 1\right] \qquad (7.4)$$

Bei den getroffenen Vereinfachungen darf der Grenzwert $c \to 0$ (sehr große Nachgiebigkeit) nicht betrachtet werden. Dies würde in Anbetracht der verlangten Vorspannung auch keinen Sinn machen.

Annahme: *beidseitig* nachgiebige Lagerung. Im Ersatzsystem mit *einer* Feder werden die Nachgiebigkeiten addiert:

$$\frac{1}{c} = \frac{1}{c_1} + \frac{1}{c_2}$$

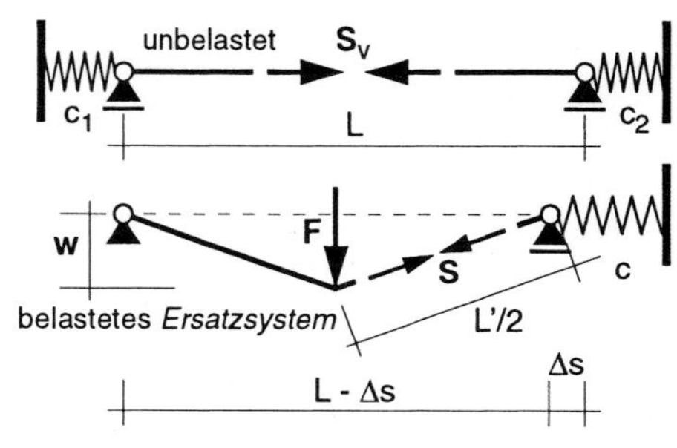

Beispiel 7.4: wie Beispiel 7.1.
Jedoch: beidseits nachgiebige Lagerung mit $c_1 = 160$ kN/cm und $c_2 = 115$ kN/cm.

Gesamt-Federkonstante: $\frac{1}{c} = \frac{1}{160} + \frac{1}{115} = \frac{1}{66,9}$ cm/kN oder $c = 66{,}9$ kN/cm

Char. Gleichung: $\Delta S = 55223 \cdot \left\{\sqrt{1 - \frac{2 \cdot \Delta S}{66,9 \cdot 450} + \left(\frac{5,0/2}{90 + \Delta S}\right)^2} - 1\right\} \quad \to \quad \Delta S = 6,53$ kN

Auslenkung: $w = \frac{5,0 \cdot 450}{4 \cdot (90 + 6,53)} = 5,83$ cm Ohne Federung war $w = 5{,}33$ cm.

7.3.5 Eigenfrequenz des gespannten Seils

Wenn ein (vor-)gespanntes Seil (z.B. durch Querziehen und plötzliches Loslassen) angeregt wird, schwingt es in seiner Grund- oder Eigenfrequenz. Es gilt:

$$f = \frac{1}{2 \cdot L} \cdot \sqrt{\frac{S}{A_m \cdot \rho}} \qquad (7.5)$$

mit

f	$[sec^{-1}]$ bzw. [Hz]	Eigenfrequenz des Seils
L	[m]	Seillänge
S	[kN]	Vorspannkraft, Seilkraft
A_m	$[cm^2]$	metallischer Querschnitt
ρ	$[kNsec^2/m^4]$	Dichte des Materials mit $\rho = \gamma/g$
γ	$= 78{,}5\ kN/m^3$	Rechenwert für die Eigenlast (Werkstoff Stahl)
g	$= 9{,}81\ m/sec^2$	Erdbeschleunigung

Bisweilen stellt sich die baupraktische Frage, welche Kraft S in einem Stahlseil (oder einem Stahlstab mit vernachlässigbarer Biegesteifigkeit) vorliegt. Aus Schwingungsmessung und Geometrie- und Materialkennwerten läßt sich die Seilkraft S errechnen:

$$S = 4 \cdot L^2 \cdot f^2 \cdot A_m \cdot \rho \qquad (7.6a)$$

Bei Verwendung obiger Dimensionen für L, f, A erhält man die *dimensionsgebundene* Beziehung:

$$S = 0,0032 \cdot L^2 \cdot f^2 \cdot A_m \qquad \text{S ergibt sich in [kN]} \qquad (7.6b)$$

Anmerkung: Die reine Schwingung in der angegebenen Grundfrequenz entsteht nur unter der theoretischen Voraussetzung, daß das Seil in Form einer sinus-Halbwelle ausgelenkt und dann schlagartig losgelassen wird. Bei Auslenkung mittels einer Einzellast, die evtl. auch gar nicht mittig angreift, wird die Grundfrequenz durch Oberfrequenzen überlagert. Für baupraktische Messungen erweisen sich die Oberfrequenzen nicht als wesentlich störend, zumal deren Schwingungen rascher abklingen als diejenigen der Grundfrequenz.

Beispiel 7.5: Abgespannte Dachkonstruktion. Spannstange Rundstahl d = 30 mm, Werkstoff S 355, Länge 18,5 m. Nach Montage der Konstruktion soll die Spannkraft aus Eigenlast kontrolliert werden. Nach Anregung der Spannstange (von Hand!) wird eine Eigenfrequenz von 2,5 Hertz (Schwingungen pro Sekunde) gemessen.

Wie groß ist die Zugkraft?

Die Messung findet bei Belastung nur aus ständiger Last statt. Im Bemessungsfall sind die charakteristischen Werte der Einwirkung aus ständiger Last 35 %. Der Nachweis für die Tragsicherheit ist zu führen.

Zugkraft: $Z_{g,k} = 0,0032 \cdot 18,5^2 \cdot 2,5^2 \cdot \frac{\pi \cdot 3,0^2}{4} = 48,4 \text{ kN}$

Einwirkungen: $Z_{q,k} = \frac{1-0,35}{0,35} \cdot 48,4 = 89,9 \text{ kN}$

$$Z_d = 1,35 \cdot 40,4 + 1,5 \cdot 89,9 = 200,2 \text{ kN}$$

Es handelt sich nicht um ein "hochfestes Zugglied"; die Bemessung erfolgt als üblicher Zugstab.

Nachweis: $\sigma_d = \frac{200,2}{7,07} = 28,32 \text{ kN/cm}^2 < \sigma_{R,d} = 36/1,1 = 32,73 \text{ kN/cm}^2$

Beispiel 7.6: Messung an einem Seil einer Schrägseilbrücke. Vollverschlossenes Spiralseil, d = 120 mm, mit 9 um den Kerndraht angeordneten Drahtlagen. Nennfestigkeit $\beta_N = f_{u,k} = 1600 \text{ N/mm}^2$, $\beta_{(0,2\%)} = 1450 \text{ N/mm}^2$. Seillänge (= Entfernung der Anschlagpunkte) L = 225 m.

Nach Anregung des Seils wird gemessen: 10 Schwingungen in 21,2 Sekunden.

Die Seilkraft ist zu berechnen. Die Messung erfolgt bei Belastung aus ständiger Last. Wie hoch ist der Auslastungsgrad η_g des Seils allein aus ständiger Last?

Eigenfrequenz: $f = 10/21,2 = 0,472 \text{ Hz}$

Nach {1/10} wird für die Seillast ein üblicher Korrosionsschutz berücksichtigt: $\gamma^* = 83 \text{ kN/m}^3$, und für den Füllfaktors wird $f = 0,88$ angesetzt.

Die dimensionsgebundene Formel für die Seilkraft lautet damit:

$$S = 0,0032 \cdot L^2 \cdot f^2 \cdot A_m \cdot \frac{\gamma^*}{\gamma} = 0,0032 \cdot 225^2 \cdot 0,472^2 \cdot \left(\frac{\pi \cdot 12,0^2}{4} \cdot 0,88\right) \cdot \frac{83}{78,5} = 3707 \text{ kN}$$

Nachweis mit Verseilfaktor nach {1/23} $k_S = 0,95$ und Verlustfaktor nach {1/24} $k_e = 1,0$:

$$Z_{B,k} = A_m \cdot f_{u,k} \cdot k_s \cdot k_e = 99,53 \cdot 160 \cdot 0,95 \cdot 1,0 = 15128 \text{ kN}$$

$$Z_{R,d} \le \frac{15128}{1,5 \cdot 1,1} = 9168 \text{ kN}$$ *maßgebend!*

$$Z_{D,k} = A_m \cdot f_{(0,002)}$$

$$Z_{R,d} \le \frac{99,53 \cdot 145}{1,1} = 13119 \text{ kN}$$ *nicht maßgebend!*

Bei hochfesten Drähten wird der Nachweis auf $Z_{D,k}$ nicht maßgebend.

Mit dem maßgebenden Wert weitergerechnet:

$$\eta_g = \frac{Z_{d,g}}{Z_{R,d}} = \frac{Z_{k,g} \cdot \gamma_F}{Z_{R,d}} = \frac{3793 \cdot 1,35}{9168} = 0,56$$

Für den Bemessungswert $Z_{d,q}$ aus Verkehrslast sind also noch 44 % von $Z_{R,d}$ verfügbar:

$$max\ Z_{d,q} = 0,44 \cdot 9168 = 4034 \text{ kN}$$

Literatur zu "Stabilitätstheorie"

Nachfolgend ist nur eine beschränkte Auswahl von Literaturwerken zusammengestellt, die beim Studium der Probleme der Stabilitätslehre von Nutzen sein kann und/oder auf die in diesem Buch Bezug genommen ist.

[1] Krüger, U.: Stahlbau Teil 1 - Grundlagen. Ernst & Sohn, Berlin. 3. Auflage, 2002.

[2] DIN 18800, Teile 1 bis 4: Stahlbauten. Ausgabe November 1990. Beuth-Verlag, Berlin.

[3] Lindner, J. / Scheer, J. / Schmidt, H.: Erläuterungen zu DIN 18800 Teil 1 bis Teil 4 (sog. Beuth-Kommentare). Beuth-Verlag / Ernst & Sohn, Berlin. 3. Auflage 1999. Erläuterungen und Kommentare zur Norm mit zahlreichen durchgerechneten Beispielen.

[4] Stahl im Hochbau. 14. Auflage, Band I+II (je Teil 1+2). Verlag Stahleisen mbH, Düsseldorf. Handbuch in 4 Teilen. Umfassendes Nachschlagewerk für Stahl und Stahlerzeugnisse. Querschnittswerte und Tragfähigkeit einfacher und zusammengesetzter Querschnitte. Regelanschlüsse. Statik und Festigkeitslehre. Mathematik. Verbundkonstruktionen u.a.

[5] Stahlbau-Handbuch. Band 1+2. Stahlbau-Verlags-GmbH Köln. Handbuch "für Studium und Praxis". Grundlagen für Konstruktion und Berechnung für Stahlkonstruktionen allgemein wie auch für das gesamte Spektrum der Anwendungsbereiche, mit zahlreichen Ausführungsbeispielen.

[6] Petersen, Chr.: Statik und Stabilität der Baukonstruktionen. Friedr. Vieweg & Sohn, Braunschweig/Wiesbaden. 2. Auflage 1982. - Umfassendes Nachschlagewerk insbesondere für Stabilitätsprobleme, nicht allein im Stahlbau. Theoretische Herleitungen, Nomogramme, Tabellen u. a. Hilfsmittel. Zahlreiche Rechenbeispiele.

[7] Petersen, Chr.: Stahlbau. Friedr. Vieweg & Sohn, Braunschweig/Wiesbaden, 1988. "Grundlagen der Berechnung und baulichen Ausbildung". Universalwerk für den Stahlbau, in Aufbau und Ausstattung ähnlich [6].

[8] Hünersen / Fritzsche: Stahlbau in Beispielen. Berechnungspraxis nach DIN 18800 Teil 1 bis 3. Werner-Verlag, Düsseldorf. 2. Auflage, 1993. Beispielsammlung zum aktuellen Stahlbau-Normenwerk.

[9] Rieckmann, H.-P.: Knicklängenbeiwerte für Zweigelenkrahmen mit Druckkräften im Riegel. Der Stahlbau 51 (1982), S. 41 ff.

[10] Heil, W.: Stabilisierung von biegedrillknickgefährdeten Trägern durch Trapezblechscheiben. Stahlbau 63 (1994), S. 169-177.

[11] Prandtl., L.: Kipperscheinungen. Dissertation. München, 1899.

[12] Heil, W.: Biegedrillknicklasten am Kragträger. Bisher unveröffentlicht. Karlsruhe. 1998.

[13] Roik, K. / Carl, J. / Lindner, J.: Biegetorsionsprobleme gerader dünnwandiger Stäbe. Ernst & Sohn, Berlin-München-Düsseldorf, 1972.

[14] Müller, G.: Nomogramme für die Kippuntersuchung frei aufliegender I-Träger. Stahlbau-Verlags-GmbH Köln.

[15] Künzler, O.: Nomogramme zum Nachweis der Biegedrillknicksicherheit nach DIN 18800 T2. StahlbauSpezial, Ernst & Sohn, 1999.

[16] Dickel/Klemens/Rothert: Ideale Biegedrillknickmomente. Vieweg & Sohn, Braunschweig. Kurventafeln für Durchlaufträger mit doppelt-symmetrischem I-Querschnitt.

[17] Klöppel, K. / Scheer, J.: Beulwerte ausgesteifter Rechteckplatten. Ernst & Sohn, Berlin. 1960.

[18] Klöppel, K. / Möller: Beulwerte ausgesteifter Rechteckplatten, II. Band. Ernst & Sohn, Berlin. 1968.

[19] Brune, B.: Wirksame Breiten für druck- und biegebeanspruchte Stahlbleche im plastischen Zustand. Stahlbau 68 (1999), S. 1044 ff.

[19a]Brune, B.: Neue Grenzwerte b/t für volles Mittragen von druck- und biegebeanspruchten Stahlbechen im plastischen Zustand. Stahlbau 69 (2000), S. 55 ff.

[20] Palkowski, S.: Statik der Seilkonstruktionen. Theorie und Zahlenbeispiele. Springer-Verlag Berlin, usw., 1990.

Stahlhochbau
und
Industriebau

Einleitung

Ziel meiner Vorlesung "Stahlbau 3" und der mit ihr verbundenen Konstruktionsübungen war, dem Studierenden zu einer Vielzahl von Aufgaben zur Bemessung und Konstruktion im Stahlhochbau und Industriebau Lösungen der Praxis mit den dort verfügbaren und hauptsächlich genutzten Hilfsmitteln aufzuzeigen. Der folgende, zweite Teil dieses Buches sieht (überarbeitet) fast genauso aus; bei Konstruktionsübungen kann ich dem geneigten Leser aber nicht mehr über die Schulter sehen.

Wie bildet man Wände, Dächer und Decken im Hoch- und Industriebau aus? Was gibt es dafür für Produkte, und was für Hilfsmittel und Produktbeschreibungen stellen die Hersteller solcher Produkte zur Verfügung? Welche Rechenansätze benutzt der Praktiker für die Bemessung von Decken, Trägern und Verbänden, und was für Bemessungshilfen gibt es dafür? Wie sehen Befestigungsmittel und Verbindungen aus?

Darüber hinaus werden wichtige Sondergebiete behandelt, wie die Berechnung von Verbundträgern und Verbundstützen oder die Berechnung von Kranbahnen.

Schließlich werden bauphysikalische Probleme behandelt: Brandschutz und Wärmeschutz.

Für Stahlbauten ist 1990 die "neue Norm" DIN 18800 [2] erschienen und in der Folgezeit, einschließlich einiger neuer Fachnormen, bauaufsichtlich eingeführt worden. Aus dem Buch "Stahlbau Teil 1" [1] und dem ersten Teil dieses Buches ist der Grundgedanke der Nachweise danach bekannt:

Beanspruchung $S \leq$ Beanspruchbarkeit R

Der Nachweis, daß unter Einbezug der Stabilitätserscheinungen die Beanspruchungen des Tragwerks unterhalb der Traglast bleiben, ist der Kerngedanke.

Die Praxis hat sich inzwischen (2003) nach zögerlichen Anfängen auf Nachweise nach der neuen Norm umgestellt.

Für die "alte Norm" galt der Grundgedanke:

vorhandene Spannung $\leq$ zulässige Spannung

Zwar waren auch nach dem alten Normenwerk (mit zahlreichen Ergänzungen und zusätzlichen Richtlinien, Zulassungen u. dgl.) Traglastnachweise möglich, so daß die Unterschiede mehr im Detail der Nachweisführung und implementierter Sicherheiten liegen. Doch müssen diese unterschiedlichen Vorgaben auseinander gehalten werden. Und es zeigt sich, daß für einige Gebiete, wie z.B. den Verbundbau, die Umstellung auf die neue nationale Norm noch nicht abschließend geschafft ist.

Die in diesem Buch gebotenen Hilfsmittel, wie sie heute in der Praxis üblich sind und genutzt werden, verlangen deshalb vom Anwender geistige Beweglichkeit und Beachtung der jeweils geltenden Grundlagen, die sich auf teilweise unterschiedliche Bezugswerte beziehen:

- Bei Traglastberechnungen gelten viele Hilfsmittel für den Ansatz γ_M-facher Bemessungslasten.
- Andere Tabellen (z.B. für Trapezbleche) beinhalten als Widerstandsgrößen die $1/\gamma_M$-fachen charakteristischen Werte, wie das inzwischen auch bei den meisten Profiltabellen (Schneider, Wendehorst, usw.) der Fall ist. Sie gelten damit für den Nachweis mit Bemessungslasten.
- Tabellen für zulässige Belastungen (z.B. für Trapezbleche) beziehen sich oft auf die charakteristischen Werte der Einwirkungen = wirkliche Gebrauchslasten.

Bezüglich der allgemeinen Grundlagen beachte man bitte auch den entsprechenden Abschnitt aus dem Teil "Stabilitätslehre" in diesem Buch.

Beispiele

Sehr wichtig ist es, neben der Erarbeitung der Grundlagen zu den einzelnen Gebieten diese auch in praktischer Bearbeitung umsetzen zu können. Parallel zum Vorlesungsstoff waren die Studierenden angehalten, Übungen zu bearbeiten. Der Aufgabentext mit Vorgaben und Aufgabenstellung ist beibehalten worden; nur sind in diesem Buch auch die erwarteten Lösungen dargestellt.

Literatur

Am Ende des Buchteils "Stahlhochbau und Industriebau" finden sich zugehörige Literatur-Angaben. Bezüglich universeller Nachschlagewerke sehe man sich die Titel [3] bis [7] in Literatur zu "Stabilitätslehre" an.

1 Dach - Wand - Decke

Dächer

Dachkonstruktionen bestehen aus der Dachhaut oder Dacheindeckung und der diese unterstützenden Konstruktion. Die Dachhaut schützt das Bauwerk unmittelbar gegen Regen, Schnee, Wind, Wärmedurchgang und überträgt die daraus resultierenden Lasten auf die Unterkonstruktion.

Die tragende Dachhaut ist im Stahlbau oft ein Stahl- oder Alu-Blech. Liegt die Wärmedämmung auf der tragenden Dachhaut, so spricht man von einem Warmdach. Dagegen liegt ein Kaltdach vor, wenn die Wärmedämmung ganz oder teilweise unter der tragenden Dachhaut liegt.

Bei Stahlbauten stützt sich die Dachhaut entweder auf Pfetten, die bei geneigten Dächern in waagerechter Richtung verlaufen und die ihrerseits wieder auf senkrecht dazu verlaufenden, in der Dachneigung liegenden Bindern oder Dachträgern aufliegen, oder es wird (vor allem bei gering geneigten Dächern) eine pfettenlose Dacheindeckung gewählt: die Dachhaut liegt dann direkt auf den Bindern (Dachträgern) auf.

Zur Stabilisierung der Dachträger und zur Ableitung der Windlasten aus den Giebelwänden dient der Dachverband. Wenn die Dachhaut rechnerisch als Scheibe (Schubfeld) genutzt werden kann, so kann dies den Dachverband ersetzen.

Wände

Außenwände müssen Windlasten ableiten, Feuchtigkeit und Temperaturschwankungen abhalten, lärmmindernd wirken und die zur Nutzung notwendigen Fenster-, Tür- und Toröffnungen aufweisen. Sie sind weit mehr als die (meist unsichtbaren) Dächer auch Gestaltungs-Elemente, die deshalb der ansprechenden Ausbildung in Form und Farbe bedürfen.

Die Ausführung ist entsprechend variabel: vom althergebrachten Mauerwerk über Fertigteile in Beton und Porenbeton bis zu flächenhaften Stahlblech-Elementen (als Kassetten- oder Sandwichelemente) oder Glasfassaden.

Decken

Geschoßdecken bestehen zunächst aus Flächen-Elementen zur Abtragung der Verkehrslasten. Diese werden als Holzbalkendecken, in Stahl- oder Spannbeton, als stählerne Flächentragwerke oder in Verbundbauweise ausgeführt. Anforderungen des Wärme- u. Schallschutzes sind zu beachten. Weiterleitung der Lasten erfolgt über Neben- und Hauptträger, die als Stahl- oder Verbundträger (evtl. mit Rahmenwirkung im Gesamttragwerk) ausgebildet werden, auf Stützen und/ oder Wände.

1.1 Trapezprofile

1.1.1 Werkstoff, Herstellung

Trapezprofile bestehen aus tragenden, raumabschließenden Profiltafeln mit parallelen, trapezförmigen Rippen. Aufgrund der Profilierung verhält sich die einzelne Tafel bei der Abtragung von Lasten wie ein prismatisches Faltwerk mit einer zu den Rippen parallelen Tragrichtung. Der Biegewiderstand quer zu den Rippen ist vergleichsweise sehr gering.

Im Industriebau stellen Trapezprofile die weitaus häufigste Art der Dacheindekkung dar. Auch für Wände und Decken im Hallenbau und Geschoßbau werden Trapezprofile in ihren vielseitigen Ausführungen und Anwendungsmöglichkeiten sehr häufig verwendet. Die Anwendung beschränkt sich auf Konstruktionen für vorwiegend ruhende Belastung.

Werkstoff: Stahlfeinblech.
Mindeststreckgrenze $f_{y,k}$ = 280 N/mm², häufig $f_{y,k}$ = 320 N/mm².

Blechdicken: gewöhnlich in den Abstufungen 0,75 / 0,88 / 1,00 / 1,25 / 1,50 mm, jedoch auch bis 0,50 mm herab möglich. Wegen dieser geringen Dicken fallen Trapezprofile nicht in den Gültigkeitsbereich der Norm DIN 18801!

Herstellung: Kaltumformen durch "Rollformen" = stufenweise Umformung durch hintereinanderliegende Profilwalzen. Durchlaufgeschwindigkeit bis 100 m/min.

Abmessungen: Profiltafeln in Breiten von 500 bis 1200 mm. Längen nach Bestellung, Begrenzung durch Transportmaße: üblicherweise bis ca. 15 ... 18 m, möglich bis ca. 25 m.

Formgebung: Die Trapezform kann durch zusätzliche Sicken erhöhten Beulwiderstand erhalten. Schwalbenschwanzprofile eignen sich für Deckenkonstruktionen, Kassetten- und Sonderprofile für Wandkonstruktionen.

Korrosionsschutz: Bei der sehr geringen Blechdicke ist wirksamer Korrosionsschutz besonders wichtig. Korrosion des Bleches muß praktisch ausgeschlossen werden. Dies geschieht durch Bandverzinkung, zusätzlich evtl. durch Kunststoffbeschichtung ("Duplex-System").

Bandverzinkung: Das Blech durchläuft als zusammengeheftetes Endlos-Stahlband nach etlichen Vorstufen (Reinigung, ...) ein 450 °C heißes Zinkbad. Gleichmäßigkeit der sehr dünnen Zinkschicht (275 g/m² beidseitig) wird durch Abstreifen erreicht. Die Schutzschicht wirkt durch Oxydbildung, daher sind auch nachträgliche Schnittkanten korrosionsgeschützt. Die Schutzschicht kann wegen der geringen Dicke die nachfolgende(!) Profilierung mit sehr engen Radien unbeschadet überstehen.

Alternativer Werkstoff: Aluminium. Geringere Korrosionsprobleme. Teuer!

Eine umfassende (jedoch bezüglich der rechnerischen Nachweise veraltete) Darstellung des Themas "Trapezprofile" gibt [3]; Neuauflage ist für 2000 geplant. Eine sehr aktuelle Abhandlung ist [4].

1.1.2 Geometrie, Konstruktion

Die einfache Trapezform wird meist durch Sicken in Stegen und Gurten versteift, um eine Erhöhung der Beulsicherheit der dünnen Bleche zu erreichen.

Schwalbenschwanzprofile sind besonders als Verbundbleche geeignet, weil sie durch diese Formgebung bereits die notwendige Verbundwirkung unterstützen.

Kassettenprofile eigenen sich hauptsächlich für Wände. In die Kassetten kann die Wärmedämmung eingelegt werden.

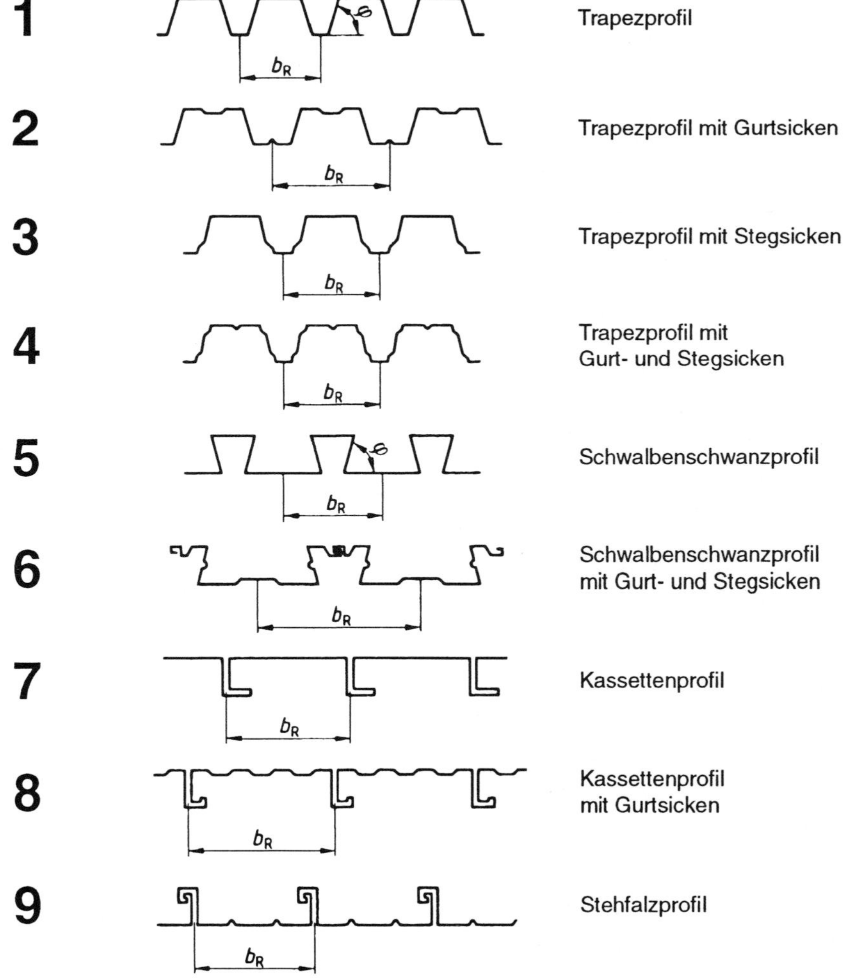

Bild 1.1 **Profilformen von Stahltrapezprofilen für Dächer, Wände und Decken** nach DIN 18807 Teil 1

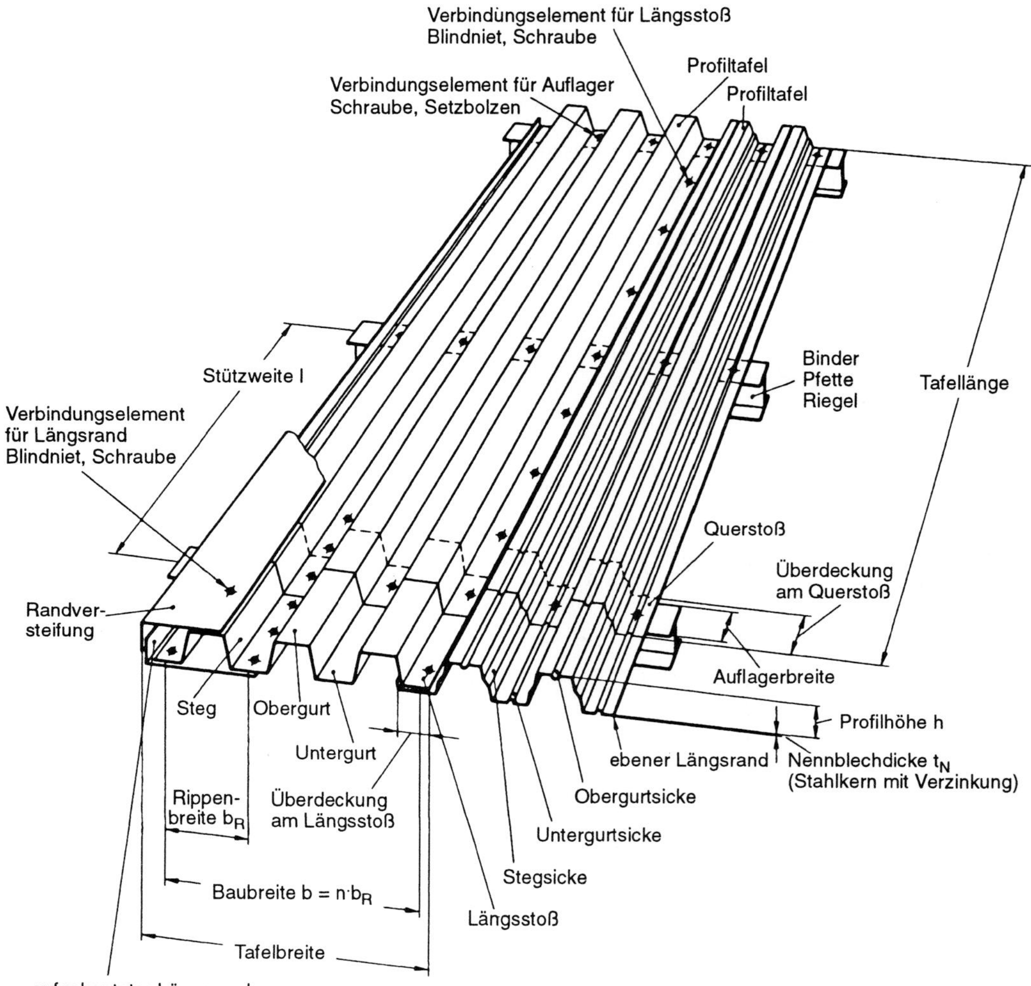

Bild 1.2 **Stahltrapezprofil zur Dacheindeckung - Konstruktion, Bezeichnungen** nach DIN 18807 Teil 1

Anwendung von Trapezprofilen, mögliche statische Wirkungen:

- auf Biegung, vorwiegend einachsig,
- auf Zug und Druck zur Durchleitung von Längslasten,
- als schubsteife Scheibe zur Aufnahme von Längslasten, z.B. anstatt eines Dachverbandes,
- örtlich zur Aufnahme von Querlasten auch sehr beschränkt auf Querbiegung des Blechs.

Die Wirkungen können auch gleichzeitig (kombiniert) auftreten.

1.1.3 Verbindungselemente für Trapezprofile

Trapezprofile müssen sowohl untereinander als auch mit den lastabtragenden Trägern verbunden werden. Die Verbindungselemente werden auf Zug und/ oder Abscheren beansprucht. Gebräuchliche Verbindungselemente zeigt Tab. 1.1.

Tab. 1.1 **Verbindungselemente für Trapezprofile** teilweise nach [5]

Verbindung Blech mit			Verbindungselement	
Stahl	Blech	Holz	Darstellung	Beschreibung
●				**Setzbolzen** d = 4,5 mm, Rondelle d = 12 ... 15 mm Nur für Unterkonstruktion t ≥ 6 mm Der mit Setzgerät gesetzte Bolzen ist häufigstes Verbindungselement für Trapezprofile auf Unterkonstruktionen aus Stahl.
	●			**Blindniet** d = 4 ... 5 mm Häufigstes Verbindungsmittel für Längsstoßverbindungen der Trapezprofile untereinander. Setzen durch vorgebohrtes Loch mit Spezialzange von einer Seite her.
●				**Gewindefurchende Schraube** d = 6,3 mm mit Unterlegscheibe d ≥ 16 mm, 1 mm dick mit Neoprene-Dichtung Die Schrauben formen sich in vorgebohrtem Loch spanlos ihr Gewinde.
	●	●		**Sechskant-Blechschraube** d = 6,3 ... 6,5 mm mit Unterlegscheibe d ≥ 16 mm, 1 mm dick mit Neoprene-Dichtung Nach Vorbohrung formen sich die Schrauben in Blech und Holz ihr Gewinde.
●	●			**Selbstbohrende Schraube** d = 4,5 ... 6,3 mm Für Längsstoßverbindungen und zur Befestigung auf Stahlbauteilen mit t ≤ 6 mm.
		●		**Holzschrauben** sechskantiger oder halbrund geschlitzter Kopf d = ca. 5 ... 8 mm mit Unterlegscheibe d ≥ 16 mm, 1 mm dick
●				**Gewindeschneidschraube** mit Unterlegscheibe d ≥ 16 mm Zerspanende Gewindebildung in vorgebohrtem Loch. Anwendung selten, teuer!

Nachweise der Verbindungselemente

Beschreibung der Verbindungselemente, deren Herstellung, Anwendung und Beanspruchbarkeiten sind in bauaufsichtlichen Zulassungen festgehalten. Gegenwärtig werden die Beanspruchbarkeiten als "zulässige Kräfte" angegeben; sie waren *bisher* den Beanspruchungen aus den *Gebrauchslasten* gegenüberzustellen.

Die hauptsächlich aus Versuchen ermittelten "zulässigen Kräfte" sind in bauaufsichtlichen Zulassungen geregelt.

Wenn Scher- und Zugkräfte *gleichzeitig* auftreten, sind Interaktionsbeziehungen zu beachten. Allgemein gilt:

$$\frac{F_Q}{zul F_Q} + \frac{F_Z}{zul F_Z} \le 1 \qquad \text{(lineare Interaktion)}$$

Für Setzbolzen gilt abweichend davon:

$$\left(\frac{F_Q}{zul F_Q}\right)^2 + \left(\frac{F_Z}{zul F_Z}\right)^2 \le 1 \qquad \text{(Interaktion wie für Schrauben nach DIN 18800)}$$

In "besonderen Anwendungsfällen" verlangt die Zulassung eine Reduzierung der zulässigen Zugkräfte auf *zul* F'_Z. Dies ist der Fall bei stark ausmittigen Anschlüssen in den zu befestigenden Profilrippen der Bleche, bei Profilrippen, die über 150 mm breit sind und wenn wegen Profilrippenbreite über 250 mm mindestens zwei Verbindungselemente je Profilrippe gefordert werden. Eine Reduzierung wird auch bei dünnwandigen, unsymmetrischen Unterkonstruktionen verlangt. In Bild 1.3 angegebene Werte gelten für Bleche bis t_N = 1,25 mm Dicke.

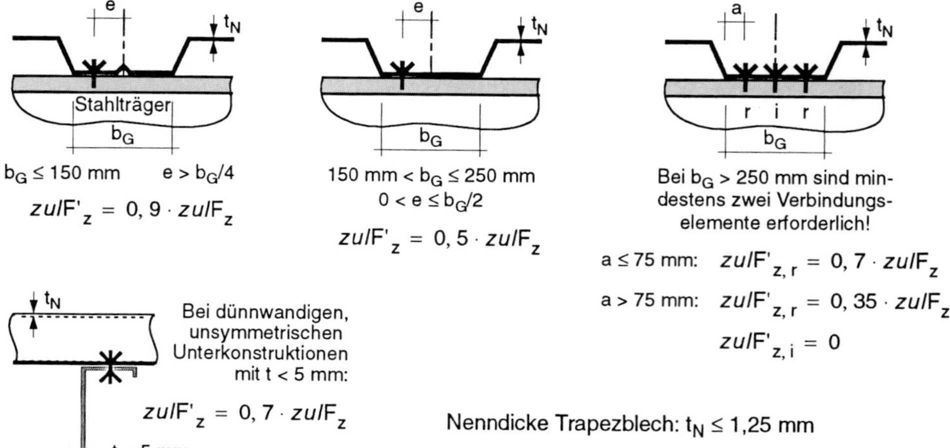

Bild 1.3 **Reduzierung der zulässigen Zugkräfte in besonderen Anwendungsfällen**

Umstellung der Nachweise auf die neuen Normen

Im "Bescheid vom 13.07.95 über die Änderung, Ergänzung und Verlängerung der Geltungsdauer des Zulassungsbescheids vom 25.07.90" des Deutschen Instituts für Bautechnik werden folgende Regelungen vorgestellt:

Es gilt das Nachweiskonzept DIN 18800 Teil 1 (9.90). Die Beanspruchungen S_d sind aus den dort definierten Bemessungslasten zu ermitteln.

Zur Ermittlung der Beanspruchbarkeiten R_d sind die Tabellenwerte für die zulässigen Beanspruchungen mit dem Faktor 2,0 zu multiplizieren und durch den Sicherheitsbeiwert $\gamma_M = 1{,}33$ zu dividieren: man kann also gleich die zulässigen Werte mit 1,5 multiplizieren:

$$V_{R,d} = 1{,}5 \cdot zulF_Q \qquad \text{und} \qquad Z_{R,d} = 1{,}5 \cdot zulF_Z$$

wobei *hier* (im Gegensatz zum o.g. Bescheid) konsequent auch für die Querbeanspruchung die Bezeichnung V eingeführt wird.

Im übrigen bleiben bei Interaktion die Nachweisformen erhalten, so daß allgemein für Schraub- und Nietverbindungen gilt:

$$\frac{V}{V_{R,d}} + \frac{Z}{Z_{R,d}} \leq 1$$

Im Sonderfall der Setzbolzen gilt die Regelung:

$$\left(\frac{V}{V_{R,d}}\right)^2 + \left(\frac{Z}{Z_{R,d}}\right)^2 \leq 1$$

Die angegebenen Interaktionsformeln sind im o.g. Bescheid nur implizit enthalten.

V und Z sind Bemessungswerte entsprechend DIN 18800 Teil 1.

Im Ergebnis ändert sich durch die Umstellung für die Nachweise gegenüber früher nicht viel. Das gilt insbesondere für die Nachweise der Sicherheit gegen Abheben infolge Windsog.

Ständige Einwirkungen (Eigenlast), welche die Beanspruchung aus veränderlichen Einwirkungen (Windlasten) verringern, sind mit dem Teilsicherheitsbeiwert $\gamma_F = 1{,}0$ zu multiplizieren, Windlasten als veränderliche Einwirkung mit $\gamma_F = 1{,}5$.

Bei kombinierten Beanspruchungen (z.B. Windsog *und* Schubfeldwirkung) sind die Kombinationsbeiwerte γ_F bzw. $\psi_i \cdot \gamma_F$ entsprechend DIN 18800 Teil 1 zu berücksichtigen. Wirken Wind und Schnee gleichzeitig ein, so ist für die veränderlichen Einwirkungen der Kombinationsbeiwert $\psi = 0{,}9$.

In den Tabellen 1.2 bis 1.4 sind für selbstbohrende Schrauben, Setzbolzen und Blindniete beispielhaft die zulässigen Scherkräfte (Querkräfte) *zul* F_Q und die zulässigen Zugkräfte *zul* F_Z angegeben (Auszug aus [6]).

Selbstbohrende Schrauben

Infolge spezieller Spitzenausbildung sind selbstbohrende Schrauben in der Lage, ihr Kernloch selbst zu bohren, während das Gewinde nachfolgend durch Materialverdrängung geformt wird. Bohrschrauben können für Längsstoßverbindungen (Blech auf Blech) und für Befestigungen auf Unterkonstruktionen geringer Materialdicke (*max* t ist vom Schraubentyp abhängig) verwendet werden.

Tab. 1.2 **Zulässige Beanspruchung für selbstbohrende Schrauben** (Beispiel)

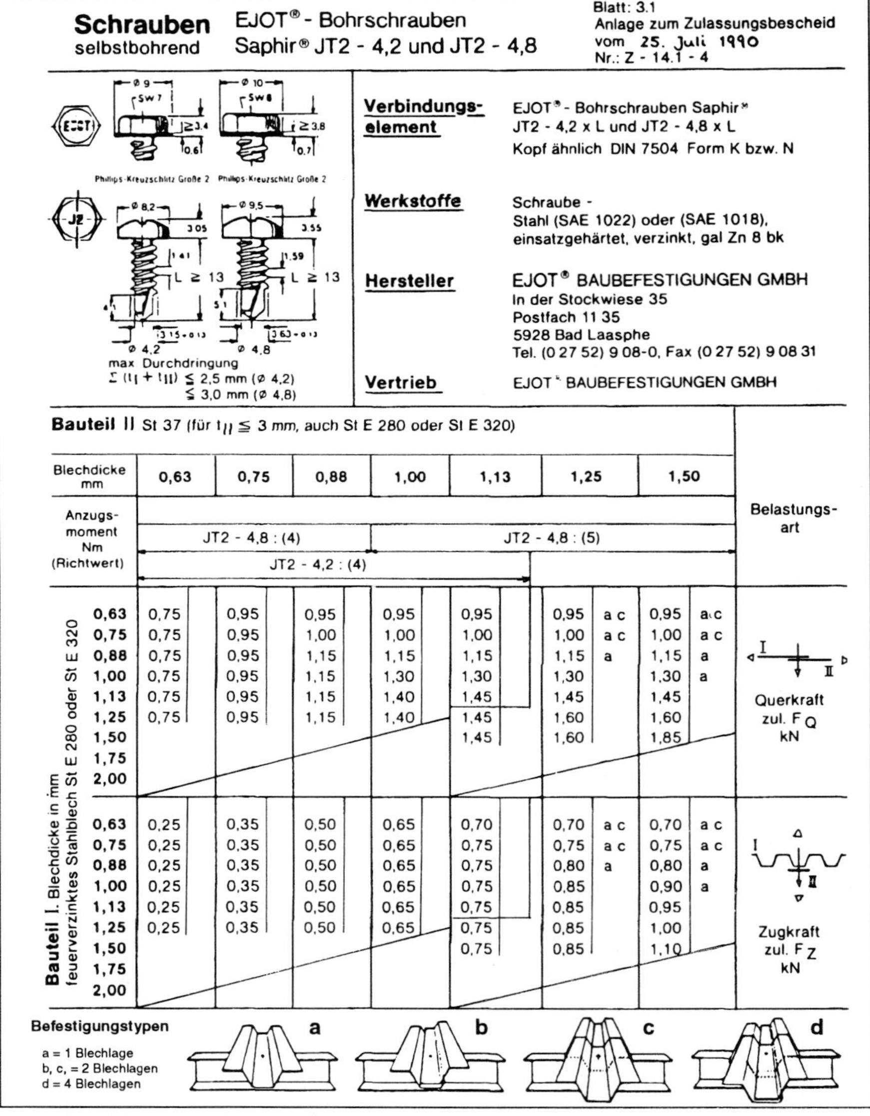

Schrauben selbstbohrend — EJOT® - Bohrschrauben Saphir® JT2 - 4,2 und JT2 - 4,8

Blatt: 3.1
Anlage zum Zulassungsbescheid
vom 25. Juli 1990
Nr.: Z - 14.1 - 4

Verbindungselement: EJOT® - Bohrschrauben Saphir® JT2 - 4,2 x L und JT2 - 4,8 x L; Kopf ähnlich DIN 7504 Form K bzw. N

Werkstoffe: Schraube - Stahl (SAE 1022) oder (SAE 1018), einsatzgehärtet, verzinkt, gal Zn 8 bk

Hersteller: EJOT® BAUBEFESTIGUNGEN GMBH, In der Stockwiese 35, Postfach 11 35, 5928 Bad Laasphe, Tel. (0 27 52) 9 08-0, Fax (0 27 52) 9 08 31

Vertrieb: EJOT® BAUBEFESTIGUNGEN GMBH

Bauteil II St 37 (für $t_{II} \leq$ 3 mm, auch St E 280 oder St E 320)

Blechdicke mm	0,63	0,75	0,88	1,00	1,13	1,25		1,50		Belastungsart
Anzugsmoment Nm (Richtwert)	JT2 - 4,8 : (4) / JT2 - 4,2 : (4)	JT2 - 4,8 : (4) / JT2 - 4,2 : (4)	JT2 - 4,8 : (4) / JT2 - 4,2 : (4)	JT2 - 4,8 : (5) / JT2 - 4,2 : (4)	JT2 - 4,8 : (5) / JT2 - 4,2 : (4)	JT2 - 4,8 : (5)		JT2 - 4,8 : (5)		
Bauteil I. Blechdicke in mm, feuerverzinktes Stahlblech St E 280 oder St E 320										
0,63	0,75	0,95	0,95	0,95	0,95	0,95	a c	0,95	a c	Querkraft zul. F_Q kN
0,75	0,75	0,95	1,00	1,00	1,00	1,00	a c	1,00	a c	
0,88	0,75	0,95	1,15	1,15	1,15	1,15	a	1,15	a	
1,00	0,75	0,95	1,15	1,30	1,30	1,30		1,30	a	
1,13	0,75	0,95	1,15	1,40	1,45	1,45		1,45		
1,25	0,75	0,95	1,15	1,40	1,45	1,60		1,60		
1,50					1,45	1,60		1,85		
1,75										
2,00										
0,63	0,25	0,35	0,50	0,65	0,70	0,70	a c	0,70	a c	Zugkraft zul. F_Z kN
0,75	0,25	0,35	0,50	0,65	0,75	0,75	a c	0,75	a c	
0,88	0,25	0,35	0,50	0,65	0,75	0,80	a	0,80	a	
1,00	0,25	0,35	0,50	0,65	0,75	0,85		0,90	a	
1,13	0,25	0,35	0,50	0,65	0,75	0,85		0,95		
1,25	0,25	0,35	0,50	0,65	0,75	0,85		1,00		
1,50					0,75	0,85		1,10		
1,75										
2,00										

Befestigungstypen
a = 1 Blechlage
b, c, = 2 Blechlagen
d = 4 Blechlagen

Die bei Querbeanspruchung infolge Temperatur ohne rechnerischen Nachweis zulässigen Befestigungstypen sind jeweils neben den zulässigen Kräften angegeben.
Bei Zwischenwerten der Bauteildicken I oder II ist jeweils die zulässige Quer- und Zugkraft der geringeren Bauteildicke zu wählen.

Setzbolzen

Mit Setzbolzen werden Bleche auf Stahlunterkonstruktionen von wenigstens 6 mm Dicke befestigt. Der Setzbolzen wird mittels Bolzensetzgerät und Treibkartuschen (Ladungsstärke abhängig von Blech und Festigkeit des Stahlträgers) in den Stahlträger (ohne Vorbohrung o.dgl.) eingetrieben.

Tab. 1.3 **Zulässige Beanspruchung für Setzbolzen** (Beispiel)

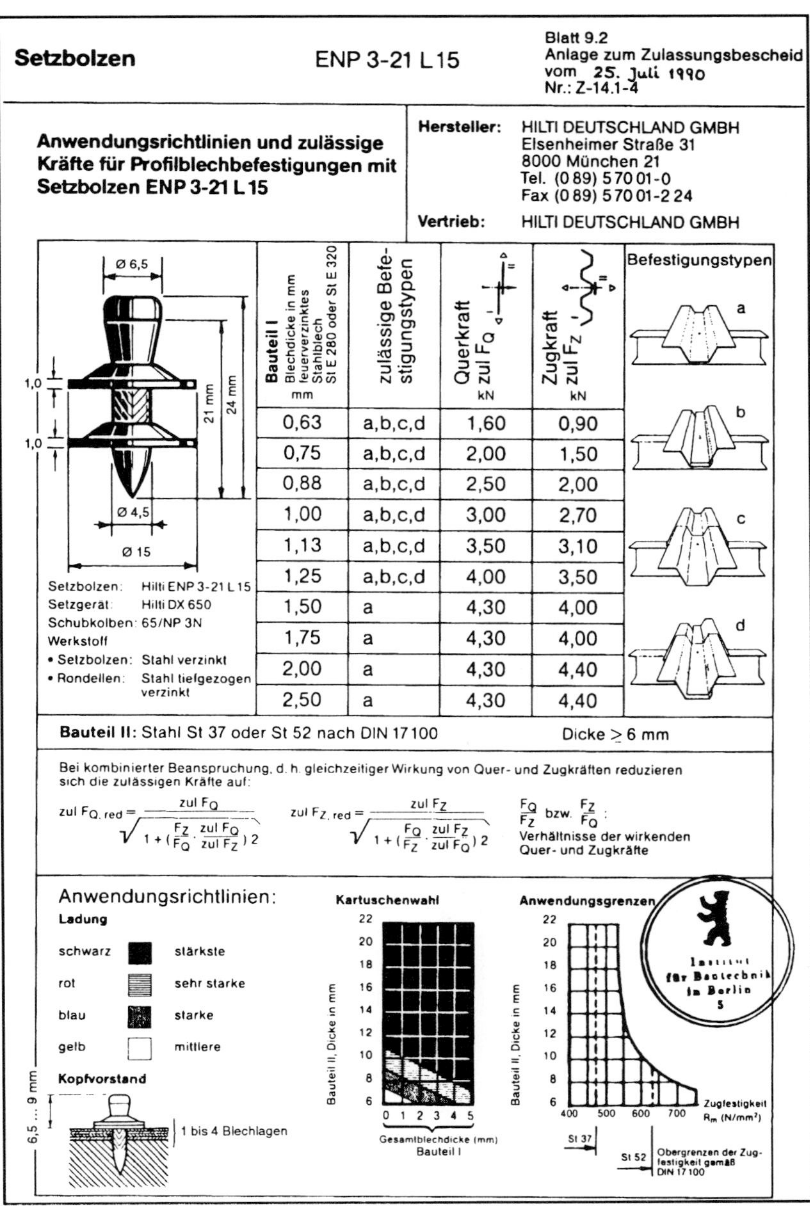

Setzbolzen ENP 3-21 L15

Blatt 9.2
Anlage zum Zulassungsbescheid
vom 25. Juli 1990
Nr.: Z-14.1-4

Anwendungsrichtlinien und zulässige Kräfte für Profilblechbefestigungen mit Setzbolzen ENP 3-21 L 15

Hersteller: HILTI DEUTSCHLAND GMBH
Elsenheimer Straße 31
8000 München 21
Tel. (0 89) 5 70 01-0
Fax (0 89) 5 70 01-2 24

Vertrieb: HILTI DEUTSCHLAND GMBH

Setzbolzen: Hilti ENP 3-21 L 15
Setzgerät: Hilti DX 650
Schubkolben: 65/NP 3N
Werkstoff
• Setzbolzen: Stahl verzinkt
• Rondellen: Stahl tiefgezogen verzinkt

Bauteil I Blechdicke in mm feuerverzinktes Stahlblech St E 280 oder St E 320 (mm)	zulässige Befestigungstypen	Querkraft zul F_Q (kN)	Zugkraft zul F_Z (kN)
0,63	a,b,c,d	1,60	0,90
0,75	a,b,c,d	2,00	1,50
0,88	a,b,c,d	2,50	2,00
1,00	a,b,c,d	3,00	2,70
1,13	a,b,c,d	3,50	3,10
1,25	a,b,c,d	4,00	3,50
1,50	a	4,30	4,00
1,75	a	4,30	4,00
2,00	a	4,30	4,40
2,50	a	4,30	4,40

Bauteil II: Stahl St 37 oder St 52 nach DIN 17100 Dicke ≥ 6 mm

Bei kombinierter Beanspruchung, d. h. gleichzeitiger Wirkung von Quer- und Zugkräften reduzieren sich die zulässigen Kräfte auf:

$$\text{zul } F_{Q,\text{red}} = \frac{\text{zul } F_Q}{\sqrt{1 + \left(\frac{F_Z}{F_Q} \cdot \frac{\text{zul } F_Q}{\text{zul } F_Z}\right)^2}} \qquad \text{zul } F_{Z,\text{red}} = \frac{\text{zul } F_Z}{\sqrt{1 + \left(\frac{F_Q}{F_Z} \cdot \frac{\text{zul } F_Z}{\text{zul } F_Q}\right)^2}}$$

$\frac{F_Q}{F_Z}$ bzw. $\frac{F_Z}{F_Q}$: Verhältnisse der wirkenden Quer- und Zugkräfte

Anwendungsrichtlinien:

Ladung

schwarz – stärkste
rot – sehr starke
blau – starke
gelb – mittlere

Kopfvorstand

Kartuschenwahl

Anwendungsgrenzen

Blindniete

Blindniete dienen der Verbindung dünner Bleche. Sie werden in vorgebohrte Löcher gesteckt und können mit speziellen, einfach zu handhabenden Vorrichtungen von einer Seite ohne Gegenhalten gesetzt werden (Kaltverformung).

Tab. 1.4 **Zulässige Beanspruchung für Blindniete** (Beispiel)

Niete POP-Blindniet ø 4,0

ø 2,30; 0,70 + 0,20; L = abhängig vom Klemmbereich; ⌀ 3,96 + 0,12 − 0,11; ⌀ 6,70 ± 0,30

Bauteil II St 37 (für $t_{II} \leq 3$ mm auch St E 280 oder St E 320)

Bauteil I Blechdicke in mm, feuerverzinktes Stahlblech St E 280 oder St E 320	Blechdicke mm	0,63	0,75	0,88	1,00	Belastungsart
	Bohrloch-Ø mm				4,1	
	0,63	0,65	0,65	0,65	0,65	Querkraft zul. F_Q kN
	0,75	0,65	0,80	0,90	0,90	
	0,88	0,65	0,80	1,00	1,00	
	1,00	0,65	0,80	1,00	1,20	
	1,13	0,65	0,80	1,00	1,20	
	1,25	0,65	0,80	1,00	1,20	
	1,50	0,65	0,80	1,00	1,20	
	1,75					
	2,00					
	0,63	0,25	0,25	0,25	0,25	Zugkraft zul. F_Z kN
	0,75	0,25	0,35	0,35	0,35	
	0,88	0,25	0,35	0,45	0,45	
	1,00	0,25	0,35	0,45	0,55	
	1,13	0,25	0,35	0,45	0,55	
	1,25	0,25	0,35	0,45	0,55	
	1,50	0,25	0,35	0,45	0,55	
	1,75					
	2,00					

Niete POP-Blindniet ø 4,8 - 8,1

Blatt 2.11
Anlage zum Zulassungsbescheid
vom 25. Juli 1990
Nr.: Z−14.1−4

⌀ 2,90; 1,00 + 0,30; L = abhängig vom Klemmbereich; ⌀ 4,75 + 0,13 − 0,10; ⌀ 8,10 + 0,30

Verbindungs-element	POP-Blindniet ø 4,8; Ni Cu
Werkstoffe	Hülse - Monel, Werkstoff-Nr. 2.4360 DIN 17 743 Dorn - Stahl verzinkt oder nichtrostender Stahl (im Auftragsfall angeben)
Hersteller	Gesellschaft für Befestigungstechnik GEBR. TITGEMEYER GmbH u. Co. KG Hannoversche Str. 97, 4500 Osnabrück Tel.: 0541/5822-0, Fax: 0541/586444
Vertrieb	GEBR. TITGEMEYER

Bauteil II St 37 (für $t_{II} \leq 3$ mm auch St E 280 oder St E 320)

Bauteil I Blechdicke in mm, feuerverzinktes Stahlblech St E 280 oder St E 320	Blechdicke mm	0,63	0,75	0,88	1,00	1,13	1,25	1,50	Belastungsart
	Bohrloch-Ø mm				4,9				
	0,63	0,75	0,75	0,75	0,75	0,75	0,75	0,75	Querkraft zul. F_Q kN
	0,75	0,75	0,95	0,95	0,95	0,95	0,95	0,95	
	0,88	0,75	0,95	1,25	1,25	1,25	1,25	1,25	
	1,00	0,75	0,95	1,25	1,55	1,55	1,55	1,55	
	1,13	0,75	0,95	1,25	1,55	2,05	2,05	2,05	
	1,25	0,75	0,95	1,25	1,55	2,05	2,05	2,05	
	1,50	0,75	0,95	1,25	1,55	2,05	2,05	2,05	
	1,75								
	2,00								
	0,63	0,30	0,30	0,30	0,30	0,30	0,30	0,30	Zugkraft zul. F_Z kN
	0,75	0,30	0,40	0,40	0,40	0,40	0,40	0,40	
	0,88	0,30	0,40	0,50	0,50	0,50	0,50	0,50	
	1,00	0,30	0,40	0,50	0,65	0,65	0,65	0,65	
	1,13	0,30	0,40	0,50	0,65	0,85	0,85	0,85	
	1,25	0,30	0,40	0,50	0,65	0,85	1,05	1,05	
	1,50	0,30	0,40	0,50	0,65	0,85	1,05	1,50	
	1,75								
	2,00								

Bei Zwischenwerten der Bauteildicken I oder II ist jeweils die zulässige Quer- und Zugkraft der geringeren Bauteildicke zu wählen

Aus konstruktiven und statischen Gründen sind für Verbindungselemente Kleinst- und Größtabstände einzuhalten (Tab. 1.5). Für die Auflagerung von Trapezprofilen gelten Mindestmaße für die Auflagerbreite (Tab. 1.6).

Tab. 1.5 **Abstände von Verbindungselementen**

Richtung der Befestigungslinie	Statische Funktion des Anschlußteils	Abstände der Verbindungselemente	
senkrecht zu den Profilrippen	Pfetten, Dachträger (Dachbinder)	$e \leq 2\ b_R$ / Dachränder: $e \leq b_R$	
	Pfetten und Dachträger im Schubfeld	$e \leq b_R$	
parallel zu den Profilrippen	Randversteifungsblech	$50\ \text{mm} \leq e_R \leq 333\ \text{mm}$	
	Randträger	$50\ \text{mm} \leq e_R \leq 666\ \text{mm}$	
	Schubfeldrand	$50\ \text{mm} \leq e_{R,L} \leq 666\ \text{mm}$	
	längsseitiger Überlappungsstoß		
Randabstände der Befestigungsmittel	zum Längsrand der Profiltafel	$e \geq 10$ mm	$e \geq 1{,}5\ d_L$
	zum Querrand der Profiltafel	$e \geq 20$ mm	$e \geq 2\ d_L$

Tab. 1.6 **Mindestauflagerbreiten bei befestigten Auflagern**

Art der Unterkonstruktion	Endauflagerbreite *min* a	Zwischenauflagerbreite *min* b
Stahl, Stahlbeton	40 mm	60 mm
Mauerwerk	100 mm	100 mm
Holz	60 mm	60 mm

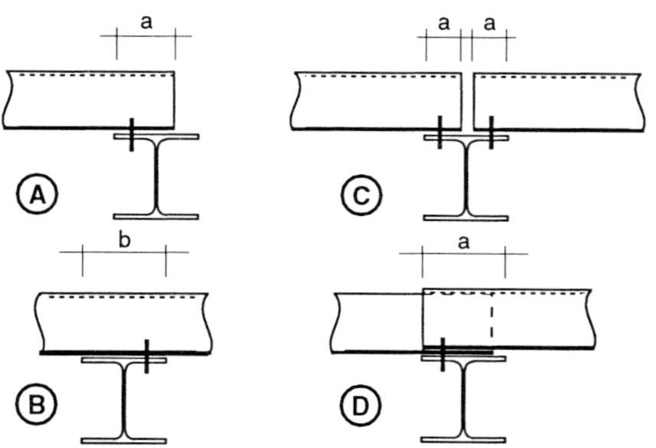

Bei Endauflagerung “A” ist jede Profilrippe anzuschließen.

Bei Zwischenauflagerung “B”, “C”, “D” muß wenigstens jede 2. Profilrippe angeschlossen werden. Bei Schubfeldern muß auch hier jede Profilrippe angeschlossen werden.

Zur Reduzierung gegenseitiger Verformung der Blechenden wird auch bei “C” und “D” Anschluß in jeder Profilrippe empfohlen.

Im übrigen sind die statischen Erfordernisse (Windsog!) zu beachten!

Randauflager
Befestigungsmittel: Setzbolzen oder Schrauben

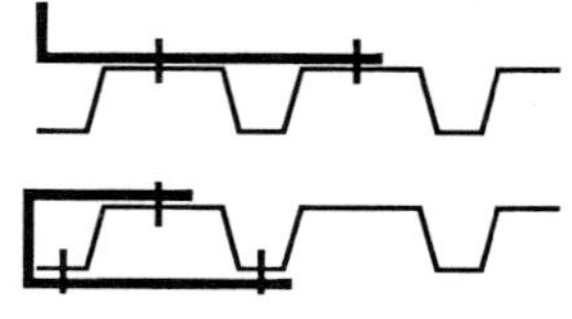

Randversteifung
Aussteifungsbleche parallel zur Spannrichtung: *min* t = 1 mm
Befestigungsmittel: Blindniete oder gewindefurchende Schrauben (dürfen versetzt angeordnet werden)

Bild 1.4 **Befestigung und Randausbildung von Trapezprofilen**

Bei Befestigung der Trapezprofile auf Beton oder Mauerwerk sind zusätzliche Einbauteile (z.B. Ankerschienen) erforderlich.

1.1.4 Nachweise für Trapezprofile

Norm: DIN 18807 - Trapezprofile im Hochbau - Stahltrapezprofile.

Teil 1: Allgemeine Anforderungen. Tragfähigkeitswerte durch Berechnung (6.87).
Teil 2: Durchführung und Auswertung von Tragfähigkeitsversuchen (6.87).
Teil 3: Festigkeitsnachweis und konstruktive Ausbildung (6.87).
Für Teil 1 bis 3 gilt derzeit die Anpassungsrichtlinie A1 (5.01).
Teil 9: Aluminium-Trapezprofile und ihre Verbindungen ... (2.95).

DASt-Richtlinie 016: Bemessung und konstruktive Gestaltung von Tragwerken aus dünnwandigen kaltgeformten Bauteilen (7.88) gilt zwar grundsätzlich, wird aber wegen der speziell entwickelten Bemessungsverfahren für Trapezprofile nicht angewendet.

Trapezprofile sind so zu bemessen, daß sowohl ausreichende Tragsicherheit als auch ausreichende Gebrauchstauglichkeit gegeben sind.

Die Tragfähigkeitswerte dürfen sowohl durch Berechnung für die Profilformen (DIN 18807 Teil 1) als auch durch Versuche (DIN 18807 Teil 2) ermittelt werden.

Mindestdicken

Je nach Anwendungsbereich sind bei Stützweiten L > 1,5 m folgende Nennblechdicken einzuhalten:

Dächer	tragende Teile	*min* t = 0,75 mm
	nichttragende Dachdeckung	*min* t = 0,63 mm
	wegen Begehbarkeit während der Montage wird *empfohlen*	*min* t = 0,88 mm
Decken	tragende Teile	*min* t = 0,88 mm
	verlorene Schalung für Betondecken	*min* t = 0,75 mm
Wände und Wandverkleidungen		*min* t = 0,50 mm
Distanzprofile		*min* t = 0,88 mm

Verformungen

Die Durchbiegungen von Profiltafeln sind je nach Anwendungsbereich zu begrenzen für:

Dächer unter Vollast (Eigenlast + Verkehrslast):

- mit oberseitiger Abdichtung (Warmdach) — *max* w ≤ L/300
- als Wetterhaut — *max* w ≤ L/150

Wände und Wandbekleidungen unter Windlast — *max* w ≤ L/150

Geschoßdecken mit *vollausbetonierten* Rippen und Spannweiten ≥ 3,0 m unter Verkehrslast p im untersuchten Feld,
alle übrigen Felder bleiben unbelastet — *max* $w_p \leq L/300$

Sonstige Geschoßdecken mit Spannweiten ≥ 3,0 m unter Verkehrslast p im untersuchten Feld,
alle übrigen Felder bleiben unbelastet — *max* $w_p \leq L/500$

Insbesondere für Dächer mit oberseitiger Abdichtung ist die Durchbiegungsbeschränkung wesentliche Voraussetzung für die Erhaltung der Funktionsfähigkeit.

Für den Nachweis der Gebrauchstauglichkeit sind außerdem in den Typenblättern angegebene Grenzstützweiten L_{gr} (siehe Abschnitt 1.2.2) einzuhalten.

1.2 Trapezprofile für Dächer

1.2.1 Ausführung

Trapezprofile sind in Positivlage oder umgekehrt in Negativlage verwendbar (Bild 1.5). Die Negativlage wird eingesetzt, wenn die Dachhaut als Wetterhaut fungiert; der Längsstoß liegt dann oben.

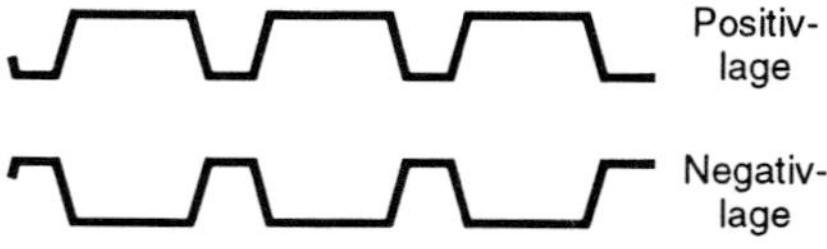

Bild 1.5 **Positiv- und Negativlage**

Trapezprofile können einschalig mit oder ohne Wärmedämmung oder mehrschalig mit zwischenliegender Wärmedämmung verwendet werden.

Kaltdach: Dach ohne Wärmedämmung (Negativlage): z.B. für Tankstellenüberdachungen (Bild 1.6). Die Dachunterfläche muß stets gut durchlüftet sein. Wegen Kondenswasserbildung *nie für geschlossene Hallen* verwenden! Trapezprofile in (zumindest leichtem) Gefälle verlegen; Verlegerichtung beachten! Das Trapezprofil kann *unter* die tragende Konstruktion untergehängt werden (glatte Untersicht). Bei Regen (oder Hagel!) starke Geräuschentwicklung.

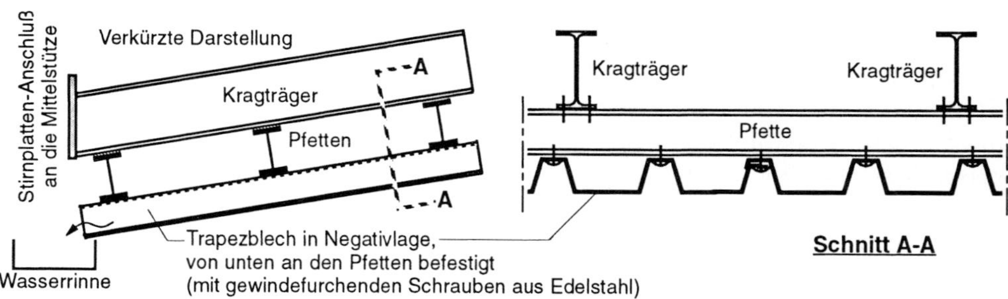

Bild 1.6 **Kaltdach mit Trapezprofilen** (z.B. für Tankstellenüberdachung)

Warmdach: *auf* dem Trapezprofil liegende Wärmedämmung mit Wetterhaut. Gebräuchliche Ausführung für Hallendächer (Bild 1.7). Verlegerichtung beliebig. Dampfsperre unter der Dämmung verhindert deren Durchfeuchtung bei Wasserdampfsättigung; Durchfeuchtung würde die Dämmung unwirksam machen.

Doppelschaliges, wärmegedämmtes Dach: oberes Trapezprofil wie Kaltdach, bildet optimalen Wetterschutz; unteres Trapezprofil wie Warmdach. Wegen hoher Kosten ist diese Ausführung weniger gebräuchlich.

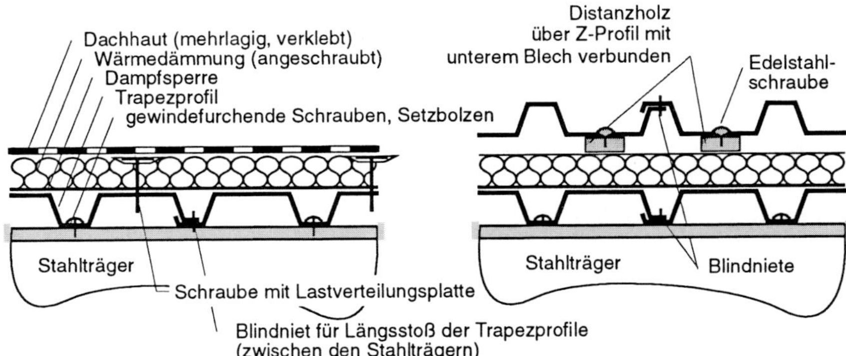

Bild 1.7 **Einschaliges und zweischaliges wärmegedämmtes Trapezprofildach**

Einige praktische Hinweise zum Warmdach

Blechdicke. Die nach Norm und statischen Erfordernissen mögliche Mindestdicke der Bleche hat sich öfter für die tatsächliche Gebrauchstauglichkeit als zu gering herausgestellt. Windböen bei geöffneten Hallentoren (Unterwind!) und Sogwellen von Überschall-Flugzeugen können erhebliche Sogwirkung auf der Dachoberfläche ergeben; daraus resultierende Erschütterungen und plötzliche Verformungen der Dachhaut sind geeignet, Verklebungen der Dachhaut und andere Befestigungen dauerhaft zu schädigen.

Die Empfehlung geht deshalb auf die Wahl etwas größerer Blechdicke als statisch erforderlich bzw. die Einhaltung einer Durchbiegung von etwa $w \leq L/500$, wenn die zu berücksichtigende Schneelast nur $s = 0{,}75\ kN/m^2$ ist.

Verlegearbeiten. Auf das Trapezblech wird als Haftmaterial benzinverdünntes Bitumen aufgespritzt oder gestrichen. Die Dampfsperre (gegen Tauwasserbildung) ist eine Elastomerbahn, die auf den Hochrippen des Trapezbleches punktweise verschweißt wird (Heißluft oder Flamme). Wärmedämmung: Rollbahnen oder Verlegeplatten; Befestigung auf dem Trapezblech mittels selbstschneidender VA-Schrauben und trittsicheren Lastverteiltellern (damit die Abdichtung nicht durchgetreten werden kann). Das Durchbohren der Dampfsperre mit den Befestigungsnägeln beeinträchtigt die Funktion derselben nicht wesentlich.

Achtung: frische Dämmplatten können schrumpfen; deshalb sollen sie bei der Verarbeitung 4 bis 6 Monate abgelagert sein. Auch die Schraubbefestigung soll ein Zurückschrumpfen verhindern (bei Klebbefestigung erhält man an den Dachrändern bei großen Dachflächen bis 15 cm Schrumpfung!).

Material der Dämmung: mineralisch oder Schaumstoff (PS oder PUR). Über die Dicke der Dämmschicht entscheiden die Anforderungen der Wärmeschutz-VO: es sind i.a. wenigstens 100 mm erforderlich, Richtwert: 140 mm (Gewicht ca. 10 - 25 kg/m^2). Außerdem ist auf ausreichende Festigkeit für Begehbarkeit zu achten.

Die Abdichtung des Daches nach oben erfolgt durch mehrlagige, verklebte Bitumen- oder Elastomerbahnen, die auch mit der darunterliegenden Dämmung lediglich verklebt werden; eine mechanische Befestigung ist hier wegen der damit stattfindenden Verletzung der Dichtungsbahnen nicht sinnvoll. - Neuerdings werden auch einlagige mechanisch befestigte Bahnen verwendet.

Die früher übliche Bekiesung der Abdichtung (gegen Aufheizung der Dachhaut) hat sich nicht immer bewährt. An den Dachrändern und Ecken besteht bei Sturm die Gefahr, daß der Kies vom Dach geblasen wird. Abhilfe: befestigte Randstreifen (zusätzliches Gewicht!). - Modern gefertigte Dachdichtungsbahnen sollen auch ohne Bekiesung gegen UV-Strahlen und Verschmutzung beständig sein.

Extensivbegrünung. Grüne Dächer sind nicht nur eine Frage des angenehmeren Aussehens und der Rückgabe von Lebensraum für Pflanzen und Tiere. Sie bewirken auch die Zurückhaltung des Niederschlagswassers und entlasten dadurch die Kläranlagen. Der "Flächenversiegelung" und Hochwassergefahr wird somit entgegengewirkt. Begrünte Dächer haben eine hohe Lebensdauer. Der Grünaufbau verbessert auch die Wärmedämmung.

Als Dichtungsfolie ist eine gegen Wurzeldurchdringung resistente Spezialfolie erforderlich. Hierauf wird ein Substrat von wenigstens 6 cm Dicke aufgebracht (Lava, Schiefer, Ziegelsplitt, Hochofenschlacke). Für das Einsäen gibt es Spezialsahmen.

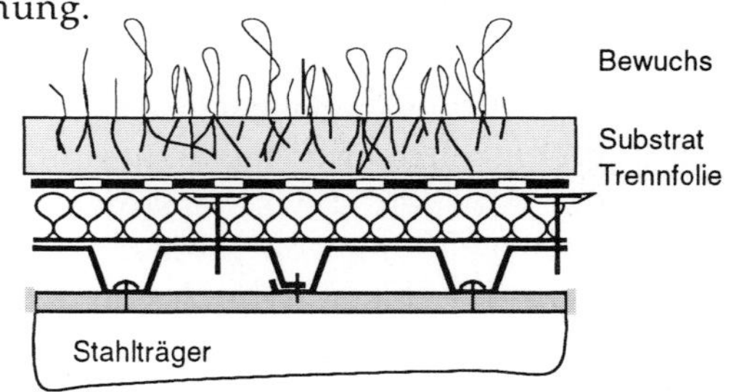

Bild 1.8 **Extensivbegrünung** (Beispiel)

Die Wasserrückhaltung beträgt bei 6 cm Substratdicke etwa 75 l/m^2, das Rechengewicht macht mit Pflanzen und Saugwasser dann etwa 150 kg/m^2. Es gibt auch spezielle Kunststoffplatten mit Regenreservoirs; dann gelangt praktisch kein Niederschlagswasser mehr in die Kanalisation, weil das zurückgehaltene Wasser verdunstet. Verringerte Abwassergebühren und erhöhte Lebensdauer des Daches können die höheren Herstellungskosten auf lange Zeit gesehen auffangen.

Wegen der Lagesicherung des begrünten Daches bei Sturm (Windsog) wird insbesondere für hohe Bauten (über 20 m) empfohlen, Rand- und besonders Eckbereiche des Daches mit Betonplatten auszulegen. Bei gleichmäßig verwurzelter Begrünung gibt es ansonsten erfahrungsgemäß keine Probleme mit Windsog. Schäden können auftreten, solange der Bewuchs noch nicht fest verwurzelt ist.

Während des Aufpflanzens bedarf das begrünte Dach der Pflege (Kontrolle des Anwuchses, Bewässerung, Nachbringen von Pflanzen und Substrat), später genügt meist eine jährliche Wartung.

Intensivbegrünung. Sofern Stauden, Sträucher oder kleine Bäume auf dem Dach angepflanzt werden sollen, muß die Substrat- und Humusanschüttung wenigstens 30 bis 50 cm betragen. Die Dachlast wird deshalb wesentlich höher als bei Extensivbegrünung. Die Intensivbegrünung bedarf stetiger Pflege.

1.2.2 Tragsicherheitsnachweis für Auflasten

Vertikale Einwirkungen sind ständige Lasten (Eigenlast, Wärmedämmung, Abdichtung, Begrünung, ...) und Schnee. Winddrucklasten wirken senkrecht zur Dachfläche und sind erst bei Dachneigungen $\alpha > 25°$ anzusetzen.

Wegen der sehr geringen Blechdicke spielt ausreichende Beulsicherheit eine wesentliche Rolle. Dafür sind Kanten und Sicken der Profile wichtig. Für die mitwirkenden Breiten im Druckbereich werden spezielle Beziehungen angegeben.

Bei den in der Geometrie meist komplizierten Querschnitten ist oftmals nur eine approximative Annäherung an die Spannungsverteilung möglich. Die Berechnung ist schwierig, aufwendig und ohne Spezialprogramme für die Alltagspraxis nicht zumutbar und auch nicht erforderlich.

Die Herstellerfirmen geben zu ihren Profilen typengeprüfte Werte für "aufnehmbare Tragfähigkeitswerte" (gemeint sind "charakteristische Werte der Tragfähigkeit") an. An den Zwischenstützen sind die aufnehmbaren Werte als Interaktionsbeziehung von Moment und Auflagerkraft zu ermitteln; die aufnehmbare Auflagerkraft ist auch von der Auflagerbreite abhängig.

Bisher war die in DIN 18807 geforderte Tragsicherheit $\gamma = 1{,}7$. Die Schnittgrößen aus den γ-fachen Einwirkungen waren den "aufnehmbaren Tragfähigkeitswerten" gegenüberzustellen.

Die Anpassungsrichtlinie zu DIN 18800, 7.95, ändert das Nachweiskonzept:

- Auf der Einwirkungsseite stehen die γ_F-fachen Gebrauchslasten entsprechend DIN 18800 Teil 1.
- Auf der Widerstandsseite entsprechen die nachfolgend aufgeführten und tabellierten "aufnehmbaren Tragfähigkeitswerte" den *charakteristischen* Größen für die Beanspruchbarkeit:

  M_{dF} - $R_{A,T}$ - $R_{A,G}$ - M_d^0 mit Beiwert C - *max* M_B - *max* R_B - *max* M_R

Die Tragsicherheit kann gemäß DIN 18800 Teil 1 nach dem Verfahren E-E nachgewiesen werden. Der zusätzlich zu führende Nachweis der Gebrauchstauglichkeit beschränkt sich dann auf den Nachweis der Durchbiegung.

Die Bezeichnungen für Einwirkungen und Widerstandswerte sind nachfolgend entsprechend [7] gewählt. Hier wird insbesondere die Einwirkungsseite durch den Index "S" hervorgehoben, der üblicherweise meist weggelassen wird. Dafür fehlt "R" auf der Widerstandsseite, um Verwechslungen mit R als Auflagerkraft zu vermeiden. Verbesserte Bezeichnungen finden sich in [4].

Die Nachweise im Verfahren E-E lauten im einzelnen:

Feldmoment $\frac{M_{F,S,d}}{M_{F,d}} \le 1$ und bei Durchlaufsystemen außerdem:

Stützmoment $\frac{M_{B,S,d}}{M_{B,d}} \le 1$ mit $M_{B,d} \le maxM_{B,d}$

und $M_{B,d} \le M^0_{B,d} - \left(\frac{R_{B,S,d}}{C_d}\right)^{\varepsilon}$

d.h.: im Nachweis ist der *kleinere* der beiden Widerstandswerte für $M_{B,d}$ einzusetzen!

Je nach Profil geben die Typenblätter $\varepsilon = 1$ oder $\varepsilon = 2$ an. Dies charakterisiert die Interaktionsbeziehung zwischen Stützmoment und zugeh. Auflagerkraft (linear oder quadratisch).

Auflagerkräfte $\frac{R_{A,S,d}}{R_{A,G,d}} \le 1$ und $\frac{R_{B,S,d}}{R_{B,d}} \le 1$

Die Beanspruchbarkeiten gehen aus den Tabellenwerten in den Typenblättern hervor. Die dort angegebenen Werte entsprechen den *charakteristischen* Größen auf der Widerstandsseite. Für die Umrechnung ist $\gamma_M = 1{,}1$ zu setzen:

$M_{F,d} = M_{dF}/\gamma_M$ Feldmoment

$maxM_{B,d} = maxM_B/\gamma_M$ Stützmoment

$M^0_{B,d} = M^0_d/\gamma_M$ Rechenwert für Interaktion Stützmoment-Lagerkraft

$R_{A,G,d} = R_{A,G}/\gamma_M$ Auflagerkraft am Ende einer Blechtafel

$R_{B,d} = maxR_B/\gamma_M$ Auflagerkraft an einer Innenstütze (bei DLT)

C_d Beiwert für die Interaktion Stützmoment-Auflagerkraft, je nach ε mit unterschiedlicher Dimension behaftet!

Es gilt für $\varepsilon = 1$ $C_d = C$ [1/m]

$\varepsilon = 2$ $C_d = C/\sqrt{\gamma_M}$ [$kN^{1/2}/m$]

Die Beanspruchbarkeiten berücksichtigen sowohl die Blechspannungen wie auch das Beul- und Krüppelverhalten an den Auflagern.

Wenn der Nachweis E-E nicht gelingt, ist bei Durchlaufsystemen auch ein Nachweis P-P möglich. Das Stützmoment kann zur Momenten-Umlagerung auf ein Reststützmoment M_R abgemindert werden. DIN 18807 fordert dann ergänzend einen Gebrauchstauglichkeitsnachweis für die (größer werdenden) Auflagerkräfte am Rand und für die Feldmomente, allerdings unter reduzierten Einwirkungen. Siehe hierzu DIN 18807 Teil 3 und [8].

Bei gleichzeitig mit Biegung auftretenden Zug- oder Druckkräften sind weitergehende Interaktionsbeziehungen einzuhalten. Auch für den Nachweis von Linien- oder Einzellasten gelten besondere Bedingungen. Siehe DIN 18807 Teil 3.

Nachweise für Verformungen (Durchbiegung) sind - wie auch sonst üblich - mit den Einwirkungen aus Gebrauchslasten und den charakteristischen Widerstandgrößen zu führen.

Ermittlung zulässiger Belastungen mit Tabellen

Weit einfacher - und für die Praxis meist ausreichend - ist die Bestimmung *zulässiger* Belastungen mit Hilfe typengeprüfter Tabellen der Hersteller. Die Tabellen sind i.a. für Einfeld-, Zweifeld- und Dreifeldträger aufgestellt.

Es ist zu beachten, daß es sich bei den *zulässigen Belastungen* um Werte für die *Gebrauchslasten* handelt. Diesen zulässigen Werten sind also direkt die Lastwerte aus DIN 1055 gegenüberzustellen.

Die zulässigen Werte sind in den Tabellen abgestuft für die Einhaltung der Durchbiegungen L/150, L/300 und L/500 sowie auf den reinen Tragsicherheitswert (dann also *ohne* Berücksichtigung von Durchbiegungsbeschränkungen). Welche Werte einzuhalten sind, ergibt sich aus den Forderungen in der Norm bzw. aus konstruktiven Überlegungen.

Nachfolgend sind auszugsweise und beispielhaft für 2 verschiedene Trapezprofil-Typen (100/275 und 135/310, jeweils in Positivlage) Typenblätter und Belastungstabellen eines Herstellers (Fa. Fischer Profil GmbH, 57250 Netphen-Deutz) wiedergegeben, siehe Tab. 1.7 bis 1.12.

Dachschräge

Bei Dachneigungen $\alpha > 30°$ sind konstruktive Maßnahmen zur Aufnahme des Dachschubs vorzusehen.

Grenzstützweite

Nach DIN 18807 Teil 2, 3.7 und 7.7, ist für Trapezprofile durch Versuche mit den dort angegebenen Belastungsbildern und Beurteilungskriterien eine Grenzstützweite L_{gr} festzulegen. Damit soll die Begehbarkeit durch Einzelpersonen bei und nach der Montage gewährleistet sein. Für Einfeldträger ermittelte Grenzstützweiten dürfen für Durchlaufsysteme um 25 % erhöht werden.

Statt Einhaltung der (in Typen- und Lastblättern angegebenen) Grenzstützweite darf die Anwendung lastverteilender Maßnahmen vorgeschrieben werden!

Kippsicherung der Unterkonstruktion

Biegebeanspruchte Träger mit I-förmigem Querschnitt bis 200 mm Höhe gelten ohne Nachweis durch die Profiltafeln als hinreichend ausgesteift, wenn diese mit dem gedrückten Gurt verbunden sind (DIN 18807 Teil 3, 3.3.3.8). Für diese Träger muß also kein Nachweis auf Biegedrillknicken geführt werden.

Tab. 1.7 **Trapezprofil Fischer FI 100/275 - Positivlage**
Querschnitts- und Schubfeldwerte gemäß bauaufsichtlichem Prüfbescheid

Stahltrapezprofil Typ **FI 100/275**

Querschnitts- und Bemessungswerte nach DIN 18 807

Profiltafel in **Positivlage**

Maße in mm
M = 1 : 10

Radien:
r = 5 mm

Anlage Nr. 3.1 zum Prüfbescheid
Als Typenentwurf
in bautechnischer Hinsicht geprüft
Prüfbescheid-Nr. II B4-543-16
Ministerium für Bauen und Wohnen
- PRÜFAMT FÜR BAUSTATIK -
Düsseldorf, den 25.6.1992

Im Auftrag Der Bearbeiter

Nennstreckgrenze des Stahlkerns $\beta_{S,N}$ = 320 N/mm²

Maßgebende Querschnittswerte

Nennblechdicke t_N [mm]	Eigenlast g [kN/m²]	Biegung [1] I^+_{ef} [cm⁴/m]	I^-_{ef} [cm⁴/m]	Normalkraftbeanspruchung, nicht reduzierter Querschnitt A_g [cm²/m]	i_g [cm]	z_g [cm]	mitwirkender Querschnitt [2] A_{ef} [cm²/m]	i_{ef} [cm]	z_{ef} [cm]	Grenz-Stützweiten [3] L_{gr} [m] Einfeldträger	Mehrfeldträger
0,75	0,090	155,1	155,1	10,34	3,76	3,77	4,16	4,34	4,54	4,70	5,87
0,88	0,106	170,3	170,3	12,24	3,76	3,77	5,61	4,30	4,50	5,79	7,24
1,00	0,120	191,4	191,4	13,98	3,76	3,77	7,01	4,28	4,42	6,80	8,50
1,13	0,136	226,6	226,6	15,88	3,76	3,77	8,62	4,24	4,33	7,72	9,65
1,25	0,150	274,5	274,5	17,63	3,76	3,77	10,19	4,22	4,25	8,57	10,71
1,50	0,180	331,3	331,3	21,27	3,76	3,77	13,52	4,13	4,05	10,35	12,93

Schubfeldwerte

t_N [mm]	min L_S [4] [m]	zul T_1 [kN/m]	zul T_2 [kN/m]	zul $T_3 = G_S/750$ [kN/m]: L_G [5] [m]	$G_S = 10^4/(K_1 + K_2/L_S)$: K_1 [m/kN]	K_2 [m²/kN]	K_3 [6] [–]	zul F_t [7], Einleitungslänge a: ≥ 130 mm [kN]	≥ 280 mm [kN]
Ausführungen nach DIN 18 807 Teil 3, Bild 6									
0,75	4,04	1,67	1,71	4,99	0,259	38,64	0,41	9,0	12,0
0,88	3,71	2,14	2,61	4,23	0,219	25,38	0,44	10,6	14,2
1,00	3,47	2,62	3,64	3,71	0,191	18,18	0,47	12,2	16,2
1,13	3,26	3,17	5,00	3,28	0,169	13,23	0,50	13,8	18,4
1,25	3,09	3,71	6,49	2,96	0,152	10,19	0,53	15,3	20,5
1,50	2,81	4,91	10,38	2,46	0,126	6,37	0,58	18,5	24,7
Ausführungen nach DIN 18 807 Teil 3, Bild 7									
0,75	4,15	3,22	1,63	4,11	0,259	32,61	0,60	9,0	12,0
0,88	3,82	4,14	2,48	4,15	0,219	21,42	0,60	10,6	14,2
1,00	3,57	5,06	3,46	4,19	0,191	15,34	0,60	12,2	16,2
1,13	3,35	6,12	4,75	4,24	0,169	11,17	0,60	13,8	18,4
1,25	3,18	7,16	6,17	4,28	0,152	8,60	0,60	15,3	20,5
1,50	2,90	9,48	9,87	4,20	0,126	5,38	0,60	18,5	24,7

1) Effektive Trägheitsmomente für Lastrichtung nach unten (+) bzw. oben (–).

2) Mitwirkender Querschnitt für eine konstante Druckspannung $\delta = \beta_{S,N}$.

3) Maximale Stützweiten, bis zu denen das Trapezprofil als tragendes Bauteil von Dach- und Deckensystemen verwendet werden darf.

4) Bei Schubfeldlängen L_S < min L_S müssen die zulässigen Schubflüsse reduziert werden.

5) Bei Schubfeldlängen $L_S > L_G$ ist zul. T_3 nicht maßgebend.

6) Auflager-Kontaktkräfte $R_S = K_3 \cdot \gamma \cdot T$; (T = vorhandener Schubfluß in [kN/m]).

7) Einzellast gemäß DIN 18 807 Teil 3, Abschnitt 3.6.1.5

Tab. 1.8 **Trapezprofil Fischer FI 100/275 - Positivlage**
Bemessungswerte gemäß bauaufsichtlichem Prüfbescheid

Stahltrapezprofil Typ **FI 100/275**

Querschnitts- und Bemessungswerte nach DIN 18807 Teil 2

Profiltafel in **Positivlage**

Anlage Nr. 3.2 zum Prüfbescheid
Als Typenentwurf
in bautechnischer Hinsicht geprüft
Prüfbescheid-Nr. 3. P-30-164/91
LANDESPRÜFAMT FÜR BAUSTATIK
Düsseldorf, den 11.3.1991

Der Leiter I.V. [Unterschrift] Der Bearbeiter [Unterschrift]

LANDESPRÜFAMT FÜR BAUSTATIK · DÜSSELDORF ·

Aufnehmbare Tragfähigkeitswerte für nach unten gerichtete und andrückende Flächen-Belastung [1]

Nennblechdicke	Feldmoment	Endauflagerkräfte		Elastisch aufnehmbare Schnittgrößen an Zwischenauflagern [5]				Reststützmomente [6]		
		Tragfähigkeit	Gebrauchsfähigkeit	max $M_B \geq M_B \leq M_d^o - (R_B/C)^\varepsilon$		maximales Stützmoment	maximale Zwischenauflagerkraft	$M_R = 0$ für $L \leq \min l$; $M_R = \frac{L - \min l}{\max l - \min l} \cdot \max M_R$; $M_R = \max M_R$ für $L \geq \max l$		
t_N [mm]	M_{dF} [kNm/m]	$R_{A,T}$ [kN/m]	$R_{A,G}$ [kN/m]	M_d^o [kNm/m]	C [kN$^{1/2}$/m]	max M_B [kNm/m]	max R_B [kN/m]	min l [m]	max l [m]	max M_R [kNm/m]
		[2] $b_A + ü = 40$ mm		[3] Zwischenauflagerbreite $b_B = 60$ mm; $\varepsilon = 2$ [C] = kN$^{1/2}$/m						
0,75	4,50	8,16	6,24	6,42	9,42	5,21	15,38	4,0	4,0	1,82
0,88	6,73	12,14	9,28	8,51	11,55	7,02	21,38	4,0	4,0	3,68
1,00	9,06	16,19	12,38	10,83	13,23	8,99	27,53	4,0	4,0	6,18
1,13	11,82	20,86	15,95	13,59	15,60	11,45	35,93	4,0	4,0	9,92
1,25	14,58	25,30	19,35	16,37	18,41	14,04	45,62	4,0	4,0	14,44
1,50	17,59	30,53	23,35	19,76	20,22	16,95	55,05	4,0	4,0	17,42
		[2][4] $b_A + ü \geq$ mm		[4] Zwischenauflagerbreite $b_B \geq 140$ mm; $\varepsilon = 2$ [C] = kN$^{1/2}$/m						
0,75				8,57	10,15	6,78	19,44	4,0	4,0	1,82
0,88				11,57	12,44	9,32	27,35	4,0	4,0	3,68
1,00				14,18	15,22	11,78	36,20	4,0	4,0	6,18
1,13				16,70	18,96	14,46	47,87	4,0	4,0	9,92
1,25				18,77	24,45	16,88	60,78	4,0	4,0	14,44
1,50				22,65	26,86	20,36	73,35	4,0	4,0	17,42

Aufnehmbare Tragfähigkeitswerte für nach oben gerichtete und abhebende Flächen-Belastung [1][6]

Nennblechdicke	Feldmoment	Befestigung in jedem anliegenden Gurt					Befestigung in jedem 2. anliegenden Gurt				
		Endauflager	Zwischenauflagerbreite [5], $\varepsilon =$				Endauflager	Zwischenauflager [5], $\varepsilon =$			
t_N [mm]	M_{dF} [kNm/m]	R_A [kN/m]	M_d^o [kNm/m]	C [kN$^{1/2}$/m]	max M_B [kNm/m]	max R_B [kN/m]	R_A [kN/m]	M_d^o [kNm/m]	C [kN$^{1/2}$/m]	max M_B [kNm/m]	max R_B [kN/m]
0,75	5,40	8,16			7,72	15,30	4,08			3,86	7,65
0,88	7,81	12,14			10,10	21,35	6,07			5,05	10,68
1,00	10,24	16,19			12,67	27,42	8,10			6,34	13,71
1,13	13,01	20,86			15,90	35,33	10,43			7,95	17,67
1,25	15,64	25,30			19,35	44,03	12,65			9,68	22,02
1,50	18,88	30,53			23,34	53,13	15,27			11,67	26,57

[1] An den Stellen von Linienlasten quer zur Spannrichtung und von Einzellasten ist der Nachweis nicht mit dem Feldmoment M_{dF}, sondern mit dem Stützmoment M_B für die entgegengesetzte Lastrichtung zu führen.

[2] $b_A + ü$ = Endauflagerbreite + Profiltafelüberstand.

[3] Für kleinere Zwischenauflagerbreiten b_B als angegeben müssen die aufnehmbaren Tragfähigkeitswerte linear im entsprechenden Verhältnis reduziert werden. Für $b_B < 10$ mm, z.B. bei Rohren, dürfen die Werte für $b_B = 10$ mm eingesetzt werden.

[4] Bei Auflagerbreiten, die zwischen den aufgeführten Auflagerbreiten liegen, dürfen die aufnehmbaren Tragfähigkeitswerte jeweils linear interpoliert werden.

[5] Interaktionsbeziehung für M_B und R_B : $M_B = M_d^o - (R_B/C)^\varepsilon$. Sind keine Werte für M_d^o und C angegeben, ist $M_B = \max M_B$ zu setzen.

[6] Sind keine Werte für Reststützmomente angegeben, ist beim Tragsicherheitsnachweis $M_R = 0$ zu setzen, oder ein Nachweis mit $\gamma = 1{,}7$ nach der Elastizitätstheorie zu führen. (l = kleinere der benachbarten Stützweiten).

Tab. 1.9 **Trapezprofil Fischer FI 100/275 - Positivlage**
Belastungstabelle

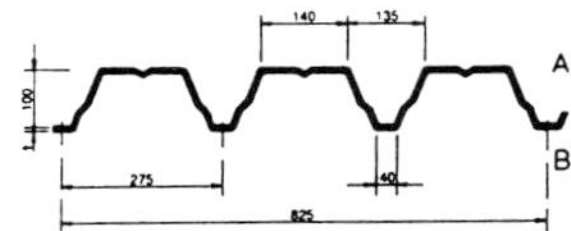

Belastungstabellen nach DIN 18807. Die Werte im Rasterfeld gelten für Wand- und nichttragende Dachsysteme.

Einfeldträger

Endauflagerbreite a ≥ 40 mm

Blechdicke t [mm]	Eigenlast g [kN/m²]	Grenzstützweite Lgr. [m]		Zulässige Belastung q [kN/m²] bei einer Stützweite L [m]																			
				3,25	3,50	3,75	4,00	4,25	4,50	4,75	5,00	5,25	5,50	5,75	6,00	6,25	6,50	6,75	7,00	7,25	7,50	7,75	8,00
0,75	0,090	4,70	1	2.00	1.73	1.51	1.32	1.17	1.05	0.94	0.85	0.77	0.70	0.64	0.59	0.54	0.50	0.46	0.43	0.40	0.38	0.35	0.33
			2	2.00	1.73	1.51	1.32	1.17	1.05	0.94	0.85	0.77	0.70	0.64	0.59	0.54	0.50	0.46	0.43	0.40	0.38	0.35	0.33
			3	**2.00**	**1.73**	**1.51**	**1.30**	**1.09**	**0.92**	**0.78**	**0.67**	**0.58**	**0.50**	**0.44**	**0.39**	**0.34**	**0.30**	**0.27**	**0.24**	**0.22**	**0.20**	**0.18**	**0.16**
			4	1.46	1.17	0.95	0.78	0.65	0.55	0.47	0.40	0.35	0.30	0.26	0.23	0.20	0.18	0.16	0.15	0.13	0.12	0.11	0.10
0,88	0,105	5,79	1	3.00	2.59	2.25	1.98	1.75	1.56	1.40	1.27	1.15	1.05	0.96	0.88	0.81	0.75	0.70	0.65	0.60	0.56	0.53	0.49
			2	3.00	2.59	2.25	1.98	1.75	1.56	1.40	1.27	1.15	1.05	0.96	0.85	0.75	0.67	0.60	0.53	0.48	0.43	0.39	0.36
			3	**2.67**	**2.14**	**1.74**	**1.43**	**1.19**	**1.00**	**0.85**	**0.73**	**0.63**	**0.55**	**0.48**	**0.42**	**0.38**	**0.33**	**0.30**	**0.27**	**0.24**	**0.22**	**0.20**	**0.18**
			4	1.60	1.28	1.04	0.86	0.72	0.60	0.51	0.44	0.38	0.33	0.29	0.25	0.23	0.20	0.18	0.16	0.14	0.13	0.12	0.11
1,00	0,120	6,80	1	4.04	3.48	3.03	2.66	2.36	2.11	1.89	1.71	1.55	1.41	1.29	1.18	1.09	1.01	0.94	0.87	0.81	0.76	0.71	0.67
			2	4.04	3.48	3.03	2.66	2.36	2.11	1.89	1.65	1.42	1.24	1.08	0.95	0.84	0.75	0.67	0.60	0.54	0.49	0.44	0.40
			3	**3.00**	**2.40**	**1.95**	**1.61**	**1.34**	**1.13**	**0.96**	**0.82**	**0.71**	**0.62**	**0.54**	**0.48**	**0.42**	**0.37**	**0.33**	**0.30**	**0.27**	**0.24**	**0.22**	**0.20**
			4	1.80	1.44	1.17	0.96	0.80	0.68	0.58	0.49	0.43	0.37	0.32	0.29	0.25	0.22	0.20	0.18	0.16	0.15	0.13	0.12
1,25	0,150	8,57	1	6.50	5.60	4.88	4.29	3.80	3.39	3.04	2.74	2.49	2.27	2.08	1.91	1.76	1.62	1.51	1.40	1.31	1.22	1.14	1.07
			2	6.50	5.60	4.88	4.29	3.80	3.24	2.75	2.36	2.04	1.77	1.55	1.37	1.21	1.07	0.96	0.86	0.77	0.70	0.63	0.58
			3	**4.30**	**3.44**	**2.80**	**2.31**	**1.92**	**1.62**	**1.38**	**1.18**	**1.02**	**0.89**	**0.78**	**0.68**	**0.60**	**0.54**	**0.48**	**0.43**	**0.39**	**0.35**	**0.32**	**0.29**
			4	2.58	2.07	1.68	1.38	1.15	0.97	0.83	0.71	0.61	0.53	0.47	0.41	0.36	0.32	0.29	0.26	0.23	0.21	0.19	0.17
1,50	0,180	10,35	1	7.84	6.76	5.89	5.17	4.58	4.09	3.67	3.31	3.00	2.74	2.50	2.30	2.12	1.96	1.82	1.69	1.57	1.47	1.38	1.29
			2	7.84	6.76	5.89	5.17	4.58	3.91	3.32	2.85	2.46	2.14	1.87	1.65	1.46	1.30	1.16	1.04	0.93	0.84	0.77	0.70
			3	**5.19**	**4.15**	**3.38**	**2.78**	**2.32**	**1.95**	**1.66**	**1.42**	**1.23**	**1.07**	**0.94**	**0.82**	**0.73**	**0.65**	**0.58**	**0.52**	**0.47**	**0.42**	**0.38**	**0.35**
			4	3.11	2.49	2.03	1.67	1.39	1.17	1.00	0.85	0.74	0.64	0.56	0.49	0.44	0.39	0.35	0.31	0.28	0.25	0.23	0.21

Zweifeldträger

Zwischenauflagerbreite b ≥ 140 mm
Endauflagerbreite a ≥ 40 mm

Blechdicke t [mm]	Eigenlast g [kN/m²]	Grenzstützweite Lgr. [m]		Zulässige Belastung q [kN/m²] bei einer Stützweite L [m]																			
				3,25	3,50	3,75	4,00	4,25	4,50	4,75	5,00	5,25	5,50	5,75	6,00	6,25	6,50	6,75	7,00	7,25	7,50	7,75	8,00
0,75	0,090	5,87	1	2.51	2.25	2.02	1.83	1.66	1.52	1.39	1.28	1.16	1.05	0.97	0.89	0.82	0.76	0.70	0.65	0.61	0.57	0.53	0.50
			2	2.51	2.25	2.02	1.83	1.66	1.52	1.39	1.28	1.16	1.05	0.97	0.89	0.82	0.76	0.70	0.65	0.61	0.57	0.53	0.50
			3	**2.51**	**2.25**	**2.02**	**1.83**	**1.66**	**1.52**	**1.39**	**1.28**	**1.16**	**1.05**	**0.97**	**0.89**	**0.82**	**0.76**	**0.68**	**0.61**	**0.55**	**0.49**	**0.45**	**0.41**
			4	2.51	2.25	2.02	1.83	1.63	1.37	1.17	1.00	0.86	0.75	0.66	0.58	0.51	0.46	0.41	0.36	0.33	0.30	0.27	0.24
0,88	0,105	7,24	1	3.49	3.11	2.80	2.53	2.29	2.09	1.91	1.75	1.59	1.45	1.33	1.22	1.12	1.04	0.96	0.90	0.83	0.78	0.73	0.69
			2	3.49	3.11	2.80	2.53	2.29	2.09	1.91	1.75	1.59	1.45	1.33	1.22	1.12	1.04	0.96	0.90	0.83	0.78	0.73	0.69
			3	**3.49**	**3.11**	**2.80**	**2.53**	**2.29**	**2.09**	**1.91**	**1.75**	**1.58**	**1.38**	**1.20**	**1.06**	**0.94**	**0.83**	**0.74**	**0.67**	**0.60**	**0.54**	**0.49**	**0.45**
			4	3.49	3.11	2.60	2.15	1.79	1.51	1.28	1.10	0.95	0.83	0.72	0.64	0.56	0.50	0.45	0.40	0.36	0.33	0.30	0.27
1,00	0,120	8,50	1	4.48	3.99	3.57	3.22	3.11	2.78	2.49	2.25	2.04	1.86	1.70	1.56	1.44	1.33	1.23	1.15	1.07	1.00	0.94	0.88
			2	4.48	3.99	3.57	3.22	3.11	2.78	2.49	2.25	2.04	1.86	1.70	1.56	1.44	1.33	1.23	1.15	1.07	1.00	0.94	0.88
			3	**4.48**	**3.99**	**3.57**	**3.22**	**3.11**	**2.78**	**2.40**	**2.06**	**1.78**	**1.55**	**1.35**	**1.19**	**1.05**	**0.94**	**0.84**	**0.75**	**0.68**	**0.61**	**0.55**	**0.50**
			4	4.48	3.60	2.93	2.41	2.01	1.69	1.44	1.23	1.07	0.93	0.81	0.71	0.63	0.56	0.50	0.45	0.41	0.37	0.33	0.30
1,25	0,150	10,71	1	6.75	5.95	5.29	4.73	5.52	4.92	4.42	3.99	3.62	3.30	3.02	2.77	2.55	2.36	2.19	2.03	1.90	1.77	1.66	1.56
			2	6.75	5.95	5.29	4.73	5.52	4.92	4.42	3.99	3.62	3.30	3.02	2.77	2.55	2.36	2.19	2.03	1.90	1.75	1.59	1.44
			3	**6.75**	**5.95**	**5.29**	**4.73**	**4.81**	**4.05**	**3.44**	**2.95**	**2.55**	**2.22**	**1.94**	**1.71**	**1.51**	**1.34**	**1.20**	**1.08**	**0.97**	**0.87**	**0.79**	**0.72**
			4	6.45	5.16	4.20	3.46	2.88	2.43	2.07	1.77	1.53	1.33	1.16	1.02	0.91	0.81	0.72	0.65	0.58	0.52	0.48	0.43
1,50	0,180	12,93	1	8.14	7.18	6.38	5.70	6.66	5.94	5.33	4.81	4.36	3.98	3.64	3.34	3.08	2.85	2.64	2.45	2.29	2.14	2.00	1.88
			2	8.14	7.18	6.38	5.70	6.66	5.94	5.33	4.81	4.36	3.98	3.64	3.34	3.08	2.85	2.64	2.45	2.29	2.11	1.91	1.74
			3	**8.14**	**7.18**	**6.38**	**5.70**	**5.80**	**4.89**	**4.15**	**3.56**	**3.08**	**2.68**	**2.34**	**2.06**	**1.82**	**1.62**	**1.45**	**1.30**	**1.17**	**1.06**	**0.96**	**0.87**
			4	7.78	6.23	5.07	4.17	3.48	2.93	2.49	2.14	1.85	1.61	1.41	1.24	1.09	0.97	0.87	0.78	0.70	0.63	0.57	0.52

Zwischenauflagerbreite ≥ 60 mm [Max. Tragfähigkeit einschließlich Sicherheitsbeiwerten in kN/m²]

t [mm]	g [kN/m²]	Lgr. [m]		3,25	3,50	3,75	4,00	4,25	4,50	4,75	5,00	5,25	5,50	5,75	6,00	6,25	6,50	6,75	7,00	7,25	7,50	7,75	8,00
0,75	0,090	5,87	1	2.00	1.74	1.56	1.41	1.40	1.25	1.12	1.01	0.92	0.84	0.76	0.70	0.65	0.60	0.55	0.52	0.48	0.45	0.42	0.39
0,88	0,105	7,24	1	3.00	2.59	2.25	1.98	2.21	1.97	1.77	1.59	1.45	1.32	1.21	1.11	1.02	0.94	0.87	0.81	0.76	0.71	0.66	0.62
1,00	0,120	8,50	1	4.04	3.48	3.03	2.66	2.91	2.64	2.41	2.21	2.01	1.83	1.67	1.54	1.42	1.31	1.21	1.13	1.05	0.98	0.92	0.86
1,25	0,150	10,71	1	6.50	5.60	4.88	4.29	4.57	4.15	3.78	3.46	3.13	2.86	2.61	2.40	2.21	2.04	1.90	1.76	1.64	1.54	1.44	1.35
1,50	0,180	12,93	1	7.84	6.76	5.89	5.17	5.52	5.01	4.56	4.17	3.78	3.45	3.15	2.90	2.67	2.47	2.29	2.13	1.98	1.85	1.74	1.63

Dreifeldträger

Zwischenauflagerbreite b ≥ 140 mm
Endauflagerbreite a ≥ 40 mm

Blechdicke t [mm]	Eigenlast g [kN/m²]	Grenzstützweite Lgr. [m]		Zulässige Belastung q [kN/m²] bei einer Stützweite L [m]																			
				3,25	3,50	3,75	4,00	4,25	4,50	4,75	5,00	5,25	5,50	5,75	6,00	6,25	6,50	6,75	7,00	7,25	7,50	7,75	8,00
0,75	0,090	5,87	1	2.99	2.68	2.35	2.07	1.83	1.63	1.47	1.32	1.20	1.09	1.00	0.92	0.85	0.78	0.73	0.68	0.63	0.59	0.55	0.52
			2	2.99	2.68	2.35	2.07	1.83	1.63	1.47	1.32	1.20	1.09	1.00	0.92	0.85	0.78	0.73	0.68	0.63	0.59	0.55	0.52
			3	**2.99**	**2.68**	**2.35**	**2.07**	**1.83**	**1.63**	**1.47**	**1.28**	**1.11**	**0.96**	**0.84**	**0.74**	**0.66**	**0.58**	**0.52**	**0.47**	**0.42**	**0.38**	**0.34**	**0.31**
			4	2.80	2.24	1.82	1.50	1.25	1.06	0.90	0.77	0.66	0.58	0.51	0.45	0.39	0.35	0.31	0.28	0.25	0.23	0.21	0.19
0,88	0.105	7,24	1	4.15	3.72	3.35	3.03	2.74	2.44	2.19	1.98	1.80	1.64	1.50	1.37	1.27	1.17	1.09	1.01	0.94	0.88	0.82	0.77
			2	4.15	3.72	3.35	3.03	2.74	2.44	2.19	1.98	1.80	1.64	1.50	1.37	1.27	1.17	1.09	1.01	0.92	0.83	0.76	0.69
			3	**4.15**	**3.72**	**3.34**	**2.75**	**2.29**	**1.93**	**1.64**	**1.41**	**1.22**	**1.06**	**0.93**	**0.82**	**0.72**	**0.64**	**0.57**	**0.51**	**0.46**	**0.42**	**0.38**	**0.34**
			4	3.08	2.46	2.00	1.65	1.38	1.16	0.99	0.85	0.73	0.63	0.56	0.49	0.43	0.38	0.34	0.31	0.28	0.25	0.23	0.21
1,00	0.120	8,50	1	5.35	4.78	4.29	3.88	3.52	3.21	2.93	2.66	2.42	2.20	2.01	1.85	1.71	1.58	1.46	1.36	1.27	1.18	1.11	1.04
			2	5.35	4.78	4.29	3.88	3.52	3.21	2.93	2.66	2.42	2.20	2.01	1.83	1.62	1.44	1.29	1.15	1.04	0.94	0.85	0.77
			3	**5.35**	**4.62**	**3.75**	**3.09**	**2.58**	**2.17**	**1.85**	**1.58**	**1.37**	**1.19**	**1.04**	**0.92**	**0.81**	**0.72**	**0.64**	**0.58**	**0.52**	**0.47**	**0.43**	**0.39**
			4	3.46	2.77	2.25	1.86	1.55	1.30	1.11	0.95	0.82	0.71	0.62	0.55	0.49	0.43	0.39	0.35	0.31	0.28	0.26	0.23
1,25	0.150	10,71	1	8.16	7.22	6.43	5.76	5.52	4.92	4.42	3.99	3.62	3.30	3.02	2.77	2.55	2.36	2.19	2.03	1.90	1.77	1.66	1.56
			2	8.16	7.22	6.43	5.76	5.52	4.92	4.42	3.99	3.62	3.30	2.99	2.63	2.32	2.07	1.85	1.65	1.49	1.35	1.22	1.11
			3	**8.16**	**6.62**	**5.38**	**4.43**	**3.70**	**3.11**	**2.65**	**2.27**	**1.96**	**1.71**	**1.49**	**1.31**	**1.16**	**1.03**	**0.92**	**0.83**	**0.74**	**0.67**	**0.61**	**0.55**
			4	4.96	3.97	3.23	2.66	2.22	1.87	1.59	1.36	1.18	1.02	0.90	0.79	0.70	0.62	0.55	0.50	0.45	0.40	0.37	0.33
1,50	0.180	12,93	1	9.85	8.71	7.76	6.95	6.66	5.94	5.33	4.81	4.36	3.98	3.64	3.34	3.08	2.85	2.64	2.45	2.29	2.14	2.00	1.88
			2	9.85	8.71	7.76	6.95	6.66	5.94	5.33	4.81	4.36	3.98	3.60	3.17	2.81	2.49	2.23	2.00	1.80	1.62	1.47	1.34
			3	**9.85**	**7.99**	**6.50**	**5.35**	**4.46**	**3.76**	**3.20**	**2.74**	**2.37**	**2.06**	**1.80**	**1.59**	**1.40**	**1.25**	**1.11**	**1.00**	**0.90**	**0.81**	**0.74**	**0.67**
			4	5.99	4.79	3.90	3.21	2.68	2.26	1.92	1.64	1.42	1.24	1.08	0.95	0.84	0.75	0.67	0.60	0.54	0.49	0.44	0.40

Zwischenauflagerbreite ≥ 60 mm [Max. Tragfähigkeit einschließlich Sicherheitsbeiwerten in kN/m²]

t [mm]	g [kN/m²]	Lgr. [m]		3,25	3,50	3,75	4,00	4,25	4,50	4,75	5,00	5,25	5,50	5,75	6,00	6,25	6,50	6,75	7,00	7,25	7,50	7,75	8,00
0,75	0,090	5,87	1	2.32	2.08	1.87	1.69	1.54	1.41	1.29	1.19	1.09	1.01	0.93	0.85	0.78	0.73	0.67	0.63	0.58	0.54	0.51	0.48
0,88	0,105	7,24	1	3.18	2.84	2.55	2.31	2.21	1.97	1.77	1.61	1.48	1.37	1.25	1.15	1.06	0.98	0.91	0.84	0.79	0.73	0.69	0.65
1,00	0,120	8,50	1	4.08	3.64	3.27	2.96	3.11	2.78	2.49	2.25	2.04	1.86	1.70	1.56	1.44	1.33	1.23	1.15	1.07	1.00	0.94	0.88
1,25	0,150	10,71	1	6.53	5.81	5.20	4.69	5.52	4.92	4.42	3.99	3.62	3.30	3.02	2.77	2.55	2.36	2.19	2.03	1.90	1.77	1.66	1.56
1,50	0,180	12,93	1	7.88	7.01	6.28	5.66	6.66	5.94	5.33	4.81	4.36	3.98	3.64	3.34	3.08	2.85	2.64	2.45	2.29	2.14	2.00	1.88

Zeile 1 = Zulässige Belastung einschließlich Sicherheitsbeiwerten
Zeile 2 = Zulässige Belastung bei einer Durchbiegung von f ≤ L/150
Zeile 3 = Zulässige Belastung bei einer Durchbiegung von f ≤ L/300
Zeile 4 = Zulässige Belastung bei einer Durchbiegung von f ≤ L/500

Ablesebeispiel: Zweifeldträger, Blechdicke 0,75 mm, 5,00 m Stützweite, Zwischenauflagerbreite 150 mm (≥ 140 mm), Durchbiegungsbegrenzung ≤ L/300 = 1,28 kN/m²

Lgr = Grenzstützweite, bis zu der das Trapezprofil als tragendes Bauelement von Dach- und Deckensystemen verwendet werden darf.

Tab. 1.10 **Trapezprofil Fischer FI 135/310 - Positivlage**
Querschnitts- und Schubfeldwerte gemäß bauaufsichtlichem Prüfbescheid

Stahltrapezprofil Typ **FI 135/310**

Querschnitts- und Bemessungswerte nach DIN 18 807

Anlage Nr. 5.1 zum Prüfbescheid
Als Typenentwurf
in bautechnischer Hinsicht geprüft
Prüfbescheid-Nr. 3. P-30-164/91
LANDESPRÜFAMT FÜR BAUSTATIK
Düsseldorf, den 11.3.1991
Der Leiter i.V. Der Bearbeiter

Profiltafel in **Positivlage**

Maße in mm
M = 1 : 10
Radien:
r = 5 mm

Nennstreckgrenze des Stahlkerns $\beta_{S,N}$ = 320 N/mm²

Maßgebende Querschnittswerte

Nennblechdicke t_N [mm]	Eigenlast g [kN/m²]	Biegung [1] I^+_{ef} [cm⁴/m]	I^-_{ef} [cm⁴/m]	Normalkraftbeanspruchung, nicht reduzierter Querschnitt A_g [cm²/m]	i_g [cm]	Z_g [cm]	mitwirkender Querschnitt [2] A_{ef} [cm²/m]	i_{ef} [cm]	Z_{ef} [cm]	Grenz-Stützweiten [3] L_{gr} [m] Einfeldträger	Mehrfeldträger
0,75	0,097	273	263	11,28	4,90	5,23	4,27	5,75	5,68	5,80	7,25
0,88	0,114	323	296	13,35	4,90	5,23	5,64	5,72	5,67	7,80	9,75
1,00	0,129	369	327	15,25	4,90	5,23	6,91	5,69	5,65	8,51	10,64
1,13	0,146	419	373	17,32	4,90	5,23	8,38	5,66	5,64	9,20	11,50
1,25	0,161	465	415	19,23	4,90	5,23	9,74	5,63	5,68	9,83	12,29
1,50	0,194	561	501	23,20	4,90	5,23	12,58	5,52	5,64	11,86	14,82

Schubfeldwerte

t_N [mm]	min L_S [4] [m]	zul T_1 [kN/m]	zul T_2 [kN/m]	zul $T_3 = G_S/750$ [kN/m]: L_G [5] [m]	$G_S = 10^4/(K_1 + K_2/L_S)$: K_1 [m/kN]	K_2 [m²/kN]	K_3 [6] [–]	zul F_t [7], Einleitungslänge a ≥ 130 mm [kN]	≥ 280 mm [kN]
Ausführungen nach DIN 18 807 Teil 3, Bild 6									
0,75	5,0	1,55	1,65	6,3	0,270	52,279	0,52	9,0	12,0
0,88	4,6	2,00	2,52	5,3	0,228	34,338	0,56	10,6	14,2
1,00	4,3	2,44	3,52	4,7	0,200	24,592	0,60	12,2	16,2
1,13	4,0	2,95	4,83	4,1	0,176	17,902	0,64	13,8	18,4
1,25	3,8	3,45	6,27	3,8	0,159	13,788	0,67	15,3	20,5
1,50	3,5	4,58	10,03	3,5	0,131	8,622	0,74	18,5	24,7
Ausführungen nach DIN 18 807 Teil 3, Bild 7									
0,75	5,2	3,37	1,59	5,2	0,270	39,472	0,77	9,0	12,0
0,88	4,8	4,34	2,42	4,9	0,228	25,926	0,77	10,6	14,2
1,00	4,5	5,30	3,38	5,0	0,200	18,567	0,77	12,2	16,2
1,13	4,2	6,41	4,64	5,0	0,176	13,516	0,77	13,8	18,4
1,25	4,0	7,50	6,02	5,1	0,159	10,410	0,77	15,3	20,5
1,50	3,6	9,94	9,63	5,2	0,131	6,510	0,77	18,5	24,7

1) Effektive Trägheitsmomente für Lastrichtung nach unten (+) bzw. oben (–).
2) Mitwirkender Querschnitt für eine konstante Druckspannung $\delta = \beta_{S,N}$.
3) Maximale Stützweiten, bis zu denen das Trapezprofil als tragendes Bauteil von Dach- und Deckensystemen verwendet werden darf.
4) Bei Schubfeldlängen L_S < min L_S müssen die zulässigen Schubflüsse reduziert werden.
5) Bei Schubfeldlängen $L_S > L_G$ ist zul. T_3 nicht maßgebend.
6) Auflager-Kontaktkräfte $R_S = K_3 \cdot \gamma \cdot T$; (T = vorhandener Schubfluß in [kN/m]).
7) Einzellast gemäß DIN 18 807 Teil 3, Abschnitt 3.6.1.5

Tab. 1.11 **Trapezprofil Fischer Fl 135/310 - Positivlage**
Bemessungswerte gemäß bauaufsichtlichem Prüfbescheid

Stahltrapezprofil Typ **Fl 135/310**

Querschnitts- und Bemessungswerte nach DIN 18 807 Teil 2

Profiltafel in **Positivlage**

Anlage Nr. 5.2 zum Prüfbescheid
Als Typenentwurf
in bautechnischer Hinsicht geprüft
Prüfbescheid-Nr. 3. P-30-164/91
LANDESPRÜFAMT FÜR BAUSTATIK
Düsseldorf, den 11.3.1991

Der Leiter i.V. [Unterschrift] Der Bearbeiter [Unterschrift]

Aufnehmbare Tragfähigkeitswerte für nach unten gerichtete und andrückende Flächen-Belastung [1]

Nennblechdicke	Feldmoment	Endauflagerkräfte		Elastisch aufnehmbare Schnittgrößen an Zwischenauflagern [5]				Reststützmomente [6]		
		Tragfähigkeit	Gebrauchsfähigkeit	max $M_B \geq M_B \leq M_d^o - (R_B/C)^\varepsilon$		maximales Stützmoment	maximale Zwischenauflagerkraft	$M_R = 0$ für $L \leq \min l$; $M_R = \frac{L - \min l}{\max l - \min l} \cdot \max M_R$; $M_R = \max M_R$ für $L \geq \max l$		
t_N [mm]	M_{dF} [kNm/m]	$R_{A,T}$ [kN/m]	$R_{A,G}$ [kN/m]	M_d^o [kNm/m]	C [kN$^{1/2}$/m]	max M_B [kNm/m]	max R_B [kN/m]	min l [m]	max l [m]	max M_R [kNm/m]
		[2] $b_A + ü$ = 40 mm		[3] Zwischenauflagerbreite b_B = 60 mm; $\varepsilon = 2$ [C] = kN$^{1/2}$/m						
0,75	9,41	7,26	5,55	9,38	5,85	7,67	15,53	6,17	6,88	1,89
0,88	11,86	9,78	7,48	12,12	7,70	10,29	22,70	5,38	6,10	2,73
1,00	14,12	12,09	9,24	14,66	9,15	12,72	29,31	4,99	5,72	3,51
1,13	17,11	18,82	14,39	17,99	10,83	15,83	37,92	4,67	5,41	4,58
1,25	19,89	25,02	19,14	21,05	12,19	18,69	45,86	4,47	5,22	5,58
1,50	24,00	30,19	23,09	25,40	13,39	22,55	55,34	4,47	5,22	6,73
		[2][4] $b_A + ü \geq$ mm		[4] Zwischenauflagerbreite $b_B \geq$ 160 mm; $\varepsilon = 2$ [C] = kN$^{1/2}$/m						
0,75				9,38	8,43	8,39	21,02	5,82	6,53	2,00
0,88				12,12	11,75	11,18	31,70	4,38	5,13	3,38
1,00				14,66	14,32	13,74	41,57	4,36	5,25	4,66
1,13				17,99	17,99	17,07	55,67	3,66	4,44	5,81
1,25				21,05	20,96	20,13	68,69	3,61	4,38	6,89
1,50				25,40	23,01	24,29	82,88	3,60	4,38	8,32

Aufnehmbare Tragfähigkeitswerte für nach oben gerichtete und abhebende Flächen-Belastung [1][6]

Nennblechdicke	Feldmoment	Befestigung in jedem anliegenden Gurt					Befestigung in jedem 2. anliegenden Gurt				
		Endauflager	Zwischenauflagerbreite [5], ε =				Endauflager	Zwischenauflager [5], $\varepsilon = 1$			
t_N [mm]	M_{dF} [kNm/m]	R_A [kN/m]	M_d^o [kNm/m]	C [kN$^{1/2}$/m]	max M_B [kNm/m]	max R_B [kN/m]	R_A [kN/m]	M_d^o [kNm/m]	$\check{C}$ [kN$^{1/2}$/m]	max M_B [kNm/m]	max R_B [kN/m]
0,75	8,62	6,44			10,08	29,00	3,22	12,38	2,45	8,77	15,96
0,88	11,14	9,44			11,31	36,35	4,72	18,02	2,05	11,83	21,35
1,00	13,47	12,21			14,77	43,13	6,10	23,24	1,85	14,67	26,33
1,13	16,52	18,04			19,16	58,31	9,02	47,50	0,83	18,28	28,80
1,25	19,35	23,43			23,21	72,34	11,71	69,90	0,52	21,61	31,08
1,50	23,36	28,27			28,00	87,28	14,13	84,35	0,52	26,08	37,50

[1] An den Stellen von Linienlasten quer zur Spannrichtung und von Einzellasten ist der Nachweis nicht mit dem Feldmoment M_{dF}, sondern mit dem Stützmoment M_B für die entgegengesetzte Lastrichtung zu führen.

[2] $b_A + ü$ = Endauflagerbreite + Profiltafelüberstand.

[3] Für kleinere Zwischenauflagerbreiten b_B als angegeben müssen die aufnehmbaren Tragfähigkeitswerte linear im entsprechenden Verhältnis reduziert werden. Für b_B < 10 mm, z.B. bei Rohren, dürfen die Werte für b_B = 10 mm eingesetzt werden.

[4] Bei Auflagerbreiten, die zwischen den aufgeführten Auflagerbreiten liegen, dürfen die aufnehmbaren Tragfähigkeitswerte jeweils linear interpoliert werden.

[5] Interaktionsbeziehung für M_B und R_B : $M_B = M_d^o - (R_B/C)^\varepsilon$. Sind keine Werte für M_d^o und C angegeben, ist M_B = max M_B zu setzen.

[6] Sind keine Werte für Reststützmomente angegeben, ist beim Tragsicherheitsnachweis M_R = 0 zu setzen, oder ein Nachweis mit γ = 1,7 nach der Elastizitätstheorie zu führen. (l = kleinere der benachbarten Stützweiten).

Tab. 1.12 Trapezprofil Fischer FI 135/310 - Positivlage

Belastungstabelle

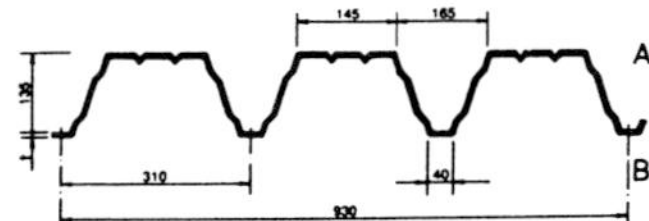

Belastungstabellen nach DIN 18807. Die Werte im Rasterfeld gelten für Wand- und nichttragende Dachsysteme.

Einfeldträger

Endauflagerbreite a ≥ 40 mm

Blechdicke t [mm]	Eigenlast g [kN/m²]	Grenzstützweite Lgr. [m]	Zeile	Zulässige Belastung q [kN/m²] bei einer Stützweite L [m] 3,25	3,50	3,75	4,00	4,25	4,50	4,75	5,00	5,25	5,50	5,75	6,00	6,25	6,50	6,75	7,00	7,25	7,50	7,75	8,00
0,75	0,097	5,80	1	2.63	2.44	2.28	2.14	2.01	1.90	1.80	1.71	1.61	1.46	1.34	1.23	1.13	1.05	0.97	0.90	0.84	0.79	0.74	0.69
			2	2.63	2.44	2.28	2.14	2.01	1.90	1.80	1.71	1.61	1.46	1.34	1.23	1.13	1.05	0.95	0.86	0.77	0.70	0.63	0.57
			3	**2.63**	**2.44**	**2.28**	**2.14**	**1.91**	**1.61**	**1.37**	**1.17**	**1.01**	**0.88**	**0.77**	**0.68**	**0.60**	**0.53**	**0.48**	**0.43**	**0.39**	**0.35**	**0.32**	**0.29**
			4	2.57	2.05	1.67	1.38	1.15	0.97	0.82	0.70	0.61	0.53	0.46	0.41	0.36	0.32	0.29	0.26	0.23	0.21	0.19	0.17
0,88	0,113	7,80	1	3.54	3.29	3.07	2.88	2.71	2.56	2.42	2.23	2.02	1.85	1.69	1.55	1.43	1.32	1.22	1.14	1.06	0.99	0.93	0.87
			2	3.54	3.29	3.07	2.88	2.71	2.56	2.42	2.23	2.02	1.85	1.69	1.55	1.42	1.26	1.13	1.01	0.91	0.82	0.75	0.68
			3	**3.54**	**3.29**	**3.07**	**2.71**	**2.26**	**1.91**	**1.62**	**1.39**	**1.20**	**1.04**	**0.91**	**0.80**	**0.71**	**0.63**	**0.56**	**0.51**	**0.46**	**0.41**	**0.37**	**0.34**
			4	3.04	2.43	1.98	1.63	1.36	1.14	0.97	0.83	0.72	0.63	0.55	0.48	0.43	0.38	0.34	0.30	0.27	0.25	0.22	0.20
1,00	0,129	8,51	1	4.38	4.06	3.79	3.56	3.35	3.16	2.95	2.66	2.41	2.20	2.01	1.85	1.70	1.57	1.46	1.36	1.26	1.18	1.11	1.04
			2	4.38	4.06	3.79	3.56	3.35	3.16	2.95	2.66	2.41	2.20	2.01	1.84	1.63	1.44	1.29	1.16	1.04	0.94	0.85	0.77
			3	**4.38**	**4.06**	**3.76**	**3.10**	**2.58**	**2.18**	**1.85**	**1.59**	**1.37**	**1.19**	**1.04**	**0.92**	**0.81**	**0.72**	**0.65**	**0.58**	**0.52**	**0.47**	**0.43**	**0.39**
			4	3.47	2.78	2.26	1.86	1.55	1.31	1.11	0.95	0.82	0.72	0.63	0.55	0.49	0.43	0.39	0.35	0.31	0.28	0.26	0.23
1,25	0,161	9,83	1	8.86	7.64	6.66	5.85	5.18	4.62	4.15	3.74	3.40	3.09	2.83	2.60	2.40	2.22	2.05	1.91	1.78	1.66	1.56	1.46
			2	8.86	7.64	6.66	5.85	5.18	4.62	4.15	3.74	3.40	3.01	2.63	2.31	2.05	1.82	1.63	1.46	1.31	1.19	1.07	0.98
			3	**7.28**	**5.83**	**4.74**	**3.91**	**3.26**	**2.74**	**2.33**	**2.00**	**1.73**	**1.50**	**1.31**	**1.16**	**1.02**	**0.91**	**0.81**	**0.73**	**0.66**	**0.59**	**0.54**	**0.49**
			4	4.37	3.50	2.84	2.34	1.95	1.65	1.40	1.20	1.04	0.90	0.79	0.69	0.61	0.55	0.49	0.44	0.39	0.36	0.32	0.29
1,50	0,193	11,86	1	10.69	9.22	8.03	7.06	6.25	5.58	5.01	4.52	4.10	3.73	3.42	3.14	2.89	2.67	2.48	2.30	2.15	2.01	1.88	1.76
				10.69	9.22	8.03	7.06	6.25	5.58	5.01	4.52	4.10	3.63	3.17	2.79	2.47	2.20	1.96	1.76	1.58	1.43	1.30	1.18
			3	**8.79**	**7.03**	**5.72**	**4.71**	**3.93**	**3.31**	**2.81**	**2.41**	**2.08**	**1.81**	**1.59**	**1.40**	**1.24**	**1.10**	**0.98**	**0.88**	**0.79**	**0.71**	**0.65**	**0.59**
			4	5.27	4.22	3.43	2.83	2.36	1.99	1.69	1.45	1.25	1.09	0.95	0.84	0.74	0.66	0.59	0.53	0.47	0.43	0.39	0.35

Zweifeldträger

Zwischenauflagerbreite b ≥ 160 mm
Endauflagerbreite a ≥ 40 mm

Blechdicke t [mm]	Eigenlast g [kN/m²]	Grenzstützweite Lgr. [m]	Zeile	Zulässige Belastung q [kN/m²] bei einer Stützweite L [m] 3,25	3,50	3,75	4,00	4,25	4,50	4,75	5,00	5,25	5,50	5,75	6,00	6,25	6,50	6,75	7,00	7,25	7,50	7,75	8,00
0,75	0,097	7,25	1	2.63	2.44	2.28	2.14	2.01	1.90	1.80	1.67	1.55	1.44	1.34	1.25	1.17	1.09	1.03	0.97	0.91	0.86	0.81	0.76
			2	2.63	2.44	2.28	2.14	2.01	1.90	1.80	1.67	1.55	1.44	1.34	1.25	1.17	1.09	1.03	0.97	0.91	0.86	0.81	0.76
			3	**2.63**	**2.44**	**2.28**	**2.14**	**2.01**	**1.90**	**1.80**	**1.67**	**1.55**	**1.44**	**1.34**	**1.25**	**1.17**	**1.09**	**1.03**	**0.97**	**0.91**	**0.86**	**0.79**	**0.72**
			4	2.63	2.44	2.28	2.14	2.01	1.90	1.80	1.67	1.52	1.32	1.16	1.02	0.90	0.80	0.72	0.64	0.58	0.52	0.47	0.43
0,88	0,113	9,75	1	3.54	3.29	3.07	2.88	2.71	2.59	2.51	2.34	2.16	2.00	1.85	1.72	1.61	1.50	1.39	1.30	1.21	1.13	1.06	0.99
			2	3.54	3.29	3.07	2.88	2.71	2.59	2.51	2.34	2.16	2.00	1.85	1.72	1.61	1.50	1.39	1.30	1.21	1.13	1.06	0.99
			3	**3.54**	**3.29**	**3.07**	**2.88**	**2.71**	**2.59**	**2.51**	**2.34**	**2.16**	**2.00**	**1.85**	**1.72**	**1.61**	**1.50**	**1.39**	**1.27**	**1.14**	**1.03**	**0.93**	**0.85**
			4	3.54	3.29	3.07	2.88	2.71	2.59	2.43	2.08	1.80	1.57	1.37	1.21	1.07	0.95	0.85	0.76	0.68	0.62	0.56	0.51
1,00	0,129	10,64	1	4.47	4.06	3.79	3.56	3.35	3.20	3.10	2.93	2.70	2.49	2.31	2.14	1.97	1.82	1.69	1.57	1.47	1.37	1.28	1.20
			2	4.47	4.06	3.79	3.56	3.35	3.20	3.10	2.93	2.70	2.49	2.31	2.14	1.97	1.82	1.69	1.57	1.47	1.37	1.28	1.20
			3	**4.47**	**4.06**	**3.79**	**3.56**	**3.35**	**3.20**	**3.10**	**2.93**	**2.70**	**2.49**	**2.31**	**2.14**	**1.97**	**1.81**	**1.61**	**1.45**	**1.30**	**1.18**	**1.07**	**0.97**
			4	4.47	4.06	3.79	3.56	3.35	3.20	2.78	2.38	2.06	1.79	1.57	1.38	1.22	1.08	0.97	0.87	0.78	0.71	0.64	0.58
1,25	0,161	12,29	1	8.86	7.64	6.86	6.35	5.89	5.34	4.84	4.37	3.96	3.61	3.30	3.03	2.80	2.58	2.40	2.23	2.08	1.94	1.82	1.71
			2	8.86	7.64	6.86	6.35	5.89	5.34	4.84	4.37	3.96	3.61	3.30	3.03	2.80	2.58	2.40	2.23	2.08	1.94	1.82	1.71
			3	**8.86**	**7.64**	**6.86**	**6.35**	**5.89**	**5.34**	**4.84**	**4.37**	**3.96**	**3.61**	**3.29**	**2.89**	**2.56**	**2.28**	**2.03**	**1.82**	**1.64**	**1.48**	**1.34**	**1.22**
			4	8.86	7.64	6.86	5.86	4.88	4.11	3.50	3.00	2.59	2.25	1.97	1.74	1.54	1.37	1.22	1.09	0.98	0.89	0.81	0.73
1,50	0,193	14,82	1	10.69	9.22	8.30	7.67	7.10	6.44	5.84	5.27	4.78	4.36	3.99	3.66	3.37	3.12	2.89	2.69	2.51	2.34	2.19	2.06
			2	10.69	9.22	8.30	7.67	7.10	6.44	5.84	5.27	4.78	4.36	3.99	3.66	3.37	3.12	2.89	2.69	2.51	2.34	2.19	2.06
			3	**10.69**	**9.22**	**8.30**	**7.67**	**7.10**	**6.44**	**5.84**	**5.27**	**4.78**	**4.36**	**3.97**	**3.49**	**3.09**	**2.75**	**2.45**	**2.20**	**1.98**	**1.79**	**1.62**	**1.47**
			4	10.69	9.22	8.30	7.07	5.89	4.96	4.22	3.62	3.13	2.72	2.38	2.09	1.85	1.65	1.47	1.32	1.19	1.07	0.97	0.88

Zwischenauflagerbreite ≥ 60 mm [Max. Tragfähigkeit einschließlich Sicherheitsbeiwerten in kN/m²]

t	g	Lgr.	Zeile	3,25	3,50	3,75	4,00	4,25	4,50	4,75	5,00	5,25	5,50	5,75	6,00	6,25	6,50	6,75	7,00	7,25	7,50	7,75	8,00
0,75	0,097	7,25	1	2.50	2.27	2.07	1.90	1.75	1.61	1.50	1.39	1.30	1.21	1.13	1.06	1.00	0.94	0.89	0.84	0.80	0.76	0.72	0.68
0,88	0,113	9,75	1	3.54	3.23	2.94	2.69	2.46	2.27	2.10	1.95	1.81	1.69	1.58	1.48	1.38	1.30	1.23	1.16	1.09	1.03	0.98	0.93
1,00	0,129	10,64	1	4.38	4.06	3.72	3.40	3.11	2.86	2.64	2.45	2.27	2.11	1.97	1.85	1.73	1.62	1.53	1.44	1.36	1.28	1.22	1.15
1,25	0,161	12,29	1	6.96	6.27	5.68	5.17	4.73	4.34	4.00	3.69	3.42	3.18	2.96	2.76	2.59	2.42	2.28	2.14	2.02	1.89	1.77	1.66
1,50	0,193	14,82	1	8.40	7.57	6.86	6.24	5.70	5.24	4.82	4.45	4.13	3.83	3.57	3.33	3.12	2.92	2.75	2.58	2.44	2.28	2.14	2.00

Dreifeldträger

Zwischenauflagerbreite b ≥ 160 mm
Endauflagerbreite a ≥ 40 mm

Blechdicke t [mm]	Eigenlast g [kN/m²]	Grenzstützweite Lgr. [m]	Zeile	Zulässige Belastung q [kN/m²] bei einer Stützweite L [m] 3,25	3,50	3,75	4,00	4,25	4,50	4,75	5,00	5,25	5,50	5,75	6,00	6,25	6,50	6,75	7,00	7,25	7,50	7,75	8,00
0,75	0,097	7,25	1	2.86	2.58	2.34	2.14	2.01	1.90	1.80	1.71	1.61	1.46	1.34	1.26	1.21	1.15	1.07	1.00	0.93	0.87	0.81	0.76
			2	2.86	2.58	2.34	2.14	2.01	1.90	1.80	1.71	1.61	1.46	1.34	1.26	1.21	1.15	1.07	1.00	0.93	0.87	0.81	0.76
			3	**2.86**	**2.58**	**2.34**	**2.14**	**2.01**	**1.90**	**1.80**	**1.71**	**1.61**	**1.46**	**1.34**	**1.26**	**1.16**	**1.03**	**0.92**	**0.82**	**0.74**	**0.67**	**0.61**	**0.55**
			4	2.86	2.58	2.34	2.14	2.01	1.86	1.58	1.35	1.17	1.02	0.89	0.78	0.69	0.62	0.55	0.49	0.44	0.40	0.36	0.33
0,88	0,113	9,75	1	4.17	3.74	3.37	3.06	2.79	2.59	2.51	2.43	2.30	2.10	1.92	1.76	1.63	1.50	1.39	1.30	1.21	1.13	1.06	0.99
			2	4.17	3.74	3.37	3.06	2.79	2.59	2.51	2.43	2.30	2.10	1.92	1.76	1.63	1.50	1.39	1.30	1.21	1.13	1.06	0.99
			3	**4.17**	**3.74**	**3.37**	**3.06**	**2.79**	**2.59**	**2.51**	**2.43**	**2.30**	**2.01**	**1.76**	**1.55**	**1.37**	**1.22**	**1.09**	**0.97**	**0.88**	**0.79**	**0.72**	**0.65**
			4	4.17	3.74	3.37	3.06	2.61	2.20	1.87	1.60	1.38	1.20	1.05	0.93	0.82	0.73	0.65	0.58	0.53	0.47	0.43	0.39
1,00	0,129	10,64	1	5.32	4.76	4.29	3.88	3.53	3.22	3.10	2.96	2.79	2.55	2.33	2.14	1.97	1.82	1.69	1.57	1.47	1.37	1.28	1.20
			2	5.32	4.76	4.29	3.88	3.53	3.22	3.10	2.96	2.79	2.55	2.33	2.14	1.97	1.82	1.69	1.57	1.47	1.37	1.28	1.20
			3	**5.32**	**4.76**	**4.29**	**3.88**	**3.53**	**3.22**	**3.10**	**2.96**	**2.64**	**2.29**	**2.01**	**1.77**	**1.56**	**1.39**	**1.24**	**1.11**	**1.00**	**0.90**	**0.82**	**0.75**
			4	5.32	4.76	4.29	3.58	2.98	2.51	2.14	1.83	1.58	1.38	1.20	1.06	0.94	0.83	0.74	0.67	0.60	0.54	0.49	0.45
1,25	0,161	12,29	1	8.86	7.64	6.86	6.35	5.90	5.39	4.84	4.37	3.96	3.61	3.30	3.03	2.80	2.61	2.44	2.28	2.14	2.01	1.89	1.79
			2	8.86	7.64	6.86	6.35	5.90	5.39	4.84	4.37	3.96	3.61	3.30	3.03	2.80	2.61	2.44	2.28	2.14	2.01	1.89	1.79
			3	**8.86**	**7.64**	**6.86**	**6.35**	**5.90**	**5.28**	**4.49**	**3.85**	**3.32**	**2.89**	**2.53**	**2.23**	**1.97**	**1.75**	**1.56**	**1.40**	**1.26**	**1.14**	**1.03**	**0.94**
			4	8.40	6.73	5.47	4.51	3.76	3.17	2.69	2.31	1.99	1.73	1.52	1.34	1.18	1.05	0.94	0.84	0.76	0.68	0.62	0.56
1,50	0,193	14,82	1	10.69	9.22	8.30	7.67	7.13	6.51	5.84	5.27	4.78	4.36	3.99	3.66	3.38	3.15	2.94	2.75	2.58	2.43	2.28	2.15
			2	10.69	9.22	8.30	7.67	7.13	6.51	5.84	5.27	4.78	4.36	3.99	3.66	3.38	3.15	2.94	2.75	2.58	2.43	2.28	2.15
			3	**10.69**	**9.22**	**8.30**	**7.67**	**7.13**	**6.36**	**5.41**	**4.64**	**4.01**	**3.49**	**3.05**	**2.69**	**2.38**	**2.11**	**1.89**	**1.69**	**1.52**	**1.37**	**1.25**	**1.13**
			4	10.14	8.12	6.60	5.44	4.53	3.82	3.25	2.78	2.40	2.09	1.83	1.61	1.43	1.27	1.13	1.01	0.91	0.82	0.75	0.68

Zwischenauflagerbreite ≥ 60 mm [Max. Tragfähigkeit einschließlich Sicherheitsbeiwerten in kN/m²]

t	g	Lgr.	Zeile	3,25	3,50	3,75	4,00	4,25	4,50	4,75	5,00	5,25	5,50	5,75	6,00	6,25	6,50	6,75	7,00	7,25	7,50	7,75	8,00
0,75	0,097	7,25	1	2.63	2.44	2.28	2.14	2.01	1.90	1.77	1.64	1.53	1.44	1.34	1.23	1.15	1.10	1.05	0.99	0.93	0.86	0.81	0.76
0,88	0,113	9,75	1	3.54	3.29	3.07	2.88	2.71	2.56	2.42	2.23	2.02	1.88	1.79	1.70	1.59	1.47	1.36	1.27	1.18	1.10	1.03	0.97
1,00	0,129	10,64	1	4.38	4.06	3.79	3.56	3.35	3.16	2.95	2.66	2.52	2.38	2.25	2.07	1.91	1.76	1.63	1.52	1.42	1.32	1.24	1.16
1,25	0,161	12,29	1	8.20	7.41	6.66	5.85	5.18	4.65	4.36	4.11	3.86	3.51	3.22	2.95	2.72	2.52	2.33	2.17	2.02	1.89	1.77	1.66
1,50	0,193	14,82	1	9.90	8.94	8.03	7.06	6.25	5.61	5.26	4.96	4.65	4.24	3.88	3.56	3.28	3.04	2.82	2.62	2.44	2.28	2.14	2.00

Zeile 1 = Zulässige Belastung einschließlich Sicherheitsbeiwerten
Zeile 2 = Zulässige Belastung bei einer Durchbiegung von f ≤ L/150
Zeile 3 = Zulässige Belastung bei einer Durchbiegung von f ≤ L/300
Zeile 4 = Zulässige Belastung bei einer Durchbiegung von f ≤ L/500

Ablesebeispiel: Zweifeldträger, Blechdicke 0,75 mm, 6,00 m Stützweite, Zwischenauflagerbreite 200 mm (≥ 160 mm), Durchbiegungsbegrenzung ≤ L/300 = 1.25 kN/m²

Lgr = Grenzstützweite, bis zu der das Trapezprofil als tragendes Bauelement von Dach- und Deckensystemen verwendet werden darf

1.2.3 Biegesteifer Stoß

Biegesteife Stöße werden erforderlich, wenn das Trapezprofil als Mehrfeldträger ausgebildet werden soll, die Trapezprofiltafeln jedoch wegen Begrenzung der Liefer- und Transportlängen nicht für die gesamte Länge zur Verfügung stehen.

Biegesteife Stöße sind *nur im Auflagerbereich* zulässig. Trapezprofile und Verbindungselemente (meist Blindniete) sind nach den statischen Erfordernissen zu bemessen.

Nachweise erfolgen gegen Beanspruchungen aus *Bemessungslasten*. Den Beanspruchungen werden die Beanspruchbarkeiten der Verbindungselemente auf Abscheren gegenübergestellt.

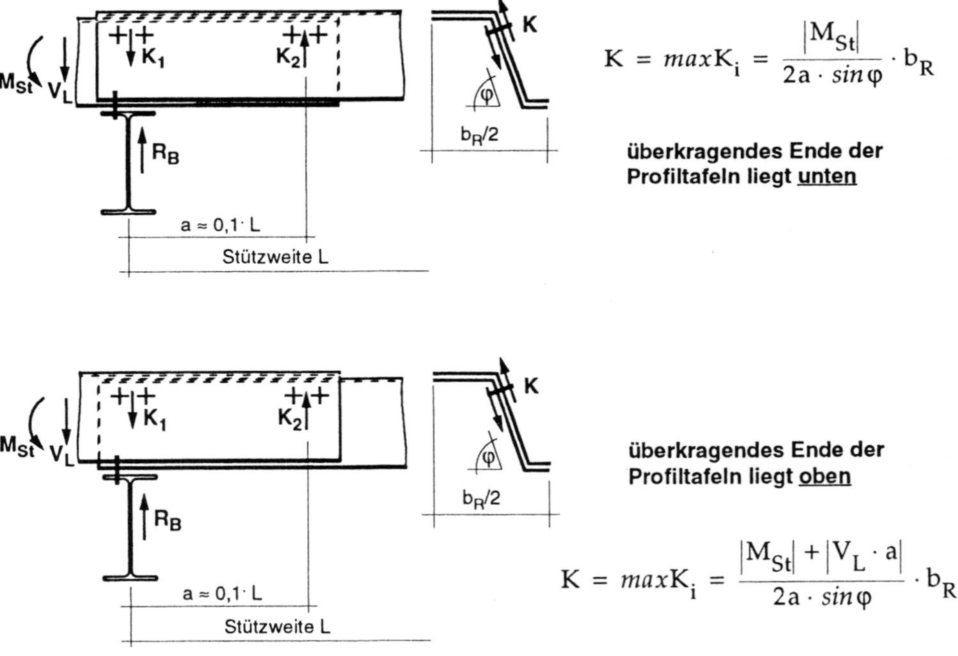

Bild 1.9 **Biegesteife Trapezprofilstöße**

Wegen der bekannten ungünstigen Auswirkung der Auflagerkräfte bei Zweifeldträgern einerseits, der Begrenzung der Liefer- und Montagelängen andererseits, wird man z.B. bei 5 bis 6 m Binderabstand und 5 Feldern für das Trapezblech *nicht* einen Zwei- und einen Dreifeldträger (ohne Übergreifung am Stoß) ausbilden, sondern eine Stoßübergreifung ausbilden und damit einen Fünffeldträger erhalten.

Arbeitet man mit Tabellen für zulässige Belastungen der Trapezbleche, so kann man bei Ausbildung von Durchlaufsystemen mit mehr als 3 Feldern auch hier die Tabellen für den Dreifeldträger verwenden. Die statischen Unterschiede sind gering.

1.2.4 Windsoglasten

Auflagerkräfte aus Windsoglasten werden durch die Verbindungselemente der Trapezprofile mit der Unterkonstruktion aufgenommen. Der Nachweis erfolgt mit *Bemessungslasten*. Hierfür sind Windlasten mit $\gamma_F = 1{,}5$ anzusetzen. Als entlastend darf die Dacheigenlast mit $\gamma_F = 1{,}0$ angesetzt werden, jedoch nur von fest verbundenen Bauteilen (nicht z.B. von Bekiesungen).

Für Windsoglasten auf flachen und geneigten Dächern, mit und ohne Unterwind, gibt DIN 1055 Teil 4 Beiwerte c_P an (negativer c_P-Wert = Sog!). Besonders zu beachten sind die erhöhten Soglasten im Rand- und Eckbereich von Dächern.

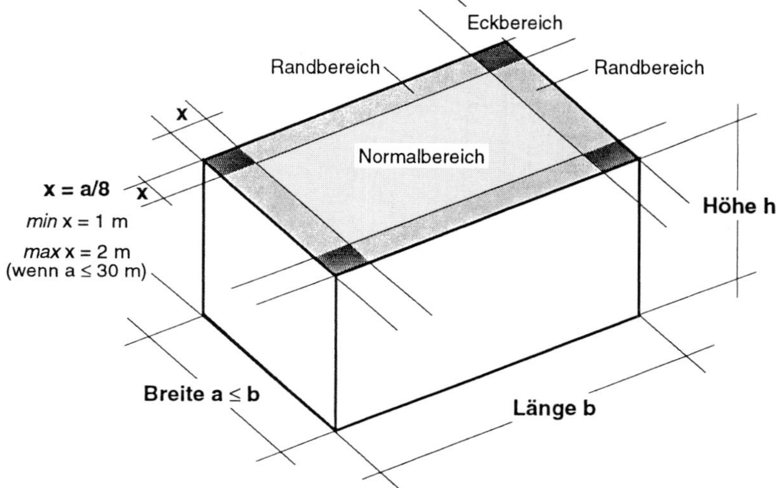

Bild 1.10 **Windsogbeiwerte c_P für flache Dächer** (ohne Unterwind)

Die Windlast w ist $w = c_P \cdot q_w$

Sogbeiwert im Normalbereich: $c_P = -0{,}6$ bis 40° Dachneigung.

Der Staudruck q_w ist von der Höhe h über Gelände abhängig; die Sogbeiwerte c_P sind in DIN 1055 Teil 4, Tab. 12, angegeben, siehe Tab. 1.13.

Tab. 1.13 **Staudruck q_w und Windsogbeiwerte c_P** (nach DIN 1055 Teil 4, Tab. 12)

Höhe h über Gelände [m]	Staudruck q_w [kN/m^2]
0 bis 8	0,5
8 bis 20	0,8
20 bis 100	1,1

Dachneigungswinkel	Normalbereich	Randbereich	Eckbereich
$\alpha \leq 25°$	- 0,6	- 1,8	- 3,2
$25° < \alpha \leq 35°$	- 0,6	- 1,1	- 1,8
$35° < \alpha \leq 40°$	- 0,6	keine Sogspitzen	

Ein Nachweis der Trapezbleche selbst auf Windsog wird nur sehr selten maßgebend, z.B. bei sehr hohen, offenen Hallen, bei denen gleichzeitig zum Windsog auch Unterwind anzusetzen ist. Die Windsogspitzen (Rand- und Eckbereich) müssen für den statischen Nachweis der Bleche *nicht* angesetzt werden!

Für Dachneigungen $\alpha \leq 8°$ *darf* DIN 1055 Teil 4, Tab. 13, angewendet werden, s.u.

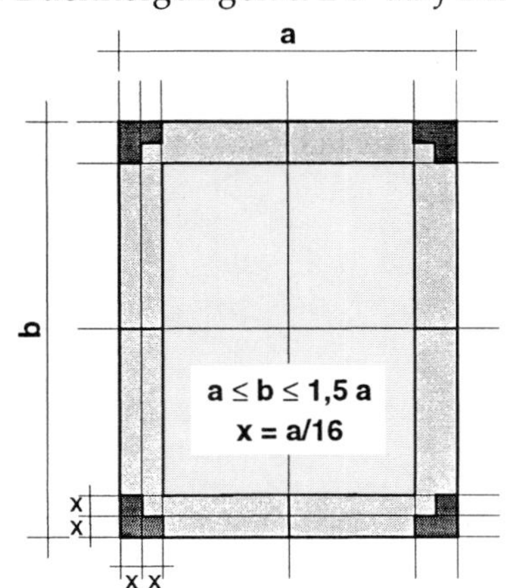

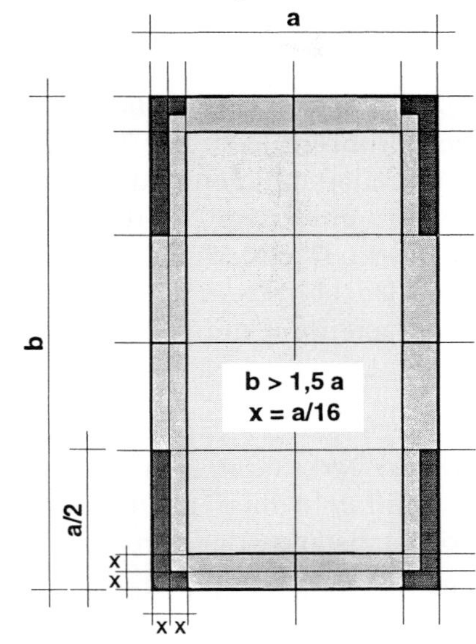

Im Innenbereich ist $c_p = -0{,}6$.

Bei flachen Dächern und $h/a > 0{,}4$ können Dachhaut und etwaige Aufbauten bis $c_p = -0{,}8$ belastet werden.

Bei Wohn- und Bürogebäuden sowie bei geschlossenen Hallen mit $a \leq 30$ m darf die Breite des Randbereichs (in dieser Zeichnung Maß 2x) auf 2,0 m begrenzt werden.

Bei Dachüberständen ist der Unterwind mit $c_p = -0{,}8$ zu berücksichtigen.

Die Ausbildung von Attiken wirkt sich i.a. *günstig* auf die Sogspitzenwerte aus. Konkrete Angaben hierzu enthält die Norm allerdings nicht.

Bild 1.11 **Genauere Windsogbeiwerte c_p für Flachdächer**

Tab. 1.14 **Genauere Windsogbeiwerte c_p für Flachdächer** (nach DIN 1055 Teil 4, Tab. 13)

b/a	h/a	Randbereich	Eckbereich
≤ 1,5	≤ 0,4	- 1,0	- 2,0
	> 0,4	- 1,5	- 2,8

b/a	h/a	Randbereich	Eckbereich
> 1,5	≤ 0,4	- 1,0	- 2,5
	> 0,4	- 1,7	- 3,0

Bei Anwendung der "genaueren Werte" steigt der Rechenaufwand, weil 3 oder 4 Schnitte zu untersuchen sind anstatt 2 Schnitten bei den vereinfachten Ansätzen. Dagegen sind zum Teil wesentliche Einsparungen in den Verbindungselementen möglich.

Inwieweit diese "genaueren Werte" realistisch sind, bleibt dahingestellt. Die sprunghaften Änderungen der Windlasten mit Erreichen von Grenzhöhen h und Grenzverhältnissen b/a und h/a mahnen zur Vorsicht, wenn man gerade unter diesen Grenzwerten liegt!

Beispiel: Eine 32 m lange Halle mit 19,5 m Breite und 8,2 m Höhe hat im Randbereich die 2,7-fachen rechnerischen Windsoglasten wie eine Halle mit 32 m Länge, 20,5 m Breite und 7,8 m Höhe (nachrechnen!).

Bei offenen Hallen und bei Kragdächern (mehr als 0,5 m Dachüberstand) ist zusätzlich zu den angegebenen Soglasten mit Unterwind (siehe DIN 1055 Teil 4, Abschnitt 6.3.2) zu rechnen.

1.2.5 Trapezprofile als Schubfeld

Voraussetzungen

Bei Beachtung besonderer Maßnahmen läßt sich die Schubsteifigkeit der Trapezprofiltafeln zur planmäßigen Abtragung von Längslasten ausnutzen. Auf diese Weise kann z.B. ein Dachverband zur Stabilisierung der Dachbinder und zur Aufnahme von Windlasten auf die Giebelwände einer Halle ersetzt werden.

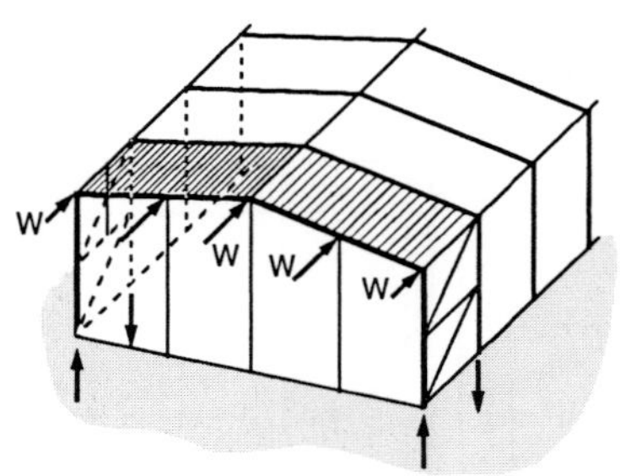

Bild 1.12 **Schubfeld zur Abtragung von Windlasten**

Schubfelder müssen an allen 4 Rändern mit der Unterkonstruktion (Dachträger, Randträger) verbunden sein; Randversteifungen genügen *nicht*! Die einzelnen Trapezprofiltafeln müssen untereinander schubfest verbunden werden. Mindest- und Höchstabstände der Verbindungselemente sind einzuhalten:

- Befestigung an den Längsrändern der Bleche: $50 \text{ mm} \leq e_L \leq 666 \text{ mm}$ sowohl untereinander als auch mit den Randträgern
- Befestigung an den Querrändern der Schubfelder: im Profilrippenabstand. An Zwischenauflagern *ohne* Schubabtragung genügt die Befestigung in jeder 2. Profilrippe.

Die Belastung der Schubfelder erfolgt zweckmäßig in Richtung der Profilierung (Spannrichtung der Trapezprofile). Der Schubfluß T [kN/m] darf gleichmäßig verteilt über die Schubfeldlänge L_S berechnet werden:

$$T = V/L_S$$

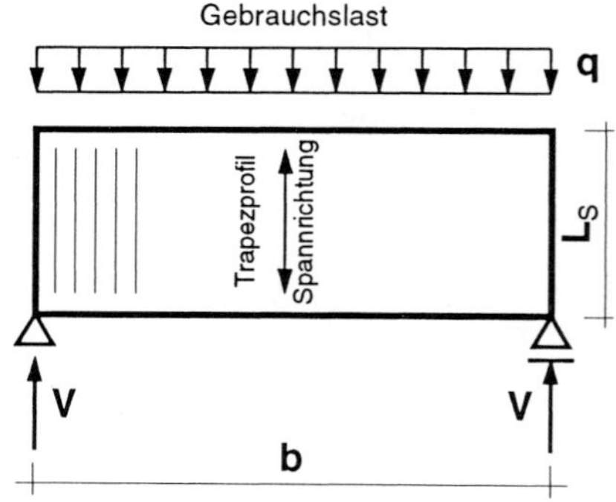

Bild 1.13 **Längsbelastetes Schubfeld**

Die Werte für den Schubfluß werden in der Norm begrenzt bezüglich

1) Querbiegespannungen im Blech,
2) Querschnittsverformung des Trapezes,
3) Gesamtverformung des Schubfelds.

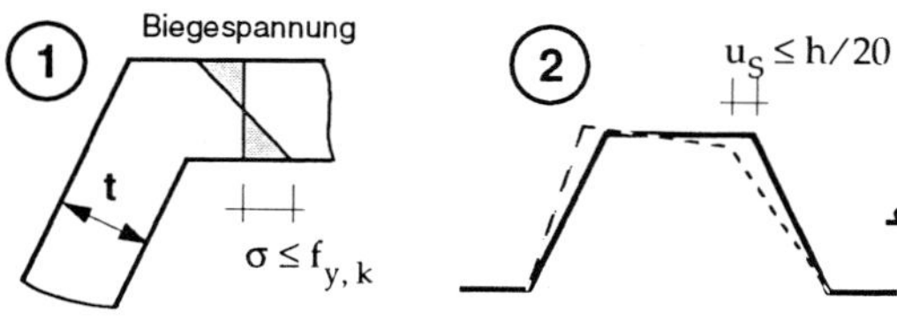

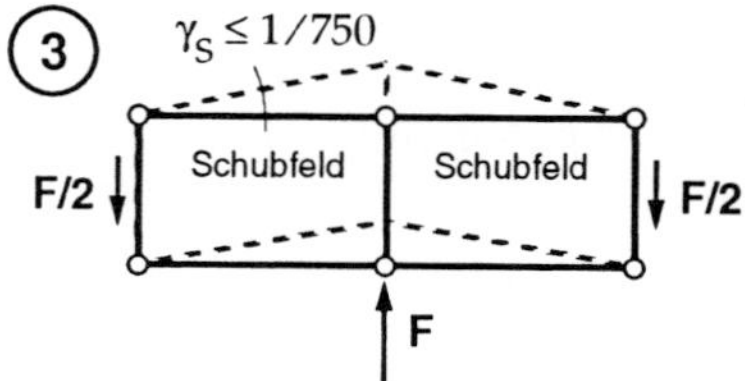

Bild 1.14 **Kriterien für die Belastbarkeit von Schubfeldern**

Nachweise

Nachweise erfolgen gegen Beanspruchungen aus *Gebrauchslasten!*

Für die Befestigungen der Trapezprofile ist nachzuweisen:

Längsstöße bzw. Längsränder der Trapezprofile: $F_L^V = T \cdot e_L \leq zul\ F_Q$

Querränder der Trapezprofile: $F_Q^V = T \cdot b_R \leq zul\ F_Q$

Beim Nachweis an den Querrändern sind zusätzlich die Kontaktkräfte R_S zu berücksichtigen, die sich aus den Stegbeanspruchungen am Schubfeldrand ergeben. Sie sind den anderen Auflagerlasten zu überlagern.

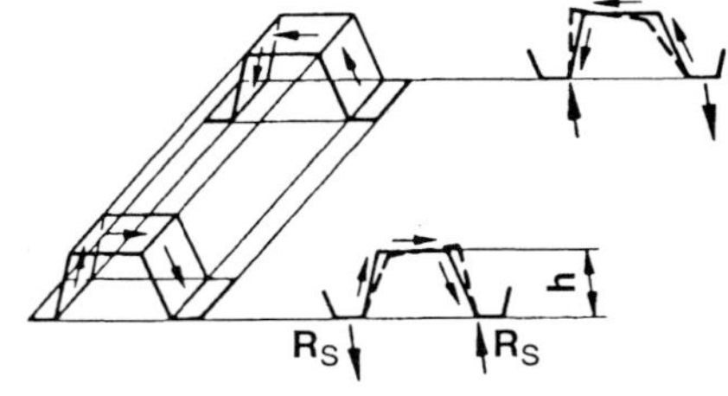

Bild 1.15 **Kontaktkräfte**

Für die Trapezprofile ist nachzuweisen:

- Schubfeldlänge: $vorh\ L_S \geq min\ L_S$
  Wenn diese Bedingung *nicht* eingehalten ist, müssen die zul. Schubflüsse reduziert werden!
- Grenzlänge: $vorh\ L_S \geq L_G$
  Wenn diese Bedingung *nicht* eingehalten ist, muß der Schubfluß T_3 nachgewiesen werden!
- Querbiegemomente: $vorh\ T \leq zul\ T_1$
- Profilverformung: $vorh\ T \leq zul\ T_2$
  Nur bei Dächern mit bituminös verklebtem Dachaufbau nachzuweisen!
- Schubfeldverformung: $vorh\ T \leq zul\ T_3$ (nur, wenn $vorh\ L_S < L_G$)
- Kontaktkräfte: $R_S = vorh T \cdot K_3$ mit anderen Auflagerkräften überlagern!

Die zulässigen Werte und weitere Kennwerte sind den Querschnitts- und Bemessungstafeln der Hersteller zu entnehmen. Zur Berechnung siehe auch [4] und [9].

Schubfelder *müssen* im Verlegeplan als solche gekennzeichnet werden!

Lasteinleitung, Lastabtrag

Einzellasten oder Lasten in Querrichtung der Trapezprofile müssen über Lasteinleitungsträger eingeleitet werden. In Spannrichtung dürfen Lasten $F \leq F_t$ (siehe Typenblätter) auch ohne Lasteinleitungsträger eingeleitet werden.

Für Ausschnitte in Schubfeldern sind besondere Maßnahmen und Nachweise erforderlich. Nachträgliche Änderungen konstruktiver Art an Schubfeldern ohne besonderen statischen Nachweis sind nicht statthaft!

Der Lastabtrag für die Lasten aus den Schubfeldern muß weiterverfolgt werden. Stabilisierungslasten aus Dachträgern stehen (bei durchgehenden drucksteifen Traufpfetten) in der Dachfläche im Gleichgewicht (*keine* Weiterleitung von Lasten!).

1.3 Trapezprofile für Decken - Verbunddecken

1.3.1 Trapezprofile mit und ohne Verbund

Für Decken mit Trapezprofilen gibt es unterschiedliche Möglichkeiten, die sich in Konstruktion und Berechnung unterscheiden:

- Trapezblech tragend. Lastverteilende Platte aus Aufbeton (konstruktiv bewehrt) oder Preßspanplatten (vernutet, mit Trittschalldämmung!). Bemessung und Ausführung des Trapezprofils wie üblich.
- Trapezblech als verlorene Schalung für Ortbeton für eine allein tragende Ortbetonplatte (Plattenbalken-Querschnitt). Bemessung des Trapezprofils auf Naßgewicht des Betons + zusätzliche Einzellast (Betonierlast). Bemessung der Betonplatte nach den Regeln des Stahlbetonbaus.
- Trapezblech im Verbund mit Ortbetonplatte. Die Verbundwirkung nützt die statischen Möglichkeiten bezüglich Tragfähigkeit und Durchbiegung besonders gut aus.
- Trapezblech und Ortbetonplatte tragen beide additiv, ohne die Erfordernisse einer Verbundwirkung. Ausnutzung beider Tragelemente ohne die Schwierigkeiten des Verbundes.

1.3.2 Trapezblech im Verbund mit Ortbetonplatte

Bei **Verbunddecken** sind die Trapezprofile einmal Schalboden für die Decke und benötigen wegen ihres hohen Eigentragvermögens keine oder nur wenige Zwischenabstützungen (kürzere Bauzeit durch Wegfall von Ein- und Ausschalen!). Andererseits ersetzen die Bleche die untere Bewehrung ganz oder weitgehend. Hierfür ist insbesondere ausreichende Verbundsicherung (= Schubverbindung) notwendig.

Zur Anwendung kommen bauaufsichtlich zugelassene Systeme (z.B. Reso oder Hoesch, siehe Bild 1.16). Die Bemessung ist in der jeweiligen Zulassung geregelt.

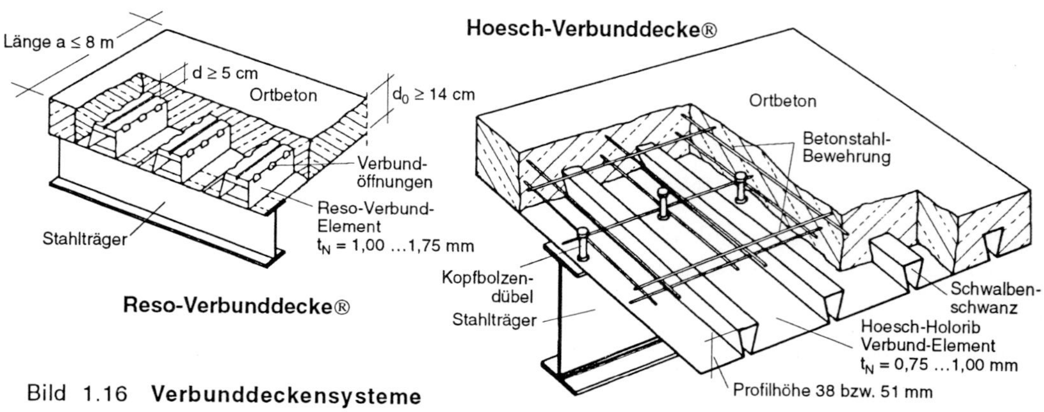

Bild 1.16 **Verbunddeckensysteme**

Die **Verbundsicherung** zwischen den glatten Blechen und dem Beton ist möglich durch Nocken, Sicken oder ähnliche querorientierte Anschlagflächen. Eine andere Möglichkeit ist die schwalbenschwanzförmige Querschnittsgebung, die nach Überwindung der Haftfestigkeit zu einer Klemmwirkung führt. Schließlich kann zusätzliche Verbundsicherung durch Endverankerung erreicht werden, und zwar mittels durchgeschweißter Kopfbolzendübel und/oder einer gezielten Verformung des Schwalbenschwanzes am Auflager (durch Hammerschlag!).

Die Hochrippen der Trapezprofile eignen sich zur Nutzung als Kabelkanäle. Bei Profilblechen in Schwalbenschwanzform ist gleichzeitig die einfache Verwendung dieser Bleche als Ankerschienen in der Decke möglich.

1.3.3 Die Hoesch Additiv-Decke®

Eine grundsätzlich andere Art der Kombination von Trapezprofil und Ortbeton beschreitet man beim Einsatz der Hoesch Additiv-Decke®. Das 205 mm hohe Profil TRP 200 wird in Blechdicken von 1,0 / 1,25 / 1,5 mm und mit einem Rippenabstand von 750 mm geliefert. Bei Parkdecks ist *min* t = 1,25 mm.

Die Trapezprofile werden beidseits in speziellen Auflagerknaggen, die auf die Stahlträger aufgeschweißt sind, eingehängt und werden dort mit einem Setzbolzen befestigt. Die Trapezprofile dienen als Schalung für den Ortbeton; ihre hohe Biegesteifigkeit ermöglicht den (in der Zulassung geforderten) Verzicht auf Hilfsunterstützungen. Im Betonierzustand können die Trapezbleche zur Aussteifung der Stahlträger herangezogen werden. Siehe auch Abschnitt 4.1.2.

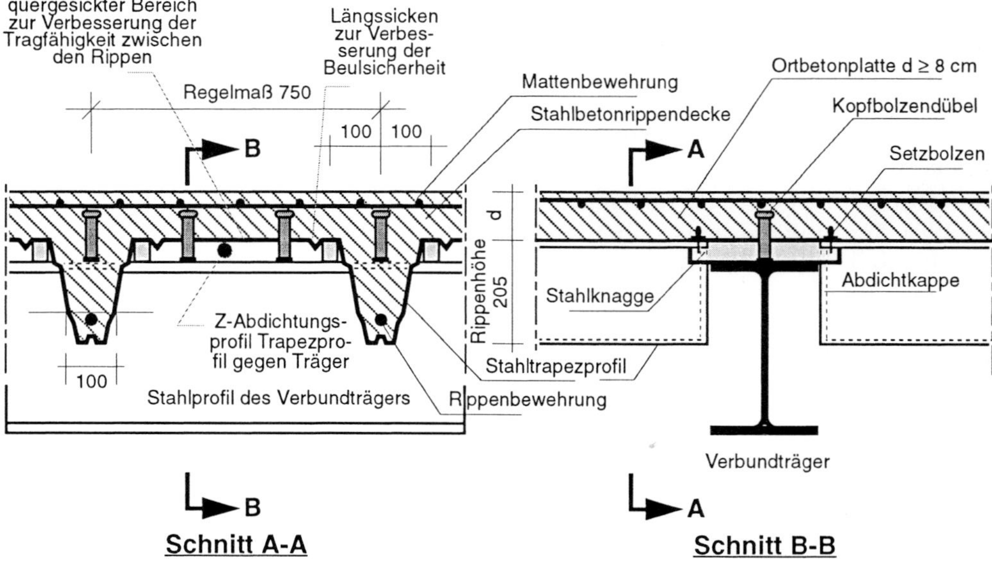

Bild 1.17 **Hoesch-Additiv-Decke ®**

Erlaubt sind Trägerabstände bis 6,00 m. Der Ortbeton erhält durch das Trapezprofil die Form eines Plattenbalkens; da dessen Steg nicht durchläuft, wirkt der Plattenbalken als Einfeldträger. Die Betonplatte muß wenigstens 8 cm dick sein. Konstruktiv wird eine leichte Verbügelung an den Auflagern gefordert.

Die Zulassung erlaubt vorwiegend ruhende Verkehrslasten bis $p \leq 5{,}00\ kN/m^2$.

Die Bemessung erfolgt gemäß bauaufsichtlicher Zulassung. Dabei werden Tragfähigkeiten von Stahl-Trapezprofil (Profiltafel) $M_{PT,Rd}$ und Stahlbeton-Plattenbalken $M_{c,Rd}$ addiert, ohne daß eine Verbundwirkung rechnerisch aktiviert wird.

$$M_{Rd} = M_{PT,Rd} + M_{c,Rd}$$

Tab. 1.15 **Querschnittswerte und Tragmoment für Hoesch TRP 200** gemäß Zulassung

Nennblechdicke t_N [mm]	Eigenlast g [kN/m²]	Trägh.m. I_{eff} [cm⁴/m]	Tragmom. $M_{PT,Rd}$ [kNm/m]
1,00	0,128	653	17,0
1,25	0,160	855	22,1
1,50	0,192	1030	26,5

Für die Querkräfte ist nachzuweisen, daß die Profiltafellagerung auf den Stahlknaggen allein die Auflagerkraft der Decke aufnehmen kann.

Weitere Nachweise sind erforderlich für den Betonierzustand (Bild 1.18) und den Brandfall.

Die Stahlträger zur Auflagerung der Decke werden zweckmäßig als Verbundträger ausgebildet. Im Gegensatz zu den üblicherweise über die Stahlträger quer durchlaufenden Trapezprofilen wird hier die Betonplatte ohne Abzug für querlaufende Rippen wirksam (siehe auch Abschnitt 4.1.2).

Die Enden der Profilrippen werden mit besonderen Abdichtkappen versehen. Für den eingelegten Stabstahl gibt es spezielle Abstandhalter.

Siehe dazu auch Beispiel 1.10.3.

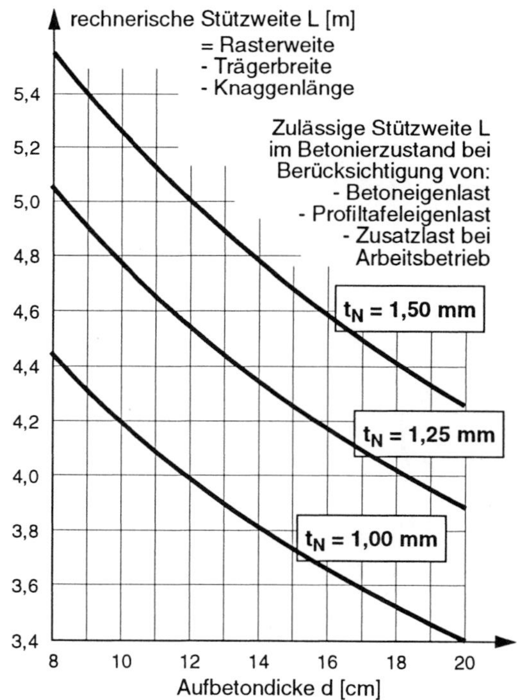

Bild 1.18 **Stützweite im Betonierzustand** (nach Angabe in der Zulassung)

1.4 Trapezprofile für Wände

Trapezprofile für Außenwände können einschalig ohne oder mit Wärmedämmung oder zweischalig mit Wärmedämmung ausgeführt werden. Anstatt der üblichen Trapezprofile werden hier auch Kassettenprofile eingesetzt; außerdem kommen fertige Sandwich-Elemente in Frage.

Der Nachweis für Kassettenprofile erfolgt derzeit noch nach bauaufsichtlichen Zulassungen; Umstellung auf eine entsprechende Norm ist in Vorbereitung.

Die Wandriegel (U-, I- oder Hohlprofile) werden waagrecht aus Windlast beansprucht und senkrecht aus der Eigenlast der Wandprofile, sofern diese nicht direkt von einer dafür ausgebildeten Fußkonstruktion übernommen wird.

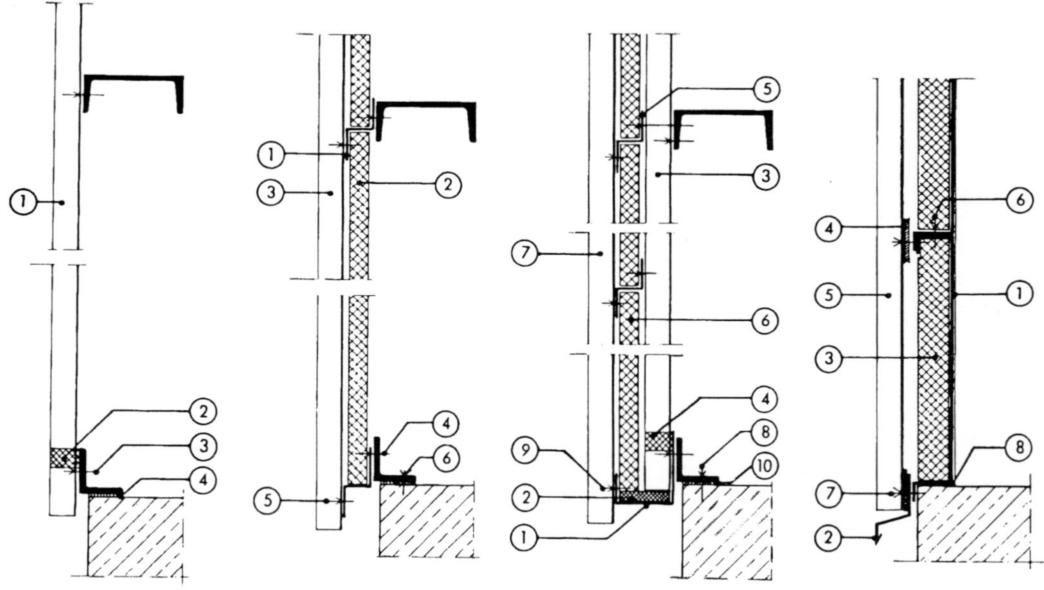

Einschalige, nicht wärmegedämmte Wand

1 Trapezprofil
2 Profilfüller von innen
3 Verbindung Typ A, B
4 Dichtung

Einschalige wärmegedämmte Wand

1 Z-Profil
2 Wärmedämmung
3 Trapezprofil
4 Verbindung Typ A
5 Verbindung Typ B, G
6 Dichtung

Zweischalige wärmegedämmte Wand

1 U-Profil
2 Dämmungsstreifen
3 Trapezprofil innen
4 Profilfüller von innen
5 Z-Profil
6 Wärmedämmung
7 Trapezprofil außen
8 Verbindung Typ A, F
9 Verbindung Typ B, G
10 Dichtung

Wärmedämmung in Kassettenprofilen

1 Stahlkassettenprofil
2 Tropfprofil
3 Wärmedämmung
4 Dämmungsstreifen
5 Trapezprofil außen
6 Verbindung Typ B, G
7 Verbindung Typ B, G
8 Dichtung

Bild 1.19 **Wände mit Trapezprofilen** - Ausführungsbeispiel nach [5]

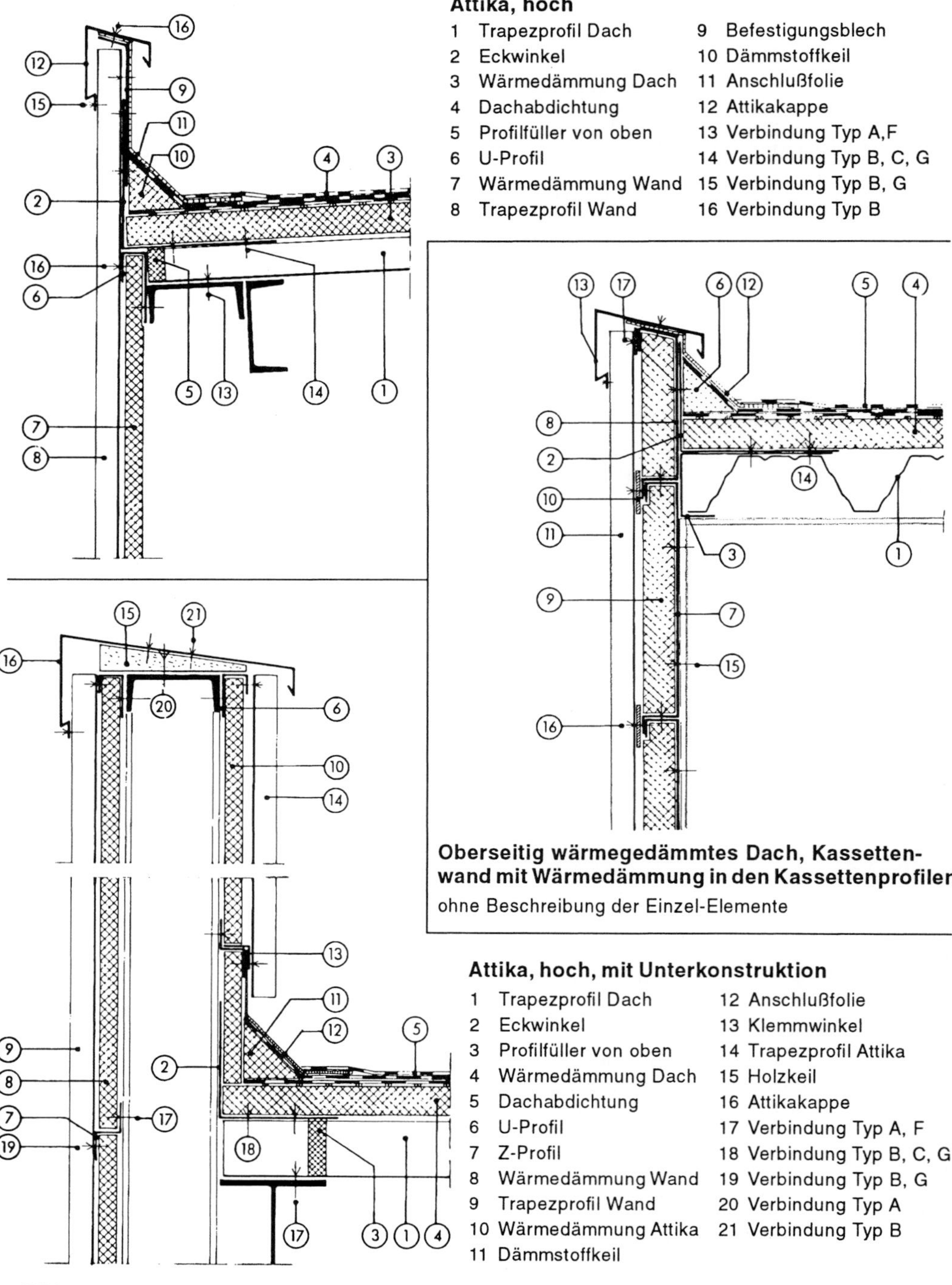
Attika, hoch
1 Trapezprofil Dach
2 Eckwinkel
3 Wärmedämmung Dach
4 Dachabdichtung
5 Profilfüller von oben
6 U-Profil
7 Wärmedämmung Wand
8 Trapezprofil Wand
9 Befestigungsblech
10 Dämmstoffkeil
11 Anschlußfolie
12 Attikakappe
13 Verbindung Typ A,F
14 Verbindung Typ B, C, G
15 Verbindung Typ B, G
16 Verbindung Typ B
Oberseitig wärmegedämmtes Dach, Kassettenwand mit Wärmedämmung in den Kassettenprofilen
ohne Beschreibung der Einzel-Elemente
Attika, hoch, mit Unterkonstruktion
1 Trapezprofil Dach
2 Eckwinkel
3 Profilfüller von oben
4 Wärmedämmung Dach
5 Dachabdichtung
6 U-Profil
7 Z-Profil
8 Wärmedämmung Wand
9 Trapezprofil Wand
10 Wärmedämmung Attika
11 Dämmstoffkeil
12 Anschlußfolie
13 Klemmwinkel
14 Trapezprofil Attika
15 Holzkeil
16 Attikakappe
17 Verbindung Typ A, F
18 Verbindung Typ B, C, G
19 Verbindung Typ B, G
20 Verbindung Typ A
21 Verbindung Typ B

Bild 1.20 **Anschluß Dach - Wand** - Ausführungsbeispiele nach [5]

1.5 Sandwich-Elemente für Dächer und Wände

Sandwich-Elemente bestehen aus zwei Lagen von dünnem Stahlblech und zwischenliegender wärmedämmender Kernschicht. Möglich sind auch beide Blechtafeln oder nur die äußere Blechtafel aus Aluminium oder Kupfer. Das Sandwich-Element wirkt bei ausreichendem Verbund zwischen Kern und Tragschalen als Verbundplatte, deren Blechtafeln durch Sicken und/oder Aufkantungen gegen Beulen stabilisiert werden. Die Blechtafeln sind meistens 0,4 ... 1,0 mm dick.

Die Kernschicht ist je nach wärmetechnischen Anforderungen etwa 50 bis 150 mm dick. Bei Ausführung in Polyurethan (PUR, Dichte ρ = 40 ... 50 kg/m^3) wird in Endlos-Fertigung ein flüssiges Reaktionsgemisch mittels Treibmittel (FCKW-frei!) zwischen die profilierten Bleche aufgeschäumt. Dabei tritt automatisch Haftung zwischen Deckblechen und Kern ein. Grenzlängen für die Montage sind 15 ... 18 m.

Kernschichten werden auch aus Polystyrol (PS, $\rho \geq$ 15 kg/m^3) oder nicht brennbarer Mineralwolle (ρ = 90 ... 150 kg/m^3) hergestellt. Diese Kernschichten müssen mit den Deckblechen verklebt werden.

Der Schubverbund über die Kernschicht ist nicht starr; bei Dauerbeanspruchung tritt Kriechen ein. Dies muß besonders bei Verformungsberechnungen berücksichtigt werden. Eingehende Ausführungen zu Aufbau, bauaufsichtlichen Zulassungen, Berechnungsgrundlagen, Rechenhilfen, usw. finden sich in [10].

1.5.1 Sandwich-Elemente für Dächer

Als Beispiel wird das Dachelement delitherm® G4-ST 0.60/0.45 der DLW-Metecno GmbH (gemäß bauaufsichtlicher Zulassung vom 24.03.98) vorgestellt (Bild 1.21).

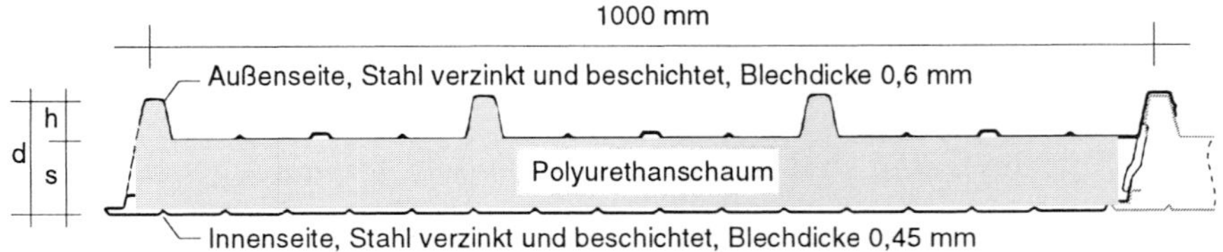

Bild 1.21 **delitherm®-Dachelement G4 ST 0.60/0.45**

Tab. 1.16 **Technische Daten für delitherm®-Dachelement G4 ST 0.60/0.45**

Elementdicke	d [mm]	68	78	88	98	108	118	138
Profilhöhe	h [mm]	38						
Schaumdicke	s [mm]	30	40	50	60	70	80	100
Montagegewicht	g [kN/m^2]	0,112	0,116	0,120	0,124	0,128	0,132	0,141
Wärmedurchlaß-widerstand	$1/\Lambda$ [m^{2}K/W]	1,25	1,65	2,06	2,46	3,05	3,27	4,08
Wärmedurchlaß-zahl	k [W/m^{2}K]	0,71	0,55	0,45	0,38	0,33	0,29	0,23

Weitere technische Daten zu diesem System enthält Tab. 1.16. Der Tragfähigkeitsnachweis erfolgt gewöhnlich und am einfachsten mit Hilfe einer Bemessungstafel, wie in Tab. 1.17 (Typenprüfung vom 17.01.96) beispielhaft vorgestellt.

Tab. 1.17 **Belastungstabelle** (typengeprüft) **für delitherm® G4 ST 0.60/0.45** (Auszug)

Stat. System	Schneelast [kN/m²]	Elementdicke d [mm] und zulässige Stützweiten L [m]						
		d = 68	78	88	98	108	118	138
1-Feld-Träger	0,75	L=2,60	3,01	3,46	3,70	3,95	4,19	4,78
	1,25	1,93	2,16	2,42	2,73	3,02	3,335	3,79
	1,75	1,59	1,73	1,89	2,08	2,26	2,47	3,07
2-Feld-Träger	0,75	2,60	2,95	3,05	3,16	3,24	3,32	3,52
	1,25	1,93	2,16	2,31	2,37	2,42	2,47	2,59
	1,75	1,59	1,73	1,89	1,97	2,00	2,04	2,12
3-Feld-Träger	0,75	2,60	3,10	3,46	3,63	3,72	3,81	4,04
	1,25	1,93	2,16	2,42	2,71	2,75	2,80	2,93
	1,75	1,59	1,73	1,89	2,08	2,26	2,30	2,38

1.5.2 Sandwich-Elemente für Wände

Als Beispiel wird das Wandelement Monowall® MW-ST 0.60/0.45 der DLW-Metecno GmbH (gem. bauaufsichtl. Zulassung v. 24.03.98) vorgestellt (Bild 1.22).

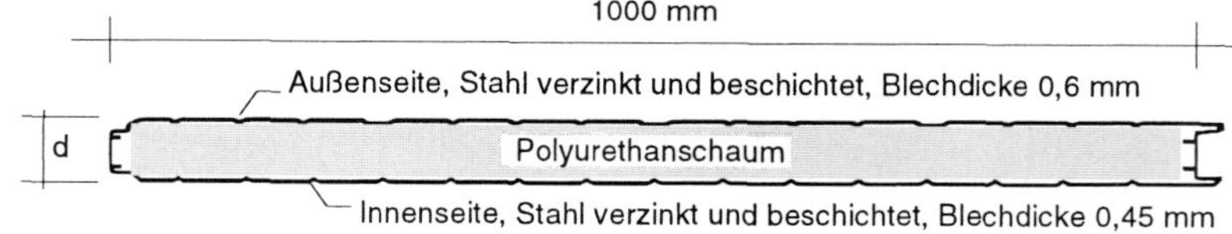

Bild 1.22 **Monowall®-Wandelement MW ST 0.60/0.45**

Weitere technische Daten sind in nachfolgender Tab. 1.18 angegeben.

Tab. 1.18 **Technische Daten für Monowall®-Dachelement MW ST 0.60/0.45**

Elementdicke	d [mm]	40	50	60	80	100
Montagegewicht	g [kN/m²]	0,108	0,112	0,116	0,124	0,132
Wärmedurchlaßwiderstand	1/Λ [m²K/W]	1,56	1,96	2,36	3,16	3,96
Wärmedurchlaßzahl	k [W/m²K]	0,58	0,47	0,39	0,30	0,24

Auch hier werden typengeprüfte Werte für zulässige Spannweiten, abhängig vom statischen System und der Windlastabstufung (Gebäudehöhe), angegeben.

Die Befestigung für Windsog ist für Dächer und Wände gesondert nachzuweisen. Hierfür werden Befestigungsmittel angeboten, die in Technik und Aussehen zu den Sandwich-Elementen passen.

1.6 Porenbetonplatten

1.6.1 Herstellung

Porenbeton (früher: Gasbeton) ist dampfgehärteter Leichtbeton mit einer Trockenrohdichte von $R_D = 0{,}45 \ldots 0{,}70\ kg/dm^3$. Rohstoffe sind quarzhaltiger Sand, Bindemittel, Treibmittel und Wasser. Der Sand wird in großen Mühlen zementfein oder zu Schlämmen gemahlen. Bindemittel sind Zement und/oder Kalk; zur Steuerung des Produktionsablaufs wird Anhydrit oder Gips beigegeben. Als Treibmittel wird Aluminium (Pulver, Paste) in geringen Mengen zugesetzt. Die Zusammensetzung der Mischung ist von den gewünschten Eigenschaften des Porenbetons und vom Produktionsverfahren abhängig. Dementsprechend vielfältig sind die Rezepturen. Die erforderliche Festigkeit wird durch Autoklavhärtung (Sattdampf von 190 °C, Druck 12 bar) erreicht.

Für bewehrte Bauteile werden punktgeschweißte Bewehrungsmatten zu Bewehrungskörben gebogen und in Tauchbädern gegen Korrosion geschützt. In Form bewehrter großformatiger Platten werden Porenbetonprodukte als tragende Bauteile für Dächer und Decken sowie (meist) selbstragend für Wände eingesetzt.

1.6.2 Porenbetonplatten für Wände

Für ausfachende Außenwände (übliche Lösung bei Skelettbauten) werden meist liegende, bisweilen auch stehende Wandplatten verwendet. Selbsttragende Wandplatten können sowohl vertikale Lasten (Eigenlast, Auflast) als auch Windlasten (auf die Platte selbst, einschließlich Ableitung der Windlast auf darüber bzw. darunterliegende Verglasungen, Fenster) aufnehmen können.

Vorteile: einfache Montage, gute Wärmedämmung. Beschichtung ermöglicht Feuchtigkeitsschutz und Farbgebung. Außerdem gibt es vielfältige Bekleidungsmöglichkeiten, z.B. Ausbildung mit hinterlüfteter Fassade, zusätzlich vorgesetzter Wärmedämmung und Bekleidung mit Blech, Holz oder Kunststoffplatten, wofür die Unterkonstruktion auf den Porenbeton-Wandplatten befestigt wird.

Befestigung der Platten: vom (meistens in Ortbeton ausgeführten) Sockel aus Aufmauerung im Mörtelbett. Seitliche Halterung (Windsog!) mit Ankerschienen an den Hallenstützen, darin Nagelplatten und Spezialnägel. Unter Sturzwandplatten über Fenster- und Toröffnungen sowie für Zwischenabfangungen bei hohen Wänden werden besondere Konsolen (Auflagerwinkel) angeordnet.

Bemessung bewehrter Porenbeton-Montagebauteile erfolgt nach DIN 4223 und Zulassungsbescheiden der Hersteller. Eigenlast und andere vertikale Lasten sowie Windlast ergeben zweiachsige Biegung. Bei Sturzwandplatten kommt der Windanteil von Fenstern bzw. Toren dazu, der als seitliche Linienlast auch Torsionsbeanspruchung ergibt. Nachweise werden häufig über typengeprüfte Bemessungstafeln oder Spezialprogramme geführt. Scheibenwirkung von Wänden zur Gebäudeaussteifung darf *nicht* in Rechnung gestellt werden.

1.6.3 Porenbetonplatten für Dächer und Decken

Im Stahlhochbau ist die Verwendung von Porenbetonplatten für Dächer wegen der relativ hohen Eigenlast der Platten selten; sie kann jedoch bei entsprechenden brandschutztechnischen Anforderungen vorteilhaft werden. Deckenplatten aus Porenbeton zeichnen sich durch relativ geringes Gewicht, einfache Montage und günstige bauphysikalische Eigenschaften aus.

Beim Verlegen von Dach- und Deckenplatten ist auf genügende Auflagetiefe sowie ausreichende Auflagesicherung auf den Stahlträgern zu achten. Dies gilt besonders für geneigte Dächer. Die Zulassungen sind zu beachten!

Gemäß Normen und Zulassungen können Dach- und Deckenscheiben ausgebildet werden (Ringgurt erforderlich!). Stahlträger sind dann gegen Biegedrillknicken gesichert; Dachverbände können eingespart werden.

1.6.4 Kennwerte für Porenbeton

DIN 4223 (7.58) enthält die Grundlagen für Bemessung, Herstellung, Verwendung und Prüfung von bewehrten Porenbetonplatten. Bezeichnungen und dargestellte Verfahren sind teilweise überholt. Die neue DIN 4223 (Gelbdruck 2000) ist EN 12602 angeglichen; der Weißdruck wird demnächst (noch 2003?) herauskommen. Derzeit werden vor allem bauaufsichtliche Zulassungen angewendet.

Nachfolgende Werte und Tabellen sind den Zulassungen der Fa. Xella, Malsch, entnommen. Sie gleichen im wesentlichen den Werten anderer Hersteller.

Die Festigkeitsklassen 3,3 und 4,4 entsprechend den alten Festigkeitsklassen GSB 35 und GSB 50 aus DIN 4223. Tab. 1.19 enthält Materialkenn- und Rechenwerte.

Tab. 1.19 **Materialkennwerte für Porenbeton**

Festigkeitsklasse	Kurzzeichen	P 3,3	P 4,4
Mindestfestigkeit	$\beta_{W_{min}}$ [N/mm²]	3,2	4,2
Nennfestigkeit	β_{WN} [N/mm²]	3,3	4,4
Serienfestigkeit	β_{WS} [N/mm²]	3,5	5,0
Elastizitätsmodul	E [N/mm²]	$5000 \cdot (R_d - 0{,}15)$	
Schwindmaß	$\varepsilon_{S,\infty}$ [mm/m]	0,2	
Wärmedehnkoeffizient	α_T [1/K]	$8 \cdot 10^{-6}$	
Rohdichteklasse	R_d	0,5 bis 0,6	0,55 bis 0,7
Rechenwert Druckfestigkeit bei einachsiger Beanspruchung / bei zweiachsiger Beanspruchung	β_R [N/mm²]	2,1 / 2,3	3,0 / 3,3
zulässige Schubspannung	τ_0 [N/mm²]	0,08	0,12

R_d Rohdichteklasse *)	γ [kN/m³] Rechenwert Eigenlast
0,50	6,2
0,55	6,7
0,60	7,2
0,65	7,8
0,70	8,4

*) Die Rohdichteklasse R_d gibt die obere Grenze der 95%-Quantile der Trockenrohdichte ρ [kg/dm³] an.

Es ist ersichtlich, daß die Bemessung noch nach dem alten Normenkonzept mit zulässigen Spannungen erfolgt.

Abmessungen für Porenbeton-Wandplatten

Dicke: üblich: d = 150 / 200 / 250 mm(möglich: 75 ... 400 mm),
Breite: b = 625 / 750 mm (500 ... 2000 mm nach Maß, Paßplatten ≥ 200 mm),
Länge: nach Maß bis L = 7500 (... 8000) mm. Allg. muß L/d ≤ 35 (40) sein.

Tab. 1.20 **Rechnungsgewichte (Eigenlast) für Porenbetonplatten**

Bauteil	Festigkeitsklasse	Rohdichte [kg/dm³]	Rechengewicht [kN/m³]	Rechnungsgewicht [kN/m²]				
				d = 15 cm	d=17,5 cm	d = 20 cm	d = 22,5 cm	d = 25 cm
Wand Dach Decke	P 3,3	0,5	6,2	0,93	1,09	1,24	1,40	1,55
	P 3,3/4,4	0,6	7,2	1,08	1,26	1,44	1,62	1,80
	P 4,4	0,7	8,4	1,26	1,47	1,68	1,89	2,10

Nichttragende Innenwände dürfen auch in 100 mm Dicke ausgeführt werden.

Tab. 1.21 **Zulässige Druckspannungen** [N/mm²] **bei Porenbeton-Wandplatten**

Art der Auflagerung	Zwischen Wandplatten bzw. zwischen Wandplatte und kontinuierlich unterstützendem Bauteil		Zwischen Wandplatte und Auflagerkonsole (örtliche Pressung)	
Porenbeton-Festigkeitsklasse	P 3,3	P 4,4	P 3,3	P 4,4
Versetzen in Mörtelbett mit Mörtel der Mörtelgruppe III oder Dünnbettmörtel	0,5	0,7	0,7	0,9
Versetzen mit Dispersionsklebemörtel, Dünnbettmörtel oder auf Elastomerelager	0,3	0,4	0,57	0,77

Wärmeschutz

Tab. 1.22 **Festigkeiten, Gewichte, Wärmedurchgangskoeffizienten *)**

Bauteil	Festigkeitsklasse	Rohdichte [kg/dm³]	Rechengewicht [kN/m³]	Wärmeleitfähigkeit λ [W/m²K]	Wärmedurchgangskoeffizient k [W/m²K]				
					d = 15 cm	d=17,5 cm	d = 20 cm	d = 22,5 cm	d = 25 cm
Wand und Dach	P 3,3	0,5	6,2	0,13	0,76	0,66	0,59	0,53	0,48
	P 3,3/4,4	0,6	7,2	0,16	0,90	0,79	0,70	0,63	0,58
	P 4,4	0,7	8,4	0,18	1,00	0,88	0,78	0,70	0,64
Decke	P 3,3/4,4	0,6	7,2	0,16	0,84	0,74	0,66	0,60	0,55
	P 4,4	0,7	8,4	0,18	0,91	0,81	0,73	0,66	0,60

*) Berechnung: $\frac{1}{k} = \frac{1}{\alpha_i} + \frac{d}{\lambda} + \frac{1}{\alpha_a}$ für Dach und Wand: $\frac{1}{\alpha_i} + \frac{1}{\alpha_a} = 0,13 + 0,04 = 0,17\ \frac{m \cdot K}{W}$

(alle Bauteile unverputzt) für die Decke: $\frac{1}{\alpha_i} + \frac{1}{\alpha_a} = 0,13 + 0,13 = 0,26\ \frac{m \cdot K}{W}$

Brandschutz

Porenbetonbauteile für Dächer, Wände und Decken können grundsätzlich in die Feuerwiderstandsklassen F30-A bis F180-A nach DIN 4102 Teil 2 eingestuft werden. Sie erfüllen alle brandschutztechnischen Anforderungen für Brandwände nach DIN 4102 Teil 4.

Bewehrte, nichttragende Wandplatten werden nach DIN 4102 Teil 4 eingestuft: für d = 100 mm in Klasse F 90, für d = 150 mm in Klasse F 180.

Bewehrte, unverputzte Dach- oder Deckenplatten ab d = 100 mm und einem Achsabstand der Bewehrung u ≥ 30 mm werden in Klasse F 90 eingestuft.

Schallschutz

Tab. 1.23 **Schalldämm-Maße R'_w, Einstufung nach DIN 4109 *)**

Bauteil	Festigkeits-klasse	Rohdichte [kg/dm³]	Rechen-gewicht [kN/m³]	Schalldämm-Maß R'_w [dB]				
				d = 15 cm	d=17,5 cm	d = 20 cm	d = 22,5 cm	d = 25 cm
Wand Dach Decke	P 3,3	0,5	6,2	34	36	37	38	34
	P 3,3/4,4	0,6	7,2	36	38	39	41	42
	P 4,4	0,7	8,4	38	40	41	42	44

*) Eingerechnet ist ein sogenannter P-Bonus von 2 dB.

Bei Decken erhöhen Schwimmender Estrich oder Unterdecke das Schalldämm-Maß um ca. 7 bis 8 dB, Schwimmender Estrich *und* Unterdecke um ca. 8 bis 11 dB.

Bemessungsdaten (Beispiel)

Für Dach- und Deckenplatten gibt die Firma Xella, Malsch, folgende Werte für maximale Stützweiten und Biegemomente an (Auszug).

Tab. 1.24 **Grenzstützweiten für Platten P 4,4, Rohdichteklasse 0,60, F30**

Platten-dicke [cm]	Eigen-last [kN/m²]	Grenzstützweite L [m] für Nutzlast p =						
		0,95 kN/m²	1,50 kN/m²	2,00 kN/m²	2,50 kN/m²	3,00 kN/m²	3,50 kN/m²	4,00 kN/m²
12,5	**0,90**	4,44	4,36	3,97	3,66	3,42	3,22	3,05
15	**1,08**	5,44	5,12	4,72	4,38	4,10	3,87	3,67
17,5	**1,26**	6,20	5,72	5,34	5,04	4,75	4,49	4,27
20	**1,44**	6,81	6,28	5,89	5,58	5,33	5,10	4,86
22,5	**1,62**	7,39	6,81	6,41	6,10	5,83	5,61	5,41
25	**1,80**	7,41	7,32	6,91	6,59	6,31	6,08	5,88

Für Stützweiten L ≤ 5,90 m gilt dabei die Einschränkung w ≤ L/250 (nach Zulassung), bei größeren Stützweiten ist dies teilweise nicht beachtet (Norm beachten!).

Feuchtigkeitsschutz für Dachplatten

Dachplatten benötigen auf jeden Fall eine obere Abdichtung (z.B. 3-lagige Bitumenpappe). In Abhängigkeit von Raumtemperatur und Luftfeuchtigkeit ist i.a. auch eine Zusatzdämmung zwischen Abdichtung und Porenbetonplatte erforderlich (30 bis 60 mm PU-Schaum o.ä.). Evtl. muß eine Dampfsperre eingebaut werden, um Auftreten von Tauwasser innerhalb des Dachaufbaus zu verhindern.

1.6.5 Ausbildung bei Porenbetonplatten für Dächer, Decken und Wände

Verankerung von Porenbeton-Wandplatten

Wandplatten werden im Mörtelbett verlegt, zulässige Druckspannungen siehe Tab. 1.21. Die Verankerung gegen seitlich wirkende Kräfte (insbes. Windsog) erfolgt bei Stahlbauten gewöhnlich von oben mit in Ankerschienen eingeführten Nagellaschen. Durchgenagelt wird mit nichtrostenden Profil- oder Hülsennägeln.

Im Bereich der Nagellaschen müssen die Platten am Bau sorgfältig ausgenommen werden, z.B. mittels spezieller Fräser. Ausspitzen ist unsachgemäß und führt oft zu Beschädigungen! - Horizontale Druckkräfte (aus Winddruck) werden durch Kontakt von den Wandplatten auf die Tragkonstruktion abgetragen.

Zulässige Halterungskräfte sind von der Laschenform abhängig; nachfolgende Tab. 1.25 stellt einen Auszug (insbes. für Verankerungen an Stahlbauteilen) dar.

Tab. 1.25 **Zulässige Halterungskräfte für die Verankerung von Porenbeton-Wandplatten**

Verankerungstyp *)	Lasche		Plattendicke	Mindestüberdeckung		Halterungskraft *zul* Z [kN]		Bemerkungen
	Form *)	Länge [mm]	d [mm]	$ü_b$ [mm]	$ü_s$ [mm]	P 3,3	P 4,4	
1			100 125 - 150 175 - 200 ≥ 225	60 75 87 100		1,60 2,40 2,80 3,60	2,25 3,35 3,90 5,05	je Verankerungslasche (für beide Plattenenden zusammen)
1.1			100 125 - 150 175 - 200 ≥ 225	60 75 87 100		1,20 1,60 2,00 2,40	1,70 2,25 2,80 3,35	je Verankerungslasche (für ein Plattenende)
13.3 13.4 13.6	C B C	195 185 165	≥ 200 ≥ 200 ≥175	100 100 75	47 47 40	1,00 1,00 0,75	1,15 1,15 0,90	Wandverankerung an Stahlbauteilen je Verankerungslasche
14.5 14.6	C B	165 155	≥ 175	75	60	1,65	1,95	Wandverankerung an Stahlbauteilen je Verankerungspunkt
14.7 14.8	C B	195 185	≥ 200	100	60	1,95	2,25	

*) siehe Bilder 1.22 und 1.24 (Typ 14 entspricht Typ 13 kreuzweise angebracht)

Konstruktive Einzelheiten

Die folgenden Abbildungen und Beispiele sind zumeist den Informationsschriften [11] und [12] entnommen.

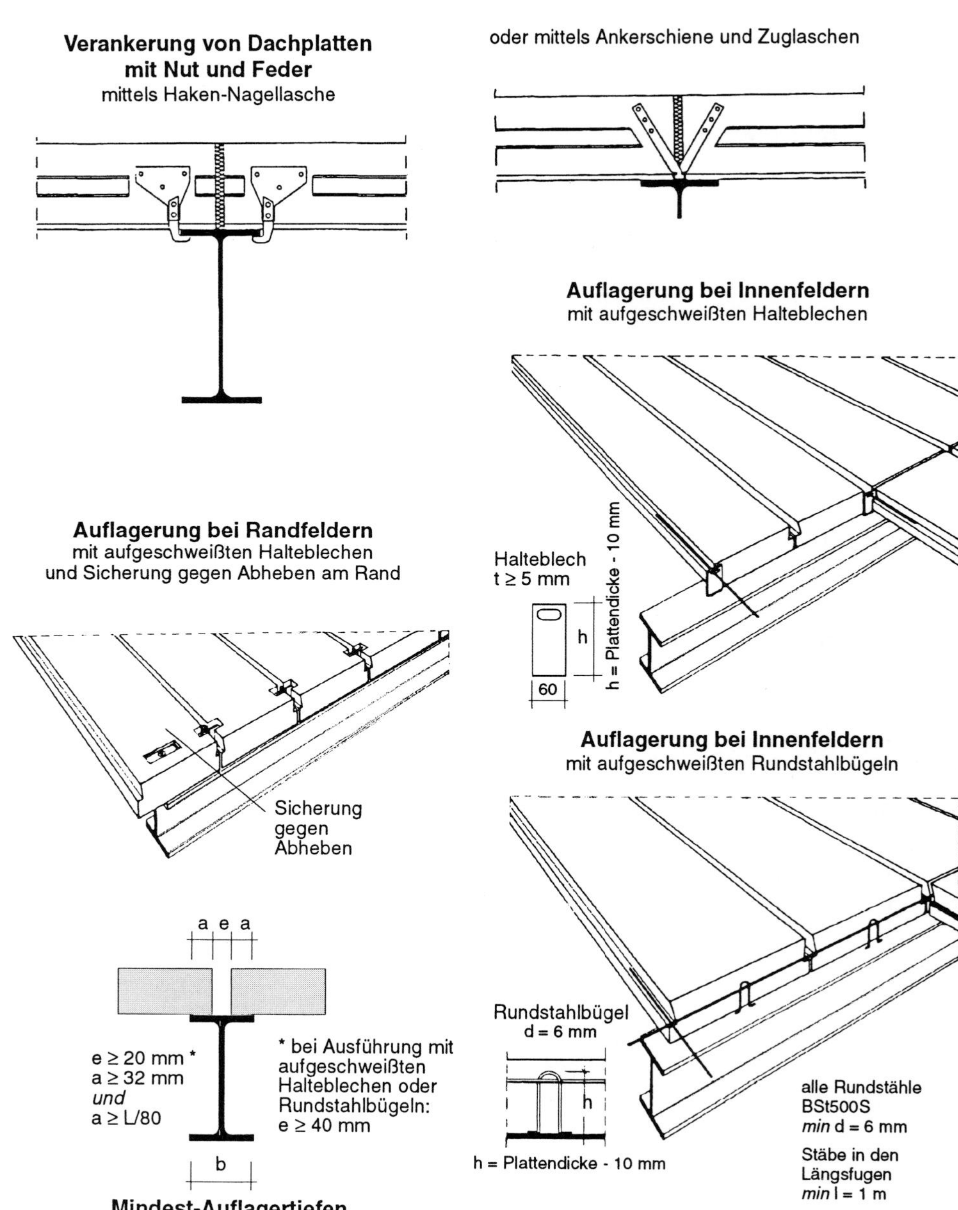

Bild 1.23 **Dach- und Deckenplatten - Beispiele für Auflagerung und Verankerung von Porenbetonplatten auf Stahlträgern**

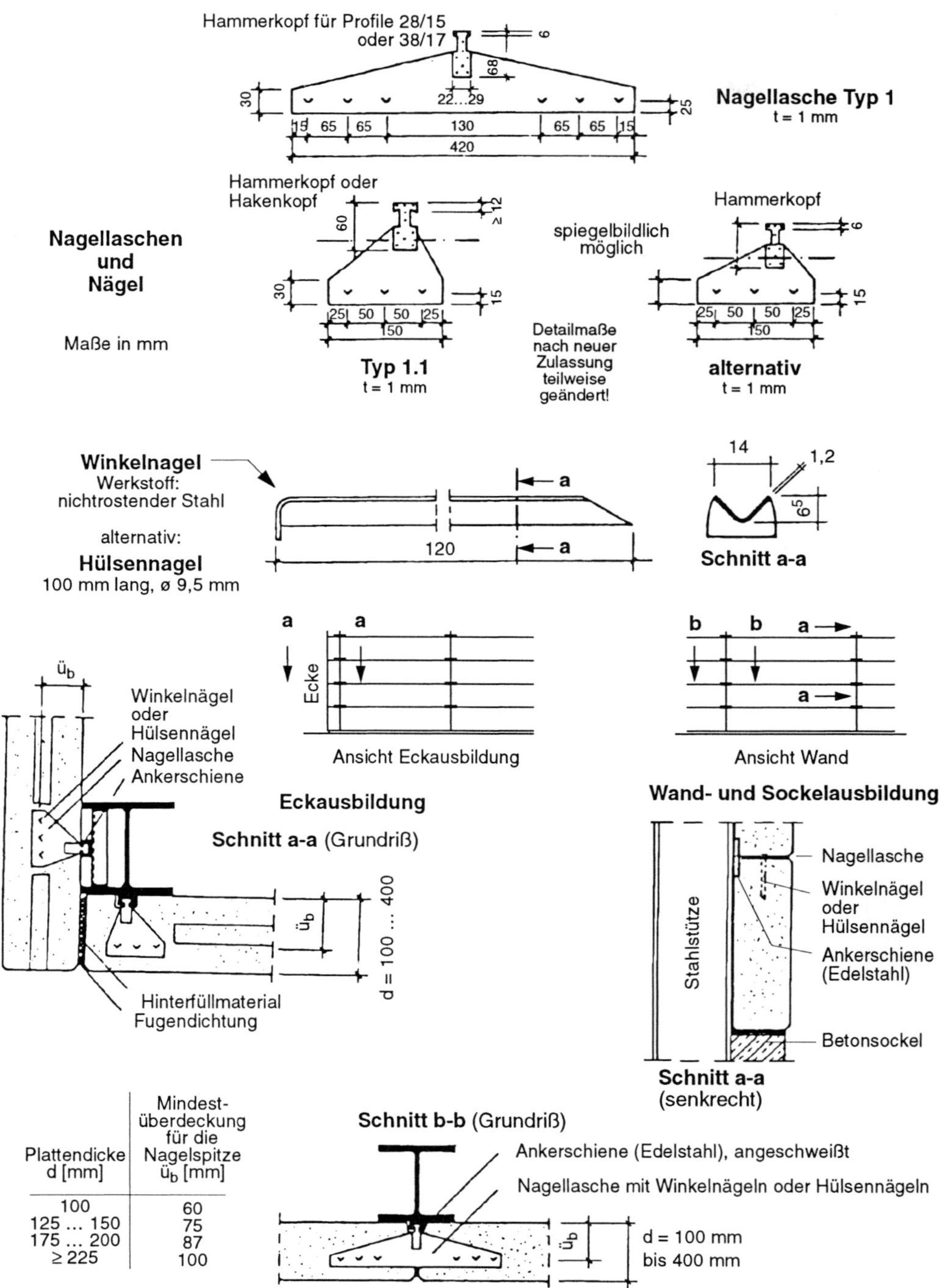

Plattendicke d [mm]	Mindest-überdeckung für die Nagelspitze $ü_b$ [mm]
100	60
125 ... 150	75
175 ... 200	87
≥ 225	100

Bild 1.24 **Befestigung von Porenbetonplatten mit Nagellaschen**

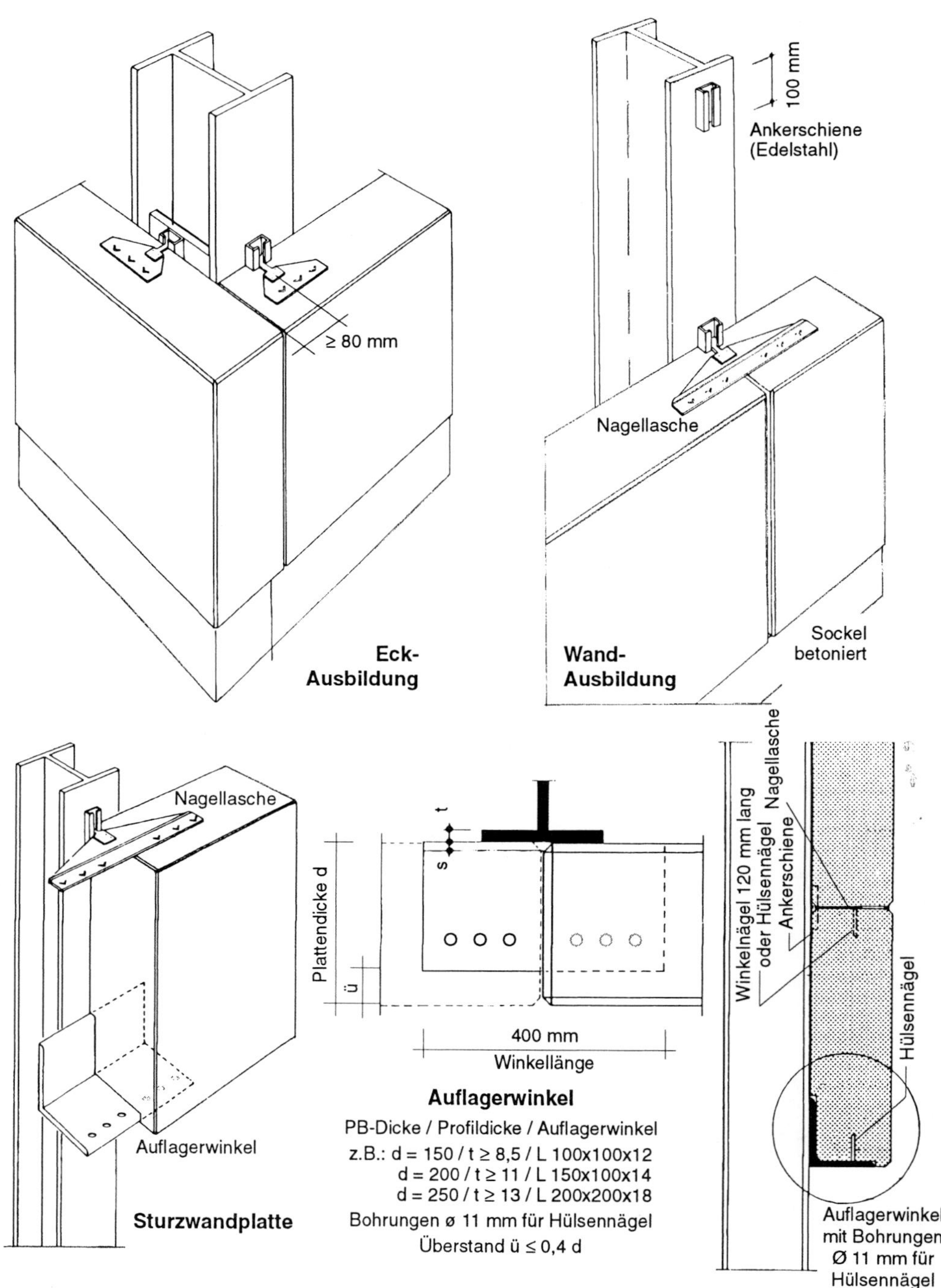

Bild 1.25 **Porenbeton-Wandplatten, Befestigung**

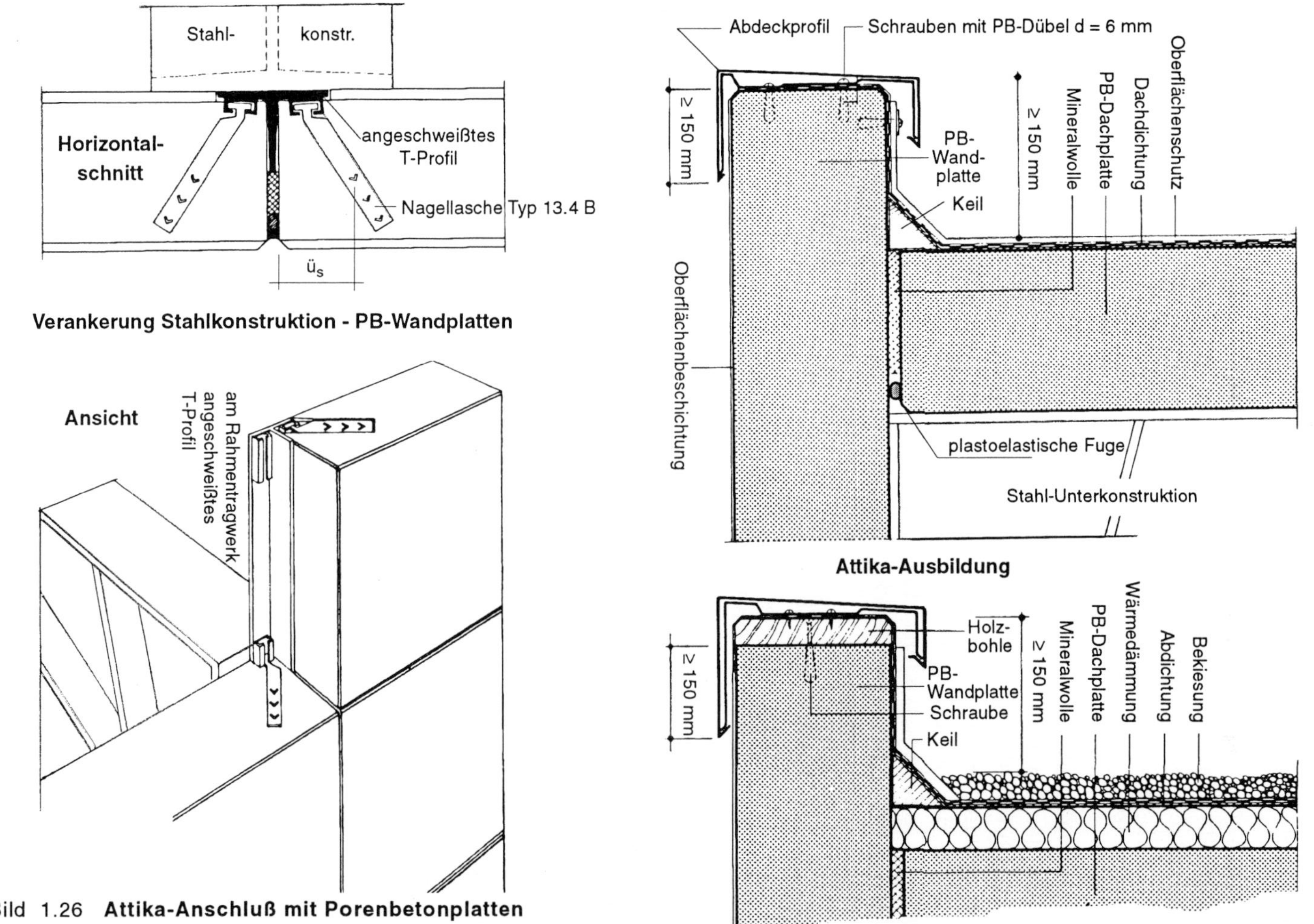

Bild 1.26 **Attika-Anschluß mit Porenbetonplatten**

1.7 Mauerwerkswände, Stahlbetonscheiben

Mauerwerk - selbsttragend oder als Ausriegelung einer Stahlkonstruktion zwischen deren Stützen - ist die althergebrachte und solide Ausführung für Wände. Im Hallen- und Geschoßbau erfolgt die Ausriegelung meistens mit HLz-, LLz- oder KSL-Mauersteinen oder Hbl-Steinen aus Leichtbeton mit Mauerwerksdikken d = 175 oder 240 mm.

Unproblematisch ist die Ausriegelung zwischen den Flanschen ausreichend großer I-Querschnitte (Stützen). Um guten Verbund zu gewährleisten, sollen die Mauersteine satt an die Stege der I-Stützen gemauert werden, oder entstandene Hohlräume sind nach wenigen Mauerwerksschichten auszubetonieren.

Wird an die Flanschaußenseiten von Stahlstützen angeschlossen, so sind zusätzliche Verbundmaßnahmen zu treffen, z.B. über Ankerschienen und eingehängte Flachbänder (Mauerwerksanker), die jeweils nach einigen Schichten ins Mauerwerk eingebunden werden.

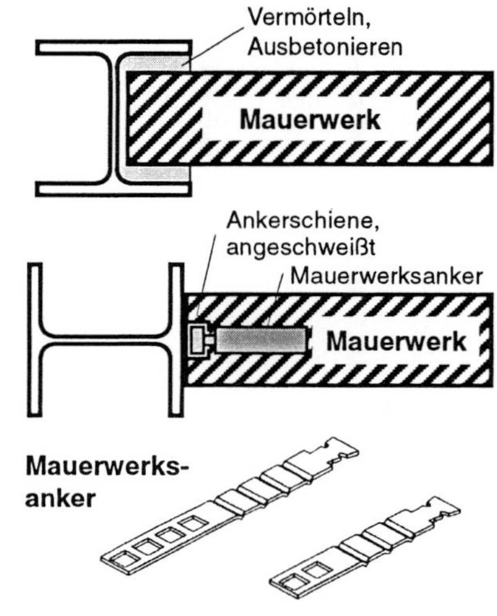

Bild 1.27 **Anschluß Mauerwerk-Stütze**

Den oberen Abschluß des Mauerwerks bildet i.a. ein Stahlbetongurt, der mit Anschlußbewehrung (an die Stützen angeschweißt) oder Mauerwerksankern versehen wird. Die Mauerscheiben sollen im Verhältnis h/L die Grenzen 0,33 ... 3,0 nicht überschreiten. Die Schlankheiten h/d bzw. L/d sollen kleiner als 25 bleiben.

Die Scheibenwirkung des Mauerwerks läßt sich bei sorgfältigen Anschlüssen an die Stahlkonstruktion ausnutzen: auf diese Weise kann ein Wandverband oder eine anderweitige Horizontalaussteifung entfallen. Dabei muß gewährleistet sein, daß dann das Mauerwerk keine bedeutenden Aussparungen erhält. Späterer Einbau von Fenstern, Türen, usw. ist dann nicht möglich! Die Anordnung von aussteifenden Scheiben muß (wie die von Verbänden, Rahmen, usw.) so erfolgen, daß mindestens 3 vertikale Aussteifungsebenen vorhanden sind, die sich *nicht* längs *einer* Linie schneiden und die auch nicht alle parallel führen dürfen.

Nachteile des Mauerwerks sind relativ hohe Kosten wegen der arbeitsintensiven Ausführung. Ausreichende Wärmedämmung verlangt oft Zusatzmaßnehmen. Schwierigkeiten ergeben sich bei der Ausbildung einheitlicher Wandflächen über die Stützen einer Stahlkonstruktion hinweg.

Die Ausführung von Stahlbetonscheiben im Verbund mit Stahlstützen ist unproblematisch; Anschlußbewehrung wird an die Stützen angeschweißt.

1.8 Andere Dach- und Wandeindeckungen

1.8.1 Beton-Fertigteilplatten als Dachplatten

Beton-Fertigteilplatten können massiv, mit Stegen, mit Hohlkörpern, schlaff bewehrt oder (im Spannbett) vorgespannt ausgeführt werden. Nachteilig ist die hohe Eigenlast der Platten, weswegen diese Ausführungsart bei Stahlbauten nur sehr beschränkt vorkommt. Leichtbetonplatten mildern diesen Nachteil.

Vorteile sind die absolute Kippsicherung der Pfetten und Binder, auf denen die Platten aufliegen, die nicht erforderliche Sicherung gegen Abheben und die Möglichkeit, einfach schubsteife Scheiben auszubilden.

1.8.2 Wellblech

Dach- und Wandeindeckungen mit Wellblech stellen eine billige, ästhetisch meist unbefriedigende Ausführung für untergeordnete Bauwerke (Schuppen, Scheunen) dar.

Im Grunde ist das Wellblech Vorläufer der Trapezprofile.

1.8.3 Faserzementplatten

Früher waren Asbestzement-Wellplatten eine beliebte, billige Eindeckung für geneigte Dächer und für Wandverkleidungen, an deren Aussehen keine besonderen Anforderungen gestellt wurden.

Die Verwendung von Asbestzement als Baustoff ist wegen gesundheitsschädigender Partikelbildung verboten worden. Die Produktpalette wurde weitgehend durch Verwendung von Faserzement (unterschiedliche Faserstoffe) fortgeführt.

Übliche Abmessungen:

Länge:	1250 ... 2500 mm
Breite:	ca. 1000 mm
Pfettenabstand:	1000 ... 1500 mm
Gewicht:	ca. 0,20 ... 0,25 kN/m^2

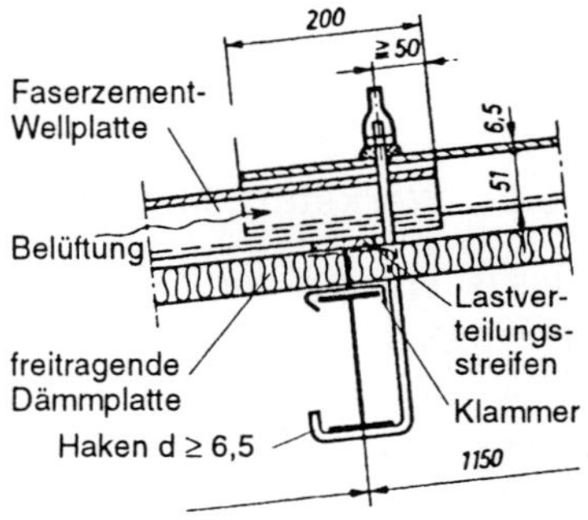

Bild 1.28 **Belüftete Wellplatten**

1.8.4 Dachziegel

Bei Dächern ab 20° Dachneigung werden Dachziegel auf Dachlatten und Holz- oder Stahlsparren verlegt. Schwere, im Stahlhochbau wenig übliche Ausführung. Gewicht mit Lattung ab ca. 0,60 kN/m^2.

1.9 Tragende Glaskonstruktionen

1.9.1 Glas als traditioneller Baustoff

Im Gewächshausbau wird seit Jahrzehnten Drahtglas zur Dach- und Wandeindeckung verwendet.

Übliche Abmessungen:

Drahtglasdicke	t = 6 ... 10 mm
Spannweite	bis ca. L = 100 t

Auflagerung auf speziellen Sprossen mit Dichtungsprofilen (kittlose Verglasung, Bild 1.29).

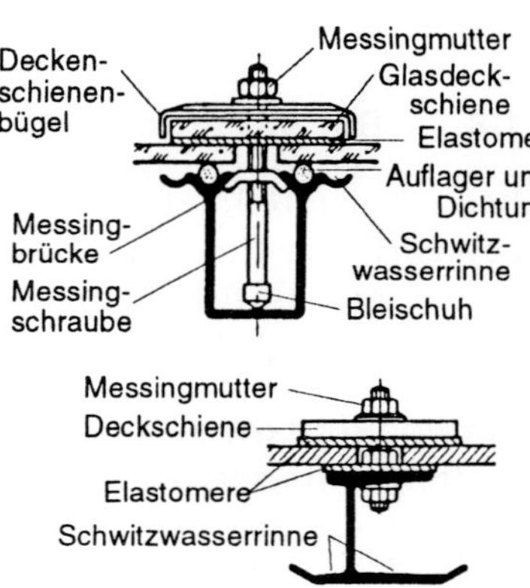

Bild 1.29 **Kittlose Verglasung**

Schon sehr früh gab es beachtliche verglaste Eisenbauwerke. Der Crystal Palace in London (Weltausstellung 1851) war der erste große Bau (ca. 150 x 550 m, bis 3 Geschosse), der ausschließlich aus genormten Gußteilen zusammengestellt und vollständig mit verglasten Außenflächen (Dach und Wand) versehen worden ist. Der Münchner Glaspalast (1854) war von ähnlich beeindruckenden Abmessungen gleichfalls im Baukastensystem zusammengesetzt, mit klarer statischer Struktur, und voll verglast. Beide Bauten brannten in den 30-er Jahren aus (keine Kriegseinwirkung, in München Brandstiftung!).

Heute wird im Hochbau aus architektonischen Gründen zunehmend Glas als lastabtragender Baustoff eingesetzt. Neben einzelnen Bauteilen aus Glas (Vordächer, Brüstungen, Treppenstufen u. -podeste) werden auch großflächige Konstruktionen (Fußböden, Überdachung von Hallen und ungeteilte Fassaden) aus Glas hergestellt. Umfassende Abhandlung in [13]. Bauaufsichtliche Anforderungen siehe [14], [15].

1.9.2 Werkstoff, Materialverhalten

Glas ist ein spröder Werkstoff mit geringer Zugfestigkeit. Somit reagiert die Biegefestigkeit sehr empfindlich auf Risse und Kerben in der Oberfläche sowie auf Stöße und Schläge. Für die im Baubereich üblicherweise eingesetzten Glaserzeugnisse gelten folgende Werkstoffeigenschaften:

Elastizitätsmodul	$E =$	70000	N/mm^2
Querdehnzahl	$\mu =$	0,23	
Eigenlast (Rechenwert)	$\gamma =$	25	kN/m^3

Bearbeiten und Kontrolle von Glaskanten

Insbesondere der Zustand und die Ausbildung der Glaskanten beeinflußt die Tragfähigkeit der Glasscheibe. Durch Schleifen und Polieren von Kanten kann der negative Einfluß der Kante auf die Tragfähigkeit des Glases minimiert werden. DIN 1249 Teil 11 beschreibt die möglichen Kantenbearbeitungen.

Vor Einbau der Gläser sind die Kanten grundsätzlich auf Beschädigungen zu überprüfen. Gläser mit beschädigten Kanten dürfen nicht eingebaut werden.

1.9.3 Wichtige Glasprodukte für den Baubereich

Spiegelglas (SPG), Floatglas

Klares, durchsichtiges Glas mit einer planparallelen Oberfläche (zur Spiegelherstellung geeignet), die heute durch das "Fließen" der geschmolzenen Glasmasse auf einem flüssigen Metallband erreicht wird. Dieses Floatverfahren ist heute das wichtigste Herstellungsverfahren für Flachglas aller Verwendungszwecke.

Die Normbezeichnung "Spiegelglas" ist eigentlich nicht mehr passend, besser ist "Floatglas".

Die Biegezugfestigkeit von Spiegelglas nimmt mit zunehmender Belastungsdauer ab. Beim Bruch bilden sich unregelmäßige Risse in der Scheibe (Bild 1.30).

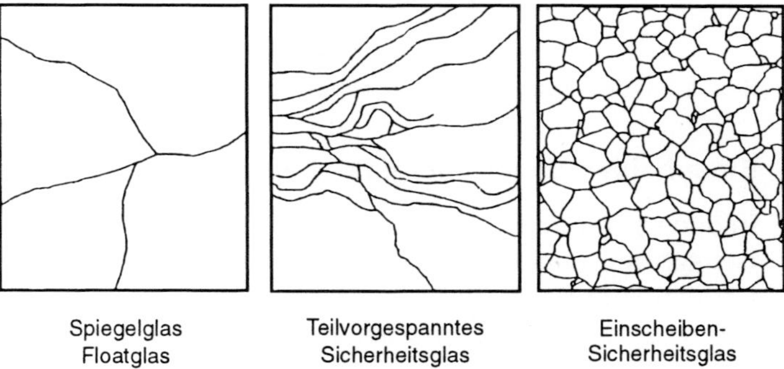

Bild 1.30 **Bruchverhalten von Floatglas, TVG und ESG**

Gußglas

Glas mit einer strukturierten, nicht planparallelen Oberfläche, die durch Walzen der geschmolzenen Glasmasse geformt wird. Die Ornamentierung hängt von der Oberflächenbeschaffenheit der Walzen ab. Gußglas ist lichtdurchlässig, aber undurchsichtig.

Drahtglas

Drahtglas entsteht wie Gußglas, wenn bei der Herstellung eine Drahteinlage in das flüssige Glas eingewalzt wird. Beim Glasbruch bleiben die Bruchstücke an der Drahteinlage haften.

Einscheiben-Sicherheitsglas (ESG)

Spiegelglas, das nach dem Zuschnitt als Scheibe auf etwa 700 °C erhitzt und dann mit Kaltluft abgeschreckt wird. Dadurch entsteht über die Glasdicke ein Eigenspannungszustand (Vorspannung) mit Zugspannungen im Glasinneren und Druckspannungen an der Scheibenoberfläche. Die Vorspannung vermindert die maximalen Biegezugspannungen an der Oberfläche des Glases (siehe Bild 1.31) und führt damit zu einer erhöhten Biege- und Schlagfestigkeit des Glases. ESG löst sich beim Bruch in ein Netz von kleinteiligen Bruchstücken auf. Bei ESG besteht das Risiko eines Spontanbruches, der durch mögliche Nickel-Sulfid-Einschlüsse im Glas verursacht wird. Bei äußerer Temperaturerhöhung wird durch die Volumenvergrößerung dieser Einschlüsse der Eigenspannungszustand gestört. Es kann zum Bruch der Scheibe kommen.

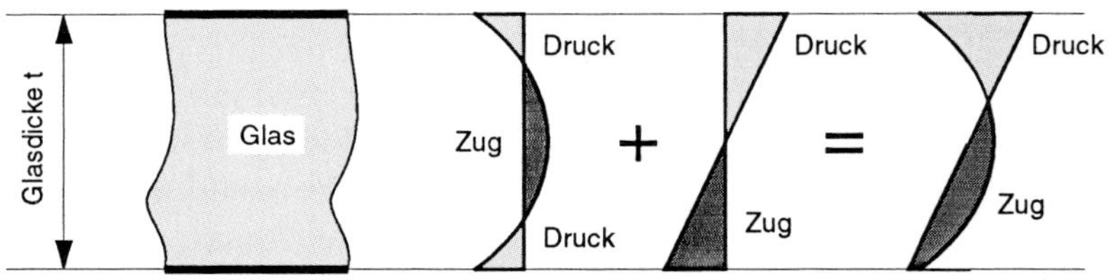

Bild 1.31 **Vorspannung, Biegespannung und Gesamtspannung unter Last beim ESG**

Einscheibensicherheitsglas - heißgelagert (ESG-H)

In den vergangenen Jahren wurde festgestellt, daß beim Herstellungsprozeß der Basisgläser Nickel-Sulfid-Einschlüsse in die Glasmasse eingebracht werden. Ursache: die für die Herstellung notwendige feuerfeste Auskleidung der Floatbänder gibt Nickel-Sulfid ab. Trotz Optimierungsversuchen ist es derzeit nicht möglich, garantiert Nickel-Sulfid-freie Gläser herzustellen. Einschlüsse im Glas beeinträchtigen die Homogenität und damit die Glasfestigkeit.

Bei vielen ESG-Glaskonstruktionen trat Monate oder Jahre nach Montage der Gläser ein Nickel-Sulfid-Versagen auf. Obwohl ESG-Glas beim Versagen in viele kleinteilige Bruchstücke zerfällt, kann wegen der gegenseitigen Haftung der einzelnen Bruchstücke durch die scharfen Bruchkanten eine erhebliche Gefährdung entstehen, wenn diese Teile aus großer Höhe auf Personen herabfallen.

Daher wurden die Bestimmungen für Verglasungen aus ESG im Überkopfbereich in den letzten Jahren verschärft. Im Überkopfbereich dürfen nur noch ESG-H-Gläser eingebaut werden, bei denen mit hoher Wahrscheinlichkeit Nickel-Sulfid-Versagen ausgeschlossen werden kann. Diese Gläser werden im Herstellerwerk einem Heißlagerungstest unterzogen. Die Gläser werden dabei langsam auf eine Temperatur von 300 °C erwärmt; diese erhöhte Temperatur wird über 4 Stunden beibehalten. Tritt bei dieser Heißlagerung kein Versagen auf, kann man davon ausgehen, daß auch nach dem späteren Einbau kein Nickel-Sulfid-Versagen eintritt.

Heißlagerungstests sind genormt in DIN 18516 Teil 4 oder DIN EN 14179 Teil 1, Anhang A, oder den "Bestimmungen zur Herstellung von heißgelagertem Einscheibensicherheitsglas", Fassung 03.02, des DIBt. ESG-H-Gläser müssen dauerhaft und sichtbar als solche gekennzeichnet sein (Hersteller, Zertifizierungsstelle).

Auf den Einsatz von ESG-H im Überkopfbereich kann verzichtet werden, wenn ein engmaschiges Netz unterhalb der Glaskonstruktion aufgespannt wird. Diese Lösung wird vor allem bei ESG-Konstruktionen angewandt, wenn Schadensfälle auftreten. Die Wirksamkeit des Netzes ist nachzuweisen.

Teilvorgespanntes Sicherheitsglas (TVG)

Ebenfalls wärmebehandeltes Spiegelglas, das jedoch einen geringeren Vorspannungsgrad und eine entsprechend geringere Biegefestigkeit als ESG aufweist. Durch die geringere Vorspannung ändert sich im Vergleich zum ESG das Bruchverhalten, das demjenigen von Spiegelglas ähnelt.

Verbund-Sicherheitsglas (VSG), Verbundglas (VG)

Eine Kombination von zwei oder mehreren übereinanderliegenden Scheiben aus Spiegelglas, ESG oder TVG mit Zwischenschichten aus elastischer und reißfester Kunststoff-Folie, i.a. PVB (Polyvinyl-Butyral), die unter Hitze und Druck zu einer Einheit verbunden werden. Beim Bruch bleiben die einzelnen Glasstücke an der unverletzten Folie haften. Es werden auch Verbundgläser mit Zwischenschichten aus Gießharz hergestellt.

Die Tragfähigkeit der Verbundschicht ist stark temperaturabhängig und darf deshalb beim Nachweis der Tragfähigkeit nicht angesetzt werden. Das heißt, die Tragfähigkeit von VSG bestimmt sich aus der Tragfähigkeit der Einzelgläser ohne Verbundwirkung. Der Vorteil von VSG zeigt sich erst beim Glasbruch. Die einzelnen Glasstücke bleiben dann an der unverletzten Folie haften (Splitterschutz). Zusätzlich besitzen die gebrochenen Scheiben zusammen mit der Folie noch eine Resttragfähigkeit, da die Folie die Bruchstücke zusammenhält und gegeneinander verkeilt. Je größer die Bruchstücke, um so größer die Resttragfähigkeit. Das heißt, TVG hat eine sehr viel größere Resttragfähigkeit als ESG.

Alle genannten Glasarten sind sowohl für Einfach- als auch für Isolierverglasungen geeignet. Bei vorgespannten Scheiben ist zu beachten, daß nachträgliches Bearbeiten nicht möglich ist.

1.9.4 Normung und Bemessung

Die Verwendung von Glas wird dadurch erschwert, daß die Normung weit hinter dem Stand der Technik und den heute üblichen Einsatzmöglichkeiten zurückgeblieben ist. Bisher gibt es keine eingeführten Bemessungsverfahren für Glas. Das heißt, zur Berechnung sind die Gesetze der Mechanik anzuwenden. Gegebenenfalls muß die Tragfähigkeit auch durch Versuche überprüft werden.

Die fehlende Normung führt dazu, daß tragende Glasbauteile oft nur mit einer Zustimmung der Obersten Baubehörde im Einzelfall ausgeführt werden dürfen. Diese Zustimmung im Einzelfall muß vom Bauherrn beantragt und bezahlt werden. Sie regelt die Rahmenbedingungen, die für die geplante Konstruktion zu beachten sind. Der Aufsteller, dessen Statische Berechnungen und Pläne Grundlage der Zustimmung im Einzelfall sind und der Prüfingenieur, der die Statische Berechnung wie bei jedem anderen Bauvorhaben prüft und überwacht, haben die Vorgaben der Zustimmung im Einzelfall zu beachten und umzusetzen.

Um das bauaufsichtliche Verfahren zu vereinfachen, dürfen abweichend Vertikalverglasungen und Überkopfverglasungen, die den "Technischen Regeln für die Verwendung von linienförmig gelagerten Verglasungen" (TRLV, Fassung 9.98) entsprechen, ohne Zustimmung im Einzelfall ausgeführt werden. In vielen Bundesländern gilt das auch für absturzsichernde Verglasungen, sofern diese nach den "Technischen Regeln für die Verwendung von absturzsichernden Verglasungen" (TRAV, Entwurf 3.01) eingebaut werden, siehe Abschnitt 1.9.8.

Die Anwendung dieser Technischen Regeln ist jedoch nur bei Verwendung von genormten Glasprodukten möglich. TVG, das sowohl eine hohe Tragfähigkeit als auch Resttragfähigkeit besitzt und deshalb gut geeignet ist, ist bisher nicht genormt und nur dann ohne Zustimmung im Einzelfall verwendbar, wenn der Glashersteller für sein TGV eine bauaufsichtliche Zulassung vom Institut für Bautechnik, Berlin, hat.

Tab. 1.26 gibt die Festigkeiten und die zulässigen Glasspannungen für die unterschiedlichen Gläser und Lagerungsarten an.

Tab. 1.26 **Festigkeit und zulässige Spannungen unterschiedlicher Gläser**

Glassorte	Biegefestigkeit 5 % Fraktile σ [N/mm²]	linienförmige Überkopfverglasung *zul* σ [N/mm²]	linienförmige Vertikalverglasung *zul* σ [N/mm²]	punktförmige Lagerung *zul* σ [N/mm²]
Spiegelglas, Float	45	12	18	10-12 *)
Guß-, Drahtglas	25	8	10	- *)
ESG (bedruckt)	120	50 30	50 30	50 *) 30 *)
TVG (bedruckt)	70	29 18	29 18	29 *) 18 *)
VSG aus SPG aus ESG, TVG	70 siehe ESG, TVG	15 bzw. 25 **) siehe ESG, TVG	22.5 siehe ESG, TVG	10-12 *) siehe ESG, TVG *)

*) Erfahrungswerte: Werte werden bei Zustimmung im Einzelfall durch Versuche festgelegt.

**) Nur für die unterste Scheibe von Isolierglas beim Lastfall: Versagen der obersten Scheibe.

Nachfolgend werden häufig vorkommende Glaskonstruktionen beschrieben.

1.9.5 Linienförmig gelagerte Überkopfverglasungen

Linienförmig gelagerte Überkopfverglasungen dürfen ohne Nachweis ausgeführt werden, wenn es sich um Dachflächenfenster mit einer Lichtfläche von weniger als 1,6 m^2 handelt, die in Wohnungen und Räumen mit wohnungsähnlicher Nutzung (z.B. Hotels, Büros) eingebaut werden.

Linienförmig gelagerte Überkopfverglasungen dürfen ohne Zustimmung im Einzelfall berechnet werden, wenn die Bedingungen der Tab. 1.27 eingehalten sind, die Gläser mehr als 10 Grad gegen die Vertikale geneigt sind, die vorgegebenen Regeln für die Auflagerung (Auflagerbreite, Linienlagerung) und Spannweiten eingehalten sind, und das Glas nur durch das Eigengewicht, Schnee, Wind und thermische Lasten beansprucht wird. Ein Konstruktionsbeispiel zeigt Bild 1.32.

Neben dem Nachweis der vorhandenen Biegespannungen (*zul* σ) ist auch der Nachweis der Durchbiegungsbegrenzung zu führen. Die maximal erlaubten Durchbiegungen sind mit L/100 der Stützweite in Haupttragrichtung festgelegt. Ausnahme: Bei zwei- oder dreiseitig gelagerten Scheiben einer Isolierverglasung ist L/200 der freien Kantenlänge einzuhalten.

Abweichend von Tab. 1.27 darf auch TVG (nur für Isolierverglasung oben) und VSG aus TVG eingesetzt werden.

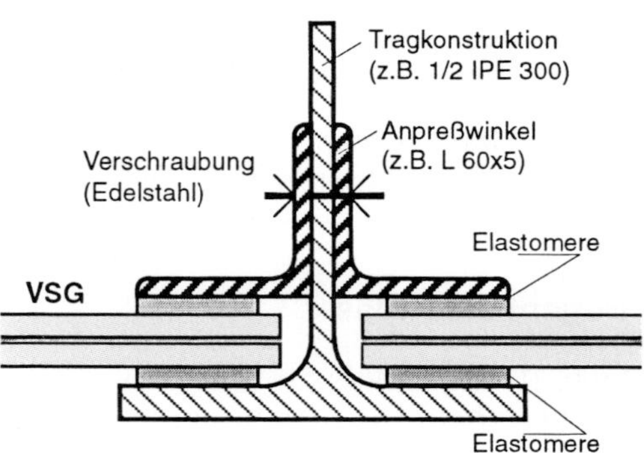

Bild 1.32 **Linienförmig gelagerte Überkopfverglasung**

Tab. 1.27 **Einsatzbereiche von Glas im Überkopfbereich**

	Spiegelglas (SPG)	ESG	VSG aus SPG	VSG aus ESG	Drahtglas
Einfachverglasung	verboten	verboten	erlaubt	verboten	erlaubt
Isolierverglasung oben	erlaubt	erlaubt	erlaubt	erlaubt	erlaubt
unten	verboten	verboten	erlaubt	verboten	erlaubt

1.9.6 Linienförmig gelagerte Vertikalverglasungen

Auch für linienförmig gelagerte Vertikalverglasungen darf auf eine Zustimmung im Einzelfall verzichtet werden, wenn die Regeln für linienförmig gelagerte Vertikalverglasungen eingehalten sind. Das heißt, die Verglasung darf dann weder geklebt noch zur Aussteifung oder Absturzsicherung herangezogen werden.

Für Vertikalverglasungen dürfen prinzipiell alle Gläser eingesetzt werden. TVG erfordert, sofern der Hersteller keine bauaufsichtliche Zulassung vorlegen kann, jedoch wieder eine Zustimmung im Einzelfall, und Spiegelglas bzw. Ornamentglas muß allseitig gelagert sein. Nachzuweisen sind auch hier die maximalen Durchbiegungen (L/100 der freien Kantenlänge) und die Biegespannungen (*zul* σ für Gebrauchslasten nach Tabelle 1.26). - Bei Isolierglas sind zusätzlich auch die Durchbiegungsangaben des Herstellers zu beachten.

Bei der in Bild 1.33 gezeigten linienförmigen Lagerung stellt die "Verklotzung" zwei Kunststoff-, Hartholz- oder Hartgummiklötze dar, die ziemlich an den Enden jeder Scheibe eingelegt werden und damit verhindern, daß das Glas die Stahlteile berührt. Die Klötze müssen für die Dauerdruckbelastung alterungsbeständig sein.

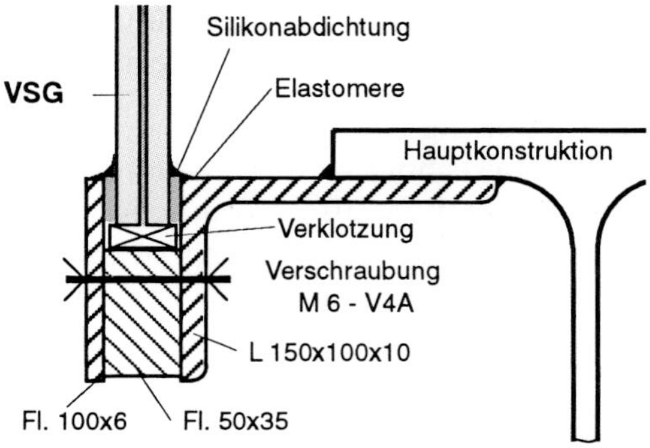

Bild 1.33 **Linienförmig gelagerte Vertikalverglasung**

1.9.7 Begehbares und betretbares Glas

Im Glasbau wird zwischen begehbarem Glas (Glas, das planmäßig begangen wird) und betretbarem Glas (Glas, das nur zu Reinigungs- und Wartungszwekken betreten wird) unterschieden.

Begehbares Glas

Glas, das planmäßig begangen wird, muß aus VSG mit mindestens 3 Glasschichten bestehen. Die Begehungsseite muß zur Rutschsicherheit aufgerauht sein.

Die Bemessung der Verglasung ist für Eigengewichts- und Verkehrslasten nach DIN 1055 durchzuführen. Zusätzlich ist die Einwirkung einer Einzellast (nach DIN 1055 Teil 3, 6.1) mit der Aufstandsfläche 10 x 10 cm in ungünstigster Laststellung zu untersuchen.

Neben dem Regelfall, daß alle Gläser der VSG-Tafel unbeschädigt sind, muß auch der Fall des Ausfalls der obersten VSG-Schicht untersucht werden. Für diesen Schadensfall dürfen die zulässigen Spannungen um 50 Prozent und im allgemeinen die zulässigen Durchbiegungen von L/200 auf L/100 erhöht werden.

Betretbares Glas

Werden Verglasungen zu Wartungs- und Reinigungszwecken zeitweise betreten, so muß folgender zusätzlicher Lastfall untersucht werden: In ungünstigster Lage muß auf das Glas eine Person mit Traglast von 1,5 kN (Aufstandsfläche 10 x 10 cm) angesetzt werden. In der Regel wird vorausgesetzt, daß ein Betreten der Verglasung bei Einwirkung weiterer Lasten (z.B. Schnee) ausgeschlossen ist. Bei Versagen der obersten Scheibe ist wieder nachzuweisen, daß die restliche Glaskonstruktion bei um 50 % erhöhten zulässigen Spannungen die Belastung sicher abtragen kann. Weiterhin gilt, daß für die oberste Scheibe von Isolierverglasungen nur ESG oder VSG verwendet werden darf. Die Betretbarkeit von Glasflächen richtet sich nach DIN 4426 (9.01) "Einrichtungen zur Instandhaltung baulicher Anlagen" und bedarf keiner Zustimmung im Einzelfall, und Spiegelglas bzw. Ornamentglas muß allseitig gelagert sein.

Stoßsicherheit und Resttragfähigkeit von betretbaren und begehbaren Glasflächen

Ein wichtiger Punkt für begehbare und betretbare Glasflächen ist die Frage der Stoßsicherheit (Herunterfallen von schweren Gegenständen auf das Glas) und der Resttragfähigkeit (Zeitdauer bis die geschädigte Glastafel vollständig versagt). Diese Untersuchungen sind mit Berechnungen nicht nachvollziehbar und müssen daher durch Versuche an Orginalbauteilen überprüft werden.

Durch die große Anzahl von betret- und begehbaren Glaskonstruktionen, die in den letzten Jahren ausgeführt wurden, sind jedoch bei der Obersten Bauaufsichtsbehörde für linienförmig gelagerte Verglasungen meist übertragbare Versuchsergebnisse vorhanden, so daß für gängige betret- und begehbare Verglasungen heute auf neue Versuche verzichtet werden kann.

1.9.8 Glasbrüstungen und sonstige Absturzsicherungen

Absturzsichernde Vertikalverglasungen sind nach den Technischen Regeln (TRAV) in die Kategorien A bis C eingeteilt:

Kategorie A

Vertikalverglasungen, die zur unmittelbaren Aufnahme horizontaler Lasten dienen. Dies sind z.B. raumhohe Verglasungen, die keinen lastabtragenden Riegel in Holmhöhe besitzen, und die auch durch keinen vorgesetzten Holm geschützt sind.

Für diesen Fall ist bei Einfachverglasungen und bei Isolierverglasungen für die innere Scheibe immer VSG zu verwenden. Für die äußere Scheibe von Isolierverglasungen können beliebige Glaserzeugnisse nach TRLV verwendet werden.

Kategorie B

Absturzsichernde Funktion wird über einzelne eingespannte Glaselemente bewirkt, wobei jedoch zusätzlich ein durchgehender Handlauf angeordnet ist, der die einzelnen Glas-Brüstungselemente verbindet. Ein Ausführungsbeispiel zeigt Bild 1.34.

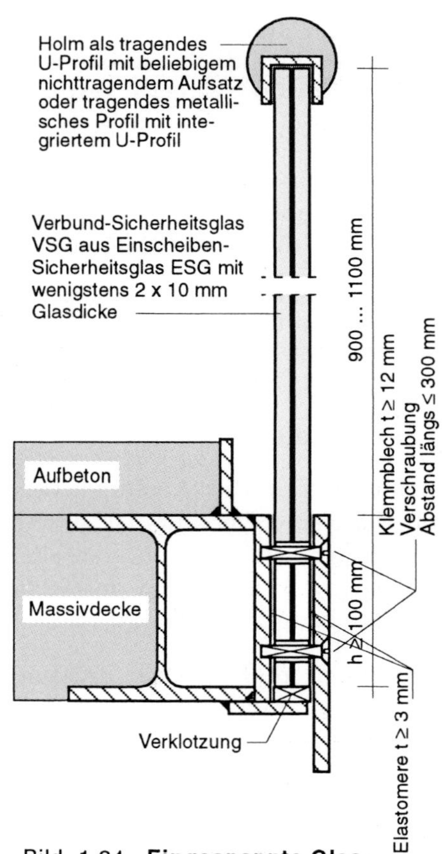

Bild 1.34 **Eingespannte Glasbrüstung - Kategorie B**

Es darf nur VSG verwendet werden. Für die VSG-Tafeln sind folgende Maße [mm] einzuhalten:

- Breite: $500 \leq b \leq 2000$ Höhe: $900 \leq h \leq 1100$
- Glasaufbau (Mindestmaße): 10 ESG / 1,52 PVB / 10 ESG

Der durchgehende Holm überträgt beim Versagen eines Glaselements die Lasten auf die benachbarten Tafeln. Diese müssen die zusätzliche Beanspruchung aufnehmen. Die zulässigen Spannungen dürfen dabei jedoch um 50 Prozent erhöht werden. - Auch der Ausfall von Endscheiben ist zu untersuchen.

Kategorie C

Die Verglasungen sind nur ausfachend angeordnet und dienen nicht zur Abtragung von Holmlasten. Folgende Gruppen werden unterschieden:

- C1: An wenigstens zwei gegenüberliegenden Seiten linienförmig und/ oder punktförmig gelagerte Geländerausfachungen,
- C2: Unterhalb eines in Holmhöhe angeordneten, lastabtragenden Querriegels befindliche und an wenigstens zwei gegenüberliegenden Seiten linienförmig gelagerte Vertikalverglasungen,
- C3: Verglasungen der Kategorie A mit vorgesetztem lastabtragendem Holm.

Falls zusätzlich ausreichend tragfähige Kniestäbe oder Seile angeordnet werden (verbleibende Öffnungsbreite kleiner 500 mm), sind Nachweise entbehrlich, und es ist auch die Anwendung von Drahtglas möglich.

Anmerkung: Alle nicht genannten Verglasungskonstruktionen werden von den technischen Regeln nicht erfaßt. Hierzu gehören z.B. punktförmig gelagerte Fassadenverglasungen oder eingespannte Glasbrüstungen ohne durchgehenden Handlauf. Solche Konstruktionen erfordern die Zustimmung im Einzelfall.

Für alle Kategorien gilt:

Befindet sich die Absturzsicherung oberhalb einer Verkehrsfläche, so darf wegen der Gefahr durch herabfallende Glasstücke kein ESG in der äußeren Scheibe benutzt werden.

Zusätzlich muß auch für Brüstungen die Tragfähigkeit für stoßartige Belastungen überprüft werden. Die Versuche werden in der Regel vor Ort am Orginalbauteil durchgeführt. Das Versuchsprinzip mit einem weichen Stoßkörper ist in Bild 1.35 dargestellt.

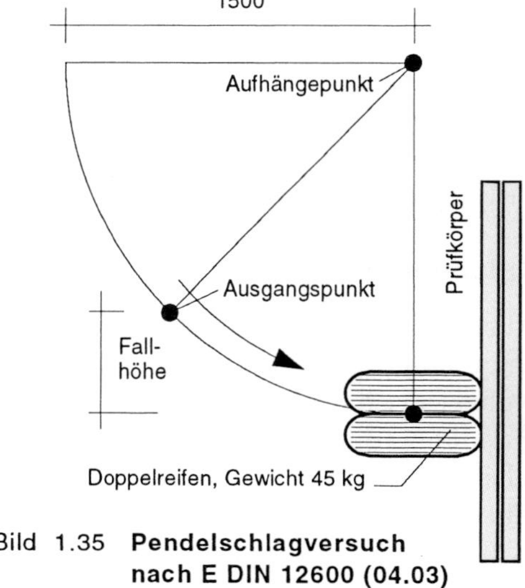

Bild 1.35 **Pendelschlagversuch nach E DIN 12600 (04.03)**

Der Auftreffpunkt des Stoßkörpers wird in Abhängigkeit von der größten zu erwartenden Schädigung der Glasscheibe gewählt, z.B. nahe bei den Haltepunkten oder für unten eingespannte Brüstungen nahe am Handlauf bzw. Oberkante Glasscheibe. Die Fallhöhe im Versuch ergibt sich aus der größten zu erwartenden Anprallast. Das Gewicht mit 2 übergestülpten Gummireifen (weicher Stoß) wird aus 300 bis 1200 mm an einem Pendel von 1500 m Länge fallen gelassen.

Die Fallhöhe von 300 mm entspricht dem Anprall einer Person von 75 kg Gewicht und einer Anprallgeschwindigkeit von 9 km/h. Mit höheren Beanspruchungen muß z.B. bei Glasscheiben gerechnet werden, die am Ende eines Fluchtwegs liegen.

Details zur Versuchsdurchführung sind in der TRAV festgelegt.

Absturzsicherungen dürfen i.a. bei Ausführung nach den TRAV (Entwurf 3.01) ohne Zustimmung im Einzelfall eingebaut werden, wenn die Vorgaben aus Tab. 1.28 eingehalten werden.

Tab. 1.28 **Glasaufbau für Glasbrüstungen nach TRAV** (Entwurf 3.01)

Kategorie	Typ	linienförmige Lagerung	Breite [mm]		Höhe [mm]		Glasaufbau [mm] von innen*) nach außen*}
			min	max	min	max	
A	MIG	allseitig	900	1300	1000	2000	8 ESG / 12 SZR / 4 SPG / 0,76 PVB / 4 SPG
			900	2000	1000	2100	8 ESG / 12 SZR / 5 SPG / 0,76 PVB / 5 SPG
			1100	1500	2100	2500	5 SPG / 0,76 PVB / 5 SPG / 12 SZR / 8 ESG
			900	2000	1000	4000	8 ESG / 12 SZR / 6 SPG / 0,76 PVB / 6 SPG
	einfach	allseitig	500	1200	1000	2000	6 SPG / 0,76 PVB / 6 SPG
			500	1500	1000	2500	8 SPG / 0,76 PVB / 8 SPG
			1200	2100	1000	3000	12 SPG / 0,76 PVB / 12 SPG
C1 und C2	MIG	allseitig	500	1500	500	1000	6 ESG / 12 SZR / 4 SPG / 0,76 PVB / 4 SPG
			500	1300	1000	1000	4 SPG / 0,76 PVB / 4 SPG / 12 SZR / 6 ESG
	einfach	allseitig	500	1500	500	1000	5 SPG / 0,76 PVB / 5 SPG
		zweiseitig, oben u. unten	1000	bel.	500	800	6 SPG / 0,76 PVB / 6 SPG
			800	bel.	500	1000	6 ESG / 0,76 PVB / 6 ESG
			800	bel.	500	1000	8 SPG / 1,52 PVB / 8 SPG
		zweiseitig, links u. rechts	500	800	1000	1100	6 SPG / 0,76 PVB / 6 SPG
			500	1000	800	1100	6 ESG / 0,76 PVB / 6 ESG
			500	1000	800	1100	8 SPG /1,52 PVB / 8 SPG
C3	MIG	allseitig	500	1500	1000	3000	6 ESG / 12 SZR / 4 SPG / 0,76 PVB / 4 SPG
			500	1300	1000	3000	4 SPG / 0,76 PVB / 4 SPG / 12 SZR / 12 ESG
	einfach	allseitig	500	1500	1000	3000	5 SPG / 0,76 PVB /5 SPG

Zu Tab. 1.28	*)	Mit "innen" ist die Angriffsseite, mit "außen" die Absturzseite der Verglasung gemeint.
	MIG	Mehrscheiben-Isolierverglasung
	SZR	Scheibenzwischenraum
	SPG	Spiegelglas (Floatglas)
	ESG	Einscheiben-Sicherheitsglas aus Spiegelglas, nicht emailliert
	PVB	Polyvinyl-Butyral-Folie

1.9.9 Punktförmig gelagertes Glas

Bei punktförmiger Glashalterung sind außen sitzende Systeme, welche die Glasscheiben nur an einigen Punkten einklemmen und damit fixieren, von Systemen zu unterscheiden, die aus in Bohrungen sitzenden Punkthaltern bestehen. Da diese Glaspunkthalter sehr filigrane und transparente Konstruktionen erlauben, werden sie heute verstärkt eingesetzt. Man unterscheidet Systeme, welche die Glasscheibe mit Klemmtellern beidseitig halten, von Halterungen mit flächenbündiger konusförmiger Verschraubung, siehe Bild 1.36.

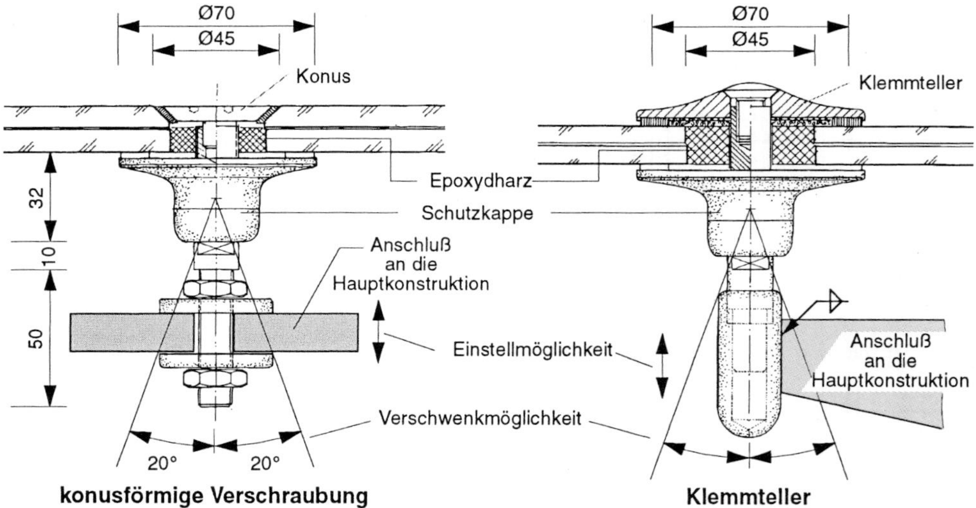

Bild 1.36 **Glasklemmhalter der Firma RODAN®**

Während linienförmig gelagerte Verglasungen noch mit einfachen Hilfsmitteln (z.B. Plattentabellen) berechnet werden können, sind für Punktlagerungen immer aufwendige Versuche oder Finite-Elemente-Berechnungen erforderlich. Da die maßgebende Spannung in der Regel im Bereich des Punkthalters auftritt, ist eine Berechnung nur zuverlässig, wenn dieser Bereich extrem genau untersucht wird; Glasbohrung und Punkthalter müssen für die FE-Berechnung engmaschig modelliert werden.

Großen Einfluß auf die vorhandenen Spannungen im Bereich des Punkthalters hat immer der Lastfall Zwang. Ursache ist eine unbeabsichtigte Einspannung der

Glasscheibe in den Punkthalter oder eine Lagerverschiebung, die durch Montageungenauigkeiten entsteht. Diese Zwängungen sollten durch geeignete Punkthalter (z.B. Punkthalter mit Kugelgelenken nahe der Glasscheibe oder Verstellmöglichkeiten zum Ausgleich von Montageungenauigkeiten) minimiert werden.

1.9.10 Isolierverglasungen

Isolierverglasungen unterscheiden sich von Einfachverglasungen durch die zweite Glasschicht, die von der ersten durch einen Scheibenzwischenraum (SZR) von 8 bis 16 mm getrennt ist. Der dampfdicht abgeschlossene Scheibenzwischenraum ist mit Luft oder einem Gas gefüllt und dient dem Wärme- und Schallschutz.

Bei der Statischen Berechnung von Isolierverglasungen ist zusätzlich die Wirkung von Druckdifferenzen p_0 zu berücksichtigen, die aus der Veränderung der Temperatur ΔT und des meteorologischen Luftdruckes Δp sowie aus der Differenz ΔH der Ortshöhe zwischen Herstellungs- und Einbauort entstehen. Als Herstellungsort gilt der Ort der endgültigen Scheibenabdichtung. Bild 1.37 zeigt das Verformungsverhalten bei sich verändernden Umweltbedingungen.

Bei üblichem Isolierglas (Gesamtabsorptionsgrad weniger als 30 %) sind die beiden Einwirkungskombinationen Sommer/Winter nach Tab. 1.29 zu berücksichtigen. Der Einbauort darf dann bis 300 m unter oder 600 m über dem Herstellungsort liegen.

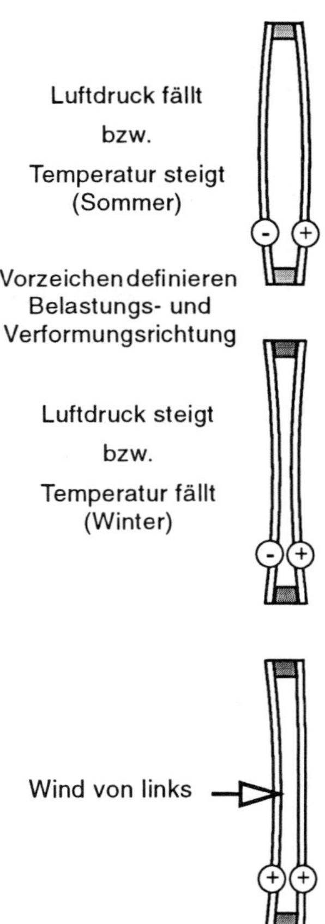

Bild 1.37 **Verformungen von Isolierglas**

Tab. 1.29 **Rechenwerte für klimatische Einwirkungen**

Jahreszeit	ΔT [K]	Δp [kN/m^2]	ΔH [m]	p_0 [kN/m^2]
Sommer	+ 20	- 2	+ 600	+ 16
Winter	- 25	+ 4	- 300	- 16

Diese Werte dürfen den tatsächlichen Gegebenheiten (z.B. tatsächliche Höhendifferenz) angepaßt werden. Die dazu notwendigen Gleichungen und Vorzeichenregelungen sind in der "Richtlinie für linienförmig gelagerte Verglasungen" zu finden.

Bei Isolierverglasungen ist die Kopplung der Einzelscheiben über das eingeschlossene Gasvolumen (isochorer Zustand) zu berücksichtigen. Dies kann mit den Angaben in Tab. 1.30 / 1.31 für die üblichen Lastfälle durchgeführt werden.

Tab. 1.30 **Lastverteilung für Isolierglasscheiben**

	Lastangriff	Lastanteil auf die äußere Scheibe	Lastanteil auf die innere Scheibe
Scheibe außen	Wind w_a Schnee s	$w_a (\delta_a + \varphi \delta_i)$ $s (\delta_a + \varphi \delta_i)$	$w_a \delta_i (1 - \varphi)$ $s \delta_i (1 - \varphi)$
Scheibe innen	Wind w_i	$w_i \delta_a (1 - \varphi)$	$w_i (\delta_i + \varphi \delta_a)$
beide Scheiben	isochorer Druck p_0 *)	$- \varphi p_0$	φp_0

$\varphi = 1/[1+(a/a^*)^4]$ mit a = kleinste Kantenlänge der Verglasung in mm
und a* nach Tabelle 1.31 bzw. Gleichungen in der Literatur

*) isochor = Zustand ohne Volumarbeit

Tab. 1.31 **Steifigkeitsanteile und Werte a* für unterschiedliche Isoliergläser** (Auszug)

Scheiben-zwischenraum SZR [mm]	Glasdicke [mm] *) d_i	d_a	Steifigkeitsanteile δ_i	δ_a	a* [mm] für das Seitenverhältnis a/b 0,33	0,50	0,67	1,00
	4	4	0,50	0,50	243	259	279	328
	4	6	0,23	0,77	270	288	311	385
	6	6	0,50	0,50	329	351	378	444
10	6	8	0,30	0,70	358	382	411	484
	8	8	0,50	0,50	408	435	469	551
	8	10	0,34	0,66	438	466	503	591
	10	10	0,50	0,50	483	514	554	652
	4	4	0,50	0,50	254	271	292	343
	4	6	0,23	0,77	283	302	325	382
	6	6	0,50	0,50	344	367	395	465
12	6	8	0,30	0,70	375	400	430	507
	8	8	0,50	0,50	427	455	490	577
	8	10	0,34	0,66	458	488	526	619
	10	10	0,50	0,50	505	538	580	682
	4	4	0,50	0,50	264	281	303	357
	4	6	0,23	0,77	294	314	338	397
	6	6	0,50	0,50	358	381	411	483
14	6	8	0,30	0,70	390	415	447	526
	8	8	0,50	0,50	444	473	510	600
	8	10	0,34	0,66	476	507	547	643
	10	10	0,50	0,50	525	559	603	709
	6	6	0,50	0,50	370	394	425	500
	6	8	0,30	0,70	403	429	463	544
16	8	8	0,50	0,50	459	489	527	620
	8	10	0,34	0,66	492	525	565	665
	10	10	0,50	0,50	543	578	623	733

*) Die Indizes i und a dürfen vertauscht werden

Weitere Regelungen und Nachweise sind im Beispiel 1.10.4 aufgeführt.

1.10 Beispiele

1.10.1 Trapezprofil ohne Schubfeldwirkung

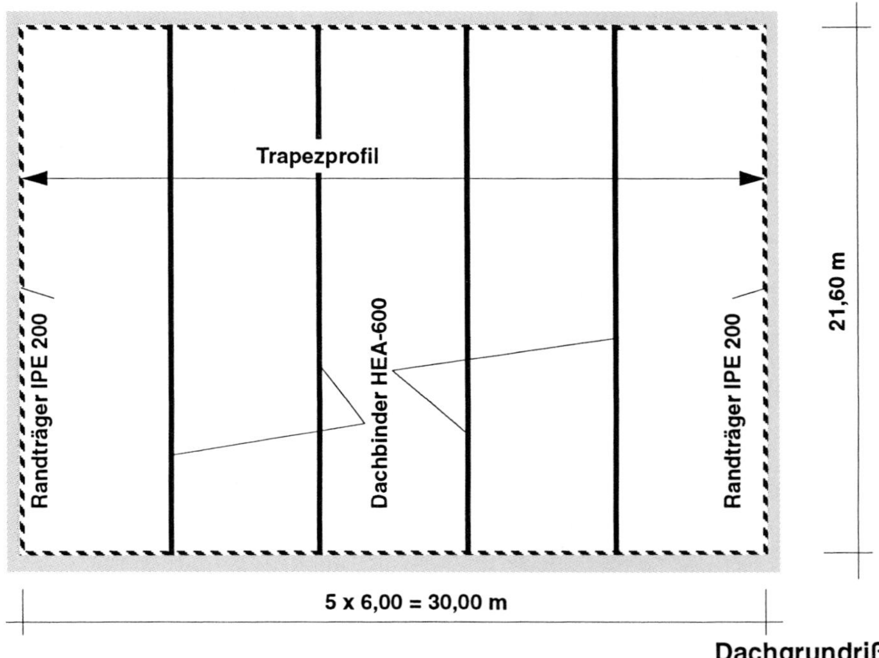

Dachgrundriß

Dach: Flachdach. Grundfläche: 30,00 x 21,60 m (Systemmaße). Dachhöhe: ca. 10 m über Gelände.

Dachhaut: Trapezprofil Fi 135/310/t_N. Durchlaufsystem L = 5 x 6,00. Pfettenlose Dacheindeckung, kein Schubfeld. Biegesteifer Blechstoß am 3. Dachbinder.

Dachbinder: HEA-600, S 235. Einfeldträger; Stützweite 21,60 m.

Belastung: Wärmedämmung + Abdichtung: g = 0,125 kN/m^2, Schnee: s = 1,25 kN/m^2.

Nachweise: 1) **Trapezblech**: Wahl der Nennblechdicke t_N:
a) Nachweis mit Belastungstabellen,
b) Statischer Nachweis nach DIN 18800,
c) Nachweis für den Querstoß (mit Darstellung),
d) Nachweis der Verbindungselemente zu den Dachträgern,
e) Es ist ein Verlegeplan zu zeichnen.

2) **Dachbinder**: Tragsicherheitsnachweis und Gebrauchssicherheitsnachweis. Die Dachbinder sind durch einen Dachverband gegen Biegedrillknicken ausreichend gesichert.

1a) Trapezprofil - Nachweis mit Belastungstabellen

Gebrauchslast $q = g + s = g_E + 0,125 + 1,25 = g_E + 1,375\ kN/m^2$

Schätzwert für die Eigenlast: $g_E = 0,125\ kN/m^2$

damit: $q = 0,125 + 1,375 = 1,50\ kN/m^2$

Wahl von t_N: für tragende Dachhaut: *min* t_N = 0,75 mm
Beschränkung w: für Warmdach: *max* w = L/300

Belastungstabelle Dreifeldträger, **FI 135/310/0,88**, Positivlage, L = 6,00 m, Zeile 3:
zul q = 1,55 kN/m² > *vorh* q = 1,50 kN/m²

Grenzstützweite: L_{gr} = 9,75 m > 6,00 m
Überprüfung g_E: Eigenlast: g_E = 0,114 kN/m² < Schätzwert

1b) Trapezprofil - Statischer Nachweis nach DIN 18807 (alternativ zu a)

Gerechnet wird mit den genauen Werten für einen Fünffeldträger. Anstatt eines Zwei- *und* eines Dreifeldträgers wird dieser wegen der (einigermaßen) gleichmäßigen Lagerkräfte (Belastung der Dachträger!) gewählt.

Bemessungslast $q_d = 1,35 \cdot (0,114 + 0,125) + 1,5 \cdot 1,25 = 2,20\ kN/m^2$

Schnittgrößen aus Bemessungslast (mit Hilfe von Tabellenwerten für Fünffeldträger):

Feldmoment: $M_{F,S,d} = 0,078 \cdot ql^2 = 0,078 \cdot 2,20 \cdot 6,0^2 = 6,18\ kNm/m$

1. Innenstütze: $M_{B,S,d} = 0,105 \cdot ql^2 = 0,105 \cdot 2,20 \cdot 6,0^2 = 8,32\ kNm/m$

2. Innenstütze: $M_{C,S,d} = 0,079 \cdot ql^2 = 0,079 \cdot 2,20 \cdot 6,0^2 = 6,26\ kNm/m$

Lagerkräfte: $R_{A,S,d} = 0,395 \cdot ql = 0,395 \cdot 2,20 \cdot 6,0 = 5,21\ kN/m$

$R_{B,S,d} = 1,132 \cdot ql = 1,132 \cdot 2,20 \cdot 6,0 = 14,94\ kN/m$

Querkraft: $V_{C,S,d(li)} = 0,474 \cdot ql = 0,474 \cdot 2,20 \cdot 6,0 = 6,26\ kN/m$

Querschnittswerte für Trapezprofil **FI 135/310/0,88**, Positivlage, für Zwischenauflagerbreite am HEA 600: b_G = 300 mm > 160 mm. Beanspruchbarkeiten aus den Werten der Typenblätter (ε = 2):

Feldmoment: $M_{F,d} = M_{dF}/\gamma_M = 11,86/1,1 = 10,78\ kNm/m$

Stützmoment: $maxM_{B,d} = maxM_B/\gamma_M = 11,18/1,1 = 10,16\ kNm/m$

$M^0_{B,d} = M^0_d/\gamma_M = 12,12/1,1 = 11,02\ kNm/m$

$M_{B,d} \le maxM_{B,d} = 10,16\ kN/m$

$$M_{B,d} \le M^0_{B,d} - \left(\frac{R_{B,S,d}}{C_d}\right)^2 = 11,02 - \left(\frac{14,94}{11,20}\right)^2 = 11,02 - 1,78 = 9,24\ kNm/m$$

Lagerkräfte: $R_{A,G,d} = R_{A,G}/1,1 = 7,48/1,1 = 6,80\ kN/m$

$R_{B,d} = maxR_B/\gamma_M = 31,70/1,1 = 28,82$

Beiwert: $C_d = C/\sqrt{\gamma_M} = 11,75/\sqrt{1,1} = 11,20\ kN^{1/2}/m$

Statischer Nachweis E-E:

Feldmoment: $M_{F,S,d}/M_{F,d} = 6,18/10,78 = 0,573 < 1$

Stützmoment: $M_{B,S,d}/M_{B,d} = 8,32/9,24 = 0,900 < 1$

Lagerkräfte: $R_{A,S,d}/R_{A,G,d} = 5,21/6,80 = 0,766 < 1$

$R_{B,S,d}/R_{B,d} = 14,94/28,82 = 0,518 < 1$

Verformungsnachweis mit Gebrauchslast: q = 0,114 + 0,125 + 1,250 = 1,49 kN/m

Für Fünffeldträger mit L = const, I = const und q = const ist:

$$max\ w = 0,00657 \cdot \frac{qL^4}{EI} = 0,00657 \cdot \frac{1,49 \cdot 6,0^4}{2,1 \cdot 323} = 0,0187\ m = \frac{L}{321} < \frac{L}{300}$$

Anstatt des genauen Wertes hätte man auch aushilfsweise die Werte für einen Dreifeldträger (etwas ungünstiger) oder Vierfeldträger (etwas günstiger!) nehmen können.

1c) Trapezprofil - Biegesteifer Stoß

Gestoßen wird über der Stütze C, und zwar (aus Verlegegründen) mit oben überkragendem (statisch ungünstiger!) Tafelende. - Die Stegneigung des Bleches ist im Typenblatt mit φ = 72° angegeben. Es wird a = 0,1 L = 0,60 m gewählt.

$$max\ K_d = \frac{|M_{St}| + |V_L \cdot a|}{2a \cdot sin\,\varphi} \cdot b_R = \frac{6,26 + 6,26 \cdot 0,60}{2 \cdot 0,60 \cdot 0,951} \cdot 0,31 = 2,72\ kN$$

Verbindungselemente: gewählt je 2 POP-Blindniete d = 4,8 mm:

$$\frac{K_d}{V_{R,d}} = \frac{K_d}{1,5 \cdot zulF_Q} = \frac{2,72/2}{1,5 \cdot 1,25} = 0,725 < 1$$

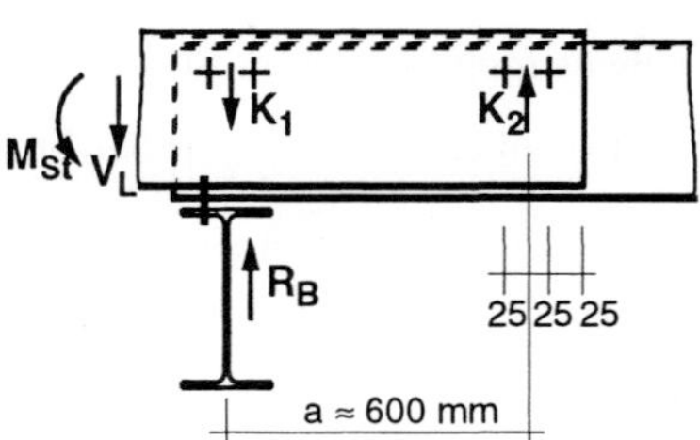

1d) Trapezprofil - Nachweis der Befestigung auf der Unterkonstruktion

Flachdach (Dachneigung < 8°). Es wird von der Möglichkeit des Ansatzes der genaueren Windsogbeiwerte nach DIN 1055 Teil 4, Tab. 13, Gebrauch gemacht.

Dachhöhe: h = 10 m:	8 m ≤ h ≤ 20 m	Staudruck: q_w = 0,8 kN/m²
a/b = 21,60/30,00 m	h/a = 0,46 > 0,4	b/a = 1,39 < 1,50
Windsogbeiwerte:	Innenbereich	c_P = -0,6
	Randbereich	c_P = -1,5
	Eckbereich	c_P = -2,8

Innenbereich: $q_I = 1,5 \cdot 0,6 \cdot 0,8 - 1,0 \cdot (0,114 + 0,125) = 0,72 - 0,24 = 0,48\ kN/m^2$

Randbereich: $q_R = 1,5 \cdot 1,5 \cdot 0,8 - 0,24 = 1,56\ kN/m^2$

Eckbereich: $q_E = 1,5 \cdot 2,8 \cdot 0,8 - 0,24 = 3,12\ kN/m^2$

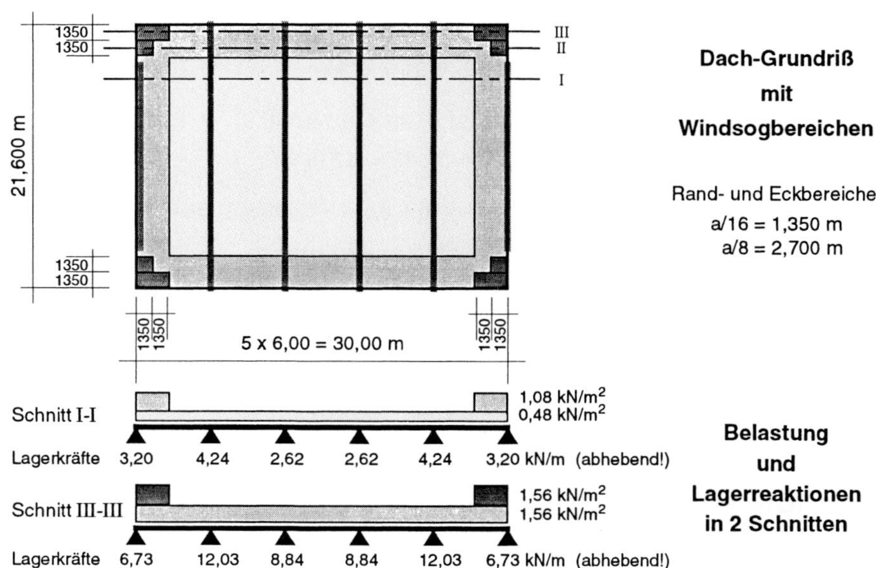

Die (abhebenden) Lagerkräfte sind jetzt in 3 Schnitten I, II, III zu berechnen. Vereinfachend wird Schnitt II nicht berechnet und die Befestigung hier (ungünstig) wie im Schnitt III ausgeführt (siehe Skizze).

Die Befestigung erfolgt mit **Hilti**-Setzbolzen **ENP 3-21 L15**.

Beanspruchbarkeit auf Zug je Setzbolzen: $Z_{R,d} = 1,5 \cdot zulZ = 1,5 \cdot 2,00 = 3,00$ kN

1 Setzbolzen je Profilrippe: $Z_{R,d} = 3{,}00/0{,}31 = 9{,}68$ kN/m
2 Setzbolzen je Profilrippe: $Z_{R,d} = 19{,}36$ kN/m
1 Setzbolzen jede 2. Profilrippe: $Z_{R,d} = 4{,}84$ kN/m

Die Anzahl der erforderlichen Setzbolzen ergibt sich durch einfachen Vergleich dieser Werte mit den Lagerreaktionen.

Beachten: An den Randträgern ist auf jeden Fall wenigstens 1 Setzbolzen je Profilrippe zu setzen.

Die Längsränder sind entsprechend DIN 18800 Teil 3 an die Konstruktion anzuschließen oder mit versteiften Randträgern zu versehen.

Die Unterkonstruktion (Dachträger) braucht auf Windsoglasten nicht nachgewiesen zu werden.

2) Dachbinder HEA-600, S 235

Querschnittswerte $M_{pl,y,d} = 1190$ kNm $V_{pl,z,d} = 925$ kN $g_E = 1{,}78$ kN/m
Zuschlag für Dachverband, Distanzstäbe, ... $g = 0{,}60$ kN/m

Bemessungslast Berechnung ohne Berücksichtigung der Durchlaufwirkung:

$$q_d = 1,35 \cdot (1,78 + 0,60 + 0,24 \cdot 6,0) + 1,5 \cdot 1,25 \cdot 6,0 = 5,16 + 11,25 \approx 16,4 \text{ kN/m}$$

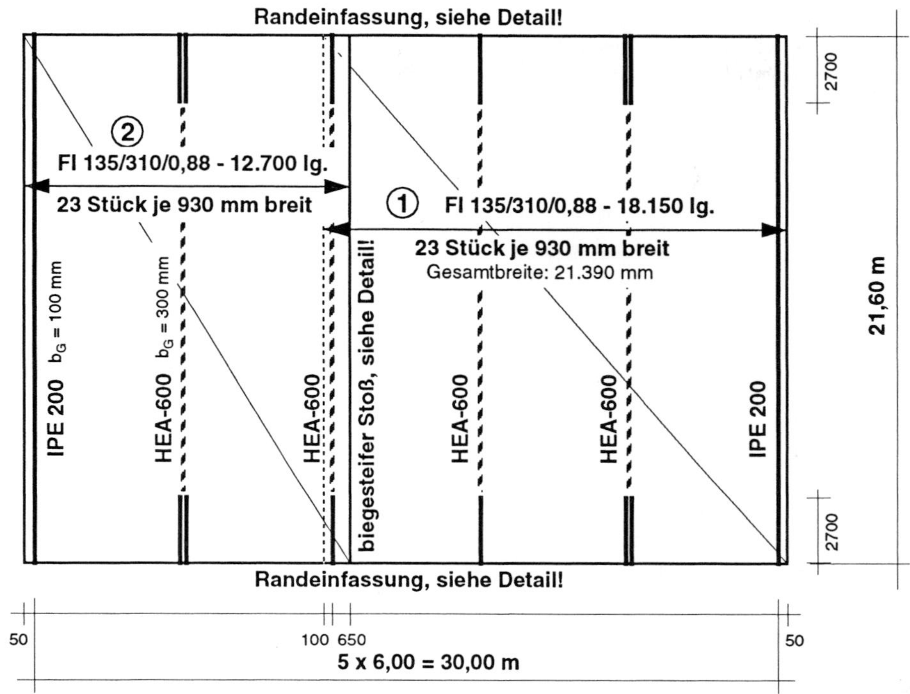

Setzbolzen: Hilti ENP 3-21 L 15
wechselseitig setzen!

═══	**2 Setzbolzen je Profilrippe**
───	**1 Setzbolzen je Profilrippe**
- - - -	**1 Setzbolzen jede 2. Profilrippe**

Längsstöße: POP Blindniete d = 4,8
Längs-Abstand: e = 666 mm (1,5 Stück/m)

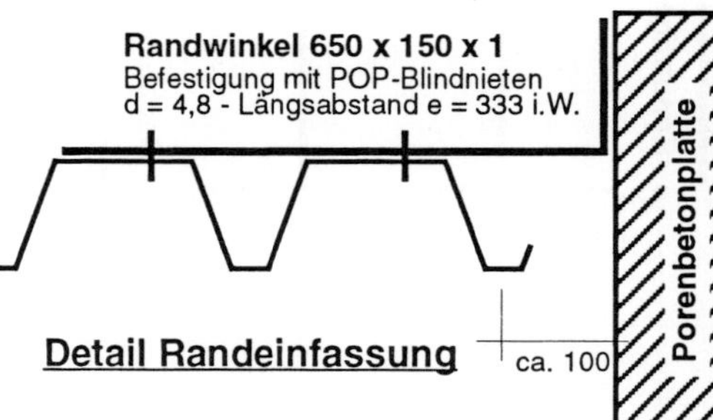

Trapezblech-Verlegeplan

Schnittgrößen $\quad max\ M_{y,d} = 16,4 \cdot (21,6^2)/8 = 956\ \text{kNm}$

$max\ V_{z,d} = 16,4 \cdot 21,6/2 = 177\ \text{kN}$

Nachweise $\quad M/M_{pl,d} = 956/1190 = 0,812 < 1$

$V/V_{pl,d} = 177/925 = 0,191 < 0,33\ (< 0,9)$

Durchbiegung $\quad q = 1,78 + 0,60 + 0,24 \cdot 6,0 + 1,25 \cdot 6,0 = 11,32\ \text{kN/m}$

$$max\ w = \frac{5}{384} \cdot \frac{11,32 \cdot 21,6^4}{2,1 \cdot 141200} = 0,108\ \text{m} = L/200$$

Anmerkung zum Dachträger HEA-600:

Die Durchbiegung von L/200 unter Vollast kann hingenommen werden, wenn es sich um eine Industriehalle handelt und keine Einbauten vorgesehen sind, die dadurch in ihrer Funktion beeinträchtigt werden könnten.

Es ist aber durch ausreichende Überhöhung des Trägers dafür zu sorgen, daß auch unter Vollast das Wasser noch sicher zu den Traufen ablaufen kann.

Vorgeschlagene Überhöhung: $u \approx w + L/2 \cdot 1/100 = 108 + 108 \approx 220$ mm

Der Knick in Feldmitte kann als Schweiß-Vollstoß ausgebildet werden (ohne rechnerischen Nachweis, da weniger als 95 % ausgelastet) oder mit zwischengeschweißter Stirnplatte.

1.10.2 Trapezprofil mit Schubfeldwirkung

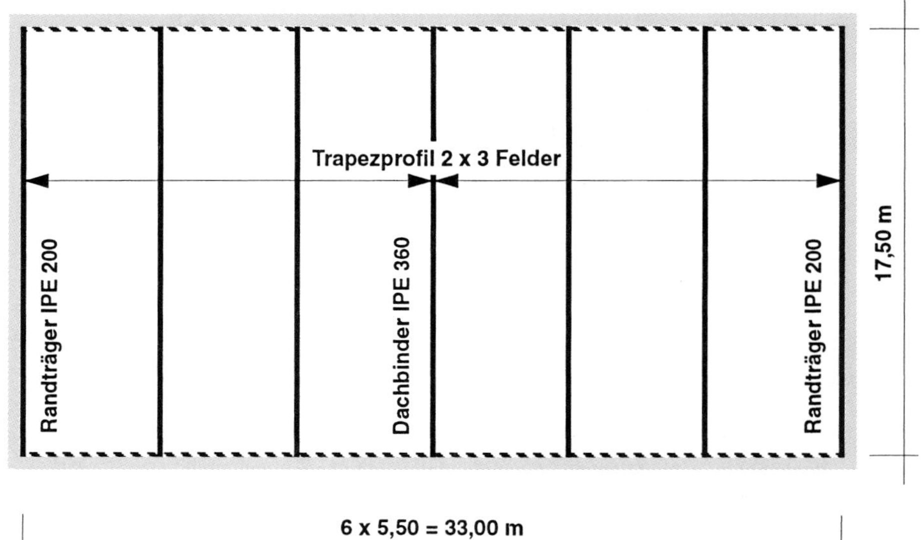

Dachgrundriß

Dach: Flachdach. Grundfläche: 33,00 x 17,50 m (Systemmaße).
Dachhöhe: +5,50 m (UK Trapezblech = Schubfeldebene).
OK Attika: +6,10 m, Innenhöhe Attika über OK Dach ca. 0,40 m.

Dachhaut: Trapezprofil FI 100/275/t_N. Pfettenlose Dacheindeckung.
Durchlaufsystem L = 3 x 5,50 m (zweimal hintereinander).

Dachbinder: IPE 360, S 235. Rahmensystem.
Biegemoment in Feldmitte infolge g+p: *max* M = 95 kNm.
Der Wert wurde für vertikale Gebrauchslasten ermittelt.

Belastung: Wärmedämmung + Abdichtung: g = 0,25 kN/m^2,
Schnee: s = 0,75 kN/m^2.

Verlangt, für das Trapezprofil:

1) Wahl der Nennblechdicke t_N (Nachweis mit Belastungstabellen),
2) Wahl und Nachweis eines Schubfelds für Belastung aus Wind + Stabilisierungslasten von 5 Dachbindern,
3) Nachweis der Verbindungselemente im Schubfeld,
4) Verlegeplan.

1) Trapezprofil - Nachweis für vertikale Lasten mit Belastungstabellen

Gebrauchslast $q = g + s = g_E + 0,25 + 0,75 = g_E + 1,00\ \text{kN/m}^2$

Schätzwert für die Eigenlast: $g_E = 0{,}125\ \text{kN/m}^2$

damit: $q = 0,125 + 1,00 = 1,125\ \text{kN/m}^2$

Wahl von t_N: für tragende Dachhaut: *min* $t_N = 0{,}75$ mm

Beschränkung w: für Warmdach: *max* $w = L/300$

Belastungstabelle Dreifeldträger, **FI 100/275/1,00**, Positivlage, L = 5,50 m, Zeile 3:

zul $q = 1{,}19\ \text{kN/m}^2 >$ *vorh* $q = 1{,}125\ \text{kN/m}^2$

Aus der Belastungstabelle geht auch die Einhaltung der Grenzstützweite ($L_{gr} = 8{,}50$ m) hervor.
Überprüfung der Eigenlast: $g_E = 0{,}120\ \text{kN/m}^2 <$ Schätzwert für g_E (= $0{,}125\ \text{kN/m}^2$).

2) Schubfeld - Nachweis für Windlast (Druck + Sog)

$$w_1 = 1,3 \cdot 0,50 = 0,65\ \text{kN/m}^2$$

$$w_2 = 1,3 \cdot 0,50 = 0,65\ \text{kN/m}^2 \text{ (zusätzl. Attikalast)}$$

$$H_w = 0,65 \cdot \frac{6,1^2}{2 \cdot 5,5} + 0,40 \cdot 0,65 \cdot \frac{5,9}{5,5}$$

$$H_w = 2,20 + 0,28 = 2,48 \approx 2,50\ \text{kN/m}$$

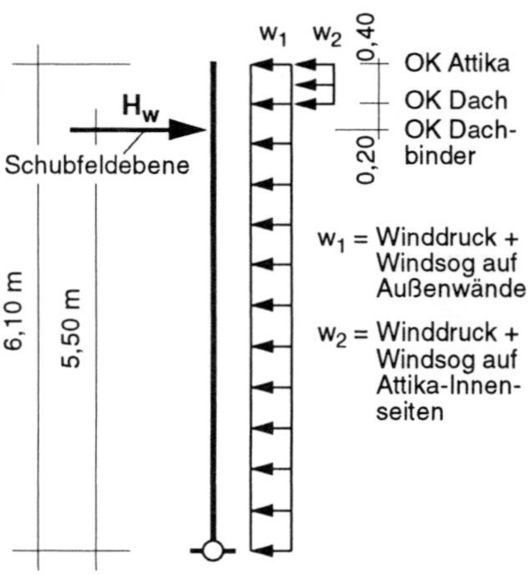

Stabilisierungslast auf das Schubfeld

Es sind 5 Dachbinder zu stabilisieren. Die Randspannung am Druckgurt eines Binders ist:

$$\sigma_D = 9500/904 = 10,51\ \text{kN/cm}^2$$

Die Gurtkraft in *einem* Dachbinder wird damit (etwa):

$$N_G = b \cdot t \cdot \sigma_G = 17,0 \cdot 1,27 \cdot 10,51 = 227\ \text{kN}$$

Größte Schubkraft im Schubfeld aus Wind- und Stabilisierungslast

Siehe hierzu Kapitel 3! Es wird die dort hergeleitete Formel angewendet, die auch den Einfluß von Theorie II. Ordnung enthält (der Reduktionsfaktor für mehrere Träger wird nicht verwendet).

$$\mathit{max}\ V = 0,6 \cdot H_w \cdot L + 0,0064 \cdot \Sigma N$$

$$\mathit{max}\ V = 0,6 \cdot 2,50 \cdot 17,5 + 0,0064 \cdot 5 \cdot 227 = 26,25 + 7,26 \approx 33,5\ \text{kN}$$

Festlegung des Schubfeldes

Ausführung nach DIN 18807 Teil 3, Bild 6 (= übliche Ausführung). Maßgebend ist der kleinste zulässige Schubfluß, hier *zul* $T_1 = 2{,}62$ kN/m.

Daraus folgt: *erf* $L_S = 33,5/2,62 = 12,8$ m. Gewählt: $L_S = 16{,}50$ m (d.h. eine Dachhälfte).

Nachweise für das Schubfeld

Schubfeldlänge: *vorh* L_S = 16,50 m > *min* L_S = 3,47 m

Querbiegemomente: *vorh* T = 33,5 / 16,50 = 2,03 kN/m < *zul* T_1 = 2,62 kN/m

Profilverformung: *vorh* T = 2,03 kN/m < *zul* T_2 = 3,64 kN/m

Grenzlänge: vorh L_S = 16,50 m > L_G = 6,08 m

Kontaktkräfte: $R_S = vorh T \cdot K_3 = 2,03 \cdot 0,47 = 0,96$ kN/m

Auflagerkräfte insges.: $R_{A, S, d} = 1,35 \cdot (0,4 \cdot 1,125 \cdot 5,50 + 0,96) = 4,64$ kN/m

$$\frac{R_{A, S, d}}{R_{A, G, d}} = \frac{4,64}{12,38/1,1} = 0,412 < 1$$

3) Verbindungselemente im Schubfeld

Der Nachweis erfolgt auf Gebrauchslast-Niveau. Es werden deshalb direkt die Werte *zul* F aus der Zulassung für die Verbindungselemente eingesetzt.

Längsstoß der Profiltafeln

POP Blindniete d = 4,8 mm, Abstand a = *max* a = 666 mm (DIN 18807).

$vorh\ F_Q = 2,03 \cdot 0,666 = 1,35$ kN < $zul\ F_Q$ = 1,55 kN

Längsrandbefestigung

Es muß ein Randträger vorgesehen werden, z.B. HEA-100, t_G = 8 mm > *erf* t_G = 6 mm. Setzbolzen Hilti ENP 3-21 L15, Abstand a = *max* a = 666 mm (DIN 18807).

$vorh\ F_Q = 2,03 \cdot 0,666 = 1,35$ kN < $zul\ F_Q$ = 3,00 kN

Querrandbefestigung

Am Querrand müssen die Beanspruchungen aus Schub, Kontaktkräften und Windsog überlagert werden. Im Schubfeld muß zumindest *jede* Profilrippe *einmal* angeschlossen werden.

Setzbolzen Hilti ENP 3-21 L15, Abstand a = *max* a = 275 mm (DIN 18807).

infolge Schub: $vorh\ F_Q = 2,03 \cdot 0,275 = 0,56$ kN

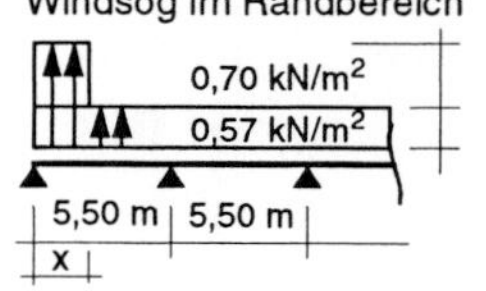

Der Windsog wird überschlägig nach DIN 1055 Teil 4, Tab. 12, ermittelt. Die ständige Last wird dabei mit 90 % ihres Wertes berücksichtigt.

Dachhöhe h < 8 m: $q_W = 0,50$ kN/m²

Eckbereich:	Abmessung:	Breite = Länge = x = 17,5 / 8 ≈ 2,20 m
	Windsoglast	$w = 3,2 \cdot 0,5 - 0,9 \cdot 0,37 = 1,27$ kN/m²
Randbereich:	Windsoglast:	$w = 1,8 \cdot 0,5 - 0,9 \cdot 0,37 = 0,57$ kN/m²

In der Rand-Eck-Zone werden der Rand und ein Innenlager untersucht:

Querrand, abhebende Kraft: $R_A \approx 0,4 \cdot 0,57 \cdot 5,5 + 0,8 \cdot (1,27 - 0,57) \cdot 2,20 \approx 2,50$ kN/m

infolge Windsog + Kontakt: $F_Z = (2,50 + 0,96) \cdot 0,275 = 0,95$ kN

Interaktion: $$\left(\frac{F_Q}{zul F_Q}\right)^2 + \left(\frac{F_Z}{zul F_Z}\right)^2 = \left(\frac{0,56}{3,00}\right)^2 + \left(\frac{0,95}{2,70}\right)^2 = 0,34 < 1$$

Innenlager, abhebende Kraft: $R_{A, S, d} \approx 1,1 \cdot 0,57 \cdot 5,5 + 0,2 \cdot 0,70 \cdot 2,20 \approx 3,76$ kN/m

Innenlager ohne Kontaktkräfte: $F_Z = 3,76 \cdot 0,275 = 1,03$ kN < 2,7 kN

Also: Anschluß mit 1 Setzbolzen/Profilrippe im ganzen Schubfeld ausreichend!

Verbindungselemente im übrigen Bereich

Randträger: 1 Setzbolzen/Profilrippe (Mindestanforderung), o.w.N.

Innenträger: 1 Setzbolzen jede 2. Profilrippe: $F_Z = 3,76 \cdot 2 \cdot 0,275 = 2,07$ kN < 2,7 kN

Längsstoß der Profiltafeln: wie im Schubfeld, s.o.
Längsrandbefestigung:

Aus konstruktiven Gründen: Randträger wie im Schubfeld; Befestig.: Setzbolzen a = 666 mm.
Auch möglich: Randversteifungsblech mit t ≥ 1 mm; Befestigung: Blindniete a = 333 mm.

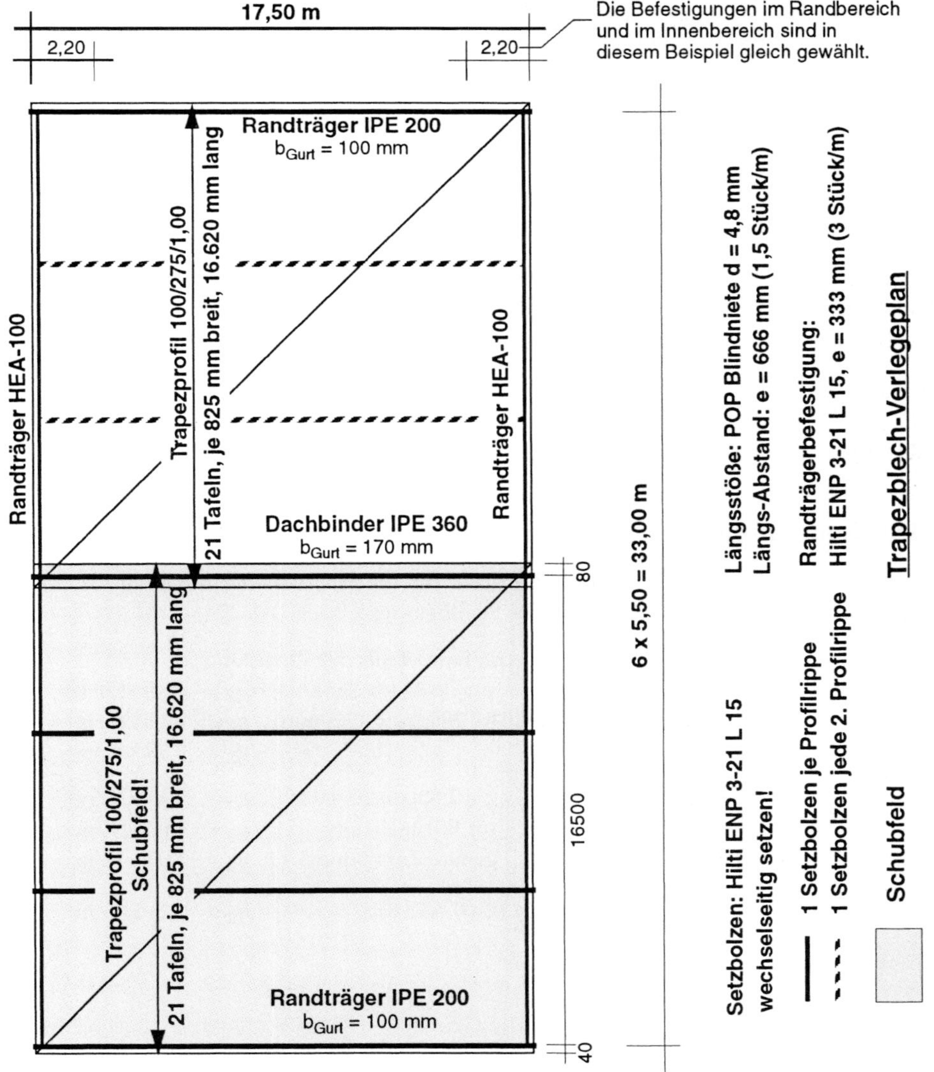

1.10.3 Hoesch-Additiv-Decke® und Verbundträger

Deckenplatte: Hoesch Additiv-Decke®, Trapezprofil TRP 200.
Unterstützungsfreie Verlegung.
Ortbeton C 35/45, BSt 500 S+M. Aufbetondicke h_c = 8 cm.

Deckenträger: HEB 400, S 355, als Verbundträger mit Kammerbeton.
Einfeldträger; Stützweite 14,75 m, Trägerabstand: a = 5,00 m.

Belastung: Verkehrslast für Bürogebäude: p = 2,00 kN/m^2,
Leichter Trennwandzuschlag für Wandgewicht bis 1,00 kN/m^2,
Bodenbelag: 0,50 kN/m^2.

Nachweise für die Additiv-Decke:

1) Nachweis im Betonierzustand, Wahl der Nennblechdicke t_N,
2) Bemessung für den Endzustand.

für den Verbundträger: siehe Abschnitt 4.7.3.

Hoesch Additiv-Decke®

1) Nachweis im Betonierzustand

Die zulässige Stützweite ohne Montage-Unterstützung im Betonierzustand kann für die unterschiedlichen Nennblechdicken in Abhängigkeit der Aufbetondicke Bild 1.18 entnommen werden.

Nennstützweite = Abstand zwischen den Befestigungspunkten auf den Knaggen
= Trägerabstand *minus* Flanschbreite *minus* 2 x halber Knaggenüberstand

Nennstützweite = L = 5,00 - 0,30 - 0,06 = 4,64 m

Nennblechdicke Gewählt: t_N = 1,25 mm
Aus Bild 1.18 mit d = 8 cm: L_{gr} = 5,05 m > *vorh* L = 4,64 m

2) Nachweis für den Endzustand

Die Bemessung erfolgt nach Zulassung Z-26.1-44 für die Hoesch-Additiv-Decke (01.03) für Bemessungslasten nach DIN 1055-100, für die Stahlbetonteile nach DIN 1045-1 (07.01).

Einwirkungen Eigenlast Beton, d = 8 cm, Formel aus der Zulassung:

$g = 0,83 + 0,25 \cdot 8$ $\quad g_B =$ 2,83 kN/m^2

Eigenlast Trapezprofil TRP 200, t_N = 12,5 mm: g_{TR} = 0,16 kN/m^2

Belag: g_B = 0,50 kN/m^2

Ständige Last : g = 2,83 + 0,16 + 0,50 $\quad$ g = 3,49 kN/m^2

Verkehrslast : für Bürogebäude $\quad p_1$ = 2,00 kN/m^2

Trennwandzuschlag: gemäß Zulassung 3.4.2 $\quad p_2$ = 1,00 kN/m^2

Bemessungslast $q_d = 1,35 \cdot 3,49 + 1,5 \cdot (2,00 + 1,00)$ $\quad q_d$ = 9,21 kN/m^2

Schnittgrößen Gesamtmoment (Feldmoment): $max\ M_{F,d} = 9,21 \cdot 4,64^2/8 = 24,79$ kNm/m

Vom Trapezprofil aufnehmbar (Tab. 1.15): $M_{PT,Rd} = 22,1/1,1 = 20,09$ kNm/m

Verbleiben für den Betonquerschnitt: $M_{Ed} = 24,79 - 20,09 = 4,70$ kNm/m

Im Abstand x von der Feldmitte kann das Trapezprofil allein das Biegemoment aufnehmen:

$$x = \frac{4,64}{2} \cdot \sqrt{\frac{4,70}{24,79}} = 1,01 \text{ m}$$

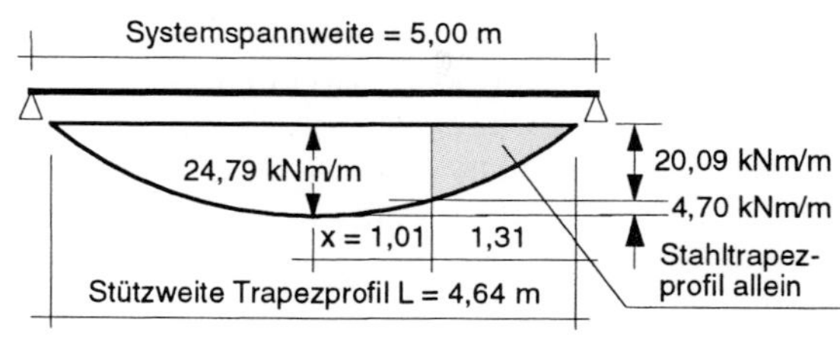

Vom Plattenbalken (Beton) muß das Restmoment $M_{c,Rd}$ aufgenommen werden. Die am Anschnitt x vorhandene Querkraft wird ohne die Eigenlast des Trapezprofils berechnet:

$$V_{Ed} = [1,35 \cdot (2,83 + 0,50) + 1,5 \cdot 3,00] \cdot 1,01 = 9,09 \text{ kN/m}$$

Nachweis Betonquerschnitt

Auf den 75 cm breiten Plattenbalken bezogen sind die Beanspruchungen:

$$M_{Ed} = 0,75 \cdot 4,70 = 3,53 \text{ kNm}$$

$$V_{Ed} = 0,75 \cdot 9,09 = 6,82 \text{ kN}$$

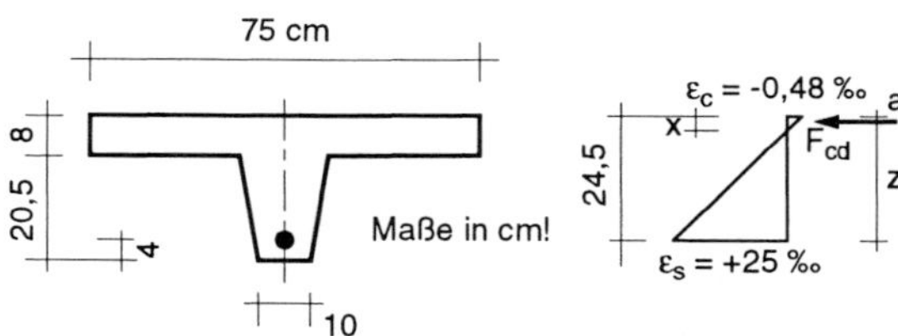

Beton C35/45; laut Zulassung sind die Festigkeitsklassen C20/25 bis C50/60 zugelassen.

Mindest-Betondeckung:

$c_{nom} = 10 + 10 = 20$ mm $\rightarrow$ gewählt: $c_{nom} \approx 35$ mm für die Rippenbewehrung

Biegebemessung

Dehnungsverteilung (durch Probieren): $\varepsilon_c/\varepsilon_s = -0,48/25$ Dehnungen in ‰

$$x = \frac{0,48}{25 + 0,48} = 0,46 \text{ cm}$$

$$\alpha_R = \frac{\varepsilon_c \cdot (6 - \varepsilon_c)}{12} = \frac{0,48 \cdot (6 - 0,48)}{12} = 0,221$$

$$k_a = \frac{8 - \varepsilon_c}{4 \cdot (6 - \varepsilon_c)} = \frac{8 - 0,48}{4 \cdot (6 - 0,48)} = 0,34$$

$a = k_a \cdot x = 0,34 \cdot 0,46 = 0,16$ cm $\rightarrow$ $z \approx 24,5 - 0,16 = 24,35$ cm

$$F_{cd} = b \cdot x \cdot \alpha_R \cdot f_{cd} \quad \text{mit} \quad f_{cd} = 0,85 \cdot \frac{f_{ck}}{\gamma_M} = 0,85 \cdot \frac{35}{1,5} = 19,83 \text{ N/mm}^2 = 1,983 \text{ kN/cm}^2$$

$$F_{cd} = 75 \cdot 0,46 \cdot 0,221 \cdot 1,983 = 15,12 \text{ kN}$$

$$M_{Rd} = F_{cd} \cdot z = 15,12 \cdot 0,2435 = 3,67 \text{ kNm} > M_{Ed} = 3,53 \text{ kNm}$$

$$F_{sd} = F_{cd} = 15,12\ \text{kN} \quad \rightarrow \quad erf\ A_s = \frac{F_{sd}}{f_{yd}} = \frac{15,12}{50/1,15} = 0,35\ \text{cm}^2$$

Gewählte Rippenbewehrung: 1 Ø 8 → *vorh* $A_s = 0{,}5\ \text{cm}^2$

Gemäß Zulassung ist die Mindest-Rippenbewehrung 1 Ø 8.

Querkraftnachweis

Querkrafttragfähigkeit ohne Querkraftbewehrung:

$$V_{Rd,ct} = \left[0,1 \cdot \kappa \cdot \eta_1 \cdot (100 \cdot \rho_L \cdot f_{ck})^{1/3}\right] \cdot b_w \cdot d$$ Dimensionen wie nachstehend!

$$\kappa = 1 + \sqrt{\frac{200}{d\,[\text{mm}]}} = 1 + \sqrt{\frac{200}{245}} = 1,90 < 2,0$$

$\eta_1 = 1,0$ für Normalbeton

$$\rho_L = \frac{A_{sL}}{b_w \cdot d} = \frac{0,5}{10 \cdot 24,5} = 0,002 < 0,02$$

$f_{ck} = 35\ \text{N/mm}^2$ für Beton C 35/45

$$V_{Rd,ct} = [0,1 \cdot 1,90 \cdot 1,0 \cdot (100 \cdot 0,002 \cdot 35)^{1/3}] \cdot 0,1 \cdot 0,245 = 0,00890\ \text{MN}$$

$$V_{Rd,ct} = 8,90\ \text{kN} > V_{Ed} = 6,82\ \text{kN}$$

Es ist keine Querkraftbewehrung erforderlich.

Weitere Anforderungen gemäß Zulassung

Über den Mittelauflagern der Decke sind Schubbügel 2 Ø 6 anzuordnen. Für seitliche Auflager ist die besondere Bewehrungsführung der Zulassung zu entnehmen. An Endauflagern sind horizontale Steckbügel 2 Ø 6 erforderlich.

Als konstruktive Deckenbewehrung ist ein orthogonales Bewehrungsnetz von mindestens 2,0 cm^2/m mit ausreichender Betondeckung einzulegen. → Gewählt: Mattenbewehrung Q 221 (A).

Über Innenträgern ist zur Beschränkung der Rißbreite eine Mindestbewehrung anzuordnen:

$M_R = k \cdot f_{ct,eff} \cdot \eta \cdot h_c^2/6$ mit

$k = 0{,}8$ Beiwert zur Berücksichtigung nichtlinear verteilter Eigenspannungen

$$\eta = 1 + 0,18/\sqrt{h_c\,[\text{m}]} = 1 + 0,18/\sqrt{0,08} = 1,64$$

$f_{ct,eff} = f_{ctm}$ jedoch mit *min* $f_{ct,eff} = 3{,}0\ \text{N/mm}^2 = 0{,}3\ \text{kN/cm}^2$

Nach DIN 1045-1, Tab. 9, ist $f_{ctm} = 3{,}2\ \text{N/mm}^2 = 0{,}32\ \text{kN/cm}^2 >$ *min* $f_{ct,eff}$

$$M_R = 0,8 \cdot 0,32 \cdot 1,64 \cdot 8,0^2/6 = 4,48\ \text{kNm/m}$$

$$A_s = \frac{M_R}{0,9 \cdot d \cdot f_{yk}} = \frac{4,48 \cdot 100}{0,9 \cdot 5 \cdot 50} = 1,99\ \text{cm}^2/\text{m}$$ → Mattenbewehrung Q 221 (A) reicht aus.

Statische Nutzhöhe der über die Stahlträger durchlaufenden Betonplatte, gewählt: $d \approx 5$ cm.

Im übrigen ist generell die Zulassung für die Hoesch Additiv-Decke® zu beachten.

1.10.4 Überkopfverglasung

Das Oberlicht-Satteldach einer Werkhalle wird
1) im Hallenbereich mit Isolierverglasung und
2) im Vordachbereich als freie Einfachverglasung ausgeführt.

Dachhöhe über Gelände: h = ca. 10 m,
Neigung des Glasdaches: $\alpha = 30°$,
Sprossenabstand = Spannweite der linienförmigen Lagerung: $a = 0{,}65$ m,
Abmessung Einzelscheiben: $a \times b = 0{,}65 \times 1{,}90$ m, $\varepsilon = a/b = 0{,}342$,
Regelschneelast: $s = 0{,}75$ kN/m^2.

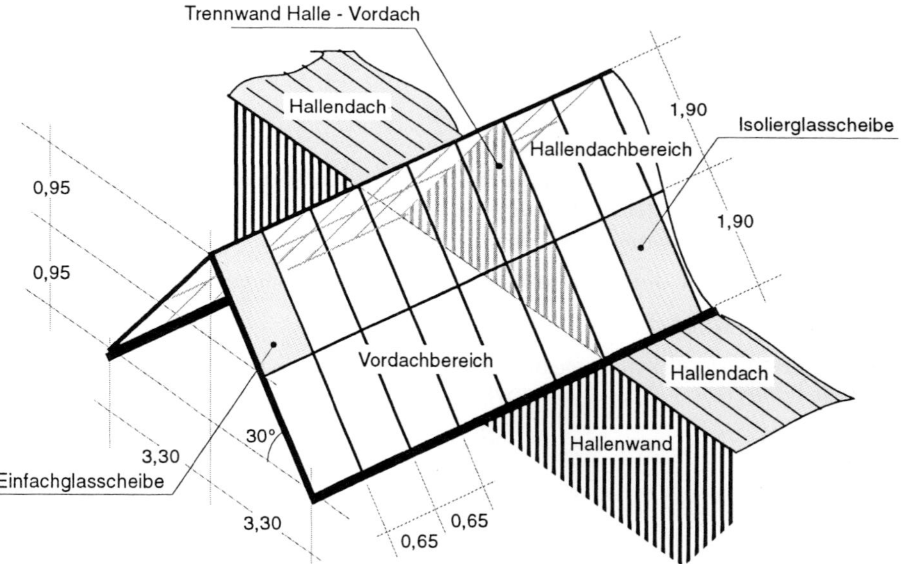

1) Einfachverglasung im Vordachbereich

Einfachscheibe VSG: Float 4 mm + PVB 0,38 mm + Float 4 mm.

Kontrolle der Abmessungen

Gemäß "Technischer Regeln für die Verwendung von linienförmig gelagerten Verglasungen" (TR) sind für Überkopfverglasungen folgende zusätzliche Regelungen zu beachten:

TR 3.2.2: VSG-Scheiben aus Spiegelglas (Floatglas) mit einer Stützweite größer 1,20 m sind allseitig zu lagern. Dabei darf das Seitenverhältnis b/a nicht größer als 3:1 sein.

TR 3.2.3: Bei VSG als Einfachverglasung oder als untere Scheibe von Isolierverglasungen muß die Gesamtdicke der PVB-Folien i.a. mindestens 0,76 mm betragen. Eine Dicke von 0,38 mm ist zulässig bei allseitiger Lagerung mit einem Seitenverhältnis nicht größer als 3:1 und einer Stützweite in Haupttragrichtung bis zu 0,8 m.

Kontrolle: Wegen PVB 0,38 mm muß TR 3.2.3 erfüllt sein (TR 3.2.2 ist nicht relevant).
Es ist $b/a = 1{,}90/0{,}65 = 2{,}92 < 3$
und $a = 0{,}65\ \text{m} < 0{,}80\ \text{m}$.

Die Anforderungen für Verwendung der nur 0,38 mm dicken PVB-Schicht sind erfüllt.

Einwirkungen und Belastungen

Eigenlast: $g = 0{,}008 \cdot 25 = 0{,}20\ \text{kN/m}^2$
Auf die Schräge bezogen: $g' = 0{,}20 \cdot \cos\alpha = 0{,}173\ \text{kN/m}^2$

Schnee: Auf die Schräge bezogen: $s' = 0{,}75 \cdot \cos^2\alpha = 0{,}563\ \text{kN/m}^2$

Wind: Höhe: $h = 8 \ldots 20$ m Staudruck: $q_w = 0{,}8\ \text{kN/m}^2$

a) Winddruck für $\alpha = 30°$: $w_d = \left(\frac{0{,}5}{25} \cdot \alpha\,[°] - 0{,}2\right) \cdot q_w = 0{,}4 \cdot 0{,}8 = 0{,}32\ \text{kN/m}^2$

Mit Zuschlag 25 % für Einzelbauteile: $w_d = 1{,}25 \cdot 0{,}32 = 0{,}40\ \text{kN/m}^2$

b) Windsog + Unterwind: $w_s = (-1{,}1 - 0{,}8) \cdot 0{,}8 = -1{,}52\ \text{kN/m}^2$

Dabei ist der Beiwert $c_p = -1{,}1$ an Dachoberfläche (Sog) der Wert aus DIN 1055 Teil 4, Tab. 12, für den Randbereich angesetzt. Ein Spitzenwert für den Eckbereich ($c_p = -1{,}8$) wird nicht berücksichtigt wegen der Kombination mit Unterwind.

Der Beiwert $c_p = -0{,}8$ für Unterwind ist Tab. 14, lfd. Nr. 2, entnommen.

Momentenbeanspruchung

Gemäß DIN 1055 Teil 5 "Gleichzeitige Berücksichtigung von Schneelast und Eislast" werden nur die Kombinationen (s + w/2) und (s/2 + w) untersucht.

a) Druckbelastung: $q_d = g' + s' + w_d/2 = 0{,}173 + 0{,}563 + 0{,}40/2 = 0{,}936\ \text{kN/m}^2$

b) Sogbelastung: $q_s = g' + w_s = 0{,}173 - 1{,}52 = -1{,}347\ \text{kN/m}^2$ Maßgebend!

Andere Lastkombinationen kommen offensichtlich nicht in Frage.

Größtmoment: $M = 1{,}347 \cdot 0{,}65^2/8 = 0{,}0711\ \text{kNm/m} = 0{,}0711\ \text{kNcm/cm}$

Spannungs- und Durchbiegungsnachweis

TR 5.1.2: Bei Standsicherheits- und Durchbiegungsnachweisen von VSG- und VG-Einfachverglasungen darf ein günstig wirkender Schubverbund der Scheiben nicht berücksichtigt werden.

Widerstandsmoment: $W = 2 \cdot 0{,}4^2/6 = 0{,}0533\ \text{cm}^3/\text{cm}$

Trägheitsmoment: $I = 2 \cdot 0{,}4^3/12 = 0{,}0107\ \text{cm}^4/\text{cm}$

Größtspannung: $\sigma = 0{,}0711/0{,}0533 = 1{,}334\ \text{kN/cm}^2 < zul\ \sigma = 1{,}5\ \text{kN/cm}^2$

Größte Durchbiegung: $f = \frac{5}{384} \cdot \frac{1{,}347 \cdot 0{,}65^4}{70 \cdot 0{,}0107} = 0{,}00418\ \text{m}$

Durchbiegungsgrenze: $f = 4{,}18\ \text{mm} < zul\ f = L/100 = 650/100 = 6{,}5\ \text{mm}$

2) Isolierverglasung im Hallenbereich

Isolierglasscheibe:	oben:	ESG (Float) 4 mm
		Scheibenzwischenraum SZR 12 mm
	unten:	VSG Float 3 mm + PVB 0,38 mm + Float 3 mm

Kontrolle der Abmessungen

TR 3.2.3: Wie zuvor.

Einwirkungen und Belastungen

Eigenlast: $g = 0,010 \cdot 25 = 0,25\ \mathrm{kN/m^2}$

Auf die Schräge bezogen: $g' = 0,25 \cdot \cos\alpha = 0,217\ \mathrm{kN/m^2}$

verteilt auf innen und außen: $g'_i = 0,130\ \mathrm{kN/m^2}$

$g'_a = 0,087\ \mathrm{kN/m^2}$

Schnee: Auf die Schräge bezogen: $s' = 0,75 \cdot \cos^2\alpha = 0,563\ \mathrm{kN/m^2}$

Wind: Höhe: $h = 8 \ldots 20$ m Staudruck: $q_w = 0,8\ \mathrm{kN/m^2}$

a) Winddruck (wie zuvor) mit Zuschlag: $w_d = 1,25 \cdot 0,32 = 0,40\ \mathrm{kN/m^2}$

b) Windsog (geschlossene Halle): $w_s = -1,1 \cdot 0,8 = -0,88\ \mathrm{kN/m^2}$

Die Verglasung liegt ungünstigstenfalls im Randbereich, nie im Eckbereich der Halle.

Klima: Pauschalwert aus TR Tab. 1: $p_0 = \pm 16\ \mathrm{kN/m^2}$

Verteilung der Belastungen auf äußeres Glas (ESG) und inneres Glas (VSG)

Widerstandsmoment	außen:	$W_a = 0,4^2/6 = 0,02667\ \mathrm{cm^3/cm}$
	innen:	$W_i = 2 \cdot 0,3^2/6 = 0,0300\ \mathrm{cm^3/cm}$
Steifigkeiten	außen:	$I_a = 0,4^3/12 = 0,00533\ \mathrm{cm^4/cm}$
	innen:	$I_i = 2 \cdot 0,3^3/12 = 0,00450\ \mathrm{cm^4/cm}$
Ersatzglasdicke	innen:	$d_i^* = 2^{1/3} \cdot 0,3 = 0,378$ cm

Ein Ersatzglas mit der Dicke d_i* ergibt dasselbe Trägheitsmoment I_i wie das VSG mit 2 mal 3 mm Dicke; der Wert d_i* wird für die Aufteilung der Belastungen benötigt.

Lastaufteilung: Die Beiwerte für die Lastaufteilung können TR Anhang A, Tab. A3, für SZR = 12 mm und den Werten $d_a = 4$ mm und $d_i = 3,78$ mm nur durch teilweise Extrapolation entnommen werden.

Es wird daher nachfolgend mit den in TR, Anhang A und B, angegebenen Formeln (ohne weitere Erläuterungen) gearbeitet. Die Werte lassen sich mit Hilfe der Tabelle zumindest grob kontrollieren.

$$\delta_a = \frac{d_a^3}{d_a^3 + d_i^3} = \frac{4^3}{4^3 + 3,78^3} = 0,5423$$

$$\delta_i = \frac{d_i^3}{d_a^3 + d_i^3} = \frac{3,78^3}{4^3 + 3,78^3} = 0,4577 = 1 - 0,5423$$

$$a^* = 28,9 \cdot \sqrt[4]{\frac{d_{SZR} \cdot d_a^3 \cdot d_i^3}{(d_a^3 + d_i^3) \cdot B_V}} = 28,9 \cdot \sqrt[4]{\frac{12 \cdot 4^3 \cdot 3,78^3}{(4^3 + 3,78^3) \cdot 0,0639}} = 249 \text{ mm}$$

Dabei ist $B_V = f(a/b) = f(0{,}342) = 0{,}0639$ ein Beiwert aus der Plattentheorie, der TR Anhang A, Tab. A1, durch Interpolation entnommen werden kann.

$$\varphi = \frac{1}{1 + (a/a^*)^4} = \frac{1}{1 + (650/249)^4} = 0,021$$

Scheibe außen / Last außen: $\eta_{a,a} = \delta_a + \varphi \cdot \delta_i = 0,5423 + 0,021 \cdot 0,4577 = 0,55$

Scheibe innen / Last außen: $\eta_{i,a} = 1 - 0,55 = 0,45$

Scheibe außen / Last innen: $\eta_{a,i} = \delta_a \cdot (1 - \varphi) = 0,5423 \cdot (1 - 0,021) = 0,53$

Scheibe innen / Last innen: $\eta_{i,i} = 1 - 0,53 = 0,47$

Die Zahlenwerte zeigen, daß hier der SZR für die Lastaufteilung kaum eine Rolle spielt. Die Lasten verteilen sich fast genau im Verhältnis der Steifigkeiten der äußeren und der inneren Scheibe.

Isochorer Druck: $\varphi \cdot p_0 = \pm 0,021 \cdot 16 = \pm 0,336 \text{ kN/m}^2$

Der isochore Druck gibt offensichtlich einen erheblichen Belastungsanteil. Durch Einsetzen der wirklichen Höhendifferenzen zwischen Herstellungsort und Einbauort lassen sich meistens günstigere Werte als die Pauschalvorgaben erzielen. Die Formeln hierfür sind den TR zu entnehmen.

Momentenbeanspruchung

TR 5.2.1: Bei der Berücksichtigung von Klimaeinflüssen dürfen die zulässigen Spannungen um 15 % erhöht erden. Es sind daher sowohl die Beanspruchung mit als auch ohne Klimaeinfluß zu untersuchen.

1) Äußere Scheibe

Ständige Last: $g'_a = 0,130 \cdot 0,55 + 0,087 \cdot 0,53 = 0,118 \text{ kN/m}^2$

1a) Druckbelastung, ohne Klima: $g'_a + s' + w_d/2$

$q_d = 0,118 + (0,563 + 0,40/2) \cdot 0,55 = 0,538 \text{ kN/m}^2$

1b) Druckbelastung, mit Klima (Winter): $g'_a + s' + w_d/2 + \varphi p_0$

$q_d = 0,118 + (0,563 + 0,40/2) \cdot 0,55 + 0,336 = 0,874 \text{ kN/m}^2$ Maßgebend!

1c) Sogbelastung, ohne Klima: $g'_a + w_s$

$q_s = 0,118 - 0,88 \cdot 0,55 = -0,366 \text{ kN/m}^2$

1d) Sogbelastung, mit Klima (Sommer): $g + w_s - \varphi p_0$

$$q_s = 0,118 - 0,88 \cdot 0,55 - 0,336 = -0,702 \text{ kN/m}^2$$

Andere Lastkombinationen kommen offensichtlich nicht in Frage.

Größtmoment: $M = 0,874 \cdot 0,65^2/8 = 0,0462 \text{ kNm}$

2) Innere Scheibe. Es wird nur der auch für die äußere Scheibe maßgebende Lastfall untersucht.

Druckbelastung, mit Klima: $g'_i + s' + w_d/2 + \varphi p_0$

$$q_d = (0,217 - 0,118) + (0,563 + 0,40/2) \cdot 0,45 + 0,336 = 0,778 \text{ kN/m}^2$$

Größtmoment: $M = 0,778 \cdot 0,65^2/8 = 0,0411 \text{ kNm}$

TR 5.2.2: Die untere Scheibe einer Überkopfverglasung aus Isolierglas ist außer für den Fall der planmäßigen Einwirkungen auch für den Fall des Versagens der oberen Scheibe mit deren Belastung zu bemessen.

$$q_d = 0,217 + 0,563 + 0,40/2 = 0,980 \text{ kN/m}^2$$

Größtmoment: $M = 0,980 \cdot 0,65^2/8 = 0,0518 \text{ kNm}$

Spannungs- und Durchbiegungsnachweis

1) Äußere Scheibe

$$\sigma = 0,0462/0,02667 = 1,73 \text{ kN/cm}^2 < 1,15 \cdot 5,0 = 5,75 \text{ kN/cm}^2 = zul\ \sigma$$

$$f = \frac{5}{384} \cdot \frac{0,874 \cdot 0,65^4}{70 \cdot 0,00533} = 0,00544 \text{ m} = 5,44 \text{ mm} < L/100 = 650/100 = 6,5 \text{ mm} = zul\ f$$

2) Innere Scheibe

2a) als Teil des Gesamtsystems

$$\sigma = 0,0411/0,030 = 1,37 \text{ kN/cm}^2 < 5,75 \text{ kN/cm}^2 = zul\ \sigma$$

$$f = \frac{5}{384} \cdot \frac{0,778 \cdot 0,65^4}{70 \cdot 0,0045} = 0,00574 \text{ m} = 5,74 \text{ mm} < L/100 = 6,5 \text{ mm} = zul\ f$$

TR 5.3.1: Bei Überkopf-Isolierverglasung wird bei nur zweiseitiger Lagerung die Beschränkung der Durchbiegung auf L/200 verlangt; bei 3- oder 4-seitiger ist L/100 einzuhalten. Hier ist also wenigstens 3-seitige Lagerung erforderlich!

2b) bei Bruch der äußeren Scheibe

$$\sigma = 0,0518/0,030 = 1,73 \text{ kN/cm2} < 5,75 \text{ kN/cm}^2 = zul\ \sigma$$

TR 5.3.2: Eine Durchbiegungsbeschränkung gibt es für diesen außergewöhnlichen Lastfall nicht.

2 Dachpfetten

2.1 Statische Systeme und Lastabtragung

Bei üblichen Konstruktionen des Stahlbaus belastet die Dachhaut entweder direkt die Dachbinder (pfettenlose Dachkonstruktion, geeignet besonders bei Flachdächern), oder die Dachhaut liegt auf Pfetten auf, die ihrerseits die Lasten auf die Dachbinder weiterleiten. Bei stark geneigten Dächern ist auch ein Lastabtrag über Lattung und Sparren auf die Dachpfetten möglich (ähnlich wie bei Holzkonstruktionen).

2.1.1 Einfeldträger und Durchlaufträger

Einfeldträger sind wegen der ungünstigen statischen Verhältnisse und relativ großer Durchbiegungen möglichst zu vermeiden.

Zweifeldträger bieten (etwa gleichgroße Feldweiten vorausgesetzt) statische Vorteile bei der Bemessung P-P bzw. nach dem vereinfachten Traglastverfahren mit dem Bemessungsmoment $qL^2/11$. Die Durchbiegung ist wesentlich geringer als beim Einfeldträger (bei durchgehender Streckenlast nur ca. 42 % derjenigen des Einfeldträgers) und wird daher für die Bemessung kaum maßgebend.

Nachteilig ist die gegenüber dem Einfeldträger um 25 % erhöhte Auflagerkraft am mittleren Auflager. Wegen der daraus resultierenden unterschiedlichen Belastungen für die Dachbinder sollte man einen Vierfeldträger nicht in 2 Zweifeldträger auflösen.

Mehrfeldträger lassen sich in der Praxis als ungestoßenes Profil meist noch als Dreifeldträger ausbilden (bis etwa 3 x 6,0 = 18,0 m). Bei Vier- und Fünffeldtträgern wird man biegesteife Stöße ausbilden (am besten Stirnplattenstöße in der Nähe eines Momenten-Nullpunktes). Beim Verfahren P-P bringt die Trägerbemessung gegenüber dem Zweifeldträger keine Änderung, solange für alle Felder derselbe Querschnitt gewählt wird.

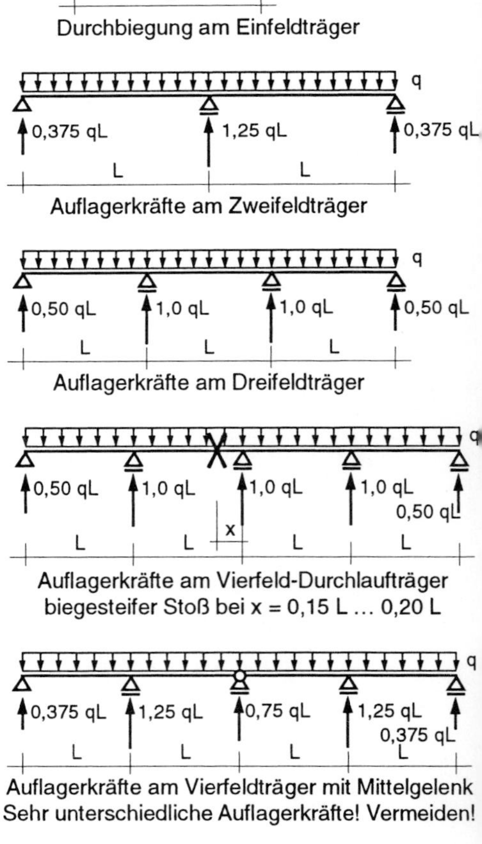

Bild 2.1 **Statische Systeme**

Anmerkung: Der deutlicheren Schreibweise wegen wird die Stützweite *hier* mit L bezeichnet.

Auflagerkräfte über den Innenstützen von Durchlaufträgern über mehr als 2 Felder (mit annähernd gleichen Stützweiten und bei konstanter Gleichstreckenlast) dürfen nach DIN 18801 für die Weiterrechnung mit $A = 1,0 \cdot qL$ angesetzt werden. Hiervon wird in der Praxis beim Lastansatz für Dachbinder, welche durchlaufende Pfetten abstützen, gewöhnlich Gebrauch gemacht. - Streng genommen ist die genannte Regelung nur anwendbar, wenn das Durchlaufsystem die Bemessung nach dem Verfahren P-P erlaubt (also z.B. *nicht* für Trapezprofile).

Andere Pfetten-Systeme wie Gerberträger oder Pfetten mit unterschiedlichem Profil in den Rand- und den Innenfeldern werden heute wegen der aufwendigen Konstruktionen und anderer Nachteile nicht mehr ausgeführt.

2.1.2 Einachsige und zweiachsige Biegung

Bei geneigten Pfetten mit doppeltsymmetrischem Querschnitt tritt bei vertikaler Belastung q_v entsprechend der Lastzerlegung in q_y und q_z zweiachsige Biegung auf. Die eigentlich immer mit auftretende Torsionsbeanspruchung m_T wird in der Praxis nicht beachtet; man ordnet den Lastabtrag stillschweigend der Dachhaut zu, die dafür zumindest eine gewisse Schubsteifigkeit haben muß.

Um die Biegemomente um die z-Achse klein zu halten, werden häufig Abhängungen in Dachebene in Feldmitte oder in den 1/3-Punkten durchgeführt.

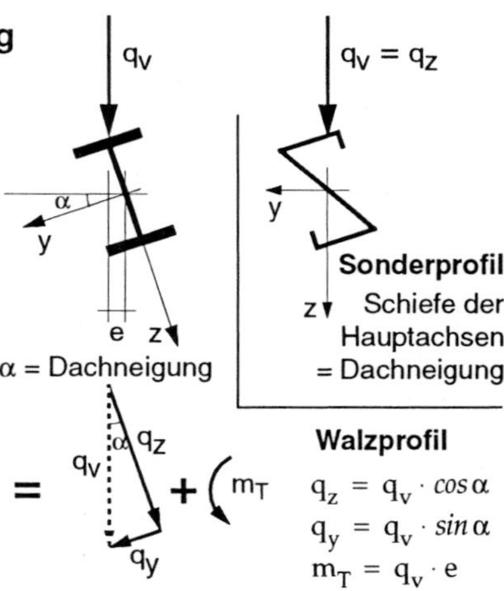

Bild 2.2 **Geneigte Pfetten**

Mit Sonderprofilen (Z oder zeta-Profilen), deren Hauptachsenrichtung der Dachneigung angepaßt ist, ergeben vertikale Belastungen nur einachsige Biegung.

2.1.3 Biegung und Normalkraft

Normalkräfte in Pfetten treten meist durch deren Beanspruchung als Pfosten in Dachverbänden auf (siehe Abschnitt 3.2).

2.2 Dachpfetten aus Walzprofilen

2.2.1 Ausführung

Querschnitte. Als Walzprofile werden meist Profile IPE oder HEA verwendet, U-Profile evtl. als Randträger. Seltener gebraucht man Profile HEAA, HEB, HEM. Die vorgenannten Z- oder zeta-Profile werden als kaltverformte Blechträger mit Dicken meist unter 4 mm verwendet (siehe Abschnitt 2.3.2).

Befestigung. Die Pfetten werden auf den Dachbindern befestigt durch:

1) direktes Anschrauben der Flanschen (immer möglich bei HEA, HEB, HEM, U, bei IPE erst ab IPE 160),
2) vor allem bei Profilen mit schmalen Flanschen (IPE bis 140) indirekt:
   - mit Winkel und Futter,
   - mit Pfettenschuh.

   Diese Anschlüsse sind in [16] typisiert.

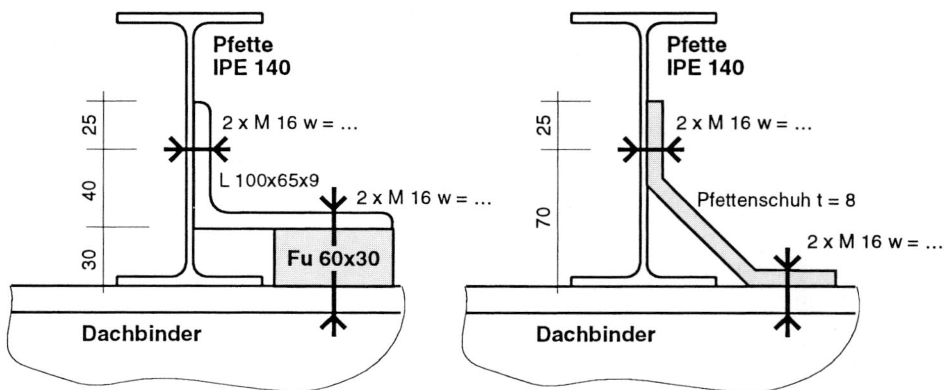

Bild 2.3 **Pfettenbefestigung für IPE 140** (Beispiele aus [16])

Pfettenstöße werden heute meist als biegesteife Stirnplattenverbindungen ausgeführt, siehe "Typisierte Verbindungen" [17] und [16], behandelt auch in [1]. Die früher allgemein übliche Art des Stoßes mit beidseitig angeschraubten Steglaschen oder U-Profilen ist veraltet.

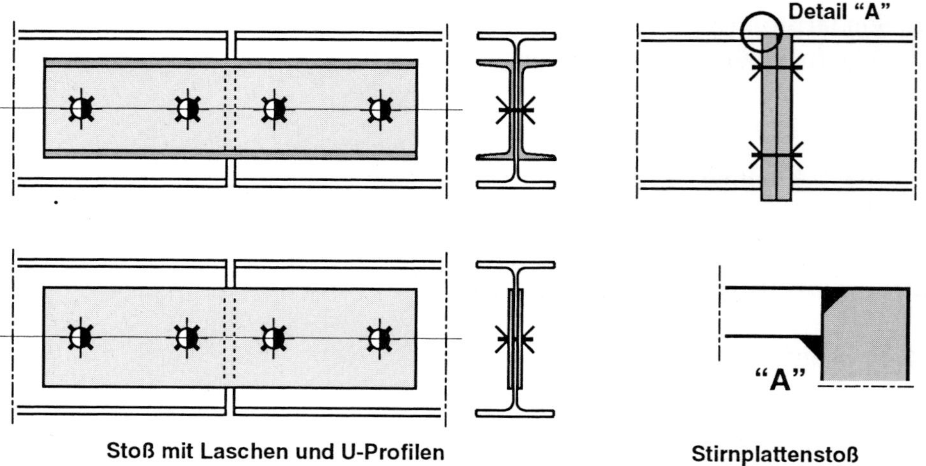

Bild 2.4 **Pfettenstöße**

2.2.2 Statische Nachweise

Nachzuweisen ist ausreichende Tragsicherheit nach DIN 18800 Teile 1 und 2. Die Tragsicherheit in Lastebene wird oft an Hand von Traglasttabellen ermittelt.

2.2.3 Traglasttabellen Vogel/Heil für Walzprofile

Vogel/Heil [18] enthält Tabellen für die Bemessung durchlaufender I-Träger mit und ohne Normalkraft nach dem Traglastverfahren; für Einfeldträger sind Formeln zur Ermittlung der Traglast angegeben.

Grundlagen und Voraussetzungen

Die Tabellen gelten für die Bemessung von Zwei- und Mehrfeldträgern gleicher Stützweiten bei *einachsiger* Biegung mit und ohne Normalkraft. In Abhängigkeit der Feldlänge L [m] und der Normalkraft N [kN] wird die Traglast q_{Tz} [kN/m] angegeben. Es gibt Tabellen für Walzprofile aus Werkstoff S 235 sowie aus S 355.

- q_{Tz} ist - ebenso wie N - der Grenzwert für die γ_M-fache Bemessungslast.

Die Traglast q_{Tz} wird in Übereinstimmung mit DIN 18800 Teil 1 und 2 nach Fließgelenktheorie I. Ordnung (Stabkennzahl $\varepsilon \leq 1$) bzw. II. Ordnung ($\varepsilon > 1$) unter Berücksichtigung von Imperfektionen für das Verfahren P-P ermittelt. Damit ist auch ausreichende Knicksicherheit um die y-Achse nachgewiesen. Berücksichtigt ist außerdem mögliches Querkraftversagen sowie die Einhaltung der b/t-Verhältnisse. Die aufnehmbare Lastkombination q_{Tz} - N wird somit begrenzt durch

- instabiles Versagen vor Erreichen einer kinematischen Kette *oder*
- Erreichen einer kinematischen Fließgelenkkette *oder*
- Erreichen der plastischen Querkraft *oder*
- Begrenzung auf Grund der b/t-Verhältnisse.

Die angegebenen Traglastwerte berücksichtigen nur das Versagen in der Lastebene (Biegeknicken). Das mögliche Ausweichen aus der Lastebene heraus (Biegedrillknicken) muß *zusätzlich* nachgewiesen werden!

Die Tabellenwerte sind auch bei *schiefer Biegung* mit und auch für Träger *ohne Normalkraft* anwendbar (z.B. bei geneigten Dächern), wenn folgende Bedingungen eingehalten sind:

- Stützweite $L_z \leq L/2$ (d.h. Abhängung der Pfetten wenigstens in Feldmitte!)
- *und* größter Lastneigungswinkel (bzw. Dachneigungswinkel):

für Profile	I	$\varphi \leq 30°$	IPE	$\varphi \leq 35°$
	HEA	$\varphi \leq 60°$	HEB	$\varphi \leq 65°$

Die Traglasttabellen [18] umfassen über 200 DIN-A4-Seiten. Aus diesen wird nachfolgend (mit Zustimmung der Autoren) beispielhaft ein kleiner (abgewandelter) Ausschnitt für IPE-, HEA- und HEB-Profile aus S 235 mit begrenztem, praktisch jedoch häufig vorkommendem Stützweitenbereich zur Verfügung gestellt.

Tab. 2.1 **Traglastwerte** [kN/m] **für IPE-Profile aus S 235** - Auswahl

L	N [kN]	0	10	20	30	40	50	60	70	80	90	100	150	200
L = 4,00 m	IPE 100	6,90	6,88	6,82	5,97	5,60	5,20	4,66	4,10	3,52	2,91	2,30		
	IPE 120	10,59	10,57	10,52	10,43	10,30	9,08	8,71	8,30	7,86	7,32	6,73	3,61	0,69
	IPE 140	15,35	15,33	15,28	15,20	15,08	14,93	14,75	14,54	12,76	12,31	11,84	9,03	5,67
	IPE 160	21,55	21,53	21,48	21,40	21,29	21,15	20,98	20,78	20,54	20,28	19,98	15,60	12,49
	IPE 180	28,78	28,76	28,71	28,64	28,53	28,40	28,23	28,04	27,82	27.57	27,29	25,46	19,99
	IPE 200	38,21	38,20	38,15	38,08	37,98	37,85	37,69	37,50	37,29	37,05	36,78	35,02	32,61
	IPE 220	49,24	49,22	49,18	49,11	49,01	48,88	48,73	48,55	48,34	48,11	47,85	46,16	43,83
	IPE 240	62,95	62,93	62,89	62,81	62,72	62,59	62,45	62,27	62,07	61,84	61,59	59,94	57,67
	IPE 270	82,45	82,43	82,39	82,32	82,22	82,10	81,96	81,79	81,59	81,37	81,12	79,52	77.35
	IPE 300	106,30	106,28	106,23	106,17	106,07	105,95	105,80	105,64	105,45	105,23	104,99	103,44	99,49
L = 4,50 m	IPE 100	5,45	5,44	4,89	4,58	4,25	3,79	3,30	2,78	2,25	1,71	1,15		
	IPE 120	8,40	8,38	8,34	8,27	7,33	7,00	6,66	6,30	5,82	5,32	4,80	2,12	
	IPE 140	12,14	12,13	12,09	12,02	11,93	11,82	10,54	10,21	9,87	9,51	9,12	6,50	3,70
	IPE 160	17,06	17,04	17,00	16,94	16,85	16,74	16,61	16,45	16,27	16,06	14,14	11,96	9,14
	IPE 180	22,79	22,78	22,74	22,68	22,60	22,49	22,37	22,21	22,04	21,84	21,62	17,93	15,37
	IPE 200	30,28	30,27	30,24	30,18	30,10	30,00	29,88	29,73	29,56	29,38	29,16	27,79	25,88
	IPE 220	39,06	39,05	39,01	38,96	38,88	38,78	38,66	38,53	38,37	38,18	37,98	36,66	34,83
	IPE 240	49,99	49,98	49,95	49,89	49,82	49,72	49,61	49,47	49,31	49,14	48,94	47,66	45,90
	IPE 270	65,59	65,58	65,55	65,49	65,42	65,33	65,22	65,09	64,94	64,77	64,58	63,36	61,67
	IPE 300	84,75	84,74	84,70	84,66	84,58	84,50	84,39	84,27	84,12	83,96	83,78	82,61	81,01
L = 5,00 m	IPE 100	4,41	4,40	3,88	3,59	3,22	2,77	2,31	1,81	1,32	0,79	0,24		
	IPE 120	6,81	6,80	6,76	6,07	5,80	5,50	5,19	4,76	4,33	3,87	3,41	1,00	
	IPE 140	9,86	9,84	9,81	9,75	9,68	8,70	8,41	8,10	7,78	7,45	7,05	4,68	2,26
	IPE 160	13,83	13,82	13,79	13,74	13,67	13,58	13,47	13,34	11,87	11,55	11,21	9,33	6,75
	IPE 180	18,49	18,48	18,45	18,40	18,34	18,25	18,15	18,03	17,89	17,73	17,55	14,21	12,15
	IPE 200	24,58	24,57	24,55	24,50	24,44	24,35	24,26	24,14	24,00	23,85	23,68	22,57	18,38
	IPE 220	31,72	31,71	31,69	31,64	31,58	31,50	31,41	31,30	31,17	31,02	30,86	29,80	28,32
	IPE 240	40,63	40,63	40,60	40,55	40,49	40,42	40,33	40,22	40,10	39,95	39,80	38,77	37,35
	IPE 270	53,37	53,36	53,33	53,29	53,23	53,16	53,07	52,97	52,85	52,72	52,57	51,59	50,24
	IPE 300	69,04	69,03	69,00	68,96	68,91	68,84	68,76	68,66	68,55	68,42	68,28	67,36	66,08
L = 5,50 m	IPE 100	3,65	3,64	3,13	2,85	2,44	2,01	1,56	1,08	0,57				
	IPE 120	5,63	5,62	5,59	4,93	4,67	4,39	4,02	3,63	3,22	2,80	2,36		
	IPE 140	8,17	8,16	8,13	8,09	7,30	7,05	6,79	6,51	6,22	5,85	5,45	3,32	1,16
	IPE 160	11,44	11,43	11,41	11,37	11,31	11,24	11,15	9,94	9,68	9,39	9,10	7,23	4,97
	IPE 180	15,30	15,29	15,27	15,23	15,17	15,10	15,02	14,92	14,80	14,67	13,05	11,51	9,49
	IPE 200	20,35	20,34	20,32	20,28	20,23	20,16	20,08	19,98	19,87	19,75	19,61	16,68	14,86
	IPE 220	26,27	26,26	26,24	26,20	26,15	26,09	26,01	25,92	25,81	25,69	25,56	24,68	21,00
	IPE 240	33,66	33,66	33,63	33,60	33,55	33,49	33,41	33,32	33,22	33,11	32,98	32,14	30,97
	IPE 270	44,25	44,24	44,22	44,18	44,14	44,08	44,01	43,92	43,82	43,71	43,59	42,79	41,69
	IPE 300	57,28	57,28	57,25	57,23	57,18	57,13	57,06	56,98	56,89	56,78	56,67	55,92	54,88
L = 6,00 m	IPE 100	3,07	2,82	2,57	2,25	1,85	1,42	0,79	0,47					
	IPE 120	4,73	4,72	4,29	4,05	3,81	3,50	3,14	2,76	2,37	1,96	1,54		
	IPE 140	6,86	6,68	6,84	6,80	6,04	5,80	5,56	5,30	4,96	4,60	4,24	2,27	
	IPE 160	9,65	9,64	9,62	9,58	9,53	9,47	8,45	8,21	7,96	7,70	7,43	5,63	3,61
	IPE 180	12,87	12,86	12,84	12,81	12,76	12,70	12,63	12,55	11,30	11,07	10,82	9,43	7,47
	IPE 200	17,12	17,11	17,09	17,06	17,02	16,96	16,89	16,81	16,72	16,61	16,50	13,77	12,23
	IPE 220	22,10	22,10	22,08	22,05	22,01	21,95	21,89	21,81	21,72	21,62	21,51	20,78	17,36
	IPE 240	28,34	28,33	28,31	28,28	28,24	28,19	28,13	28,06	27,97	27,87	27,77	27,07	26,09
	IPE 270	37,26	37,26	37,24	37,21	37,17	37,12	37,07	37,00	36,91	36,82	36,72	36,06	35,13
	IPE 300	48,27	48,27	48,25	48,22	48,19	48,14	48,08	48,02	47,94	47,86	47,76	47,17	46,27
L = 6,50 m	IPE 100													
	IPE 120	4,03	4,02	3,60	3,38	3,13	2,79	2,44	2,07	1,69	1,29	0,87		
	IPE 140	5,85	5,84	5,82	5,27	5,05	4,83	4,60	4,30	3,97	3,63	3,28	1,42	
	IPE 160	8,23	8,22	8,20	8,18	8,14	7,29	7,08	6,85	6,62	6,39	6,10	4,38	2,53
	IPE 180	10,99	10,98	10,96	10,93	10,89	10,84	10,78	9,74	9,52	9,30	9,06	7,69	5,89
	IPE 200	14,60	14,59	14,58	14,55	14,51	14,46	14,41	14,34	14,26	14,17	12,75	11,55	10,09
	IPE 220	18,86	18,85	18,83	18,81	18,77	18,73	18,67	18,61	18,53	18,45	18,35	15,91	14,53
	IPE 240	24,18	24,17	24,16	24,13	24,10	24,06	24,00	23,94	23,87	23,79	23,70	23,10	20,02
	IPE 270	31,81	31,80	31,79	31,76	31,73	31,69	31,64	31,58	31,51	31,43	31,35	30,79	30,00
	IPE 300	41,22	41,21	41,20	41,18	41,15	41,11	41,06	41,00	40,94	40,87	40,79	40,26	39,53
L = 7,00 m	IPE 100													
	IPE 120	3,47	3,47	3,06	2,84	2,56	2,23	1,88	1,51	1,13	0,72	0,28		
	IPE 140	5,04	5,04	5,02	4,48	4,27	4,06	3,81	3,50	3,18	2,85	2,52	0,70	
	IPE 160	7,09	7,09	7,07	7,05	6,39	6,19	5,99	5,78	5,57	5,30	5,00	3,38	1,64
	IPE 180	9,50	9,49	9,48	9,45	9,42	9,38	8,48	8,28	8,08	7,87	7,65	6,29	4,63
	IPE 200	12,60	12,59	12,58	12,55	12,52	12,48	12,43	12,37	12,30	11,09	10,90	9,77	8,29
	IPE 220	16,27	16,27	16,25	16,23	16,20	16,16	16,11	16,06	15,99	15,92	15,84	13,53	12,33
	IPE 240	20,87	20,87	20,85	20,83	20,80	20,76	20,72	20,67	20,60	20,53	20,46	19,94	17,04
	IPE 270	27,46	27,46	27,45	27,43	27,40	27,36	27,32	27,27	27,21	27,14	27,07	26,58	25,91
	IPE 300	35,60	35,60	35,58	35,57	35,54	35,51	35,47	35,42	35,36	35,30	35,23	34,78	34,15
L = 7,50 m	IPE 100													
	IPE 120													
	IPE 140	4,39	4,39	4,37	3,84	3,64	3,44	3,15	2,85	2,54	2,22	1,89		
	IPE 160	6,18	6,18	6,16	6,14	5,50	5,31	5,12	4,92	4,68	4,40	4,11	2,57	0,89
	IPE 180	8,27	8,27	8,26	8,24	8,21	7,47	7,29	7,11	6,92	6,72	6,52	5,15	3,60
	IPE 200	11,01	11,00	10,98	10,96	10,93	10,90	10,85	10,80	9,74	9,55	9,36	8,31	6,84
	IPE 220	14,18	14,18	14,17	14,15	14,12	14,09	14,05	14,00	13,94	13,88	13,81	11,65	10,53
	IPE 240	18,20	18,19	18,18	18,16	18,14	18,10	18,07	18,02	17,96	17,90	17,84	15,74	14,63
	IPE 270	23,95	23,95	23,93	23,92	23,89	23,86	23,82	23,78	23,73	23,67	23,61	23,19	22,60
	IPE 300	31,05	31,05	31,04	31,02	31,00	30,97	30,94	30,89	30,85	30,79	30,73	30,34	29,79

Tab. 2.2 **Traglastwerte** [kN/m] **für HEA-Profile aus S 235** - Auswahl

L	N [kN]	0	10	20	30	40	50	60	70	80	90	100	150	200
L = 4,00 m	HEA-120	20,81	20,79	20,74	20,65	20,54	20,39	20,21	19,99	17,89	17,40	16,89	14,15	11,00
	HEA-140	30,09	30,07	30,03	29,94	29,83	29,69	29,52	29,32	29,09	28,83	28,54	23,74	20,76
	HEA-160	42,45	42,42	42,38	42,29	42,18	42,05	41,88	41,68	41,45	41,20	40,92	39,16	36,96
	HEA-180	55,66	55,63	55,55	55,44	55,29	55,10	54,89	54,64	54,37	54,09	53,79	52,04	49,86
	HEA-200	69,69	69,68	69,67	69,66	69,64	69,63	69,61	69,59	69,57	69,55	69,53	68,58	66,75
	HEA-240	93,51	93,55	93,60	93,64	93,68	93,72	93,76	93,80	93,83	93,87	93,90	94,07	94,21
	HEA-260	98,83	98,90	98,97	99,04	99,10	99,16	99,23	99,29	99,35	99,42	99,48	99,77	100,04
	HEA-300	130,03	129,96	129,90	129,84	129,77	129,71	129,64	129,58	129,52	129,45	129,39	129,07	128,75
	HEA-340	165,07	165,01	164,95	164,88	164,82	164,75	164,69	164,63	164,56	164,50	164,43	164,11	163,79
	HEA-360	184,29	184,23	184,16	184,10	184,03	183,97	183,90	183,84	183,78	183,71	183,65	183,33	183,01
L = 4,50 m	HEA-120	16,48	16,46	16,42	16,36	16,27	16,15	16,01	14,25	13,85	13,43	13,00	10,51	7,65
	HEA-140	23,85	23,83	23,79	23,73	23,65	23,54	23,41	23,25	23,08	22,88	22,65	18,33	15,84
	HEA-160	33,68	33,66	33,63	33,57	33,49	33,38	33,26	33,11	32,94	32,75	32,54	31,17	25,92
	HEA-180	44,34	44,32	44,28	44,21	44,12	44,01	43,87	43,71	43,52	43,31	43,08	41,63	39,84
	HEA-200	58,22	58,20	58,15	58,08	57,98	57,85	57,70	57,53	57,33	57,11	56,87	55,46	53,75
	HEA-240	85,07	85,08	85,10	85,11	85,12	85,12	85,13	85,14	85,15	85,15	85,16	85,17	85,15
	HEA-260	90,28	90,32	90,35	90,39	90,42	90,45	90,49	90,52	90,55	90,58	90,61	90,74	90,86
	HEA-300	115,58	115,52	115,47	115,41	115,45	115,51	115,57	115,63	115,70	115,76	115,82	116,12	116,40
	HEA-340	146,73	146,67	146,62	146,56	146,50	146,45	146,39	146,33	146,28	146,22	146,16	146,31	146,71
	HEA-360	163,81	163,76	163,70	163,64	163,59	163,53	163,47	163,41	163,36	163,30	163,24	162,96	163,36
L = 5,00 m	HEA-120	13,36	13,35	13,32	13,27	13,20	13,10	11,65	11,31	10,96	10,59	10,20	7,78	5,23
	HEA-140	19,35	19,34	19,31	19,26	19,19	19,11	19,00	18,88	18,74	16,81	16,45	14,45	12,13
	HEA-160	27,35	27,34	27,31	27,27	27,20	27,12	27,02	26,91	26,77	26,62	26,46	22,75	20,56
	HEA-180	36,07	36,06	36,03	35,98	35,91	35,82	35,72	35,60	35,45	35,30	35,12	33,98	32,49
	HEA-200	47,47	47,46	47,42	47,37	47,31	47,22	47,12	47,00	46,86	46,70	46,53	45,41	43,97
	HEA-240	77,97	77,96	77,94	77,93	77,92	77,90	77,88	77,87	77,85	77,83	77,81	77,60	76,61
	HEA-260	83,00	83,01	83,02	83,03	83,04	83,05	83,06	83,07	83,07	83,08	83,08	83,10	83,09
	HEA-300	106,30	106,34	106,38	106,42	106,46	106,50	106,54	106,57	106,61	106,64	106,68	106,85	107,00
	HEA-340	134,01	134,07	134,12	134,18	134,24	134,29	134,35	134,40	134,46	134,51	134,57	134,83	135,09
	HEA-360	149,26	149,32	149,39	149,45	149,52	149,58	149,65	149,71	149,77	149,84	149,90	150,21	150,51
L = 5,50 m	HEA-120	11,05	11,05	11,02	10,98	10,92	9,75	9,45	9,13	8,81	8,48	8,11	5,74	3,39
	HEA-140	16,01	16,01	15,98	15,94	15,89	15,82	15,73	15,63	13,97	13,66	13,34	11,57	9,26
	HEA-160	22,65	22,64	22,62	22,58	22,53	22,46	22,38	22,29	22,18	22,06	21,92	18,49	16,57
	HEA-180	29,89	29,88	29,86	29,82	29,77	29,70	29,61	29,52	29,40	29,28	29,14	28,22	23,93
	HEA-200	39,38	39,37	39,34	39,31	39,26	39,19	39,11	39,01	38,91	38,79	38,65	37,77	36,57
	HEA-240	67,50	67,49	67,45	67,41	67,34	67,26	67,17	67,06	66,93	66,79	66,64	65,70	64,56
	HEA-260	76,75	76,75	76,74	76,73	76,72	76,70	76,69	76,68	76,67	76,65	76,64	76,56	76,45
	HEA-300	98,60	98,62	98,64	98,66	98,67	98,69	98,71	98,73	98,74	98,76	98,77	98,84	98,90
	HEA-340	124,39	124,43	124,47	124,50	124,53	124,57	124,60	124,64	124,67	124,70	124,73	124,89	125,04
	HEA-360	138,58	138,63	138,67	138,71	138,75	138,80	138,84	138,88	138,92	138,96	139,00	139,20	139,38
L = 6,00 m	HEA-120	9,30	9,29	9,27	9,23	8,32	8,05	7,77	7,48	7,18	6,81	6,39	4,18	1,94
	HEA-140	13,47	13,46	13,44	13,41	13,36	13,31	13,24	11,82	11,55	11,26	10,97	9,25	7,08
	HEA-160	19,05	19,05	19,03	19,00	18,96	18,90	18,84	18,76	18,67	18,57	16,74	15,23	13,53
	HEA-180	25,17	25,16	25,14	25,11	25,06	25,01	24,94	24,86	24,77	24,66	24,55	21,49	19,78
	HEA-200	33,17	33,17	33,15	33,12	33,07	33,02	32,96	32,88	32,79	32,69	32,58	31,86	30,87
	HEA-240	57,06	57,05	57,03	57,00	56,96	56,90	56,84	56,76	56,67	56,57	56,46	55,75	54,79
	HEA-260	69,88	69,86	69,82	69,76	69,69	69,60	69,49	69,37	69,24	69,11	68,96	68,16	67,21
	HEA-300	91,88	91,88	91,89	91,89	91,89	91,89	91,89	91,89	91,89	91,89	91,89	91,87	91,85
	HEA-340	115,99	116,01	116,02	116,04	116,06	116,08	116,09	116,11	116,12	116,14	116,15	116,22	116,28
	HEA-360	129,25	129,27	129,29	129,32	129,35	129,37	129,39	129,41	129,44	129,46	129,48	129,59	129,68
L = 6,50 m	HEA-120	7,93	7,92	7,90	7,87	6,98	6,72	6,46	6,19	5,84	5,45	5,05	2,94	0,72
	HEA-140	11,49	11,48	11,46	11,43	11,40	11,35	10,17	9,92	9,66	9,39	9,12	7,38	5,36
	HEA-160	16,25	16,25	16,23	16,20	16,17	16,12	16,07	16,00	15,93	14,33	14,07	12,69	11,03
	HEA-180	21,48	21,47	21,45	21,43	21,39	21,34	21,29	21,22	21,14	21,05	20,95	18,07	16,54
	HEA-200	28,32	28,31	28,30	28,27	28,24	28,19	28,14	28,08	28,00	27,92	27,83	27,22	23,65
	HEA-240	48,80	48,79	48,78	48,75	48,72	48,67	48,62	48,56	48,49	48,41	48,32	47,76	46,97
	HEA-260	60,01	59,99	59,97	59,94	59,90	59,85	59,79	59,72	59,63	59,54	59,44	58,79	57,92
	HEA-300	85,98	85,97	85,96	85,95	85,93	85,92	85,91	85,89	85,88	85,86	85,85	85,76	85,67
	HEA-340	108,60	108,60	108,60	108,61	108,61	108,61	108,61	108,61	108,62	108,62	108,62	108,61	108,60
	HEA-360	121,03	121,04	121,05	121,06	121,07	121,08	121,09	121,09	121,10	121,11	121,12	121,15	121,17
L = 7,00 m	HEA-120													
	HEA-140	9,91	9,90	9,89	9,87	9,83	8,87	8,64	8,40	8,16	7,91	7,66	5,89	3,98
	HEA-160	14,02	14,02	14,01	13,98	13,95	13,91	13,87	13,81	12,42	12,19	11,95	10,67	8,97
	HEA-180	18,54	18,53	18,52	18,50	18,46	18,42	18,37	18,32	18,25	18,18	18,09	15,35	13,95
	HEA-200	24,45	24,45	24,43	24,41	24,38	24,34	24,30	24,24	24,18	24,11	24,03	23,52	20,12
	HEA-240	42,19	42,18	42,17	42,14	42,12	42,08	42,04	41,99	41,93	41,87	41,79	41,32	40,66
	HEA-260	51,95	51,94	51,93	51,90	51,87	51,83	51,79	51,73	51,67	51,59	51,51	51,00	50,30
	HEA-300	77,24	77,71	77,69	77,65	77,61	77,56	77,50	77,42	77,34	77,25	77,16	76,55	75,83
	HEA-340	101,91	101,87	101,82	101,75	101,68	101,60	101,52	101,44	101,35	101,25	101,16	100,61	99,97
	HEA-360	113,76	113,76	113,76	113,75	113,75	113,74	113,74	113,73	113,73	113,72	113,72	113,45	112,93
L = 7,50 m	HEA-120													
	HEA-140	8,64	8,63	8,62	8,60	7,84	7,63	7,41	7,18	6,95	6,72	6,41	4,69	2,84
	HEA-160	12,22	12,22	12,21	12,19	12,16	12,13	12,09	10,90	10,68	10,46	10,24	9,01	7,31
	HEA-180	16,16	16,16	16,15	16,13	16,10	16,06	16,02	15,97	15,91	15,85	14,30	13,15	11,87
	HEA-200	21,32	21,32	21,31	21,29	21,26	21,23	21,19	21,15	21,09	21,03	20,96	18,50	17,27
	HEA-240	36,82	36,81	36,80	36,78	36,76	36,73	36,69	36,65	36,60	36,55	36,49	36,08	35,52
	HEA-260	45,38	45,37	45,36	45,35	45,32	45,29	45,25	45,20	45,15	45,09	45,02	44,60	44,01
	HEA-300	67,89	68,10	68,08	68,06	68,03	68,00	67,96	67,91	67,85	67,79	67,72	67,28	66,69
	HEA-340	89,76	89,75	89,74	89,72	89,69	89,65	89,61	89,56	89,51	89,44	89,38	88,94	88,36
	HEA-360	101,60	101,59	101,57	101,55	101,52	101,48	101,44	101,39	101,33	101,27	101,20	100,76	100,18

Tab. 2.3 **Traglastwerte** [kN/m] **für HEB-Profile aus S 235** - Auswahl

L	N [kN]	0	10	20	30	40	50	60	70	80	90	100	150	200
L = 4,00 m	HEB-120	28,76	28,74	28,70	28,63	28,54	28,43	28,28	28,12	27,92	27,71	27,46	22,62	19,83
	HEB-140	42,52	42,50	42,46	42,40	42,30	42,19	42,04	41,88	41,69	41,47	41,23	39,71	33,89
	HEB-160	61,09	61,08	61,04	60,97	60,88	60,77	60,63	60,48	60,29	60,09	59,87	58,43	56,61
	HEB-180	82,14	82,15	82,09	82,00	81,88	81,73	81,55	81,35	81,13	80,89	80,84	79,20	77,48
	HEB-200	98,30	98,30	98,30	98,30	98,30	98,30	98,30	98,29	98,29	98,28	98,27	98,22	98,14
	HEB-240	126,50	126,55	126,60	126,65	126,70	126,75	126,79	126,84	126,89	126,93	126,98	127,19	127,39
	HEB-260	134,41	134,34	134,28	134,21	134,19	134,26	134,33	134,40	134,47	134,54	134,60	134,93	135,25
	HEB-300	171,32	171,26	171,19	171,13	171,06	171,00	170,94	170,87	170,81	170,74	170,68	170,36	170,04
	HEB-340	211,83	211,77	211,71	211,64	211,58	211,52	211,45	211,39	211,32	211,26	211,20	210,87	210,55
	HEB-360	233,83	233,76	233,70	233,64	233,57	233,51	233,44	233,38	233,32	233,25	233,19	232,87	232,55
L = 4,50 m	HEB-120	22,77	22,76	22,73	22,68	22,61	22,52	22,41	22,28	22,13	19,95	19,56	17,38	14,92
	HEB-140	33,71	33,70	33,67	33,62	33,55	33,46	33,36	33,23	33,09	32,92	32,74	31,57	26,26
	HEB-160	48,51	48,50	48,47	48,42	48,36	48,28	48,18	48,07	47,93	47,79	47,63	46,56	45,10
	HEB-180	65,55	65,54	65,51	65,45	65,39	65,30	65,20	65,08	64,94	64,79	64,62	63,53	62,07
	HEB-200	86,66	86,64	86,58	86,51	86,41	86,28	86,14	85,98	85,80	85,60	85,40	84,24	82,87
	HEB-240	115,21	115,23	115,25	115,27	115,29	115,30	115,32	115,33	115,35	115,36	115,38	115,44	115,48
	HEB-260	122,40	122,44	122,48	122,52	122,56	122,59	122,63	122,67	122,70	122,74	122,78	122,95	123,10
	HEB-300	152,28	152,23	152,17	152,11	152,06	152,00	151,94	151,89	151,83	151,77	151,72	152,03	152,34
	HEB-340	188,30	188,24	188,18	188,13	188,07	188,01	187,96	187,90	187,84	187,79	187,73	187,44	187,16
	HEB-360	207,85	207.79	207,73	207,68	207,62	207,56	207,51	207,45	207,39	207,34	207,28	206,99	206,71
L = 5,00 m	HEB-120	18,47	18,46	18,44	18,40	18,34	18,27	18,18	18,08	16,22	15,88	15,52	13,61	11,13
	HEB-140	27,37	27,36	27,33	27,29	27,24	27,17	27,09	26,99	26,88	26,75	26,60	22,85	20,77
	HEB-160	39,41	39,40	39,38	39,35	39,30	39,24	39,16	39,07	38,97	38,85	38,72	37,89	36,73
	HEB-180	53,34	53,33	53,31	53,27	53,22	53,16	53,09	53,00	52,89	52,78	52,65	51,82	50,68
	HEB-200	70,83	70,82	70,80	70,76	70,70	70,63	70,55	70,46	70,36	70,23	70,09	69,22	68,05
	HEB-240	105,68	105,68	105,67	105,66	105,66	105,65	105,64	105,63	105,62	105,61	105,60	105,54	105,46
	HEB-260	112,58	112,60	112,61	112,63	112,64	112,66	112,67	112,68	112,69	112,71	112,72	112,76	112,80
	HEB-300	139,46	139,51	139,55	139,59	139,64	139,68	139,72	139,76	139,80	139,84	139,88	140,07	140,26
	HEB-340	171,24	171,30	171,36	171,42	171,48	171,54	171,60	171,66	171,71	171,77	171,83	172,12	172,40
	HEB-360	188,85	188,92	188,99	189,06	189,13	189,19	189,26	189,33	189,39	189,46	189,53	189,86	190,18
L = 5,50 m	HEB-120	15,28	15,27	15,25	15,22	15,18	15,12	13,76	13,46	13,16	12,85	12,53	10,70	8,32
	HEB-140	22,65	22,64	22,63	22,59	22,55	22,49	22,43	22,35	22,25	22,15	22,03	18,52	16,69
	HEB-160	32,64	32,63	32,61	32,59	32,55	32,50	32,44	32,36	32,28	32,19	32,08	31,40	27,14
	HEB-180	44,21	44,21	44,19	44,16	44,12	44,07	44,01	43,94	43,86	43,77	43,67	43,01	42,10
	HEB-200	58,81	58,80	58,78	58,75	58,71	58,66	58,60	58,53	58,45	58,35	58,25	57,59	56,68
	HEB-240	95,08	95,06	95,02	94,97	94,91	94,83	94,73	94,63	94,51	94,38	94,24	93,42	92,47
	HEB-260	104,15	104,15	104,14	104,14	104,13	104,13	104,12	104,11	104,10	104,10	104,09	104,04	103,97
	HEB-300	129,42	129,44	129,46	129,49	129,51	129,53	129,55	129,57	129,59	129,61	129,63	129,72	129,81
	HEB-340	159,03	159,06	159,10	159,14	159,18	159,22	159,25	159,29	159,33	159,36	159,40	159,58	159,74
	HEB-360	175,40	175,45	175,49	175,54	175,58	175,63	175,67	175,72	175,76	175,80	175,85	176,06	176,27
L = 6,00 m	HEB-120	12,85	12,84	12,83	12,80	12,76	12,71	11,39	11,12	10,84	10,55	10,26	8,38	6,17
	HEB-140	19,06	19,05	19,03	19,01	18,97	18,92	18,87	18,80	18,73	16,97	16,70	15,22	13,57
	HEB-160	27,47	27,46	27,45	27,42	27,39	27,35	27,30	27,24	27,17	27,09	27,01	23,95	22,42
	HEB-180	37,23	37,22	37,21	37,19	37,16	37,11	37,07	37,01	36,94	36,87	36,78	36,24	35,49
	HEB-200	49,56	49,55	49,54	49,51	49,48	49,44	49,39	49,34	49,27	49,20	49,12	48,58	47,84
	HEB-240	80,53	80,52	80,50	80,48	80,44	80,39	80,34	80,28	80,21	80,12	80,03	79,46	78,69
	HEB-260	96,58	96,54	96,48	96,40	96,31	96,22	96,12	96,02	95,91	95,80	95,68	95,02	94,24
	HEB-300	120,64	120,65	120,66	120,66	120,67	120,67	120,68	120,68	120,68	120,69	120,69	120,70	120,70
	HEB-340	148,33	148,36	148,38	148,40	148,42	148,44	148,46	148,48	148,50	148,52	148,53	148,62	148,70
	HEB-360	163,62	163,65	163,68	163,70	163,73	163,76	163,79	163,81	163,84	163,86	163,89	164,01	164,12
L = 6,50 m	HEB-120	10,69	10,95	10,94	10,91	10,88	9,80	9,55	9,30	9,03	8,76	8,49	6,56	4,64
	HEB-140	16,25	16,25	16,23	16,21	16,18	16,14	16,09	16,04	14,52	14,27	14,01	12,65	10,92
	HEB-160	23,43	23,42	23,41	23,39	23,37	23,33	23,29	23,24	23,18	23,12	23,04	20,13	18,74
	HEB-180	31,77	31,76	31,75	31,73	31,71	31,67	31,63	31,58	31,53	31,47	31,40	30,94	27,36
	HEB-200	42,32	42,31	42,30	42,28	42,25	42,22	22,18	42,13	42,08	42,02	41,95	41,51	40,89
	HEB-240	68,91	68,90	68,89	68,87	68,84	68,81	68,77	68,72	68,66	68,60	68,53	68,08	67,48
	HEB-260	83,16	83,15	83,13	83,10	83,07	83,03	82,98	82,92	82,86	82,78	82,70	82,17	81,47
	HEB-300	112,93	112,93	112,92	112,91	112,90	112,89	112,88	112,87	112,86	112,85	112,84	112,78	112,71
	HEB-340	138,93	138,93	138,94	138,95	138,95	138,96	138,96	138,97	138,97	138,98	138,98	138,99	139,00
	HEB-360	153,26	153,27	153,28	153,29	153,30	153,31	153,32	153,34	153,35	153,36	153,37	135,41	153,45
L = 7,00 m	HEB-120	9,45	9,45	9,43	9,41	8,57	8,33	8,09	7,85	7,60	7,34	6,99	5,11	3,07
	HEB-140	14,02	14,02	14,01	13,99	13,96	13,93	13,89	12,58	12,35	12,12	11,88	10,61	8,82
	HEB-160	20,22	20,22	20,20	20,19	20,16	20,13	20,10	20,06	20,01	19,95	19,89	17,09	15,81
	HEB-180	27,42	27,42	27,41	27,39	27,37	27,34	27,31	27,27	27,22	27,17	27,11	26,72	23,29
	HEB-200	36,54	36,54	36,53	36,51	36,49	36,46	36,43	36,39	36,35	36,29	36,23	35,86	35,34
	HEB-240	59,58	59,58	59,57	59,55	59,53	59,50	59,47	59,43	59,39	59,33	59,28	58,91	58,41
	HEB-260	72,03	72,02	72,01	71,99	71,97	71,94	71,90	71,85	71,81	71,75	71,69	71,29	70,74
	HEB-300	103,56	104,07	104,04	104,01	103,97	103,91	103,85	103,78	103,71	103,62	103,53	102,98	102,35
	HEB-340	130,60	130,59	130,58	130,58	130,57	130,56	130,55	130,55	130,54	130,53	130,52	130,48	130,14
	HEB-360	144,07	144,07	1440,7	144,07	144,07	144,07	144,07	144,06	144,06	144,06	144,06	144,04	1440,2
L = 7,50 m	HEB-120													
	HEB-140	12,22	12,22	12,21	12,19	12,17	12,14	11,04	10,83	10,61	10,39	10,16	8,84	7,11
	HEB-160	17,63	17,62	17,61	17,60	17,58	17,55	17,52	17,48	17,44	17,39	15,75	14,64	13,45
	HEB-180	23,91	23,91	23,90	23,88	23,87	23,84	23,81	23,78	23,73	23,69	23,64	21,14	20,00
	HEB-200	31,87	31,87	31,86	31,85	31,83	31,80	31,77	31,74	31,70	31,66	31,61	31,28	30,83
	HEB-240	52,01	52,01	52,00	51,99	51,97	51,94	51,92	51,88	51,84	51,80	51,76	51,45	51,02
	HEB-260	62,93	62,93	62,92	62,90	62,88	62,86	62,83	62,79	62,75	62,71	62,66	62,33	61,87
	HEB-300	91,32	91,31	91,30	91,29	91,26	91,23	91,19	91,15	91,11	91,06	91,00	90,64	90,15
	HEB-340	117,07	117,06	117,05	117,03	117,01	116,97	116,93	116,89	116,84	116,78	116,72	116,34	115,84
	HEB-360	129,23	130,28	130,26	130,24	130,21	130,18	130,14	130,10	130,05	129,99	129,93	129,55	129,04

Aus den Tabellen ist erkenntlich, wann vor Einstellen einer vollständigen Fließgelenkkette die Traglast durch instabiles Versagen erreicht wird (grau unterlegte Werte) und wann die Traglast wegen $\varepsilon > 1$ nach Theorie II. Ordnung berechnet wurde (*kursiv* gedruckte Werte). Auf die Anwendung der Tabellenwerte hat dies keinen Einfluß.

Bei Querkraftversagen mit wachsender Normalkraft kann eine größere Traglast erreicht werden als mit N = 0. Das ist beispielsweise in Tab. 2.3 für L = 4,50 m und für die Profile HEB-240 und HEB-260 zu sehen.

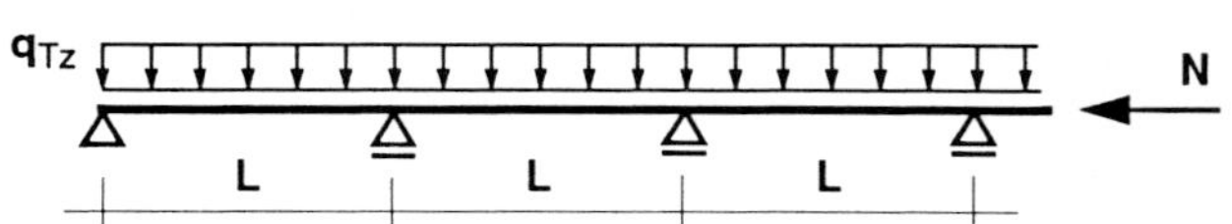

Ungünstigste Traglastwerte ergeben sich möglicherweise auch, wenn nur das zweite Feld durch Normalkraft belastet ist. Die Tabellen berücksichtigen dies.

Bild 2.5 **Definition von System und Lasten für die Traglastwerte** in [18]

2.2.4 Biegedrillknicken

Nachweis für einachsige Biegung ohne Normalkraft

Der Nachweis der BDK-Sicherheit kann nach DIN 18800 Teil 2 erfolgen:

$$\frac{M}{\kappa_M \cdot M_{pl}} \leq 1 \qquad (2/16)$$

Die Sicherheit der Träger gegen BDK wird jedoch meistens *wesentlich* erhöht durch

- die Biegesteifigkeit der Dachhaut (elastische Drehbettung), wobei auch die Nachgiebigkeit des Profil-Steges und des Anschlusses zu berücksichtigen ist,
- und/oder die Schubsteifigkeit der Dachhaut (gebundene Drehachse).

Der Nachweis ausreichender BDK-Sicherheit wird dann zweckmäßigerweise als Nachweis ausreichender Anschlußsteifigkeiten geführt.

Kein BDK-Nachweis ist bei I-Trägern bis 200 mm Höhe erforderlich, wenn das Trapezblech mit dem gedrückten Gurt verbunden ist (siehe Abschnitt 1.2.2).

Behinderung der seitlichen Verschiebung des Druckgurts

Die Schubsteifigkeit von Trapezblechen, die zu Schubfeldern verbunden sind, ist nach DIN 18807 Teil 1 bzw. Prüfbescheiden für Trapezprofile zu berechnen:

$$\textit{vorh}\ S = G_S \cdot \frac{L_S}{n} \quad [\text{kN}] \qquad \text{mit} \qquad G_S = \frac{10^4}{K_1 + K_2/L_S} \quad [\text{kN/m}]$$

L_S Schubfeldlänge in Profilrichtung
n Anzahl der durch das Schubfeld auszusteifenden Träger
K_1, K_2 Beiwerte für das Trapezblech (siehe Prüfbescheide)

Die Anschlußebene eines Trapezbleches darf als unverschieblich gehalten angesehen werden, wenn für die Schubfeldsteifigkeit S die Bedingung eingehalten ist:

$$S \geq \left(EI_\omega \cdot \frac{\pi^2}{l^2} + GI_T + EI_z \cdot \frac{\pi^2}{l^2} \cdot 0,25 \cdot h^2 \right) \cdot \frac{70}{h^2} \qquad (2/7)$$

Wenn die Befestigung der Trapezprofile nur in jeder 2. Profilrippe erfolgt, darf nach [2/308] *vorh* S noch zu 20 % der Schubfeldsteifigkeit in Schubfeldern angesetzt werden.

Nach [18] kann jedoch schon eine wesentlich geringere Schubfeldsteifigkeit ausreichen, um genügende seitliche Aussteifung zu bewirken:

$$erf\,S = 10,2 \cdot \frac{M_{pl}}{h} - 4,3 \cdot \frac{EI_z}{L^2} \cdot \left(-1 + \sqrt{1 + 18,4 \cdot \frac{c^2}{h^2}} \right) \qquad ([18]/10)$$

$$\text{mit} \quad c^2 = \frac{I_\omega + 0,039 \cdot L^2 \cdot I_T}{I_z}$$ siehe dazu [1], Kapitel 9.

Bei größeren Feldlängen, insbesondere bei Trägern aus S 355, ist zusätzlich eine Drehbettung c_ϑ erforderlich. *erf* S und c_ϑ sind in [18] tabellarisch angegeben.

Behinderung der Verdrehung

Die Norm fordert für den Nachweis ausreichender Drehbettung c_ϑ:

$$c_{\vartheta,k} = \frac{1}{\frac{1}{c_{\vartheta M,k}} + \frac{1}{c_{\vartheta A,k}} + \frac{1}{c_{\vartheta P,k}}} \geq \frac{M_{pl}^2}{EI_z} \cdot k_\vartheta \cdot k_v = erf c_{\vartheta,k} \qquad (2/8+9)$$

Die Drehbettung $c_{\vartheta,K}$ setzt sich aus Anteilen der Biegesteifigkeit des Trapezblechs $c_{\vartheta M}$, des Anschlusses der Trapezprofile $c_{\vartheta A}$ und der Verformung des Trägers selber $c_{\vartheta P}$ zusammen. Die k_v-Werte hängen vom Nachweisverfahren, die k_ϑ-Werte vom Momentenverlauf ab:

Verfahren E-E	$k_v = 0,35$	
Verfahren E-P oder P-P	$k_v = 1,0$	
Einfeldträger mit Gleichstreckenlast	$k_\vartheta = 4,0$	(bei freier Drehachse)
Mehrfeldträger mit Gleichstreckenlast	$k_\vartheta = 3,5$	(bei freier Drehachse)

Damit wird für Durchlaufträger im Fall *ungehinderter seitlicher Verschiebung des Trägers* und bei Anwendung der Verfahren E-P oder P-P:

$$erf\,c_{\vartheta,k} = 3,5 \cdot \frac{M_{pl}^2}{EI_z} \;[\text{kNm/m}] \qquad ([18]/1)$$

Im Fall des *seitlich unverschieblich gehaltenen Träger-Obergurts* entsprechend den Anforderungen des Abschnitts 2.2.2.3 gilt bei den Verfahren E-P oder P-P:

$$erf\ c_{\vartheta,k} = 0,12 \cdot \frac{M_{pl}^2}{EI_z} [kNm/m] \qquad \text{in einem Träger-Endfeld} \qquad ([18]/2)$$

$$erf\ c_{\vartheta,k} = 0,23 \cdot \frac{M_{pl}^2}{EI_z} [kNm/m] \qquad \text{in einem Träger-Innenfeld} \qquad ([18]/3)$$

Tab. 2.4 **Werte $\frac{M_{pl,k}^2}{EI_z}\left[\frac{kNm}{m}\right]$ zur Berechnung von *erf* c_ϑ und m_ϑ für Walzprofile aus S 235**

Nennhöhe	IPE		Nennhöhe	I	HEA	HEB	HEM
100	2,679		100	3,550	1,411	1,784	3,823
120	3,651		120	5,148	1,695	2,354	4,796
140	4,768		140	7,064	2,122	3,004	5,867
160	6,161		160	9,257	2,676	3,866	7,092
180	7,521		180	11,755	3,129	4,675	8,297
200	9,403		200	14,491	3,776	5,662	9,683
220	10,899		-	-	-	-	-
240	12,983		240	20,933	5,490	7,761	15,082
270	15,298		260	25,103	6,323	8,800	16,716
300	17,930		300	35,263	8,317	11,189	23,509
330	22,519		340	47,334	12,624	16,415	30,971
360	27,393		360	54,446	15,163	19,472	34,979
400	35,504		400	69,320	21,029	26,476	44,010
450	47,283		450	90,846	29,954	37,116	56,845
500	61,703		500	115,752	41,245	50,380	72,086
600	99,819		600	-	69,671	83,689	111,202
Für Profile aus S 355 sind die Tabellenwerte mit dem Faktor 2,25 zu multiplizieren							

Die Drehbettungszahlen $c_{\vartheta M}$, $c_{\vartheta P}$, $c_{\vartheta A}$ in (2/8+9) errechnen sich aus:

$$c_{\vartheta M,k} = \frac{E_a I_a}{a} \cdot k \qquad [kNm/m] \qquad ([18]/5)$$

mit
- $E_a I_a$ $[kNm^2/m]$ Biegesteifigkeit des Trapezblechs
- a [m] Stützweite des Trapezblechs
- k = 2 für Dachhaut als Ein- oder Zweifeldträger
- k = 4 für Dachhaut als Träger über mehr als zwei Felder

$$c_{\vartheta P,k} = 5000 \cdot \frac{s^3}{h} \qquad [kNm/m] \qquad ([18]/6)$$

mit
- s [cm] Stegdicke des Trägers
- h [cm] Profilhöhe des Trägers

Die Drehbettungszahl $c_{\vartheta A,k}$ für die Nachgiebigkeit des Anschlusses kann nach (2/11a+b) ermittelt werden. Sie *darf* nach [18] vernachlässigt werden, wenn das rückdrehende Kontaktmoment m_k im Anschluß größer ist als das zu übertragende Moment m_ϑ. - Sofern $c_{\vartheta A,k}$ berücksichtigt werden muß, kann dieser Einfluß groß sein.

Das Kontaktmoment wird aus der Traglast des Trägers errechnet:

$$m_k = q_{Tz} \cdot b/2 \qquad [\text{kNm/m}] \qquad b = \text{Flanschbreite des Trägers} \qquad ([18]/7)$$

Für den Fall *ungehinderter seitlicher Verschiebung* am Durchlaufträger gilt im Traglastzustand:

$$m_\vartheta = 0,05 \cdot \frac{M_{pl}^2}{EI_z} \qquad [\text{kNm/m}] \qquad ([18]/8)$$

Für den Fall des *seitlich unverschieblich* gehaltenen Träger-Obergurts kann dieser Wert so weit reduziert werden, daß sich eine Berücksichtigung erübrigt (siehe [18]).

Wenn $m_\vartheta \le m_k$ ist, dann werden die Profilkanten durch die Dachlast so niedergedrückt, daß ein Anheben aus der Aktivierung der Drehbettung unmöglich ist.

Wenn jedoch $m_\vartheta > m_k$ ist, so muß $c_{\vartheta A}$ in (2/8+9) berücksichtigt werden, und es muß die feste Verbindung zwischen Trapezblech und Pfette nachgewiesen werden, siehe Bild 2.6. Für die Bemessung der Befestigungsmittel ergibt sich die Zugkraft:

$$Z_B = \frac{m_\vartheta}{e} \cdot 2d \qquad [\text{kN}]$$

mit e Abstand der Befestigungsmittel im Pfettenquerschnitt

d Abstand der Befestigungsmittel in Pfettenlängsrichtung bei Befestigung *abwechselnd* links und rechts vom Steg

Nachweis für die Belastbarkeit der Befestigungsmittel: $Z_R \ge Z_B$

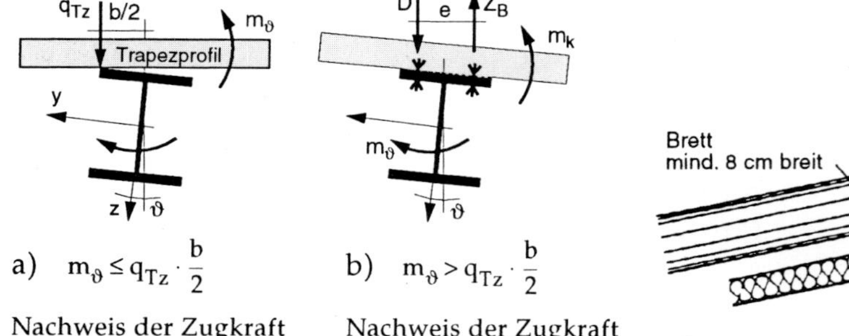

a) $m_\vartheta \le q_{Tz} \cdot \frac{b}{2}$

Nachweis der Zugkraft *nicht* erforderlich für von oben wirkende Lasten

b) $m_\vartheta > q_{Tz} \cdot \frac{b}{2}$

Nachweis der Zugkraft erforderlich für von oben wirkende Lasten

Bild 2.6 **Nachweis der Befestigungsmittel**

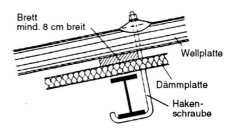

Bild 2.7 **Lastverteilungsstreifen**

Weiche Dämmplatten zwischen Pfette und Dachhaut sollen vermieden werden, weil sie die Drehbettung durch die Dachhaut ungünstig beeinflussen. Die in Bild 2.7 dargestellte Anordnung von Lastverteilungsstreifen wird empfohlen.

Zusammenwirken von Schubfeldsteifigkeit und Drehbettung

Die aussteifende Wirkung der Dachhaut wird *voll* ausgeschöpft, wenn Schubfeldsteifigkeit und Drehbettung kombiniert werden. Nach [18] ist dann in ([18]/10)

$$c^2 = \frac{I_\omega + 0{,}039 \cdot l^2 \cdot I_T + (L/\pi)^4 \cdot c_\vartheta / E}{I_z}$$

einzusetzen. *erf* S und c_ϑ sind in [18] tabellarisch angegeben.

Nachweis für einachsige Biegung mit Normalkraft

Der Nachweis der BDK-Sicherheit kann nach DIN 18800 Teil 2 erfolgen:

$$\frac{N}{\kappa_z \cdot N_{pl}} + \frac{M}{\kappa_M \cdot M_{pl}} \cdot k_y \le 1 \qquad (2/27)$$

Der Nachweis kann auch mit Hilfe der Querlast q angeschrieben werden:

$$\frac{N}{\kappa_z \cdot N_{pl}} + \frac{q}{\kappa_M \cdot q_{Tz}} \cdot k_y \le 1 \qquad (2/27a)$$

In [18] ist der BDK-Nachweis für einachsige Biegung mit Normalkraft bei Berücksichtigung der Anschlußsteifigkeiten (Schubfeldsteifigkeit S und Verdrehsteifigkeit c_ϑ) erläutert. Zur Berechnung von κ_z bestimmt man:

$$N_{Ki} = \frac{S}{\bar{s}} \cdot \frac{c^2 + i_p^2}{2 \cdot i_p^2} \cdot \left[1 \pm \sqrt{1 - \left(\frac{2 \cdot i_p}{c^2 + i_p^2} \right)^2 \cdot \left[c^2 - \left(\bar{s} \cdot \frac{h}{2} \right)^2 \right]} \right] \qquad ([18]/11)$$

$$\text{mit} \quad i_p^2 = \frac{I_y + I_z}{A} \quad \text{und} \quad \bar{s} = \frac{SL^2}{(n\pi)^2 EI_z + SL^2}$$

$$\text{und} \quad c^2 = \frac{EI_\omega \left(\frac{n\pi}{L}\right)^2 + GI_T + c_\vartheta \cdot \left(\frac{L}{n\pi}\right)^2 + S\left(\frac{h}{2}\right)^2}{EI_z \left(\frac{n\pi}{L}\right)^2 + S}$$

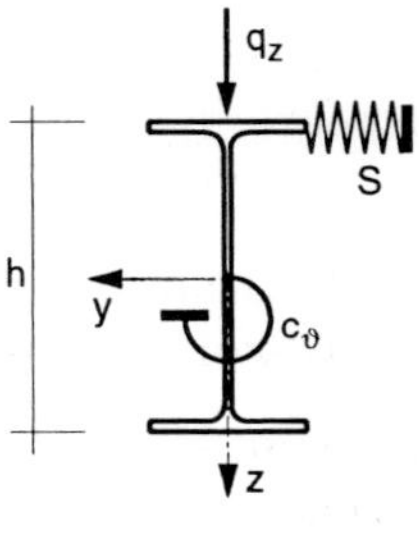

Hierin bedeutet n die Halbwellenzahl der BDK-Figur. Ist $c_\vartheta = 0$, ergibt sich die Verzweigungslast N_{Ki} für n = 1. Für $c_\vartheta \neq 0$ muß n = 1, 2, 3, ... variiert werden und damit der kleinste Wert der Verzweigungslast N_{Ki} errechnet werden.

Zur Berechnung von κ_M bestimmt man $q_{Ki} = \gamma_{Ki} \cdot q$ aus ([18]/12). Wenn $c_\vartheta \geq$ *erf* c_ϑ *oder* $S \geq$ *erf* S aus ([18]/10) ist, darf $\kappa_M = 1$ gesetzt werden.

Auf der sicheren Seite liegend darf immer $k_y = 1$ gesetzt werden.

Siehe hierzu auch die ausführlichen Erläuterungen in Beispiel 2.4.1.

2.3 Dachpfetten aus Kaltprofilen

2.3.1 Standardprofile

Kaltprofile sind dünnwandige stabförmige Bauelemente mit offenem oder geschlossenem Querschnitt.

Die Herstellung erfolgt durch Kalt-Umformung von Bandmaterial. Mit dem Umformen erreicht man die Formgebung und gleichzeitig eine Kaltverfestigung ("Alterung"), die höhere statische Ausnutzung erlaubt. Die Blechdicke ist 1,5 bis 8 mm. Meist werden Profile bis 5 mm verwendet.

Querschnitte von Kaltprofilen gibt es in sehr großer Vielfalt als genormte Standard-Profile (L- Z- U- C- Hut-Profile) und als Sonderprofile.

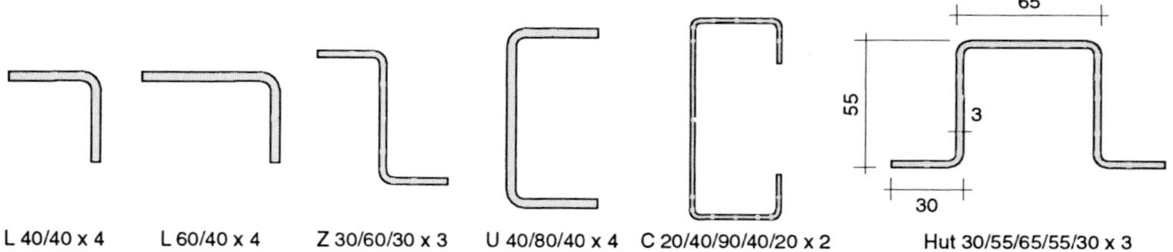

Bild 2.8 **Kaltprofile** (Beispiele für Standardprofile)

Berechnung von Kaltprofilen ist wegen der Dünnwandigkeit und der Kaltverfestigung nicht ohne weiteres nach DIN 18800/18801 möglich. Hauptsächlich besteht die Gefahr des Biegedrillknickens und/oder des örtlichen Beulens.

DASt-Ri 016: Bemessung und konstruktive Gestaltung von Tragwerken aus dünnwandigen kaltgeformten Bauteilen (1988).

Verwendung als Dachpfetten und Wandriegel wird erleichtert durch bauaufsichtliche Zulassungen mit entsprechenden typengeprüften Berechnungen und Belastungs-Nomogrammen.

Sonderprofile für Dachpfetten sind insbesondere C-, Z- und Σ-Querschnitte, die teilweise unterschiedlichen Dachneigungen angepaßt sind, so daß die Hauptachsen senkrecht/waagrecht liegen und kaum Querbiegung auftritt. Dadurch erübrigt sich dann eine Pfettenabhängung.

Die Z-Profile müssen dabei immer so ausgerichtet sein, daß die Befestigung mittels firstseitig liegendem Pfettenschuh erfolgt!

2.3.2 Z-Profil-Pfetten

Es werden beispielhaft Voraussetzungen und auszugsweise Bemessungstafeln für Z-Profil-Pfetten der Firma Krupp wiedergegeben.

Die Stegwinkel der einzelnen Pfetten sind so gewählt, daß die Hauptachsen der Z-Pfetten lotrecht stehen. Die Wirkungslinie der Lasten ist die Hauptachse ζ.

In den Belastungstabellen werden für eine Dachneigung von 10° und verschiedene Z-Pfetten vertikal wirkende zulässige Streckenlasten angegeben. Die Eigenlast der Pfetten wurde bei der Berechnung der zulässigen Lasten bereits berücksichtigt. Die zulässigen Lasten sind Gebrauchslastwerte.

Die zulässigen Streckenlasten sind für Einfeldträger, Zweifeldträger und Dreifeldträger mit Feldweiten L von 4,0 m bis 8,0 m angegeben. Diese Lasten gelten für Zwei- und Dreifeldträger mit gleichen Feldweiten L; sie können ohne zusätzliche Nachweise auch für kleinere Einzelfeldweiten L_i im Bereich $0{,}8\ L \leq L_i < L$ verwendet werden. Für Zwischenwerte der Feldweiten dürfen zulässige Belastungen mittels quadratischer Interpolation ermittelt werden.

Die zulässigen Streckenlasten sind auch bei Dachneigungen größer als 10° gültig, wenn die Profile den zugehörigen Stegneigunswinkel nach Anlage 1 der Zulassung haben. Bei Dachneigungen kleiner als 10° gelten die zulässigen Streckenlasten mit dem Reduktionsfaktor $q \cdot cos^2\beta$ für Einfeldträger und mit dem Reduktionsfaktor $q \cdot (1 + cos^2\beta)/2$ für Zwei- und Dreifeldträger.

Für folgende Dacheindeckungen gelten jeweils *unterschiedliche* Belastungstabellen:

- Stahltrapezprofile ohne *oder* mit zwischen Pfettenobergurt und Stahltrapezblech liegender Hartschaumplatte von 100 mm Dicke,
- Sandwichelemente bis 100 mm Kerndicke,
- Faserzementplatten mit oder ohne zwischenliegende Hartschaumplatte.

Für die Dacheindeckung sind folgende Mindestwerte einzuhalten:

- für Trapezprofile und Sandwichelemente: $I_{eff} = 10\ cm^4/m$,
- Schubmodul für Trapezprofile: S (oder auch G_S) = 400 kN/m,
- Schubmodul für Sandwichelemente: S = 200 kN/m.

Die zulässige Druckkraft N wirkt in Längsrichtung der Z-Pfetten, die Lasteinleitung muß im Bereich zwischen Schwerpunkt und Unterkante des Z-Profils liegen. Zwischen den verschiedenen Druckkraftwerten darf nicht interpoliert werden.

Zur Gebrauchstauglichkeit wird die Durchbiegung auf L/200 beschränkt.

Weitere Angaben können dem Prüfbescheid entnommen werden.

Zu Befestigung und Stoß der Z-Pfetten sind besondere Pfettenschuhe und Kupplungsstücke verfügbar.

Tab. 2.5 **Z-Pfetten der Firma Krupp - Übersicht**

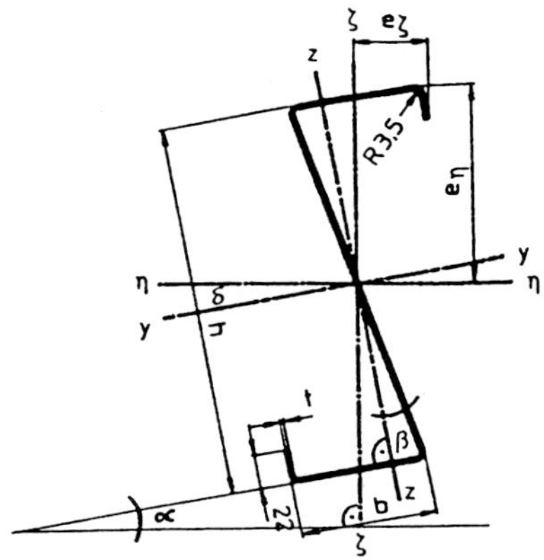

Bei nicht angegebenen Dach- bzw. Stegneigungen ist ein genauer Nachweis erforderlich.

Prinzip $\alpha = \delta$

Profilhöhe h [mm]	Flanschbreite b [mm]	Materialstärke t [mm]	Gewicht G [kg/m]	Stegneigung β° / Dachneigung α° 2	3	4	5	6	7	8	9	10	11	12	13	14	15	16	17	18	19	20	21
180	70	1,5	4,11	17	17	17	14	14	14	-	11	11	11	-	7	7	7	-	-	-	0	0	0
		1,75	4,79																				
		2,0	5,46																				
		2,5	6,79																				
200	70	1,5	4,34	14	14	14	12	12	12	-	8	8	8	-	4	4	4	-	0	0	0	-	-
		1,75	5,07																				
		2,0	5,78																				
		2,5	7,18																				
240	70	2,0	6,41	11	11	11	8	8	8	-	4	4	4	-	0	0	0	-	-	-	-	-	-
		2,5	7,97																				
		3,0	9,51																				
240	85	2,0	6,88	14	14	14	11	11	11	-	7	7	7	-	3	3	3	-	0	0	0	-	-
		2,5	8,56																				
		3,0	10,22																				
260	85	2,0	7,19	12	12	12	9	9	9	-	6	6	6	-	2	2	2	0	0	-	-	-	-
		2,5	8,95																				
		3,0	10,69																				
300	85	2,0	7,82	10	10	10	7	7	7	-	3	3	3	0	0	0	-	-	-	-	-	-	-
		2,5	9,73																				
		3,0	11,63																				
		3,5	13,55																				

Anlage Nr. 1
zum Prüfbescheid II B6-543-226
vom 30.5.95

HOESCH HOHENLIMBURG B 1
Geschäftsbereich Kaltprofile

Tab. 2.6 **Belastungstabelle Pfette Z3G 240/85 für Dacheindeckung Sandwichelemente**

Belastungstabelle Z3G 200/70

max. Durchbiegung l/200, Streckgrenze $f_{y,k}$ = 320 N/mm²

Dacheindeckung Stahltrapezblech ohne Abhängung – ohne Isolierung

Die Tabelle wurde berechnet für die jeweils maßgebende Einwirkungskombination aus

- Einwirkungskombination 1: Auflast
  - $\gamma_F = 1{,}0 \times 1{,}35$ für ständige Lasten
  - $\gamma_F = 1{,}0 \times 1{,}50$ für veränderliche Lasten
- Einwirkungskombination 2: Auflast + Normalkraft
  - $\gamma_F = 1{,}0 \times 1{,}35$ für ständige Lasten
  - $\gamma_F = 0{,}9 \times 1{,}50$ für veränderliche Lasten
- Einwirkungskombination 3: Normalkraft
  - $\gamma_F = 1{,}0 \times 1{,}35$ für ständige Lasten
  - $\gamma_F = 1{,}0 \times 1{,}50$ für veränderliche Lasten

t [mm]	Feldlänge [m]	zulässige Streckenlast q [kN/m]								
		Einfeldträger			Zweifeldträger[1]			Dreifeldträger		
		N = -10 kN	N = -20 kN	N= -30 kN	N = -10 kN	N = -20 kN	N= -30 kN	N = -10 kN	N = -20 kN	N= -30 kN
1.50	4.00	2.32	2.12	1.74	–	–	–	2.60	2.24	1.85
	5.00	1.53	1.28	1.02	–	–	–	1.71	1.46	1.21
	6.00	1.04	.82	.63	–	–	–	1.21	1.04	.86
	7.00	.67	.55	–	–	–	–	.88	.75	.61
	8.00	–	–	–	–	–	–	.67	.56	–
1.75	4.00	2.97	2.82	2.43	3.28	3.10	–	3.32	2.99	2.62
	5.00	1.95	1.73	1.45	2.10	1.98	–	2.19	1.96	1.71
	6.00	1.26	1.12	.92	1.46	1.38	–	1.55	1.37	1.19
	7.00	.78	.71	.60	1.07	1.01	–	1.14	1.00	.86
	8.00	–	–	–	.82	.77	–	.87	.76	.65
2.00	4.00	3.54	3.45	3.05	3.95	3.77	3.27	3.94	3.70	3.33
	5.00	2.33	2.12	1.84	2.53	2.40	2.10	2.60	2.41	2.16
	6.00	1.44	1.39	1.18	1.76	1.67	–	1.85	1.70	1.51
	7.00	.89	.82	.74	1.29	1.23	–	1.36	1.23	1.10
	8.00	.57	.50	–	.99	.94	–	1.05	.93	.82
2.50	4.00	4.59	4.62	4.20	5.20	4.92	4.35	5.07	4.95	4.58
	5.00	3.04	2.87	2.57	3.33	3.15	2.79	3.33	3.23	2.99
	6.00	1.79	1.78	1.68	2.31	2.19	1.93	2.36	2.26	2.09
	7.00	1.10	1.06	.98	1.69	1.61	1.42	1.74	1.65	1.50
	8.00	.72	.65	.58	1.30	1.23	1.09	1.33	1.25	1.13

[1] Zusatznachweis nach DIN 18800 Teil 2 Abschnitt 3.3.2 erforderlich.

Das Eigengewicht der Pfetten wurde bei der Berechnung berücksichtigt und braucht nicht von der zulässigen Streckenlast abgezogen zu werden.

Grundlagen der Berechnung:

- Bauaufsichtliche Zulassung Z-14.1-234 (Dezember 1993)
- DIN 18800 (November 1990)
- DASt-Richtlinie 016 (Juli 1988)

Anlage Nr. 3
zum Prüfbescheid II B6-543-226
vom 30.5.95

HOESCH HOHENLIMBURG B 3
Geschäftsbereich Kaltprofile

Tab. 2.7 **Belastungstabelle Pfette Z3G 200/70 für Dacheindeckung mit Trapezprofil**

Belastungstabelle Z3G 240/85

max. Durchbiegung l/200, Streckgrenze $f_{y,k}$ = 320 N/mm²
Dacheindeckung: Sandwichelemente ohne Abhängung
Die Tabelle wurde berechnet für die jeweils maßgebende Einwirkungskombination aus

- Einwirkungskombination 1: Auflast
  γ_F = 1,0 x 1,35 für ständige Lasten
  γ_F = 1,0 x 1,50 für veränderliche Lasten
- Einwirkungskombination 2: Auflast + Normalkraft
  γ_F = 1,0 x 1,35 für ständige Lasten
  γ_F = 0,9 x 1,50 für veränderliche Lasten
- Einwirkungskombination 3: Normalkraft
  γ_F = 1,0 x 1,35 für ständige Lasten
  γ_F = 1,0 x 1,50 für veränderliche Lasten

t [mm]	Feldlänge [m]	zulässige Streckenlast q [kN/m]								
		Einfeldträger			Zweifeldträger[1]			Dreifeldträger		
		N = -10 kN	N = -20 kN	N= -30 kN	N = -10 kN	N = -20 kN	N= -30 kN	N = -10 kN	N = -20 kN	N= -30 kN
2.00	4.00	4.33	4.33	4.11	5.20	4.96	4.33	5.14	4.92	4.52
	5.00	2.89	2.87	2.55	3.32	3.18	–	3.36	3.17	2.88
	6.00	2.07	1.93	1.71	2.31	2.20	–	2.36	2.23	2.01
	7.00	1.54	1.36	1.18	1.69	1.62	–	1.77	1.66	1.49
	8.00	1.03	1.00	.84	1.30	1.24	–	1.35	1.26	1.13
2.50	4.00	5.56	5.56	5.45	7.12	6.81	6.14	6.79	6.78	6.34
	5.00	3.83	3.81	3.52	4.56	4.36	3.92	4.40	4.36	4.08
	6.00	2.74	2.60	2.37	3.16	3.03	2.72	3.10	3.05	2.85
	7.00	1.93	1.85	1.66	2.32	2.23	2.00	2.31	2.26	2.10
	8.00	1.28	1.27	1.20	1.78	1.70	1.54	1.77	1.73	1.59
3.00	4.00	7.16	7.16	7.16	8.86	8.41	7.54	8.21	8.21	7.97
	5.00	4.68	4.68	4.39	5.65	5.39	4.84	5.31	5.30	5.08
	6.00	3.33	3.20	2.98	3.94	3.74	3.35	3.72	3.72	3.55
	7.00	2.29	2.29	2.10	2.88	2.75	2.47	2.78	2.76	2.62
	8.00	1.52	1.51	1.46	2.21	2.10	1.89	2.14	2.13	2.02

[1] Zusatznachweis nach DIN 18800 Teil 2 Abschnitt 3.3.2 erforderlich.

Das Eigengewicht der Pfetten wurde bei der Berechnung berücksichtigt und braucht nicht von der zulässigen Streckenlast abgezogen zu werden.

Grundlagen der Berechnung:

- Bauaufsichtliche Zulassung Z-14.1-234 (Dezember 1993)
- DIN 18800 (November 1990)
- DASt-Richtlinie 016 (Juli 1988)

Anlage Nr. 11
zum Prüfbescheid II B6-543-226
vom 30.5.95

HOESCH HOHENLIMBURG B 11
Geschäftsbereich Kaltprofile

2.4 Beispiele

2.4.1 Flachdach - Trapezprofil / Pfetten / Dachbinder / Dachverband

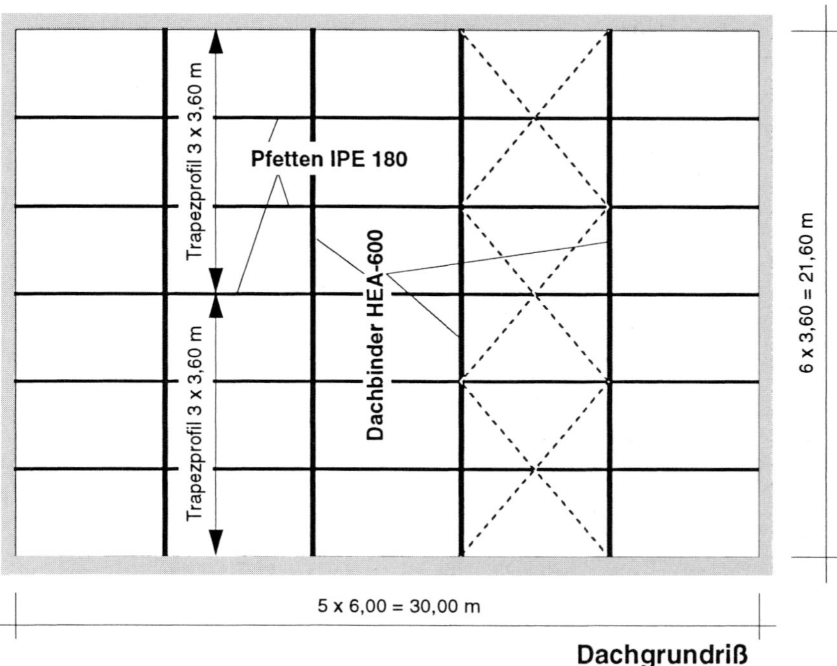

Dachgrundriß

Dachhaut: Trapezprofil Fi 100/275/0,75. Dreifeldträger; Stützweiten a = 3,60 m Flachdach mit geringfügiger Neigung. *Kein* Schubfeld ausgebildet. Dämmung + Abdichtung: g = 0,125 kN/m^2

Dachpfetten: IPE 180, S 235. System: Fünffeldträger; Stützweiten L = 6,00 m

Dachbinder: HEA-600, S 235. Einfeldträger; Stützweite 21,60 m

Belastung: Schnee: s = 1,25 kN/m^2,
Wind in Hallenlängsrichtung: w = 2,5 kN/m (Druck + Sog).

Folgende Nachweise sind zu führen:

1) Trapezblech: mit Belastungstabellen (ohne Befestigungsmittel).
2) Dachpfette: Nachweis für GK1 (g+s) und für GK2 ($g+s+w_{längs}$).
Prüfen, ob Nachweis der Befestigungsmittel für Trapezprofil notwendig ist.
Nachweis ausreichender Drehbettung für GK2 (ohne Berücksichtigung von N).
3) Dachbinder: Trag- und Gebrauchssicherheitsnachweis.
4) Bemessung des Dachverbands (siehe dazu Abschnitt 3.2). Die Diagonalen sind in ihren Kreuzungspunkten mit den zugehörigen Pfetten verbunden.

1) Trapezprofil

System: Trapezblech, über 3 Felder durchlaufend, Stützweiten a = 3 x 3,60 m

Belastung	Trapezblech	ca. 0,100	kN/m^2
	Dämmung + Abdichtung	0,125	kN/m^2
	Ständige Last	g = 0,225	kN/m^2
	Schnee	s = 1,250	kN/m^2
	Gebrauchslast	q = 1,475	kN/m^2

Nachweis: mit Gebrauchslasten durch Vergleich mit Belastungstabelle.

Aus Tabelle: **FI 100/275/0,75** *zul* q = 2,35 kN/m^2 für L = 3,75 m und $f \leq L/300$

2) Dachpfetten

System: Fünffeldträger; Stützweiten L = 5 x 6,00 m

Querschnitt: **IPE 180** (S 235): $g_E = 0{,}188$ kN/m $M_{pl,k} = 39{,}9$ kNm

Einwirkungen: Ständige Last: $g = 0,188 + 1,1 \cdot 0,225 \cdot 3,60 = 1,08$ kN/m

Schnee: $s = 1,1 \cdot 1,25 \cdot 3,60 = 4,95$ kN/m

Anmerkung: Der Durchlauffaktor 1,1 für Auflagerkräfte am Dreifeldträger (aus dem Trapezprofil) wird in der Praxis oft vernachlässigt. Weil das Trapezblech meistens nach dem Verfahren E-E bemessen wird, sollen hier auch die elastisch ermittelten Auflagerkräfte verwendet werden.

Der Nachweis für die Innenpfetten erfolgt mit den Traglasttabellen Vogel/Heil [18], siehe Tab. 2.1. Hierbei sind die γ_M-fachen Bemessungslasten einzusetzen!

Grundkomb. 1: $\gamma_M \cdot q_d = q = 1,1 \cdot (1,35 \cdot 1,08 + 1,5 \cdot 4,95) = 9,77$ kN/m

(g + s) $\gamma_m \cdot N_d = 1,1 \cdot 32,0 = 35,2$ kN (siehe Abschnitt 4 in diesem Beispiel)

Grundkomb. 2: $\gamma_M \cdot q_d = q = 1,1 \cdot 1,35 \cdot (1,08 + 4,95) = 8,96$ kN/m

(g + s + $w_{längs}$) $\gamma_m \cdot N_d = 1,1 \cdot 60,4 = 66,4$ kN (siehe Abschnitt 4)

Tragsicherheitsnachweis aus Traglasttabellen [18]:

GK 1: $q_{Tz} = 12{,}76$ kN/m mit N = 40 kN > *vorh* q = 9,77 kN/m mit *vorh* N = 35,2 kN

GK 2: $q_{Tz} = 12{,}55$ kN/m mit N = 70 kN > *vorh* q = 8,96 kN/m mit *vorh* N = 66,4 kN

Ein Nachweis für die Außenpfetten kann entfallen, weil die Querbelastung nur ca. 40 % von derjenigen der Innenpfetten beträgt. Die Normalkräfte sind hier allerdings größer.

Nachweis ausreichenden Kontaktmoments

Kontaktmoment: $$m_k = q_{Tz} \cdot \frac{b}{2} = 12,76 \cdot \frac{0,091}{2} = 0,58 \text{ kNm/m} \qquad (q_{Tz} \text{ für } N = 40 \text{ kN})$$

$$m_\vartheta = 0,05 \cdot \frac{M_{pl}^2}{EI_z} = 0,05 \cdot 7,52 = 0,376 \text{ kNm/m} < m_k = 0{,}58 \text{ kNm/m}$$

Deshalb muß kein Nachweis für die Befestigungsmittel des Trapezblechs für ausreichenden Kontakt geführt werden; außerdem kann dann in der Berechnung der Drehbettungszahl $1/c_{\vartheta A} = 0$ gesetzt werden.

Der Nachweis ausreichender Befestigung gegen Windsog muß aber auf jeden Fall geführt werden! Dies wird hier nicht weiter ausgeführt.

Der Nachweis ausreichender Sicherheit gegen Biegedrillknicken

Kein BDK-Nachweis ist bei I-Trägern bis 200 mm Höhe erforderlich, wenn das Trapezblech mit dem gedrückten Gurt verbunden ist (siehe Abschnitt 2.4.4). Diese Regelung kann nur dann als ausreichend betrachtet werden, wenn keine (oder nur unbedeutende) Normalkräfte auftreten. *Hier muß* also ein BDK-Nachweis geführt werden. Bedingung (2/27) lautet:

$$\frac{N}{\kappa_z \cdot N_{pl}} + \frac{M}{\kappa_M \cdot M_{pl}} \cdot k_y \le 1 \qquad \text{bzw.} \qquad \frac{N}{\kappa_z \cdot N_{pl}} + \frac{q}{\kappa_M \cdot q_{Tz}} \cdot k_y \le 1$$

Dieser Nachweis erlaubt, den Einfluß der Normalkraft und den Einfluß der Biegemomente auf das Biegedrillknicken getrennt zu betrachten.

a) Ermittlung von κ_M

Nachgewiesen wird zunächst ausreichende Verdrehsteifigkeit der Dachhaut:

Ohne Schubfeld gilt: $\quad erf\ c_\vartheta = 3,5 \cdot \dfrac{M_{pl}^2}{EI_z} = 3,5 \cdot 7,52 = 26,32 \text{ kNm/m}$

Vorhandene Drehbettung: $\quad c_{\vartheta M} = \dfrac{E_a I_a}{a} \cdot k = \dfrac{2,1 \cdot 155,1}{3,60} \cdot 4 = 361,9 \text{ kNm/m}$

$$c_{\vartheta P} = 5000 \cdot \frac{s^3}{h} = 5000 \cdot \frac{0,53^3}{18} = 41,35 \text{ kNm/m}$$

Wie zuvor gezeigt, kann $1/c_{\vartheta A} = 0$ gesetzt werden.

Damit: $\quad vorh\ c_\vartheta = \dfrac{1}{\dfrac{1}{361,9} + \dfrac{1}{41,35}} = 37,11 \text{ kNm/m} > erf\ c_\vartheta = 26,32 \text{ kNm/m}$ Nachweis *erfüllt*!

Alternativ soll ausreichende Schubfeldsteifigkeit nachgewiesen werden.

Unter der Annahme, daß die Trapezprofile über die ganze Dachfläche als Schubfeld ausgebildet sind, wird die vorhandene Schubfeldsteifigkeit nach DIN 18807 mit den Werten aus der Zulassung:

$$vorh\ S = G_S \cdot \frac{L_S}{n} = \frac{10^4}{K_1 + K_2/L_S} \cdot \frac{L_S}{n} = \frac{10^4}{0,259 + 38,64/21,6} \cdot \frac{21,6}{6} = 17579 \text{ kN}$$

n ist dabei die Anzahl der auszusteifenden Pfetten, wobei die beiden Randpfetten je hälftig zählen.

Wenn *kein* Schubfeld ausgebildet wird, dürfen 20 % des zuvor errechneten Wertes angesetzt werden:

$$vorh\ S = 0,2 \cdot 17579 = 3516 \text{ kN}$$

Erforderlich ist nach Gl. ([18]/10):

$$erf\ S = 10,2 \cdot \frac{M_{pl}}{h} - 4,3 \cdot \frac{EI_z}{L^2} \cdot \left(-1 + \sqrt{1 + 18,4 \cdot \frac{c^2}{h^2}}\right)$$

mit $\quad c^2 = \dfrac{I_\omega + 0,039 \cdot L^2 \cdot I_T}{I_z} = \dfrac{7430 + 0,039 \cdot 600^2 \cdot 4,80}{101} = \dfrac{74822}{101} = 741 \text{ cm}^2$

Damit: $\quad erf\ S = 10,2 \cdot \dfrac{3990}{18} - 4,3 \cdot \dfrac{2,1 \cdot 101}{6,0^2} \cdot \left(-1 + \sqrt{1 + 18,4 \cdot \dfrac{741}{18^2}}\right)$ [kN]

$$erf\ S = 2261 - 25,33 \cdot (-1 + 6,56) = 2261 - 141 = 2120 \text{ kN} < vorh\ S = 3516 \text{ kN}$$

Die erforderliche Schubsteigkeit kann [18], Anhang I, direkt entnommen werden: *erf* S = 2112 kN, mit der zusätzlichen Angabe, daß diese Schubfeldsteifigkeit S allein *ohne* Mitwirkung einer Drehbettung $c_{\vartheta A}$ zur Stabilisierung ausreicht. - Die Forderung ist *erfüllt*.

Wegen der nachgewiesenen ausreichenden Verdrehsteifigkeit *oder* alternativ der ausreichenden Schubfeldsteifigkeit darf in (2/27) $\kappa_M = 1$ gesetzt werden.

b) Ermittlung von κ_z

Der BDK-Nachweis für das Profil IPE 180 allein *ohne* Halterung durch die Dachhaut gelingt offensichtlich nicht:

Aus GK2: $N_d = 60,4$ kN

IPE 180, L = 6,0 m: $\bar{\lambda}_z = \dfrac{600}{2,05 \cdot 92,93} = 3,149$ Aus KSL b: $\kappa_b = 0,091$

$$\frac{N}{\kappa_z \cdot N_{pl,d}} = \frac{60,4}{0,091 \cdot 521} = 1,274 > 1$$ Nachweis *nicht erfüllt*!

Mit der vorhandenen Schubfeldsteifigkeit S *und* der vorhandenen Drehbettung c_ϑ wird die Knicklast N_{Ki} aus Gl. ([18]/11) errechnet, um daraus wieder den bezogenen Schlankheitsgrad für den Biegeknick-Anteil zu erhalten:

$$N_{Ki} = \frac{S}{\bar{s}} \cdot \frac{c^2 + i_p^2}{2 \cdot i_p^2} \cdot \left[1 \pm \sqrt{1 - \left(\frac{2 \cdot i_p}{c^2 + i_p^2}\right)^2 \cdot \left[c^2 - \left(\bar{s} \cdot \frac{h}{2}\right)^2\right]}\right]$$

$$N_{Ki} = S \cdot \frac{\bar{c}}{\bar{s}} \cdot \left[1 \pm \sqrt{1 - \frac{1}{\bar{c}^2 \cdot i_p^2} \cdot \left[c^2 - \left(\bar{s} \cdot \frac{h}{2}\right)^2\right]}\right]$$

mit $\bar{c} = \dfrac{c^2 + i_p^2}{2 \cdot i_p^2}$ und $i_p^2 = \dfrac{I_y + I_z}{A} = \dfrac{1320 + 101}{23,9} = 59,5 \text{ cm}^2$

$$\bar{s} = \frac{SL^2}{(n\pi)^2 EI_z + SL^2} = \frac{3516 \cdot 600^2}{n^2 \cdot \pi^2 \cdot 21000 \cdot 101 + 3516 \cdot 600^2} = \frac{1266}{n^2 \cdot 21 + 1266}$$

$$c^2 = \frac{EI_\omega \left(\frac{n\pi}{L}\right)^2 + GI_T + c_\vartheta \cdot \left(\frac{L}{n\pi}\right)^2 + S\left(\frac{h}{2}\right)^2}{EI_z\left(\frac{n\pi}{L}\right)^2 + S}$$

$$c^2 = \frac{21000 \cdot 7430 \cdot \left(\frac{n\pi}{600}\right)^2 + 8100 \cdot 4,80 + 37,11 \cdot \left(\frac{600}{n\pi}\right)^2 + 3516 \cdot \left(\frac{18}{2}\right)^2}{21000 \cdot 101 \cdot \left(\frac{n\pi}{600}\right)^2 + 3516}$$

$$c^2 = \frac{4278 \cdot n^2 + 38880 + 1353610/n^2 + 284796}{58,15 \cdot n^2 + 3516} = \frac{4278 \cdot n^4 + 323676 \cdot n^2 + 1353610}{n^2 \cdot (58,15 \cdot n^2 + 3516)} \quad [\text{cm}^2]$$

Weil Drehbettung ($c_\vartheta \neq 0$) berücksichtigt wird, muß die Halbwellenzahl n der BDK-Figur für n = 1, 2, 3, ... variiert werden, um die kleinste Verzweigungslast N_{Ki} bestimmen zu können. Die Rechen-Ergebnisse zeigt die Tabelle:

n	$\bar{s}$	c^2 [cm²]	$\bar{c}$	N_{Ki} [kN]
1	0,9837	470,48	4,4536	2910,5
2	0,9378	181,19	2,0226	1968,2
3	0,8701	126,90	1,5664	1631,9
4	0,7903	107,22	1,4010	1759,7
5	0,7069	97,54	1,3197	2164,5

Ergebnis: *min* $N_{Ki} = 1632$ kN für die Halbwellenzahl n = 3

Damit: $\bar{\lambda} = \sqrt{\frac{N_{pl}}{N_{Ki}}} = \sqrt{\frac{\gamma_M \cdot N_{pl,d}}{N_{Ki,k}}} = \sqrt{\frac{1,1 \cdot 521}{1632}} = 0,593$ und $\kappa_b = 0,841$

c) Nachweis

Mit $\kappa_M = 1$ und $k_y = 1$ wird der Nachweis $\frac{N}{\kappa_z \cdot N_{pl}} + \frac{q}{q_{Tz}} \leq 1$

$$\frac{60,4}{0,841 \cdot 521} + \frac{8,69}{12,63} = 0,138 + 0,688 = 0,826 < 1$$

Der Nachweis ist *erfüllt.*

Biegesteifer Stoß der Pfetten

Wegen der Gesamtlänge jedes Pfettenstrangs von 24 m (Systemlänge) muß ein Pfettenstoß ausgeführt werden. Der Stoß sollte möglichst in der Nähe der Momenten-Nullpunkte liegen, trotzdem aber für wenigstens etwa 75 % des Tragmoments des Querschnitts ausgelegt werden (Grund: Verschiebung der Momenten-Nullpunkte im Laufe der Plastizierung im System).

Siehe hierzu den grundsätzlichen M-Verlauf im Traglastfall bei plastischer (und im Vergleich dazu elastischer) Bemessung für ein Innenfeld des Durchlaufträgers (DLT).

Gewählt: Stoß IH1E - HV M16. $M_{R,k} = 1,1 \cdot 30,2 = 33,2$ kNm $= 0,83 \cdot M_{R,IPE180} > 0,75 \cdot M_R$

Zur Tragfähigkeit von Stirnplattenstößen siehe [1], Kapitel 12, bzw. [16].

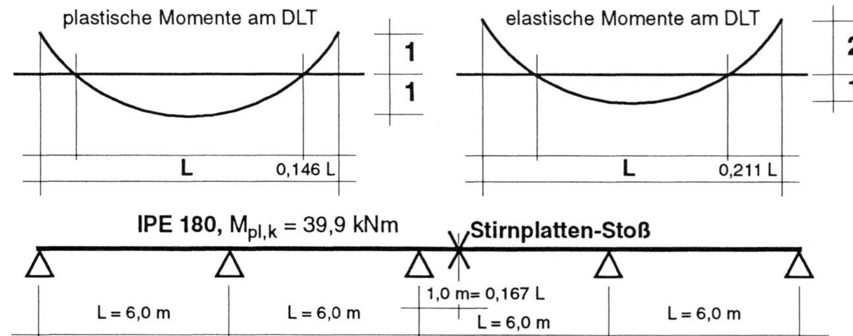

3) Dachbinder

System: Einfeldträger, Stützweite L = 21,60 m

Belastung: Ständige Last, aus Pos. 2): $g_D = (0,225 + \frac{0,188}{3,60}) \cdot 6,0 = 1,66$ kN/m

Eigenlast HEA-600: $g_E = 1{,}78$ kN/m

Insgesamt: $g = 3{,}44$ kN/m

Schnee: $s = 1,25 \cdot 6,0 = 7,50$ kN/m

Die Nachweise für Dachbinder und Dachverband erfolgen mit Bemessungslasten.

Grundkombinationen: Für den Nachweis des Dachbinders als Einfeldträger wird GK 1 maßgebend. Um für den Dachverband die Stabilisierungslasten zu bestimmen, muß auch GK 2 untersucht werden.

GK 1, g+s: Einwirkung: $q_d = 1,35 \cdot 3,44 + 1,50 \cdot 7,50 = 15,9$ kN/m

Schnittgrößen: $M = 15,9 \cdot 21,60^2/8 = 927,3$ kNm
$V = A = 15,9 \cdot 21,60/2 = 171,7$ kN

GK 2, g+s+w: Vertikale Einwirkung: $q_d = 1,35 \cdot (3,44 + 7,50) = 14,8$ kN/m

Schnittgrößen: $M = 14,8 \cdot 21,60^2/8 = 863,1$ kNm
$V = A = 14,8 \cdot 21,60/2 = 159,8$ kN

Querschnitt: **HEA-600** (S 235): $M_{pl,d} = 1190$ kNm, $V_{pl,d} = 925$ kN

Nachweis GK 1: $M/M_{pl} = 927/1190 = 0,78 < 1$
$V/V_{pl} = 172/925 = 0,186 < 1$

Zusätzliche Belastung im Verbandsfeld: $N_G = M^{II}/a = 242/6,0 = 40,3$ kN

Nimmt man ungünstig für jeden Gurt N_G an, so ist: $\frac{N}{N_{pl}} = \frac{2 \cdot N_G}{N_{pl}} = \frac{2 \cdot 40,3}{4940} = 0,016 < 0,1$

Die Zusatzbeanspruchung der Binder aus Wirkung als Gurte des Dachverbands ist meist vernachlässigbar. Sie wird daher auch üblicherweise gar nicht nachgewiesen. Das gilt erst recht für GK 2, weil da die vertikale Bemessungslast auf Grund der Kombinationsbeiwerte $\psi\gamma_F$ geringer ist.

Durchbiegung aus Gebrauchslasten g+s: $max\ w = \frac{5}{384} \cdot \frac{10,94 \cdot 21,6^4}{2,1 \cdot 141200} = 0,105\ \text{m} = L/206$

Der Träger wird um 15 cm überhöht!

4) Dachverband

Gurtkraft im Dachbinder, GK 1 (g+s)

Zur Berechnung der Stabilisierungslast ist die Gurtkraft im Dachbinder zu berechnen.

GK 1 (g+s): Moment in Trägermitte $max\ M = 927{,}3$ kNm

a) Man faßt als Druckgurt nur den gedrückten Flansch auf und rechnet dann (etwas ungünstig) nicht mit der mittleren Gurtspannung, sondern mit der Randspannung über die ganze Gurthöhe.

Dann wird die Gurtkraft in *einem* Dachbinder: $N_G \approx \frac{92730}{4790} \cdot 30 \cdot 2,5 = 1452 \text{ kN}$

b) Man faßt als Druckgurt nicht nur den Flansch auf, sondern nimmt 1/5 des Stegs hinzu. Die Berechnung der Gurtkraft wird ziemlich aufwendig:

Querschnittsteil	Teilfläche [cm²]	mittl. Spann. [kN/cm²]	Kraftanteil [kN]
Flansch	75,00	18,54	1391
Ausrundung	3,13	17,32	54
1/5 Steg	14,04	14,18	199
Druckgurt	**92,17**		**1644**

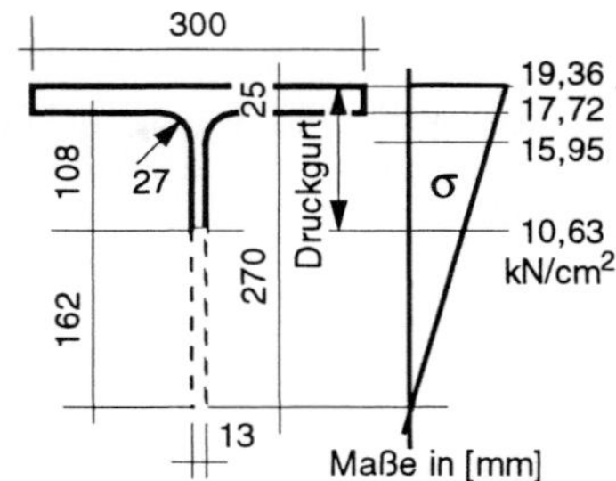

obere Hälfte HEA-600

Für diese Berechnungsart ergibt sich also: $N_G = 1644 \text{ kN}$

c) Man zerlegt das Biegemoment in Zug- und Druckkraft *nur* in den Gurten.

Mit dem Hebelarm z = 590 - 25 = 565 mm: $N_G = \frac{927,3}{0,565} = 1641 \text{ kN}$

Die Ergebnisse aus b) und c) stimmen praktisch überein. Methode c) ist jedoch viel einfacher anzuwenden als b).

Jedenfalls ist Methode c) plausibler als a), wenngleich in der Praxis auch oft nach Methode a) gerechnet wird, was offensichtlich zu günstige Werte ergibt.

Die Weiterrechnung erfolgt für GK 1 mit $N_G = 1641 \text{ kN}$

Schnittgrößen im Dachverband, GK 1 (g+s)

Gurtkraft in 4 Dachbindern insgesamt: $\sum N_G = 4 \cdot 1641 = 6564 \text{ kN}$

Reduktionsfaktor für n = 4 Dachbinder: $r = \frac{1}{2} \cdot \left(1 + \frac{1}{\sqrt{n/2}}\right) = \frac{1}{2} \cdot \left(1 + \frac{1}{\sqrt{2}}\right) = 0,854$

Reduzierte Gurtkraft insgesamt: $\sum N_{red} = 0,854 \cdot 6564 = 5603 \text{ kN}$

Schnittgrößen im Verband: $M^{II} = 0,002 \cdot 5603 \cdot 21,6 = 242 \text{ kNm}$

Randpfosten im Verband: $V^{II} = 0,0064 \cdot 5603 = 35,9 \text{ kN}$

1. Innenpfosten: $V^{II} = 0,89 \cdot 35,9 = 32,0 \text{ kN}$ (Faktor 0,89 siehe GK 2)

Schnittgrößen im Dachverband, GK 2 (g+s+w)

GK 2 (g+s+w): Moment in Trägermitte *max* M = 863,1 kNm

Gurtkraft, entsprechend oben: $N_G = \frac{863,1}{0,565} = 1528 \text{ kN}$

4 Dachbinder, mit Reduktionsfaktor: $\sum N_G = 4 \cdot 0,854 \cdot 1528 = 5218 \text{ kN}$

Windlast auf Giebelwandriegel: $w = 1,35 \cdot 2,5 = 3,38 \text{ kN/m}$

Verband: $M^{II} = 0,15 \cdot 3,38 \cdot 21,6^2 + 0,002 \cdot 5218 \cdot 21,6 = 236,5 + 225,4 \approx 462$ kNm

Randpfosten: $V^{II} = 0,6 \cdot 3,38 \cdot 21,6 + 0,0064 \cdot 5218 = 43,8 + 33,4 = 77,2$ kN

1. Innenpfosten: Verbandspfosten sind in den 1/6-Punkten angeordnet, a = 3,6 m. Reduziert gegenüber der Druckkraft im Randpfosten werden:

a) Der Windlastanteil. Die Entlastung betrifft den Lastanteil für den Randpfosten ganz (Lasteinzugsbreite 1/6 der *halben* Spannweite), für den Bereich des 1. Innenpfosten (Lasteinzugsbreite 1/3 der *halben* Spannweite) den Anteil der Windsoglast (0,5 aus $q_w = 0,8 + 0,5 = 1,3$):

$$\Delta V_w = \left(\frac{1}{6} + \frac{0,5}{1,3} \cdot \frac{1}{3}\right) \cdot V_w^{II} = 0,30 \cdot V_w^{II}$$

b) Der Stabilisierungsanteil. Die Entlastung betrifft bei der vorgegebenen Binder-Anordnung den Lastanteil für den Randpfosten und 1/4 des Lastanteils für den Bereich des 1. Innenpfostens (weil sich zumindest 1 Binder auf Zug in den Verband hängt). Der parabelförmige Verlauf von q^N muß berücksichtigt werden:

$$\Delta V_S \approx 0,11 \cdot V_S^{II}$$

Damit: $V^{II} = (1 - 0,30) \cdot V_w^{II} + (1 - 0,11) \cdot V_S^{II}$

$V^{II} = 0,70 \cdot 43,8 + 0,89 \cdot 33,4 = 60,4$ kN

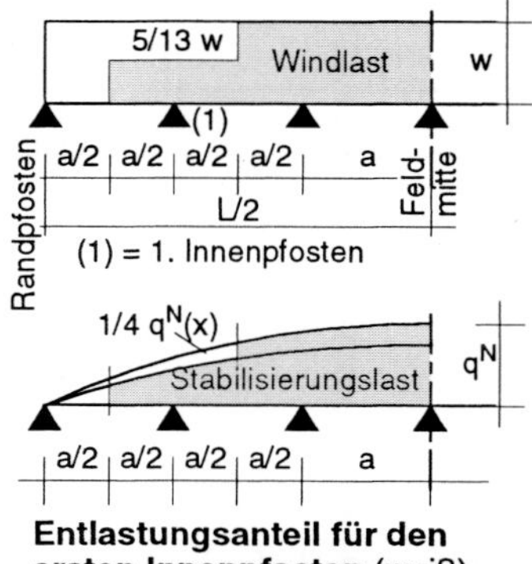

Entlastungsanteil für den ersten Innenpfosten (weiß) **gegenüber dem Randpfosten**

Nachweis Dachverband für GK 2

Die Pfosten des Dachverbands sind die Pfetten, Nachweis gemäß Kapitel 2.

Als Diagonalen werden Einfachwinkel mit Einschrauben-Anschluß gewählt.

Stabkraft: $D \approx \left(V^{II} - \frac{V_{Wind}^{II}}{m}\right) \cdot \frac{1}{\sin\alpha} = (77,2 - \frac{43,8}{3}) \cdot \frac{9,37}{6,00} = 98$ kN (Zug)

Querschnitt: **L 80x40x6**, im Anschlußbereich verstärkt mit **Fl. 80x6** (S 235).
Anschluß mit **1 x HV M20** (Lochspiel 2 mm).

Stab: $N_{R,d} = \frac{2 \cdot A^* \cdot f_{u,k}}{1,25 \cdot \gamma_M} = \frac{2 \cdot (3,5 - 1,1) \cdot 1,2 \cdot 36}{1,25 \cdot 1,1} = 150,8 \text{ kN} > 98 \text{ kN}$

Schraube: $V_{a,R,d} = 157 \text{ kN} > 98 \text{ kN}$

$V_{l,R,d} = 1,2 \cdot 106,9 = 128,3 \text{ kN} > 98 \text{ kN}$ (für $\alpha_l = 2,45$)

Kontrolle α_l: $e_2/d_L = 35/22 = 1,59 > 1,5$ und

$erf\ e_1 = 2,5 \cdot d_L = 2,5 \cdot 22 = 55$ mm

2.4.2 Satteldach - Sandwich / zeta-Pfetten / Dachbinder / Dachverband

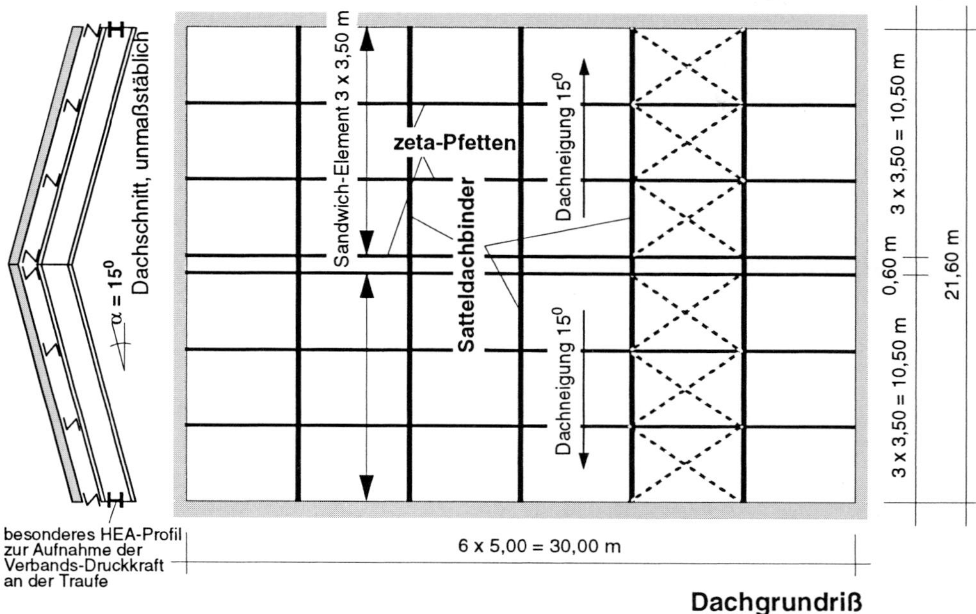

Dachhaut: Sandwich-Elemente DLW G4 ST 0.60/0.45. Dreifeldträger; a = 3,50 m. Satteldach, Dachneigung 15°.

Dachpfetten: Krupp zeta-Pfetten. System: Dreifeldträger; Stützweiten L = 5,00 m.

Dachbinder: IPE 550, S 235, bedarfsweise S 355. Einfeldträger; Stützweite 21,60 m. Firststoß als Stirnplattenverbindung.

Belastung: Schnee: s = 0,75 kN/m^2. Dachverband: Stabilisierungslasten (siehe Kap. 3) und Wind in Hallenlängsrichtung (Mittelwert): w = 2,05 kN/m.

Folgende Nachweise sind zu führen:

1) Sandwich-Elemente: mit Belastungstabellen (ohne Befestigungsmittel).
2) Pfetten: zeta-Profil. Nachweis auf Biegung für GK1 (g+s) und auf Biegung + Normalkraft für GK2 (g+s+$w_{längs}$). BDK-Nachweis soll nicht erbracht werden. Die Druckkraft am Rand nimmt ein besonderes HEA-Profil auf.
3) Diagonalen im Dachverband: Winkel mit Einschrauben-Anschluß.
4) Dachbinder: Trag- und Gebrauchssicherheitsnachweis. Besondere Berücksichtigung der Umlenkkraft aus dem Dachverband. Ausbildung und Nachweis des Firststoßes.

1) **Sandwich-Dachelemente**

System: Gewählt: DLW-delitherm G4 ST 0.60/0.45, d = 118 mm, g = 0,132 kN/m².

Sandwich-Elemente, Dreifeldträger, Pfettenabstand $a = 3,50/cos\alpha = 3,62$ m

Belastung: Eigenlast Sandwich $g_E = 0,132/cos\alpha \approx 0{,}140$ kN/m² DN $\alpha = 15°$

Schnee $s = 0{,}750$ kN/m²

Insgesamt $q = 0{,}890$ kN/m²

Nachweis: siehe Bemessungstabelle 1.16 in Abschnitt 1.5.

zul a = 3,81 m > *vorh* a = 3,62 m (Durchbiegungsbeschränkung L/100)

2) **zeta-Pfetten**

Nachweis anhand der Belastungstabellen der Fa. Hoesch.

Überprüfung der Voraussetzungen bezüglich Dachhaut *erf* $I_{eff} = 10$ cm⁴/m
erf S = 200 kN/m
ist wegen fehlender Angaben in den Belastungstabellen nicht möglich. Es wird unterstellt, daß die Voraussetzungen erfüllt sind.

System: Dreifeldträger Feldlängen: L = 3 x 5,00 m

Belastung: *ohne* Eigenlast Pfette: $q = 1,1 \cdot 0,89 \cdot 3,50 = 3,42$ kN/m (Gebrauchslasten!)
(Pfetten-Eigenlast ist im Tabellenwert *zul* q bereits berücksichtigt!)

Querschnitt: **Z3G 240/85, t = 2,5 mm / Stegneigung ß = 3°** (für Dachneigung 15°)

zul. Belastung: *zul* q = 4,08 kN/m > 3,42 kN/m = *vorh* q mit *zul* N = -30 kN (Gebrauchslasten!)

Zum Nachweis der Druckkraft N: siehe Pos. 4).

Eigenlast Pfette: $g_E = 0{,}086$ kN/m (für die Weiterrechnung!)

3+4) **Dachbinder und Dachverband** - Schnittgrößen

System: Einfeldträger, Stützweite L = 21,60 m

Belastung: Ständige Last, aus Pos. 1)+2): $g_D = (0,140 + \frac{0,086}{3,50}) \cdot 5,0 = 0,82$ kN/m

Eigenlast IPE 550: $g_E = 1,06/cos\alpha = 1,10$ kN/m

Insgesamt: $g = 1{,}92$ kN/m

Außerdem Einzellast aus 1 zusätzlichen Firstpfette: $G = 0,086 \cdot 5,0 = 0,43$ kN

Schnee: $s = 0,75 \cdot 5,0 = 3,75$ kN/m

Grundkombination GK 1 (g+s)

Dachbinder: $q_d = 1,35 \cdot 1,92 + 1,50 \cdot 3,75 = 8,22$ kN/m

$G_d = 1,35 \cdot 0,43 = 0,58$ kN

Schnittgrößen: $max\ M = M_{S,d} = 8,22 \cdot 21,60^2/8 + 0,58 \cdot 21,6/4 = 483$ kNm

$max\ V = V_{S,d} = 8,22 \cdot 21,6/2 + 0,58/2 = 89,1$ kN

Gurtkraft: in *einem* Dachbinder IPE 550: $N_{Gurt} = \frac{483}{0,533} = 906 \text{ kN}$

Reduktionsfaktor für 5 Binder: $r = \frac{1}{2} \cdot \left(1 + \sqrt{\frac{1}{n/2}}\right) = 0,816$

Reduzierte Gurtkraft in 5 Bindern: $\sum N = 5 \cdot 0,816 \cdot 906 = 3696 \text{ kN}$

Dachverband (nur aus Stabilisierung): $M^{II} = 0,002 \cdot 3696 \cdot 21,6 = 160 \text{ kNm}$

$V^{II} = 0,0064 \cdot 3696 = 23,7 \text{ kN}$

Gurtkraft aus Verband: $\Delta N_{Gurt} = 160/5,0 = 32,0 \text{ kN}$

Aus Umlenkung Gurtkraft: $\Delta M = (2 \cdot \Delta N_{Gurt} \cdot \sin\alpha) \cdot L/4 = 2 \cdot 32,0 \cdot 0,259 \cdot 21,6/4 \approx 90 \text{ kNm}$

Insgesamt in den 2 Verbandsbindern: $\max M = 483 + 90 = 573 \text{ kNm}$

Grundkombination GK 2 (g+s+w)

Dachbinder: $q = 1,35 \cdot (1,92 + 3,75) = 1,35 \cdot 5,67 = 7,65 \text{ kN/m}$

$G = 1,35 \cdot 0,43 = 0,58 \text{ kN}$

Biegemoment: $\max M = 7,65 \cdot 21,60^2/8 + 0,58 \cdot 21,6/4 = 449 \text{ kNm}$

Gurtkraft: in *einem* Dachbinder IPE 550: $N_{Gurt} = \frac{449}{0,533} = 843 \text{ kN}$

Reduzierte Gurtkraft in 5 Bindern: $\sum N = 5 \cdot 0,816 \cdot 843 = 3439 \text{ kN}$

Windlast: aus Wind in Hallen-Längsrichtung: $w = 1,35 \cdot 2,05 = 2,77 \text{ kN/m}$

Verband: $M^{II} = 0,15 \cdot 2,77 \cdot 21,6^2 + 0,002 \cdot 3439 \cdot 21,6 = 193,8 + 148,6 \approx 343 \text{ kNm}$

$V^{II} = 0,6 \cdot 2,77 \cdot 21,6 + 0,0064 \cdot 3439 = 35,9 + 22,0 \approx 58,0 \text{ kN}$

Gurtkraft aus Verband: $\Delta N_{Gurt} = 343/5,0 = 68,6 \text{ kN}$

Aus Umlenkung Gurtkraft: $\Delta M = (2 \cdot \Delta N_{Gurt} \cdot \sin\alpha) \cdot L/4 = 2 \cdot 68,6 \cdot 0,259 \cdot 21,6/4 \approx 192 \text{ kNm}$

Insgesamt in den 2 Verbandsbindern: $\max M = 449 + 192 = 641 \text{ kNm}$

$\max V = 7,65 \cdot 21,6/2 + 68,6 \cdot 0,259 \approx 101 \text{ kN}$

3) Dachbinder

Regel-Querschnitt: **IPE 550** (S 235) $M_{pl,d} = 607 \text{ kNm}$ $V_{pl,d} = 745 \text{ kN}$

GK 1: $M/M_{pl} = 483/607 = 0,80 < 1$ $V/V_{pl} = 89,1/745 = 0,12 < 1$

als Verbandsbinder (2x):**IPE 550** (S 355) $M_{pl,d} = 910 \text{ kNm}$ $V_{pl,d} = 1117 \text{ kN}$

GK 2: $M/M_{pl} = 641/910 = 0,71 < 1$ $V/V_{pl} = 101/1117 = 0,09 < 1$

aus Verband: $\frac{\Delta N_{Gurt}}{N_{pl,Gurt}} = \frac{68,4}{21 \cdot 1,72 \cdot 36/1,1} = \frac{68,4}{1182} = 0,06 < 0,1$ (siehe dazu Beispiel 2.4.1)

Firststoß für IPE 550, S 235:Stirnplattenstoß IH3E - HV M27.

Beanspruchbarkeit: $M_{R,d} = 532{,}4 \text{ kNm} > M_{S,d} = 485 \text{ kNm}$.

Schweißnähte: $a_{Fl} = 9 \text{ mm} > t_{Fl}/2$; $a_{Steg} = 4 \text{ mm}$.

Für den Firststoß des IPE 550, S 355 ist $M_{R,d} = 532{,}4$ kNm < $M_{S,d} = 644$ kNm, also *nicht* ausreichend!

Der Nachweis ausreichender Tragsicherheit gelingt hier trotzdem, weil das Grenzmoment $M_{R,d}$ = 532,4 kNm durch die Tragfähigkeit des Trägers IPE 550 (S 235) bedingt ist (und *nicht* der Schrauben). Schrauben und Schweißnähte (für S 235 auf $a_{Fl} = 12$ mm = 0,7 t_{Fl} verstärkt) sind nachzuweisen!

Durchbiegung: $w = \frac{5}{384} \cdot \frac{5,67 \cdot 21,6^4}{2,1 \cdot 67120} + \frac{1}{48} \cdot \frac{0,43 \cdot 21,6^3}{2,1 \cdot 67120} = 0,1140 + 0,0006 \approx 0,115 \text{ m} = L/187$

Bei der vorhandenen Dachschräge 15° kann die Durchbiegung ohne weiteres akzeptiert werden.

Nachweis Dachverband

zeta-Pfetten

Die Pfetten sind die Pfosten im Dachverband. Für den Nachweis werden die mit den Bemessungslasten errechneten Kräfte auf Gebrauchslastwerte zurückgerechnet.

Traufpfette

Die Traufpfette (zeta-Profil) wird wegen der großen vorhandenen Längskräfte *nicht* zur Aufnahme derselben herangezogen, daher genügt das Profil o.w.N.

Traufriegel

Der Traufriegel des Wandverbands muß die Längskräfte übernehmen:

GK 2: $N_d = max\ V^{II} = 58$ kN

HEA-120: $\bar{\lambda} = \frac{600}{3,02 \cdot 92,93} = 2,138 \qquad \kappa_c = 0,175 \qquad \frac{N}{\kappa_z \cdot N_{pl}} = \frac{58}{0,175 \cdot 553} = 0,60 < 1$

1. Innenpfette

GK 2: Die Belastung wird gegenüber derjenigen der Traufpfette reduziert, siehe Beispiel 2.4.1, Abschnitt 4.

$max\ N \approx (35,9 \cdot 0,7 + 22,1 \cdot 0,89)/1,35 = 33,2 \text{ kN} > 30 \text{ kN}$

Die Überschreitung des größten Tabellenwerts für die Druckkraft um ca. 10 % wird toleriert, weil bezüglich *zul* q andererseits eine Reserve von ca. 16 % besteht. *Alle* Innenpfetten können dann mit dem zuvor gewählten zeta-Profil ausgeführt werden.

4) Diagonalen

GK 2: Alle Diagonalen werden gleich ausgebildet. Die am stärksten beanspruchte Diagonale ist diejenige, die auf die Traufpfette zuläuft.

Bemessungslast: $D = \left(V^{II} - \frac{V^{II}_{Wind}}{m}\right) \cdot \frac{1}{sin\,\alpha} = (58 - \frac{35,9}{6}) \cdot \frac{6,10}{5,00} \approx 63,5 \text{ kN (Zug)}$

Querschnitt: **L 65x50x7**, Anschluß mit **1 x HV M20** (Lochspiel 2 mm).

Stab: $N_{R,d} = \frac{2 \cdot A^* \cdot f_{u,k}}{1,25 \cdot \gamma_M} = \frac{2 \cdot (3,0 - 1,1) \cdot 0,7 \cdot 36}{1,25 \cdot 1,1} = 69,6 \text{ kN} > 63{,}5 \text{ kN}$

Schraube: $V_{a,R,d} = 157 \text{ kN} > 63{,}5 \text{ kN}$

$V_{l,R,d} = 0,7 \cdot 106,9 = 75 \text{ kN} > 63{,}5 \text{ kN}$ (für $\alpha_l = 2{,}45$)

3 Dachbinder und Verbände

3.1 Dachbinder

3.1.1 Statische Systeme

Als Dachbinder werden die Hauptträger einer Dachkonstruktion bezeichnet. Die Dachhaut stützt sich entweder direkt auf die Dachbinder ab (pfettenlose Dacheindeckung, z.B. mit Trapezprofilen bei Flachdächern) oder sie ist auf Pfetten und/oder Nebenträgern gelagert, die sich dann auf die Dachbinder abstützen.

Die Dachbinder können freiaufliegende Träger sein oder über das Gesamtsystem der Halle (bzw. des Geschoßbaus) in ein übergeordnetes statisches System eingegliedert sein. Insofern können sie nur über den Querschnitt des Hallensystems analysiert werden.

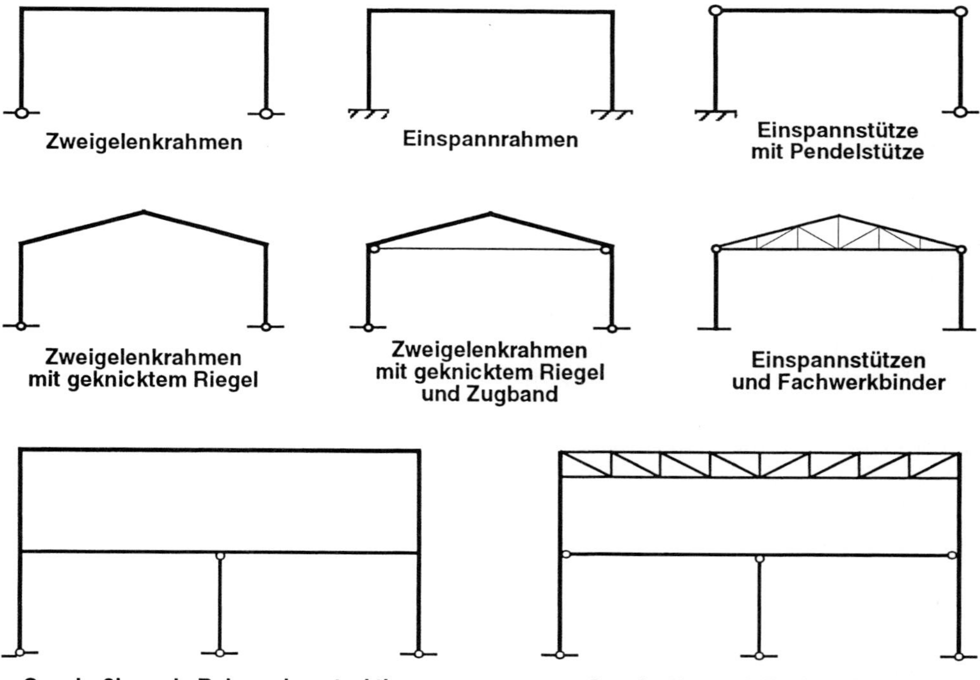

Bild 3.1 **Querschnitte von Hallen und Geschoßbauten** (Beispiele)

3.1.2 Querschnitte der Dachbinder

Walzprofile werden sehr häufig eingesetzt. Sie eignen sich für kleine bis mittlere Spannweiten (Obergrenze etwa 25 bis 30 m). Vorwiegend werden IPE- oder HEA-Profile, jedoch werden auch nicht genormte IPEo- oder HEAA-Profile verwendet.

Vorteil der Walzprofile: einfache Planung und Fertigung. Nachteil: der Querschnitt ist nur im Bereich der Momentengrößtwerte gut ausgenutzt. Abhilfe: bei Rahmenkonstruktionen ist die Verwendung von Vouten wirtschaftlich sinnvoll.

Für frei aufliegende Träger wie auch für Stützen und Binder in Rahmen werden bisweilen Walzprofile schräg getrennt und nach Umdrehen eines der beiden Teile wieder verschweißt, so daß ein konischer Träger entsteht. Das Profil ist dann gut dem Momentenverlauf angepaßt. Bei Dachbindern läßt sich so eine leichte Dachneigung bei gleichzeitig ebener Unterfläche ausbilden. - Hohe Lohnkosten.

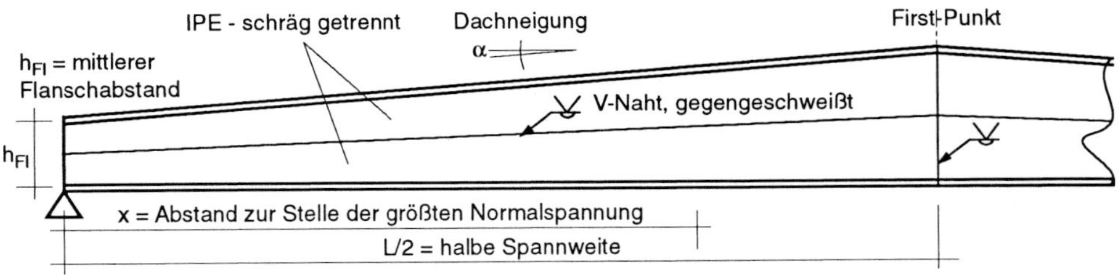

Bild 3.2 **Dachbinder aus getrennten und verdreht verschweißten Walzprofilen**

Die größten Normalspannungen dieser trapezförmigen Querschnitte ergeben sich nicht in Feldmitte, sondern bei Beanspruchung durch Gleichstreckenlast etwa im Abstand

$$x = \frac{-h_{Fl} + \sqrt{h_{Fl}^2 + h_{Fl} \cdot L \cdot \tan\alpha}}{\tan\alpha}$$

Wabenträger entstehen aus Walzprofilen durch polygonale Schweißschnittführung im Steg von Walzprofilen und entsprechendes Zusammenschweißen zu Sechseck- und (mit Zwischensteg) zu Achteckwaben. Vorteil: bessere Material-Ausnutzung (Gurte weiter auseinander für größeres Trägheitsmoment). Der Steg ist für erhöhte Schubspannungen nachzuweisen:

$$max\ \tau = \frac{V_z \cdot maxS_y}{I_y \cdot s} \cdot \frac{c}{a}$$

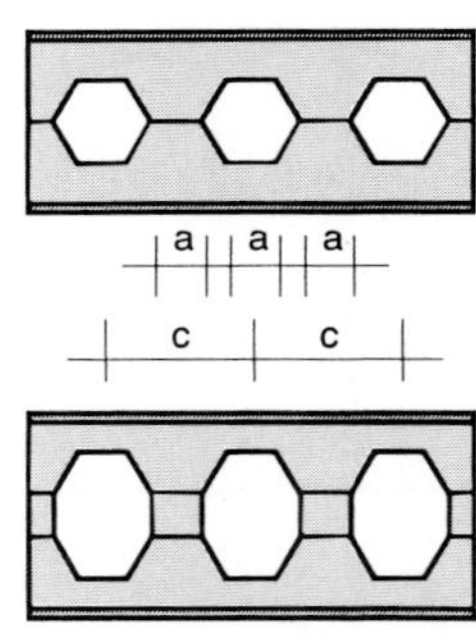

Bild 3.3 **Wabenträger**

Wabenträger ergeben lichtdurchlässige Konstruktionen (günstig z.B. bei Oberlichtern!), die auch optisch vorteilhaft erscheinen können. Möglichkeit der Durchführung von Installationsleitungen. - Gleichfalls hohe Lohnkosten.

Geschweißte Vollwandbinder können durch Höhenverlauf und Variation des Gurtquerschnitts dem Verlauf der statischen Beanspruchung angepaßt werden. Dafür steigen Konstruktions- und Fertigungsaufwand. Sie eignen sich für freiaufliegende Träger wie auch für Stützen und Binder in Rahmentragwerken.

Geschweißte Kastenträger können für große Spannweiten und Lasten vorgesehen werden. Die Torsionssteifigkeit dieser Querschnitte erlaubt meist den Verzicht auf besondere Stabilisierungsverbände im Dach.

Fachwerkbinder lösen das Tragverhalten noch weiter auf und ergeben vor allem bei größeren Spannweiten (über 25 m) leichtere Konstruktionen als Vollwandbinder. Querschnitte können Walzprofile (HEB, T, L) sein; Querschnitte aus Rund- Quadrat- und Rechteckrohren bieten statische und ästhetische Vorteile und sind wegen der minimierten Oberflächen auch bezüglich Unterhalt, Verschmutzung, usw. günstig.

Dreigurtbinder und Mehrgurtbinder werden meist aus Rohrprofilen mit besonderen (patentierten) Knoten-Elementen aufgebaut (Fa. Mannesmann, Mero, ...). Die Querschnitte sind dem Verlauf der Beanspruchung einfach anzupassen. Diese Systeme eignen sich für sehr große Spannweiten. Siehe [1], Abschnitt 14.1.2.

Wellstegträger haben dünne, gewellte Stege. Durch die Wellenform sind z.B. Stege mit Querschnitt 700 x 3 mm realisierbar, die noch ausreichend beulsicher sind. - Insgesamt ist ein Verhältnis $b/t \leq 250$ möglich, $t \geq 2$ mm. Die Stege werden mit einseitiger Kehlnaht und automatisch pendelnder Schweißvorrichtung mit den Gurten verschweißt. Steghöhen 400 ... 1000 mm sind üblich.

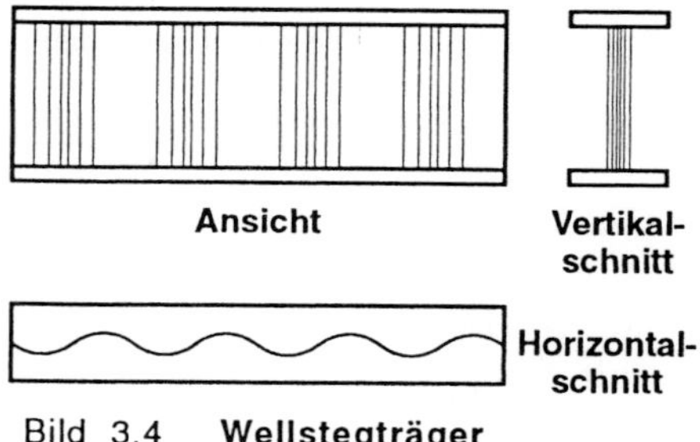

Bild 3.4 **Wellstegträger**

3.2 Dachverbände

3.2.1 Funktion der Dachverbände

In Hallenquerrichtung angeordnete Dachverbände haben zumeist eine Doppelfunktion:

- Die Windlasten werden in Vertikalebenen abgetragen, von denen sie über Verbände oder Scheiben auf tiefer liegende Tragwerksebenen (Deckenscheiben, Fundamente) abgeleitet werden können. Bei Hallenkonstruktionen werden die auf die Giebelwände wirkenden Windlasten über den Dach(-quer-)verband auf die Längswandverbände (oder Rahmen oder Scheiben in den Längswänden) abgesetzt. Dieser Fall wird nachfolgend vorausgesetzt.
- Die Obergurte der Dachbinder werden gegen Biegedrillknicken gesichert und hierfür in gewissen Abständen seitlich abgestützt. Die Dachverbände liegen daher (etwa) in Obergurtebene der Dachbinder; sie sollten jedenfalls nicht wesentlich tiefer angebracht werden.

Die Dachverbände werden in der Regel als Doppelstrebenfachwerke mit nur zugsteifen Diagonalen und drucksteifen Pfosten ausgebildet. Bei Dächern mit Pfetten werden die Pfetten als Fachwerkpfosten genutzt. Als Gurte der Fachwerke in Dachebene dienen die Obergurte der Dachbinder, die für diese zusätzliche Belastung meist nicht verstärkt werden müssen (andere Lastkombination!).

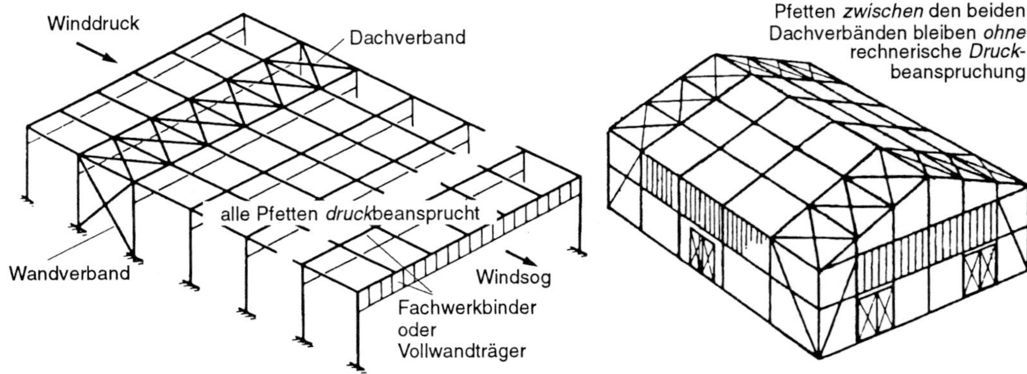

Bild 3.5 **Flachdach- und Satteldachhalle mit Dach- und Wandverbänden**

Die Verbandsfelder werden mit den übrigen zu stabilisierenden Dachbindern nur zugsteif verbunden, wenn zumindest an beiden Hallenenden ein Dachverband angeordnet ist. Wird *nur ein* Dachverband angeordnet, so muß die Verbindung mit den übrigen Dachbindern zug- und *drucksteif* ausgeführt werden.

Bei einem Satteldach knickt die Verbandsebene in der Firstlinie ab. In den Firstpunkten entstehen aus den Gurtkräften ΔN_G der Verbände vertikal gerichtete Umlenkkräfte U, die vom betroffenen Dachbinder aufgenommen werden müssen und hier ein Zusatzmoment ergeben!

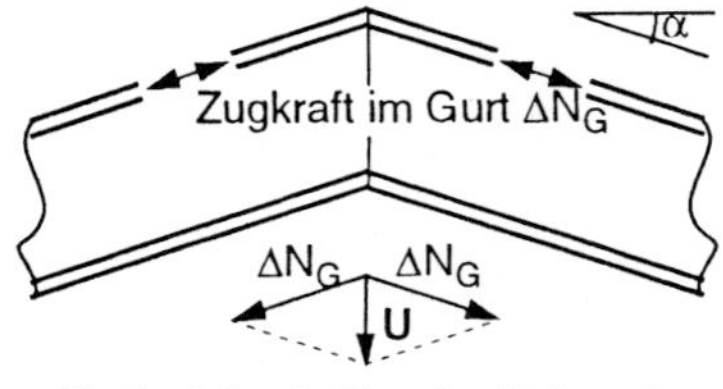

Bild 3.6 **Umlenkkraft aus Dachverband**

3.2.2 Berechnung von Dachverbänden

Der Dachverband wird belastet

- aus Wind durch die Gleichstreckenlast w (bei Satteldächern Trapezlast!),
- aus Imperfektion (Vorkrümmung) der Dachbinder: es entstehen Abtriebskräfte in deren Druckgurten. - Diese werden nachfolgend untersucht:

Die Dachbinder beidseits des Dachverbands werden in ihrer Ebene als zweiteiliger, vergitterter Druckstab aufgefaßt. Nach DIN 18800 Teil 2 ist die Ordinate aus Vorkrümmung in Stabmitte $w_0 = L/500$; sie gilt für *alle* Dachbinder. Für die Druckkraft in jedem Gurt wird ein *parabelförmiger* Verlauf über die Binderlänge angenommen, in Bindermitte erreicht die Gurtkraft jedes Binders den Wert N_G.

Nimmt man für den Verlauf der Vorkrümmung wieder eine quadratische Parabel an, so wird auch die kontinuierlich wirkend gedachte Abtriebskraft $q^N(x)$ den Verlauf einer Parabel 2. Ordnung haben.

Für alle zu stabilisierenden Dachbinder zusammen ist die Gurtkraftsumme ΣN_G.

$$q^N(x) = \Sigma N_G(x) \cdot w''(x) = \Sigma N_G \cdot \left(1 - \frac{4x^2}{L^2}\right) \cdot \frac{8w_0}{L^2}$$

$$w_0 = L/500 \qquad \text{und} \qquad q^N = \frac{8}{500} \cdot \Sigma N_G / L$$

$$q^N(x) = q^N \cdot \left(1 - \frac{4x^2}{L^2}\right) = \frac{8}{500} \cdot \left(1 - \frac{4x^2}{L^2}\right) \cdot \frac{\Sigma N_G}{L}$$

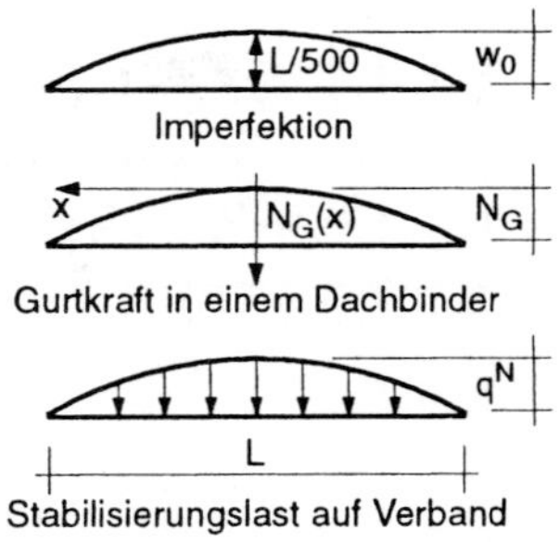

Aus den Querlasten w (Wind) und $\Sigma q^N(x)$ folgt:

$$max\ M = \frac{wL^2}{8} + q^N \cdot \frac{5}{48} \cdot L^2 = \frac{wL^2}{8} + \frac{8}{500} \cdot \frac{5}{48} \cdot \Sigma N_G \cdot L = \frac{wL^2}{8} + \frac{\Sigma N_G \cdot L}{600}$$

$$max\ V = w \cdot \frac{L}{2} + q^N \cdot \frac{L}{3} = \frac{wL}{2} + \frac{8}{1500} \cdot \Sigma N_G$$

Der Einfluß der Theorie II. Ordnung hängt von der Biege- und Schubsteifigkeit des Dachverbands ab. Er läßt sich *allgemein* nur abschätzen. Als eine sehr ungünstige Schätzung kann eine Zunahme der Schnittgrößen aus Th.II.O. von 20 % gelten. Damit werden die relevanten Schnittgrößen nach Th.II.O.:

$$max\ M^{II} = 0,15 \cdot wL^2 + 0,002 \cdot \Sigma N_G \cdot L$$

$$max\ V^{II} = 0,6 \cdot wL + 0,0064 \cdot \Sigma N_G$$

Insbesondere bei sehr vielen zu stabilisierenden Dachbindern erhebt sich die Frage, ob die Imperfektionen aller Binder voll in dieselbe Richtung angesetzt werden müssen. Sinnvoll erscheint es, einen Reduktionsfaktor für die Stabilisierungslasten einzuführen, entsprechend der Reduktion für die Schiefstellung mehrerer Stützen nach DIN 18800 Teil 2:

$$r = \frac{1}{2} \cdot \left(1 + \sqrt{\frac{1}{n/2}}\right) \qquad n = \text{Anzahl der zu stabilisierenden Binder}$$

Die Formel entspricht r_2 aus [2/305], nur wird *hier* n/2 (anstatt dort n) angesetzt, weil auch beim Ansatz der Vorkrümmung 2 Dachbinder zusammen als *ein* vergitterter Druckstab aufgefaßt sind; in der Reduktionsformel wird daher entsprechend verfahren.

Mit wachsender Anzahl zu stabilisierender Binder $n \to \infty$ geht $r \to 0,5$. Die Praxis bedient sich bisher selten dieser akzeptabel erscheinenden Reduktion.

Am häufigsten wird in der Praxis mit den Formeln von Gerold gerechnet. Siehe hierzu [1], Abschnitt 14.2.1 (man ersetze dort ΣH_i durch ΣN_G).

Aus den zuvor ermittelten Biegemomenten und Querkräften sind die Fachwerk-Stabkräfte des Dachverbands zu berechnen.

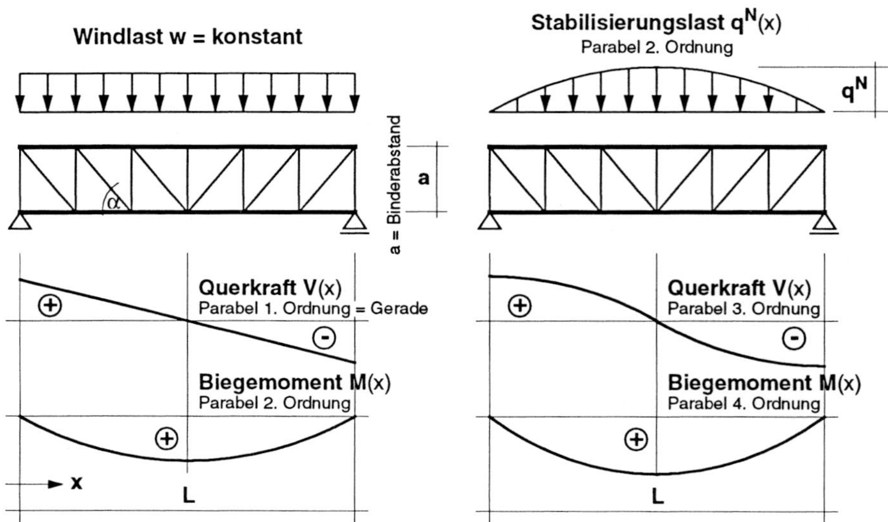

Bild 3.7 **Schnittgrößen M und V am Dachverband**

Druck-/Zugkraft im Bindergurt: $\Delta N_{Gurt} = M^{II}/a$

Diese zusätzliche Beanspruchung können die Gurte meist ohne weiteres aufnehmen.

Zugkraft in der höchstbeanspruchten Diagonale: $max\ D = V^{II}/sin\alpha$

Weil die als Streckenlasten dargestellten Belastungen des Fachwerks tatsächlich als Einzellasten in den Fachwerkknoten angreifen müssen, steigen die Querkräfte in Wirklichkeit auch sprunghaft an. Deshalb läßt sich die Beanspruchung insbesondere der Diagonalen bei genauerer Rechnung reduzieren:

$$max\ D \approx \left(V^{II} - \frac{V^{II}_{Wind}}{m}\right) \cdot \frac{1}{sin\alpha} \qquad \text{mit}$$

m = Anzahl der (gleichmäßig breiten!) Gefache des Fachwerks.

Für die weiter innen liegenden Diagonalen und Pfosten kann die Belastung unter Beachtung des Querkraft-Verlaufs weiter reduziert werden.

Druckkraft im höchstbeanspruchten Pfosten: $max\ V \approx V^{II}$

Hinweis: Die Stabilisierungslasten im Dachverband bilden eine Gleichgewichtsgruppe; deshalb entstehen hieraus keine weiterzuleitenden Auflagerkräfte. Sofern nur *ein* Dachverband existiert, müssen hierfür jedoch durchgehende drucksteife Traufpfetten ausgebildet sein.

Die Auflagerkräfte aus Wind müssen in jedem Fall weitergeleitet werden, allerdings *ohne* eine Erhöhung aus Th. II.O.

3.2.3 Beispiel

Ausgangsdaten aus [19], 1. Aufl., S. 546:

15 zu stabilisierende Dachbinder, Spannweite 28 m, Abstand je 5 m. Gebrauchslasten: Wind w = 1,8 kN/m. Größte Gurtkraft in jedem Binder: 250 kN (aus g+s).

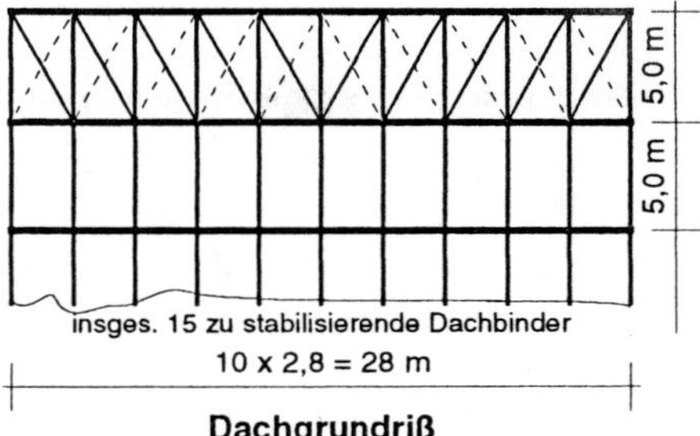

Dachgrundriß

Die Schnittgrößen *max* M^{II} und *max* V^{II} des Dachverbandes werden nach verschiedenen Verfahren berechnet und die Ergebnisse miteinander verglichen.

Gerechnet wird mit $\gamma_M \cdot \gamma_F$-fachen Lasten: $\gamma = \gamma_M \cdot \gamma_F = 1,1 \cdot 1,35 = 1,485$ (für g+s+w)

Mit den zuvor hergeleiteten Formeln wird:

$$max\ M^{II} = (0,15 \cdot 1,8 \cdot 28^2 + 0,002 \cdot 15 \cdot 250 \cdot 28) \cdot \gamma = (211,7 + 210,0) \cdot 1,485 \approx 626 \text{ kNm}$$

$$max\ V^{II} = (0,6 \cdot 1,8 \cdot 28 + 0,0064 \cdot 15 \cdot 250) \cdot \gamma = (30,24 + 24,00) \cdot 1,485 \approx 81 \text{ kN}$$

Macht man vom Reduktionsfaktor $r = \frac{1}{2} \cdot \left(1 + \sqrt{\frac{1}{15/2}}\right) = 0,683$ für Stabilisierung gemäß den zuvor gemachten Ausführungen Gebrauch, so wird:

$$max\ M^{II} = (211,7 + 0,683 \cdot 210) \cdot 1,485 \approx 527 \text{ kNm}$$

$$max\ V^{II} = (30,24 + 0,683 \cdot 24) \cdot 1,485 \approx 69 \text{ kN}$$

Die "alte" Stabilitätsnorm DIN 4114 enthält (Blatt 1, 12.4) die pauschale Angabe, daß Stäbe aussteifender Verbände mit 1/100 der Druckkraft im zu stabilisierenden Stab zu belasten sind. Man kann dies in dem Sinne anwenden, daß 1/100 der 15-fachen Kraft in einem Druckgurt, also 37,5 kN, auf den Dachverband angesetzt werden. Ein Einfluß Th. II.O. ist dabei nicht berücksichtigt.

Die Ersatz-Horizontallast wird in Verbandsmitte angesetzt:

$$max\ M = (1,8 \cdot 28^2/8 + 37,5 \cdot 28/4) \cdot 1,485 = 652 \text{ kNm}$$

$$max\ V = (1,8 \cdot 28/2 + 37,5/2) \cdot 1,485 = 65,3 \text{ kN}$$

Der Einfluß Th. II.O. kann zusätzlich errechnet werden. Er wird hier mit 15 % abgeschätzt:

$$max\ M^{II} = 1,15 \cdot 652 = 750 \text{ kNm}$$

$$max\ V^{II} = 1,15 \cdot 65,3 = 75,1 \text{ kN}$$

Nach Gerold (mit den in [1], Abschnitt 14.2.1, angegebenen Formeln) wird:

$$max\ M^{II} = (1,36 \cdot 1,8 + 0,021 \cdot 15 \cdot 250/28) \cdot 28^2/8 \cdot 1,485 = 770 \text{ kNm}$$

$$max\ V^{II} = (1,28 \cdot 1,8 + 0,0167 \cdot 15 \cdot 250/28) \cdot 28/2 \cdot 1,485 = 94,4 \text{ kN}$$

Berechnungs-Methode	gemäß eigener Ableitung	eig. Ableitung mit Reduktion	nach DIN 4114 (Th. II.O.)	nach Gerold (ungünstigst)	nach Gerold (genau, s. [19])	nach Petersen (siehe [19])
max M^{II} [kNm]	626	527	750	770	636 ... 705	561 ... 622
max V^{II} [kN]	81	69	75	94	79 ... 87	74 ... 82

In der vorhergehenden Tabelle sind die zuvor errechneten Ergebnisse mit anderen (aus [19] umgerechneten) verglichen: Nach unterschiedlichen Verfahren sind teilweise erhebliche Differenzen auszumachen! Es wird nochmals darauf hingewiesen, daß es *das* richtige Ergebnis nicht gibt, weil alles von den jeweils getroffenen Imperfektions- (und anderen) Annahmen abhängig ist.

Anmerkung: Bei diesem Beispiel wirkt sich wegen der vielen Dachbinder der Ansatz des Reduktionsfaktors besonders stark aus.

3.3 Aussteifung von Wänden

3.3.1 Wandverbände

In Längswänden und/oder Giebelwänden von Hallen leiten die Wandverbände Lasten aus Wind und Stabilisierung, ggf. auch Kranen und Fahrzeuganprall ab. Die Stabilisierung betrifft nur die Schiefstellung der Wandstützen.

Aus Stabilisierungslasten für die Dachverbände ergeben sich, wie schon in Abschnitt 3.2.2 erwähnt, i.a. keine in die Wände weiterzuleitenden Lasten!

Bei großen Horizontallasten können erhebliche abhebende Lagerkräfte auftreten, die entsprechend große Fundamente erfordern. Folgendes Bild zeigt eine Möglichkeit, Diagonalen so anzuordnen, daß in einer Wand nur *ein* Fundament auf Zug beansprucht wird (anstatt zwei, wie es bei einem Verbandskreuz der Fall ist).

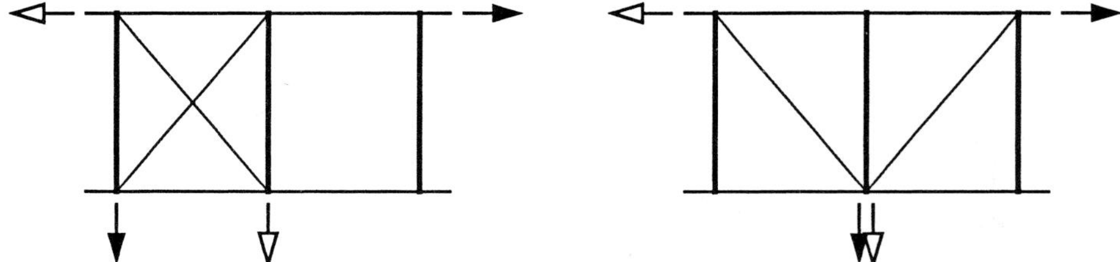

Bild 3.8 **Wandverbände** - links: zwei zugbeanspruchte Fundamente - rechts: nur eines

3.3.2 Wandrahmen

Die Verbandskreuze von Wandverbänden werden bisweilen als störend empfunden. In Längswänden von Hallen werden dann Rahmen angeordnet, deren Stiele mit den Stielen der Hallen-Querrahmen integriert werden.

Giebelwände werden oft so konzipiert, daß spätere Hallenerweiterung möglich ist. Hier ist es am einfachsten, auch die Giebelwände als Normalrahmen auszubilden und zur Wandbefestigung vertikal nichttragende Stützen (mit entsprechend längsverschieblichen Anschlüssen an den Riegel) anzuordnen.

Sind die Stützen in Längs- und/oder Querwänden in den Fundamenten eingespannt ausgebildet, läßt sich auf Wandverbände und Wandrahmen ganz verzichten. Einspannfundamente sind jedoch verhältnismäßig teuer.

4 Verbundträger

4.1 Grundlagen

4.1.1 Wirkungsweise von Verbundträgern

Verbundträgerbau kombiniert das Tragvermögen von Stahlträgern mit dem von Beton- oder Stahlbetonbauteilen (Träger oder Platten). Dabei werden nach Möglichkeit die Vorzüge der beiden Materialien genutzt und kombiniert, während man deren arteigene Nachteile zu vermeiden versucht.

- Stahl hat den Vorteil hoher Festigkeit und hohen E-Moduls. Der Nachteil der hohen Kosten soll minimiert werden, indem Stahlquerschnitte nach Möglichkeit bezüglich der Festigkeit gut ausgenutzt werden.
- Beton hat den Vorteil geringer Kosten bei relativ guter Druckfestigkeit. Der Nachteil, daß rechnerisch keine Zugspannungen aufgenommen werden können, soll minimiert werden, indem Betonquerschnitte möglichst nur im Druckbereich des Gesamtquerschnitts angeordnet werden.

Verbundbau setzt die planmäßige Verbindung der aus unterschiedlichen Werkstoffen bestehenden Querschnittsteile voraus. Hierzu dienen besondere Verbundmittel. Verbund aus Haftwirkung darf *nicht* in Rechnung gestellt werden!

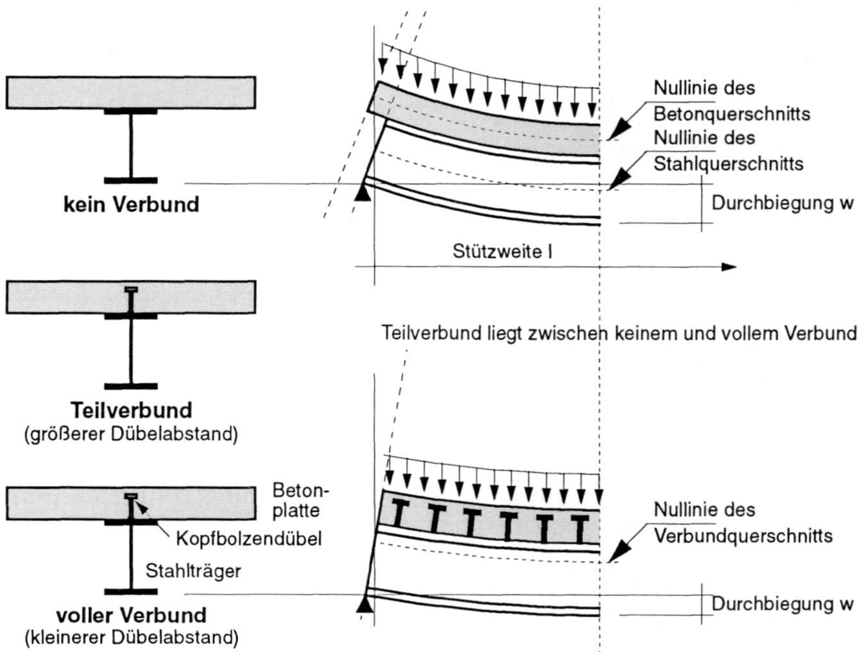

Bild 4.1 **Unterschiedlicher Verdübelungsgrad zwischen Stahlträger und Betonplatte**

4.1.2 Konstruktive Ausbildung

Im Geschoßbau werden Verbundträger als Deckenträger eingesetzt. Als Verbundmittel werden heute ausschließlich auf den Träger-Obergurt maschinell aufgeschweißte Kopfbolzendübel verwendet. Als Stahlträger werden überwiegend Walzprofile eingesetzt. Mit Kammerbeton ausgefüllte vorgefertigte Träger werden besonders wegen des Brandschutzes angeordnet.

Die Betonplatte des Verbundträgers kann gleichzeitig zu ihrer Wirkung im Verbundquerschnitt quer zum Verbundträger der örtlichen Lastabtragung dienen. Quer zu Verbundträgern kann auch eine Verbunddecke mit Trapezprofilen ausgebildet werden. Im negativen Momentenbereich eines Verbundträgers kann das Tragvermögen durch Bewehrung in der Beton-Zugzone beeinflußt werden.

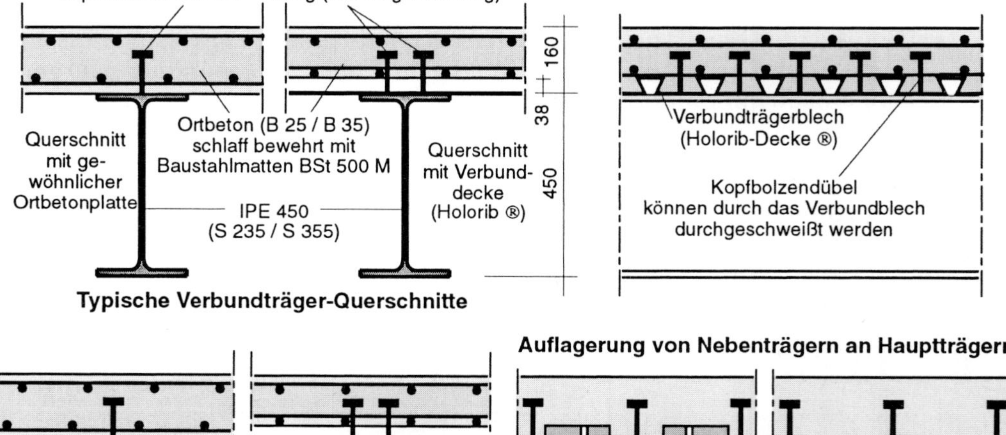

Bild 4.2 **Verbundträger-Querschnitte**

Im Geschoßbau ergeben Verbundträger oft wirtschaftlichere Lösungen als reine Stahl- oder reine Betonträger. Sie sind ab etwa 8 bis 10 m Stützweite interessant und kombinieren gegenüber dem Betonbau die Vorteile größeren Stützenabstands mit geringerer Bauhöhe; sie sind andererseits oft wirtschaftlicher als reine Stahlbauten, insbesondere im Zusammenwirken mit Verbunddecken.

Der Verbundbau bedient sich öfter spezieller Trägeranschlüsse; durchdachte Verbundanschlüsse sind für die Wirtschaftlichkeit wichtig, siehe [30]. Bei durchlaufenden Betonplatten werden evtl. mehrfeldrige Träger in Einfeldträger aufgelöst.

Senkrecht zum Verbundträger gespannte Trapezprofile müssen verhältnismäßig niedrig gewählt werden, weil sie bei größerer Höhe die Dübeltragfähigkeit stark reduzieren (siehe Abschnitt 4.3.1). Dadurch werden für den Betonierzustand meist Hilfsstützen für die Trapezprofile notwendig.

Abhilfe schafft hier die Entwicklung eines hochstegigen Trapezprofils, das zwischen die Obergurte der Stahlträger eingehängt wird. In Bild 4.3 wird nochmals die Hoesch-Additiv-Decke® gezeigt, siehe dazu Abschnitt 1.3.3. und Bild 1.17.

Der Anschluß der durch Sicken ausgesteiften Trapezprofile an den Stahlträger erfolgt durch Einhängen der Trapezprofile in massive Stahlknaggen, die auf die Stahlträger geschweißt sind. Die Stahltrapezprofile laufen nicht über die Verbundträger durch, deshalb wirkt die Ortbetonplatte in voller Höhe mit. Die Kopfbolzendübel können direkt auf den Stahlträger geschweißt werden.

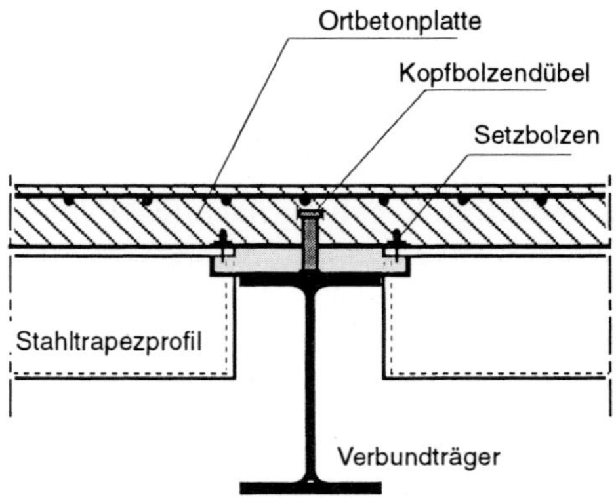

Bild 4.3 **Hoesch-Additiv-Decke ®**

4.1.3 Verbundträger in Flachdecken

Entwicklungen im Geschoßbau haben zu neuartigen Verbundträgern geführt, die höhenmäßig voll in die Massiv- oder Verbunddecke integriert sind. Der Vorteil liegt in erster Linie in der Einsparung von Konstruktionshöhe für ein Geschoß. Entwickelt wurde der sog. Slim-Floor Deckenträger, siehe Lit. [21].

Der Stahlträger besteht aus einem UPE-Profil mit untergeschweißtem Flachstahl oder Blech. UPE-Profile sind parallelflanschige U-Profile mit gegenüber üblichen U-Profilen verbesserten statischen Eigenschaften. Über Kopfbolzendübel wird die Verbundwirkung hergestellt, siehe Bild 4.4.

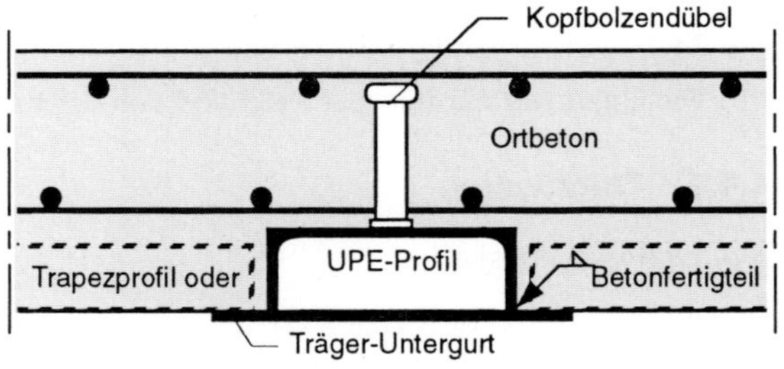

Bild 4.4 **Slim-Floor Deckenträger**

Als untere Deckenschalung dienen Trapezprofile oder Fertigteilplatten, die später im Verbund mit dem Ortbeton wirken. Diese werden auf dem Träger-Untergurt aufgelegt, der dadurch auf Querbiegung beansprucht wird. Bei Durchlaufender Betonplatte bringt das Stützmoment zusätzlichen Anpreßdruck auf das UPE-Profil und dadurch verbesserten Verbund mit dem Stahlträger.

4.1.4 Regelwerke

Dem gegenwärtigen Stand der Normung entsprechend gelten für Verbundträger:

- Richtlinien für die Bemessung und Ausführung von Stahlverbundträgern (3.81) mit Erg.erl. zur Dübeltragfähigkeit (3.84) und Rissebeschränkung (6.91).

Die genannten Richtlinien nehmen Bezug auf die alten Stahlbaunormen und auf DIN 1045 (7.88). Weiterentwicklung in E DIN 18800 Teil 5 (4.98), siehe Abschnitt 4.6.

Die Bemessung für die Stahlträger (im Verbundträger) erfolgte im Hochbau unter vorwiegend ruhender Belastung bisher nach DASt-Richtlinie 008 (Traglastverfahren). DASt-Ri 008 ist zurückgezogen worden. Man rechnet am besten nach DIN 18800 T. 1+2 wie für $\gamma_F \cdot \gamma_M$-fache Einwirkungen.

Zukünftige Regelung nach EC 4: Bemessung und Konstruktion von Verbundtragwerken aus Stahl und Beton. Vornorm Teil 1.1: DIN V ENV 1994 T.1-1 (2.94). Siehe hierzu Abschnitt 4.5.

4.1.5 Bezeichnungen

Gemäß geltenden Regelwerken werden die Bezeichnungen übernommen.

A_a Fläche des Stahlträgers
A_s Fläche des Betonstahls
A_b wirksame Betondruckfläche

β_a Fließgrenze des Profilstahls (= $f_{y,k}$)
β_s Fließgrenze des Bewehrungsstahls
β_R Rechenfestigkeit des Betons

M_{pl} Tragmoment des Verbundträgers
$V_{pl} = V_{pl,a}$ plastische Querkraft des Stahlträgers (wie des Verbundträgers)
$M_{pl,a}$ plastisches Tragmoment des Stahlträgers: $M_{pl,a} = \gamma_M \cdot M_{pl,a,d}$

E_a E-Modul Stahl (E_a = 21000 kN/cm^2)
E_b E-Modul Beton nach DIN 1045 (7.88)

Die Querkraft wird *hier*, abweichend von der Richtlinie (dort Q), mit V bezeichnet.

4.1.6 Nachweise

Nachzuweisen sind:

- Tragsicherheit des Verbundträgers = ausreichende Sicherheit gegen Erreichen der Traglast und gegen Instabilität,
- Verbundsicherung = Nachweis der Verbundmittel,
- Schubdeckung im Beton,
- Tragsicherheit der Beton- oder Verbunddeckenplatte,
- Tragsicherheit im Bauzustand,
- Gebrauchstauglichkeit = Beschränkung der Verformungen im Träger unter Berücksichtigung des Langzeitverhaltens, Rissebeschränkung im Beton.

Sicherheiten und Festigkeitswerte

Gegen Erreichen der Traglast sind folgende Sicherheiten einzuhalten:

- Lastfall H - Hauptlasten (ständige Lasten, Verkehrslasten, Schnee):$\gamma = 1{,}7$
- Lastfall HZ - Hauptlasten + Zusatzlasten (Wind, Temperatur, ...): $\gamma = 1{,}5$

Es werden hier derzeit die Definitionen der alten Stahlbaunorm DIN 18801 (9.83) bezüglich Einteilung in Haupt- und Zusatzlasten angewandt, verbunden mit den Sicherheitsbeiwerten der Traglastrichtlinie DASt-Ri 008 für den Stahlbau.

Diesen Einwirkungen werden die charakteristischen Querschnittswerte für die Tragfähigkeit des Stahls gegenübergestellt, ohne Abminderung um γ_M. Es wird also nicht mit gesplitteten Sicherheiten gearbeitet wie in DIN 18800 (9.90). Die M-V-Interaktion ist in der Richtlinie nur wenig anders definiert als in DIN 18800.

Für den Beton wird die Tragfähigkeit gemäß nachfolgender Tabelle definiert:

Tab. 4.1 **Rechenwerte Festigkeit und E-Modul für Beton nach Verbund-Richtlinie**

Betongüte nach DIN 1045 (7.88)	**B 25**	**B 35**	**B 45**	**B 55**
β_R = **Rechenfestigkeit** [kN/cm^2] nach Verb. Ri.	1,50	2,10	2,70	3,30
E_b = **E-Modul Beton** [kN/cm^2] nach DIN 1045	3000	3400	3700	3900
Verhältnis der E-Moduli $n_0 = E_a/E_b$	7,00	6,18	5,68	5,38

Nachweisverfahren

Zum Nachweis der Tragsicherheit kommen die Verfahren E-P und P-P in Frage.

Bei Durchlaufträgern eignet sich das Verfahren P-P ganz besonders. Die beliebige Umlagerung der Schnittgrößen, die lediglich das Einhalten der Gleichgewichtsbedingungen fordert, schafft hier besondere Vorteile, sowohl was die wirtschaftliche Ausnutzung der Gegebenheiten als auch was die Vereinfachung der Nachweise anbelangt. Eine statisch unbestimmte Berechnung ist praktisch nicht mehr erforderlich.

Die Gebrauchstauglichkeit (= Nachweis der Verformungen) muß allerdings unter Gebrauchslasten erfolgen, also bei Durchlaufträgern am statisch unbestimmten System. Sie hat wegen der zeitlichen Veränderungen im Beton (Schwinden und Kriechen) die "Belastungsgeschichte" des Tragwerks zu berücksichtigen und gestaltet sich dadurch oft umfangreich und kompliziert.

Die Nachweise im Beton sind auf DIN 1045 (7.88) abgestimmt und werden hier entsprechend aus der Richtlinie übernommen. Eine Umstellung auf die neue DIN 1045-1 (7.01) ist nicht einfach möglich und bedarf einer neuen Zulassung.

4.2 Tragsicherheitsnachweis für Verbundträger

4.2.1 Tragmoment im positiven Momentenbereich

Der Betongurt liegt - zumindest teilweise - in der Druckzone. Zugspannungen dürfen von Beton planmäßig nicht aufgenommen werden.

Aus wirtschaftlichen Gründen ist man bestrebt, den Stahlquerschnitt so zu dimensionieren, daß er im positiven Momentenbereich *nur* auf Zug beansprucht wird. Dies wird für nachfolgende Beziehungen stets angenommen! Außerdem wird vorausgesetzt, daß die Stahlprofile symmetrischen Querschnitt haben.

Im Traglastzustand ist die Zugkraft im Stahlquerschnitt:

$$Z_a = N_{pl,a} = A_a \cdot \beta_a \qquad \text{mit} \qquad \beta_a = f_{y,k} \quad \text{(nach DIN 18800 Teil 1)}$$

Der Betonquerschnitt hat die mittragende Breite $b_m \leq b$, die in Abhängigkeit der Stützweite ermittelt wird, z.B. nach Heft 240 DAfStb, siehe Bild 4.5.

Im positiven Momentenbereich ist bei symmetrisch angeordneter Betonplatte:

$$b_m = l_0/3 \leq b$$

Bei einseitig angeordneter Betonplatte gilt der halbe Wert.

Die Ersatzstützweite l_0 ist der Abstand der Momenten-Nullpunkte, der bei Einfeldträgern der Stützweite l entspricht und bei anderen Randbedingungen wie in Bild 4.6 dargestellt angesetzt werden darf.

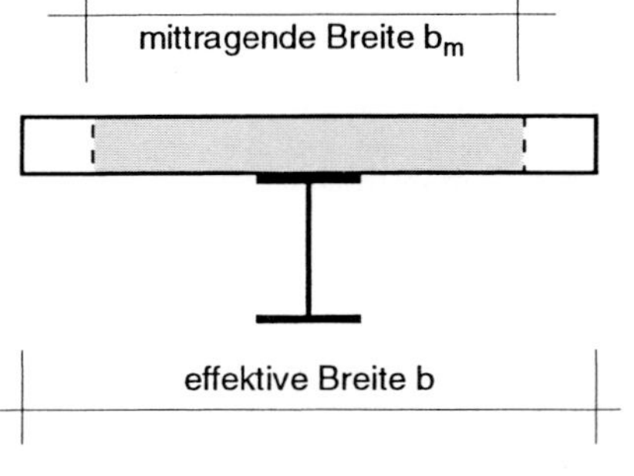

Bild 4.5 **Mittragende Plattenbreite b_m**

Über den Innenstützen eines Durchlaufträgers schnürt sich die mittragende Breite ein:

$$b_m = 0,15 \cdot l_0 \leq b$$

Die Druckkraft im Betongurt ist begrenzt auf den Wert:

$$D_b \leq b_m \cdot x_{pl} \cdot \beta_R$$

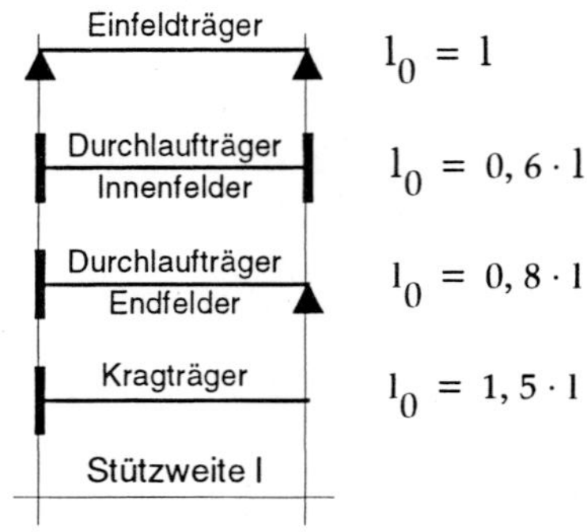

Bild 4.6 **Ersatzstützweiten l_0**

mit der Rechenfestigkeit des Betons:

$$\beta_R = 0,6 \cdot \beta_{WN} \qquad \text{(Verbund-Ri. 81, 6.3.1)}$$

Dabei β_{WN} ist die Nennfestigkeit des Betons nach DIN 1045 (7.88).

Die Forderung, daß der Stahlträger ganz im Zugbereich liegt, bedeutet:

$$Z_a = b_m \cdot x_{pl} \cdot \beta_R \qquad \text{oder} \qquad x_{pl} = \frac{Z_a}{b_m \cdot \beta_R} \leq d$$

Wenn die Betonplatte als Verbunddecke mit quer zum Träger verlegten Trapezprofilen ausgebildet ist, kann nur der Bereich der durchgehenden Betonplatte Druckkräfte aufnehmen. Dann gilt:

$$x_{pl} = \frac{Z_a}{b_m \cdot \beta_R} \leq d - h_r$$

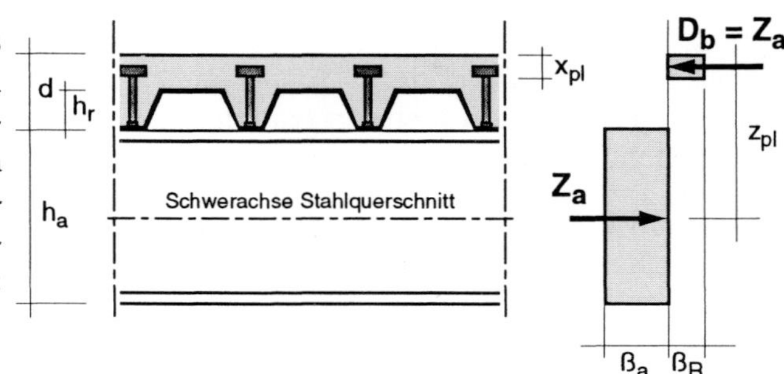

Bild 4.7 **Spannungen und Kräfte bei Erreichen des Tragmoments**

Das Tragmoment M_{pl} des Verbundquerschnitts wird gemäß Bild 4.7:

$$M_{pl} = Z_a \cdot z_{pl} \qquad \text{mit} \qquad z_{pl} = \frac{h_a}{2} + d - \frac{x_{pl}}{2}$$

4.2.2 Einfluß des Verdübelungsgrads auf das Tragmoment

Ausnutzung des Tragmoments M_{pl} setzt volle Verdübelung der Zugkraft Z_a voraus. Wird das Tragmoment durch das vorhandene Moment M_y nicht vollständig ausgenutzt, so läßt sich ohne weiteres die Verdübelung linear reduzieren, siehe (1) in Bild 4.8.

Weitere Reduzierung der Dübel-Anzahl n ist unter besonderen Voraussetzungen möglich:

- vorwiegend ruhende Belastung (Hochbau, Industriebau),
- Walzprofile mit ausreichender Profildicke und ähnliche Schweißprofile,
- Einfeldträger oder positiver Momentenbereich von Durchlaufträgern,
- Betonfestigkeiten B 25 oder B 35.

Der Verdübelungsgrad ist:

$$\eta = \frac{erf n}{n_{pl}} = \frac{M_y - M_{pl,a}}{M_{pl} - M_{pl,a}} \geq 0,5$$

Die Formel geht davon aus, daß zuerst das plastische Moment des Stahlträgers $M_{pl,a}$ voll ausgenutzt wird und nur der darüberliegende Momentenwert M_y - $M_{pl,a}$ verdübelt werden muß, siehe (2) in Bild 4.8.

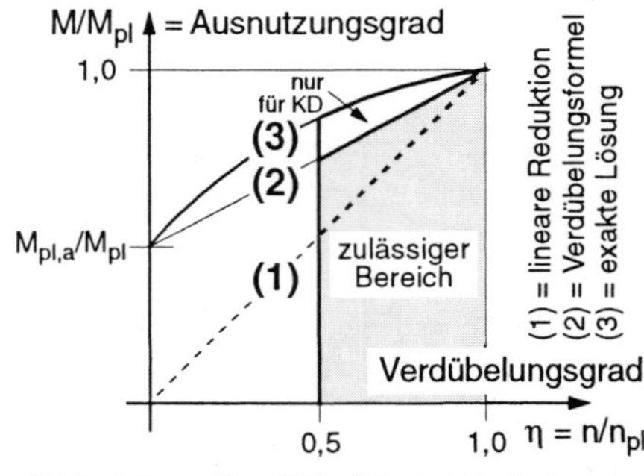

Bild 4.8 **Verdübelungsgrad**

Noch günstigere Werte als die lineare Interpolation zeigt die exakte Lösung für M/M_{pl}, weil der Hebelarm z_{pl} der inneren Kräfte Z_a und D_b bei kleiner werdender Betondruckzone größer wird, siehe (3) in Bild 4.8. Die exakte Lösung darf nur für Kopfbolzendübel als Verbundmittel ausgenutzt werden, weil nur hier die für die angesetzten Spannungsverhältnisse erforderliche Duktilität gegeben ist.

Bei der Ausrechnung des reduzierten Tragmoments M ist zu beachten, daß mit abnehmendem Verdübelungsgrad der Stahlträger auch anwachsend Druckkräfte aufzunehmen hat.

In jedem Fall muß 50 % der Zugkraft Z_a verdübelt werden: *min* η = 0,5 (in den Entwürfen zu EC 4 ist *min* η = 0,4 vorgesehen).

4.2.3 Tragmoment im negativen Momentenbereich

Über den Innenstützen von Durchlaufträgern wird der Beton auf Zug beansprucht. Er darf rechnerisch nicht zur Aufnahme von Zugkräften herangezogen werden. Je nach konstruktiver Ausführung unterscheidet man drei Modelle.

Sinnvoll ist ausreichende Zugbewehrung (obere Bewehrung im Abstand c_S vom Stahlträger-Obergurt) in der Betonplatte, die auf die mittragende Breite bezogen nicht unter 0,8 % des Betonquerschnitts liegen sollte. Die Bewehrung soll wegen der Duktilität in Stabstahl ausgeführt werden! Die Zugkraft in der Bewehrung ist:

$$Z_S = A_S \cdot \beta_S$$

Man unterscheidet dann 2 Rechen- bzw. Konstruktionsmodelle, Typ I und Typ II. Ein Typ III wird definiert, wenn gar keine Zugbewehrung im Betonquerschnitt vorgesehen wird, der Beton über der Stütze also vollständig aufgerissen ist.

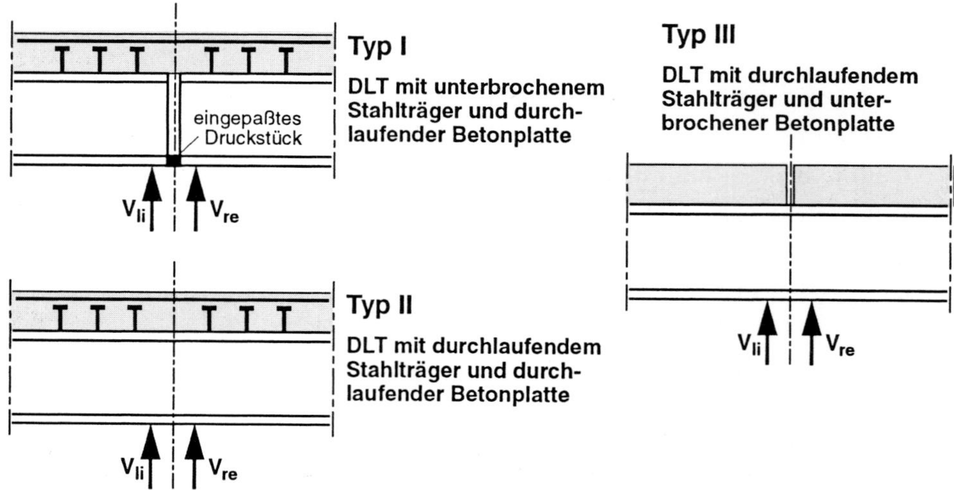

Bild 4.9 **Durchlaufender Verbundträger über einer Innenstütze - Ausbildungstypen**

Typ I

Der Stahlträger wird am Auflager unterbrochen. Der Druckgurt des Stahlträgers wird auf Kontakt gestoßen. D_a ist die plastische Gurtkraft im Stahlträger. Die Bewehrung in der Betonplatte wird so gewählt, daß die plastische Zugkraft Z_S kleiner bleibt als D_a. Der Obergurt des Stahlträgers bleibt unberücksichtigt.

$$D_{pl,G} = A_G \cdot \beta_a$$

$$Z_S = A_S \cdot \beta_S = D_a \le D_{pl,G}$$

$$M_{pl} = Z_S \cdot (c_S + h_a - t/2)$$

$$M_{pl} = Z_S \cdot (z_a + z_S) = Z_S \cdot z$$

Sehr niedrige Bewehrungsstufen sollten bei diesem Stoßtyp vermieden werden!

$$V_{pl} = A_{St} \cdot \beta_a / \sqrt{3}$$

Querschnitt Schnittgrößen Spannungen Kräfte

Bild 4.10 **Verbundquerschnitt über Stütze - Typ I**

Typ II

Der Stahlträger wird am Auflager durchgeführt. Zur Momentenübertragung werden nur die Bewehrung und die Gurte des Stahlträgers herangezogen. Der Steg des Stahlträgers wird für die Übertragung der Querkraft reserviert. Möglich ist auch ein Nachweis genauer M-V-Interaktion.

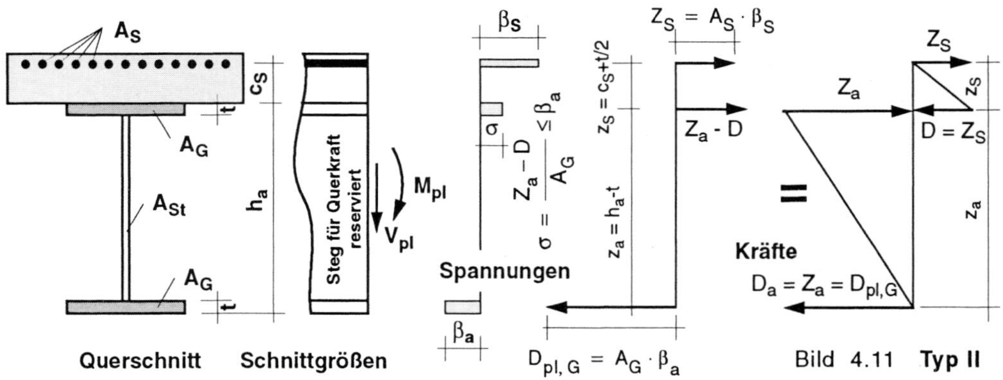

Bild 4.11 **Typ II**

Gegenüber Typ I hat sich statisch geändert, daß nun auch der Obergurt des Stahlträgers an der Momentenübertragung teilnimmt.

Das plastische Moment des Stahlträgers *ohne* Steg (für Querkraft reserviert) ist:

$$M'_{pl,a} = A_G \cdot \beta_a \cdot (h_a - t) = D_{pl,G} \cdot z_a = Z_{pl,G} \cdot z_a \quad \text{mit} \quad Z_{pl,G} = D_{pl,G}$$

Insgesamt wird das plastische Moment:

$$M_{pl} = M'_{pl,a} + Z_S \cdot (c_S + t/2) = Z_{pl,G} \cdot z_a + Z_S \cdot z_S \quad \text{mit} \quad Z_S \le 2 \cdot D_{pl,G}$$

Für $Z_S = D_{pl,G}$ ergibt Typ II kein anderes Ergebnis als Typ I; dann ist die resultierende Kraft im Obergurt des Stahlträgers Null!

Typ III

Wird keine oder nur sehr geringe Bewehrung in der Betonplatte in Richtung des Verbundträgers eingebaut, so besteht die Gefahr der Rißbildung. Läuft der Stahlträger über der Stütze durch, so wirkt er mit seinem plastischen Moment $M_{pl,a}$. Diese Ausführung ist jedoch nicht empfehlenswert: hier entsteht gar kein Verbundträger. In die Betonplatte sollte auf jeden Fall eine Fuge (zumindest eine Scheinfuge) eingearbeitet werden, weil sich sonst unkontrolliert Risse bilden.

Abhängigkeit zwischen Feld- und Stützmoment

Im Endfeld eines mit der Gleichstreckenlast q belasteten Durchlaufträgers gilt:

$$M(x) = \left(\frac{ql}{2} + \frac{M_S}{l}\right) \cdot x - \frac{qx^2}{2}$$

Das Stützmoment ist mit seinem richtigen Vorzeichen, also $M_S < 0$, einzusetzen.

Abkürzung: $M_m = \frac{ql^2}{8}$

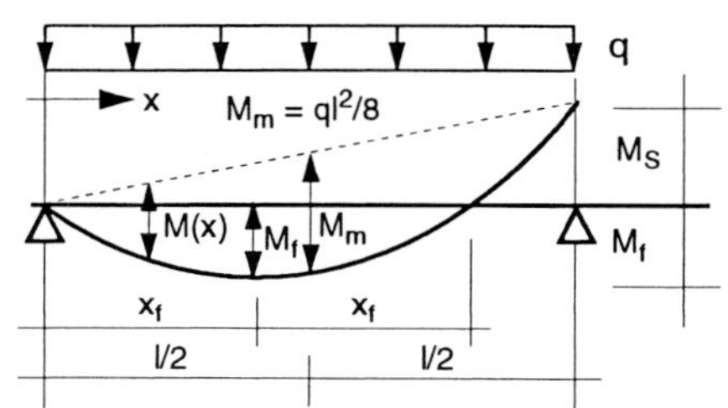

Bild 4.12 **Stützmoment beim DLT**

Bei bekanntem Stützmoment M_S wird das größte Feldmoment M_f:

$$M_f = M_m + \frac{M_S}{2} + \frac{M_S^2}{2 \cdot ql^2} \qquad \text{an der Stelle} \qquad x_f = \frac{l}{2} + \frac{M_S}{ql}$$

Umgekehrt ergibt sich bei bekanntem Feldmoment M_f das Stützmoment M_S:

$$M_S = -4 \cdot M_m \cdot \left(1 - \sqrt{\frac{M_f}{M_m}}\right)$$

Sollen Feld- und Stützmoment gleich groß werden, so ergibt sich:

$$-M_S = M_f = \frac{q \cdot l^2}{11,657} \qquad \text{mit } M_f \text{ an der Stelle } x_f = 0,414 \cdot l$$

Wenn das Verhältnis $M_f/M_S = \alpha$ vorgegeben wird ($\alpha < 0!$), so ist:

$$M_S = 8 \cdot M_m \cdot \left(\alpha - \frac{1}{2} + \sqrt{\alpha^2 - \alpha}\right) \qquad \text{und} \qquad M_f = \alpha \cdot M_S$$

In jedem Fall ist die Querkraft an der Innenstütze:

$$|V_S| = \frac{ql}{2} + \frac{|M_S|}{l}$$

4.2.4 Tragfähigkeitstafeln für Verbundträger

"Stahl im Hochbau" Band II/1 [22] enthält Tafeln zur schnellen Ermittlung der Tragfähigkeit und Gebrauchstauglichkeit von Verbundträgern. Beispielhaft sind nachfolgend einige dieser Tafeln wiedergegeben, die im Original für Profile IPE, HEA und HEB mit Nennhöhen von 200 bis 600 angegeben sind.

Zur Handhabung dieser sehr praktischen Tafeln ein paar Hinweise (als Auszug):

Ablesbar sind plastische Momente M_{pl} und rechnerische Trägheitsmomente I_v.

Werkstoffe: Walzprofile nach DIN 1025 in S 235 oder S 355,
Beton B 25 und Betonstahl BSt 500 S oder BSt 500 M.

Geometrische Parameter:

- d Dicke der Betonplatte (einschließlich Rippen),
- h_r Höhe der querlaufenden Rippen ($h_r = 0$: keine Rippen),
- b_m Rechenwert der mitwirkenden Plattenbreite,
- c_S Abstand der Schwerachse der Bewehrung von OK Stahlprofil,
- A_S Querschnittsfläche der gesamten anrechenbaren Bewehrung (Bewehrung muß im Bereich der mittragenden Breite liegen!),
- η Verdübelungsgrad.

Bezeichnungen und Stoßtypen für Zwischenauflager entsprechen den Darstellungen in den vorausgegangenen Bildern.

Für den positiven Momentenbereich ist M_{pl} in Abhängigkeit von den geometrischen Werten d, b_m, h_r und vom Verdübelungsgrad η tabelliert.

Für den negativen Momentenbereich sind die tabellierten Parameter der Bewehrungsabstand c_S und der Stoßtyp I oder II (Stoßtyp III ist der reine Stahlquerschnitt). Die Stegfläche $A_{S,a} = (h_a - 2t) \cdot s$ ist jeweils voll reserviert zur Aufnahme von Quer- und evtl. Normalkräften.

Beim Stoßtyp I entspricht der tabellierte Wert *max* A_S etwa der durch den gekoppelten Untergurtbereich übertragbaren Druckkraft. Beim Stoßtyp II entspricht der tabellierte Wert *max* A_S etwa dem *doppelten* der durch *einen* Gurt übertragbaren Kraft, also der durch beide Gurte übertragbaren Druckkraft. Das ergibt jeweils die Maximalwerte für die dem Stoßbild zugeordneten Tragmomente.

Die tabellierten Trägheitsmomente sind für dieselben Parameter errechnet. Im positiven Momentenbereich sind sie für B 25 und $n_0 = E_a/E_{b,0} = 7{,}0$ berechnet. Veränderte n-Werte ergeben sich sowohl bei der Erfassung von Langzeitbelastung, Schwinden und Kriechen als auch bei anderen Betonfestigkeiten. Die Tabellen lassen sich für andere Werte n benutzen, indem man die mitwirkende Plattenbreite b_m mit dem Faktor n_0/n multipliziert. Dasselbe gilt für andere Betonfestigkeiten als B 25.

Tab. 4.2 **Tragfähigkeitstafel für Verbundträger - HEB-360** aus [22]

I		h_r = 0				h_r =25				h_r =50			
		eta				eta				eta			
d	bm	0.4	0.6	0.8	1.0	0.4	0.6	0.8	1.0	0.4	0.6	0.8	1.0
	0.6	613	652	696	747	597	631	670	714	569	596	625	658
	1.2	684	746	820	911	671	729	797	880	642	690	746	812
100	1.8	722	799	894	1015	713	786	876	989	688	752	829	923
	2.4	747	834	943	1086	741	825	931	1068	720	795	889	1007
	3.0	764	858	979	1140	760	853	971	1127	743	828	935	1074
	0.6	647	696	754	822	635	681	734	796	615	654	699	751
	1.2	721	797	891	1011	714	787	877	990	696	763	843	943
120	1.8	759	852	970	1125	755	846	961	1112	742	827	934	1072
	2.4	784	887	1022	1204	782	884	1017	1197	772	870	996	1165
	3.0	801	912	1060	1264	800	911	1057	1260	793	901	1042	1236
	0.6	680	741	814	902	672	730	799	882	657	710	772	846
	1.2	756	847	963	1115	752	842	955	1103	742	827	933	1072
140	1.8	795	903	1046	1242	793	901	1043	1237	787	892	1028	1215
	2.4	819	940	1101	1331	819	939	1100	1329	815	933	1091	1314
	3.0	837	966	1142	1398	836	966	1142	1397	834	962	1137	1388
	0.6	713	786	875	988	707	778	865	973	697	763	844	945
	1.2	790	897	1036	1227	789	894	1032	1220	783	885	1019	1200
160	1.8	829	954	1124	1368	829	954	1124	1367	826	950	1117	1356
	2.4	854	992	1184	1468	853	992	1183	1467	852	990	1180	1462
	3.0	871	1019	1228	1545	871	1018	1227	1542	870	1018	1226	1540
	0.6	745	831	939	1080	741	826	932	1069	734	815	917	1047
	1.2	823	946	1111	1346	823	945	1109	1343	819	940	1102	1332
180	1.8	862	1005	1205	1504	862	1005	1205	1504	861	1003	1202	1500
	2.4	887	1044	1269	1617	886	1043	1267	1614	886	1043	1267	1613
	3.0	905	1073	1318	1707	904	1071	1313	1698	903	1070	1313	1697
	0.6	776	876	1005	1179	774	873	1000	1171	769	865	989	1155
	1.2	855	994	1187	1474	855	994	1187	1473	853	992	1183	1467
200	1.8	894	1055	1288	1651	894	1055	1287	1650	894	1055	1286	1649
	2.4	920	1096	1357	1781	918	1094	1353	1773	918	1093	1352	1772
	3.0	939	1127	1412	1887	935	1122	1402	1869	935	1121	1400	1864

Trägheitsmomente I_V [mm^2m^2] bei positivem Moment (Betongurt im Zustand I)

	St 37 Typ I			St 37 Typ II				St 52 Typ I			St 52 Typ II		
cs	As	Ivs	Mpl	As	Ivs	Mpl	cs	As	Ivs	Mpl	As	Ivs	Mpl
	6.0	465	122	0.0	432	569		11.0	492	224	0.0	432	854
	13.0	502	265	17.0	521	631		21.0	540	428	25.5	561	946
60	20.0	536	408	34.0	597	692	60	31.0	584	632	51.0	661	1038
	27.0	567	551	51.0	661	753		41.0	624	836	76.5	741	1130
	34.0	597	692	68.0	716	814		51.0	661	1037	102.0	807	1220
	6.0	471	128	0.0	432	569		11.0	502	235	0.0	432	854
	13.0	514	278	17.0	537	648		21.0	559	449	25.5	583	972
80	20.0	554	428	34.0	625	726	80	31.0	611	663	51.0	701	1089
	27.0	591	578	51.0	701	804		41.0	658	877	76.5	795	1206
	34.0	625	725	68.0	766	881		51.0	701	1088	102.0	873	1322
	6.0	477	134	0.0	432	569		11.0	513	246	0.0	432	854
	13.0	527	291	17.0	554	665		21.0	579	470	25.5	607	997
100	20.0	573	448	34.0	656	760	100	31.0	639	694	51.0	744	1140
	27.0	616	605	51.0	744	855		41.0	694	918	76.5	853	1283
	34.0	656	759	68.0	819	949		51.0	744	1139	102.0	943	1424
	6.0	484	140	0.0	432	569		11.0	525	257	0.0	432	854
	13.0	541	304	17.0	572	682		21.0	601	491	25.5	633	1023
120	20.0	594	468	34.0	689	794	120	31.0	670	725	51.0	790	1191
	27.0	643	632	51.0	790	906		41.0	733	959	76.5	916	1359
	34.0	689	793	68.0	877	1017		51.0	790	1190	102.0	1019	1526
	6.0	491	146	0.0	432	569		11.0	538	268	0.0	432	854
	13.0	556	317	17.0	591	699		21.0	625	512	25.5	661	1048
140	20.0	616	488	34.0	725	828	140	31.0	703	756	51.0	839	1242
	27.0	672	659	51.0	839	957		41.0	774	1000	76.5	982	1436
	34.0	725	827	68.0	938	1085		51.0	839	1241	102.0	1099	1627
	6.0	499	152	0.0	432	569		11.0	552	279	0.0	432	854
	13.0	572	330	17.0	612	716		21.0	649	533	25.5	690	1074
160	20.0	640	508	34.0	763	862	160	31.0	738	787	51.0	892	1293
	27.0	703	686	51.0	892	1008		41.0	818	1041	76.5	1053	1512
	34.0	763	861	68.0	1003	1153		51.0	892	1292	102.0	1186	1729

Trägheitsmomente I_{Vs} [mm^2m^2] und plastische Momente M_{pl} [kNm] bei negativem Moment (Betongurt im Zustand II)

A_a = 18060 mm^2 St 37: N_a = 4335 kN St 52: N_a = 6503 kN
$A_{S,a}$ = 3938 mm^2 Q_a = 546 kN Q_a = 818 kN
I_a = 432 mm^2m^2 M_a = 644 kNm M_a = 966 kNm

HEB 360

St 37		h_r = 0				h_r =25				h_r =50			
		eta				eta				eta			
d	bm	0.4	0.6	0.8	1.0	0.4	0.6	0.8	1.0	0.4	0.6	0.8	1.0
	0.6	727	755	774	783	709	735	755	770	690	709	727	742
	1.2	788	819	838	848	763	798	819	834	730	763	788	806
100	1.8	830	868	894	906	804	841	868	888	765	804	830	851
	2.4	866	915	946	958	835	880	915	940	795	835	866	893
	3.0	897	955	991	1005	864	919	960	988	819	864	902	934
	0.6	748	780	799	808	730	761	784	799	711	737	760	778
	1.2	820	857	881	894	797	836	862	880	767	807	834	855
120	1.8	873	924	956	971	846	894	930	955	813	857	892	920
	2.4	923	988	1026	1040	888	950	996	1025	849	902	947	983
	3.0	932	1007	1060	1092	929	1004	1058	1090	881	947	1001	1043
	0.6	770	806	826	836	753	789	814	828	733	767	793	812
	1.2	855	901	931	945	833	878	911	933	805	851	883	909
140	1.8	922	988	1028	1044	892	956	1002	1031	859	916	963	999
	2.4	958	1040	1096	1126	949	1030	1088	1122	906	980	1039	1084
	3.0	966	1059	1130	1178	966	1059	1130	1178	952	1042	1113	1165
	0.6	794	834	856	866	776	818	844	859	757	797	826	845
	1.2	893	950	987	1003	870	926	967	993	844	897	938	969
160	1.8	978	1060	1109	1126	946	1026	1082	1116	910	984	1043	1086
	2.4	993	1092	1166	1213	993	1092	1166	1213	973	1069	1143	1196
	3.0	1001	1111	1199	1265	1001	1111	1199	1265	1001	1111	1199	1265
	0.6	819	863	888	901	802	848	876	893	782	828	859	880
	1.2	935	1005	1050	1068	911	979	1028	1058	884	948	999	1036
180	1.8	1013	1113	1179	1213	1005	1104	1172	1209	967	1060	1132	1182
	2.4	1027	1144	1235	1300	1027	1144	1235	1300	1027	1144	1235	1300
	3.0	1036	1163	1268	1352	1036	1163	1268	1352	1036	1163	1268	1352
	0.6	846	895	924	938	828	879	911	931	809	861	895	918
	1.2	982	1066	1119	1138	955	1038	1096	1130	927	1006	1066	1109
200	1.8	1048	1165	1249	1299	1048	1165	1249	1299	1030	1144	1230	1286
	2.4	1062	1196	1304	1386	1062	1196	1304	1386	1062	1196	1304	1386
	3.0	1070	1215	1338	1439	1070	1215	1338	1439	1070	1215	1338	1439

St 52		h_r = 0				h_r =25				h_r =50			
		eta				eta				eta			
d	bm	0.4	0.6	0.8	1.0	0.4	0.6	0.8	1.0	0.4	0.6	0.8	1.0
	0.6	1052	1085	1110	1128	1033	1061	1085	1104	1013	1033	1052	1069
	1.2	1124	1171	1197	1209	1093	1138	1171	1192	1056	1093	1124	1150
100	1.8	1182	1229	1256	1272	1144	1197	1229	1251	1095	1144	1182	1209
	2.4	1226	1278	1313	1331	1187	1241	1278	1306	1131	1187	1226	1254
	3.0	1263	1326	1367	1386	1222	1281	1326	1359	1164	1222	1263	1297
	0.6	1075	1114	1142	1160	1055	1091	1119	1141	1034	1063	1089	1111
	1.2	1163	1215	1242	1256	1132	1186	1220	1241	1096	1145	1184	1212
120	1.8	1230	1286	1322	1340	1196	1254	1293	1321	1150	1211	1252	1282
	2.4	1284	1353	1398	1419	1246	1312	1362	1396	1198	1262	1309	1348
	3.0	1334	1418	1471	1492	1290	1369	1429	1469	1238	1308	1366	1412
	0.6	1099	1144	1176	1193	1079	1122	1155	1178	1058	1095	1127	1152
	1.2	1204	1261	1293	1310	1174	1235	1272	1296	1138	1198	1241	1269
140	1.8	1282	1351	1397	1418	1249	1317	1367	1400	1207	1276	1325	1363
	2.4	1350	1439	1495	1518	1310	1395	1458	1499	1264	1342	1405	1454
	3.0	1416	1524	1589	1611	1367	1471	1547	1593	1313	1407	1483	1541
	0.6	1125	1177	1210	1226	1105	1155	1191	1215	1083	1129	1165	1194
	1.2	1247	1311	1351	1371	1218	1285	1328	1357	1183	1252	1298	1331
160	1.8	1339	1425	1481	1505	1305	1389	1450	1489	1265	1345	1407	1453
	2.4	1425	1536	1605	1630	1381	1489	1567	1614	1333	1433	1512	1571
	3.0	1476	1610	1698	1741	1455	1587	1679	1732	1396	1519	1615	1685
	0.6	1153	1211	1246	1261	1132	1189	1229	1252	1110	1164	1205	1235
	1.2	1292	1367	1415	1437	1264	1340	1392	1425	1230	1307	1360	1399
180	1.8	1402	1508	1575	1602	1366	1469	1543	1587	1326	1423	1498	1553
	2.4	1508	1645	1726	1754	1461	1594	1688	1740	1409	1535	1632	1701
	3.0	1528	1688	1802	1871	1528	1688	1802	1871	1491	1645	1762	1842
	0.6	1182	1247	1283	1299	1161	1226	1268	1291	1139	1201	1247	1276
	1.2	1341	1429	1486	1511	1312	1400	1461	1499	1279	1366	1429	1475
200	1.8	1472	1599	1678	1708	1433	1558	1645	1695	1391	1509	1599	1663
	2.4	1562	1724	1831	1884	1550	1711	1821	1879	1494	1648	1764	1843
	3.0	1580	1766	1906	2001	1580	1766	1906	2001	1580	1766	1906	2001

plastische Momenten-Grenztragfähigkeiten M_{pl} [kNm] bei positivem Moment (Betongurt im Zustand I)

Tab. 4.3 **Tragfähigkeitstafel für Verbundträger - HEB-400** aus [22]

HEB 400

$A_a = 19780\ mm^2$ St 37: $N_a = 4747\ kN$ St 52: $N_a = 7120\ kN$
$A_{S,a} = 4752\ mm^2$ $Q_a = 658\ kN$ $Q_a = 988\ kN$
$I_a = 577\ mm^2m^2$ $M_a = 776\ kNm$ $M_a = 1163\ kNm$

I		$h_r = 0$				$h_r = 25$				$h_r = 50$			
		eta				eta				eta			
d	bm	0.4	0.6	0.8	1.0	0.4	0.6	0.8	1.0	0.4	0.6	0.8	1.0
100	0.6	799	846	898	958	778	818	864	914	741	772	807	844
	1.2	892	968	1057	1165	873	942	1023	1120	834	891	956	1031
	1.8	944	1038	1153	1297	929	1018	1126	1259	894	970	1060	1169
	2.4	977	1084	1218	1389	966	1069	1197	1359	935	1026	1137	1275
	3.0	1000	1117	1265	1458	992	1106	1250	1436	966	1069	1197	1359
120	0.6	841	900	968	1047	825	879	940	1011	797	843	895	953
	1.2	938	1031	1143	1283	927	1015	1121	1252	902	980	1074	1188
	1.8	990	1103	1245	1429	983	1092	1230	1407	963	1064	1190	1350
	2.4	1023	1150	1312	1529	1018	1143	1303	1515	1003	1121	1271	1467
	3.0	1045	1183	1362	1604	1043	1179	1356	1596	1031	1162	1331	1557
140	0.6	882	954	1039	1141	870	938	1018	1113	849	911	982	1065
	1.2	982	1092	1230	1406	976	1083	1216	1386	960	1060	1184	1341
	1.8	1034	1166	1337	1566	1031	1161	1330	1555	1020	1146	1307	1520
	2.4	1066	1214	1408	1676	1065	1212	1405	1671	1058	1201	1389	1647
	3.0	1089	1248	1460	1759	1089	1247	1459	1757	1084	1240	1448	1741
160	0.6	922	1009	1113	1241	914	997	1097	1219	898	976	1068	1180
	1.2	1025	1153	1317	1536	1021	1147	1309	1524	1011	1133	1289	1494
	1.8	1076	1228	1430	1712	1075	1227	1428	1707	1070	1219	1415	1688
	2.4	1109	1277	1505	1834	1109	1277	1505	1833	1106	1272	1498	1822
	3.0	1132	1312	1561	1927	1132	1312	1561	1926	1130	1310	1558	1920
180	0.6	962	1063	1189	1347	956	1055	1177	1331	945	1039	1155	1300
	1.2	1066	1213	1406	1674	1064	1210	1402	1668	1058	1202	1390	1648
	1.8	1117	1290	1526	1867	1117	1290	1525	1866	1115	1286	1520	1857
	2.4	1150	1340	1606	2003	1150	1340	1605	2002	1149	1339	1604	1999
	3.0	1174	1377	1666	2109	1173	1376	1664	2104	1172	1375	1663	2104
200	0.6	1001	1118	1266	1460	997	1112	1258	1448	988	1101	1242	1424
	1.2	1105	1272	1497	1820	1105	1271	1496	1817	1102	1266	1489	1806
	1.8	1157	1351	1624	2034	1157	1351	1623	2033	1156	1350	1622	2030
	2.4	1190	1403	1710	2187	1189	1402	1707	2183	1189	1402	1707	2182
	3.0	1215	1442	1776	2309	1212	1439	1769	2297	1212	1438	1768	2295

Trägheitsmomente I_V [mm^2m^2] bei positivem Moment (Betongurt im Zustand I)

	St 37 Typ I			St 37 Typ II		
cs	As	Ivs	Mpl	As	Ivs	Mpl
60	7.0	623	157	0.0	577	675
	14.5	668	324	18.5	691	743
	22.0	711	492	37.0	788	810
	29.5	750	660	55.5	870	877
	37.0	788	806	74.0	941	938
80	7.0	630	164	0.0	577	675
	14.5	683	339	18.5	709	761
	22.0	732	514	37.0	821	847
	29.5	778	689	55.5	917	933
	37.0	821	842	74.0	999	1010
100	7.0	638	171	0.0	577	675
	14.5	698	353	18.5	729	780
	22.0	755	536	37.0	857	884
	29.5	808	719	55.5	967	988
	37.0	857	879	74.0	1061	1082
120	7.0	646	178	0.0	577	675
	14.5	715	368	18.5	750	798
	22.0	780	558	37.0	896	921
	29.5	840	748	55.5	1021	1044
	37.0	896	915	74.0	1128	1154
140	7.0	655	185	0.0	577	675
	14.5	733	382	18.5	772	817
	22.0	806	580	37.0	937	958
	29.5	874	778	55.5	1078	1099
	37.0	937	951	74.0	1199	1226
160	7.0	664	192	0.0	577	675
	14.5	752	397	18.5	796	835
	22.0	833	602	37.0	981	995
	29.5	909	807	55.5	1138	1155
	37.0	981	987	74.0	1275	1298

	St 52 Typ I			St 52 Typ II		
cs	As	Ivs	Mpl	As	Ivs	Mpl
60	11.0	647	246	0.0	577	1013
	22.0	711	492	27.5	740	1113
	33.0	768	738	55.0	868	1213
	44.0	820	984	82.5	970	1313
	55.0	868	1210	110.0	1055	1406
80	11.0	658	257	0.0	577	1013
	22.0	732	514	27.5	766	1140
	33.0	799	771	55.0	914	1268
	44.0	859	1028	82.5	1033	1395
	55.0	914	1264	110.0	1131	1515
100	11.0	671	268	0.0	577	1013
	22.0	755	536	27.5	794	1168
	33.0	831	804	55.0	964	1323
	44.0	901	1072	82.5	1101	1478
	55.0	964	1318	110.0	1213	1623
120	11.0	684	279	0.0	577	1013
	22.0	780	558	27.5	824	1195
	33.0	866	837	55.0	1017	1378
	44.0	945	1116	82.5	1173	1560
	55.0	1017	1372	110.0	1301	1731
140	11.0	697	290	0.0	577	1013
	22.0	806	580	27.5	856	1223
	33.0	904	870	55.0	1074	1433
	44.0	993	1160	82.5	1250	1643
	55.0	1074	1426	110.0	1394	1839
160	11.0	712	301	0.0	577	1013
	22.0	833	602	27.5	890	1250
	33.0	943	903	55.0	1135	1488
	44.0	1043	1204	82.5	1331	1725
	55.0	1135	1480	110.0	1493	1947

Trägheitsmomente I_{Vs} [mm^2m^2] und plastische Momente M_{pl} [kNm] bei negativem Moment (Betongurt im Zustand II)

St 37		$h_r = 0$				$h_r = 25$				$h_r = 50$			
		eta				eta				eta			
d	bm	0.4	0.6	0.8	1.0	0.4	0.6	0.8	1.0	0.4	0.6	0.8	1.0
100	0.6	866	899	923	938	847	875	899	918	825	847	866	884
	1.2	937	977	998	1009	907	950	977	994	870	907	937	961
	1.8	988	1029	1056	1070	956	1000	1029	1050	910	956	988	1011
	2.4	1027	1077	1110	1125	993	1041	1077	1104	944	993	1027	1054
	3.0	1063	1124	1161	1174	1024	1081	1124	1154	974	1024	1063	1096
120	0.6	889	927	953	966	870	905	932	952	848	878	903	925
	1.2	974	1017	1042	1056	945	993	1022	1041	910	958	992	1014
	1.8	1032	1085	1120	1136	1003	1054	1092	1119	963	1016	1052	1082
	2.4	1084	1151	1192	1208	1048	1112	1160	1191	1006	1063	1109	1146
	3.0	1109	1188	1242	1269	1090	1168	1224	1258	1041	1108	1164	1208
140	0.6	913	957	983	995	894	936	966	985	872	910	940	964
	1.2	1012	1061	1093	1109	985	1038	1072	1095	952	1007	1043	1069
	1.8	1082	1150	1193	1211	1052	1117	1165	1196	1016	1077	1124	1162
	2.4	1137	1223	1278	1301	1110	1194	1254	1290	1066	1142	1203	1249
	3.0	1147	1245	1318	1364	1147	1245	1318	1364	1113	1205	1278	1332
160	0.6	939	988	1015	1027	919	968	1000	1018	897	943	977	1002
	1.2	1051	1111	1150	1168	1026	1086	1128	1155	995	1056	1098	1131
	1.8	1139	1224	1275	1294	1106	1188	1247	1282	1069	1145	1205	1250
	2.4	1175	1280	1354	1396	1175	1280	1354	1396	1133	1232	1308	1363
	3.0	1185	1302	1394	1458	1185	1302	1394	1458	1185	1302	1394	1458
180	0.6	966	1020	1048	1061	946	1001	1035	1053	924	977	1015	1039
	1.2	1095	1167	1213	1233	1069	1140	1191	1222	1039	1108	1160	1198
	1.8	1196	1299	1363	1386	1166	1267	1338	1377	1127	1222	1296	1348
	2.4	1213	1337	1429	1491	1213	1337	1429	1491	1209	1332	1425	1488
	3.0	1223	1359	1470	1553	1223	1359	1470	1553	1223	1359	1470	1553
200	0.6	995	1053	1084	1099	975	1035	1071	1092	953	1013	1053	1078
	1.2	1142	1228	1283	1305	1115	1200	1260	1295	1085	1166	1228	1272
	1.8	1234	1356	1439	1481	1233	1355	1437	1481	1191	1307	1395	1454
	2.4	1251	1394	1505	1586	1251	1394	1505	1586	1251	1394	1505	1586
	3.0	1261	1416	1545	1648	1261	1416	1545	1648	1261	1416	1545	1648

St 52		$h_r = 0$				$h_r = 25$				$h_r = 50$			
		eta				eta				eta			
d	bm	0.4	0.6	0.8	1.0	0.4	0.6	0.8	1.0	0.4	0.6	0.8	1.0
100	0.6	1258	1294	1324	1347	1237	1267	1294	1317	1214	1237	1258	1277
	1.2	1338	1395	1431	1448	1302	1354	1395	1424	1261	1302	1338	1369
	1.8	1406	1466	1497	1514	1361	1425	1466	1490	1305	1361	1406	1441
	2.4	1460	1518	1555	1575	1411	1478	1518	1548	1346	1411	1460	1493
	3.0	1502	1568	1611	1633	1454	1521	1568	1602	1383	1454	1502	1538
120	0.6	1282	1326	1360	1384	1260	1299	1332	1359	1237	1269	1298	1323
	1.2	1381	1445	1480	1497	1345	1408	1453	1479	1305	1360	1405	1441
	1.8	1461	1525	1563	1584	1418	1490	1533	1562	1365	1436	1487	1521
	2.4	1522	1594	1642	1665	1479	1552	1604	1640	1420	1498	1549	1589
	3.0	1574	1661	1717	1741	1528	1611	1673	1715	1467	1548	1607	1655
140	0.6	1308	1359	1397	1422	1286	1333	1372	1401	1262	1303	1339	1369
	1.2	1426	1496	1533	1551	1391	1464	1509	1536	1350	1419	1471	1506
	1.8	1518	1592	1639	1663	1478	1556	1608	1643	1428	1510	1564	1604
	2.4	1589	1682	1741	1767	1547	1636	1702	1745	1494	1582	1646	1697
	3.0	1657	1769	1837	1863	1607	1714	1793	1842	1550	1648	1726	1787
160	0.6	1335	1395	1436	1460	1313	1369	1412	1443	1289	1340	1381	1415
	1.2	1473	1550	1591	1613	1439	1520	1568	1598	1399	1479	1535	1571
	1.8	1577	1667	1725	1751	1540	1629	1692	1733	1492	1584	1648	1696
	2.4	1665	1780	1852	1881	1621	1732	1812	1862	1570	1674	1755	1817
	3.0	1747	1886	1970	2000	1696	1832	1927	1983	1636	1761	1860	1933
180	0.6	1365	1432	1476	1498	1342	1407	1454	1485	1318	1377	1425	1462
	1.2	1523	1607	1656	1681	1489	1578	1632	1667	1450	1541	1600	1640
	1.8	1642	1751	1820	1850	1604	1710	1786	1833	1559	1663	1740	1797
	2.4	1750	1890	1975	2006	1701	1838	1934	1990	1648	1777	1877	1948
	3.0	1804	1971	2084	2142	1796	1963	2077	2139	1731	1889	2009	2093
200	0.6	1396	1471	1518	1538	1373	1446	1498	1528	1348	1417	1471	1508
	1.2	1575	1669	1728	1755	1542	1639	1703	1742	1503	1604	1669	1716
	1.8	1713	1843	1924	1957	1673	1800	1890	1942	1628	1750	1843	1908
	2.4	1839	2006	2108	2144	1791	1956	2069	2131	1734	1891	2011	2092
	3.0	1861	2057	2198	2285	1861	2057	2198	2285	1838	2030	2173	2267

plastische Momenten-Grenztragfähigkeiten M_{pl} [kNm] bei positivem Moment (Betongurt im Zustand I)

Tab. 4.4 **Tragfähigkeitstafel für Verbundträger - IPE 360** aus [22]

I		h_r = 0				h_r = 25				h_r = 50			
		eta				eta				eta			
d	bm	0.4	0.6	0.8	1.0	0.4	0.6	0.8	1.0	0.4	0.6	0.8	1.0
100	0.6	271	299	334	378	266	293	326	366	256	279	306	339
	1.2	293	331	381	447	292	329	377	442	285	319	363	420
	1.8	304	347	404	484	303	346	403	482	299	340	394	467
	2.4	310	357	419	509	310	357	419	508	308	353	413	498
	3.0	315	364	431	527	315	364	430	526	313	361	426	520
120	0.6	285	319	363	420	283	316	358	414	277	308	346	396
	1.2	307	352	412	497	307	352	411	495	304	348	405	486
	1.8	318	368	438	539	318	368	437	538	317	367	435	534
	2.4	325	379	455	568	325	378	454	566	324	378	453	564
	3.0	330	387	468	591	329	386	465	587	329	385	465	586
140	0.6	299	339	392	465	298	338	390	462	294	333	383	451
	1.2	321	373	445	551	321	373	444	550	320	371	442	547
	1.8	332	390	473	600	332	389	471	597	331	389	471	597
	2.4	340	402	493	636	338	400	489	629	338	400	489	629
	3.0	345	411	509	666	343	408	502	654	343	407	501	651
160	0.6	312	359	422	513	311	358	421	512	310	356	418	506
	1.2	334	393	478	610	334	393	478	609	334	393	477	608
	1.8	346	412	510	668	345	410	506	662	344	410	506	661
	2.4	354	425	533	714	352	421	526	700	351	420	524	696
	3.0	361	436	553	753	357	430	541	730	355	428	537	722
180	0.6	324	378	453	565	324	378	453	564	323	377	451	561
	1.2	347	414	513	675	346	413	512	672	346	413	511	671
	1.8	359	434	549	746	357	431	543	733	357	430	541	730
	2.4	368	449	576	804	365	443	565	780	363	441	560	770
	3.0	376	462	600	855	370	453	583	819	368	449	575	801
200	0.6	336	397	484	620	336	397	484	620	336	396	483	619
	1.2	360	435	550	747	358	433	546	740	358	432	545	738
	1.8	373	457	590	834	370	452	581	813	368	450	577	804
	2.4	382	474	622	907	378	465	607	871	375	461	598	852
	3.0	390	488	650	974	384	477	628	921	380	470	815	891

Trägheitsmomente I_V [mm²m²] bei positivem Moment (Betongurt im Zustand I)

cs	St 37 Typ I As	Ivs	Mpl	St 37 Typ II As	Ivs	Mpl
60	2.0	174	41	0.0	163	191
	4.5	187	93	6.0	195	211
	7.0	199	145	12.0	222	231
	9.5	211	196	18.0	246	251
	12.0	222	228	24.0	267	265
80	2.0	176	43	0.0	163	191
	4.5	191	97	6.0	200	217
	7.0	206	152	12.0	232	243
	9.5	219	206	18.0	260	269
	12.0	232	239	24.0	285	287
100	2.0	178	45	0.0	163	191
	4.5	196	102	6.0	206	223
	7.0	213	159	12.0	243	255
	9.5	229	215	18.0	276	287
	12.0	243	250	24.0	304	309
120	2.0	180	47	0.0	163	191
	4.5	201	106	8.0	213	229
	7.0	220	166	12.0	255	267
	9.5	238	225	18.0	293	305
	12.0	255	281	24.0	325	331
140	2.0	183	49	0.0	163	181
	4.5	206	111	6.0	219	235
	7.0	228	173	12.0	268	279
	9.5	249	234	18.0	310	323
	12.0	268	272	24.0	347	353
160	2.0	185	51	0.0	163	191
	4.5	212	115	6.0	227	241
	7.0	236	180	12.0	282	291
	9.5	260	244	18.0	329	341
	12.0	282	283	24.0	371	375

cs	St 52 Typ I As	Ivs	Mpl	St 52 Typ II As	Ivs	Mpl
60	3.0	179	62	0.0	163	286
	6.5	197	134	8.5	206	315
	10.0	213	207	17.0	242	343
	13.5	228	279	25.5	271	372
	17.0	242	342	34.0	296	397
80	3.0	182	65	0.0	163	286
	6.5	203	141	8.5	214	323
	10.0	222	217	17.0	256	360
	13.5	240	292	25.5	290	397
	17.0	256	358	34.0	319	430
100	3.0	185	68	0.0	163	286
	6.5	209	147	8.5	222	332
	10.0	232	227	17.0	271	377
	13.5	252	306	25.5	311	423
	17.0	271	375	34.0	344	463
120	3.0	189	71	0.0	163	286
	6.5	216	154	8.5	231	340
	10.0	242	237	17.0	287	394
	13.5	265	319	25.5	333	448
	17.0	287	391	34.0	371	496
140	3.0	192	74	0.0	163	286
	6.5	224	160	8.5	241	349
	10.0	253	247	17.0	304	411
	13.5	279	333	25.5	356	474
	17.0	304	408	34.0	400	529
160	3.0	196	77	0.0	183	286
	6.5	232	187	8.5	251	357
	10.0	264	257	17.0	322	428
	13.5	294	348	25.5	381	499
	17.0	322	424	34.0	430	563

Trägheitsmomente I_{Vs} [mm²m²] und plastische Momente M_{pl} [kNm] bei negativem Moment (Betongurt im Zustand II)

A_a = 7270 mm² St 37: N_a = 1746 kN St 52: N_a = 2618 kN

$A_{S,a}$ = 2677 mm² Q_a = 371 kN Q_a = 556 kN

I_a = 163 mm²m² M_a = 245 kNm M_a = 367 kNm

IPE 360

St 37		h_r = 0				h_r = 25				h_r = 50			
		eta				eta				eta			
d	bm	0.4	0.6	0.8	1.0	0.4	0.6	0.8	1.0	0.4	0.6	0.8	1.0
100	0.6	321	342	351	355	307	328	342	349	289	307	321	333
	1.2	364	385	399	404	350	372	387	398	325	350	365	377
	1.8	368	396	417	432	368	396	417	432	352	378	398	414
	2.4	371	401	426	446	371	401	426	446	371	401	426	446
	3.0	372	404	431	455	372	404	431	455	372	404	431	455
120	0.6	340	361	372	376	325	350	363	371	308	331	349	360
	1.2	378	406	427	439	376	405	425	438	356	383	404	420
	1.8	382	417	445	467	382	417	445	467	382	417	445	467
	2.4	384	422	454	481	384	422	454	481	384	422	454	481
	3.0	386	425	459	490	386	425	459	490	386	425	459	490
140	0.6	359	382	396	401	345	372	387	396	329	356	374	386
	1.2	392	427	455	474	392	427	455	474	386	420	448	468
	1.8	396	438	473	502	396	438	473	502	396	438	473	502
	2.4	398	443	482	516	398	443	482	516	398	443	482	516
	3.0	400	446	487	525	400	446	487	525	400	446	487	525
160	0.6	379	406	423	429	366	395	414	425	350	381	400	415
	1.2	406	448	483	509	406	448	483	509	406	448	483	509
	1.8	410	458	501	537	410	458	501	537	410	458	501	537
	2.4	412	464	510	551	412	464	510	551	412	464	510	551
	3.0	414	467	515	560	414	467	515	560	414	467	515	560
180	0.6	400	433	453	460	388	421	443	456	372	406	430	447
	1.2	420	469	511	544	420	469	511	544	420	469	511	544
	1.8	424	479	529	572	424	479	529	572	424	479	529	572
	2.4	426	484	538	586	426	484	538	586	426	484	538	586
	3.0	428	488	543	595	428	488	543	595	428	488	543	595
200	0.6	420	460	484	494	410	450	477	491	396	434	463	482
	1.2	434	490	539	579	434	490	539	579	434	490	539	579
	1.8	438	500	557	607	438	500	557	607	438	500	557	607
	2.4	440	505	566	621	440	505	566	621	440	505	566	621
	3.0	442	508	571	629	442	508	571	629	442	508	571	629

St 52		h_r = 0				h_r = 25				h_r = 50			
		eta				eta				eta			
d	bm	0.4	0.6	0.8	1.0	0.4	0.6	0.8	1.0	0.4	0.6	0.8	1.0
100	0.6	449	477	495	504	432	457	477	491	413	432	449	464
	1.2	509	537	552	559	485	519	537	549	453	485	509	526
	1.8	546	578	598	606	525	557	581	596	487	525	548	566
	2.4	551	590	619	638	551	590	619	638	516	553	581	604
	3.0	554	596	631	657	554	596	631	657	540	579	613	639
120	0.6	470	502	520	526	453	483	505	519	433	460	482	499
	1.2	541	573	592	600	518	555	577	592	489	528	553	571
	1.8	567	610	640	659	565	607	638	657	533	575	605	630
	2.4	572	621	661	690	572	621	661	690	567	616	655	685
	3.0	575	628	673	709	575	628	673	709	575	628	673	709
140	0.6	492	527	545	552	475	511	534	546	456	489	514	533
	1.2	574	614	639	648	553	595	623	641	526	570	599	621
	1.8	588	641	682	711	588	641	682	711	579	631	672	702
	2.4	593	652	702	743	593	652	702	743	593	652	702	743
	3.0	596	659	715	762	596	659	715	762	596	659	715	762
160	0.6	516	554	573	581	499	539	563	576	479	519	547	564
	1.2	598	650	683	700	589	640	675	696	564	614	651	678
	1.8	608	672	724	763	608	672	724	763	608	672	724	763
	2.4	614	684	744	795	614	684	744	795	614	684	744	795
	3.0	617	691	757	814	617	691	757	814	617	691	757	814
180	0.6	540	582	604	613	523	568	594	608	504	549	579	597
	1.2	619	681	725	752	619	681	725	752	603	663	709	740
	1.8	629	704	766	816	629	704	766	816	629	704	766	816
	2.4	634	715	786	847	634	715	786	847	634	715	786	847
	3.0	638	722	798	866	638	722	798	866	638	722	798	866
200	0.6	567	613	638	649	550	599	628	644	531	581	613	633
	1.2	640	712	767	805	640	712	767	805	640	712	767	805
	1.8	650	735	808	868	650	735	808	868	650	735	808	868
	2.4	655	747	828	900	655	747	828	900	655	747	828	900
	3.0	658	754	840	919	658	754	840	919	658	754	840	919

plastische Momenten-Grenztragfähigkeiten M_{pl} [kNm] bei positivem Moment (Betongurt im Zustand I)

Tab. 4.5 **Tragfähigkeitstafel für Verbundträger - IPE 400** aus [22]

I		h_r = 0				h_r = 25				h_r = 50			
		eta				eta				eta			
d	bm	0.4	0.6	0.8	1.0	0.4	0.6	0.8	1.0	0.4	0.6	0.8	1.0
100	0.6	372	408	451	504	365	398	438	486	349	377	409	447
	1.2	406	455	517	599	402	450	510	589	391	434	487	555
	1.8	421	477	550	650	420	475	547	645	412	464	530	619
	2.4	431	491	572	683	430	490	570	681	425	483	559	663
	3.0	437	501	587	708	437	501	587	707	434	496	578	694
120	0.6	392	435	488	557	387	429	480	545	378	415	461	519
	1.2	424	482	557	661	423	480	555	657	418	472	543	639
	1.8	440	505	592	717	440	504	592	716	437	500	586	706
	2.4	449	519	615	754	449	519	615	754	448	517	612	749
	3.0	456	530	632	783	456	529	631	781	455	529	630	779
140	0.6	410	461	526	612	408	457	521	605	402	449	509	587
	1.2	442	508	598	726	442	508	597	725	440	505	592	717
	1.8	458	532	636	789	458	532	635	788	457	531	634	785
	2.4	468	548	661	833	467	547	659	830	467	547	659	829
	3.0	476	560	681	869	474	557	677	861	474	557	676	860
160	0.6	427	486	563	670	426	484	561	667	423	479	554	655
	1.2	459	535	640	796	459	535	640	796	459	534	638	793
	1.8	475	560	681	868	475	559	679	865	475	559	679	865
	2.4	486	577	710	922	484	574	705	913	484	574	704	911
	3.0	495	591	734	967	492	586	725	950	491	584	722	945
180	0.6	444	511	602	732	443	510	601	730	442	508	597	724
	1.2	476	561	683	872	476	561	682	871	476	561	682	870
	1.8	493	588	728	957	491	586	724	949	491	585	723	947
	2.4	505	607	762	1023	502	602	753	1005	500	600	750	999
	3.0	514	623	790	1080	509	615	775	1050	507	611	769	1038
200	0.6	460	535	641	798	460	535	641	797	459	534	639	794
	1.2	493	588	728	955	492	586	726	951	492	586	725	951
	1.8	510	616	778	1056	508	612	771	1041	507	611	768	1035
	2.4	523	638	817	1137	518	630	803	1107	516	627	797	1094
	3.0	533	655	850	1209	527	644	829	1164	523	638	819	1140

Trägheitsmomente I_V [mm²m²] bei positivem Moment (Betongurt im Zustand I)

	St 37 Typ I			St 37 Typ II		
cs	As	Ivs	Mpl	As	Ivs	Mpl
60	3.0	251	68	0.0	231	242
	5.5	266	124	6.5	272	264
	8.0	281	181	13.0	307	286
	10.5	294	238	19.5	338	308
	13.0	307	284	26.0	366	327
80	3.0	254	71	0.0	231	242
	5.5	272	130	6.5	279	270
	8.0	289	189	13.0	320	299
	10.5	304	248	19.5	355	327
	13.0	320	297	26.0	387	352
100	3.0	257	74	0.0	231	242
	5.5	278	135	6.5	286	277
	8.0	297	197	13.0	333	312
	10.5	315	259	19.5	374	347
	13.0	333	310	26.0	410	377
120	3.0	261	77	0.0	231	242
	5.5	284	141	6.5	293	283
	8.0	306	205	13.0	347	325
	10.5	327	269	19.5	394	366
	13.0	347	322	26.0	435	402
140	3.0	265	80	0.0	231	242
	5.5	291	146	6.5	301	290
	8.0	316	213	13.0	362	338
	10.5	339	280	19.5	414	386
	13.0	362	335	26.0	461	427
160	3.0	269	83	0.0	231	242
	5.5	298	152	6.5	310	296
	8.0	326	221	13.0	377	351
	10.5	352	290	19.5	437	405
	13.0	377	347	26.0	489	453

	St 52 Typ I			St 52 Typ II		
cs	As	Ivs	Mpl	As	Ivs	Mpl
60	3.0	251	68	0.0	231	363
	7.0	275	158	9.5	289	395
	11.0	297	249	19.0	336	427
	15.0	317	339	28.5	375	459
	19.0	336	427	38.0	408	490
80	3.0	254	71	0.0	231	363
	7.0	282	165	9.5	298	404
	11.0	308	260	19.0	353	446
	15.0	331	354	28.5	398	488
	19.0	353	445	38.0	437	528
100	3.0	257	74	0.0	231	363
	7.0	289	172	9.5	308	414
	11.0	319	271	19.0	371	465
	15.0	346	369	28.5	423	516
	19.0	371	464	38.0	467	566
120	3.0	261	77	0.0	231	363
	7.0	297	179	9.5	319	423
	11.0	331	282	19.0	390	484
	15.0	362	384	28.5	449	545
	19.0	390	483	38.0	500	603
140	3.0	265	80	0.0	231	363
	7.0	306	186	9.5	330	433
	11.0	344	293	19.0	411	503
	15.0	379	399	28.5	478	573
	19.0	411	502	38.0	534	641
160	3.0	269	83	0.0	231	363
	7.0	315	193	9.5	342	442
	11.0	357	304	19.0	432	522
	15.0	396	414	28.5	507	602
	19.0	432	521	38.0	571	679

Trägheitsmomente I_{Vs} [mm²m²] und plastische Momente M_{pl} [kNm] bei negativem Moment (Betongurt im Zustand II)

A_a = 8450 mm²
$A_{S,a}$ = 3208 mm²
I_a = 231 mm²m²

St 37: N_a = 2027 kN, Q_a = 444 kN, M_a = 314 kNm

St 52: N_a = 3041 kN, Q_a = 667 kN, M_a = 471 kNm

IPE 400

St 37		h_r = 0				h_r = 25				h_r = 50			
		eta				eta				eta			
d	bm	0.4	0.6	0.8	1.0	0.4	0.6	0.8	1.0	0.4	0.6	0.8	1.0
100	0.6	399	424	438	443	382	406	424	438	362	382	399	413
	1.2	453	476	490	495	432	460	476	487	402	432	453	466
	1.8	466	496	518	532	466	496	518	532	435	466	487	504
	2.4	469	503	530	551	469	503	530	551	460	492	519	540
	3.0	471	507	537	562	471	507	537	562	471	507	537	562
120	0.6	419	447	460	465	402	431	450	459	383	409	430	445
	1.2	476	506	526	535	463	494	515	529	437	471	492	509
	1.8	482	520	550	573	482	520	550	573	476	513	543	566
	2.4	485	527	563	592	485	527	563	592	485	527	563	592
	3.0	487	531	570	603	487	531	570	603	487	531	570	603
140	0.6	440	470	484	490	424	457	475	485	405	437	460	474
	1.2	492	531	558	575	492	531	558	575	472	509	537	558
	1.8	498	545	583	613	498	545	583	613	498	545	583	613
	2.4	501	551	595	632	501	551	595	632	501	551	595	632
	3.0	503	555	602	644	503	555	602	644	503	555	602	644
160	0.6	462	494	512	519	447	482	502	514	429	465	488	503
	1.2	508	555	591	616	508	555	591	616	506	552	588	613
	1.8	514	569	615	654	514	569	615	654	514	569	615	654
	2.4	517	576	627	673	517	576	627	673	517	576	627	673
	3.0	519	580	635	684	519	580	635	684	519	580	635	684
180	0.6	486	521	542	550	471	509	532	546	453	493	518	536
	1.2	524	579	623	656	524	579	623	656	524	579	623	656
	1.8	531	593	648	694	531	593	648	694	531	593	648	694
	2.4	534	600	660	713	534	600	660	713	534	600	660	713
	3.0	535	604	667	725	535	604	667	725	535	604	667	725
200	0.6	510	551	576	585	496	538	566	581	478	522	551	572
	1.2	541	604	656	697	541	604	656	697	541	604	656	697
	1.8	547	617	680	735	547	617	680	735	547	617	680	735
	2.4	550	624	692	754	550	624	692	754	550	624	692	754
	3.0	552	628	700	765	552	628	700	765	552	628	700	765

St 52		h_r = 0				h_r = 25				h_r = 50			
		eta				eta				eta			
d	bm	0.4	0.6	0.8	1.0	0.4	0.6	0.8	1.0	0.4	0.6	0.8	1.0
100	0.6	561	593	616	630	542	570	593	611	520	542	561	578
	1.2	630	668	685	692	601	642	668	681	565	601	630	653
	1.8	679	714	735	743	648	689	714	731	604	648	678	698
	2.4	696	739	768	784	684	726	756	776	638	684	713	737
	3.0	700	748	784	809	700	748	784	809	666	712	746	774
120	0.6	583	621	645	657	564	599	626	645	543	572	597	618
	1.2	666	705	726	735	639	685	710	725	604	650	683	703
	1.8	714	760	789	802	694	740	773	793	656	706	738	764
	2.4	721	775	816	845	721	775	816	845	697	749	790	821
	3.0	725	784	833	870	725	784	833	870	725	784	833	870
140	0.6	607	650	675	684	588	629	659	676	566	604	634	657
	1.2	703	747	773	783	678	727	756	775	645	699	731	754
	1.8	738	796	838	863	738	796	838	863	707	763	806	838
	2.4	745	812	865	905	745	812	865	905	745	812	865	905
	3.0	749	821	882	931	749	821	882	931	749	821	882	931
160	0.6	633	680	705	713	613	661	692	708	592	636	670	693
	1.2	741	795	827	838	718	773	810	831	688	746	784	812
	1.8	762	833	886	923	762	833	886	923	759	828	882	920
	2.4	769	848	914	966	769	848	914	966	769	848	914	966
	3.0	773	857	930	992	773	857	930	992	773	857	930	992
180	0.6	660	711	736	746	640	693	725	741	619	670	707	729
	1.2	773	838	880	899	760	824	869	894	731	796	842	875
	1.8	787	869	935	984	787	869	935	984	787	869	935	984
	2.4	794	885	962	1027	794	885	962	1027	794	885	962	1027
	3.0	798	894	979	1053	798	894	979	1053	798	894	979	1053
200	0.6	688	744	771	782	668	727	760	777	647	705	744	766
	1.2	797	875	929	959	797	875	929	959	776	851	908	945
	1.8	811	906	984	1045	811	906	984	1045	811	906	984	1045
	2.4	818	921	1011	1088	818	921	1011	1088	818	921	1011	1088
	3.0	822	930	1027	1114	822	930	1027	1114	822	930	1027	1114

plastische Momenten-Grenztragfähigkeiten M_{pl} [kNm] bei positivem Moment (Betongurt im Zustand I)

4.3 Nachweis der Verdübelung

Nachzuweisen sind die Verbunddübel, die Scherspannung im Beton und die Aufnahme der Querzugkräfte im Beton.

4.3.1 Kopfbolzendübel

Als Verbunddübel werden heute fast ausschließlich Kopfbolzendübel (KD) eingesetzt. Kopfbolzendübel weisen günstige mechanische Eigenschaften auf:

- große Steifigkeit bei niedriger Beanspruchung (im Gebrauchszustand),
- große Verformbarkeit bis zum Versagen ohne Abfall der Tragfähigkeit.

Abmessungen für KD (gebräuchliche Werte):

Schaftdurchmesser: $d_1 = 3/4''$ (19 mm) und 7/8″ (22 mm), mögl. 10-25 mm,
Nennhöhen: h = 100 bis 200 mm, möglich 50 bis 500 mm.

Werkstoff und Abmessungen für KD nach DIN 32500 Teil 3: i.a. S 235 J2G3.

Mindest-Streckgrenze (0,2-%-Dehngrenze) $min\ \beta_S = 350\ N/mm^2$
Mindest-Zugfestigkeit $\beta_u = 4450 \ldots 600\ N/mm^2$
Bruchdehnung $\varepsilon_u \geq 15\ \%$

Aufschweißen der KD erfolgt durch Lichtbogenschweißung und automatischer Hubzündung mit spezieller Schweißpistole. Stromstärken bis 2500 A, Schweißdauer *max* 0,5 sec. Zum Schutz der Schweißstelle und des Schweißers wird um die Schweißstelle ein Keramikring gestülpt, der nach dem Schweißen abgeschlagen wird. KD mit $d_1 \leq 19$ mm dürfen durch Trapezprofil bis 1,25 mm Dicke durchgeschweißt werden. Bolzenschweißen, einschließlich Prüfungen, ist in DIN EN ISO 14555 geregelt.

Tragfähigkeit der Kopfbolzendübel bei Querbeanspruchung

Die rechnerische Dübeltragfähigkeit für Kopfbolzendübel ist festgelegt in "Ergänzende Bestimmungen zu den Richtlinien für die Bemessung und Ausführung von Stahlverbundträgern (Ausgabe 3.81)" von (3.84):

$$max\ D_{KD} = \alpha \cdot 0,25 \cdot d_1^2 \cdot \sqrt{\beta_{WN} \cdot E_b} \quad \begin{array}{ll} \leq 95\ kN & \text{für KD mit } d_1 = 19\ mm \\ \leq 120\ kN & \text{für KD mit } d_1 = 22\ mm \end{array}$$

mit $\alpha = 0,85$ für $h/d_1 = 3,0$
$\alpha = 1,00$ für $h/d_1 \geq 4,2$

Zwischenwerte von h/d_1 sind linear zu interpolieren.

Höhe der Kopfbolzendübel: $h \geq 3 \cdot d_1$

Tab. 4.6 **Tragfähigkeit** [kN] **für Kopfbolzendübel** für den Fall $h/d_1 \geq 4,2$ ($\alpha = 1,0$)

KD-Durchmesser d_1	d_2	B 25	B 35... B 55
3/4″ = 19 mm	32 mm	79	95
7/8″ = 22 mm	35 mm	107	120

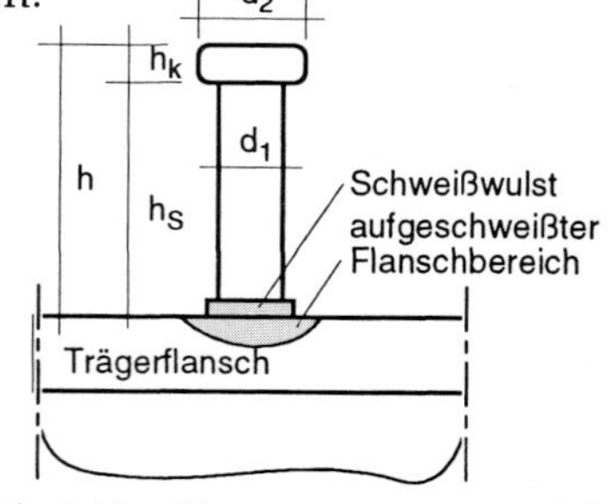

Bild 4.13 **Abmessungen von KD**

Beim Einsatz von Stahltrapezprofilen müssen diese Werte reduziert werden:

$$max\ D_{KD}{}^{*} = 0,6 \cdot \frac{b_w}{h_R} \cdot \frac{h - h_R}{h_R} \cdot maxD_{KD} \leq maxD_{KD}$$ siehe Bild 4.14.

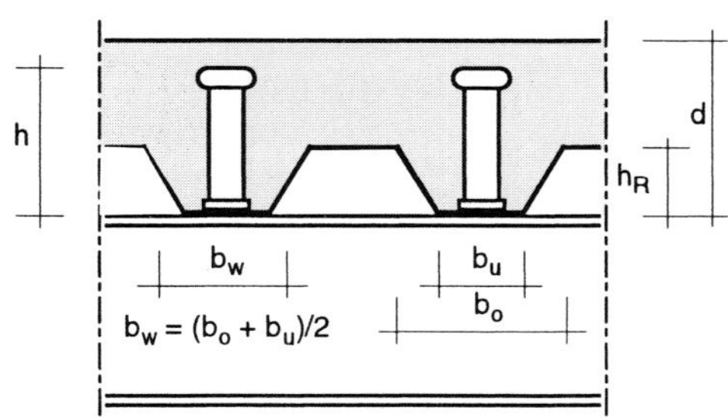

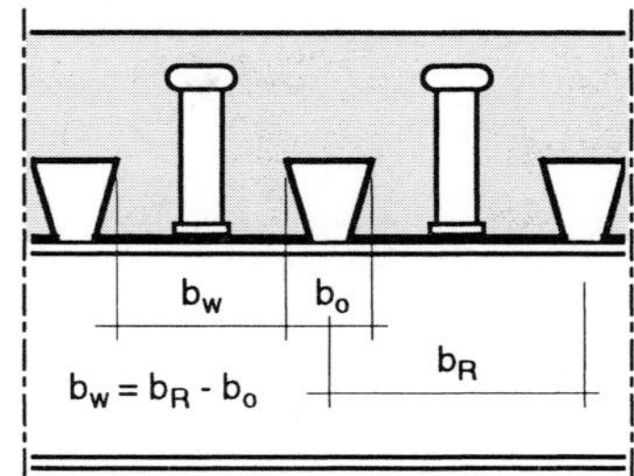

Bild 4.14 **Verbundträger mit Stahltrapezprofil**

Dabei ist zu beachten:

Rippenschlankheit	$b_w/h_R \geq 1,0$	Dicke Aufbeton	$d - h_R \geq 50$ mm
Rippenhöhe	$h_R \leq 80$ mm	Rippenaufstand	$b_u \geq 40$ mm
Einbindetiefe	$h - h_R \geq 2\ d_1$	Kopfbolzendübel-Ø	$d_1 < 23$ mm

Tragverhalten von Kopfbolzendübeln

In Versuchen festgestelltes Tragverhalten von Kopfbolzendübeln zeigt Bild 4.15.

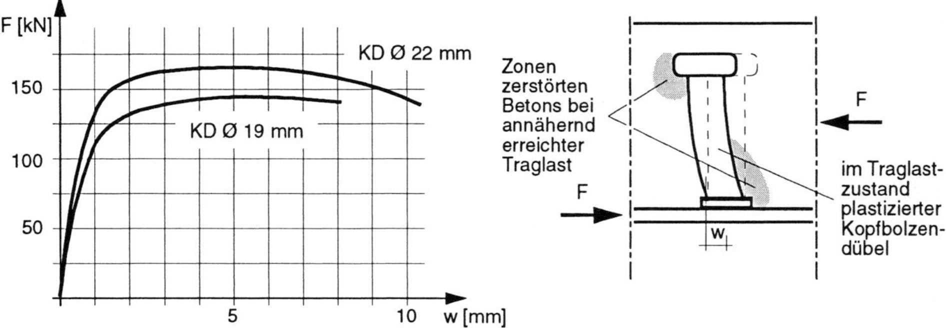

Bild 4.15 **Last-Verformungs-Verhalten von Kopfbolzendübeln** nach [23a]

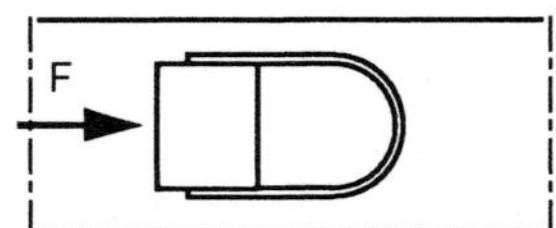

Hohes Verformungsvermögen bei Kopfbolzendübeln ohne wesentlichen Lastabfall erlaubt eine weitgehend gleichmäßige Verteilung der Dübel, auch wenn der Schubfluß, z.B. bei Gleichstreckenlast, vom Nullpunkt der Querkraft nach den Trägerenden hin linear zunimmt.

Andere Dübel, wie etwa Blockdübel mit Verankerungsschlaufen (Bild 4.16), dürfen nicht als duktil angenommen werden. Die Dübelverteilung soll hier etwa querkraft-affin vorgenommen werden.

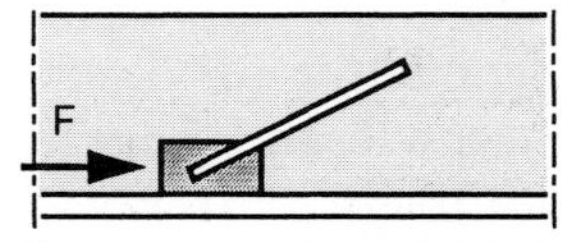

Bild 4.16 **Blockdübel**

Anzahl und Verteilung der Dübel

Beim Einfeldträger ist die für das Maximalmoment (aus γ-fachen Gebrauchslasten) errechnete Zugkraft im Stahlquerschnitt zu beiden Seiten hin bis zu den Auflagern in den Beton als gleichhohe Druckkraft über Schubdübel einzuleiten. Die Summe der Tragfähigkeiten für die Dübel muß in beiden Bereichen mindestens so groß sein wie die Zug- bzw. Druckkraft. Daraus gilt für die Dübelzahl n_{KD}:

$$n_{KD} \geq \frac{Z_a}{max D_{KD}} \qquad \text{bzw.} \qquad \sum D_{KD} \geq Z_a = D_b$$

Die Verteilung des Schubs, der von den Dübeln übertragen wird, entspricht der Veränderung des Biegemoments und ist damit querkraft-affin. Dies ergibt einen laufend veränderlichen Dübelabstand. Aus Fertigungsgründen wird man die Dübel zumindest mit bereichsweise gleichem Abstand befestigen wollen.

Gleichmäßige Verteilung der Dübel über die *ganze* Trägerlänge ist für KD und nur bei vorwiegend ruhender Belastung im Hochbau und für Träger mit $l_0 \leq 20$ m zulässig. Bei größeren Einzellasten ist in jedem Fall schubkraft-affin zu verdübeln.

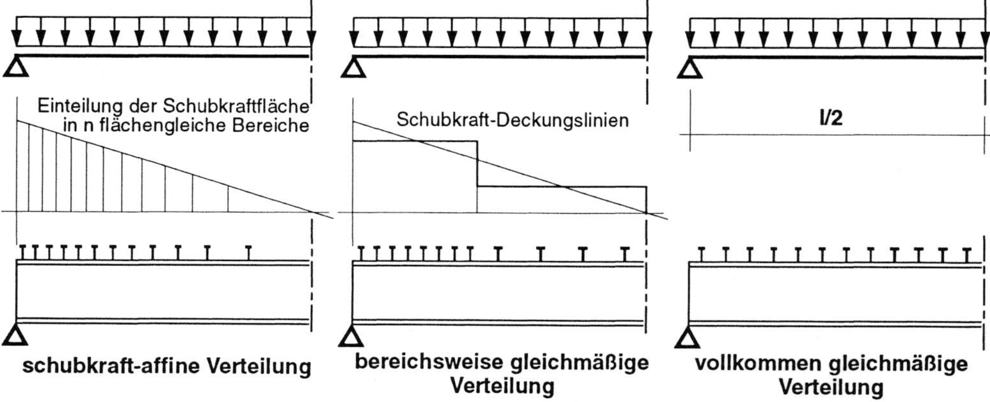

Bild 4.17 **Verteilung der Dübel am Einfeldträger für Gleichstreckenlast**

Bei Durchlaufträgern gilt für den Bereich zwischen Maximalmoment und Momenten-Nullpunkt dasselbe wie beim Einfeldträger. Für den Bereich zwischen Momenten-Nullpunkt und größtem Stützmoment ist die für die Bewehrung ausgewiesene Zugkraft Z_S zu verdübeln. Für die Dübelverteilung gilt dasselbe wie zuvor.

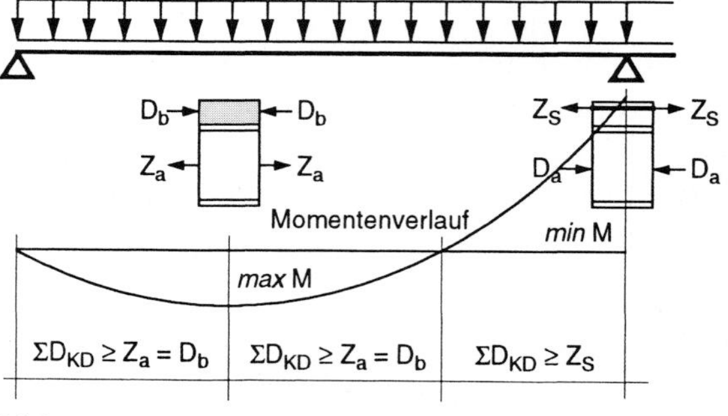

Bild 4.18 **Verteilung der Dübel am Durchlaufträger**

Dübelabstände und Dübellänge

Für die Mindestabstände der KD gilt:

- in Kraftrichtung $min\ e = 5{,}0\ d_1$
- quer zur Kraftrichtung $min\ e = 2{,}5\ d_1$
  empfohlen $min\ e = 4{,}0\ d_1$

Der Kopf der Dübel soll möglichst hoch im Beton verankert sein. Bei Verankerung in der Zugzone muß der Kopf in der oberen Querschnittshälfte liegen. Empfohlen wird als Mindestlänge 75 % der Dicke der Betonplatte.

Nicht ausreichend lange Dübel können aufgedoppelt werden.

Dübelumrißlinie

4.3.2 Scherspannungen im Beton

Die **D**übel-**U**mrißfläche A_{DU} ist die kleinstmögliche Fläche im Betonquerschnitt, die um die Dübel herum gebildet werden kann.

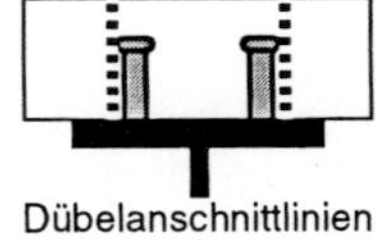

Dübelanschnittlinien

Die **P**latten-**A**nschnittfläche A_{PA} ergibt sich durch Schnittführung beidseits der Dübel bis OK Betonplatte.

Bild 4.19 **Dübelflächen**

Bei Trapezblechdecken oder Fertigteilplatten ist zu beachten, daß diese die Umrißflächen und/oder die Anschnittflächen verkleinern können.

Die kleinere der beiden Flächen ergibt die maßgebende Scherspannung:

$$\tau = \frac{max D_{KD}}{A_{DU}} \qquad \text{bzw.} \qquad \tau = \frac{max D_{KD}}{A_{PA}}$$

Tab. 4.7 **Zulässige Scherspannungen** [N/mm²] **im Tragzustand**

Betongüte nach DIN 1045 (7.88)	**B 25**	**B 35**	**B 45**	**B 45**	
mit **Nachweis der Schubbewehrung**	5,5	7,0	8,0	9,0	$= zul\ \tau_1$
ohne **Nachweis der Schubbewehrung**	1,4	1,8	2,0	2,2	$= zul\ \tau_2$

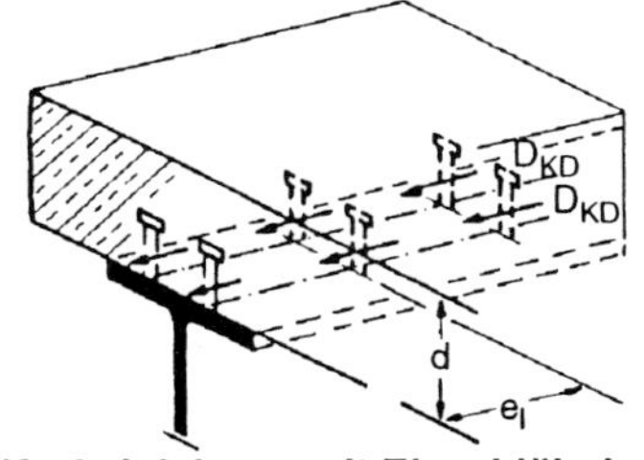

Krafteinleitung mit Einzeldübeln in die Dübelumrißzone

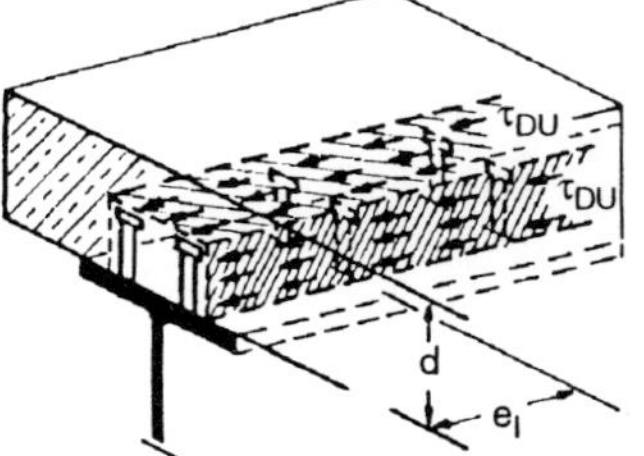

Krafteinleitung aus der Dübelumrißzone in den Betongurt

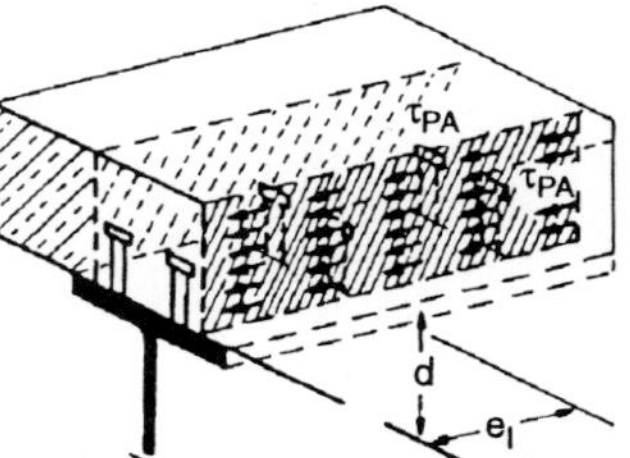

Krafteinleitung durch Plattenanschnitt in die mitwirkenden Plattenbereiche

Bild 4.20 **Krafteinleitung vom Stahlträger in die Verbundplatte**

4.3.3 Anschlußbewehrung in der Betonplatte

Wenn die Schubspannungen die Werte "ohne Nachweis" nach Tab. 4.7 überschreiten, ist ein Nachweis erforderlich. Die Anschlußbewehrung wird aus dem dargestellten Druck-Zugstreben-Fachwerk ermittelt. Infolge Druckstreben-Neigung entstehen Querzugkräfte Z_{KD}, die den Spaltzugkräften an konzentrierten Lasteinleitungen entsprechen. Folgende Nachweise sind notwendig:

$$\tau_{PA} = \frac{max D_{KD}}{A_{PA}} \leq zul \tau_1$$

$$Z_{S,q} = \frac{1}{2} \cdot D_{KD} \cdot tan\vartheta \qquad \text{mit} \qquad tan\vartheta = 1 - \frac{0,6 \cdot zul\tau_2}{\tau_{PA}} \geq 0,4$$

Erforderliche Querbewehrung: $erf\, A_{S,q} = \dfrac{Z_{S,q}}{e_1 \cdot \beta_{S,a}}$

Die Querbewehrung ist gleichmäßig in obere und untere Bewehrung aufzuteilen. Nach DIN 1045, 18.8.5 (4), darf bei vorhandener oberer Platten-Biegebewehrung die obere Querbewehrung bis zu 50 % reduziert werden. Die Querbewehrung wird seitlich so weit geführt, bis die Scherspannungswerte "ohne Nachweis" unterschritten sind; Staffelung der Bewehrung (versetztes Verlegen) ist zulässig. Wenn der Verbundträger als Randträger nur eine Betonplatte nach einer Seite hat, müssen die Dübel von der Bewehrung umschnürt werden (Haarnadeln!).

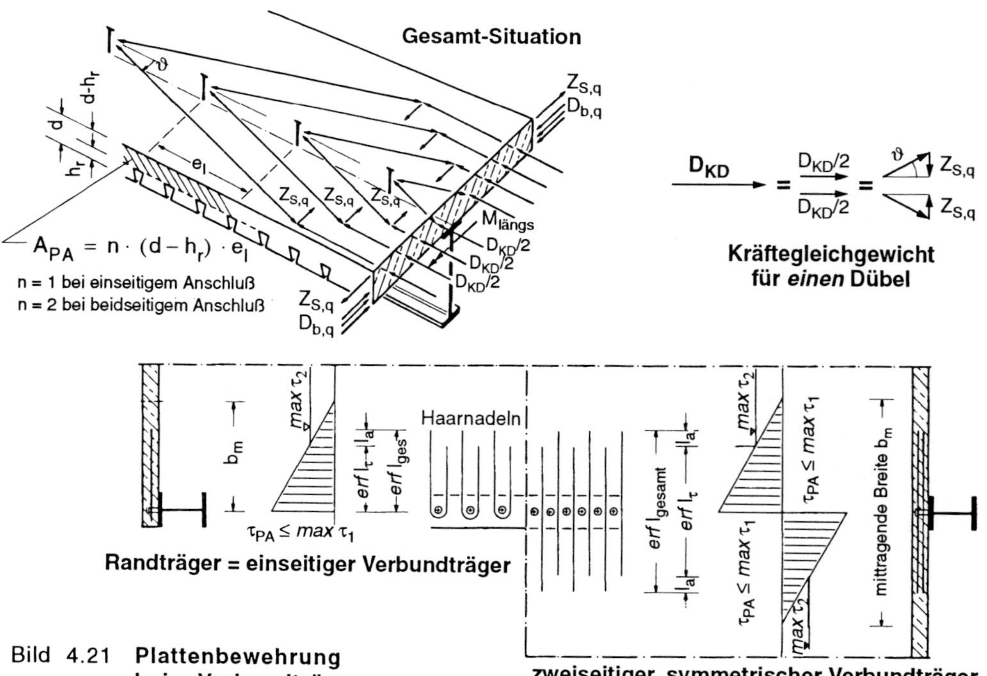

Bild 4.21 **Plattenbewehrung beim Verbundträger**

4.4 Durchbiegung von Verbundträgern

4.4.1 Elastisches Verhalten von Verbundträgern

Beim Tragsicherheitsnachweis mit γ-fachen Gebrauchslasten nach dem Traglastverfahren spielt die zeitliche Folge der Belastung eines Verbundträgers keine Rolle. Das Verfahren erlaubt beliebige rechnerische Momentenumlagerungen; gefordert wird Einhaltung der Gleichgewichtsbedingungen und der Nachweis, daß das Tragmoment bzw. die Interaktionsbedingungen nirgends überschritten sind.

Das elastische Verhalten eines Verbundträgers, gekoppelt mit dem Schwind- und Kriecheinfluß für den Beton, ist von Interesse, wenn für den Gebrauchszustand die Durchbiegungen berechnet werden sollen, oder wenn die Dehnungen der Baustoffe berechnet werden müssen, um evtl. einzuhaltende Begrenzungen nachzuweisen.

Tatsächlich befindet sich der Verbundträger unter dem Einfluß der Gebrauchslasten in einem Bereich, in dem sich Stahl und Beton noch weitgehend elastisch verhalten. Daher gelten das Hookesche Spannungs-Dehnungs-Verhalten und bei starrem Verbund die Bernoulli-Hypothese vom Ebenbleiben der Querschnitte auch für den Gesamtquerschnitt Stahl+Beton.

Die **elastische Berechnung** für den Verbundträger **im positiven Momentenbereich** erfolgt am einfachsten, indem man die Betonflächen durch den Faktor $n = E_a/E_b$ dividiert und mit diesen reduzierten Flächen genauso weiterrechnet als gehörten sie mit zum Stahlquerschnitt. Am Gleichgewicht um die y-Achse ändert sich dabei nichts. Dehnungen werden überall richtig errechnet, nur für Spannungen im Betonquerschnitt müssen die Spannungen im ideellen Querschnitt wieder durch n dividiert werden.

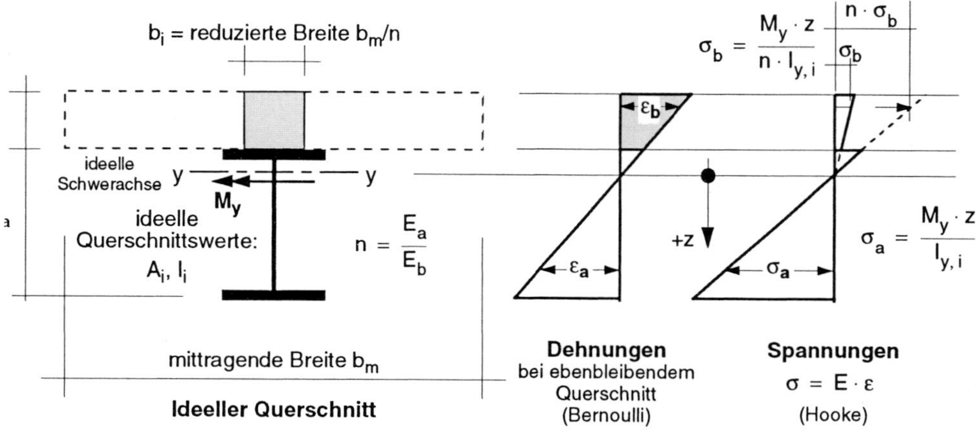

Bild 4.22 **Verbundquerschnitt - elastische Dehnungen und Spannungen infolge M_y**

Im negativen Momentenbereich wirkt der Beton rechnerisch nicht mit. Hier entspricht der rechnerische Querschnitt dem aus dem Stahlquerschnitt und der Bewehrungsfläche zusammengesetzten ideellen Querschnitt. Für die Berechnung erschwerend ist das sich damit ergebende veränderliche Trägheitsmoment über die Trägerlänge. Evtl. rechnet man vereinfachend mit Mittelwerten für I_i.

Eine Verformungsberechnung mit der durch $n = n_0$ (siehe Tab. 4.1) reduzierten Betonfläche gilt genügend genau nur für Kurzzeitbelastung bzw. für Laststufen, die erst in einer Zeit auftreten, in der Schwind- und Kriecheinfluß abgeklungen sind. Für Langzeitbelastungen spielt der Zeitraum der Belastung eine wesentliche Rolle. Insbesondere die **Belastungsgeschichte** innerhalb der ersten Wochen nach dem Betonieren wirkt sich gravierend auf das Durchbiege-Verhalten aus. Dabei muß auch die Art der Unterstützung während des Betonierens (Hilfsstützen!) und der Zeitpunkt der Wegnahme derselben berücksichtigt werden.

Schwinden ist die bleibende Verkürzung des Betons aus der Austrocknung während des Erhärtungsvorgangs.

Kriechen ist die bleibende Verkürzung des Betons unter Lastspannung bevor der Beton voll erhärtet ist. Im Verbundquerschnitt verursachen Schwinden und Kriechen Eigenspannungszustände (bei Durchlaufträgern auch sonstige Spannungszustände) und damit Verformungen.

Schwindkriechen ist die Kriechverkürzung des Betons aus den Spannungsumlagerungen der Schwindverkürzung. Der Kriecheinfluß wirkt sich auf den Schwindprozeß spannungs- und verformungsabbauend aus.

Stark vereinfachend wird der Kriech- und Schwindeinfluß (und damit z.B. auch der Einfluß von Hilfsstützen) mit Hilfe reduzierter n-Werte erfaßt, die das Belastungsalter berücksichtigen. Dabei wird der Feuchtigkeitsgehalt der umgebenden Atmosphäre nach Bauteilen "im Freien" und "in Gebäuden" unterschieden.

Eine weitere Reduktion der n-Werte und damit der Trägersteifigkeit berücksichtigt den Verdübelungsgrad η mit $0{,}5 \le \eta < 1$ (Teilverbund) und auch die Verteilung der Dübel über die Trägerlänge (äquidistant oder querkraft-affin).

4.4.2 Bezeichnungen

$n = E_a/E_b$	Verhältnis der E-Moduli Stahl/Beton im elastischen Bereich
$n_0 = E_a/E_{b,0}$	Verhältnis der E-Moduli zur Zeit $t = \infty$
A_i, S_i, I_i	Querschnittswerte, Betonanteil mit $b_i = b_m/n$
r_k, r_s	Reduktionsfaktoren $n = r \cdot n_0$ für Last- bzw. Schwindkriechen
α_i	Faktor zur Berücksichtigung von Teilverbund und Art der Unterstützung des Stahlträgers während des Betonierens

Tab. 4.8 **Reduktionszahlen für Dauerlasten und Schwinden mit Kriechen**

Belastungsalter t_0	Lastkriechen $r_k = n_\varphi / n_0$		Schwindkriechen $r_s = n_s / n_0$	
	im Freien	in Gebäuden	im Freien	in Gebäuden
7 Tage	3,8	4,5	2,4	2,8
14 Tage	3,4	4,0	2,2	2,5
28 Tage	3,0	3,5	2,0	2,2
90 Tage	2,5	3,0	1,8	2,0

Tab. 4.9 **Einfluß des Teilverbunds und der Betonierbedingungen**

Stützbedingung für den Stahlträger beim Betonieren		Faktor α_i für Dübelverteilung	
		querkraft-affin	äquidistant
Fall A	Stahlträger beim Betonieren frei aufliegend	1/6	1/3
Fall B	Stahlträger beim Betonieren voll unterstützt	1/4	1/2
Fall C	Stahlträger beim Betonieren vorgespannt	1/3	2/3

Rechner. Trägheitsmoment: $I_{i,\eta} = \dfrac{I_i}{1 + q_\eta}$ mit $q_\eta = \alpha_i \cdot \left(\dfrac{I_i}{I_a} - 1\right) \cdot (1 - \eta)$

4.4.3 Belastungsgeschichte

Für einen Verbundträger des Hochbaus stellt sich der zeitliche Ablauf von Belastungen und Verformungen so dar:

t_0 Betonieren — Durchbiegung Stahlträger allein mit den Alternativen:

Fall A — Stahlträger frei aufliegend: Durchbiegung aus:
- A.a Schalung liegt auf Stahlträger: Stahl- + Betongewicht
- A.b Schalung auf eigener Rüstung: nur Stahlträgergewicht

t_1 Ausschalen — Zeitpunkt t = 0 für die Kriechverformung

t_2 Entfernen von Hilfsstützen — Lastumordnung für die Kriechverformung evtl. Differenzrechnung zu t_1

t_3 Aufbringen von Dauerlast — Lastumordnung für Kriechverformung, evtl. Differenzrechnung zu t_1

t_4 Vollastzustand zur Zeit $t = \infty$ — Addition der Durchbiegungen aus:
- Zustand vor dem Betonieren
- Kriechverformungen, t_1 t_2, t_3
- Kriechschwinden
- Kurzzeitbelastung

4.4.4 Durchbiegung aus Schwinden und Kriechen

Die **Schwindverformung** simuliert man durch folgenden Rechenablauf. Der Schwindverkürzung entspricht eine Normalkraft:

$$N_s = \varepsilon_s \cdot E_b \cdot A_b = \varepsilon_s \cdot (E_a/n_s) \cdot A_b$$

N_s wird einerseits als *Zugkraft* auf den *Betonquerschnitt* angesetzt und stellt diejenige Kraft dar, welche die Schwindverkürzung in diesem Querschnitt ausgleicht. Andererseits bringt man N_s als *Druckkraft* in derselben Wirkungslinie wie zuvor auf den *Verbundträger* auf. Das ergibt das Schwindmoment:

$$M_s = N_s \cdot z_{b,i} \qquad z_{b,i} = \text{Abstand Schwerachsen Beton-/Verbundquerschnitt}$$

Als **Schwindmaß** kann vereinfachend gesetzt werden:

$\varepsilon_{s,\infty} = -25 \cdot 10^{-5}$ im Freien und $\varepsilon_{s,\infty} = -35 \cdot 10^{-5}$ in Gebäuden

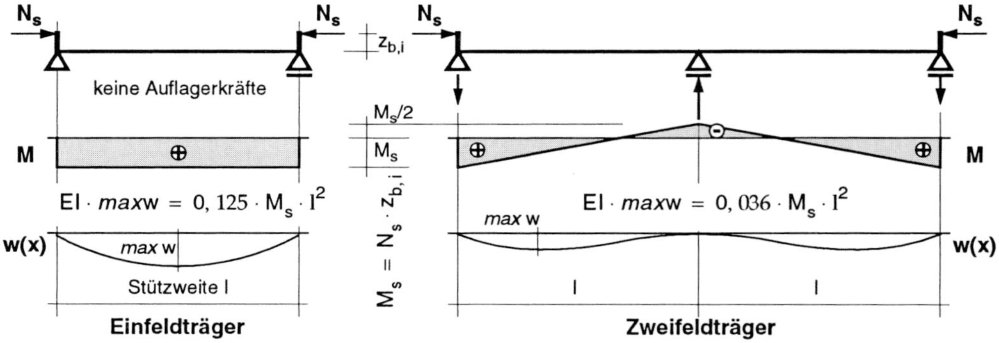

Bild 4.23 **Durchbiegung aus Schwinden und Kriechen**

Schwindkriechen wird durch die zuvor genannten Reduktionszahlen für n_s berücksichtigt.

Aus der zugehörigen Verkrümmung ergeben sich die Verformungen, die bei Durchlaufträgern den Stützbedingungen angepaßt werden müssen. Verlauf des Schwindmoments M_s und größte Durchbiegung *max* w werden:

Bei Verbundträgern, die als Einfeldträger ausgeführt sind, entstehen relativ große Durchbiegungen aus Schwinden und Kriechen. Im Vergleich dazu verhalten sich Durchlaufträger wesentlich günstiger.

Die Durchbiegung im Dauerlastzustand nach Schwinden und Kriechen lassen sich durch Maßnahmen vor dem Betonieren verringern: Hilfsstützen unter den Stahlträger, evtl. auch Vorspannen des Stahlträgers. - Sichtbaren Durchbiegungen kann durch Überhöhung der Stahlträger (in der Werkstatt bzw. im Walzwerk) entgegengewirkt werden.

4.5 Weitere Regelwerke für Verbundkonstruktionen

4.5.1 Verbundkonstruktionen nach DIN V ENV 1994 T. 1-1 (EC 4)

Anwendung: In Verbindung mit dem Nationalen Anwendungsdokument DASt-Ri 104 ist DIN V ENV 1994 Teil 1-1 bauaufsichtlich bekannt gemacht worden.

Einwirkungen: Die Regelungen entsprechen dem neuen Normen-Konzept, wie es generell aus DIN 18800 (11.90), speziell aber dem Eurocode EC 1 bekannt ist.

Werkstoffe: Eigenschaften und Wiederstandswerte entsprechen weitgehend den Regelungen der Euronormen:

- Beton entsprechend EC 2 nach EN 206, Festigkeitsklassen C 20/25 bis C 50/60; die Verwendung von Leichtbeton ist erlaubt und geregelt,
- Betonstähle entsprechend EC 2 nach EN 10080 oder nationaler Regelung,
- Baustahl entsprechend EC 3 nach EN 10025 als Fe 360, Fe 430 und Fe 510 für Nenndicken bis 100 mm,
- Profilblech und Dübel gemäß speziellen Normen und Zulassungen.

Beanspruchbarkeiten: Es gelten die Teilsicherheitsbeiwerte gemäß Tab. 4.10.

Tab. 4.10 **Teilsicherheitsbeiwerte für Beanspruchbarkeiten der Werkstoffe**

Werkstoff	Baustahl	Beton	Betonstahl	Profilblech	Dübel
Teilsicherheitsbeiwert	1,1	1,5	1,15	1,1	1,25

Querschnittswerte: *Wesentliche* Änderungen gegenüber Verbundträger-Richtlinie:

- Mittragende Breite der Betonplatte beim Einfeldträger: $b_m = l_0/4 \le b$ (anstatt $b_m = l_0/3 \le b$) und teilweise Änderungen der Beiwerte für DLT,
- Querkraft für Profilstähle: $V_{pl, Rd} = A_v \cdot \tau_{y, d} = 1,04 \cdot h_{Traeger} \cdot s \cdot f_{y, d}/\sqrt{3}$
- Auch die Regelungen für M-V-Interaktion bei Stahlträgern, Beanspruchbarkeit der Dübel, Mindestverdübelungsgrad und Schub-/Scher-Bewehrung haben sich in den EC-Regelungen etwas (nicht grundlegend) geändert.

Tragsicherheitsnachweis: Nachweis E-P oder bei Durchlaufträgern P-P, grundsätzlich wie bisher. Praktisch unbedeutend ist, daß auch ein Nachweis E-E erlaubt ist; dies soll schlanke Bauteile und damit verbundene Beulnachweise ermöglichen.

Insgesamt: Es gibt *keine grundsätzlichen Änderungen*, nur Änderungen in den meisten Festigkeits- und sonstigen Beiwerten. Vor allem durch die günstigeren Kombinationsbeiwerte der Einwirkungen ergibt sich meist eine etwas höhere Auslastbarkeit der Verbundkonstruktionen gegenüber einer Berechnung nach der Verbundträger-Richtlinie.

Beispiele zur Anwendung des EC 4 finden sich in [23], [24].

In diesem Buch wurde, auch in den folgenden Beispielen, die Berechnung nach der Verbundträger-Richtlinie, wie sie im Grunde schon lange gilt und weiterhin gültig ist, beibehalten. Dies auch wegen der für die Praxis bereitgestellten Hilfsmittel, z.B. der Tabellen aus [22]. Die Handhabung ist auch einfacher als beim EC 4, die Auswirkung auf die Ergebnisse ist im allgemeinen gering.

4.5.2 Verbundkonstruktionen nach E DIN 18800 Teil 5

Der Norm-Entwurf soll als Ersatz für die "Richtlinien für die Bemessung und Ausführung von Stahlverbundträgern" wie auch für DIN 18806 Teil 1 "Verbundstützen" dienen.

Der Entwurf Januar 99 basiert auf DIN 1045-1 (7.01) und enthält weitere Ergänzungen, wie z.B. die Bemessung von Verbundträgern mit Kammerbeton und (auf dem Gebiet der Verbundstützen) von seitlich verschieblichen Rahmentragwerken, wobei auch der Kritik an DIN 18806 (siehe Abschnitt 5.2.1) Rechnung getragen wurde.

Bezüglich des Stahls orientiert sich der Norm-Entwurf E DIN 18800 Teil 5 an DIN 18800 Teile 1 und 2, sowohl was die Einwirkungen, als auch was die Beanspruchbarkeiten des Werkstoffs Stahl angeht.

Bezüglich des Werkstoffs Beton orientiert sich E DIN 18800 Teil 5 an der Norm DIN 1045-1 (7.01). Einige Umstellungen sind noch erforderlich.

Nach den "Richtlinien" und EC 4 ist damit ein drittes Regelwerk für Verbundkonstruktionen vorhanden, das aber augenblicklich bauaufsichtlich nicht eingeführt ist. Vorteilhaft an E DIN 18800 Teil 5 ist der aus den Teilen 1 bis 4 gewohnte Aufbau in Elementen und eine allgemein bessere Übersichtlichkeit als beim EC 4.

Bei der Bemessung von Verbundträgern ergeben sich gegen den EC 4 nur unwesentliche Differenzen, siehe Abschnitt 4.5.1. Die Verbundmittel werden klassifiziert (duktil, nicht duktil), und ihre Verteilung wird in Abhängigkeit vom Schubflußverlauf darauf abgestimmt.

Wesentliche Änderungen, das sei hier dem Kapitel 5 vorweggenommen, ergeben sich im Bereich Stützen-Bemessung für Druck + Biegung. Im M-N-Interaktions-Diagramm (Bild 5.3) entfällt die Reduktionsgerade. Dafür ist dann aber im Falle $N/N_{Ki} > 0,1$ stets nach Th. II.O. zu rechnen. Nachweise nach dem Ersatzstabverfahren sind (anders als beim EC 4!) nur noch bei planmäßig mittigem Druck möglich. Bei Druck + Biegung muß nach Th. II.O. gerechnet werden, was sich aber meist vorteilhaft auswirkt.

4.6 Verankerung im Beton mit Ankerplatten und Kopfbolzen

Der Anschluß von Stahlteilen an lastabtragende Betonkonstruktionen erfolgt oft über einbetonierte Stahlplatten mit aufgeschweißten Kopfbolzen. Der Nachweis wird nach bauaufsichtlichen Zulassungen geführt, siehe [23b].

Nachfolgende Angaben sind auszugsweise der Zulassung Z-21.5-82 für Nelson-Kopfbolzen ® entnommen, gültig bis 31.01.2000. Diese Angaben sind gegenüber der Zulassung teilweise vereinfacht. Es gilt die bauaufsichtliche Zulassung.

Anwendungsbereich

Kopfbolzen: Werkstoff S 235 J2G3, kaltumgeformt, wie in Abschnitt 4.3.1.

Ankerplatten: Übliche Baustähle S 235 und S 355, bündig einbetoniert. Die Kopfbolzen werden (meist im Werk) mittels Lichtbogenschweißung aufgeschweißt.

Beton: Wenigstens B 25. Nachweise nach DIN 1045 (7.88).

Beanspruchung: Ankerteile mit Kopfbolzen können auf Zug *und* quer beansprucht werden. An die Ankerplatten dürfen Anschlußteile direkt angeschweißt werden.

Entwurf und Bemessung

Nachweise $S_d \leq R_d$ gemäß Verfahren DIN 18800 Teil 1 mit den dort vorgegebenen Bemessungswerten der Einwirkungen R_d.

Teilsicherheitsbeiwerte für den Materialwiderstand sind:

$\gamma_{Mc} = 1{,}8$ Betonversagen (Herausziehen, Betonausbruch)
$\gamma_{Ms} = 1{,}5$ Stahlversagen der Kopfbolzen bei zentrischem Zug
$\gamma_{Ms} = 1{,}25$ Stahlversagen der Kopfbolzen bei Querlast
$\gamma_{Ms} = 1{,}15$ Versagen der Rückhängebewehrung bei Querlasten (Stahlbruch)
$\gamma_{Ms} = 1{,}8$ Versagen der Rückhängebewehrung bei Zuglasten (Herausziehen)

Die Beanspruchbarkeit ist nachzuweisen für Einzelbolzen und Bolzengruppen:

- Zugbeanspruchung: gegen Stahlversagen, Herausziehen, Betonausbruch, ggf. Rückhängebewehrung, Spaltkräfte *und/oder*
- Querbeanspruchung: gegen Stahlversagen, Betonausbruch, Betonkantenbruch bei randnaher Verankerung, Rückhängebewehrung.

Bei kombinierter Zug- und Querbeanspruchung (Schrägzugbeanpruchung) ist die Interaktionsbeziehung einzuhalten:

$$\left(\frac{N_{S,d}}{N_{R,d}}\right)^{\alpha} + \left(\frac{V_{S,d}}{V_{R,d}}\right)^{\alpha} \leq 1 \quad \text{mit} \quad \begin{array}{l} N = \text{Normalkraft (Zugkraft positiv)} \\ V = \text{Querkraft} \end{array}$$

$\alpha = 3/2$ bei Verankerungen *ohne* Rückhängebewehrung
$\alpha = 2/3$ bei Verankerungen *mit* Rückhängebewehrung (auf Zug *oder* quer)

Rückhängebewehrung darf nur auf Zug *oder* Querbeanspruchung angerechnet werden. Sie wird mittels bolzennahen Bügeln ausgeführt. Der entsprechende

Nachweis auf Betonausbruch muß dann nicht geführt werden. Rückhängebewehrung kann die Tragfähigkeit wesentlich erhöhen, siehe auch [23b].

Die Zulassung regelt Geometrie und Bemessung für Kopfbolzen mit Schaftdurchmesser von 10 bis 25 mm, Anordnung einzeln oder in Gruppen bis 9 Stück (in regelmäßiger Anordnung bis 3 x 3) und für Betongüten B 25 bis B 55.

Abmessungen, Randabstände. Für Randabstände im Beton und Abstände der Kopfbolzen untereinander gelten die Mindestwerte in Tab. 4.11. gemäß Bild 4.24.

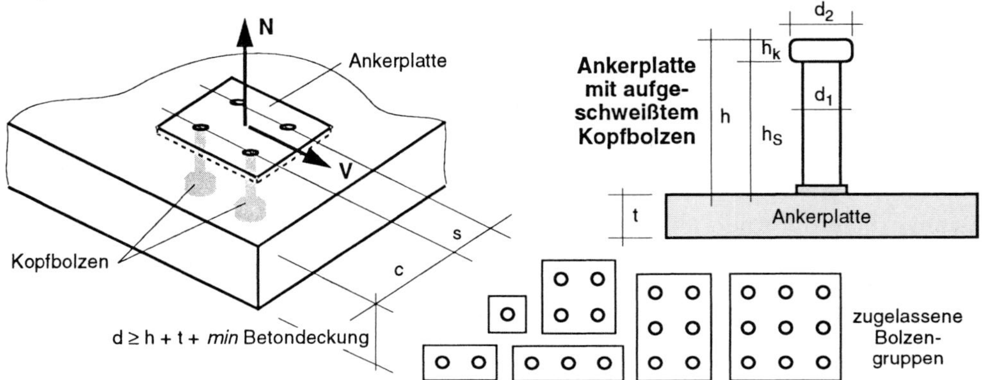

Bild 4.24 **Achs- und Randabstände - Bolzenabmessungen - Bolzengruppen**

Tab. 4.11 **Abmessungen und minimale Achs- und Randabstände für Kopfbolzen**

Bolzentyp	Schaft-Ø d_1 [mm]	10	13	16	19	22	25
Bolzenkopf	$d_2 \times h_k$ [mm]	19 x 7,1	25 x 8	32 x 8	32 x 10	35 x 10	40 x 12
Bolzenlänge	h von ... bis [mm]	50 ... 200	50 ... 200	50 ... 350	75 ... 350	75 ... 525	75 ... 525
Achsabstand	*min* s [mm]	50	70	80	100	100	100
Randabstand	*min* c [mm]	50	50	50	70	70	70

Tragfähigkeit der Kopfbolzen. In Tab. 4.12 sind die Tragfähigkeiten auf Zug (Stahlversagen, Herausziehen) und in Querrichtung angegeben.

Tab. 4.12 **Charakteristische Werte der Widerstandsgrößen für Kopfbolzen**

Bolzentyp	Schaftdurchmesser d_1 [mm]	10	13	16	19	22	25
Zugtragfähigkeit	Stahlversagen $N_{Rk,s}$ [kN]	35	60	90	127	171	221
	Herausziehen (B 25) $N_{Rk,p}$ [kN] *)	31	54	90	78	87	115
Quertragfähigkeit bei Stahlversagen $V_{Rk,s}$ [kN]		21	36	54	76	103	133

*) Bei höheren Betonfestigkeiten dürfen diese Werte mit dem Faktor ψ_c multipliziert werden: B 35: $\psi_c = 1{,}4$ B 45: $\psi_c = 1{,}8$ B 55: $\psi_c = 2{,}2$

Die in Tab. 4.12 angegebenen *charakteristischen* Tragfähigkeitswerte sind Größtwerte, deren Begrenzung bei Zugtragfähigkeit gegenseitig sein kann (Stahlversagen, Herausziehen unter Beachtung der Betonfestigkeit).

Ankerplatte. Die Platte muß ausreichend tragsicher und steif ausgebildet werden.

Spaltbewehrung. Auf Nachweis der Spaltbewehrung im Beton darf verzichtet werden, wenn im Bereich der Kopfbolzenverankerung mindestens eine kreuzweise Bewehrung BSt 500 Ø 8/15 (bzw. Ø 6/15 bei Bolzentyp 10) angeordnet wird.

Betonausbruch bei Zug. Die charakteristische Zugtragfähigkeit eines Kopfbolzens oder einer Bolzengruppe bei Betonausbruch beträgt:

$N_{Rk,c} = N^0_{Rk,c} \cdot A_{c,N} / A^0_{c,N}$ mit

mit dem Grundwert der Zugtragfähigkeit

$N^0_{Rk,c} = 8 \cdot \sqrt{\beta_{WN}} \cdot h_{ef}^{1,5}$ [N] wobei

β_{WN} Beton-Nennfestigkeit in $[N/mm^2]$

h_{ef} Effektive Bolzenlänge [mm]

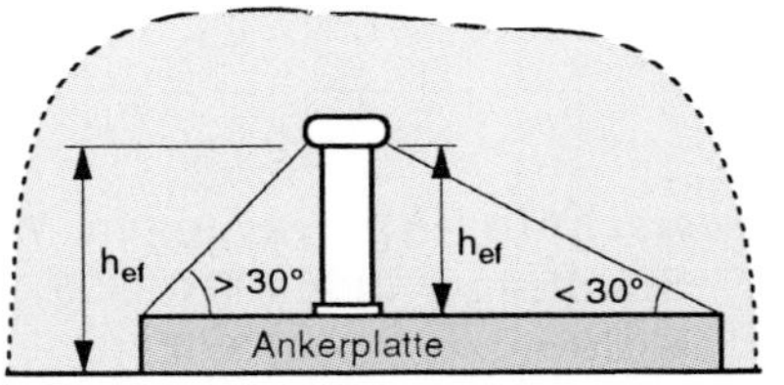

Bild 4.25 **Effektive Bolzenlänge bezüglich Betonausbruch**

$A^0_{c,N} = 9 \cdot h_{ef}^2$ Fläche ungestörten Ausbruchs für Einzelbolzen,

$A_{c,N}$ vorhandene Ausbruchsfläche, ggf. durch Überschneidung begrenzt.

Der angegebene Wert für $N_{Rk,c}$ muß ggf. abgemindert werden wegen:

- Störung des rotationssymmetr. Spannungszustandes durch Bauteilränder, wenn $c < 1,5 \cdot h_{ef}$ (siehe Bild 4.24),
- exzentrischer Zugbeanspruchung einer Bolzengruppe,
- Bewehrung im Bereich der Bolzenverankerung mit Achsabstand > 15 cm.

Tab. 4.13 **Grundwert der Zugtragfähigkeit für Betonausbruch auf Zug**

Effektive Länge des Bolzens [mm]	75	100	125	150	200	250	300
Zugtragfähigkeit (B 25) $N^0_{Rk,c}$ [kN] *)	26	40	56	73,5	113	158	208

*) Bei höheren Betonfestigkeiten dürfen diese Werte mit dem Faktor ψ_c multipliziert werden:
B 35: $\psi_c = 1,18$ B 45: $\psi_c = 1,34$ B 55: $\psi_c = 1,48$

Betonausbruch bei Querbeanspruchung. Gegen Betonausbruch auf der lastabgewandten Seite gilt die Begrenzung der charakteristischen Quertragfähigkeit:

$V_{Rk,cp} = 2 \cdot N_{Rk,c}$ *ohne* Rückhängebewehrung,

$V_{Rk,cp} = 1,5 \cdot N_{Rk,c}$ *mit* Rückhängebewehrung.

Auch dieser Wert unterliegt bei randnaher Verankerung zahlreichen Reduktionsfaktoren, die ggf. der Zulassung zu entnehmen sind.

4.7 Beispiele

4.7.1 Einfeldträger als Verbundträger

System-Abmessungen

Einfeldträger, Stützweite: l = 10,00 m,
Achsabstand der Träger: a = 3,50 m.

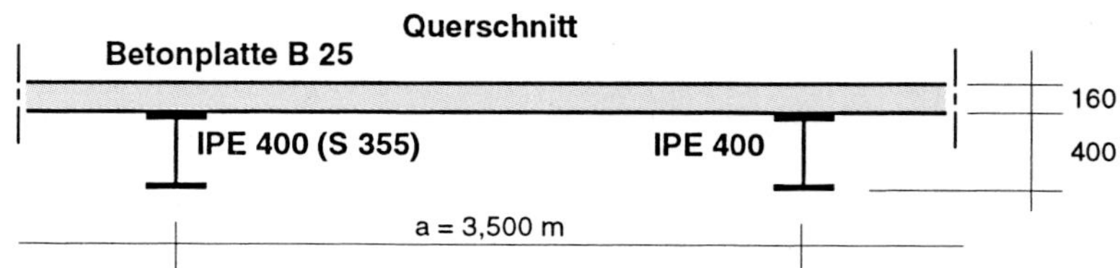

Querschnitts-Abmessungen, Werkstoffe

Stahlträger: IPE 400 (S 355),
Kopfbolzendübel 3/4" (d = 19 mm), 125 mm lang,
Betonplatte: d = 160 mm (B 25),
Gesamthöhe des Verbundträgers (Kontrollmaß): 560 mm.

Gebrauchslasten

Ständige Last aus Eigenlast Betonplatte + Stahlträger,
Verkehrslast: p = 7,5 kN/m^2. Untersuchung nur für Vollast gefordert.
Bemessungslast (Kontroll- und weiterer Rechenwert): $q_\gamma \approx 70$ kN/m.

Belastungsgeschichte

Träger im Gebäude-Inneren.
Beim Betonieren eine Zwischenstütze in Feldmitte,
Ausschalen: nach 28 Tagen,
Dauer-Nutzlast: nach 90 Tagen.
Dauer-Nutzlast: p' = 2,5 kN/m^2 (= 33 % der gesamten Nutzlast).

Überhöhung

Der Träger soll für den größten Wert aus bleibender und elastischer Durchbiegung überhöht werden.

Nachweise

Tragsicherheitsnachweis,
Verdübelungsgrad gemäß Erfordernis,
Anzahl und Verteilung der Dübel,
Nachweis für die Scher- und Schubfugen,
Festlegung der Querbewehrung.

Berechnung der Verformungen,
Festlegung der Überhöhung.

Belastung und Momentenbeanspruchung

Ständige Last: $g = 0,67 + 3,50 \cdot 0,16 \cdot 25 = 0,67 + 14,00 = 14,67$ kN/m

Verkehrslast: $p = 3,50 \cdot 7,50 = 26,25$ kN/m

Bemessungslast: $q_\gamma = 1,7 \cdot (14,67 + 26,25) = 1,7 \cdot 40,92 = 69,56$ kN/m

Rechenwert: $q_\gamma = 70$ kN/m

Maximalmoment: $M = 70 \cdot 10,0^2/8 = 875$ kNm

Tragsicherheitsnachweis

Rechenfestigkeiten: Stahl S 355: $\beta_a = 36$ kN/cm^2

Beton B 25: $\beta_R = 1,50$ kN/cm^2

Zugkraft: $Z_a = N_{pl,a} = A_a \cdot \beta_a = 84,5 \cdot 36 = 3042$ kN

Mittrag. Breite: $b_m = l_0/3 = 10,0/3 = 3,33$ m

Betondruckzone: $x_{pl} = \dfrac{Z_a}{b_m \cdot \beta_R} = \dfrac{3042}{333 \cdot 1,50} = 6,1 \text{ cm} < d = 16 \text{ cm}$

Tragmoment: $M_{pl} = Z_a \cdot z_{pl} = Z_a \cdot \left(\dfrac{h_a}{2} + d - \dfrac{x_{pl}}{2}\right) = 3042 \cdot \dfrac{20 + 16 - 3,05}{100} = 1002$ kNm

Vergleich mit Tabellenwert aus "Stahl im Hochbau" [22]: $M_{pl} = 992$ kNm für b = 3,00 m.

Wegen $M < M_{pl}$ ist Teilverdübelung möglich. - Erforderlicher Verdübelungsgrad nach Tabelle 4.5: etwa $\eta = 0,66$ (interpoliert). Hieraus wird der Schätzwert $\eta = 0,65$ genommen, für den nachfolgend der genaue Verdübelungsnachweis durchgeführt wird.

Rechnerischer Nachweis für $\eta = 0,65$:

Beton-Druckkraft: $D_b = 0,65 \cdot 3042 = 1977$ kN

Betondruckzone: $x_{pl} = \dfrac{1977}{333 \cdot 1,50} = 4,0$ cm

IPE 400: $N_{pl,a,Steg} = (40 - 1,35) \cdot 0,86 \cdot 36 = 1197 \text{ kN} < D_b = 1977$ kN

Für das Restmoment im Stahlträger kommen also allein die Flansche auf. Deshalb:

$$M'_{pl,a} = \frac{3042 - 1977}{2} \cdot \frac{40 - 1,35}{100} = 206 \text{ kNm}$$

Tragmoment: $M'_{pl} = 1977 \cdot \dfrac{20 + 16 - 2}{100} + 206 = 672 + 206 = 878 \text{ kNm} > 875$ kNm

Verdübelung

Kopfbolzendübel d = 19 mm, h = 125 mm, h/d = 6,58 > 4,2, für B 25:

Dübeltragkraft: $D_{KD} = 79$ kN

Dübelanzahl: *erf* $n = 1977/79 = 25$ je Trägerhälfte

Verteilung: einreihig, äquidistant, e = 20 cm über den ganzen Träger.

Scher- und Schubfugen

Dübelumrißfläche: $A_{DU} = (2 \cdot 12,5 + 3,2) \cdot 20 = 564 \text{ cm}^2$

Plattenanschnittfläche: $A_{PA} = 2 \cdot 16 \cdot 20 = 640 \text{ cm}^2 > A_{DU} = 564 \text{ cm}^2$

Scherspannung: $\tau_{DU} = 79/564 = 0,14 \text{ kN/cm}^2 = zul\ \tau_2$

Die Scherspannung ist zulässig; die Anschlußbewehrung muß *nicht* nachgewiesen werden.

Verformungsnachweis

B 25: $n_0 = E_a/E_{b,0} = 7$

Die Lastkriechzahlen werden mit Hilfe der Reduktionszahlen r_k ermittelt. In Tab. 4.5 wird für $\eta = 0,65$ und für die jeweilig zutreffende reduzierte mitwirkende Breite b_k interpoliert:

a) t = 28 Tage $r_k = 3,5$ $b_k = 333/3,5 = 95 \text{ cm}$

$$I_i = \{0,42 \cdot (0,75 \cdot 486 + 0,25 \cdot 563) + 0,58 \cdot (0,75 \cdot 535 + 0,25 \cdot 640)\} \cdot 100 = 53800 \text{ cm}^4$$

b) t = 90 Tage $r_k = 3,0$ $b_k = 333/3,0 = 111 \text{ cm}$

$$I_i = \{0,15 \cdot (0,75 \cdot 486 + 0,25 \cdot 563) + 0,85 \cdot (0,75 \cdot 535 + 0,25 \cdot 640)\} \cdot 100 = 49800 \text{ cm}^4$$

Für t = 28 T. und t = 90 T. wird mit einem Mittelwert gerechnet: $I_i = 50000 \text{ cm}^4$.

c) $t = \infty$ $r_k = 1,0$ $b_k = 333/1,0 = 333 \text{ cm} \approx 300 \text{ cm}$

$$I_i = \{0,75 \cdot 591 + 0,25 \cdot 734\} \cdot 100 = 62675 \text{ cm}^4$$

Bei Benutzung von Tab. 4.5 können die Betonierbedingungen nicht detailliert berücksichtigt werden. Ein Faktor $\alpha_i = 1/2$ ist (etwa) in die Tabellenwerte eingearbeitet.

Belastung: Dauerlast: $q_{dauer} = 14,67 + 26,25/3 = 23,4 \text{ kN/m}$

Kurzzeitlast: $q_{kurz} = 2 \cdot 26,25/3 = 17,5 \text{ kN/m}$

Durchbiegung aus g+p: $max\ w = \frac{5}{384} \cdot \frac{l^4}{E} \cdot \left(\frac{q_d}{I_t} + \frac{q_k}{I_\infty}\right) = \frac{5}{384} \cdot \frac{10^4}{2,1} \cdot \left(\frac{23,4}{50000} + \frac{17,5}{62675}\right) = 0,046 \text{ m}$

Schwinden: Schwindmaß in Gebäuden bei Ausschalen nach 28 Tagen: $\varepsilon_{s,\infty} = -35 \cdot 10^{-5}$

Reduktionszahl für Schwinden und Kriechen: $r_s = n_s/n_0 = 2,2$

Ersatzkraft: $N_s = \varepsilon_s \cdot \frac{E_a}{n_s} \cdot A_b = 35 \cdot 10^{-5} \cdot \frac{21000}{2,2 \cdot 7} \cdot 333 \cdot 16 = 2543 \text{ kN}$

Verbundquerschnitt, rechnerische Ersatzbreite: $b_i = 333/(2,2 \cdot 7) = 21,6 \text{ cm}$

z_{bi} ist der Abstand der Schwerachsen Verbundquerschnitt-Betonquerschnitt.

Die ideelle Betonfläche ist hierfür: $A_{bi} = 333 \cdot 16/(2,2 \cdot 7) = 21,6 \cdot 16 = 346 \text{ cm}^2$

Damit: $z_{bi} = \frac{\sum A_i \cdot z_i}{\sum A_i} - \frac{d}{2} = \frac{84,5 \cdot 36 + 346 \cdot 8}{84,5 + 346} - \frac{16}{2} = 13,5 - 8,0 = 5,5 \text{ cm}$

Trägheitsmoment: $I_i = 21,6 \cdot 16^3/12 + 23130 + 346 \cdot 5,5^2 + 84,5 \cdot 22,5^2 = 83750 \text{ cm}^4$

Schwindmoment: $M_s = N_s \cdot z_{b,i} = 2543 \cdot 0,05 = 140 \text{ kNm}$

Durchbiegung aus K+S: $max\ w_s = \frac{0,125 \cdot M_s \cdot l^2}{EI_i} = \frac{0,125 \cdot 140 \cdot 10,0^2}{2,1 \cdot 83750} = 0,010\ \mathrm{m}$

Durchbiegung insgesamt: $max\ w = 0{,}046 + 0{,}010 = 0{,}056 \approx 0{,}06\ \mathrm{m} = l/166$

Ergebnis: Der Träger sollte etwa 70 bis 80 mm überhöht werden.

Man muß sich darüber im klaren sein, daß die Verformungsberechnung nur ungefähre Werte liefern kann. Streuung der Material-Kenngrößen und Umweltbedingungen veranlassen Schwankungen, die durchaus Abweichungen von 25 % ergeben können.

4.7.2 Durchlaufträger als Verbundträger

System-Abmessungen

Zweifeldträger, Stützweiten: l = 11,25 + 11,25 m,
Achsabstand der Träger: a = 4,75 m.

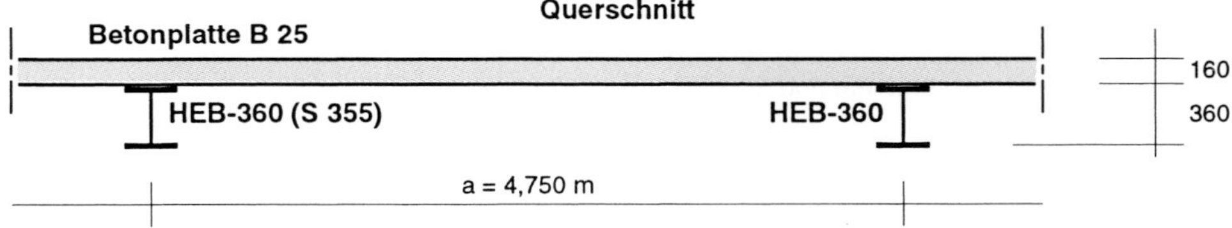

Querschnitts-Abmessungen, Werkstoffe

Stahlträger: HEB-360 (S 355),
Kopfbolzendübel 7/8″ (d = 22 mm), 125 mm lang,
Betonplatte: d = 160 mm (B 25),
Gesamthöhe des Verbundträgers (Kontrollmaß): 520 mm.

Bewehrungsstahl für Bewehrung über der Stütze: BSt 500 S,
Achsabstand der Bewehrung von OK Betonplatte 40 mm,
Bewehrung der Betonplatte: BSt 500 M.

Gebrauchslasten

Belag + abgehängte Decke: 1,15 kN/m^2,
gesamte ständige Last (Kontrollwert): g = 26,0 kN/m,
Verkehrslast: p = 10,0 kN/m^2.

Ausführung

Über der Innenstütze durchlaufender Stahlträger (Typ II).
Bewehrung über der Stütze: A_S = 25,5 cm^2.
Die Tragfähigkeit über der Stütze soll voll ausgenutzt werden.
Die Schubtragfähigkeit über der Stütze ist nachzuweisen.

Belastungsgeschichte

Träger im Gebäude-Inneren.
Beim Betonieren kontinuierliche Stützung des Stahlträgers,

Ausschalen: nach 28 Tagen,
Belag, abgehängte Decke, Dauer-Nutzlast: nach 90 Tagen.
Dauer-Nutzlast: $p' = 2{,}0\ kN/m^2$ (= 20 % der gesamten Nutzlast).

Überhöhung

Der Träger soll für den größten Wert aus bleibender und elastischer Durchbiegung (bei voller Verkehrslast) überhöht werden.

Belastung

Ständ. Last: $g \approx 1,50 + 4,75 \cdot 0,16 \cdot 25 + 4,75 \cdot 1,15 = 1,50 + 19,00 + 5,45 \approx 26,0\ kN/m$

Verkehrslast: $p = 4,75 \cdot 10,0 = 47,5\ kN/m$

Bemessungslast: $q_\gamma = 1,7 \cdot (26,0 + 47,5) = 1,7 \cdot 73,5 \approx 125,0\ kN/m$

Tragsicherheitsnachweis

Rechenfestigkeiten: Beton B 25: $\beta_R = 1{,}50\ kN/cm^2$

Bewehrungsstahl BSt 500 S: $\beta_s = 50\ kN/cm^2$

Stahl S 355: $\beta_a = 36\ kN/cm^2$

HEB-360: $M_{pl,a} = 966\ kNm$ $N_{pl,a} = 6503\ kN$ $V_{pl,a} = 818\ kN$

Flanschdicke: t = 22,5 mm Stegdicke: s = 12,5 mm

Anmerkung: Für $V_{pl,a}$ ist hier (entsprechend den Rechenansätzen für die Momentenermittlung) die Steghöhe als Abstand zwischen den Flanschen gerechnet!

Tragfähigkeit im positiven Momentenbereich

Mittrag. Breite: Durchlaufträger: $l_0 = 0,8 \cdot l = 0,8 \cdot 11,25 = 9,0\ m$

$b_m = l_0/3 = 9,0/3 = 3,0\ m < a = 4{,}75\ m$

Betondruckzone: $x_{pl} = \frac{Z_a}{b_m \cdot \beta_R} = \frac{6503}{300 \cdot 1,50} = 14,45\ cm < d = 16\ cm$

$$M_{pl} = Z_a \cdot z_{pl} = Z_a \cdot \left(\frac{h_a}{2} + d - \frac{x_{pl}}{2}\right) = 6503 \cdot \left(\frac{36}{2} + 16 - \frac{14,45}{2}\right) \cdot \frac{1}{100} = 1741\ kNm$$

Vergleich mit Tabellenwert aus "Stahl im Hochbau": $M_{pl} = 1741\ kNm$.

Tragfähigkeit über der Innenstütze

Ausbildung gemäß Typ II (Bewehrung über der Stütze, durchgehendes Stahlprofil):

Bewehrung über der Stütze, gewählt: $A_s = 25{,}5\ cm^2$

Zugkraft im Bewehrungsstahl: $Z_s = 25,5 \cdot 50 = 1275\ kN$

Bewehrungslage: Stabachse 4 cm von OK: $c_s = d - u = 16 - 4 = 12\ cm$

Abstand Bewehrung - Obergurt HEB-360: $z_s = c_s + t/2 = 12 + 2,25/2 = 13,13\ cm$

$$M_{pl,\,a,\,Steg} = \frac{h^2_{Steg}}{4} \cdot s \cdot \beta_a = \frac{(36-2,25)^2}{4} \cdot 1,25 \cdot \frac{36}{100} = 111,6 \text{ kNm} \approx 112 \text{ kNm}$$

$$M'_{pl,\,a} = M_{pl,\,a} - M_{pl,\,a,\,Steg} = 966 - 112 = 854 \text{ kNm} \qquad \text{(Tabellenwert: 854 kNm)}$$

$$M_{pl} = M_{pl,\,a} + Z_s \cdot c_s = 854 + 1275 \cdot 0,1313 = 1022 \text{ kNm} \qquad \text{(Tabellenwert: 1023 kNm)}$$

Festlegung der Momentenverteilung und Bemessung des Trägers

Beanspruchung (Bemessungslast): $q = 125$ kN/m

Feldmoment am Einfeldträger: $M_m = \frac{q \cdot l^2}{8} = \frac{125 \cdot 11,25}{8} = 1978$ kNm

Die Biegemomente dürfen beim Bemessungsverfahren P-P unter Beachtung der Gleichgewichtsbedingungen beliebig auf Feld- und Stützmomente verteilt werden.

Das aufnehmbare Stützmoment soll voll ausgenutzt werden: $M_s = -1022$ kNm

Dann wird (aus Gleichgewichtsgründen) das größte Feldmoment:

$$M_f = M_m + \frac{M_S}{2} + \frac{M_S^2}{2 \cdot ql^2} = 1978 - \frac{1022}{2} + \frac{1022^2}{2 \cdot 125 \cdot 11,25^2} = 1978 - 511 + 33 = 1500 \text{ kNm}$$

Das Feldmoment $M_f = 1500$ kNm ist kleiner als das vollplastische Moment $M_{pl} = 1741$ kNm für den positiven Momentenbereich. Deshalb kann eine Teilverdübelung erfolgen (s.u.).

$$x_f = \frac{l}{2} + \frac{M_S}{ql} = \frac{11,25}{2} - \frac{1022}{125 \cdot 11,25} = 5,625 - 0,727 \approx 4,90 \text{ m}$$

Querkraft über der Stütze:

$$|V_S| = \frac{ql}{2} + \frac{|M_S|}{l} = \frac{125 \cdot 11,25}{2} + \frac{1022}{11,25} = 703 + 91 = 794 \text{ kN}$$

Nachweis: $V/V_{pl} = 794/818 = 0,97 > 0,9$ unzulässig!

Im Stützbereich wird auf insgesamt 1,20 m Länge eine konstruktive Stegverstärkung angeordnet: Beibleche beidseits z.B. t = 10 mm (von Flansch zu Flansch!).

Alternative

Man hätte auch das Feldmoment voll ausgenutzt belassen können. Das ergäbe:

$$-M_S = 4M_m \cdot \left(1 - \sqrt{\frac{M_f}{M_m}}\right) = 4 \cdot 1978 \cdot \left(1 - \sqrt{\frac{1741}{1978}}\right) = 489 \text{ kNm} < M'_{pl,a} = 854 \text{ kNm}$$

Damit würde die Querkraft an der Stütze: $V_S = 747 \text{ kN} \approx 0,9 \cdot V_{pl}$

D. h.: Jetzt wird keine Stegverstärkung erforderlich, dafür aber volle Verdübelung im positiven Momentenbereich. Auch ist jetzt aus statischen Gründen keine Bewehrung über der Stütze erforderlich und eigentlich auch nicht wünschenswert, damit sich an der Stütze *wirklich* eine kleinere Auflagerkraft ergibt. Das führt zur Ausbildung Typ III über der Stütze. Man vergleiche mit den Ausführungen in Abschnitt 4.2.3!

Verdübelung

Gewählt: Kopfbolzendübel 7/8″ (Schaftdurchmesser d = 22 mm).
Dübellänge: h = 125 mm. h/d_b =125/160 = 0,78 > 0,75 (empfohlener Mindestwert).

$h/d_D = 125/22 = 5{,}7 > 4{,}2 \rightarrow$ volle Tragfähigkeit.
Beton B 25. Volle Tragfähigkeit: $D_{KD} = 107$ kN (Tab. 4.6).

Stützbereich: $erf\ n = 1275/107 = 12$ auf eine Länge von $l = 11,25 - 2 \cdot 4,90 = 1,45$ m

Dübelabstand: $e \le 1450/12 = 121$ mm

Feldbereich: Weil $M_f < M_{pl}$ ist, kann Teilverdübelung erfolgen.

Überschlägige Ermittlung des Verdübelungsgrades mit linearer Interpolation:

$$\eta = \frac{M_f - M_{pl,a}}{M_{pl} - M_{pl,a}} = \frac{1500 - 966}{1741 - 966} = 0,69$$

Die lineare Interpolation ist zu ungünstig. Für einen genaueren Nachweis wird zunächst der Verdübelungsgrad η abgeschätzt und dann nachgewiesen, daß mit der so abgeschätzten Teilverdübelung zumindest das vorhandene Feldmoment abgedeckt werden kann.

Schätzung: $\eta = 0{,}5 = min\ \eta$

Betondruckkraft: $D'_b = \eta \cdot D_b = 0,5 \cdot 6503 = 3251$ kN

Betondruckzone: $x'_{pl,b} = \frac{D'_b}{\beta_R \cdot b_m} = \frac{3251}{1,5 \cdot 300} = 7,23$ cm

$$M'_{pl,b} = D'_b \cdot z_{pl} = D'_b \cdot \left(\frac{h_a}{2} + d - \frac{x_{pl}}{2}\right) = 3251 \cdot \left(\frac{36}{2} + 16 - \frac{7,23}{2}\right) \cdot \frac{1}{100} = 988 \text{ kNm}$$

Wenn der Steg des Stahlprofils vollständig für das Gleichgewicht zu D'_b herangezogen werden muß, dann muß $N_{pl,a,Steg} \le D'_b$ sein:

$$N_{pl,a,Steg} = (h_a - t) \cdot s \cdot \beta_a = (36 - 2,25) \cdot 1,25 \cdot 36 = 1519 \text{ kN} < D'_b = 3251 \text{ kN}$$

Damit gilt für das Restmoment im Stahlträger (aus für $M'_{pl,b}$ nicht ausgenutzter Normalkraft):

$$M'_{pl,a} = \frac{N_a - D'_b}{2} \cdot (h_a - t) = \frac{6503 - 3251}{2} \cdot \frac{36 - 2,25}{100} = 549 \text{ kNm}$$

Das gesamte durch Teilverdübelung aktivierbare Moment ist:

$$M'_{pl} = M'_{pl,a} + M'_{pl,b} = 549 + 988 = 1537 \text{ kNm}$$ (interpol. Tab.wert: 1543 kNm)

Die Schätzung $\eta = 0{,}5$ liegt auf der sicheren Seite, weil $M'_{pl} = 1537$ kNm $> M_f = 1500$ kNm ist. Weil der Mindestverdübelungsgrad $min\ \eta = 0{,}5$ ist, darf nicht weiter reduziert werden.

Dübelanzahl: $erf\ n = D'_b/D_{KD} = 3251/107 = 31$ auf die Länge $l = 4{,}90$ m (2-mal)

Dübelabstand: $e \le 4900/31 = 158$ mm

Gewählte Dübelverteilung: auf die ganze Trägerlänge: $e = 125 \text{ mm} > min\ e = 5 \cdot d_1 = 110$ mm

Dübelanzahl: $n = 2 \cdot 11250/125 = 2 \cdot 90 = 180$ Stück auf die ganze Trägerlänge

Vorhandene Dübelkraft: im Stützbereich $D_{KD} = 107$ kN (voll ausgenutzt)

im Feldbereich: $D_{KD} = 107 \cdot 125/158 = 85$ kN

Äquidistante Verteilung erlaubt ($l_0 < 20$ m, Streckenlast). Die geringe Unterdeckung im Bereich negativer Momente ist unerheblich.

Scher- und Schubfugen

Dübelumrißfläche: $A_{DU} = (2 \cdot 12,5 + 3,5) \cdot 12,5 = 356\ cm^2$

Plattenanschnittfläche: $A_{PA} = 2 \cdot 16 \cdot 12,5 = 400\ cm^2 > A_{DU} = 356\ cm^2$

Scherspannung: $\tau_{DU} = 107/356 = 0,30\ kN/cm^2 > 0,14\ kN/cm^2 = zul\ \tau_2$

$< 0,55\ kN/cm^2 = zul\ \tau_1$

Die Scherspannung ist zulässig; die Anschlußbewehrung muß jedoch nachgewiesen werden.

Anschlußbewehrung

$$\tau_{PA} = \frac{maxD_{KD}}{A_{PA}} = \frac{107}{400} = 0,268\ kN/cm^2 < 0,55\ kN/cm^2 = zul\ \tau_1$$

$$tan\,\vartheta = 1 - \frac{0,6 \cdot zul\tau_2}{\tau_{PA}} = 1 - \frac{0,6 \cdot 0,14}{0,268} = 0,687 > min\ tan\ \vartheta = 0,4$$

$$Z_{S,q} = \frac{1}{2} \cdot D_{KD} \cdot tan\,\vartheta = \frac{1}{2} \cdot 107 \cdot 0,687 = 36,8\ kN$$

$$A_{S,q} = \frac{Z_{S,q}}{e_1 \cdot \beta_{S,a}} = \frac{36,8}{0,125 \cdot 50} = 5,89\ cm^2/m$$ Gewählt: R 295, je oben und unten

Die Querzugbewehrung ist in obere und untere Lage gleichmäßig zu verteilen. Wenn die Betonplatte aus Querbiegung außerdem für eine obere Querbewehrung zu bemessen ist, so darf die obere Querzugbewehrung um bis zu 50 % reduziert werden.

Verformungsnachweis

B 25: $n_0 = E_a/E_{b,0} = 7$

Verdübelungsgrad (im positiven Momentenbereich): $\eta = 0,5$.

Die Lastkriech- bzw. Schwindkriechzahlen werden mit Hilfe der Reduktionszahlen r_k bzw. r_s ermittelt. Die Trägheitsmomente für die einzelnen Altersstufen werden genau errechnet und mit interpolierten Tabellenwerten für $\eta = 0,5$ und für die jeweilig zutreffende reduzierte mitwirkende Breite b_k verglichen. Für den Einfluß der Betonierbedingungen wird $\alpha_i = 1/2$ gesetzt.

1. Lastkriechen, Kurz- und Langzeitbelastung

a) **t = 28 Tage** $r_k = 3,5$ $b_k = 300/3,5 = 86\ cm$

Querschnitt		A [cm²]	e [cm]	A x e [cm³]	I [cm⁴]
	HEB-360	181	34,00	6154	43190
n = 7 x 3,5 = 24,5	**16 x 300 / 24,5**	196	8,00	1586	4180
	Verbund	377	20,48	7722	≈ 111000

$$q_\eta = \alpha_i \cdot \left(\frac{I_i}{I_a} - 1\right) \cdot (1 - \eta) = \frac{1}{2} \cdot \left(\frac{111000}{43190} - 1\right) \cdot (1 - 0,5) \approx 0,40$$

$$I_{i,\eta} = \frac{I_i}{1 + q_\eta} = \frac{111000}{1,40} = 79285 \approx 79000\ cm^4$$

Benutzung von Tabellenwerten

Um die Tabellenwerte aus "Stahl im Hochbau" verwenden zu können, ist die reduzierte mittragende Breite b_k einzusetzen; mit dieser sind die Tabellenwerte zu interpolieren:

$$t = 28 \text{ Tage} \qquad b_k = 0,86 \text{ m} = (0,57 \cdot 0,6 + 0,43 \cdot 1,2) \text{ m}.$$

Bei Teilverdübelung $\eta = 0,5$ ist zudem zwischen den Werten für $\eta = 0,4$ und $\eta = 0,6$ zu interpolieren.

$$\eta = 1,0: \quad I_i = \{0,57 \cdot 988 + 0,43 \cdot 1227\} \cdot 100 \approx 109000 \text{ cm}^4$$

$$\eta = 0,5: \quad I_i = \{0,57 \cdot (713 + 786)/2 + 0,43 \cdot (790 + 897)/2\} \cdot 100 = 77186 \approx 77000 \text{ cm}^4$$

Das zeigt eine sehr gute Übereinstimmung, auch für den Fall der Teilverdübelung, die sich auch für die übrigen (hier nicht aufgeführten) Fälle ergibt.

b) **t = 90 Tage** $r_k = 3,0$ $b_k = 300/3,0 = 300$ cm

Querschnitt		A [cm²]	e [cm]	A x e [cm³]	I [cm⁴]
	HEB-360	181	34,00	6154	43190
n = 7 x 3,0 = 21	**16 x 300 / 21**	229	8,00	1832	4885
	Verbund	410	19,47	7986	≈ 116500

$$q_\eta = \alpha_i \cdot \left(\frac{I_i}{I_a} - 1\right) \cdot (1 - \eta) = \frac{1}{2} \cdot \left(\frac{116500}{43190} - 1\right) \cdot (1 - 0,5) \approx 0,42$$

$$I_{i,\eta} = \frac{I_i}{1 + q_\eta} = \frac{116500}{1,42} \approx 82000 \text{ cm}^4$$

Der Unterschied der Trägheitsmomente für t = 28 / t = 90 Tage ist relativ gering. Die Weiterrechnung erfolgt für *beide* Betonalter mit *einem* Durchschnittswert:

$$I_t = (82000 + 79000)/2 = 80500 \text{ cm}^4$$

c) **t = ∞**

Querschnitt		A [cm²]	e [cm]	A x e [cm³]	I [cm⁴]
	HEB-360	181	34,00	6154	43190
n = 7	**16 x 300 / 7**	686	8,00	5488	14635
	Verbund	867	13,43	11642	≈ 155000

$$q_\eta = \alpha_i \cdot \left(\frac{I_i}{I_a} - 1\right) \cdot (1 - \eta) = \frac{1}{2} \cdot \left(\frac{155000}{43190} - 1\right) \cdot (1 - 0,5) \approx 0,65$$

$$I_{i,\eta} = \frac{I_i}{1 + q_\eta} = \frac{155000}{1,65} \approx 94000 \text{ cm}^4$$

d) **über der Mittelstütze**

Querschnitt		A [cm²]	e [cm]	A x e [cm³]	I [cm⁴]
	HEB-360	181,0	34,00	6154	43190
	A_s = 25,5 cm²	25,5	4,00	102	0
	Verbund	206,5	30,30	6256	≈ 63300

Über der Mittelstütze ist nur ein Stahlquerschnitt (Bewehrungsstahl und Walzprofil) wirksam; daher ist dieser Wert unabhängig vom Alter.

Weitere Vereinfachung: konstantes Trägheitsmoment

Um nicht mit unterschiedlichem Trägheitsmoment über die Trägerlänge rechnen zu müssen, wird für t = t und t = ∞ jeweils ein Durchschnittswert der Trägheitsmomente gebildet.

$t = t \quad I_{t,m} = 2/3 \cdot 80500 + 1/3 \cdot 63300 \approx 75000 \text{ cm}^4 \quad EI_t = 2,1 \cdot 75000 = 157500 \text{ kNm}^2$

$t = \infty \quad I_{\infty,m} = 2/3 \cdot 94000 + 1/3 \cdot 63300 \approx 84000 \text{ cm}^4 \quad EI_\infty = 2,1 \cdot 84000 = 176000 \text{ kNm}^2$

Belastung

Last nach 28 Tagen (Ausschalfrist): $q_{28} = 1,50 + 19,00 = 20,50 \text{ kN/m}$

zusätzliche Last nach 90 Tagen (mit 1/5 p): $q_{90} = 26,00 - 19,50 + 2,0 \cdot 4,75 = 15,00 \text{ kN/m}$

Kurzzeitlast (restliche Verkehrslast): $q_\infty = 8,0 \cdot 4,75 = 38,00 \text{ kN/m}$

Durchbiegung infolge äußerer Last

Durchbiegung am Zweifeldträger (Vollast): $w_q = 0,0054 \cdot \frac{ql^4}{EI}$

$$w_q = w_t + w_\infty = 0,0054 \cdot \frac{35,5 \cdot 11,25^4}{157500} + 0,0054 \cdot \frac{38,0 \cdot 11,25^4}{176000} = 0,019 + 0,019 = 0,038 \text{ m}$$

Schwindkriechen

e) **t = 28 Tage** $r_s = 2,2$ $b_{ks} = 300/2,2 = 136 \text{ cm}$

Querschnitt		A [cm²]	e [cm]	A x e [cm³]	I [cm⁴]
	HEB-360	181	34,00	6154	43190
n = 7 x 2,2 = 15,4	**16 x 300 / 15,4**	312	8,00	2496	6652
	Verbund	493	17,55	8650	≈ 127240

$$q_\eta = \alpha_i \cdot \left(\frac{I_i}{I_a} - 1\right) \cdot (1 - \eta) = \frac{1}{2} \cdot \left(\frac{127240}{43190} - 1\right) \cdot (1 - 0,5) \approx 0,49$$

$$I_{i,\eta} = \frac{I_i}{1 + q_\eta} = \frac{127240}{1,49} \approx 85600 \text{ cm}^4$$

Für das Trägheitsmoment über der Stütze gilt der bereits errechnete Wert. Mittelwert für I:

$I_s = 2/3 \cdot 85600 + 1/3 \cdot 63300 \approx 78200 \text{ cm}^4 \quad EI_s = 2,1 \cdot 78200 = 164200 \text{ kNm}^2$

Aus Schwindverkürzung: $N_s = \varepsilon_s \cdot (E_a/n_s) \cdot A_b = 35 \cdot 10^{-5} \cdot 21000/15,4 \cdot 300 \cdot 16 = 2290 \text{ kN}$

Schwindmoment: $M_s = N_s \cdot z_{b,i} = 2290 \cdot (17,55 - 8,00)/100 = 219 \text{ kNm}$

Durchbiegung (2-F.-Träger): $w_s = \frac{0,036 \cdot 219 \cdot 11,25^2}{164200} = 0,006 \text{ m}$

Durchbiegung insgesamt

$$w = w_q + w_s = 0,038 + 0,006 = 0,044 \text{ m} = l/255$$

Beim Mehrfeldträger spielt die Durchbiegung i.a. keine so große Rolle wie beim Einfeldträger. Die Durchbiegung ist jedoch bei Verbundträgern meist größer als bei reinen Stahlkonstruktionen. Entsprechende Überhöhung ist ratsam, beim Betonieren ist dafür aber großer Aufwand notwendig!

4.7.3 Kopfbolzen-Verankerung

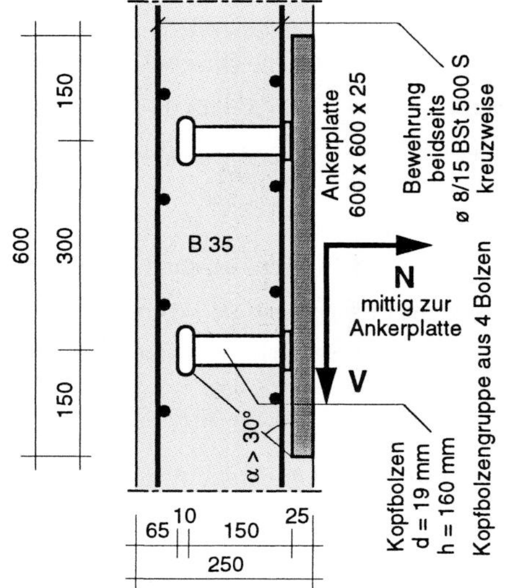

Systemmaße
Kopfbolzengruppe aus 4 Kopfbolzen, KD 3/4" (d = 19 mm), h = 160 mm. Ankerplatte 600 x 600 x 25 mm, S 235. Verankerung in Betonwand d = 25 cm, Betongüte B 35, Grundbewehrung Ø 8/15, BSt 500 S.

Kopfbolzen und Ankerplatte sind nicht randnah angeordnet. Es ist keine Rückhaltebewehrung vorgesehen.

Belastung Gebrauchslast G + P
Horizontal: N = 15 + 30 = 45 kN,
Vertikal: V = 25 + 75 = 100 kN.

Bemessungslasten

Horizontal: $N_{S,d} = 1,35 \cdot 15 + 1,5 \cdot 30 = 65,25$ kN

Vertikal: $V_{S,d} = 1,35 \cdot 25 + 1,5 \cdot 75 = 146,25$ kN

Tragfähigkeiten *eines* Bolzens (Tab. 4.12)

Stahlversagen: $N_{Rk,s} = 127$ kN $\qquad N_{Rd,s} = 127/1,5 = 84,7$ kN

Herausziehen: $N_{Rk,p} = 1,4 \cdot 78 = 109$ kN $\qquad N_{Rd,p} = 109/1,8 = 60,6$ kN

Quertragfähigkeit: $V_{Rk,s} = 76$ kN $\qquad V_{Rd,s} = 76/1,25 = 60,8$ kN

Tragfähigkeit des Betons (Tab. 4.13), bezogen auf *einen* Kopfbolzen

Zugtragfähigkeit, Grundwert: $N^0_{Rk,c} = 1,18 \cdot 73,5 = 86,7$ kN

Effektive Höhe der Kopfbolzen: $h_{ef} = 150 + 25 = 175$ mm $\quad$ wegen $\alpha > 30°$.

Grundwert des Ausbruchkegels: $A^0_{c,N} = 9 \cdot h^2_{ef} = 9 \cdot 17,5^2 = 2756\ \text{cm}^2$

Reduz. Wert (theoret. A.-Fläche): $A_{c,N} = (15 + 1,5 \cdot 17,5)^2 = 1702\ \text{cm}^2$

Zugtragfähigkeit: $N_{Rk,c} = 86,7 \cdot \frac{1702}{2756} = 53,5$ kN

$N_{Rd,c} = 53,5/1,8 = 29,75$ kN

Quertragfähigkeit: $V_{Rd,c} = 2 \cdot 29,75 = 59,6$ kN

Mittelachsen Ankerplatte
KD
Außenkante Ankerplatte 600 x 600
$A_{c,N}$
theoret. Ausbruchsfläche
150 | 1,5 x 175 = 262,5 mm

Nachweis für die Kopfbolzengruppe

Maßgebend je Kopfbolzen: $N_{R,d} = 29,75$ kN und $V_{R,d} = 59,6$ kN

$$\left(\frac{N_{S,d}}{N_{R,d}}\right)^{1,5} + \left(\frac{V_{S,d}}{V_{R,d}}\right)^{1,5} = \left(\frac{65,25}{4 \cdot 29,75}\right)^{1,5} + \left(\frac{146,25}{4 \cdot 59,6}\right)^{1,5} = 0,406 + 0,480 = 0,886 < 1$$

5 Verbundstützen

5.1 Grundlagen

5.1.1 Eigenschaften und Ausbildung von Verbundstützen

Verbundstützen können im Tragkonzept einer Konstruktion sowohl im Zusammenspiel mit Verbundträgern und Verbunddecken als auch in reinen Stahl- oder Stahlbetonkonstruktionen eingesetzt werden. Sie benötigen gegenüber Stahlbetonstützen weniger Platz und können bezüglich der Beanspruchbarkeit im Brandfall Vorteile gegenüber Stahlstützen bringen.

Verbundstützen sind besonders für Stützen geeignet, die auf mittige Normalkraft bzw. auf Normalkraft mit gleichzeitig relativ geringer Biegung beansprucht werden. Biegung kann durch ausmittige Trägeranschlüsse verursacht sein.

Die Ausführungsmöglichkeiten im Querschnitt sind (Bild 5.1):

- vollständig einbetonierte Walzprofile mit Bewehrung in der Ummantelung,
- Walz- oder Schweißprofile mit ausbetonierten Kammern,
- betongefüllte Rohrprofile.

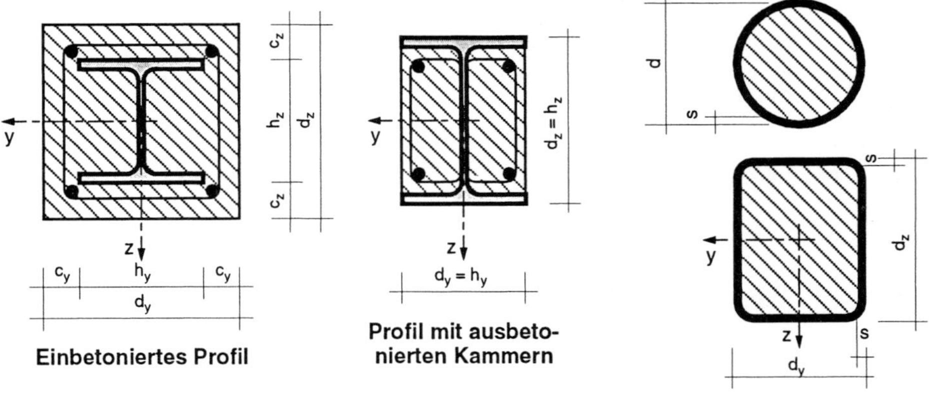

Bild 5.1 **Querschnitte von Verbundstützen**

Die Herstellung kammergefüllter Verbundstützen erfolgt meistens komplett im Werk. Die anderen Querschnitts-Typen stellt man besser auf der Baustelle her, wobei insbesondere die betongefüllten Rohre sehr sorgfältig betoniert werden müssen, da keine zerstörungsfreie Kontrolle mehr möglich ist.

Um ein den Festigkeitseigenschaften der Baustoffe Stahl und Beton entsprechendes Gesamttragverhalten der Stütze zu erreichen, müssen die Lasten dementsprechend eingeleitet oder im Bereich der Lasteinleitung über Dübel verteilt werden.

Spezielle Anschlußformen für Stahlträger an einbetonierte Rohrstützen sind Steglaschen ("Fahnenbleche"), über die der Trägersteg angeschraubt wird (Bild 5.2). Bei rechteckigen Rohrstützen können Auflagerknaggen gewählt werden. Für den Brandschutz müssen diese Bereiche evtl. nachbehandelt werden.

Der Anschluß für Flachdecken an einbetonierte Profilstützen erfolgt nach den Prinzipien des Stahlbetonbaus.

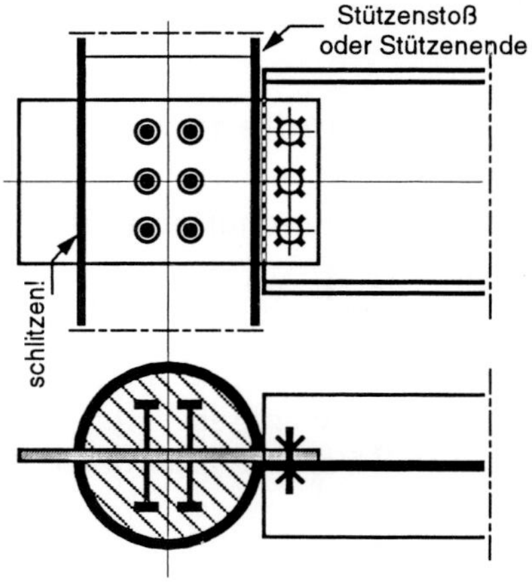

Bild 5.2 **Steglaschenanschluß**

5.1.2 Regelwerke, Bezeichnungen

Für Verbundstützen gilt die Norm:

DIN 18806 Teil 1 (3.84): Verbundkonstruktionen - Verbundstützen.

Bezeichnungen und Sicherheitsbeiwerte entsprechen weitgehend denjenigen aus der Verbundträger-Richtlinie:

$\gamma_H = 1,7$, $\gamma_{HZ} = 1,5$ Sicherheitsbeiwerte für die Lastfälle H, HZ

β_a, β_s Streckgrenze ($f_{y,k}$) für Stahl bzw. Betonstahl

β_R Rechenfestigkeit Beton

$\beta_R = 0,7 \cdot \beta_{WN}$ für betongefüllte Hohlprofile (β_{WN} nach DIN 1045) (dabei sind gewisse Grenzwerte b/t einzuhalten)

$\beta_R = 0,6 \cdot \beta_{WN}$ für alle anderen Querschnitte

E_a, E_s E-Modul Stahl, Betonstahl ($E_a = E_s = 21000$ kN/cm^2)

E_{bi} E-Modul Beton

$E_{bi} = 500 \cdot \beta_{WN}$ E-Modul für Kurzzeitlast (ohne Schwinden und Kriechen)

$E_{bi,\infty} = E_{bi} \cdot \left(1 - 0,5 \cdot \frac{N_{dauer}}{N}\right)$ wenn nur ein Teil der Last dauernd wirkt und wenn Schwinden und Kriechen berücksichtigt werden müssen

$N_{pl} = N_{pl,a} + N_{pl,b} + N_{pl,s} = A_a \cdot \beta_a + A_b \cdot \beta_R + A_s \cdot \beta_s$ plast. Normalkraft

$\delta = N_{pl,a}/N_{pl}$ Verhältniswert, Begrenzung: $0,2 \leq \delta \leq 0,9$

$M_{pl,y}$ - $M_{pl,z}$ plastische Momente für den Verbundquerschnitt

$(EI)_w = E_a \cdot I_a + E_{bi} \cdot I_b + E_s \cdot I_s$ wirksames Trägheitsmoment

s_k Knicklänge der gedrückten Stütze

$N_{ki} = \frac{\pi^2 \cdot (EI)_w}{s_k^2}$ Eulersche Knicklast mit $\bar{\lambda} = \sqrt{\frac{N_{pl}}{N_{Ki}}}$ bez. Schlankheitsgrad

5.2 Nachweise

5.2.1 Schnittgrößen

DIN 18806 schreibt für $\bar{\lambda} > 0,2$ auch für das "vereinfachte Bemessungsverfahren" den Ansatz von Schnittgrößen nach Th. II.O. vor, obwohl es sich dabei um Regelungen handelt, die nach DIN 18800 Teil 2 als "Ersatzstabverfahren" bezeichnet werden und dort ausdrücklich für Schnittgrößen Th. I.O. gelten. Die Regelung der Norm ist widersprüchlich. Siehe hierzu [25].

Abweichend von der Norm wird als Vorgehen empfohlen, bei unverschieblichen Stützen das nachstehend vorgeführte "vereinfachte Bemessungsverfahren" mit den Schnittgrößen nach Th. I.O. anzuwenden. Bei verschieblichen Systemen rechnet man nach [25] das Gesamtsystem nach Th. II.O., das Interaktionsdiagramm (Bild 5.3) wird dann jedoch *ohne* Reduktionsgerade angewendet!

Der Einfluß des Langzeitverhaltens von Beton auf die Tragfähigkeit ist nur für Lastausmitten e/d < 2 *und* bei (gleichzeitiger) Überschreitung der Grenzschlankheiten nach Tabelle 5.1 nachzuweisen.

Tab. 5.1 **Grenzschlankheiten für Kriechen und Schwinden**

Systeme / Profile	betongefüllte Profile	einbetonierte Profile
unverschiebliche Systeme	$\bar{\lambda} = \frac{0,8}{1-\delta}$	$\bar{\lambda} = 0,8$
verschiebliche Systeme	$\bar{\lambda} = \frac{0,5}{1-\delta}$	$\bar{\lambda} = 0,5$

5.2.2 Planmäßig mittig auf Druck belastete Stütze

Für das vereinfachte Bemessungsverfahren nach DIN 18806 Teil 1 für Stützen entsprechend Bild 5.1 gelten folgende Voraussetzungen:

$0,2 \le d_y/d_z \le 5$ Begrenzung des Seitenverhältnisses auf 1:5

$min\ c = 40$ mm Mindestwert der Betonüberdeckung des Stahlprofils

$min\ c_z = h_y/6$ Mindestwert der Betonüberdeckung an den Flanschen

(gegen Abplatzen des Betons, sofern dies nicht durch andere Maßnahmen, z.B. erhöhte Bügelbewehrung, verhindert wird)

$max\ c_z = 0,3 \cdot h_z$ Größtwert für die Betonüberdeckung in z-Richtung

$max\ c_y = 0,4 \cdot h_y$ Größtwert für die Betonüberdeckung in y-Richtung

$\mu = \frac{A_s}{A_b + A_s}$ Längsbewehrung, Begrenzung: $max\ \mu = 3\ \%$ (EC 4: 4 %)

$\bar{\lambda} \le 2,0$ Begrenzung des bezogenen Schlankheitsgrads auf 2,0

κ ist der Abminderungsfaktor für die Knickspannungslinien DIN 18800 Teil 2:

Tab. 5.2 **Zuordnung der Knickspannungslinien zu den Verbundquerschnitten**

Querschnittsform gemäß Bild 5.1	Knicken um y-y	Knicken um z-z
Einbetonierte Stahlprofilstützen	b	c
Stahlprofilstützen mit Kammerbeton		
Betongefüllte Hohlprofilstützen	a	

Damit lautet der Nachweis entsprechend DIN 18800 Teil 2:

$$\frac{N}{N_{kr}} = \frac{N}{\kappa \cdot N_{pl}} \leq 1 \qquad \text{mit} \qquad \bar{\lambda} = \sqrt{\frac{N_{pl}}{N_{ki}}} \qquad \text{und} \qquad N_{kr} = \text{Traglast}$$

5.2.3 Druck und einachsige Biegung

Interaktion der Schnittgrößen N und M

Biegung in Verbundstützen tritt in der Praxis vor allem infolge ausmittigen Anschlusses von Trägern auf, auch infolge seitlicher Beanspruchung (Wind, Anprallast). Zur Aufnahme großer Biegemomente (z.B. bei Rahmenstützen) sind Verbundstützen wenig geeignet. Für reine Biegung sind Verbundstützen ungeeignet. Druck und Biegung werden über Interaktionsbeziehungen nachgewiesen.

Bei der Interaktion zwischen Druck und Biegung darf ein Mitwirken des Betons auf Zug nicht in Rechnung gestellt werden. Geht man vom (theoretischen) Fall $M/M_{pl} = 1$ und $N/N_{pl} = 0$ aus, so bewirkt ein Anwachsen von N zunächst eine *Zunahme* von M/M_{pl}, weil auch die auf Druck mitwirkenden Teile des Betonquerschnitts zunehmen.

Den typischen Interaktionsverlauf N-M_y zeigt Bild 5.3.

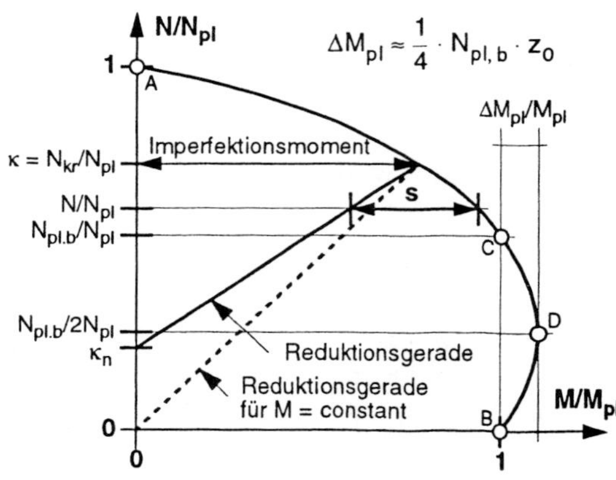

Bild 5.3 **Interaktionskurve N - M_y**

Die Punkte A-B-C-D im Kurvenverlauf lassen sich mit den Angaben in Bild 5.3 über die dargelegten Grenzzustände bestimmen. Gute Annäherung gibt eine quadratische Parabel. Die genaue Berechnung der Interaktionskurven ist aufwendig und erfolgt meist mit EDV-Unterstützung.

Die größtmögliche Normalkraft für eine Stütze mit bestimmtem bezogenem Schlankheitsgrad $\bar{\lambda}$ ist $N = \kappa \cdot N_{pl}$. Hierfür ist die Stütze voll ausgenutzt; das gleichzeitig übertragbare Moment ist $M = 0$.

Für eine Teilausnutzung auf Normalkraft $N/N_{pl} < \kappa$ lautet der Nachweis:

$$M/M_{pl} \le 0,9 \cdot s$$

Das theoretisch aufnehmbare Moment darf wegen gewisser im Rechenmodell nicht berücksichtigter Einflüsse (Rißbildung u.a.) nur zu 90 % ausgenutzt werden.

s ist gemäß Bild 5.3 der Abstand Reduktionsgerade gegen Interaktionskurve.

Grenzzustand N = 0, M = $M_{pl,y}$ (Punkt "B" im Interaktionsdiagramm)

$M_{pl,y}$ kann für den Verbundquerschnitt (ohne Mitwirken des Betons auf Zug) entsprechend Bild 5.4 berechnet werden. Bei der dargestellten Spannungs- und Kräfteverteilung ist die resultierende Längskraft N = 0.

Insgesamt wird: $M_{pl,y} = M_{pl,a} - \Delta M_{pl,a} + M_{pl,s} + M_{pl,b}$ mit

$M_{pl,y}$ vollplast. Moment des Verbundquerschnitts für N = 0 (Punkt B)

$M_{pl,a}$ plastisches Moment des Stahlprofils (um die y-Achse)

$\Delta M_{pl,a}$ plastisches Differenzmoment des Steganteils mit Höhe 2 z_0:

$$\Delta M_{pl,a} = Z'_a \cdot z_0/2 = s \cdot z_0^2 \cdot \beta_a$$

$M_{pl,s}$ plastisches Moment der Bewehrungsstäbe:

$$M_{pl,s} = Z_s \cdot z_s = A_s \cdot \beta_s \cdot z_s$$

$M_{pl,b}$ plast. Moment von Betondruckteil und zugeordnetem Steganteil

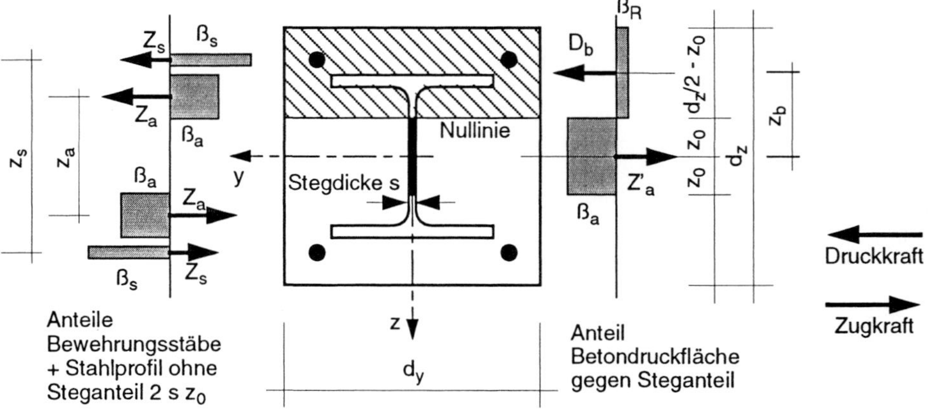

Bild 5.4 **Grenzzustand B - Gleichgewichtsanteile für $M_{pl,y}$ im Fall N = 0**

Reserviert man einen Steganteil mit der Höhe $2 \cdot z_0$ und der Dicke s als Gleichgewichtskraft zum überdrückten Betonteil, so ergibt sich:

$$A'_b = A_b/2 - z_0 \cdot (d_y - s) \quad \text{und} \quad D_b = A'_b \cdot \beta_R$$

$$A'_{Steg} = 2 \cdot z_0 \cdot s \quad \text{und} \quad Z'_a = A'_{Steg} \cdot \beta_a = 2 \cdot z_0 \cdot s \cdot \beta_a$$

Aus der Gleichsetzung $D_b = Z'_a$ läßt sich z_0 bestimmen.

Um den Hebelarm z_b der inneren Kräfte und damit das plastische Moment $M_{pl,b}$ aus dem Kräftepaar $D_b = Z'_a$ zu errechnen, legt man mit ausreichender Näherung den Schwerpunkt des gedrückten Betonteils in dessen Flächenmitte.

$$z_0 \approx \frac{N_{pl,b}}{2 \cdot \{2s\beta_a + (d_y - s)\beta_R\}} \quad \text{und} \quad M_{pl,b} = D_b \cdot z_b = D_b \cdot \left(\frac{d_z}{4} + \frac{z_0}{2}\right)$$

Die Berechnung setzt voraus, daß $z_0 \leq h/2 - t$ oder (angenähert) wenigstens $z_0 \leq h/2$ erfüllt ist!

Grenzzustand *max* M (Punkt "D" im Interaktionsdiagramm)

Das größte aufnehmbare Biegemoment *max* M_y wird erreicht, wenn die Nullinie mit der y-Achse zusammenfällt, siehe Bild 5.5. Gegenüber dem vorangehend aufgezeigten Grenzzustand hat sich jetzt folgendes geändert:

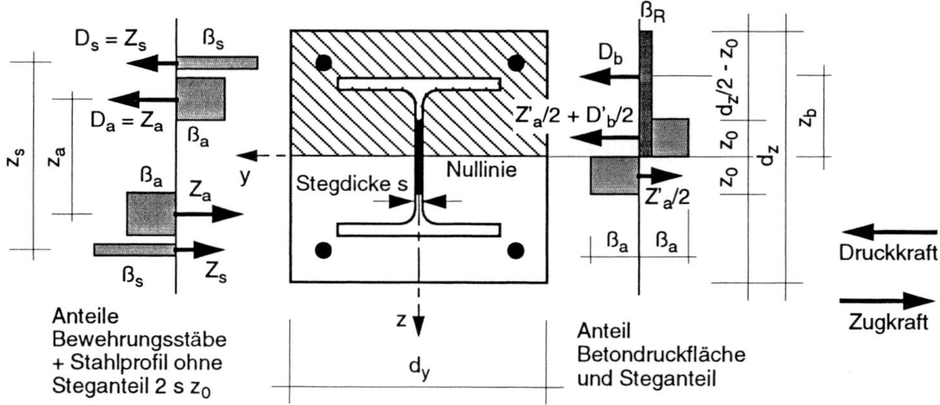

Bild 5.5 **Grenzzustand D - Gleichgewichtsanteile für *max* $M_{pl,y}$**

Die Druckkraft hat zugenommen um den Wert

$(Z'_a/2) \cdot 2 = Z'_a$ weil sich der halbe Steganteil mit der Höhe z_0 von Zug in Druck geändert hat, *und* den Wert

$D'_b/2 = N_{pl,b}/2 - D_b$ als Differenzfläche zum halben Querschnitt.

Es ist: $N = Z'_a + N_{pl,b}/2 - D_b = N_{pl,b}/2$ wegen $Z'_a = D_b$

Das Differenzmoment (= Momenten-Zunahme) gegen $M_{pl,b}$ ist:

$$\Delta M_{pl} \approx (N_{pl,b}/2) \cdot z_0/2 = N_{pl,b} \cdot z_0/4$$

Der Wert stimmt nur ungefähr, wegen der erläuterten Näherung für den Hebelarm von $D_b = Z'_a$.

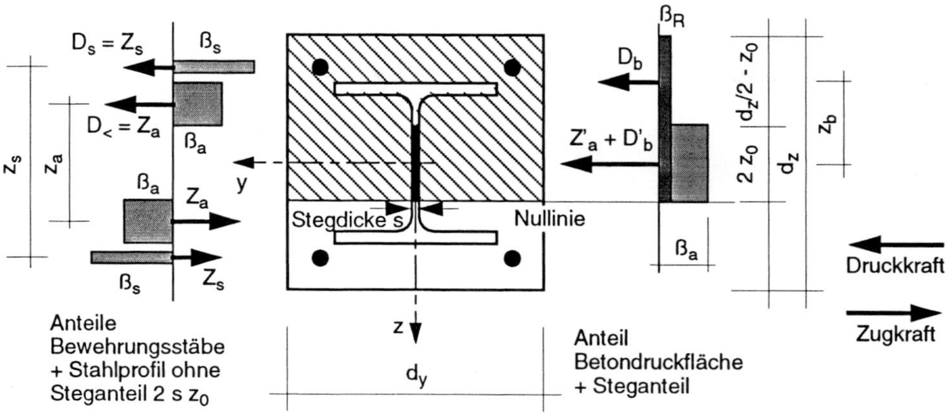

Bild 5.6 **Grenzzustand C - Gleichgewichtsanteile für $M_{pl,y}$ im Fall $N = N_{pl,b}$**

Punkt "C" im Interaktionsdiagramm

Legt man die Nullinie nochmals um z_0 weiter nach unten, so nimmt die Normalkraft auf insgesamt $N_{pl,b}$ zu, das Biegemoment geht aber um den vorher ausgerechneten Steigerungswert wieder zurück. Es ist wieder $M = M_{pl}$, siehe Bild 5.6.

Am einfachsten ist die Verwendung fertiger N-M-Interaktionskurven, wie sie z.B. in [22b] angegeben und die nachfolgend auszugsweise wiedergegeben sind.

Die Reduktionsgerade

Die Reduktionsgerade im Interaktionsdiagramm (Bild 5.3) berücksichtigt, daß bei Anwendung des Ersatzstabverfahrens für den Fall $N = N_{Kr} = \kappa \cdot N_{pl}$ die Stütze voll ausgelastet ist und deshalb gleichzeitig das aufnehmbare Moment Null sein muß.

Treten bei Stützen (z.B. in Rahmentragwerken) ausgeprägte Stabendmomente auf, verringert sich der Einfluß der Imperfektionen. Es wird:

$$\kappa_n = \kappa \cdot (1 - \psi)/4$$

$\kappa_n = \kappa \cdot \frac{1-\psi}{4}$

M

Momentenverlauf

$|\psi \cdot M|$

$\psi = 1$ $\kappa_n = 0$

$\psi = 0$ $\kappa_n = 0,25 \cdot \kappa$

$\psi = -1$ $\kappa_n = 0,5 \cdot \kappa$

Bild 5.7 **Beiwert κ_n**

Die Reduktionsgerade schneidet die Ordinaten-Achse dann bei κ_n. Tritt das Maximalmoment *nicht* an einem der Stabenden auf, so ist $\kappa_n = 0$.

Wird die Verbundstütze auf Normalkraft + Biegung um die starke Querschnittsachse (y-Achse) beansprucht, so muß *zusätzlich* nachgewiesen werden, daß bei alleiniger Wirkung von N die Traglast für die schwache Achse (z-Achse) nicht überschritten ist.

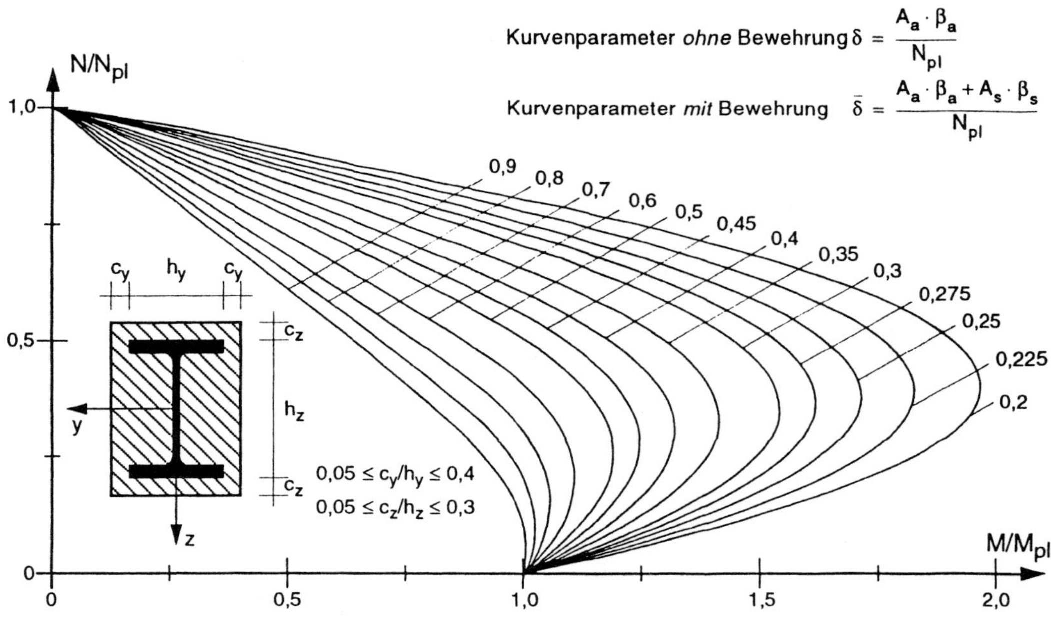

Bild 5.8 **Interaktion N-M_y (starke Achse) für einbetonierte Stahlprofile** nach [22b]

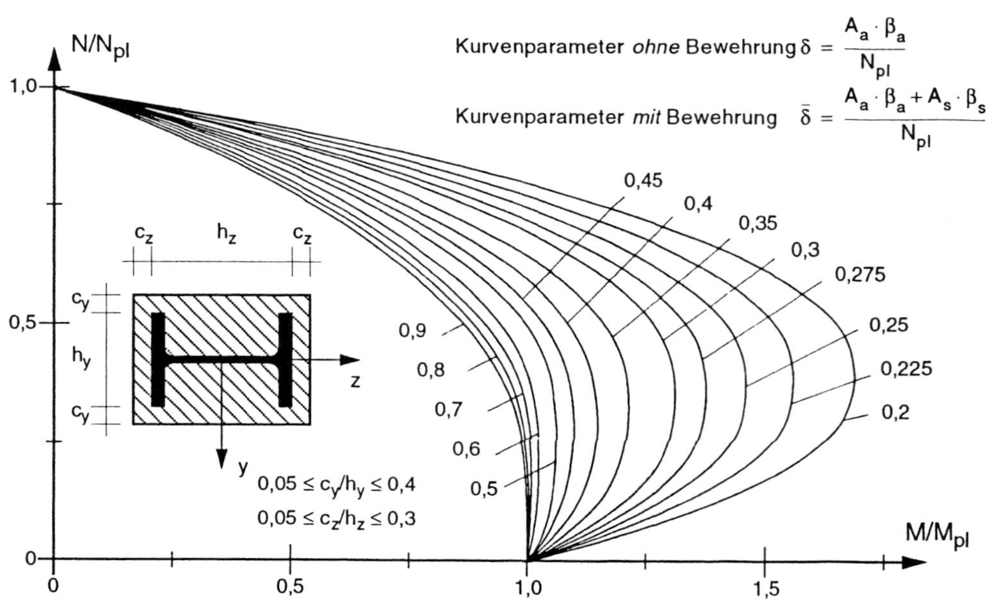

Bild 5.9 **Interaktion N-M_z (schwache Achse) für einbetonierte Stahlprofile** nach [22b]

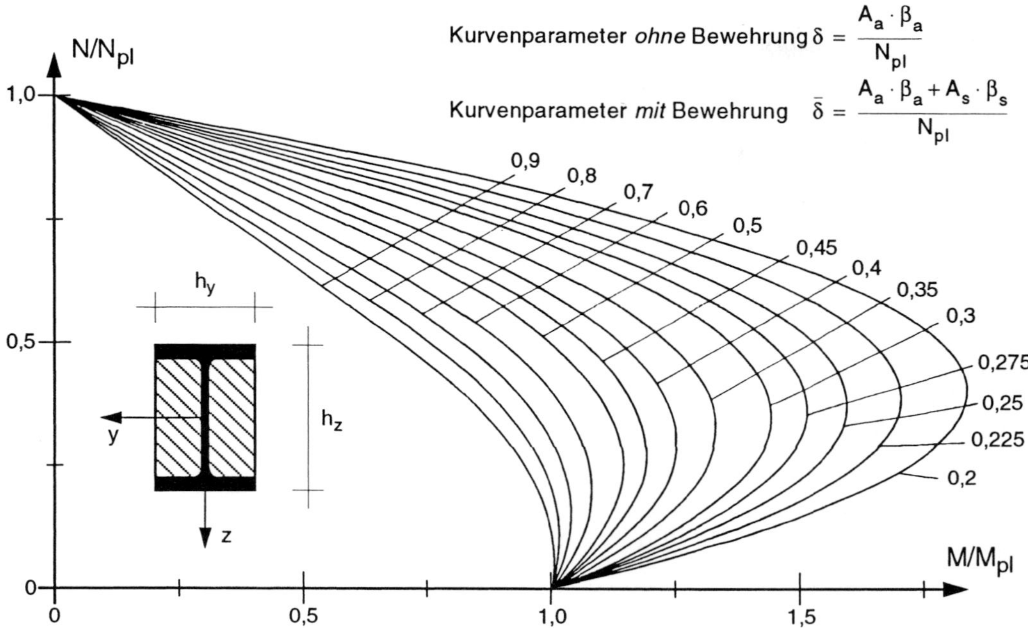

Bild 5.10 **Interaktion N-M_y (starke Achse) für ausbetonierte Stahlprofile** nach [22b]

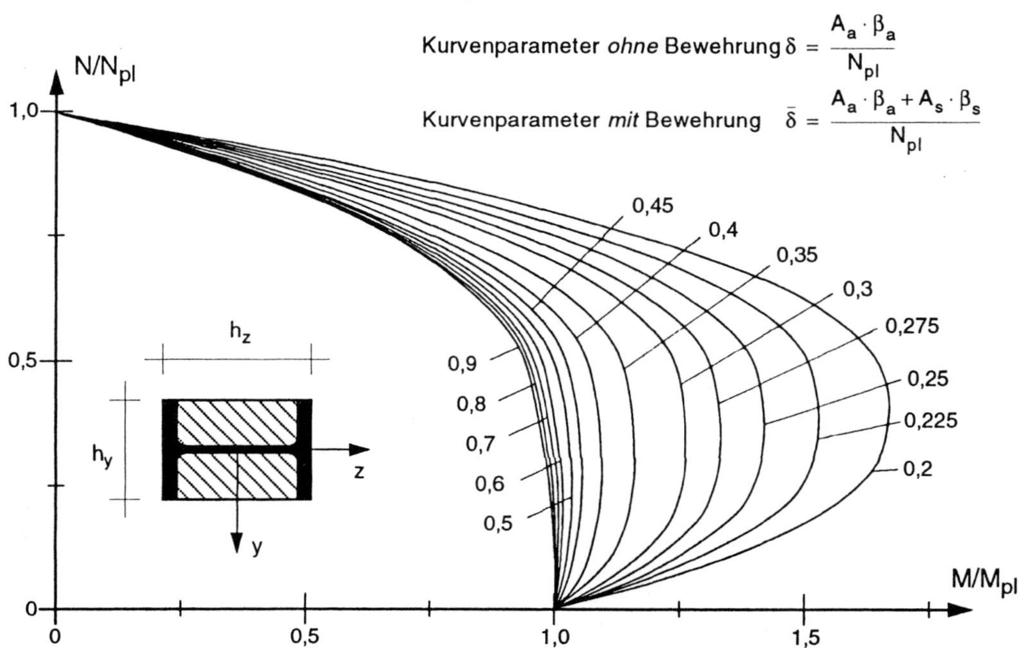

Bild 5.11 **Interaktion N-M_z (schwache Achse) für ausbetonierte Stahlprofile** nach [22b]

5.2.4 Verbundsicherung

Bei planmäßig mittiger Belastung ist nur die Krafteinleitung nachzuweisen.

Treten planmäßig Querkräfte V auf, so sind diese anteilmäßig entsprechend der Momententragfähigkeit in die Anteile V_b für Beton und V_a für Stahl aufzuteilen:

$$V_b = V \cdot \frac{M_{pl,b}}{M_{pl}} \quad \text{und} \quad V_a = V - V_b$$

$M_{pl,b}$ vollplastisches Moment des Stahlbetonteils (vereinfachend darf dafür M_u nach DIN 1045 gesetzt werden)

V_b Nachweis nach DIN 1045 bzw. EC 2

V_a Nachweis nach DIN 18800 Teil 1, Momentenabminderung für $V/V_{pl} > 0{,}33$

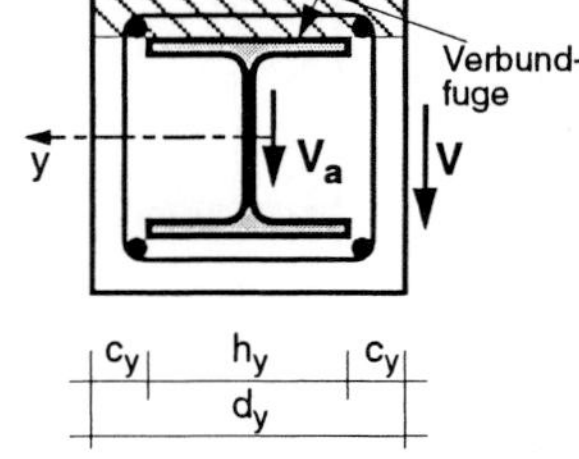

Bild 5.12 **Verbundfuge**

Außerdem ist die Verbundspannung in der Verbundfuge vom äußeren Betonteil gegen den Stahlträgerflansch gemäß Bild 5.12 nachzuweisen:

$$\tau = \frac{V_a \cdot S}{I_{ges} \cdot h_y}$$

S Statisches Moment des Beton- + Bewehrungsteils (auf die y-Achse)

I_{ges} Trägheitsmoment Verbundquerschnitt (im Zustand I)

h_y Flanschbreite Stahlprofil (Verbundfuge)

Für S und I_{ges} sind die Anteile entsprechend ihren E-Moduli zu gewichten.

Die Verbundmittel sind entsprechend dem Querkraftverlauf anzuordnen. Wenn *max* τ die Grenzwerte gemäß Tab. 5.3 *nicht* überschreitet, dürfen die Verbundmittel *beliebig* über die Stützenlänge angeordnet werden; die Verdübelung in den Krafteinleitungsbereichen darf dann hierauf angerechnet werden.

Tab. 5.3 **Schubspannungen *max* τ für den Grenzzustand**

Betonfestigkeitsklasse nach DIN 1045	**B 25**	**B 35**	**B 45**	**B 55**
max τ [N/mm²]	0,55	0,60	0,70	0,80

5.2.5 Krafteinleitung und Verbundmittel

In den Krafteinleitungsbereichen ist die Aufnahme der Schubkräfte durch geeignete Verbundmittel in den Verbundfugen für den Grenzzustand der Tragfähigkeit unter Berücksichtigung der plastischen Teilschnittgrößen nachzuweisen.

Als Verbundmittel haben sich auch hier Kopfbolzendübel durchgesetzt, die genauso wie in der Verbundträgerrichtlinie nachzuweisen sind.

5.2.6 Weitere Bemessungshilfen

[22] enthält neben allgemeinen Angaben und Formeln zur Bemessung von Verbundstützen auch zahlreiche Tafeln für die Traglastermittlung. Die Tafeln umfassen Rohr- und Walzprofile der gängigen Abmessungen in S 235 und S 355.

Die Bewehrung ist gestaffelt vom unbewehrten Verbundquerschnitt bis zum Querschnitt mit dem höchsten zulässigen Bewehrungsgrad von 3 %. Die Bewehrung mit Stabstahl BSt 500 S ist "verschmiert" zu "Bewehrungsblechen" angenommen, mit dem Achsabstand u = 35 mm zur Außenfläche der Stütze.

Nachfolgend sind 3 Tafeln als sehr beschränkter Ausschnitt aus [22] wiedergegeben, die in den Beispielen 5.3.1 und 5.3.2 angewendet werden.

Bei Quadratrohren (Tab. 5.4) sind zusätzlich zu anderen Angaben direkt die Traglasten N_{kr} für Knicklängen s_k von 2,4 m bis 6,0 m tabelliert.

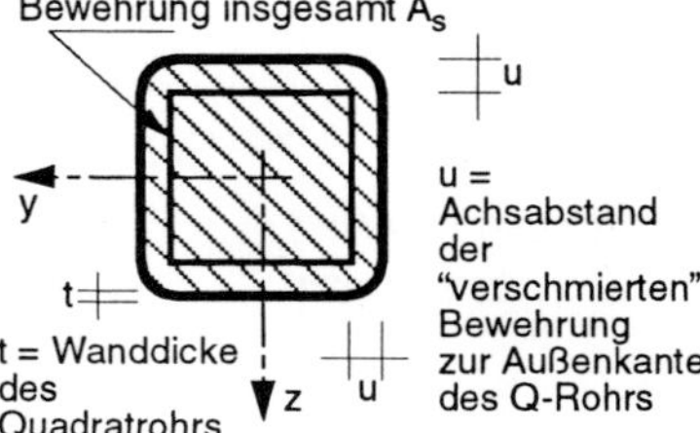

Tab. 5.4 **Verbundstütze - Quadratrohr 320x320 - S 235** nach [22]

Beton B 35		Wanddicke t = 8,0 mm				Wanddicke t = 10,0 mm				Wanddicke t = 12,5 mm			
Quadratrohr 320x320 - S 235		N_a = 2330 kN / V_a = 603 kN, M_a = 270 kNm				N_a = 2873 kN / V_a = 721 kN, M_a = 330 kNm				N_a = 3529 kN / V_a = 849 kN, M_a = 400 kNm			
A_s [cm^2]		0	9	18	27	0	9	18	27	0	9	18	27
$\delta = N_{pl,a}/N_{pl}$		0,507	0,471	0,439	0,412	0,566	0,529	0,497	0,468	0,624	0,587	0,554	0,528
N_{pl} [kN]		4592	4948	5304	5660	5074	5429	5785	6139	5653	6009	6365	6681
$N_{pl,b}$ [kN]		2262	2240	2218	2196	2201	2178	2156	2135	2124	2102	2080	2060
M_{pl} [kNm]		313	350	386	422	376	412	446	481	449	483	516	545
$M_{pl,D}$ [kNm]		356	388	420	552	412	444	475	507	478	509	540	567
$\bar{\lambda}/s_k$ [1/m] für	n = 0	0,102	0,104	0,106	0,107	0,100	0,102	0,104	0,106	0,099	0,101	0,103	0,104
	n = 0,7	0,107	0,109	0,111	0,112	0,104	0,106	0,108	0,110	0,103	0,104	0,106	0,107
	n = 1,0	0,110	0, 111	0,113	0,115	0,106	0,108	0,110	0,111	0,104	0,106	0,107	0,109
Traglast N_{kr} [kN] für die Knicklängen s_k =	2,4 m	4548	4884	5220	5555	5028	5363	5698	6031	5605	5939	6273	6570
	3,0 m	4483	4813	5142	5471	4959	5287	5616	5942	5529	5857	6184	6474
	3,6 m	4416	4738	5060	5381	4885	5207	5528	5847	5448	5769	6089	6373
	4,2 m	4342	4656	4970	5283	4806	5119	5432	5743	5361	5674	5986	6263
	4,8 m	4261	4566	4870	5173	4719	5023	5327	5628	5266	5570	5872	6141
	5,4 m	4171	4465	4758	5050	4622	4916	5209	5498	5161	5454	5746	6004
	6,0 m	4069	4351	4631	4908	4513	4795	5074	5351	5042	5323	5602	5849

Der angegebene Wert $M_{pl,D}$ bezieht sich auf das Größtmoment in der Interaktionskurve A-C-D-B, siehe Bild 5.3. Die Interaktionskurve läßt sich damit zeichnen oder als Polygon annähern (siehe auch Beispiel 5.3.2). Definition der Punkte:

- Punkt D: Abszisse $M_{pl,D}$ und Ordinate $N_{pl,b}/2$,
- Punkt C: Abszisse M_{pl} und Ordinate $N_{pl,b}$,
- Punkte A (Ordinate N_{pl}) und B (Abszisse M_{pl}) liegen auf den Achsen.

Der Hilfswert $\bar{\lambda}/s_k$ ist für unterschiedliche Verhältnisse $n = N_{ständig}/N_{gesamt}$ angegeben. Soweit Kriechen und Schwinden wegen $\bar{\lambda} < 0,8$ nicht berücksichtigt werden müssen, benutzt man $n = 0$.

Die Tafeln für die Walzprofile (Tab. 5.5 und 5.6) geben 3 Arten der Ausführung wieder:

- mit Kammerbeton,
- einbetoniert mit *kleinster* zulässiger Betonüberdeckung (*min* c_y, *min* c_z),
- einbetoniert mit *größter* zulässiger Betonüberdeckung (*max* c_y, *max* c_z),

jeweils gestaffelt für unterschiedliche Bewehrungsgrade.

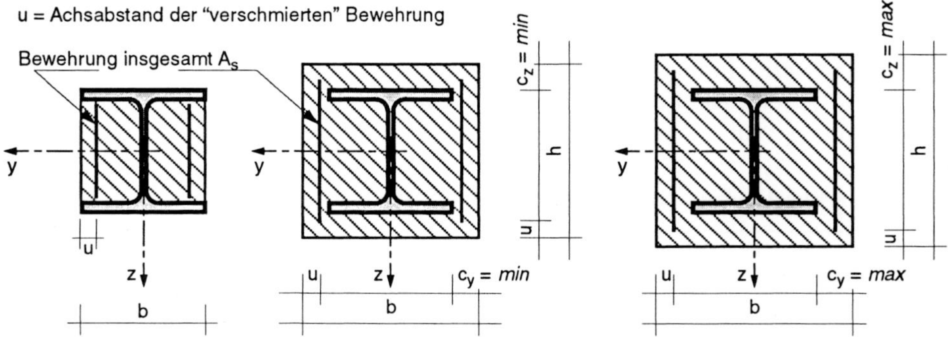

Bild 5.13 **Ausführungsarten für Verbundstützen in den Tabellen 5.5 und 5.6** nach [22]

M_{pl}, $M_{pl,D}$ und $\bar{\lambda}/s_k$ (für verschiedene Verhältnisse $n = N_{ständig}/N_{gesamt}$) sind für Knicken um die y-Achse wie um die z-Achse angegeben. Soweit Kriechen und Schwinden wegen $\bar{\lambda} < 0,8$ nicht berücksichtigt werden müssen, benutzt man $n = 0$.

Die Angaben f_1 (dimensionsgebunden!) und f_2 beziehen sich auch die Schubspannungen τ_a in der Verbundfuge und den darin enthaltenen Querkraftanteil V_b des Stahlbetonteils:

$$\tau_a = (V - V_b) \cdot S_y / (I_{ges} \cdot h_y) = (V - V_b) \cdot f_1 / 1000$$

$$V_b = V \cdot M_{pl,b} / M_{pl} = V \cdot f_2$$

Bei Benutzung der Tafeln erübrigen sich die Kontrollen für die Einhaltung der Grenzwerte von $0{,}2 \le \delta = N_{pl,a}/N_{pl} \le 0{,}9$ wie auch des Bewehrungsgrads.

Die Tafelwerte für plastische Schnittgrößen N_{pl} und M_{pl} sowie die Traglasten N_{kr} sind die *charakteristischen* Werte der Widerstandsgrößen, so daß mit den γ_M-fachen Bemessungswerten der Einwirkungen zu rechnen ist.

Tab. 5.5 **Verbundstütze - HEA-260 - S 235** nach [22]

Beton B 35	Kammerbeton h/b = 25/26 cm				einbetoniert h/b = 35/35 cm				einbetoniert h/b = 40/45 cm			
HEA-260 - S 235	N_a = 2084 kN / $V_{a,y}$ = 234 kN / $M_{a,y}$ = 221 kNm / $V_{a,z}$ = 901 kN / $M_{a,z}$ = 103 kNm											
A_s [cm²]	0	6	12	18	0	12	24	36	0	18	36	54
$\delta = N_{pl,a}/N_{pl}$	0,638	0,594	0,556	0,529	0,466	0,421	0,384	0,357	0,367	0,326	0,293	0,269
N_{pl} [kN]	3266	3506	3745	3940	4474	4953	5431	5836	5681	6400	7118	7732
$N_{pl,b}$ [kN]	1183	1170	1157	1147	2390	2365	2340	2318	3598	3560	3522	3490
f_1 [1/cm²]					0,563	0,560	0,557	0,555	0,717	0,718	0,719	0,719
f_2 [1]					0,000	0,233	0,349	0,415	0,000	0,336	0,479	0,552
$M_{pl,y}$ [kNm]	234	249	262	271	258	309	354	389	280	370	451	514
$M_{pl,y,D}$ [kNm]	254	263	273	281	324	358	392	422	400	461	522	574
$\bar{\lambda}/s_{k,y}$ n = 0	0,113	0,116	0,120	0,122	0,104	0,107	0,111	0,113	0,096	0,100	0,103	0,105
[1/m] n = 0,7	0,116	0,120	0,123	0,126	0,114	0,117	0,120	0,122	0,109	0,112	0,115	0,117
für n = 1,0	0,117	0,121	0,124	0,127	0,119	0,122	0,125	0,127	0,117	0,120	0,122	0,123
$M_{pl,z}$ [kNm]	141	165	188	207	197	266	335	394	267	408	550	671
$M_{pl,z,D}$ [kNm]	143	166	190	209	211	280	349	407	311	451	591	711
$\bar{\lambda}/s_k$ n = 0	0,157	0,156	0,156	0,156	0,125	0,122	0,120	0,119	0,098	0,099	0,100	0,101
[1/m] n = 0,7	0,170	0,168	0,167	0,166	0,145	0,138	0,134	0,130	0,117	0,116	0,116	0,115
für n = 1,0	0,177	0,174	0,172	0,171	0,157	0,148	0,141	0,136	0,130	0,127	0,125	0,123

Tab. 5.6 **Verbundstütze - HEB-300 - S 235** nach [22]

Beton B 35	Kammerbeton h/b = 30/30 cm				einbetoniert h/b = 40/40 cm				einbetoniert h/b = 50/50 cm			
HEA-300 - S 235	N_a = 3578 kN / $V_{a,y}$ = 399 kN / $M_{a,y}$ = 448 kNm / $V_{a,z}$ = 1580 kN / $M_{a,z}$ = 209 kNm											
A_s [cm²]	0	8	16	24	0	15	30	45	0	25	50	75
$\delta = N_{pl,a}/N_{pl}$	0,694	0,654	0,618	0,591	0,540	0,495	0,457	0,428	0,420	0,376	0,340	0,316
N_{pl} [kN]	5155	5474	5793	6054	6625	7223	7822	8362	8515	9512	10510	11329
$N_{pl,b}$ [kN]	1577	1560	1543	1530	3047	3015	2984	2956	4937	4884	4832	4789
f_1 [1/cm²]					0,340	0,338	0,337	0,335	0,512	0,514	0,517	0,519
f_2 [1]					0,000	0,178	0,277	0,340	0,000	0,301	0,443	0,514
$M_{pl,y}$ [kNm]	472	495	515	530	511	581	645	699	568	720	861	969
$M_{pl,y,D}$ [kNm]	500	515	531	544	597	648	698	744	757	867	977	1067
$\bar{\lambda}/s_{k,y}$ n = 0	0,093	0,096	0,098	0,100	0,088	0,091	0,093	0,095	0,079	0,081	0,083	0,085
[1/m] n = 0,7	0,095	0,098	0,100	0,102	0,095	0,098	0,100	0,102	0,089	0,091	0,092	0,094
für n = 1,0	0,096	0,099	0,101	0,103	0,098	0,101	0,103	0,105	0,095	0,096	0,098	0,099
$M_{pl,z}$ [kNm]	268	306	344	375	354	456	558	650	475	696	918	1100
$M_{pl,z,D}$ [kNm]	271	308	346	377	368	469	570	662	628	748	968	1149
$\bar{\lambda}/s_k$ n = 0	0,136	0,135	0,135	0,134	0,112	0,109	0,107	0,105	0,090	0,090	0,091	0,092
[1/m] n = 0,7	0,145	0,144	0,143	0,142	0,128	0,122	0,117	0,114	0,106	0,105	0,10,4	0,104
für n = 1,0	0,150	0,148	0,146	0,145	0,137	0,129	0,123	0,119	0,117	0,114	0,112	0,110

Anmerkung: Die Gestaltung der Tabellen 5.4 bis 5.6 ist gegenüber [22] etwas verändert worden. Die Formel in [22] für τ_a enthält einen Dimensionfehler, der hier berichtigt ist.

5.3 Beispiele

5.3.1 Mittig belastete Verbundstützen

Für eine an beiden Enden gelenkig gelagerte, 4,80 m lange Verbundstütze sollen drei unterschiedliche Verbundstützen-Querschnitte untersucht werden.

Für alle Querschnitte gilt: Stahl S 235, Beton B 35, Betonstahl BSt 500 S, alle Bewehrungsstäbe d_s = 16 mm.

Für diese drei Stützen-Querschnitte ist jeweils die Traglast N_{kr} zu berechnen. Der Anteil der Dauerlast beträgt 70 % (was evtl. in die Rechnung *nicht* eingeht!).

Die Ergebnisse aus exakter Berechnung sind mit denen zu vergleichen, die mit Hilfe der Tabellen 5.4 bis 5.5 berechnet werden.

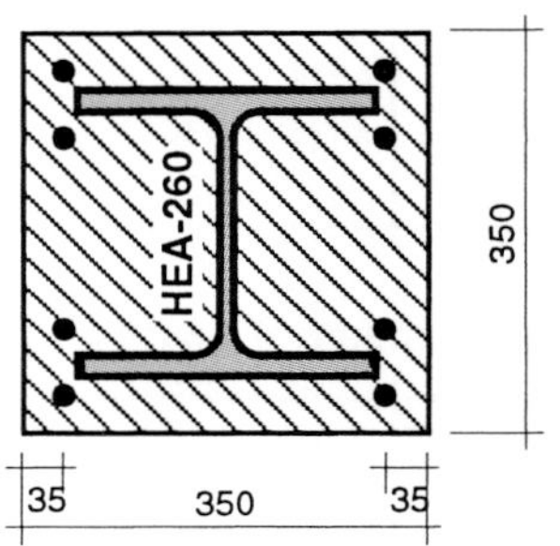

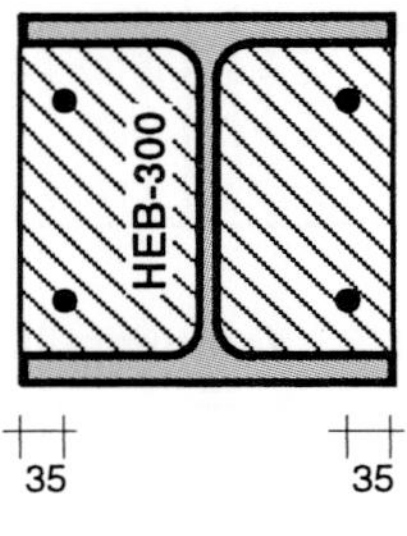

1) Quadratrohrprofil 320x320x8

Stahlquerschnitt: $A = 97{,}6\ \text{cm}^2,\ I = 15650\ \text{cm}^4$, S 235

$$N_{pl,a} = 97,6 \cdot 24 = 2342 \text{ kN}$$

Betonquerschnitt, B 35: $\beta_R = 0,7 \cdot \beta_{WN} = 0,7 \cdot 3,5 = 2,45 \text{ kN/cm}^2$

$$E_{bi} = 500 \cdot 3,5 = 1750 \text{ kN/cm}^2$$

$$A_b = (32 - 1,6)^2 = 30,4^2 = 924,2 \text{ cm}^2$$

$$I_b = 30,4^4/12 = 71173 \text{ cm}^4$$

$$N_{pl,b} = 30,4^2 \cdot 2,45 = 2264 \text{ kN}$$

Insgesamt: $N_{pl} = 2342 + 2264 = 4606 \text{ kN}$

Verhältniswert: $0,2 < \delta = 2342/4606 = 0,51 < 0,9$

Trägheitsmoment: $(EI)_w = 2,1 \cdot 15650 + 0,175 \cdot 71173 = 45320 \text{ kNm}^2$

Eulersche Knicklast: $N_{Ki} = \dfrac{\pi^2 \cdot 45320}{4,80^2} = 19414 \text{ kN}$

Bez. Schlankheitsgrad: $\bar{\lambda} = \sqrt{\frac{N_{pl}}{N_{Ki}}} = \sqrt{\frac{4606}{19414}} = 0,487$ → $\kappa_a = 0{,}928$

Begrenzung: $\bar{\lambda} = 0,487 < \frac{0,8}{1-\delta} = \frac{0,8}{1-0,51} = 1,63$

Kriechen und Schwinden müssen nicht berücksichtigt werden, (andernfalls müßte mit reduziertem E_{bi} gerechnet werden!).

Traglast: $N_{kr} = \kappa \cdot N_{pl} = 0,928 \cdot 4606 = 4273$ kN

Vergleichsrechnung mit Werten aus Tab. 5.4

Parameter: Quadratrohr 320x320x8 Werkstoff: S 235 Bewehrung: $A_s = 0$

Für $s_k = 4{,}8$ m ist direkt ablesbar: $N_{kr} = 4261$ kN

2) Einbetoniertes Walzprofil HEA-260

Geometrie: $c_z = 50$ mm > *min* c = 40 mm

$c_z = 50$ mm > *min* $c_z = h_y/6 = 43{,}3$ mm

$c_y = 45$ mm > *min* c = 40 mm

Querschnitt HEA-260: $A = 86{,}8$ cm², $I_z = 3670$ cm⁴, S 235

$N_{pl,a} = 86,8 \cdot 24 = 2083$ kN

Bewehrungsstahl: $8 \times d_s = 16$ mm, $A_s = 16$ cm², BSt 500 S

$\mu = \frac{A_s}{A_b + A_s} = \frac{16}{1122 + 16} = 1,4\ \% < max\ \mu = 3\ \%$

$N_{pl,s} = 16 \cdot 50 = 800$ kN

$I_z = 16 \cdot 14^2 = 3136\ \text{cm}^4$

Längsbewehrung 8 Ø 16
Bügel Ø 6, e = 180 mm

Betonquerschnitt, B 35: $\beta_R = 0,6 \cdot \beta_{WN} = 0,6 \cdot 3,5 = 2,10\ \text{kN/cm}^2$

$E_{bi} = 500 \cdot 3,5 = 1750\ \text{kN/cm}^2$

$A_b = 35^2 - 86,8 - 16,0 = 1122\ \text{cm}^2$

$I_b = 35^4/12 - 3670 - 3136 = 118246\ \text{cm}^4$

$N_{pl,b} = 1122 \cdot 2,1 = 2356$ kN

Insgesamt: $N_{pl} = 2083 + 800 + 2356 = 5239$ kN

Verhältniswert: $0,2 < \delta = 2083/5239 = 0,40 < 0,9$

Trägheitsmoment: $(EI)_w = 2,1 \cdot (3670 + 3136) + 0,175 \cdot 118246 = 34985\ \text{kNm}^2$

Eulersche Knicklast: $N_{Ki} = \frac{\pi^2 \cdot 34985}{4,80^2} = 14987$ kN

Bez. Schlankheitsgrad: $\bar{\lambda} = \sqrt{\frac{N_{pl}}{N_{Ki}}} = \sqrt{\frac{5239}{14987}} = 0,591 \rightarrow \kappa_c = 0,790$

Begrenzung: $\bar{\lambda} = 0,591 < 0,8$

Kriechen und Schwinden müssen nicht berücksichtigt werden, (andernfalls müßte mit reduziertem E_{bi} gerechnet werden!).

Traglast: $N_{kr} = \kappa \cdot N_{pl} = 0,790 \cdot 5239 = 4139$ kN

Verbügelung: Die Bewehrungsstäbe sind zu verbügeln. Nach DIN 1045 gilt für druckbeanspruchte Stützen ein Höchstabstand der Bügel von 12 x d_s = 192 mm.

Beim einbetonierten Walzprofil sind umschließende Bügel anzuordnen. Auf ausreichende Betondeckung ist zu achten.

Gewählt: Bügel Ø 6 / e = 180 mm.

Vergleichsrechnung mit Werten aus Tab. 5.5

Parameter: HEA-260 Werkstoff: S 235 Abmessungen: h/b = 35/35 [cm]
vorgegeben: $A_s = 16$ cm²
Lineare Interpolation der Tabellenwerte für $A_s = 12$ cm² und $A_s = 24$ cm²

Ablesewert, interpoliert: $\delta = 0,410$ Kriterium: $0,2 < \delta = 0,410 < 0,9$ ist erfüllt

Ablesewert, interpoliert: $N_{pl} = 5112$ kN

Knicken um z-z. Schwinden und Kriechen müssen nicht berücksichtigt werden: Wert $\bar{\lambda}/l$ für n = 0.

Ablesewert, interpoliert: $\bar{\lambda}/l = 0,108$ $\bar{\lambda} = 0,108 \cdot 4,80 = 0,520$ $\kappa_c = 0,832$

Traglast: $N_{kr} = \kappa \cdot N_{pl} = 0,832 \cdot 5112 = 4252$ kN

3) Walzprofil HEB-300 mit Kammerbeton

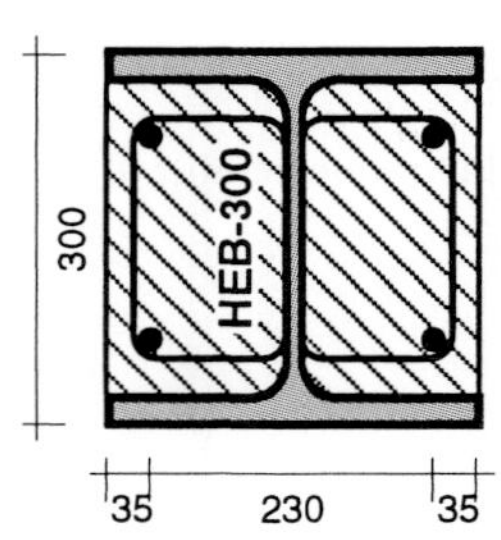

Längsbewehrung 4 Ø 16
Bügel Ø 6, e = 180 mm

Querschnitt HEB-300: $A = 149$ cm², $I_z = 8560$ cm⁴, S 235

$N_{pl,a} = 149 \cdot 24 = 3576$ kN

Bewehrungsstahl: 4 x d_s = 16 mm, $A_s = 8$ cm², BSt 500 S

$$\mu = \frac{A_s}{A_b + A_s} = \frac{8}{743 + 8} = 1,1\ \% < max\ \mu = 3\ \%$$

$N_{pl,s} = 8 \cdot 50 = 400$ kN

$I_z = 8 \cdot 11,5^2 = 1058$ cm⁴

Betonquerschnitt, B 35: $\beta_R = 0,6 \cdot \beta_{WN} = 0,6 \cdot 3,5 = 2,10$ kN/cm²

$E_{bi} = 500 \cdot 3,5 = 1750$ kN/cm²

$A_b = 30^2 - 149 - 8 = 743$ cm²

$I_b = 30^4/12 - 8560 - 1058 = 57882$ cm⁴

$N_{pl,b} = 743 \cdot 2,1 = 1560$ kN

Insgesamt: $N_{pl} = 3576 + 400 + 1560 = 5536$ kN

Verhältniswert: $0,2 < \delta = 3576/5536 = 0,646 < 0,9$

Trägheitsmoment: $(EI)_w = 2,1 \cdot (8560 + 1058) + 0,175 \cdot 57882 = 30327 \text{ kNm}^2$

Eulersche Knicklast: $N_{Ki} = \dfrac{\pi^2 \cdot 30327}{4,80^2} = 12991$ kN

Bez. Schlankheitsgrad: $\bar{\lambda} = \sqrt{\dfrac{N_{pl}}{N_{Ki}}} = \sqrt{\dfrac{5536}{12991}} = 0,653 \quad \rightarrow \quad \kappa_c = 0{,}754$

Begrenzung: $\bar{\lambda} = 0,642 < 0,8$

Kriechen und Schwinden müssen nicht berücksichtigt werden, (andernfalls müßte mit reduziertem E_{bi} gerechnet werden!).

Traglast: $N_{kr} = \kappa \cdot N_{pl} = 0,754 \cdot 5536 = 4174$ kN

Verbügelung: Beim Walzprofil mit Kammerbeton werden die Bügel an den Steg geschweißt oder durch den Steg gesteckt. Bügelabstand siehe oben.

Gewählt: Bügel Ø 6 / e = 180 mm.

Vergleichsrechnung mit Werten aus Tab. 5.6

Parameter: HEB-300 Werkstoff: S 235 Abmessungen: h/b = 29/30 [cm]
Bewehrung: $A_s = 8 \text{ cm}^2$ Alle Werte sind direkt ablesbar.

Ablesewert: $\delta = 0{,}654$ Kriterium: $0,2 < \delta = 0,654 < 0,9$ ist erfüllt

Ablesewert: $N_{pl} = 5474$ kN

Knicken um z-z. Schwinden und Kriechen müssen nicht berücksichtigt werden: Wert $\bar{\lambda}/l$ für $n = 0$.

Ablesewert: $\bar{\lambda}/l = 0,135$ $\bar{\lambda} = 0,135 \cdot 4,80 = 0,648$ $\kappa_c = 0,757$

Traglast: $N_{kr} = \kappa \cdot N_{pl} = 0,757 \cdot 5474 = 4142$ kN

5.3.2 Verbundstütze mit einachsiger Biegung

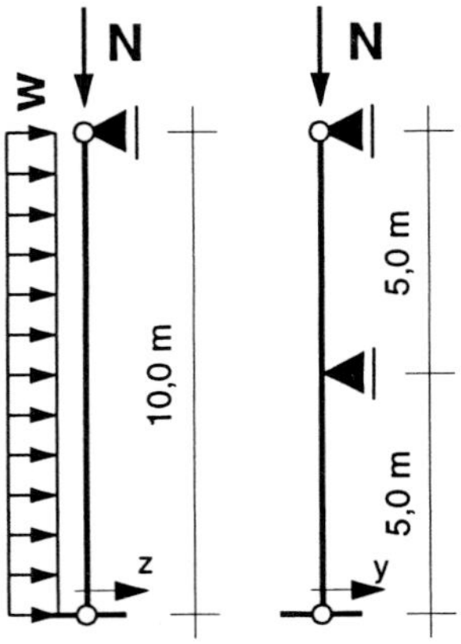

Verbundstütze mit einbetoniertem Walzprofil. Länge 10,0 m, beidseits gelenkig gelagert, in z-Richtung zusätzlich auf halber Höhe gehalten.

Außenabmessungen: 36 x 36 cm. Beton B 35. Bewehrung: in jeder Ecke 2 d_s = 12 mm, BSt 500 S. Stahlprofil HEA-260, S 235.

Bemessungslasten: N = 1050 kN (mittig), mit 70 % Dauerlast. Windlast w = 10,8 kN/m.

Die Stütze ist auf Knicken um die z-Achse und Biegeknicken um die y-Achse nachzuweisen.

Verbund- und Schubspannungen sind nachzuweisen. Die Verbügelung ist festzulegen.

Verbundmittel und Verbügelung an der Lasteinleitungsstelle sind festzulegen und nachzuweisen.

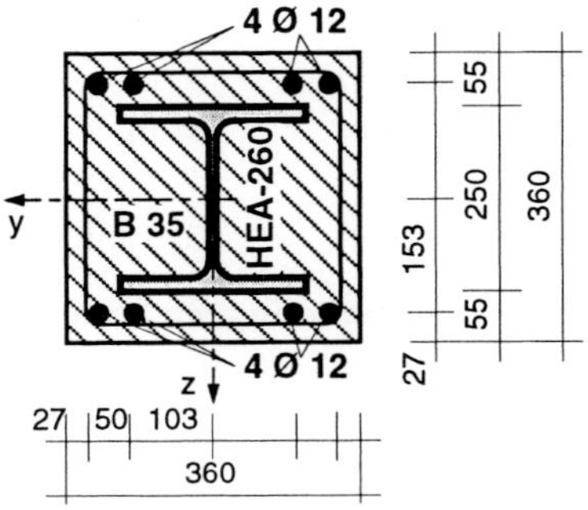

N
N
w
10,0 m
5,0 m
5,0 m
z
y
4 Ø 12
B 35
HEA-260
y
z
4 Ø 12
27 50 103
360
55
250
55
153
27
360

Querschnittswerte

HEA-260: $A_a = 86{,}8\ \text{cm}^2$, $I_{a,y} = 10450\ \text{cm}^4$, $I_{a,z} = 3670\ \text{cm}^4$
$M_{pl,y} = 221\ \text{kNm}$

Bewehrung: 4 x 2 d_s = 12 mm: $A_s = 4 \cdot 2 \cdot 1,13 \approx 9,0\ \text{cm}^2$, Bew.grad: $\mu = 9/1209 = 0,75\ \% < 3\ \%$

$$I_{s,y} = 9,0 \cdot 15,3^2 = 2107\ \text{cm}^4$$

$$I_{s,z} = 4,5 \cdot (15,3^2 + 10,3^2) = 1531\ \text{cm}^4$$

Betonquerschnitt: 36 x 36 cm:

$$A_b = 36 \cdot 36 - A_a - A_s = 1296 - 86,8 - 9,0 \approx 1200\ \text{cm}^2$$

$$I_{b,y} = 36^4/12 - I_{a,y} - I_{s,y} = 127411\ \text{cm}^4 \text{ (Zustand I)}$$

$$I_{b,z} = 36^4/12 - I_{a,z} - I_{s,z} = 134767\ \text{cm}^4$$

Festigkeiten: Stahl S 235 $\beta_a = 24\ \text{kN/cm}^2$

Betonstahl BSt 500 S $\beta_s = 50\ \text{kN/cm}^2$

Beton B 35 $\beta_R = 0,6 \cdot \beta_{WN} = 0,6 \cdot 3,5 = 2,1\ \text{kN/cm}^2$

Plastische Normalkraft:

$$N_{pl} = N_{pl,a} + N_{pl,s} + N_{pl,b} = 86,8 \cdot 24 + 9,0 \cdot 50 + 1200 \cdot 2,1 = 2083 + 450 + 2520 = 5053\ \text{kN}$$

Verhältniswert: $\delta = \dfrac{N_{pl,a}}{N_{pl}} = \dfrac{2083}{5053} = 0,41$ Die Forderung $0,2 \le \delta \le 0,9$ ist erfüllt.

Plastisches Biegemoment um die y-Achse:

$$z_0 = \frac{A_b \cdot \beta_R}{2 \cdot \{2s\beta_a + (d_y - s)\beta_R\}} = \frac{1200 \cdot 2,1}{2 \cdot \{2 \cdot 0,75 \cdot 24 + (36 - 0,75) \cdot 2,1\}} = 11,45 \text{ cm}$$

Voraussetzung: $z_0 \leq h/2 - t = 25/2 - 1{,}25 = 11{,}25$ cm ist nicht ganz erfüllt,

mindestens aber: $z_0 \leq h/2 = 25/2 = 12{,}5$ cm ist erfüllt.

$$D_b = Z'_a = 2 \cdot 11,45 \cdot 0,75 \cdot 24 = 412 \text{ kN}$$

$$z_b = \frac{d_z}{4} + \frac{z_0}{2} = \frac{36}{4} + \frac{11,45}{2} = 14,72 \text{ cm}$$

Betonteil: $M_{pl,b} = D_b \cdot z_b = 412 \cdot 0,1472 = 60,7 \text{ kNm}$

Stabstahl: $M_{pl,s} = 9,0 \cdot 50 \cdot 0,153 = 68,9 \text{ kNm}$

Differenzmoment für den Steg: $\Delta M_{pl,a} = s \cdot z_0^2 \cdot \beta_a = 0,75 \cdot 11,45^2 \cdot 24/100 = 23,6 \text{ kNm}$

$$M_{pl,y} = M_{pl,a} - \Delta M_{pl,a} + M_{pl,s} + M_{pl,b} = 221 - 23,6 + 68,9 + 60,7 = 327 \text{ kNm}$$

E-Moduli: Stahl, Betonstahl $E_a = 21000 \text{ kN/cm}^2$

Beton B 35 $E_{b,i} = 500 \cdot \beta_{WN} = 500 \cdot 3,5 = 1750 \text{ kN/cm}^2$

für Schwinden + Kriechen:

$$E_{b,i,\infty} = E_{b,i} \cdot (1 - 0,5 \cdot N_{dauer}/N) = E_{b,i} \cdot (1 - 0,5 \cdot 0,7) = 0,65 \cdot E_{b,i} = 1137 \text{ kN/cm}^2$$

Wirksame Biegesteifigkeiten (Zustand I):

$$(EI_w)_y = 2,1 \cdot (I_{a,y} + I_{s,y}) + 0,175 \cdot I_{b,y} = 26370 + 22300 = 48670 \text{ kNm}^2$$

$$(EI_w)_z = 2,1 \cdot (I_{a,z} + I_{s,z}) + 0,175 \cdot I_{b,z} = 10922 + 23584 = 34506 \text{ kNm}^2$$

für Schwinden + Kriechen: $(EI_w)_y = 26370 + 0,65 \cdot 22300 = 40865 \text{ kNm}^2$

$(EI_w)_z = 10922 + 0,65 \cdot 23584 = 26250 \text{ kNm}^2$

Knicknachweis um die z-Achse

Schnittgrößen nach Th.I.O.: $N = 1050$ kN, $M_z = 0$

Knicklänge: $s_{K,z} = 5{,}0$ m

Ideale Knicklast: $N_{Ki} = \frac{\pi^2 \cdot 34506}{5,0^2} = 13622 \text{ kN}$

bez. Schlankheitsgrad: $\bar{\lambda} = \sqrt{\frac{N_{pl}}{N_{Ki}}} = \sqrt{\frac{5053}{13622}} = 0,609 \quad \rightarrow \quad \kappa_c = 0,780$

Wegen $\bar{\lambda} < 0,8$ muß Schwinden und Kriechen *nicht* berücksichtigt werden.

Nachweis: $\frac{N}{\kappa \cdot N_{pl}} = \frac{1050}{0,780 \cdot 5053} = 0,267 < 1$

Biegeknicknachweis um die y-Achse

Schnittgrößen: Normalkraft: $N = 1050$ kN

Moment Th.I.O.: $M_y = 10,8 \cdot 10,0^2/8 = 135,0$ kNm

Knicklänge: $s_{K,y} = 10,0$ m

Ideale Knicklast: $N_{Ki} = \dfrac{\pi^2 \cdot 40865}{10,0^2} = 4033$ kN

bezog. Schlankheitsgrad: $\bar{\lambda} = \sqrt{\dfrac{N_{pl}}{N_{Ki}}} = \sqrt{\dfrac{5053}{4033}} = 1,12 \quad \rightarrow \quad \kappa_b = 0,524$

Wegen $\bar{\lambda} > 0,8$ muß Schwinden und Kriechen berücksichtigt werden. Es wurde von Anfang an mit reduziertem $(EI_w)_y$ gerechnet.

Beiwerte zur Konstruktion der Reduktionsgeraden und des Ablesewerts s im N-M_y-Nomogramm:

$$\bar{\delta} = \frac{N_{pl,a} + N_{pl,s}}{N_{pl}} = \frac{2083 + 450}{5053} = 0,500 \quad \text{und} \quad \frac{N}{N_{pl}} = \frac{1050}{5053} = 0,208$$

Keine Stabendmomente: $\kappa_n = 0$ Ablesewert (siehe Anhang): $s \approx 0,80$

Momenten-Nachweis: $\dfrac{M}{M_{pl}} = \dfrac{135}{327} = 0,413 < 0,9 \cdot 0,80 = 0,72$

Querkraft, Verbund- und Schubspannungen

Größte Querkraft: $max\ V_z = 10,8 \cdot 10,0/2 = 54$ kN

Aufteilung im Verhältnis der plastischen Momente:

$$V_b = V \cdot \frac{M_{pl,b}}{M_{pl}} = 54 \cdot \frac{60,7}{327} = 10 \text{ kN}$$

$$V_a = V - V_b = 54 - 10 = 44 \text{ kN}$$

HEA-260: $V_{pl,a} = 247$ kN $\quad \dfrac{V_a}{V_{pl,a}} = \dfrac{44}{247} = 0,178 < 0,33$

Daraus folgt: keine Abminderung der Momententragfähigkeit durch die Querkraft.

Im Schnitt durch den Betonquerschnitt direkt oberhalb des Druckflansches des Stahlprofils wird:

$$S_b^* = S_b + \frac{E_s}{E_{bi}} \cdot S_s = 36 \cdot 5,5 \cdot 15,25 + \left(\frac{21000}{1750} - 1\right) \cdot 4,5 \cdot 15,3 = 3020 + 757 = 3777 \text{ cm}^3$$

Der Abzug von 1 bei E_s/E_{bi} erfolgt, weil zuvor das Statische Moment im Betonquerschnitt auch über die Bewehrungsfläche hinweg gerechnet worden ist.

Das auf den E-Modul E_{bi} bezogene Trägheitsmoment des Gesamtquerschnitts ist:

$$I_{ges,b} = \frac{EI_{ges}}{E_{bi}} = \frac{48670}{0,175} = 278100 \text{ cm}^4$$

Daraus folgt für die Scherspannung in der Verbundfuge:

$$\tau_a = \frac{V_a \cdot S}{I_{ges} \cdot h_y} = \frac{44 \cdot 3777}{278100 \cdot 26} = 0,023\ \text{kN/cm}^2 < 0,06\ \text{kN/cm}^2 = max\ \tau \text{ nach Tab. 5.3.}$$

Die Verdübelung der Lasteinleitung darf auf die Dübelkraft angerechnet werden.

Die Dübelkraft baut sich linear von Trägermitte her auf. Dübelkraft je Anschlußseite mindestens:

$$N_{KD} = \int \tau_a \cdot dA = \frac{1}{2} \cdot 0,023 \cdot 26 \cdot \frac{1000}{2} = 150\ \text{kN}$$

Am oberen Stützenende seien die lasteinleitenden Deckenträger an den Stahlquerschnitt angeschlossen. Die in den Beton und die Bewehrungsstäbe einzuleitende Last ist für den Traglastzustand und den Gebrauchszustand nachzuweisen.

Im Traglastzustand: $N_{KD} = N \cdot (1-\delta) = 1050 \cdot 0,59 = 620\ \text{kN} > 150\ \text{kN}$

Der aufwendige Nachweis für den Gebrauchszustand wird hier übergangen. Sofern die Stütze frühestens 90 Tage nach dem Betonieren voll belastet wird, spielt der Zeitpunkt t = 0 keine Rolle. Im Zeitpunkt t = ∞ ist dagegen der Gebrauchszustand nicht maßgebend.

Für Kopfbolzendübel d = 19 mm, h = 100 mm > 4,2 d ist: $D_{KD} = 95\ \text{kN}$ (siehe Tab. 4.6)

Der Wert darf wegen Anrechnung der Reibung aus Anpreßkräften der Spaltzugkräfte um 50 % erhöht werden, wenn die Profilhöhen und -breiten 300 mm nicht überschreiten.

Erforderliche Dübelzahl je Krafteinleitungsbereich: $erf\ n = 620/(1,5 \cdot 95) = 4,4 < 6$

Die Schubspannung im Betonquerschnitt an seiner schwächsten Stelle wird (umgerechnet auf Gebrauchslastniveau):

$$\tau_b = \frac{V_b/\gamma}{k_z \cdot d_z \cdot (d_y - h_y)} \approx \frac{10/1,5}{0,9 \cdot 36 \cdot 10} = 0,021\ \text{kN/cm}^2 < 0,10\ \text{kN/cm}^2 = \tau_{012} \quad \text{(DIN 1045)}$$

Schubbewehrung:

$$erf\ A_{bue} = \frac{0,4 \cdot \tau_0 \cdot A_b}{zul\beta_s} = \frac{0,4 \cdot 0,10 \cdot (10 \cdot 100)}{28,6}\ [\text{cm}^2]$$

$$erf\ A_{bue} = 1,4\ \text{cm}^2/\text{m}$$

Verbügelung: Bügel Ø 6 mm. Der Abstand muß bezüglich der teilweise druckbeanspruchten Bewehrung (Stabdurchmesser d_s = 12 mm) die Regeln aus DIN 1045 berücksichtigen.

Gewählt: Bügel Ø 6 / e = 125 mm < 12 d_s = 144 mm

An den Stützenenden muß außerdem der Lastanteil für Beton und Bewehrungsstahl in den Bereich außerhalb der Flanschen über Schub eingeleitet werden. Dieser (im Verhältnis zum Gesamtquerschnitt umgerechnete) Lastanteil ist:

$$N_{außen} = \frac{(5,5 \cdot 36 - 4,5) \cdot 2,1 + 4,5 \cdot 50}{5053} \cdot 1050$$

$$N_{außen} = \frac{631}{5053} = 131\ \text{kN}$$

Lasteinleitung: $erf\ A_{bue} = 131/(1,5 \cdot 28,6) = 3,1\ \text{cm}^2$

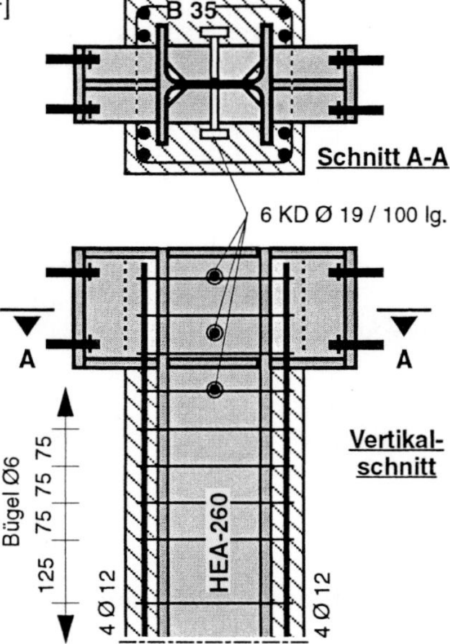

Nach DIN 1045 dürfen gerade endende druckbeanspruchte Bewehrungsstäbe erst im Abstand l_1 vom Stabende als tragend mitgerechnet werden. Kann diese Verankerungslänge nicht ganz im anschließenden Bauteil untergebracht werden, genügt eine engere Verbügelung ($e \leq 8$ cm) auf eine Länge $0{,}5\ d_{St} \leq l \leq 2\ d_{St}$ (d_{St} = *kleinere* Stützenbreite).

Gewählt: 8 Bügel Ø 6 mm, e = 75 mm $\quad l = 8 \cdot 75 = 600\text{ mm} < 2\ d_{St} = 720\text{ mm}$

Verankerung: $l_1 = \alpha_1 \cdot \alpha_A \cdot l_0 \leq 1 \cdot 1 \cdot 540 = 540\text{ mm} \qquad l_1 < l = 600\text{ mm}$

Anhang: Konstruktion des Wertes s

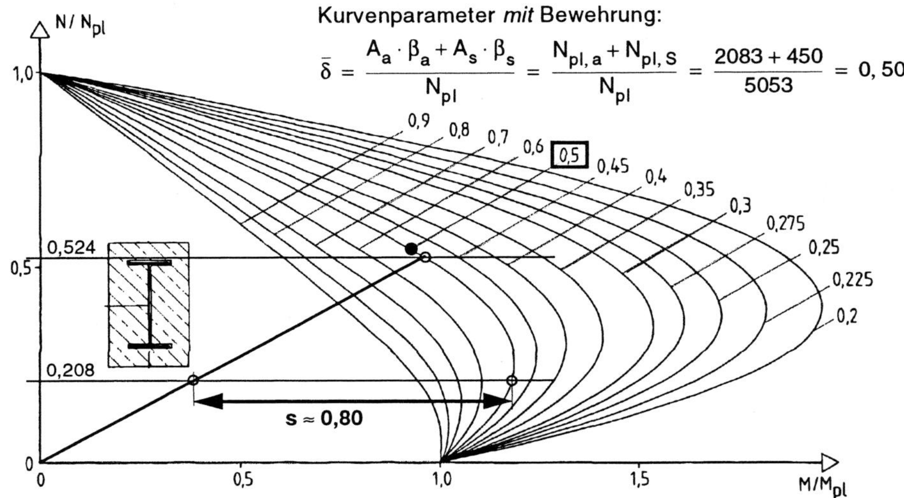

a) Interaktion N-M_y (starke Achse) für einbetonierte Stahlprofile nach Bild 5.8

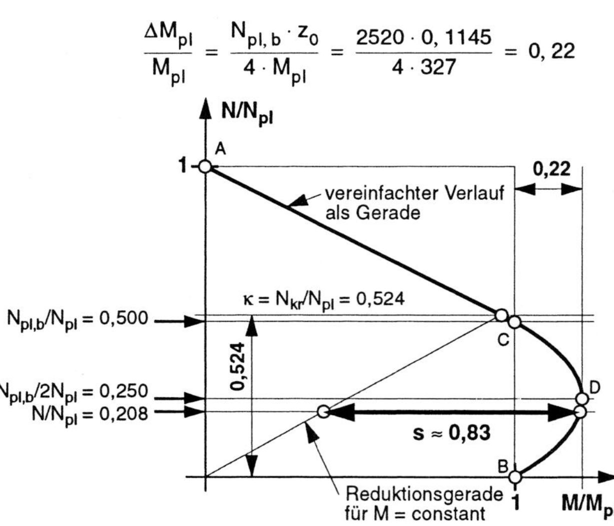

b) Konstruierte Interaktionskurve N - M_y nach Bild 5.3

Bei der Konstruktion der Interaktionskurve müssen Vereinfachungen in Kauf genommen werden:

- Die mitgeteilten Formeln sind gegenüber einer genauen Rechnung etwas vereinfacht.
- Die Kurve A-C-D-B ist keine quadratische Parabel (dafür wären 4 Punkte eine Überbestimmung), so daß man vereinfachend C-D-B als quadratische Parabel zeichnen kann und C-A harmonisch anfügen kann (was in *diesem* Fall etwa auf eine Gerade herauskommt!).
- Noch einfacher ist es, wie oft vorgeschlagen, gleich ein Polygon A-C-D-B zu bilden.

Die Übereinstimmung der Werte s aus beiden Diagrammen ist ausreichend.

Vergleichsrechnung mit Werten aus Tab. 5.5

Parameter:	HEA-260	Werkstoff: S 235	Abmessungen: h/b = 36/36 [cm]
	Bewehrung:	$A_s = 9\ cm^2$	Die Werte sind *nicht* direkt ablesbar.

Es werden die Tabellenwerte für h/b = 35/35 [cm] verwendet; zwischen den Bewehrungsgraden $A_s = 0$ und $A_s = 12\ cm^2$ wird geradlinig interpoliert.

Nachfolgend wird nur Knicken mit Biegung um y-y untersucht.

Tabellenwert für A_s interpoliert:

$\delta = 0{,}654$

Kriterium: $0{,}2 < \delta = 0{,}654 < 0{,}9$

Tabelle: $N_{pl} = 4833\ kN$

$N_{pl,b} = 2371\ kN$

$M_{pl,y} = 296\ kNm$

$M_{pl,y,D} = 350\ kNm$

Mit $n = \dfrac{N_{Dauer}}{N} = 0{,}7$

wird: $\bar{\lambda}/s_k = 0{,}1163$

$\bar{\lambda} = 0{,}1163 \cdot 10 = 1{,}163$

Damit: $\kappa_b = 0{,}499$

und $N_{kr} = 0{,}499 \cdot 4833 = 2412\ kN$

Wegen $\bar{\lambda} > 0{,}8$ müssen Kriechen und Schwinden - wie bereits geschehen - berücksichtigt werden.

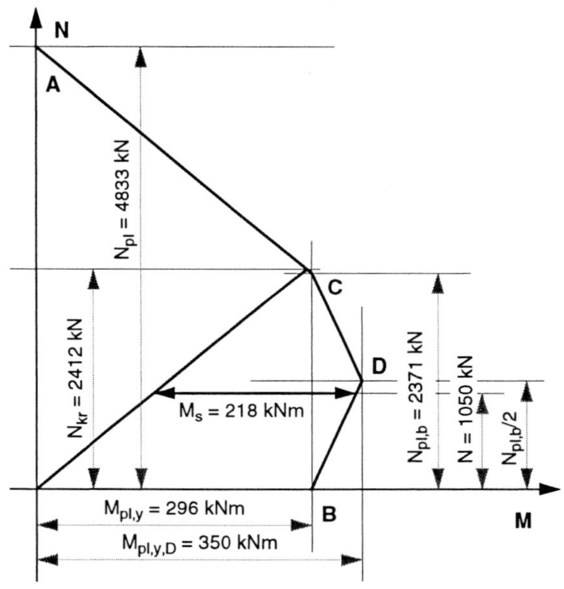

Mit diesen Werten wird das polygonale Interaktions-Diagramm konstruiert. Im Gegensatz zu Bild 5.3 wird nicht mit relativen, sondern mit absoluten Werten gearbeitet.

Diagrammwert: $M_s = 218\ kNm$

Kriterium: $0{,}9 \cdot M_s = 0{,}9 \cdot 218 = 196\ kNm > \mathit{vorh}\ M = 135\ kNm$

Der Vergleichswert zu $0{,}9 \cdot M_s = 196\ kNm$ (aufnehmbares reduziertes Moment)

aus der vorherigen Berechnung $0{,}9 \cdot 0{,}8 \cdot 327 = 235\ kNm$

stimmt vor allem wegen der verwendeten Tabellenwerte für den Betonquerschnitt (mit geringeren Abmessungen als tatsächlich vorhanden) nicht gut überein. Auch die polygonale Annäherung im Interaktions-Diagramm bringt etwas zu ungünstige Werte.

Schubspannungen in der Verbundfuge:

Tabelle: $f_1 = 0{,}559\ cm^{-2}$ $f_2 = 0{,}272$

Querkraft: $V_b = V \cdot f_2 = 54 \cdot 0{,}272 = 14{,}7 \approx 15\ kN$

Schubspannung: $\tau_a = (V - V_b) \cdot f_1 = (54 - 15) \cdot 0{,}559/1000 = 0{,}022\ kN/cm^2 < 0{,}06\ kN/cm^2$

Dieser Wert stimmt mit dem zuvor errechneten Wert $\tau_a = 0{,}023\ kN/cm^2$ gut überein.

6 Kranbahnen

6.1 Grundlagen

6.1.1 Krantypen und Kranbahnen

Kranbahnträger werden von Brückenlaufkranen über aufmontierte Kranbahnschienen oder bei Hängekranen direkt von den Rädern eines oder mehrerer Krane befahren. Kranbahnträger können in Hallen an Stützen auf Konsolen befestigt oder an Dach oder Deckenträgern aufgehängt sein. Im Freien werden Kranbahnträger auf besondere Stützkonstruktionen abgesetzt.

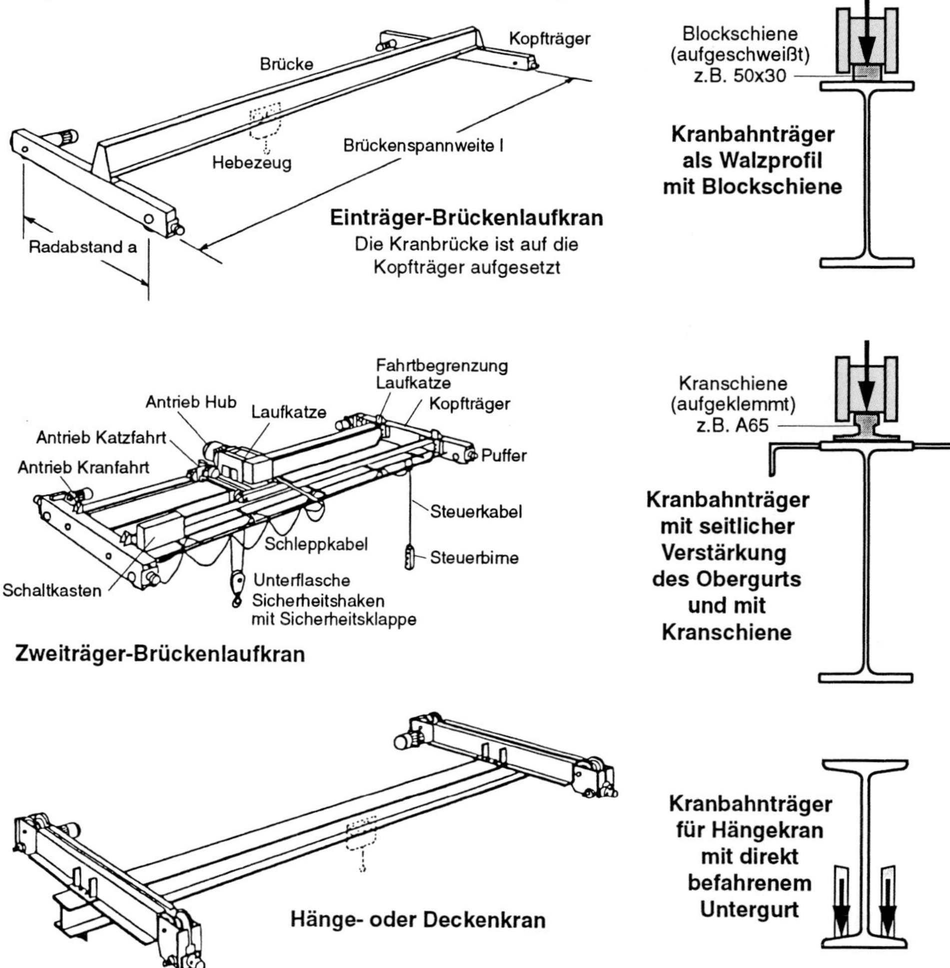

Bild 6.1 **Krantypen und Kranbahnträger** - Beispiele, teilweise aus [26]

6.1.2 Normen und Berechnung

DIN 4132: "Kranbahnen - Stahltragwerke. Grundsätze für Berechnung, bauliche Durchbildung und Ausführung" (2.81). Die Norm beruht auf dem "alten" Normenkonzept. Die Umstellung auf das neue Bemessungskonzept DIN 18800 Teil 1 bis 4 (9.90) erfolgt derzeit über die Anpassungsrichtlinie (2. Auflage, 5.96).

DIN 15018: "Krane" behandelt Berechnung und Ausbildung der Krane selbst. Diese Norm wird hier nicht behandelt. Für Krane gelten die Bauordnungen nicht!

Statische Systeme für Kranbahnträger sind Einfeld- und Mehrfeldträger. Mehrfeldträger werden wegen der günstigeren statischen Verhältnisse und der geringeren Durchbiegungen gegenüber Einfeldträgern bevorzugt.

Kranlasten greifen i.a. als Einzellasten OK Kranschiene an, und zwar

- vertikal aus Eigenlast des Krans plus Nutzlast,
- quer a) aus Anfahren/Bremsen der Katze,
  b) aus Anfahren/Bremsen der Brücke,
  c) aus Schräglauf,
  (b und c nur bei Brückenkranen)
- längs aus Anfahren/Bremsen des Krans.

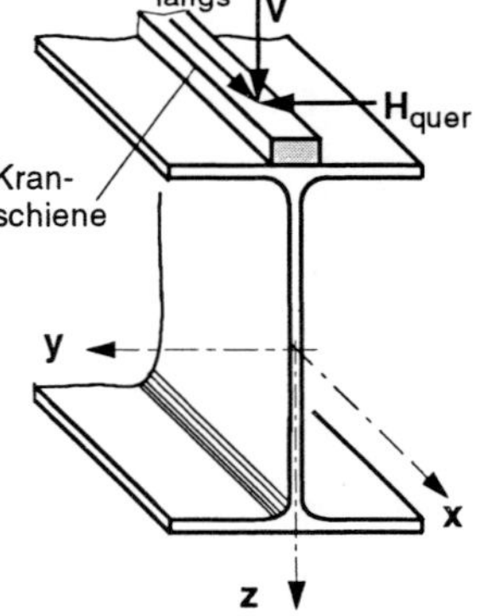

Bild 6.2 **Kranlasten**

Kranlasten gelten als *dynamische Lasten*, also als *nicht vorwiegend ruhende* Lasten. Zur Beurteilung der dynamischen Beanspruchung werden die Krane eingestuft:

- nach Hubklassen H1 bis H4,
- nach Beanspruchungsgruppen B1 bis B6.

Die **Hubklasse** berücksichtigt die Dauer der Kranbelastung über einen Arbeitstag und die Häufigkeit bzw. den Grad der Ausnutzung der vollen zulässigen Traglast.

Den Hubklassen zugeordnet ist der **Schwingbeiwert** φ zur Berücksichtigung der Schwingwirkung beim Heben und Fahren. Die Radlasten sind mit dem Schwingbeiwert zu vervielfachen.

Tab. 6.1 **Schwingbeiwert φ und Hubklassen**

Hubklasse	H1	H2	H3	H4
Kranbahnträger	1,1	1,2	1,3	1,4
Unterstützungen, Aufhängungen	1,0	1,1	1,2	1,3

Ohne Schwingbeiwert sind zu berechnen: Grundbauten, Bodenpressungen, Formänderungen.

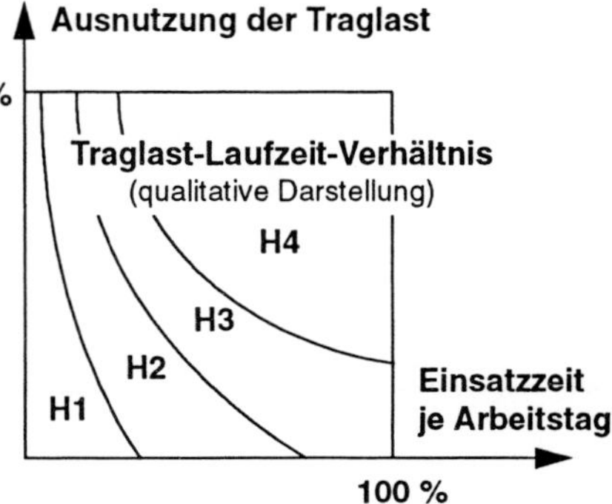

Bild 6.3 **Hubklassen-Einteilung**

Die **Beanspruchungsgruppen** berücksichtigen Häufigkeit und Ausmaß der Spannungswechsel. Die Festlegung der Beanspruchungsgruppe dient der Einstufung für den **Betriebsfestigkeitsnachweis**. Hier werden die Einflüsse der Dauerfestigkeit und der Kerbwirkung (insbesondere aus den Schweißnähten) erfaßt. Die Einteilung umfaßt:

- niedrigste Beanspruchung: B1,
- höchste Beanspruchung: B6.

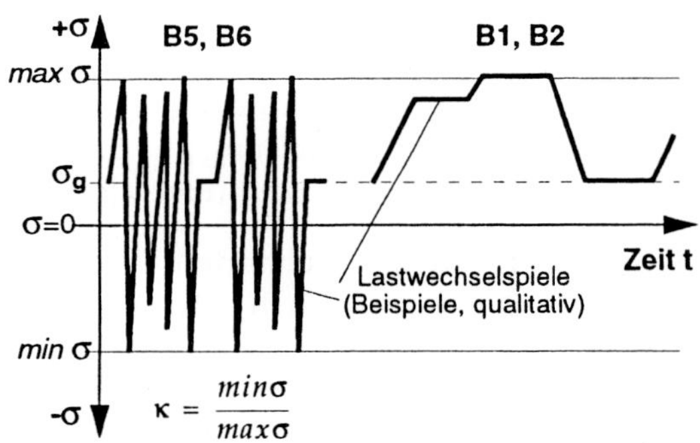

Bild 6.4 **Einstufung in Beanspruchungsgruppen**

Die Kran-Nutzlasten sowie die Einstufung in Hubklasse und Beanspruchungsgruppe legt die Bauherrschaft (bzw. deren Beauftragter) fest.

Tab. 6.2 **Einstufung von Kranen in Hubklassen und Beanspruchungsgruppen**

Nr.	Verwendungszweck	Lastaufnahme	Anwendungsgebiet	Bauarten	Hubklasse	Beanspr.-gruppe
1	**Handkrane**	Haken	handbetätigte Hubbewegung	alle	H1	B1, B2
2	**Maschinenhauskrane**	Haken	Versetzen, Wartung und Reparatur von Maschinen	alle	H1	B2, B3
3	**Lagerkrane**	Haken	Bedienung von Lagern in *unterbrochenem Betrieb*	alle	H2	B3, B4
4	**Lagerkrane**	Haken	Bedienung von Lagern im *Dauerbetrieb*	Brückenkrane, Hängekrane	H3, H4	B5, B6
5	**Werkstattkrane**	Haken	Werkstattbedienung in *gemischtem Betrieb*	alle	H2, H3	B3, B4
6	**Industriekrane**	Haken	geringe *bis mittlere Stöße* bei der Lastaufnahme	Brückenkrane	H2, H3	B3, B4
7	**Industriekrane**	Greifer, Magnet	mittlere *bis starke Stöße* bei der Lastaufnahme	Brückenkrane	H3, H4	B5, B6
8	**Gießereikrane**	Haken	Dauerbeförderung von Gießpfannen, Formen, ...	Brückenkrane, Hängekrane	H2, H3	B5, B6
9	**Hüttenwerkskrane**	Zangen	Fassen und Befördern von Blöcken und Brammen	Brückenkrane	H3, H4	B6
10	**Schmiedekrane**	Wendegehänge	Bedienen großer, schwerer Schmiedepressen	Brückenkrane, Hängekrane	H3, H4	B5, B6

In üblichen Lagerhallen, Werkstätten, Montagehallen mittlerer Industriebetriebe ist weitaus am häufigsten die Einstufung H2/B3 anzutreffen.

6.2 Berechnung für Brückenkrane und Hängekrane

Im Industriebau am häufigsten sind **Brückenkrane**. Für Kranbahnen zu diesem Krantyp werden die wichtigsten Berechnungsgrößen zusammengestellt. Dabei sollen folgende, oft zutreffende Vereinfachungen gelten:

- Kransystem **EFF**: Laufradpaar einzeln gelagert und einzeln angetrieben, Laufräder sind in Bezug auf seitl. Verschieblichkeit als Festlager anzusehen.
- Die beiden Radlasten auf *einer* Kranseite sollen jeweils gleichgroß sein.
- Es soll nur *ein* Kran auf der untersuchten Kranbahn verkehren.

Entsprechend DIN 18800 (9.90) werden die Beanspruchungen den Beanspruchbarkeiten gegenübergestellt. Vertikale Verkehrslasten (ggf. auch aus mehreren Kranen) gelten als *eine* Einwirkung. Kommen horizontale Verkehrslasten hinzu, so gelten die Regelungen für *mehrere* veränderliche Einwirkungen.

6.2.1 Vertikallasten

Ständige Lasten

Eigenlast des Kranbahnträgers einschließlich Kranschiene.

Verkehrslasten

Senkrechte Lasten aus den Rädern des Krans. Je nach Hubklasse sind Radlasten mit dem Schwingbeiwert φ zu vervielfachen. Für Auflager bzw. Aufhängungen und weiterführende Konstruktionen ist der Schwingbeiwert um 0,1 zu reduzieren.

Die gewünschte Nutzlast P gibt die Bauherrschaft vor, die Spurweite s ergibt sich aus den allgemeinen Umständen. Die Hersteller geben für ihre Brückenkrane die größten Radlasten *max* R auf *einer* Kranbahnseite und die gleichzeitig auf der *anderen* Kranbahnseite auftretenden Radlasten *min* R an.

Die Summe der Radlasten ΣR entspricht den Summen der Einzelradlasten:

$$\Sigma R = \Sigma(max R) + \Sigma(min R)$$

6.2.2 Horizontallasten

Quer zu Fahrbahn wirken Kräfte aus Schräglauf und Massenkräfte aus den Antrieben; längs wirken Lasten aus Anfahren und Bremsen. Die zur Berechnung notwendigen *Radlasten* R sind hierfür *ohne Schwingbeiwert* φ anzusetzen! Mit den hier angegebenen Vereinfachungen (Kraftschlußbeiwert f = 0,3) müssen die Längskräfte aus Schräglauf und Massenkräften *nicht* überlagert werden.

Lasten S und H_S aus Schräglauf

Aus Schräglauf und Führung des Krans an den Kranschienen entsteht an der in Fahrtrichtung vorderen Achse die Schräglaufkraft S und als Reaktion die auf die Kranschienen wirkende Kräftegruppe $H_{S1,1}$ und $H_{S2,1}$.

Bei den oben getroffenen Vereinfachungen bleibt die an der hinteren Achse auf die Kranschienen wirkende Kräftegruppe $H_{S1,2} = H_{S2,2} = 0$.

Die formschlüssige Kraft S und die kraftschlüssige Kräftegruppe $H_{S1,1}$ und $H_{S2,1}$ wirken stets miteinander und gleichzeitig! Durch die Kraft S am Führungselement wird der Kran bei Schräglauf in seine Bahn zurückgedrückt. Die Kräfte H_S werden durch S erzeugt:

$$H_{S1,1} = 0,15 \cdot \Sigma min R$$

$$H_{S2,1} = 0,15 \cdot \Sigma max R$$

$$S = 0,15 \cdot \Sigma R = H_{S1,1} + H_{S2,1}$$

An einer der beiden Kranbahnen ist die Kraft $H_{S2,1}$ anzusetzen, an der anderen die gleichgroße, entgegengesetzt gerichtete Differenzkraft S - $H_{S1,1}$. Diese Lasten sind oftmals für die Bemessung der Kranbahn maßgebend. Für die übergeordnete Konstruktion (z.B. Hallenrahmen) wird die im Gleichgewicht befindliche Lastgruppe meist nicht maßgebend.

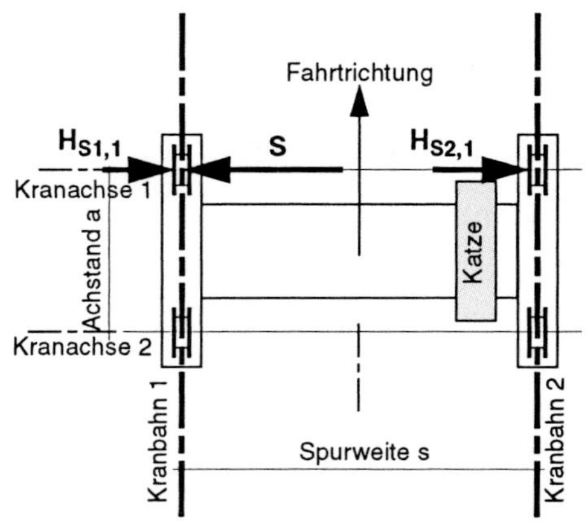

Bild 6.5 **Schräglaufkräfte in der vorderen Kranachse**

Lasten H_M infolge Massenkräften aus Antrieben

Massenkräfte der Antriebe beim Beschleunigen und Verzögern ergeben waagerechte Seitenlasten H_M.

$$\xi = \Sigma max R / \Sigma R \qquad \xi' = \Sigma min R / \Sigma R$$

$$\xi + \xi' = 1$$

Ausmitte der resultierenden Antriebskräfte:

$$l_S = (\xi - 0,5) \cdot s$$

Summe der Antriebskräfte:

$$\Sigma Kr = Kr_1 + Kr_2 = 0,3 \cdot \Sigma min R$$

Seitenlasten (Lastpaare je Kranbahn):

$$H_{M,1} = \xi' \cdot \Sigma Kr \cdot l_S / a$$

$$H_{M,2} = \xi \cdot \Sigma Kr \cdot l_S / a$$

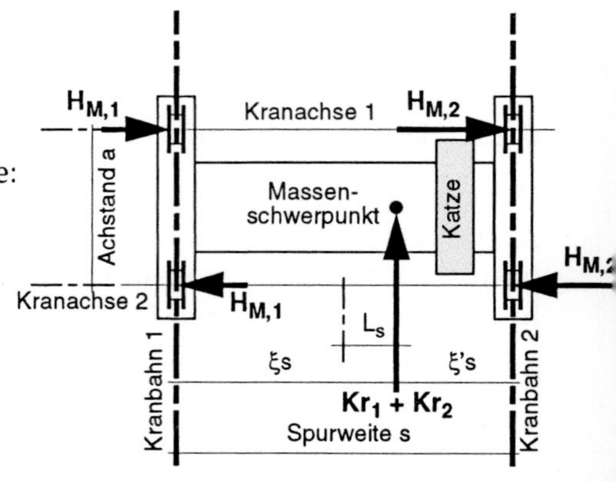

Bild 6.6 **Massenkräfte in den Kranachsen**

$Kr_1 + Kr_2$ ist die Summe der *kleinsten* Radlasten der angetriebenen Räder des vollbelasteten Krans. Der Antrieb muß gewährleisten, daß die Räder auf der minderbelasteten Seite nicht durchdrehen; daher ist dieser Wert, multipliziert mit $f = 1,5 \cdot 0,2 = 0,3$ (dynamischer Beiwert mal Reibbeiwert Rad-Schiene), als Längslast anzusetzen.

Die Seitenlasten H_M wirken als gleichgerichtetes Doppelmoment unterschiedlicher Größe auf beide Kranbahnen. Für die Bemessung des übergeordneten Tragwerks (z.B. Hallenrahmen) werden die daraus von den Kranbahnen auf die unterstützende Konstruktion abgegebenen Lasten oft maßgebend.

Lasten L längs der Fahrbahn aus Anfahren und Bremsen

Der Kranantrieb gewährleistet, daß die Antriebsräder auch des unbelasteten Krans nicht durchdrehen. Daraus ergibt sich der Größtwert für die Längslast:

ΣR_{KrB} = Summe der *kleinsten* ruhenden Lasten aller angetriebenen oder gebremsten Räder des *unbelasteten* Krans

$$\Sigma R_{KrB} = \Sigma max R + \Sigma min R - \text{Nutzlast}$$

$$L = f \cdot \Sigma R_{KrB} \quad \text{mit} \quad f = 1,5 \cdot 0,2 = 0,3$$

6.2.3 Örtliche Beanspruchung aus Radlasteinleitung

Unmittelbar unter der befahrenen Kranbahnschiene verursacht die Radlast Normalspannungen $\bar{\sigma}_z$ und Schubspannungen $\bar{\tau}_{xz}$.

Das Bild zeigt, wie diese Spannungen größenordnungsmäßig abzuschätzen sind. Kritisch können diese Spannungen besonders beim Betriebsfestigkeitsnachweis für die Kehlnähte an der Kranschiene werden, wenn der Kran in eine der oberen Beanspruchungsgruppen (B4 bis B6) einzureihen ist.

Bei den Beanspruchungen B1 bis B3 darf die Radlasteinleitung mittig angenommen werden; in den höheren Beanspruchungsgruppen ist die Lastausmitte mit ± 1/4 der Schienenkopfbreite anzusetzen.

Bei mittiger Radlasteinleitung gilt:

$$\bar{\sigma}_z = \frac{\varphi \cdot R}{c \cdot s} = \frac{\varphi \cdot R}{(2h + 5) \cdot s}$$

h und s sind in [cm] einzusetzen!

$$\bar{\tau}_{xz} = 0,2 \cdot \bar{\sigma}_z$$

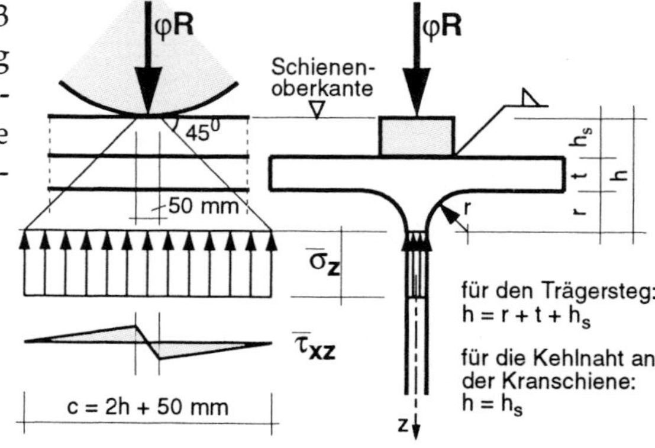

Bild 6.7 **Stegspannung aus mittiger Radlasteinleitung**

Der dargestellte Spannungsverlauf ist für die Rechnung grob vereinfacht. Die errechneten Spannungen $\bar{\sigma}_z$ und $\bar{\tau}_{xz}$ sind ggf. in einen Vergleichsspannungsnachweis einzubeziehen. Bei h_s evtl. Abrieb von 1/4 des Sollmaßes beachten!

6.2.4 Örtliche Beanspruchung der Unterflansche bei Hängekranen

Bei Hängekranen wird der Untergurt der Kranbahnträger direkt von den Kranrädern befahren. In der Umgebung der Radlast-Einleitung entstehen Biegespannungen im Unterflansch in Trägerlängsrichtung $\sigma_{F,x}$ und Trägerquerrichtung $\sigma_{F,y}$.

Die Berechnung dieser örtlichen Normalspannungen erfolgt nach FEM 9.341 (1983). Für die Beiwerte c ist eine eigene Auswertung angefügt.

Spannungen in Träger-Längsrichtung: $\sigma_{F,x} = c_x \cdot \frac{\varphi \cdot R}{t_1^2}$

Spannungen in Träger-Querrichtung: $\sigma_{F,y} = c_y \cdot \frac{\varphi \cdot R}{t_1^2}$

$\varphi \cdot R$ = größte Radlast, mit Schwingbeiwert,
t_1 = Solldicke des Flansches unter Radmitte (ohne Toleranzen und/oder Verschleiß),
e = Abstand Radmitte - Flanschrand.

Die Spannungen werden berechnet für die Stellen:

0 = Anschnitt Flansch am Stegrand (ggf. Beginn der Ausrundung),
1 = Flansch unter Mitte der Radlasteinleitung,
2 = Flanschrand (hier ist die Spannung in Querrichtung = 0).

Die Beiwerte c_x und c_y werden in Abhängigkeit des Wertes $\lambda = e/u$ errechnet.

u = Abstand Stegrand - Flanschrand

mit $\lambda = e/u$ bzw. für Walzprofile: $\lambda = 2e/(b - s)$

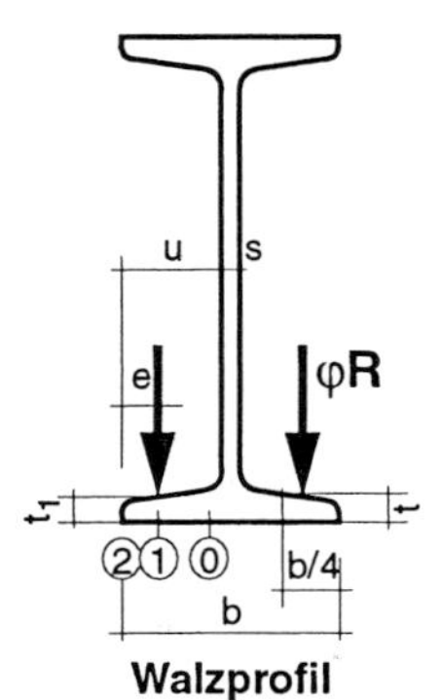

Walzprofil mit geneigten Flanschen

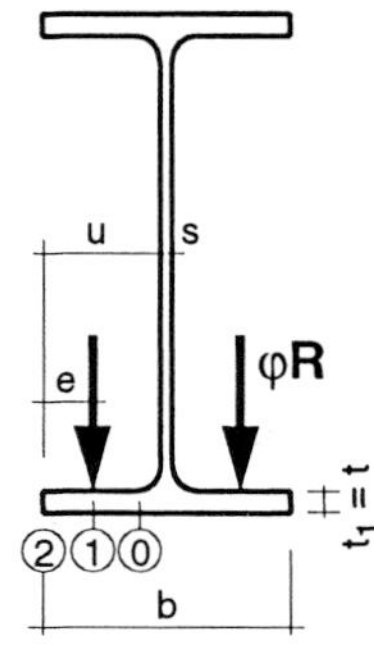

Parallelflanschprofil

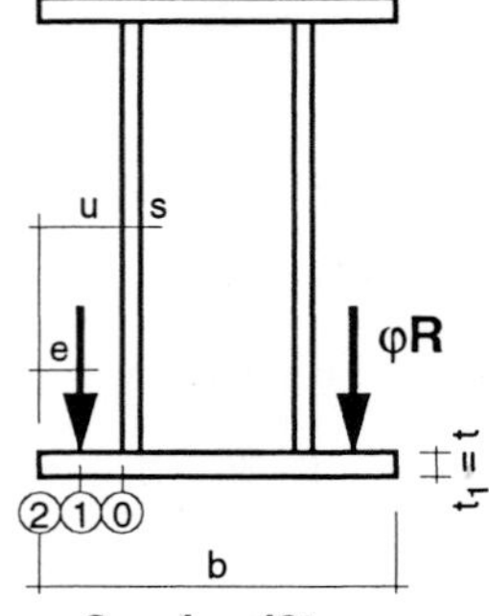

Geschweißter Kastenträger

Bild 6.8 **Am Unterflansch belastete Trägerquerschnitte**

Die Flanschbiegespannungen $\sigma_{F,x}$ sind den Spannungen σ_x aus Vertikal- und Seitenkräften zu überlagern. Nach [26] bzw. FEM darf dabei $\sigma_{F,x}$ mit dem Faktor $\varepsilon = 0{,}75$ abgemindert werden, weil die Flanschbiegebeanspruchung nur örtliche Spannungsspitzen erzeugt. Bei Vergleichsspannungen gilt das auch für $\sigma_{F,y}$.

Tab. 6.3 **Beiwerte zur Spannungsberechnung** (Gleichungen nach FEM*)

Profil	Walzprofil mit geneigten Flanschen	Parallelflanschprofil und Kastenträger
(0) Übergang Flansch-Steg	$c_{x,0} = -0,981 - 1,479 \cdot \lambda + 1,120 \cdot e^{1,322 \cdot \lambda}$ **)	$c_{x,0} = 0,050 - 0,580 \cdot \lambda + 0,148 \cdot e^{3,015 \cdot \lambda}$
(1) unter dem Lastangriff	$c_{x,1} = 1,810 - 1,150 \cdot \lambda + 1,060 \cdot e^{-7,700 \cdot \lambda}$	$c_{x,1} = 2,230 - 1,490 \cdot \lambda + 1,390 \cdot e^{-18,33 \cdot \lambda}$
(2) Außenkante Flansch	$c_{x,2} = 1,990 - 2,810 \cdot \lambda + 0,840 \cdot e^{-4,690 \cdot \lambda}$	$c_{x,2} = 0,730 - 1,580 \cdot \lambda + 2,910 \cdot e^{-6,000 \cdot \lambda}$
(0) Übergang Flansch-Steg	$c_{y,0} = -1,096 + 1,095 \cdot \lambda + 0,192 \cdot e^{-6,000 \cdot \lambda}$	$c_{y,0} = -2,110 + 1,977 \cdot \lambda + 0,0076 \cdot e^{6,530 \cdot \lambda}$
(1) unter dem Lastangriff	$c_{y,1} = 3,965 - 4,835 \cdot \lambda - 3,965 \cdot e^{-2,675 \cdot \lambda}$	$c_{y,1} = 10,108 - 7,408 \cdot \lambda - 10,108 \cdot e^{-1,364 \cdot \lambda}$
(2) Außenkante Flansch	$c_{y,2} = 0$	$c_{y,2} = 0$

*) FEM = Europ. Vereinig. der Fördertechnik, Sitz Dt. Nationalkomitee in Frankfurt/Main.

**) In den Formeln ist e die Basiszahl der natürlichen Logarithmen: e = 2,71828...

Tab. 6.4 **Beiwerte zur Spannungsberechnung** (Auswertung)

Profil	Walzprofil mit geneigten Flanschen					Parallelflanschprofil und Kastenträger				
λ	$c_{x,0}$	$c_{x,1}$	$c_{x,2}$	$c_{y,0}$	$c_{y,1}$	$c_{x,0}$	$c_{x,1}$	$c_{x,2}$	$c_{y,0}$	$c_{y,1}$
0,20	0,182	1,807	1,757	-0,819	0,676	0,204	1,968	1,290	-1,687	0,932
0,25	0,208	1,677	1,548	-0,779	0,725	0,219	1,872	0,984	-1,577	1,069
0,30	0,240	1,570	1,353	-0,736	0,737	0,242	1,789	0,737	-1,463	1,172
0,35	0,280	1,479	1,169	-0,689	0,718	0,272	1,711	0,533	-1,343	1,244
0,40	0,328	1,399	0,995	-0,641	0,671	0,312	1,635	0,362	-1,216	1,287
0,45	0,384	1,326	0,827	-0,590	0,599	0,364	1,560	0,215	-1,077	1,303
0,50	0,449	1,258	0,666	-0,539	0,507	0,428	1,485	0,085	-0,923	1,293
0,55	0,523	1,193	0,508	-0,487	0,395	0,508	1,411	-0,032	-0,747	1,260
0,60	0,607	1,130	0,354	-0,434	0,267	0,605	1,336	-0,138	-0,542	1,204

6.2.5 Weitere Lasten

Bei Kranbahnen im Freien treten Belastungen aus Wind und Temperatur auf. Im Halleninnern spielen diese Lasten keine Rolle; sie werden hier nicht weiter behandelt.

Pufferendkräfte gelten als außergewöhnliche Einwirkungen. Die Lastgröße ist abhängig von Masse und Geschwindigkeit des Krans sowie dem Dämpfungselement des Puffers.

6.3 Statische Nachweise

6.3.1 Schnittgrößen und Allgemeiner Spannungsnachweis

Die Biegemomente M_y und die Querkräfte V_z sind aus den mit dem Schwingbeiwert φ vervielfachten Radlasten *max* R als Wanderlasten zuzüglich der Eigenlast des Trägers (mit Kranschiene und evtl. sonstiger Ausrüstung) zu ermitteln. Bei ausmittigem Radlastangriff entstehen außerdem Torsionsmomente.

Biegemomente M_z und Querkräfte V_y entstehen aus den Schräglauf- und den Massenkräften. Die Kräfte greifen ausmittig (OK Schiene) an, ergeben daher außerdem Torsion mit den am nicht wölbfreien Querschnitt resultierenden Schnittgrößen (Wölbmomente, primäre und sekundäre Torsionsmomente).

Von den Lasten aus Schräglauf H_S und Massenkräften H_M muß jeweils nur *eine* Last berücksichtigt werden, wenn der Kraftschlußbeiwert f = 0,3 gesetzt wird.

Längskräfte N entstehen aus Bremskräften und ggf. Pufferendkräften.

6.3.2 Einfeldträger

Die Kranlast tritt i.a. als Lastgruppe aus 2 gleichgroßen Einzellasten R im Abstand a (Radstand) auf. Für diese Belastung ergibt sich das Größtmoment M_y *nicht* in Trägermitte, sondern im Abstand x = a/4 von dort:

$$\mathit{max}\ M_y = \frac{R \cdot \varphi}{8l} \cdot (2l - a)^2$$

unter Voraussetzung $a \leq 0{,}586 \cdot l$

Die größte Auflagerkraft A bzw. Querkraft V_z wird mit dem um 0,1 verringerten Schwingbeiwert φ' ermittelt:

$$\mathit{max}\ A = \mathit{max}\ V_z = R \cdot \varphi' \cdot (2l - a)/l$$

Bei Kranbahnen, die als Einfeldträger ausgebildet sind, können die Durchbiegungen kritisch werden. Die größte Durchbiegung wird ohne Schwingbeiwert errechnet zu:

$$\mathit{max}\ w = \frac{R \cdot l^3}{48 \cdot EI} \cdot [2 - 3(1 - \zeta)(\zeta^2 - 2\zeta^3)]$$

mit $\zeta = a/l$

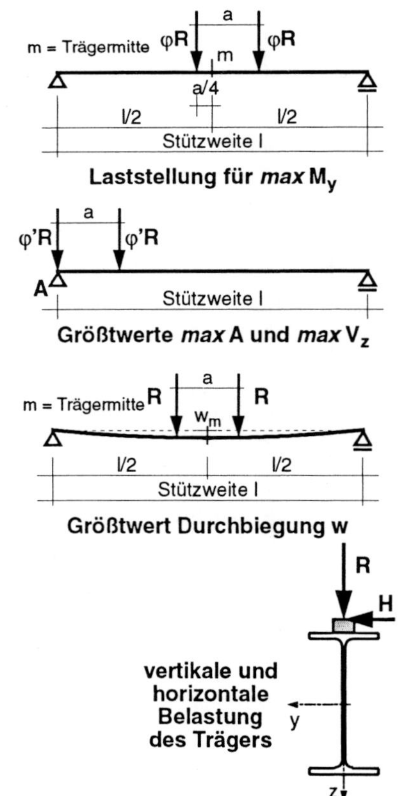

Bild 6.9 **Einfeldträger**

Eine Auswertung vorstehender Formeln enthält Tab. 6.5.

Tab. 6.5 **Größtwerte für Moment, Auflagerkraft und Durchbiegung aus 2 Radlasten R**

$\zeta = a/l$	0,0	0,1	0,2	0,3	0,4	0,5	0,6	Faktor
max M_y	0,50000	0,45120	0,450500	0,36125	0,32000	0,28125	0,25000	$R \cdot \varphi \cdot l$
max A	2,00000	1,90000	1,80000	1,70000	1,60000	1,50000	1,40000	$R \cdot \varphi'$
max w	0,04167	0,04106	0,03933	0,03660	0,03300	0,02865	0,02367	$R \cdot l^3/EI$

6.3.3 Durchlaufträger

Durchlaufträger empfehlen sich gegenüber dem Einfeldträger, weil Schnittgrößen, Spannungen und Durchbiegungen wesentlich geringer werden. Für ein wanderndes Lastpaar bietet der Zweifeldträger bereits fast so gute Ergebnisse wie der Träger über 3 und mehr Felder.

Für vertikale und horizontale Wanderlasten lassen sich die Schnittgrößen durch Auswertung von Einflußlinien (EL) bestimmen. Für die Trägerbemessung wird meist das Feldmoment maßgebend, dessen Größtwert etwa an der Stelle x/l = 0,4 liegt.

Die größte Durchbiegung *max* w ergibt sich etwa bei x/l = 0,45; sie läßt sich mit Hilfe des Arbeitssatzes oder durch Auswertung der Einflußlinie für w bestimmen.

In Bild 6.10 sind die EL für die wichtigsten Schnittgrößen am Zweifeldträger aufskizziert. Zur Kennzeichnung als EL ist z.B. die Bezeichnung „A" für die EL der Auflagerkraft an der Stelle x = 0 gewählt.

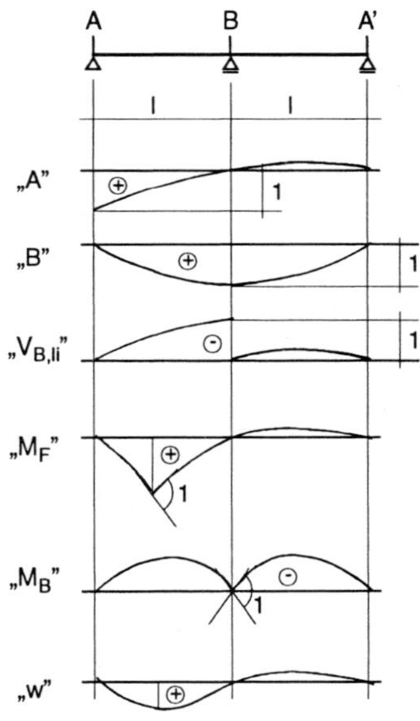

Bild 6.10 **Einflußlinien am Zweifeldträger für vertikale Wanderlasten**

Für die wichtigsten Stellen sind die EL numerisch in Tab. 6.6 wiedergegeben. Dabei ist zu beachten, daß die Ordinaten der Momenten-EL 1/l-fach und die Ordinaten der Durchbiegungs-EL EI/l^3-fach angegeben sind. Dadurch sind alle Tabellenwerte dimensionslos!

Selbstverständlich führt die Anwendung geeigneter EDV-Software oft problemlos zum Ziel, doch sollte der Anwender sich über die Verfahren im klaren sein.

Tab. 6.6 **Einflußlinien am Zweifeldträger mit gleichen Stützweiten**

EL für	Auflagerkräfte und Querkräfte			Biegemomente Ordinaten 1/l-fach				Durch-biegung
Stelle x/l	„A"	„B"	„$V_{B,li}$"	„$M_{0,35}$"	„$M_{0,4}$"	„$M_{0,45}$"	„M_B"	„$w_{0,45}$"
0,0	1,0000	0,0000	0,0000	0,0000	0,0000	0,0000	0,0000	0,00000
0,1	0,8753	0,1495	-0,1247	0,0563	0,0501	0,0439	-0,0247	0,00482
0,2	0,7520	0,2960	-0,2480	0,1132	0,1008	0,0884	-0,0480	0,00918
0,3	0,6318	0,4365	-0,3682	0,1711	0,1527	0,1343	-0,0682	0,01262
0,4	0,5160	0,5680	-0,4840	0,1806	0,2064	0,1822	-0,0840	0,01468
0,5	0,4063	0,6875	-0,5938	0,1422	0,1625	0,1828	-0,0938	0,01492
0,6	0,3040	0,7920	-0,6960	0,1064	0,1216	0,1368	-0,0960	0,01338
0,7	0,2108	0,8785	-0,7892	0,0738	0,0843	0,0948	-0,0892	0,01058
0,8	0,1280	0,9440	-0,8720	0,0448	0,0512	0,0576	-0,0720	0,00706
0,9	0,0573	0,9855	-0,9427	0,0200	0,0229	0,0258	-0,0428	0,00335
1,0	0,0000	1,0000	0,0000	0,0000	0,0000	0,0000	0,0000	0,00000
1,1	-0,0427	0,9855	-0,0427	-0,0150	-0,0171	-0,0192	-0,0428	-0,00256
1,2	-0,0720	0,9440	-0,0720	-0,0252	-0,0288	-0,0324	-0,0720	-0,00431
1,3	-0,0892	0,8785	-0,0892	-0,0312	-0,0357	-0,0402	-0,0892	-0,00534
1,4	-0,0960	0,7920	-0,0960	-0,0336	-0,0384	-0,0432	-0,0960	-0,00574
1,5	-0,0937	0,6875	-0,0937	-0,0328	-0,0375	-0,0422	-0,0938	-0,00561
1,6	-0,0840	0,5680	-0,0840	-0,0294	-0,0336	-0,0378	-0,0840	-0,00502
1,7	-0,0682	0,4365	-0,0682	-0,0239	-0,0273	-0,0307	-0,0682	-0,00408
1,8	-0,0480	0,2960	-0,0480	-0,0168	-0,0192	-0,0216	-0,0480	-0,00287
1,9	-0,0247	0,1495	-0,0247	-0,0087	-0,0099	-0,0111	-0,0247	-0,00148
2,0	0,0000	0,0000	0,0000	0,0000	0,0000	0,0000	0,0000	0,00000
	Größtwert =			0,2006	0,2064	0,2071	-0,0963	0,01506
	an der Stelle x/l =			0,3500	0,4000	0,4500	0,5770	ca. 0,45

Die Werte für die Durchbiegungs-EL „$w_{0,45}$" sind EI/l^3-fach angegeben.

6.3.4 Nachweisverfahren

Die Anpassungsrichtlinie erlaubt alle Nachweise nach DIN 18800 Teil 1, Abschnitt 7.4. Die Nachweisverfahren E-P und P-P sind unter den für sie geltenden Voraussetzungen - insbesondere der Einhaltung der *grenz* b/t-Werte - zugelassen.

Als Schnittgrößen ergeben sich aus den Vertikallasten Biegemomente M_y und Querkräfte V_z. Bei zur Kranschiene ausmittigem Lastangriff (siehe Abschnitt 6.2.3) werden Torsionslasten wirksam, die ggf. zusammen mit der Torsion aus Horizontallasten anzusetzen sind.

Längskräfte aus Bremsen und Beschleunigen (mit ausmittigem Lastangriff!) spielen für den Nachweis des Kranbahnträgers wegen dessen großen Querschnitts keine Rolle. Auch Pufferendkräfte sind hierfür meist ohne Bedeutung (anders jedoch für die Weiterleitung dieser Lasten!). Für die Nachweise wird N = 0 gesetzt.

Horizontallasten ergeben Biegemomente M_z und Querkräfte V_y. Die H-Lasten greifen meist OK Kranschiene an und bewirken Torsionbelastung des Trägers.

Bei Kranbahnträgern mit Kastenquerschnitt, erzeugen Torsionslasten als Schnittgrößen einfach zu ermittelnde Torsions-Schnittmomente M_x; diese ergeben im Kasten einen Kreis-Schubfluß und damit Schubspannungen τ, die den Schubspannungen aus Querkräften zu überlagern sind. Wölbeinfluß ist vernachlässigbar.

Bei I-Trägern und ähnlichen offenen, dünnwandigen Querschnitten erzeugen Torsionlasten primäre (St. Venantsche) Torsionsmomente M_{xP} *und* sekundäre (Wölb-) Torsionsmomente M_{xS}. Die Torsions-Schnittmomente M_{xP} ergeben Schubspannungen τ. Wölbtorsion führt über Wölbmomente (Bimomente) M_ω zu Normalspannungen σ_x, die den Spannungen σ aus Biegung zu überlagern sind.

Nachweis E-E

$$\sigma = \frac{M_y}{I_y} \cdot z - \frac{M_z}{I_z} \cdot y + \frac{M_\omega}{C_M} \cdot \omega \leq \sigma_{R,d}$$

In Anlehnung an DIN 18800 [1/749] darf σ die Grenzspannung $\sigma_{R,d}$ um 10 % überschreiten, wenn *gleichzeitig* die folgenden 3 Bedingungen erfüllt sind:

$$\frac{M_y}{W_y} \leq 0,8 \cdot \sigma_{R,d} \qquad \frac{M_z}{W_z} \leq 0,8 \cdot \sigma_{R,d} \qquad \frac{M_w}{W_w} \leq 0,8 \cdot \sigma_{R,d}$$

Die Berechnung des Wölbmoments M_ω kann, insbesondere bei Durchlaufträgern, Schwierigkeiten bereiten. Für eine vereinfachte (und auf der sicheren Seite liegende) Berechnung kann man sich folgendes Gedankenmodell vorstellen:

Die H-Lasten werden nur auf den *oberen* Flansch des Kranbahnträgers - losgelöst von den übrigen Querschnittsteilen - angesetzt. Für die vertikalen Lasten wirkt weiterhin der *ganze* Träger. Dann ist:

$$max\ \sigma = \frac{M_y}{W_y} + 2 \cdot \frac{M_z}{W_z} \leq \sigma_{R,d}$$

Von diesem vereinfachten Nachweis wird in der Praxis oft Gebrauch gemacht. Er führt auch bei nicht-doppeltsymmetrischen Querschnitten (verstärkter Obergurt) rasch zum Ziel.

Querbeanspruchung aus Radlast-Einleitung (Abschnitt 6.2.3) muß entsprechend DIN 18800 [1/744] *nicht* mit den anderen Beanspruchungen des Trägers kombiniert nachgewiesen werden.

Anders ist dies jedoch für die örtliche Beanspruchung direkt befahrener Unterflansche von Hängekranbahnen (Abschnitt 6.2.4) zu beurteilen. Hier sind Beanspruchungen aus örtlicher und globaler Einwirkung zu kombinieren. Bei mehrachsigem Spannungszustand ist die Vergleichsspannung nachzuweisen.

Plastischer Nachweis

Aus den Schnittgrößen M_z und M_ω errechnet man:

$$M_z^* = M_z + 2 \cdot M_\omega / \bar{h}$$

Hierbei ist $\bar{h}$ der mittlere Flanschabstand am I-Querschnitt.

Damit lautet der plastische Interaktions-Nachweis:

$$\left(\frac{M_y}{M_{pl,y,d}}\right)^{2,3} + \frac{M_z^*}{M_{pl,z,d}} \le 1$$

Momenten-Umlagerung ist bei Durchlaufträgern möglich.

Will man einen Nachweis mit Wölbtorsion umgehen, setzt man (auf der sicheren Seite liegend):

$$M_z^* = 2 \cdot M_z$$

Biegedrillknicken

Für $\bar{\lambda}_M > 0,4$ ist ein BDK-Nachweis zu führen. Entsprechend den vorherigen Ausführungen lautet der Nachweis:

$$\frac{M_y}{\kappa_M \cdot M_{pl,y,d}} + \frac{M_z^*}{M_{pl,z,d}} \le 1$$

Statt dieses Nachweises ist auch ein Nachweis nach Theorie II. Ordnung möglich mit Ansatz entsprechender Imperfektionen. Die numerische Behandlung ist schwierig und bleibt dem Einsatz entsprechender FEM-Programme vorbehalten.

Aus dem Vergleich der Formeln für den plastischen Nachweis und für den BDK-Nachweis geht hervor, daß im Falle $\bar{\lambda}_M > 0,4$ der BDK-Nachweis *allein* genügt, um auch ausreichende Tragsicherheit sicherzustellen.

Beulen

Bei plastischen Nachweisen sind die jeweils zutreffenden *grenz* (b/t)-Werte einzuhalten. Ein Beulnachweis ist nicht erforderlich. Beim Nachweis E-E mit örtlicher Plastizierung sind die *grenz* (b/t)-Werte für den Nachweis E-P einzuhalten.

Bei elastischem Nachweis (*ohne* örtl. Plastizierung!) sind entweder die *grenz* (b/t) -Werte für diesen Nachweis einzuhalten oder es ist ein Beulnachweis zu führen.

Verformungen

Verformungen werden für Gebrauchslasten berechnet.

6.4 Betriebsfestigkeitsnachweis

6.4.1 Grundlagen

Kranbahnen werden als *nicht vorwiegend ruhend* belastete Konstruktionen eingestuft. Für solche Konstruktionen ist außer Tragsicherheitsnachweis und Gebrauchsfähigkeitsnachweis auch ein Betriebsfestigkeitsnachweis zu führen. Im Betriebsfestigkeitsnachweis werden Dauerfestigkeit und Kerbfall-Einstufung kombiniert.

Dauerfestigkeit

Bei häufig wiederholten Lastwechseln kann ein Bruch infolge Materialermüdung auch dann auftreten, wenn die Spannungen stets unterhalb der Fließgrenze bleiben. Maßgebende Größe für den Einfluß der Dauerfestigkeit ist das Verhältnis κ von Unterspannung *min* σ_u zu Oberspannung *max* σ_o:

$$\kappa = \frac{min\sigma_u}{max\sigma_o} \quad \text{bzw.} \quad \kappa = \frac{min\tau_u}{max\tau_o}$$

Die Spannungen sind mit Vorzeichen so einzusetzen, daß stets $1 \leq \kappa \leq -1$ ist.

$0 \leq \kappa \leq 1$	Schwellbereich
$-1 \leq \kappa < 0$	Wechselbereich

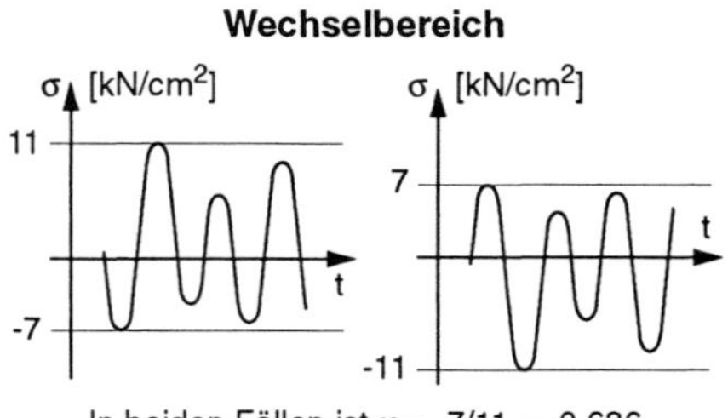

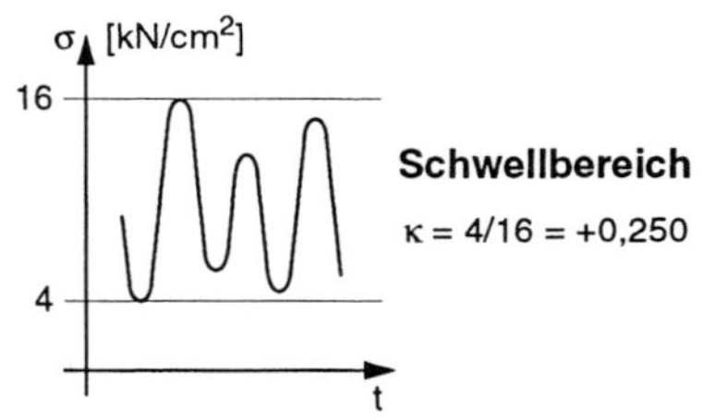

Bild 6.11 **Spannungsverhältnis κ**

Kerbfälle

Durch Kerben im Querschnitt entstehen Spannungskonzentrationen im Kerbgrund, die in einer statischen Spannungsberechnung i.a. nicht berücksichtigt werden müssen, weil örtliche Plastizierung diese Spannungsspitzen abbaut.

Bei häufig wiederholten Lastwechseln werden im Kerbgrund immer wieder Spannungsspitzen erreicht, die zu rascherer Schädigung führen als bei ungestörten Querschnitten. Nicht nur gebohrte Löcher für Schraubanschlüsse verursachen Kerbwirkung; insbesondere Schweißnähte können erheblich beeinträchtigende Kerbwirkung hervorrufen.

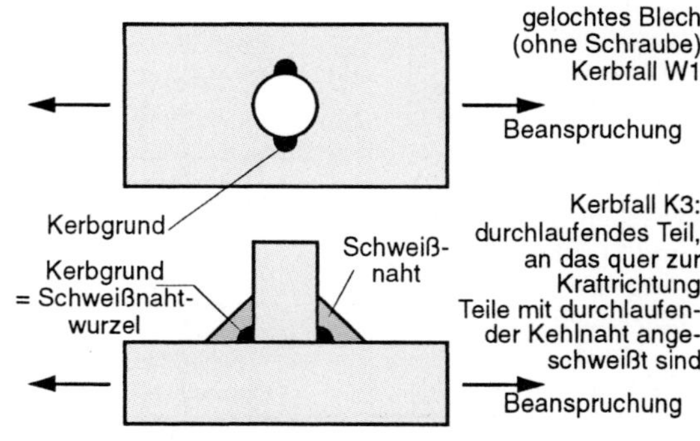

Bild 6.12 **Kerbfälle und Kerbgrund**

6.4.2 Einordnung von Bauformen in Kerbfälle

DIN 4132 sieht vor, daß alle Bauformen nach Kerbfällen einzuordnen sind:

W0 Walzprofile, unbearbeitet oder mit Sägeschnitt bearbeitet,
W1 Schraubenlöcher, Schrauben ≤ 20 %, GV-Verb. bis 100 % ausgelastet, brenngeschnittene Bauteile, Stegansatz von Walzprofilen (querbel.),
W2 gelochte Bauteile mit allen Schraub- und Nietverbindungen.

K0, K1, K2, K3, K4 Werkteile, die mit Schweißnähten versehen sind.

Tab. 6.7 **Kerbfälle für geschweißte Teile nach DIN 4132** (2.81) - Auswahl

Kerbfall	K0	K1	K2	K3	K4
Mit *Stumpfnaht* quer zur Kraftrichtung *verbundene Teile*	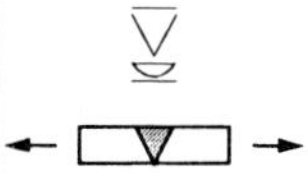 Stumpfnaht Sondergüte	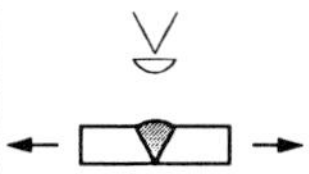 Stumpfnaht Normalgüte	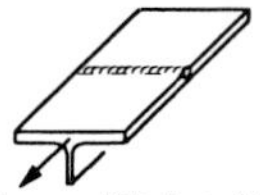 Form-/Stabstahl: Stumpfnaht Normalgüte	 eins. geschweißt: Stumpfnaht Normalgüte	
Längs zur Kraftrichtung *verbundene Teile*	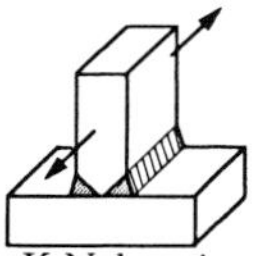 K-Naht mit Doppelkehlnaht	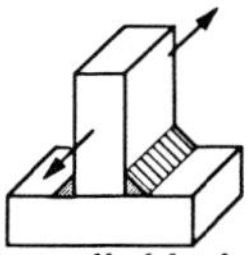 Doppelkehlnaht, einf. Kehlnaht			
Durchlaufendes Teil, an dessen Kante Teile längs zur Kraftrichtung angeschweißt sind			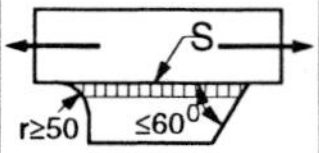 S, r≥50, ≤60° Stumpfnaht Normalgüte	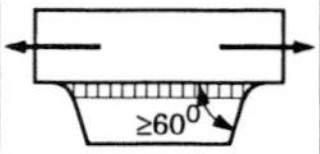 ≥60° Doppelkehlnaht mit Nahtenden als K-Stegnaht	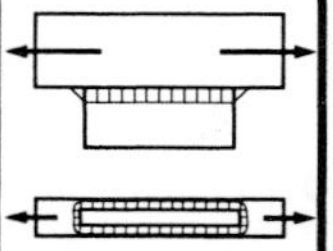 Doppelkehlnaht
Durchlaufendes Teil, auf das ein Gurtblech aufgeschweißt ist			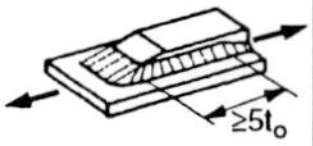 $\geq 5t_o$ umlauf. Kehln., Nahtenden als Kehlnaht-So.gü.	 t_o, t_u Nahtenden als Kehlnaht-So.gü. $t_o \leq 1{,}5\ t_u$	 Umlaufende Kehlnaht
Halsnaht zwischen Gurt und Steg bei Angriff von Einzellasten: Druck *quer* zur Naht		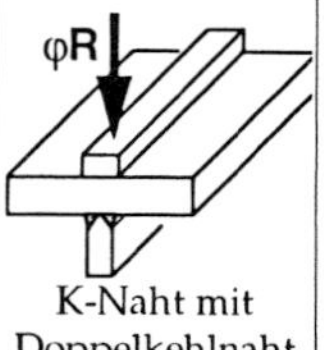 φR K-Naht mit Doppelkehlnaht			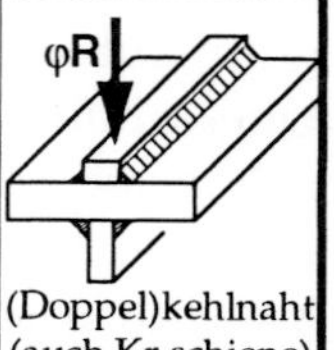 φR (Doppel)kehlnaht (auch Kr.schiene)

Durch *Kursiv*-Druck ist angegeben, ob die Schweißnaht, das durch Schweißung beeinflußte durchlaufende Teil oder beide in den jeweiligen Kerbfall einzuordnen sind.

6.4.3 Grenzspannungen im Betriebsfestigkeitsnachweis

Tab. 6.8 **Grenzspannungen auf Zug, Druck und Schub für S 235** [N/mm²]*)

Beanspr.gr.	B2			B3			B4			B5			B6		
κ (kappa) =	0	-0,5	-1,0	0	-0,5	-1,0	0	-0,5	-1,0	0	-0,5	-1,0	0	-0,5	-1,0
W0	160	160	160									143		150 160	120
W1	160	160	160								143 152	114		120 128	96
W2	160	160	160					149 158	119		125 133	100	140 160	105 112	84
Schub	92	92	92									82		87	69
K0	160	160	160								149 158	119	140 160	105 112	84
K1	160	160	160						150		133 142	106	125 150	94 100	75
K2	160	160	160					158 160	126	149	111 119	89	105 126	79 84	63
K3	160	160	160		159 160	127	150 160	113 120	90	106	80 85	64	75 90	56 60	45
K4	160	135 144	108	127 153	96 102	76	90 108	68 72	54	64	48 51	38	45 54	34 36	27
Schub**)	135	135	135						119		105	84	99	74	59

Die *grau* unterlegten Felder bedeuten: keine Abminderung im Betriebsfestigkeitsnachweis.

Bei *übereinanderstehenden* Zahlen gilt die obere für Zug-, die untere für Druckbeanspruchung.

*) Beim Nachweis für *Halsnähte aus Radlasteinleitung* dürfen die mit 160 N/mm² angegebenen Grenzspannungen teilweise auch überschritten werden (*hier* nicht angegeben!).

**) Für *Kehlnähte* sind abgeminderte Werte (bis Faktor 0,6) gültig!

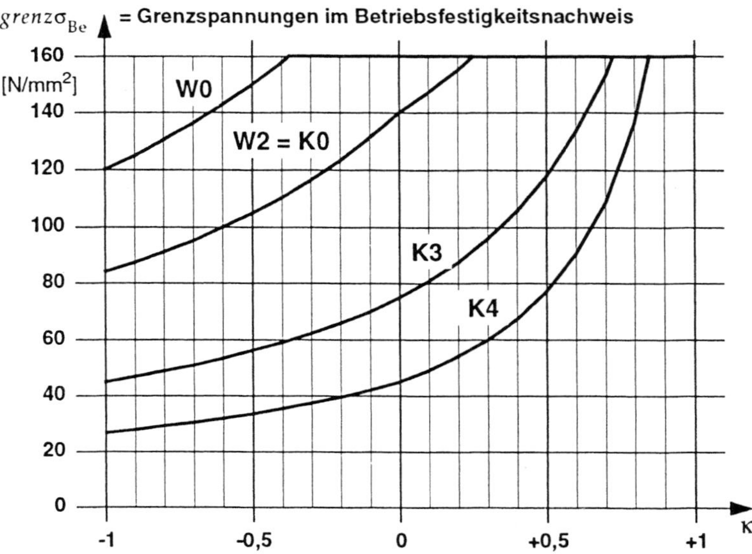

Bild 6.13 **Grenz-Zugspannungen für Beanspruchungsgruppe B6 und Werkstoff S 235**

Der Betriebsfestigkeitsnachweis aus DIN 4132 wird auch bei Anwendung der Anpassungsrichtlinie unverändert beibehalten. Formal gelten als Grenzspannungen die früheren zulässigen Spannungen, wobei $\gamma_M = 1$ ist. Auf der Einwirkungsseite stehen die Spannungen infolge *Gebrauchslasten*; formal gilt für die Einwirkungen damit $\gamma_F = 1$. Es muß die Nachweisart E-E gewählt werden.

Der Betriebsfestigkeitsnachweis ist *nur* für Vertikallasten zu führen. Er lautet:

$$max\sigma_o \leq grenz\sigma_{Be} \qquad \text{bzw.} \qquad max\tau_o \leq grenz\tau_{Be}$$

Bei den Beanspruchungen ist der Schwingbeiwert φ zu berücksichtigen.

Die Grenzspannungen im Betriebsfestigkeitsnachweis sind in DIN 4132 in Abhängigkeit der Beanspruchungsgruppe, des Kerbfalls, der Werkstoffgüte und des Spannungsverhältnisses κ formelmäßig festgelegt. Für $\kappa = +1$ ist immer die volle Grenzspannung bei rein statischer Beanspruchung maßgebend.

In Tabelle 6.8 sind beispielhaft die Grenzspannungen beim Betriebsfestigkeitsnachweis für die Werte $\kappa = 0, -0{,}5, -1$ für die Beanspruchungsgruppen B2 bis B6 und verschiedene Kerbfälle bei Werkstoff S 235 angegeben. Man erkennt aus dem Bereich der nicht abgeminderten Spannungen, daß bis zur Beanspruchungsgruppe B3 (meist auch B4) sich der Betriebsfestigkeitsnachweis auf die Bemessung kaum auswirken wird; dabei ist zu berücksichtigen, daß Werte $\kappa < -0{,}5$ üblicherweise nicht auftreten und der Kerbfall K4 im Wechselbereich meist vermieden werden kann.

Bild 6.13 soll für Beanspruchungsgruppe B6 den Verlauf *grenz* σ_{Be} veranschaulichen.

In Bereichen von κ, für die der Wert *grenz* σ_{Be} unter den Wert *grenz* σ_{Be} für $\kappa = +1$ sinkt, sind bei Schweißnähten die Werte *grenz* σ_{Be} für die Werkstoffe S 235 und S 355 identisch! Dies schränkt die sinnvolle Anwendungsmöglichkeit von S 355 bei geschweißten Kranbahnen ein.

Beim Verkehr *mehrerer* Krane gelten erweiterte Interaktionsbedingungen, die hier nicht angegeben werden. Jedoch ist auch beim Verkehr *eines* Krans zu beachten:

Beim häufigen Fall auf den Kranträger aufgeschweißter Blockschienen erreichen die Querdruckspannungen in den Kehlnähten bei *einer* Überfahrt *zweimal* den Höchstwert. DIN 4132, Formel (4), berücksichtigt ein solches Spannungskollektiv. Formel (4) wird auf den Fall der Überfahrt von zwei Rädern spezialisiert:

$$2 \cdot \left(\frac{max\sigma}{grenz\sigma_{Be}}\right)^{3,323} \leq 1 \qquad \text{oder umgeformt:} \qquad \frac{max\sigma}{grenz\sigma_{Be}} \leq 0,812$$

Zugehöriger Verhältniswert: $\kappa = 0$; Kerbfall: K4. Längsspannungen brauchen nicht gleichzeitig berücksichtigt zu werden, Schubspannungen sind gering.

6.4.4 Überprüfung von Kranbahnen

Bei dynamisch beanspruchten Bauteilen können Spannungsspitzen zu Anrissen führen; die Schädigungen können sich unter dynamischem Einfluß rasch vergrößern. Daher sind Kranbahnen in regelmäßigen Zeitabständen auf Anrisse zu überprüfen.

6.5 Durchbiegung am Kranbahnträger

Eine verbindliche Begrenzung der Durchbiegung enthält DIN 4132 nicht. Besonders bei Einfeldträgern ist die errechnete Durchbiegung kritisch zu betrachten. Der Kran muß vom Feld zur Stütze hin immer aus einem Tal fahren. Die horizontale Ausbiegung ist auch wegen der Spursicherheit zu kontrollieren.

Als sinnvolle Begrenzung kann man folgende Größenordnungen ansehen:

- **Vertikale Durchbiegung** infolge Radlast *ohne* Schwingbeiwert: $max\ w \leq l/600 \ldots l/800$.
- **Horizontale Ausbiegung** aus Seitenlasten: $max\ v \leq l/800 \ldots l/1000$.

Zuverlässige Ermittlung der horizontalen Ausbiegung ist nur mit Berücksichtigung der Wölbtorsion möglich.

6.6 Ausbildung der Kranbahnträger

6.6.1 Querschnitte von Kranbahnträgern

Walzprofile erweisen sich für kleine und mittlere Radlasten und Spannweiten als die wirtschaftlichste Lösung. Bei größeren Spannweiten kommt zur Erhöhung der BDK-Sicherheit die Verstärkung des Obergurts durch seitlich angeschweißte Winkelprofile (seltener durch aufgelegte U-Profile oder Flachstähle) in Frage.

Geschweißte Querschnitte können individuell so ausgebildet werden, daß der aus Querbiegung + Torsion erheblich stärker beanspruchte Obergurt entsprechend stärker dimensioniert wird, siehe Bild 6.14 und auch Bild 6.1.

Um zusammengesetzte Querschnitte sicher beurteilen zu können, ist eine genaue Bestimmung von Schubmittelpunkt, Torsionsbeanspruchung und Wölbnormalspannungen unverzichtbar. Außerdem ist auf ausreichende Beulsicherheit bzw. Einhaltung der (b/t)-Werte zu achten.

Sofern eine aufgeschweißte Kranschiene zum tragenden Querschnitt gezählt werden soll, ist der Verschleiß (mindestens 25 %) zu berücksichtigen!

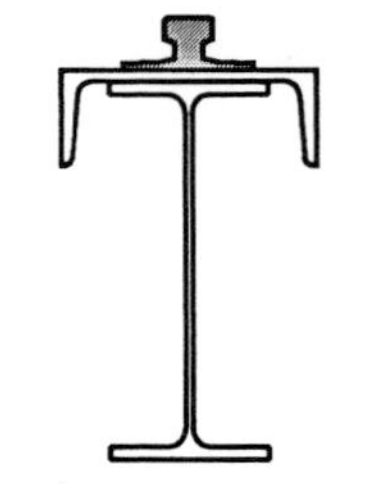

Bild 6.14 **Kranbahnträger**

6.6.2 Lagerung von Kranbahnträgern

Kranbahnträger für Brückenkrane werden meist auf Konsolen gelagert, die an Hallenstützen angeschweißt sind. Zur Regulierung der Spurweite wird der Träger mittels Langlöchern aufgeschraubt. Es werden planmäßig vorgespannte HV-Schrauben oder durch Palmutter gesicherte Rohschrauben verwendet. Meist werden die Träger zusätzlich seitlich abgestützt.

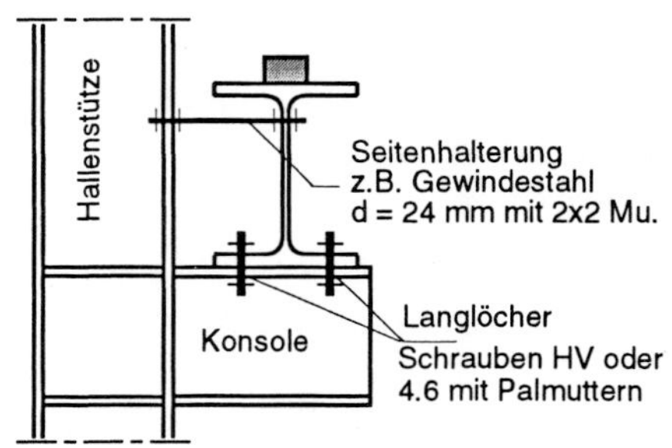

Bild 6.15 **Kranbahnträger auf Konsole**

Kranbahnträger für Hängekrane werden an Deckenträgern aufgehängt.

6.6.3 No-Rail-Krane

Es sind Kransysteme entwickelt worden, die zwar Konsolen an den Hallenstützen erfordern, aber keine Kranbahn. Der Kran legt sich seine Kranbahn gewissermaßen selbst. Dadurch kann der Kran auch Bereiche vor Giebelwänden von Hallen erreichen, ohne daß hier eine permanente Kranbahn existiert. Außerdem werden Einsparungen gegenüber konventionellen Kranen von 15 bis 20 % genannt.

In Deutschland hat sich dieses System bisher nicht durchgesetzt. Siehe [27].

6.7 Bemerkungen zum Stand der Normung

DIN 4132 (2.81) basierte auf dem Nachweiskonzept mit zulässigen Spannungen.

Mit Hilfe der Anpassungsrichtlinie wurden die Regelungen der DIN 4132 auf das Normenkonzept DIN 18800 (11.90) überführt, siehe [34]. Beim Betriebsfestigkeitsnachweis bleibt man beim Nachweis von Spannungen aus Gebrauchslasten, die zulässigen Spannungen gegenübergestellt werden; nur formal wird der Nachweis mit $\gamma_F = 1$ und $\gamma_M = 1$ auf das neue Normenkonzept umgespurt.

Nach dem Konzept der Fachnormen gehören endgültige Regelungen in DIN 18804 "Kranbahnen". Dies ist bisher nicht geschehen und wird im Hinblick auf die EC-Normung wohl auch nicht weiterverfolgt.

Auf europäischer Ebene sollen im EC 3 Teil 6 die Normen auf das europäische Konzept umgestellt werden. Mit baldigem Erscheinen ist nicht zu rechnen.

6.8 Beispiele

6.8.1 Kranbahn als Einfeldträger

Statisches System

Einfeldträger, l = 8,0 m.
Beidseits gelenkige Auflagerung (Gabellager).

Krandaten

Nutzlast 160 kN.
Hubklasse H2, Beanspruchungsgruppe B3.
Kransystem EFF.
Spurweite 18,0 m, Radstand a = 3,20 m.
Radlasten: *max* R = 112 kN, *min* R = 30 kN.
Blockschiene b x h = 60 x 40 mm, aufgeschweißt.
Die Kranschiene soll *nicht* zum tragenden Querschnitt gerechnet werden!

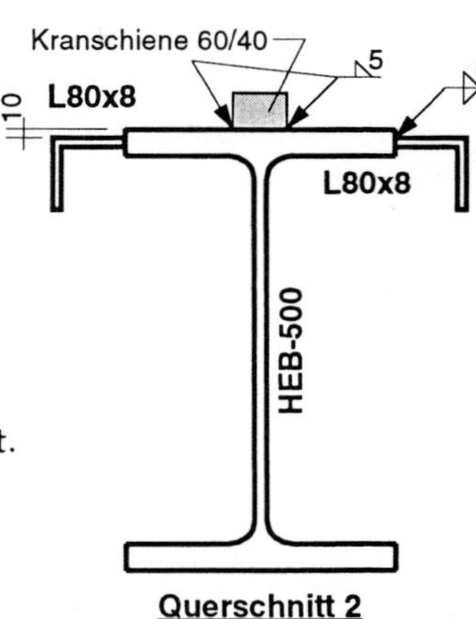

Querschnitt 2

Querschnitte, Werkstoffe

1) HEB-500 (S 355), *ohne* seitliche Winkel,
2) HEB-500 + 2 x L80x8 (S 235), gemäß Darstellung.

Für beide Kranbahnen soll als Eigenlast g = 2,25 kN/m angesetzt werden.

Aufgabenstellung: Alle erforderlichen Nachweise sind zu erbringen.

1) **Querschnitt HEB-500** (S 355)

HEB-500: $A = 239\ cm^2$, $I_y = 107200\ cm^4$, $W_y = 4290\ cm^3$, $I_z = 12620\ cm^4$, $W_z = 842\ cm^3$.

Druckgurt: $i_{z,g} = 7,94\ cm$, $M_{pl,y,d} = 1,5 \cdot 1050 = 1575\ kNm$, $M_{pl,z,d} = 1,5 \cdot 230 = 345\ kNm$.

Die Werte *grenz* b/t sind für *alle* Nachweisverfahren eingehalten, siehe z.B. Tab. 4.6 in [1].

Eigenlast Träger + Kranschiene: $g = 1,87 + 0,19 = 2,06$ kN/m; Rechenwert: g = 2,25 kN/m.

Beanspruchungen aus Gebrauchslasten

Vertikale Belastung: Eigenlast Träger: g = 2,25 kN/m
Radlasten Kran: *max* R = 112 kN / *min* R = 30 kN

Auflagerkräfte: für Hubklasse H2 ist φ' = 1,1.

$$max\ A = 2,25 \cdot \frac{8,0}{2} + 1,1 \cdot 112 \cdot \frac{8,0 + 4,8}{8,0} = 9,0 + 197,1 \approx 206\ kN$$

$$min\ A = 9,0 + \frac{30}{112} \cdot 197,1 = 9,0 + 52,8 = 61,8\ kN$$

Biegemomente M_y: für Hubklasse H2 ist φ = 1,2. *max* M mit Tab. 6.5 für ζ = a/l = 3,2/8,0 = 0,4:

$$max\ M_y = \frac{2,25 \cdot 8,0^2}{8} + 0,32 \cdot (1,2 \cdot 112) \cdot 8,0 = 18,0 + 344,0 = 362,0\ kNm$$

Schräglauflast:

$$S = 0,15 \cdot \sum R = 0,15 \cdot 2 \cdot (112 + 30) = 42,6 \text{ kN}$$
$$H_{S1,1} = 0,15 \cdot \sum minR = 0,15 \cdot 2 \cdot 30 = 9,0 \text{ kN}$$
$$H_{S2,1} = 0,15 \cdot \sum maxR = 0,15 \cdot 2 \cdot 112 = 33,6 \text{ kN}$$

Auflagerkräfte: Die Schräglaufkräfte ($S - H_{S1,1}$) = $H_{S2,1}$ = 33,6 kN sind bereits die größtmöglichen gleichgroßen, an beiden Lagern *gegengerichteten* Auflagerkräfte (quer, horizontal):

$$A_H = 33,6 \text{ kN}$$

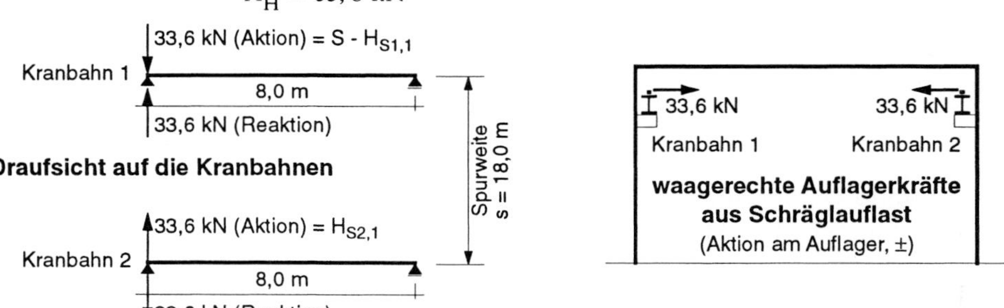

Biegemomente M_z: an der Stelle von *max* M_y (x = 3,2 m) wird:

$$zug\ M_z = 33,6 \cdot \frac{3,2 \cdot 4,8}{8,0} = 64,5 \text{ kNm}$$

Massenkräfte:

$$\xi = \sum maxR / \sum R = 2 \cdot 112 / (2 \cdot 142) = 0,789$$
$$\xi' = 1 - 0,789 = 0,211$$
$$l_S = (0,789 - 0,5) \cdot 18 = 5,20 \text{ m}$$
$$\sum Kr = 0,3 \cdot \sum minR = 0,3 \cdot 60 = 18 \text{ kN}$$
$$H_{M,1} = \xi' \cdot \sum Kr \cdot l_S / a = 0,211 \cdot 18 \cdot 5,20/3,20 = 6,17 \text{ kN}$$
$$H_{M,2} = \xi \cdot \sum Kr \cdot l_S / a = 0,789 \cdot 18 \cdot 5,20/3,20 = 23,08 \text{ kN}$$

Auflagerkräfte: an beiden Träger-Lagern *gleichgerichtet*:

$$A_{M,1} = 6,17 \cdot 3,2/8,0 = 6,17 \cdot 0,4 = 2,47 \text{ kN}$$
$$A_{M,2} = 23,08 \cdot 0,4 = 9,23 \text{ kN}$$

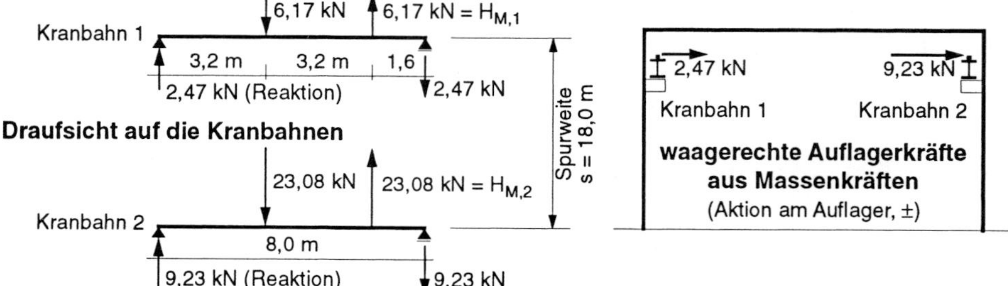

Biegemomente M_z: an der Stelle von *max* M_y (x = 3,2 m) wird:

$zug\ M_z = 9,23 \cdot 3,2 = 29,5$ kNm   wird wegen M_z aus Schräglauflast *nicht* maßgebend!

Bremskräfte: $\sum R_{Kr,B} = \sum maxR + \sum minR - P = 2 \cdot (112 + 30) - 160 = 124$ kN

Längskraft: $L = 0,3 \cdot \sum R_{Kr,B} = 0,3 \cdot 124 = 37,2$ kN (*zusammen* links + rechts).

Nachweise

Es ist offensichtlich, daß für den Kranbahnträger nur die Nachweise für gleichzeitiges Auftreten von Vertikallasten und Schräglauflast maßgebend werden:

$$M_{y,d} = 1,35 \cdot 362 = 489 \text{ kNm}$$

$$M_{z,d} = 1,35 \cdot 64,5 = 87 \text{ kNm}$$

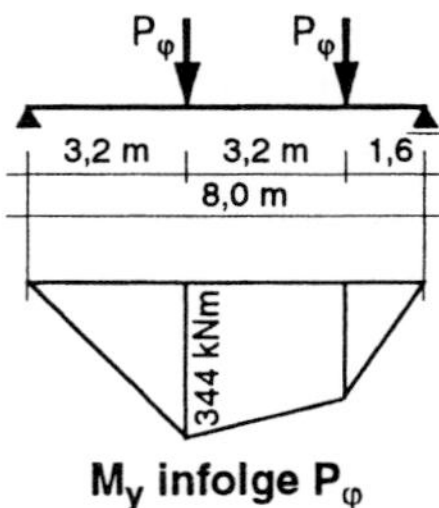

M_y infolge P_φ

Anstelle des Tragsicherheitsnachweises wird gleich ein BDK-Nachweis geführt. Mit der ungünstigen Annahme $\zeta = 1,12$ und mit $z_P = -h/2$ bestimmt man (z.B. mit Hilfe der Künzler-Nomogramme) für den beidseits gabelgelagerten Träger, Werkstoff S 355 (siehe "Stabilitätstheorie" [15]):

$$\kappa_M \cdot M_{pl,y,d} = 31,8 \cdot 36/1,1 = 1040 \text{ kNm}$$

Vereinfachter BDK-Nachweis

Der Nachweis wird vereinfacht für $M_z^* = 2 \cdot M_z$ geführt:

$$\frac{M_y}{\kappa_M \cdot M_{pl,y,d}} + \frac{M_z^*}{M_{pl,z,d}} = \frac{489}{1040} + \frac{2 \cdot 87}{345} = 0,470 + 0,504 = 0,974 < 1$$

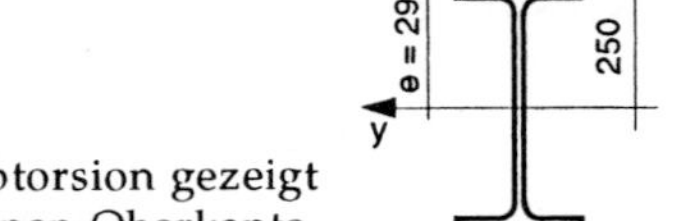

Torsionslast

Genauerer BDK-Nachweis

Zum Vergleich soll das Ergebnis aus einer Berechnung mit Wölbtorsion gezeigt werden. Einwirkung ist die Schräglauflast $H_{S2,1} = 33,6$ kN an Schienen-Oberkante.

Torsionsmoment: $M_T = H_{S2,1} \cdot e = 33,6 \cdot (0,25 + 0,04) = 9,75$ kNm

Mit Hilfe der Wölbtorsions-Gleichungen am beidseitig gabelgelagerten Träger ermittelt man das Wölbmoment (Bimoment) M_ω:

$$max\ M_\omega = \frac{M_T}{\lambda} \cdot \frac{\sinh\lambda a \cdot \sinh\lambda b}{\sinh\lambda l} = \frac{9,75}{0,544} \cdot \frac{2,762 \cdot 6,766}{38,765} = 8,64 \text{ kNm}^2$$

$$\text{mit} \quad \lambda = \sqrt{\frac{GI_T}{EC_M}} = 0,62 \cdot \sqrt{\frac{I_T}{C_M}} = 0,62 \cdot \sqrt{\frac{540}{7018000}} \cdot 100 = 0,544 \text{ m}^{-1}$$

$$M_{\omega,d} = 1,35 \cdot 8,64 = 11,67 \text{ kNm}^2$$

$$M_z^* = M_z + 2 \cdot M_\omega/\bar{h} = 87 + 2 \cdot 11,67/0,472 = 87 + 49,4 = 136,4 \text{ kNm}$$

$$\frac{M_y}{\kappa_M \cdot M_{pl,y,d}} + \frac{M_z^*}{M_{pl,z,d}} = \frac{489}{1040} + \frac{136,4}{345} = 0,470 + 0,395 = 0,865 < 1$$

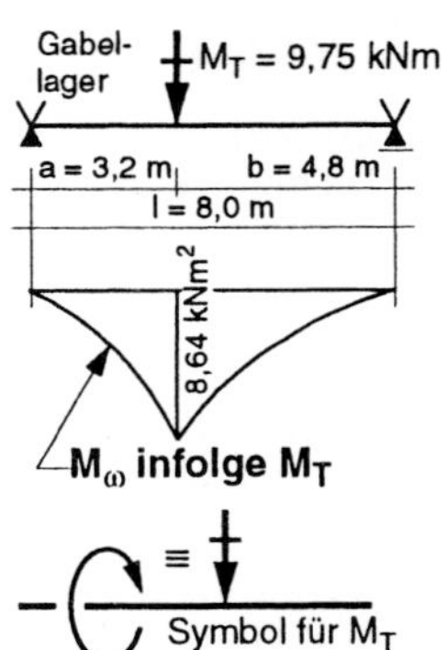

Verformungen

Biegesteifigkeit: $EI_y = 2,1 \cdot 107200 = 225120$ kNm²

Durchbiegung w aus Eigenlast + Verkehr. Berechnung des Verkehrslast-Anteils mit Hilfe Tab. 6.5:

$$max\ w = \left(\frac{5}{384} \cdot 2,25 \cdot 8,0 + 0,033 \cdot 112\right) \cdot \frac{8,0^3}{225120} = (0,234 + 3,696) \cdot \frac{512}{225120} = 0,0089 \text{ m} = 1/895$$

Infolge $H_{S2,1}$ = 33,6 kN in x = l/2 biegt sich der Träger seitlich um das Maß v aus.

Biegesteifigkeit: $EI_z = 2,1 \cdot 12620 = 26502 \text{ kNm}^2$ $\quad max\ v = \frac{33,6 \cdot 8,0^3}{48 \cdot 26502} = 0,0135 \text{ m}$

Infolge ausmittigen Lastangriffs greift in x = l/2 das Torsionsmoment M_T = 9,75 kNm (s.o.) an. Daraus entsteht zusätzlich eine Verdrehung ϑ.

Torsionssteifigkeit: $GI_T = 0,81 \cdot 540 = 437 \text{ kNm}^2$ $\quad \lambda = 0,544 \text{ m}^{-1}$ (wie zuvor)

$$max\ \vartheta = \frac{M_T}{\lambda} \cdot \frac{1}{GI_T} \cdot \left(\frac{\lambda l}{4} - \frac{1}{2} \cdot tanh\frac{\lambda l}{2}\right) = \frac{9,75}{0,544} \cdot \frac{1}{437} \cdot \left(\frac{0,544 \cdot 8,0}{4} - \frac{0,975}{2}\right) = 0,0246$$

Am Schienenkopf überlagern sich Ausbiegung und Verdrehung.

$$max\ v^S = v + e \cdot \vartheta = 0,0135 + 0,29 \cdot 0,0246 = 0,0135 + 0,0071 = 0,0206 \text{ m} = 20,6 \text{ mm}$$

Weil die Lasten S - $H_{S1,1}$ und $H_{S2,1}$ entgegengesetzt gleich groß sind, addieren sich die gleichgroßen Werte für beide Kranbahnträger. Die größte Spuraufweitung zwischen den Kranschienen wird $2 \cdot 20,6 \approx 41$ mm. Beidseitige Räder mit Doppelspurkranz werden dies behindern.

Betriebsfestigkeitsnachweis: siehe Nachweis bei Querschnitt 2).

2) **Querschnitt HEB-500 + 2 x L80x8** (S 235)

Gesamtquerschnitt

Die Kranschiene wird *nicht* mitwirkend angesetzt.

HEB-500 + 2 L 80x8: $A = 239 + 2 \cdot 12,3 = 263,6 \text{ cm}^2$

Schwerpunktsabstand: $e_S = \frac{2 \cdot 12,3 \cdot 21,74}{263,6} = 2,03 \text{ cm}$

$$I_y = 107200 + 239 \cdot 2,03^2 + 2 \cdot (72,3 + 12,3 \cdot 19,71^2)$$

$$I_y = 117886 \text{ cm}^4$$

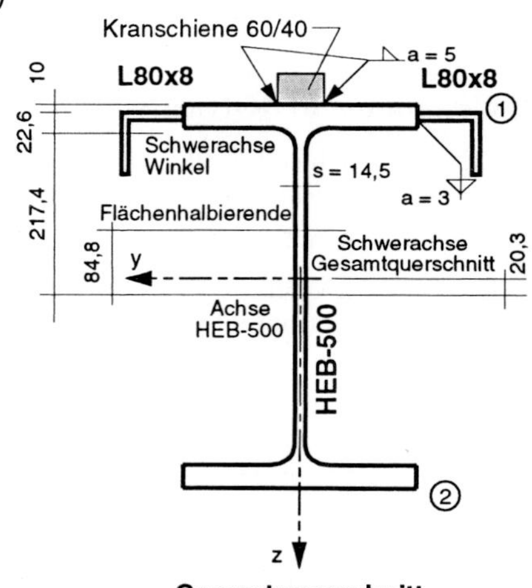

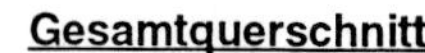
Gesamtquerschnitt

b/t-Werte

Der kritische Wert ist der für die abstehenden Schenkel der beiden Winkel.

Am L 80x8 ist: $b/t = (80 - 8 - 10)/8 = 7,75 < 8,98$ $= grenz$ b/t für E-P bei S 355

Damit sind die Werte *grenz* b/t - in Anlehnung an die Verhältnisse bei Querschnitt 1) - für *alle* in Frage kommenden Nachweisverfahren eingehalten.

Nachweisverfahren P-P kommt nicht in Frage, weil am statisch bestimmten System Schnittgrößenumlagerungen unmöglich sind!

Obergurt als Druckgurt

Der Obergurt des Querschnitts besteht aus Flansch + 1/5 Steg des HEB-500 (= halber Querschnitt - 3/10 des Stegs) + 2 x L 80x8.

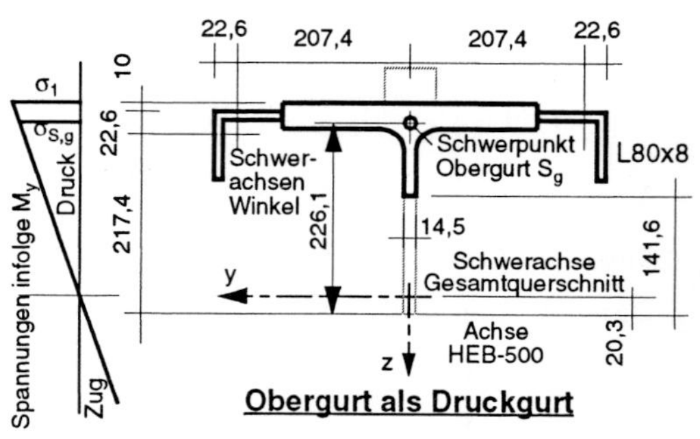

Obergurt als Druckgurt

Querschnittswerte

1/2 I - 3/10 Steg + 2 L: $A_g = \frac{239}{2} - \frac{3}{10} \cdot 47,2 \cdot 1,45 + 2 \cdot 12,3 = 119,5 - 20,5 + 24,6 = 123,6\ \text{cm}^2$

Schwerpunkt S_g: $e_{S,g} = \frac{119,5 \cdot 20,18 - 20,5 \cdot 14,16/2 + 24,3 \cdot 21,74}{123,6} = 22,61\ \text{cm}$

$I_{z,g} = 12620/2 + 2 \cdot (72,3 + 12,3 \cdot 20,74^2) = 17036\ \text{cm}^4$

$i_{z,g} = \sqrt{17036/123,6} = 11,74\ \text{cm}$

Plast. Schnittgrößen: $N_{pl,d} = 123,6 \cdot 21,82 = 2697\ \text{kN}$

$M_{z,pl,d} = 230/2 + 12,3 \cdot 21,82 \cdot (2 \cdot 0,2074) = 226\ \text{kNm}$

Eigenlast

Träger + Kranschiene: $g = 1,87 + 2 \cdot 0,097 + 0,19 \approx 2,25\ \text{kN/m}$

Beanspruchungen aus Gebrauchslasten

Bei gleichen Lasten entstehen dieselben Beanspruchungen wie bei 1).

Vereinfachter Tragsicherheitsnachweis als Spannungsnachweis E-E

Nachweis für die Stellen (1) und (2) am Querschnitt. M_z wird nur auf den Obergurt angesetzt (deshalb muß auch kein Wert $M_z{}^*$ gebildet werden!). Weil diese Annahme auf der sicheren Seite liegt, wird dafür die Ausmitte der H-Last gegen den Obergurt vernachlässigt.

$M_{y,d} = 1,35 \cdot 362 = 489\ \text{kNm}$

$M_{z,d} = 1,35 \cdot 64,5 = 87\ \text{kNm}$ σ_D = Druckspannung, σ_Z = Zugspannung:

$$\sigma_{1D} = \frac{48900}{117886} \cdot 21,97 + \frac{8700}{17036} \cdot 23,0 = 9,11 + 11,75 = 20,06\ \text{kN/cm}^2 < \sigma_{R,d} = 21,82\ \text{kN/cm}^2$$

$$\sigma_{2Z} = \frac{48900}{117886} \cdot 27,03 = 11,21\ \text{kN/cm}^2 < \sigma_{R,d} = 21,82\ \text{kN/cm}^2$$

Vereinfachter BDK-Nachweis

Der Obergurt des Gesamt-Querschnitts (s.o.) wird als Druckstab aufgefaßt, der Querbiegung um seine Symmetrieachse (= z-Achse des ganzen Querschnitts) erhält. Es wird ein Nachweis nach dem Ersatzstabverfahren geführt:

Schnittgrößen: $N_d = \frac{M}{I} \cdot e_{S,g} \cdot A_g = \frac{48900}{117886} \cdot (22,61 - 2,03) \cdot 123,6 = 8,54 \cdot 123,6 = 1055\ \text{kN}$

$M_{z,d} = 87\ \text{kNm}$ (s.o.)

Knickstab: $\bar{\lambda}_{z,g} = \frac{800}{11,74 \cdot 92,93} = 0,733$

KSL c analog U-Profil: $\kappa_c = 0,704$

Nachweis: $\frac{N}{\kappa \cdot N_{pl}} + \frac{M}{1,1 \cdot M_{pl}} + \Delta n = \frac{1055}{0,704 \cdot 2697} + \frac{87}{1,1 \cdot 226} + 0,066$

$I = 0,556 + 0,350 + 0,066 = 0,972 < 1$

Es ist zu beachten, daß gegenüber der üblichen Achsbezeichnung *hier* die Achsen um 90° gedreht sind.

Für den Divisor 1,1 im Term M/M_{pl} ist die Voraussetzung $N/N_{pl} = 0,39 > 0,2$ erfüllt.

Der vereinfachte Nachweis enthält Reserven, weil die Verdrehsteifigkeit des Gesamtquerschnitts bei diesem Nachweis nicht aktiviert wird.

Genauerer BDK-Nachweis

Der Nachweis ist am wirklichen Profil nach Th. II.O. zu führen. Dies ist praktisch nur mit speziellen EDV-Programmen möglich.

Verformungen

Entsprechend dem um genau 10 % höheren Trägheitsmoment I_y wird die größte Durchbiegung gegenüber der Berechnung an Querschnitt 1) auf den 1/1,1-fachen Wert reduziert:

$$max\ w = 0,0089/1,1 = 0,0081\ mm \approx 1/1000$$

Die horizontale Ausbiegung wird gegenüber 1) wegen des verstärkten Obergurts wesentlich reduziert. Eine genaue Aussage ist nur über eine Wölbtorsions-Berechnung möglich.

Betriebsfestigkeitsnachweis

Für den Träger ist die Beanspruchungsgruppe B3 festgelegt.

Unter Vernachlässigung der Beanspruchung aus ständiger Last ist $\kappa = \frac{min\sigma}{max\sigma} = 0$.

Am tragenden Querschnitt sind die Kehlnähte nach K3 einzustufen. Tab. 6.8 zeigt, daß bei $\kappa = 0$ keine Abminderung im Betriebsfestigkeitsnachweis erfolgt. Es ist kein Nachweis erforderlich.

Die Kranschiene (Blockschiene) ist mit Kehlnähten angeschweißt. Einstufung: K4. Es ist $\kappa = 0$.

Radlast: $\varphi \cdot R = 1,2 \cdot 112 = 134,4$ kN

Aufstandlänge: $c = 5 + 2 \cdot 0,75 \cdot 4 = 11$ cm (mit 25 % Abminderung für Abrieb)

Doppelkehlnaht: $a = 5$ mm

Kerbgruppe K4: $grenz\ \sigma_{Be} = 15,3\ kN/cm^2$ (siehe Tab. 6.8)

Nachweis: $\frac{max\sigma}{grenz\sigma_{Be}} = \frac{134,4/(2 \cdot 0,5 \cdot 11)}{15,3} = \frac{12,22}{15,3} = 0,80 < 0,81$

für das aus 2 Radüberfahrten bestehende Spannungskollektiv.

6.8.2 Kranbahn als Zweifeldträger

System

Zweifeldträger, l =2 x 9,0 m.
Alle Auflager gelenkig (Gabellager).

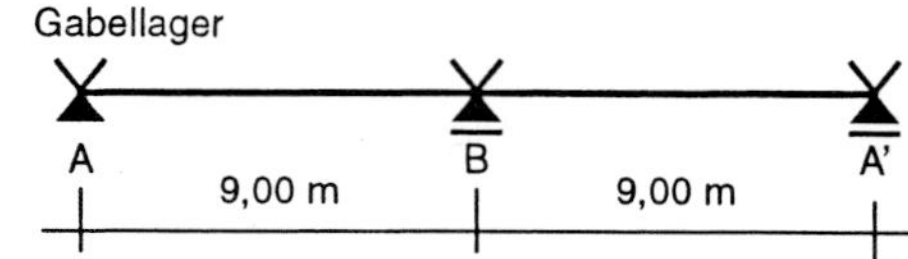

Kran

Nutzlast 40 kN, Hubklasse H2, Beanspruchungsgruppe B3.
Kransystem EFF. Spurweite s = 17,2 m, Radstand a = 3,20 m.
Radlasten: *max* R = 36 kN, *min* R = 13,5 kN.

Querschnitt, Werkstoffe

Walzprofil HEB-280, Werkstoff S 235.
Kranschiene: b x h = 50 x 30 mm, aufgeschweißt.
Die Kranschiene soll *nicht* zum tragenden Querschnitt gerechnet werden.

Aufgabenstellung: Alle erforderlichen statischen Nachweise sind zu erbringen. Der Betriebsfestigkeitsnachweis ist verzichtbar (siehe Beispiel 6.8.1).

HEB-280: $A = 131\ cm^2$, $I_y = 19270\ cm^4$, $W_y = 1380\ cm^3$, $I_z = 6590\ cm^4$, $W_z = 471\ cm^3$.

Druckgurt: $i_{z,g} = 7,54$ cm, $M_{pl,y,d} = 335$ kNm, $M_{pl,z,d} = 128$ kNm.

Die Werte *grenz* b/t sind für *alle* Nachweisverfahren eingehalten, siehe z.B. Tab. 4.6 in [1].

Eigenlast Träger + Kranschiene: $g = 1,03 + 0,12 = 1,15$ kN/m

Beanspruchungen aus Gebrauchslasten

Die Beanspruchungen werden durch Auswertung der Einflußlinien ermittelt, siehe Tab. 6.6. Dabei wird für den Achstand a (Abstand der Radlasten) vereinfachend gesetzt:

$a/l = 3,20/9,00 = 0,356 \approx 0,35$; damit wird ggf. zwischen den EL-Werten interpoliert.

Auflagerkräfte: für Hubklasse H2 ist φ' = 1,1.

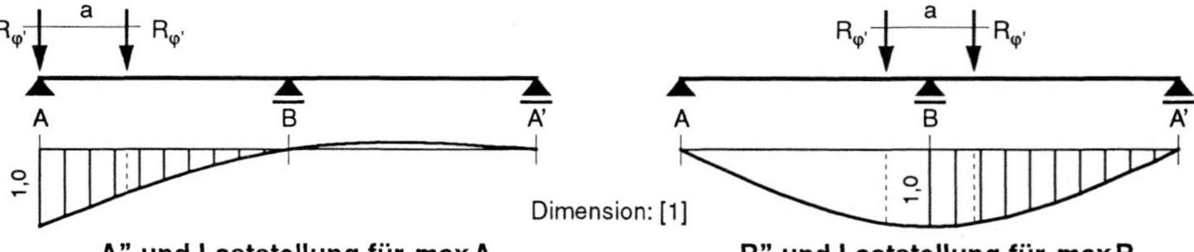

„A" und Laststellung für *max* A

„B" und Laststellung für *max* B

$$A_g = 0,375 \cdot 1,15 \cdot 9,0 = 3,88 \text{ kN}$$
$$max\ A_R = 1,1 \cdot [1,0 + 0,5 \cdot (0,6318 + 0,5160)] \cdot 36 = 62,33 \text{ kN}$$
$$max\ A = A_g + max A_R = 3,88 + 62,33 = 66,21 \text{ kN} \qquad min\ A = 27,25 \text{ kN}$$

$$B_g = 1,25 \cdot 1,15 \cdot 9,0 = 12,94 \text{ kN}$$
$$max\ B_R = 1,1 \cdot 2 \cdot (0,75 \cdot 0,9440 + 0,25 \cdot 0,9855) \cdot 36 = 75,59 \text{ kN}$$
$$max\ B = B_g + max B_R = 12,94 + 75,59 = 88,52 \text{ kN} \qquad min\ B = 41,29 \text{ kN}$$

Die Werte *min* A / *min* B gelten als *gleichzeitige* Auflagerkräfte der gegenüberliegenden Kranbahn.

Biegemomente: für Hubklasse H2 ist φ = 1,2.

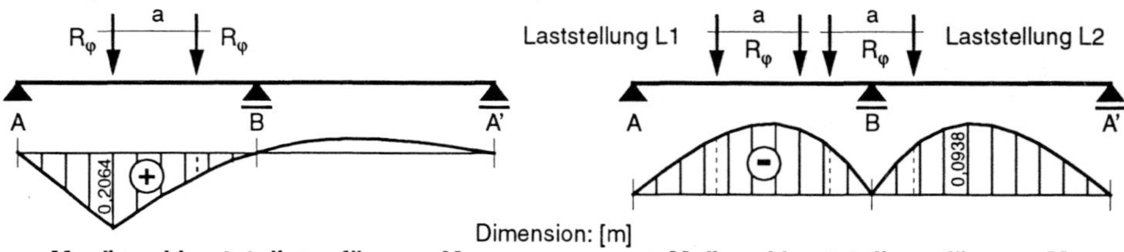

„$M_{0,4}$" und Laststellung für *max* M_F

„M_B" und Laststellung für *max* M_{St}

Feldmoment: Das Größtmoment tritt etwa in $x = 0,4 \cdot l = 3,6$ m auf.

Ständige Last: $M_{F,g} = 3,88 \cdot 3,6 - 1,15 \cdot 3,6^2/2 = 13,97 - 7,45 = 6,5$ kNm

Verkehrslasten: Radlasten R in $x = 0,4 \cdot l = 3,6$ m und in $x = 0,75 \cdot l = 6,75$ m.

$$max\ M_{F,R} = 1,2 \cdot [0,2064 + 0,5 \cdot (0,0843 + 0,0512)] \cdot 36 \cdot 9,0 = 106,6 \text{ kNm}$$

insgesamt: $max\ M_F = M_{F,g} + max M_{F,R} = 6,5 + 106,6 = 113,1$ kNm

Stützmoment: Von beiden möglichen Laststellungen ist offensichtlich Laststellung L1 (mit R_1 etwa in $x = 0,35 \cdot l$) maßgebend.

Der Ausdruck "*max*" wird für den betragsmäßig größten Wert verwendet.

$$M_{St,g} = -0,125 \cdot 1,15 \cdot 9,0^2 = -11,65 \text{ kNm}$$

$$max\ M_{St,R} = -1,2 \cdot [0,5 \cdot (0,0682 + 0,0840) + 0,0892] \cdot 36 \cdot 9,0 = -64,3 \text{ kNm}$$

insgesamt: $max\ M_{St} = -11,7 - 64,3 = -76,0$ kNm

Zum Vergleich das genaue EDV-Ergebnis: *max* M_F = 112,8 kNm in x = 3,33 m, R_1 in x = 3,33 m, *max* M_{St} = -76,1 kNm, R in x = 11,46 m und 14,66 m.

Schräglauflast: $S = 0,15 \cdot \sum R = 0,15 \cdot 2 \cdot (36 + 13,5) = 0,15 \cdot 99 = 14,85$ kN

$$H_{S1,1} = 0,15 \cdot \sum minR = 0,15 \cdot 2 \cdot 13,5 = 4,05 \text{ kN}$$

$$H_{S2,1} = 0,15 \cdot \sum maxR = 0,15 \cdot 2 \cdot 36 = 10,80 \text{ kN}$$

Auflagerkräfte: Die Schräglaufkräfte (S - $H_{S1,1}$) = $H_{S2,1}$ = 10,8 kN sind die größtmöglichen gleichgroßen, an beiden Lagern *gegengerichteten* Auflagerkräfte (siehe Beispiel 6.8.1). Dies gilt für alle Lager des Durchlaufträgers.

$$A_H = B_H = 10,8 \text{ kN}$$

Biegemomente M_z: an der Stelle von *max* M_y (das ist $x = 0,4 \cdot l = 3,6$ m) wird:

$$zug\ M_z = 0,2064 \cdot 10,8 \cdot 9,0 = 20,1 \text{ kNm}$$

Massenkräfte: $\xi = \sum maxR / \sum R = 2 \cdot 36 / [2 \cdot (36 + 13,5)] = 72/99 = 0,727$

$$\xi' = 1 - 0,727 = 0,273$$

$$l_S = (0,727 - 0,5) \cdot 17,2 = 3,91 \text{ m}$$

$$\sum Kr = 0,3 \cdot \sum minR = 0,3 \cdot 27 = 8,1 \text{ kN}$$

$$H_{M,1} = \xi' \cdot \sum Kr \cdot l_S/a = 0,273 \cdot 8,1 \cdot 3,91/3,2 = 2,70 \text{ kN}$$

$$H_{M,2} = \xi \cdot \sum Kr \cdot l_S/a = 0,727 \cdot 8,1 \cdot 3,91/3,2 = 7,20 \text{ kN}$$

Auflagerkräfte: an beiden Träger-Lagern *gleichgerichtet*.

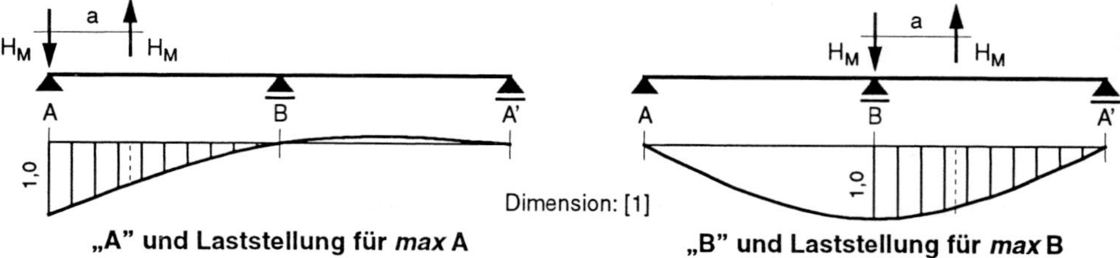

„A" und Laststellung für *max* A „B" und Laststellung für *max* B bei A: $A_{M,1} = [1 - 0,5 \cdot (0,6318 + 0,5160)] \cdot 2,7 = 1,15 \text{ kN}$

$A_{M,2} = [1 - 0,5 \cdot (0,6318 + 0,5160)] \cdot 7,3 = 3,11 \text{ kN}$

bei B: $B_{M,1} = [1 - 0,5 \cdot (0,8785 + 0,7920)] \cdot 2,7 = 0,45 \text{ kN}$

$B_{M,2} = [1 - 0,5 \cdot (0,8785 + 0,7920)] \cdot 7,3 = 1,20 \text{ kN}$

Hinweis: *max* B (vertikal) und B_M (horizontal) resultieren nicht aus derselben Laststellung. Der Unterschied, wenn für B (vertikal) die zu B_M (horizontal) korrespondierende Laststellung gewählt wird, ist jedoch vernachlässigbar. Verknüpft man die oben errechneten Werte, liegt man zudem auf der sicheren Seite.

Biegemomente M_z: werden offensichtlich nicht maßgebend.

Bremskräfte: $\sum R_{Kr,B} = \sum R - P = 99 - 40 = 59 \text{ kN}$

Längskraft: $L = 0,3 \cdot \sum R_{Kr,B} = 0,3 \cdot 59 = 17,7 \text{ kN}$ (*zu*sammen links + rechts).

Nachweise

Es wird der BDK-Nachweis für die Kombination g + P + S geführt.

$M_{y,d} = 1,35 \cdot 113,1 = 152,5 \text{ kNm}$

$M_{z,d} = 1,35 \cdot 20,1 = 27,1 \text{ kNm}$

Ungünstig wird dem BDK-Anteil im Nachweis der Fall eines Einfeldträgers mit $\zeta = 1{,}35$ und $z_P = -h/2$ zugrunde gelegt. Mit Künzler-Nomogramm:

$$\kappa_M \cdot M_{pl,y,d} = \frac{80}{0,06} \cdot \frac{21,82}{100} = 291 \text{ kNm}$$

Vereinfachter BDK-Nachweis

Der Nachweis wird vereinfacht für $M_z^* = 2 \cdot M_z$ geführt:

$$\frac{M_y}{\kappa_M \cdot M_{pl,y,d}} + \frac{M_z^*}{M_{pl,z,d}} = \frac{152,5}{291} + \frac{2 \cdot 27,1}{128} = 0,524 + 0,423 = 0,947 < 1$$

Der Nachweis enthält wegen der ungünstigen Annahmen für $\kappa_M \cdot M_{pl}$ (Einfeldträger) und für M_z^* (ohne Berechnung von M_ω) zweifellos noch einige Reserven. Ausgleichend wird bewußt darauf verzichtet, den Angriff der H-Last OK Kranschiene anzusetzen; die H-Last wird rechnerisch einfach auf den Obergurt des Kranbahnträgers angesetzt und diesem allein zugeordnet.

Genaue Nachrechnung (mit Wölbtorsion am DLT) ergibt $M_z^* = 40{,}0$ kNm.

Durchbiegung

Auswertung der EL für die Durchbiegung an der Stelle $x = 045 \cdot l = 4,05 \text{ m}$ mit R_1 in $x = 0,3 \cdot l$ und R_2 in $x = 0,65 \cdot l$:

$$max\ EI \cdot w = [0,01262 + 0,5 \cdot (0,01338 + 0,01058)] \cdot 36 \cdot 9,0^3 = 646 \text{ kNm}^3$$

$$EI = 2,1 \cdot 19270 = 40467 \text{ kNm}^2$$

$$max\ w = 646/40467 = 0,016 \text{ m} = 1/564$$

Der mit EDV gegengerechnete Wert ist: *max* w = 0,017 m.

Die Durchbiegung ist für eine Kranbahn relativ groß.

6.8.3 Hängekranbahn mit direkt befahrenem Unterflansch

System

Einfeldträger, l = 8,0 m, beidseits Gabellager.

Kran

Gesamt-Hängelast 40 kN, Hubklasse H2, Beanspruchungsgruppe B3.
Die Gesamtlast ist auf 2 eng beieinander liegende Doppelräder verteilt.
Radlast jeweils R = 40/4 = 10 kN, Radanordnung wie dargestellt.
H-Lasten auf die Kranbahn müssen nicht berücksichtigt werden.

Querschnitt, Werkstoffe

Walzprofil HEB-260, Werkstoff S 235.

Aufgabenstellung

Alle erforderlichen Nachweise sind zu erbringen.

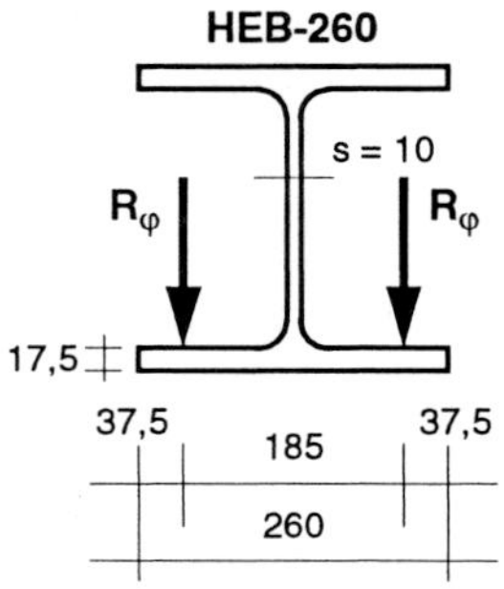

Querschnitt mit einem Radpaar

HEB-260: $I_y = 14920\ \text{cm}^4$, $W_y = 1150\ \text{cm}^3$, $M_{pl,y,d} = 286$ kNm.
$I_z = 5130\ \text{cm}^4$, $I_T = 124\ \text{cm}^4$, $C_M = 753700\ \text{cm}^6$.

Die Werte *grenz* b/t sind für *alle* Nachweisverfahren eingehalten, siehe z.B. Tab. 4.6 in [1].

Eigenlast Träger: g = 0,93 kN/m

Beanspruchungen aus Haupttragwirkung

Ständige Last: $g_d = 1,35 \cdot 0,93 = 1,26\ \text{kN/m}$

Mit φ = 1,2 ist $R_\varphi = 1,2 \cdot 10 = 12\ \text{kN}$ und $R_{\varphi,d} = 1,5 \cdot R_\varphi = 1,5 \cdot 12 = 18\ \text{kN}$

Für die Beanspruchung am Haupttragwerk werden die beiden eng beieinander liegenden Achsen des Hängekrans als an *einer* Stelle wirkend angesetzt.

$$max\ M = 1,26 \cdot 8,0^2/8 + 4 \cdot 18 \cdot 8,0/4 = 10,1 + 144,0 = 154,1\ \text{kNm}$$

Spannungsnachweis: $\sigma = 15410/1150 = 13,40\ \text{kN/cm}^2 < \sigma_{R,d} = 21,82\ \text{kN/cm}^2$

Biegedrillknicken: $\zeta = 1,35$, $z_P = +26/2 - 1,75 = +11,25$ cm

$$N_{Ki,d} = \frac{\pi^2 \cdot 2,1 \cdot 5130}{8,0^2 \cdot 1,1} = 1510\ \text{kN}$$

$$c^2 = \frac{753700 + 0,039 \cdot 124 \cdot 800^2}{5130} = 750\ \text{cm}^2$$

$$M_{Ki,y,d} = 1,35 \cdot 1510 \cdot (\sqrt{750 + 0,25 \cdot 11,25^2} + 0,5 \cdot 11,25)/100 = 684,6\ \text{kNm}$$

$$\bar{\lambda}_M = \sqrt{\frac{286}{684,6}} = 0,646 > 0,4 \qquad n = 2,5 \qquad \kappa_M = 0,958$$

$$\frac{M}{\kappa_M \cdot M_{pl,y,d}} = \frac{154,1}{0,958 \cdot 286} = 0,562 < 1$$

Durchbiegung

$$max\ w = \frac{5}{384} \cdot \frac{0,93 \cdot 8,0^4}{2,1 \cdot 14920} + \frac{1}{48} \cdot \frac{4 \cdot 10 \cdot 8,0^3}{2,1 \cdot 14920} = 0,0016 + 0,0136 = 0,0152 \text{ m} = 1/526$$

Örtliche Biegebeanspruchung des Unterflansches

Flanschdicke: t = 17,5 mm, Stegdicke: s = 10 mm.

$$\frac{R_{\varphi,d}}{t^2} = \frac{18}{1,75^2} = 5,88 \text{ kN/cm}^2$$

Spannungen: $\sigma = c \cdot \frac{\varphi \cdot R_d}{t^2}$

$$\lambda = \frac{2 \cdot e}{b - s} = \frac{2 \cdot 3,75}{26 - 1} = 0,30$$

Beiwerte c nach Tab. 6.4.

Übergang Flansch-Steg:

$$\sigma_{x,0} = 0,242 \cdot 5,88 = 1,42 \text{ kN/cm}^2$$
$$\sigma_{y,0} = -1,463 \cdot 5,88 = -8,60 \text{ kN/cm}^2$$

Unter den Radlasten:

$$\sigma_{x,1} = 1,789 \cdot 5,88 = 10,51 \text{ kN/cm}^2$$
$$\sigma_{y,1} = 1,172 \cdot 5,88 = 6,89 \text{ kN/cm}^2$$

Außenkante Flansch:

$$\sigma_{x,2} = 0,737 \cdot 5,88 = 4,33 \text{ kN/cm}^2$$
$$\sigma_{y,2} = 0$$

Gesamtbeanspruchung

Es wird der Nachweis E-E mit örtlicher Plastizierung geführt. Dabei wird nicht nur der Divisor 1,14 auf die elastische Biegung um die y-Achse des I-Profils angesetzt, sondern auch die örtliche Beanspruchung mit dem Faktor $\varepsilon = 0,75$ multipliziert (siehe Erläuterungen im Abschnitt 6.2.4).

Untersucht wird UK Flansch an den Stellen (0) und (1). Bei der Berechnung der Vergleichsspannung σ_v ist das Vorzeichen der Einzelspannungen zu beachten!

Stelle 0, Übergang Flansch-Steg:

$$\sum \sigma_{x,0} = 13,40/1,14 + 0,75 \cdot 1,42 = 11,75 + 1,07 = 12,82 \text{ kN/cm}^2 < \sigma_{R,d} = 21{,}82 \text{ kN/cm}^2$$

$$\sigma_{y,0} = 0,75 \cdot (-8,60) = -6,45 \text{ kN/cm}^2$$

$$\sigma_v = \sqrt{\sigma_x^2 + \sigma_y^2 - \sigma_x \cdot \sigma_y} = \sqrt{12,82^2 + 6,45^2 + 12,82 \cdot 6,45} = 16,99 \text{ kN/cm}^2 < 21{,}82 \text{ kN/cm}^2$$

Stelle 1, unter den Radlasten:

$$\sum \sigma_{x,1} = 13,40/1,14 + 0,75 \cdot 10,51 = 11,75 + 7,88 = 19,63 \text{ kN/cm}^2 < \sigma_{R,d} = 21{,}82 \text{ kN/cm}^2$$

$$\sigma_{y,1} = 0,75 \cdot 6,89 = 5,17 \text{ kN/cm}^2$$

$$\sigma_v = \sqrt{\sigma_x^2 + \sigma_y^2 - \sigma_x \cdot \sigma_y} = \sqrt{19,63^2 + 5,17^2 - 19,63 \cdot 5,17} = 17,62 \text{ kN/cm}^2 < 21{,}82 \text{ kN/cm}^2$$

Die gleichzeitig und an denselben Stellen 0 und 1 im Flansch auftretenden Schubspannungen aus Haupttragwirkung sind sehr klein, die aus örtlicher Wirkung Null (Querschnittsränder!); ihr Einfluß auf die Vergleichsspannungen ist vernachlässigbar. Auf einen Nachweis wird verzichtet.

Bei Beanspruchungsgruppe B3 und nicht-geschweißtem Querschnitt braucht kein Betriebsfestigkeitsnachweis geführt zu werden (siehe Tab. 6.8).

7 Brandschutz

7.1 Anforderungen an den Brandschutz

Die Landesbauordnungen (LBO) der Länder enthalten detaillierte Anforderungen zum Brandschutz. Auszug aus der LBO für Baden-Württemberg:

LBO, § 18, Brandschutz: (1) Bauliche Anlagen sind so zu anzuordnen und zu errichten, daß der Entstehung und Ausbreitung von Schadensfeuer im Interesse der Abwendung von Gefahren für Leben und Gesundheit von Menschen und Tieren vorgebeugt und bei einem Brand wirksame Löscharbeiten und die Rettung von Menschen und Tieren möglich sind.

LBO, § 26, Brandwände: (1) Brandwände sind zu errichten, soweit die Verbreitung von Feuer verhindert werden muß und dies aus besonderen Gründen auf andere Weise nicht gewährleistet ist, insbesondere wegen geringer Abstände zu Grundstücksgrenzen und zu anderen Gebäuden, zwischen aneinandergereihten Gebäuden, innerhalb ausgedehnter Gebäude oder bei baulichen Anlagen mit erhöhter Brandgefahr.

(2) Brandwände müssen feuerbeständig sein und aus nichtbrennbaren Baustoffen bestehen; sie müssen so beschaffen und angeordnet sein, daß sie bei einem Brand ihre Standsicherheit nicht verlieren und der Verbreitung von Feuer entgegenwirken.

Grundsatzforderungen an den Brandschutz nach den Landesbauordnungen:

- Öffentliche Sicherheit und Ordnung dürfen nicht gefährdet werden,
- Entstehung und Ausbreitung von Schadensfeuern soll verhindert werden.

Daraus ergeben sich Einzelanforderungen aus:

- Lage des Objekts auf dem Grundstück und zur Nachbarbebauung,
- Brandverhalten von Baustoffen und Bauteilen,
- Brandverhalten von Einrichtung, Produktions- und Lagerstoffen,
- Größe und Abschottung der Brandabschnitte durch Brandwände sowie andere Brandschutzmaßnahmen,
- Nutzung des Objekts sowie Lage und Gestaltung der Rettungswege.

Normative Anforderungen ergeben sich aus

DIN 4102 Brandverhalten von Baustoffen und Bauteilen

Teil 1: Baustoffe - Begriffe, Anforderungen und Prüfungen (5.98)
Teil 2: Bauteile - Begriffe, Anforderungen und Prüfungen (9.77)
Teil 3: Brandwände und nichttragende Außenwände - ... (9.77)
Teil 4: Zusammenstellung und Anwendung klassifizierter Baustoffe (3.94)

sowie weiterer Teile der Norm mit speziellen Begriffen, Anforderungen und Prüfungen für Feuerschutzabschlüsse, Aufzugs-, Leitungs- und Installationsschächten, Ummantelungen, u.a.

Die Brandschutztechnische Einteilung der Baustoffe in Feuerwiderstandsklassen (F) wird definiert nach der Zeit (in Minuten), die sie bei definiertem Temperaturverlauf im Brandversuch Widerstand zu leisten vermögen. Die Baustoffklasse (A oder B) gibt über die Brennbarkeit der Baustoffe Auskunft. Eingeteilt wird in Zeitsprüngen von 30 Minuten:

- **F 30**-B: **feuerhemmend**, auch aus brennbaren Baustoffen bestehend,
- F 30-AB: feuerhemmend, alle wesentlichen (tragenden und aussteifenden) Teile aus nichtbrennbaren Baustoffen,
- F 30-A: feuerhemmend, aus nichtbrennbaren Stoffen,
- **F 90**-AB: **feuerbeständig**, wesentliche Teile aus nichtbrennbaren Baustoffen,
- F 90-A: feuerbeständig, aus nichtbrennbaren Baustoffen,
- F 120-A: feuerbeständig, aus nichtbrennbaren Baustoffen,
- F 180-A: feuerbeständig, aus nichtbrennbaren Baustoffen.

Als Normbrand ist in DIN 4102 Teil 2 die Einheits-Temperaturzeitkurve (ETK) definiert, dem die Temperatur im Versuch (mit gewissen geduldeten Abweichungen) folgen soll. Parameter sind:

ϑ Brandraumtemperatur [°C]
ϑ_0 Raumtemperatur bei Versuchsbeginn [°C]
t Branddauer [Minuten]

Es gilt: $\vartheta - \vartheta_0 = 345 \cdot log\,(8t + 1)$ [K]

Tab. 7.1 und Bild 7.1 zeigen den Verlauf der ETK.

Tab. 7.1 **Einheits-Temperaturzeitkurve (ETK)**

Branddauer t [min]	1	5	10	15	30	60	90	120	180	300
$\vartheta - \vartheta_0$ [K]	329	556	658	719	822	925	986	1029	1090	1166

Die ETK soll die Temperatur echter Brandverläufe abdecken; wirkliche Brände zeigen aber oft in den ersten Minuten höhere Temperaturen. Wesentlicher ist die Bedeutung der ETK als Bezugsbasis für Brandversuche. Allerdings ist die Einhaltung der ETK bei den Versuchen und damit die "Reproduzierbarkeit" unterschiedlicher Brandversuche ein grundsätzliches Problem.

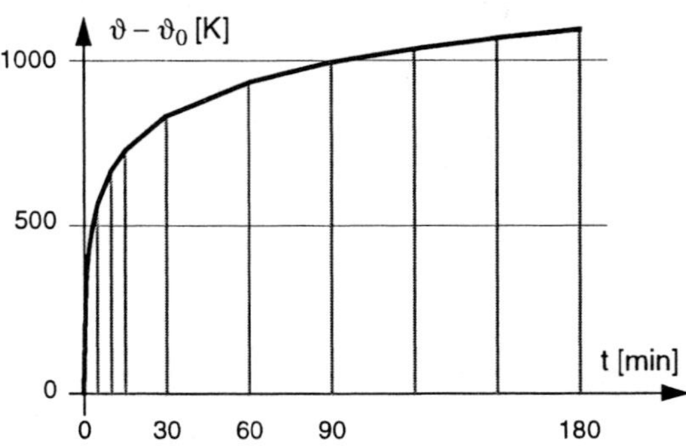

Bild 7.1 **ETK nach DIN 4102 Teil 2**

DIN 18230 "Baulicher Brandschutz im Industriebau" gliedert sich in die Teile

Teil 1: Rechnerisch erforderliche Feuerwiderstandsdauer (5.98)
Teil 2: Ermittlung des Abbrandverhaltens von Materialien ... (1.99)

In dieser Norm (und zugehörigen "Industriebaurichtlinien") wird versucht, das Verfahren zur Bestimmung der Brandbeanspruchung und die Wirkung der Brandbelastung sowie die daraus herzuleitenden Erfordernisse zu objektivieren.

Eingehendere Ausführungen enthält [28], Kapitel 16, "Brandschutz im Stahlbau". Neue Entwicklungen zeigt [35] mit Angaben zur DASt-Ri 019 "Brandsicherheit von Stahl- und Verbundbauteilen in Büro- und Verwaltungsgebäuden" (11.01).

Im Industriebau werden die Brandschutzanforderungen in der Regel durch die Untere Baurechtsbehörde festgelegt ("Kreisbrandmeister"). Eine den Umständen angemessene (und nicht überzogene) Einstufung für die geforderte Feuerwiderstandsklasse der Bauteile und die Anordnung adäquater Brandschutzmaßnahmen sind wesentliche Voraussetzungen für Wirtschaftlichkeit und Konkurrenzfähigkeit von Stahlbauten: "Brandschutz nach Maß!".

7.2 Brandschutz bei Stahlkonstruktionen

Stahl verliert bei hoher Temperatur an Festigkeit; gleichzeitig geht der Elastizitätsmodul zurück. Bei 450 °C sind sowohl die Festigkeit wie auch der E-Modul auf ca. 2/3 des Wertes bei 20 °C zurückgegangen. Siehe hierzu auch die Diagramme in [1], Kapitel 1, Bild 1.2.

Schutzmaßnahmen für den Konstruktionsstahl sind der geforderten Feuerwiderstandsdauer anzupassen. Die Anforderungen F 30, F 90, usw. bedeuten die geforderten Minuten, die eine Konstruktion auf Grund der allgemeinen Anforderungen gemäß den Bauordnungen oder der brandschutztechnischen Einstufung im Zuge der Baugenehmigung einem genormten Schadensfeuer entgegensetzen können muß.

Zusammenstellung und Anwendung klassifizierter Baustoffe, Bauteile und Sonderbauteile nach DIN 4102 Teil 4, Abschnitt 6: Klassifizierte Stahlbauteile.

- Die kritische Temperatur *crit* T des Stahls ist die Temperatur, bei der die Streckgrenze des Stahls auf die im Bauteil ausnutzbare Stahlspannung absinkt. Für S 235 und S 355 ist *crit* T = 500 °C.
- Um zu erreichen, daß sich Stahlbauteile bei Brandbeanspruchung nur auf eine Stahltemperatur < 500 °C erwärmen, ist im allgemeinen die Anordnung einer Bekleidung erforderlich. Ihre Bemessung richtet sich nach dem Verhältniswert U/A [m^{-1}], d.h. nach dem Verhältnis von beflammtem Umfang zu der im Brandfall zu erwärmenden Querschnittsfläche.
- Man unterscheidet allseitige, dreiseitige und einseitige Beflammung.
  U = Umfangs- bzw. Abwicklungslänge der Bekleidung, die dem Feuer ausgesetzt ist,
  A = Querschnittsfläche des Stahlprofils.
  Bei einseitiger Beflammung für ein einbetoniertes I-Profil, bei dem nur eine Außenflanschfläche erwärmt wird, ist U/A = 1/t, mit t = Flanschdicke [m].
- Für bekleidete Stahlbauteile gilt i.a. die Begrenzung U/A ≤ 300 m^{-1}.

Schutzmaßnahmen sind: feuerhemmende (im Brandfall aufschäumende) Beschichtung für F 30, neuerdings auch bis F 90, siehe Lit. [29], Auftrag von Spritzputz (Vermiculite, Mineralfaser), Ummantelung mit Mineralfasermatten, Umbetonieren von Stützen oder Kammerbeton (besonders für Verbundkonstruktionen).

Mindestdicken von Putzen und Bekleidungen aus unterschiedlichen Materialien, abgestuft auf die Feuerwiderstandsklassen F 30 bis F 180, enthält DIN 4102 Teil 4.

Brandschutz durch Bekleidungen

Es kommen profilfolgende Ummantelung mit Spritzputz und kastenförmige Ummantelung mit Mineralfaserplatten o.ä. in Frage.

Außer den dämmenden und energieverzehrenden Eigenschaften des Mantelmaterials ist die wichtigste Einflußgröße der Profilquotient U/A [m^{-1}], der bei Trägern mit oberseitigem Schutz durch eine Betonplatte o.ä. für dreiseitige Beflammung zu bestimmen ist. Je kleiner der Quotient ist (d.h. je massiger der Querschnitt ist), desto langsamer breitet sich im Brandfall die Wärme in den Querschnitt aus. Das Nomogramm in Bild 7.2 ist Angaben aus [22] entnommen und gibt einen Anhalt über die erforderliche Dicke von Bekleidungen.

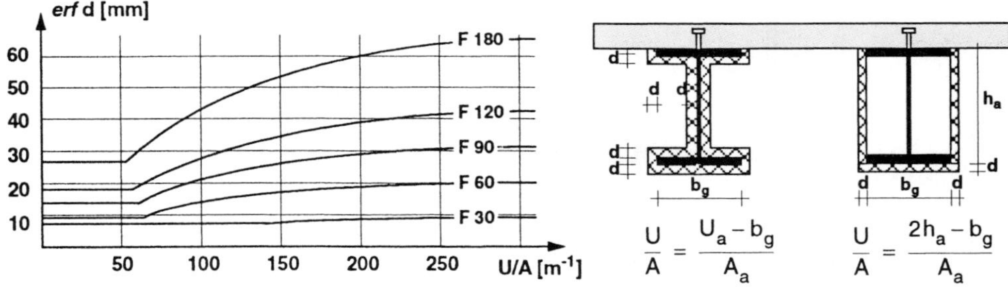

Bild 7.2 **Mindestbekleidungsdicken bei Spritzputz und Vermiculite-Ummantelung**

Stützen sind vierseitig beflammt. Bekleidungen aus Beton müssen konstruktiv bewehrt sein; Mindestdicke für F 90-A: d = 50 mm, bzw. d = 40 mm bei I-Profilen, die zwischen den Flanschen ausbetoniert sind.

Für Putzbekleidungen sind Putzträger und Kantenschutz erforderlich; je nach Mörtelgruppe und U/A-Verhältnis erfordert F 90 Mindestdicken d = 35 bis d = 55 mm.

Bekleidungen mit Gipskartonplatten erfordern für F 90-A die Dicke d = 3 x 15 mm, siehe Bild 7.3. Die Platten sind auf Stahlblechschienen im Abstand < 400 mm anzuordnen und lagenweise zu verspachteln.

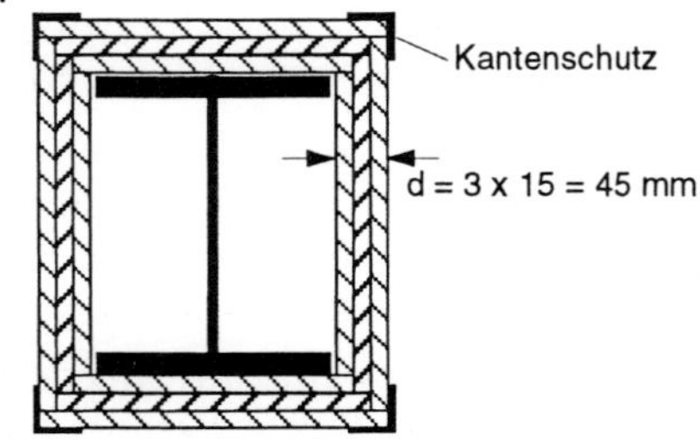

Bild 7.3 **Brandschutz-Bekleidung mit Gipskartonplatten**

7.3 Brandschutz bei Verbundkonstruktionen

Verbundkonstruktionen sind aus den Werkstoffen Stahl und Beton kombiniert. Grundsätzlich weisen Stahl und Beton bezüglich des Festigkeitsverlustes bei hohen Temperaturen sehr ähnliche Eigenschaften auf. Ein wesentlicher Unterschied liegt jedoch in der Wärmeleitfähigkeit. Beton erwärmt sich 20- bis 30-mal langsamer als Stahl und besitzt auf Grund gespeicherter Feuchtigkeit eine hohe Wärmekapazität. Im Brandfall wirkt der Beton für die mit ihm verbundenen Stahlteile wärmeableitend und damit kühlend, siehe Isothermen in Bild 7.4.

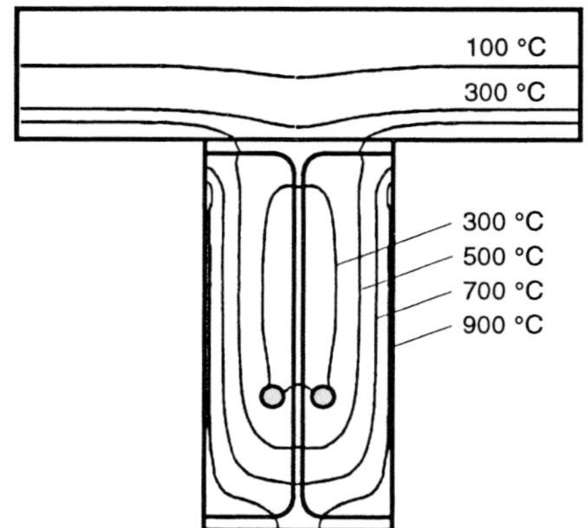

Verbundträger IPE 360, ausbetoniert, mit Zulage 2 Ø 20 im Kammerbeton, und 12 cm dicker Stahlbetonplatte

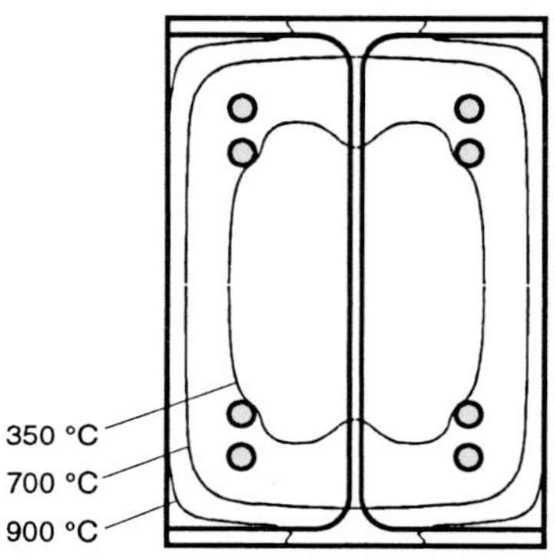

Verbundstütze HEAA-450, ausbetoniert, mit Bewehrung 8 Ø 20 im Kammerbeton

Bild 7.4 **Temperaturfelder nach 90 Minuten Brandbeanspruchung**

7.3.1 Brandschutz bei Verbundträgern

Der Festigkeitsverlust direkt beflammter Stahlteile kann total sein. Für Verbundkonstruktionen gibt es zum Schutz dagegen verschiedene Möglichkeiten:

- Der Stahlträger wird bekleidet, siehe Abschnitt 7.2.
- Anordnung von Unterdecken unter den Stahlträgern mit entsprechendem Feuerwiderstand nach Norm, Zulassung oder Gutachten.
- Der Ausfall direkt beflammter Stahlteile wird in Kauf genommen. Um ausreichende Tragfähigkeit auch im Brandfall zu gewährleisten, wird die Längsbewehrung in den ausbetonierten Kammern herangezogen. In diesem Fall ist eine Bemessung nach DIN 4102 Teil 4 möglich.
- Alternativ sind am Steg angeschweißte Brandlaschen möglich, wozu einige nicht-genormte Bemessungs-Hinweise gegeben sind. Diese Ausführung ist weitgehend durch Anordnung von Längsbewehrung verdrängt.

Brandschutz durch Längsbewehrung im Kammerbeton

Zusammenstellung und Anwendung klassifizierter Baustoffe, Bauteile und Sonderbauteile nach DIN 4102 Teil 4, Abschnitt 7: Klassifizierte Verbundbauteile. Die Tabellen der Norm sind in Tab. 7.2 und 7.3 zusammengefaßt. Dazu Bild 7.5.

Voraussetzungen

Geometrie: $b/s \geq 18$ $t/s \leq 2$ $b_m \leq 5{,}0$ m Betongüte: ≥ B 25

Bewehrungsverhältnis des Kammerbetons: $A_S/(A_b + A_S) \leq 0{,}05$

Stahlgüte des Stahlträgers: Tabellenwerte gelten für S 355. Bei Stahlträgern aus S 235 darf die Zulagebewehrung auf 70 % der tabellierten Werte reduziert werden.

Zulagebewehrung: Bewehrungsstahl BSt 500 S, auf die ganze Länge durchlaufend, besondere Verankerung nicht erforderlich.

Verbügelung: an den Steg des Stahlprofils geschweißt, oder durch den Steg gesteckt, oder mit Kopfbolzendübeln gesichert.

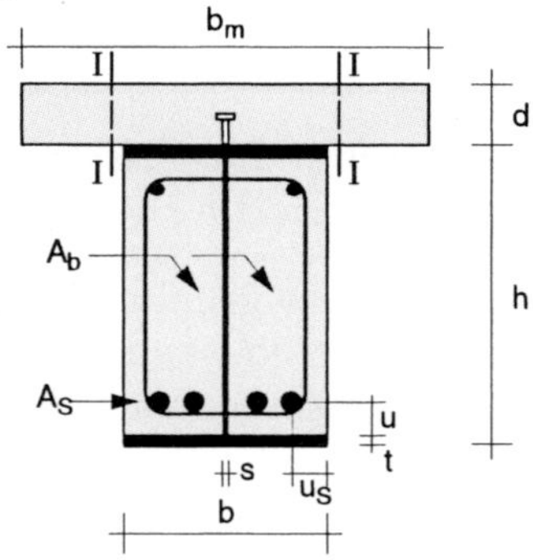

Definitionen

Statischer Ausnutzungsfaktor: $\alpha_5 = M_\gamma / M_{pl}$

Mindestbreite b: Profil- oder Kammerbetonbreite, der kleinere Wert ist maßgebend.

Bewehrungsüberdeckung u, u_S: nach Tab. 7.3.

Bild 7.5 **Voraussetzungen und Definitionen zur Anwendung von Tab. 7.2 und 7.3**

Tab. 7.2 **Mindestquerschnitt und Zulagebewehrung für Verbundträger mit Kammerbeton**

Ausnutzungsfaktor α_5	$\frac{h}{b}$	Mindestbreite b [mm] / erford. Bewehrung A_S im Verhältnis zur Flanschfläche A_{Fl}									
		Platte: keine besonderen Anforderungen Betonplattendicke d ≥ 15 cm					Platte: Schubdeckung in Schnitt I-I *) Betonplattendicke d ≥ 12 cm				
		Feuerwiderstandsklasse					Feuerwiderstandsklasse				
		F 30-A	F 60-A	F 90-A	F 120-A	F 180-A	F 30-A	F 60-A	F 90-A	F 120-A	F 180-A
0,4	≥ 0,9	70 / 0,0	120 / 0,0	180 / 0,0	220 / 0,0	300 / 0,3	70 / 0,0	100 / 0,0	170 / 0,0	200 / 0,0	260 / 0,0
	≥ 1,5	60 / 0,0	100 / 0,0	150 / 0,0	200 / 0,0	280 / 0,2	60 / 0,0	100 / 0,0	150 / 0,0	180 / 0,0	240 / 0,0
	≥ 2,0	60 / 0,0	100 / 0,0	150 / 0,0	180 / 0,0	260 / 0,0	60 / 0,0	100 / 0,0	150 / 0,0	180 / 0,0	240 / 0,0
0,7	≥ 0,9	80 / 0,0	200 / 0,2	250 / 0,7	300 / 0,7	-	80 / 0,0	170 / 0,0	250 / 0,4	270 / 0,5	-
	≥ 1,5	80 / 0,0	200 / 0,0	200 / 0,6	300 / 0,4	300 / 1,0	80 / 0,0	150 / 0,0	200 / 0,2	240 / 0,3	300 / 0,5
	≥ 2,0	70 / 0,0	150 / 0,0	200 / 0,4	300 / 0,3	300 / 0,8	70 / 0,0	120 / 0,0	180 / 0,2	220 / 0,3	280 / 0,3
	≥ 3,0	60 / 0,0	120 / 0,0	190 / 0,2	270 / 0,3	300 / 0,6	60 / 0,0	100 / 0,0	170 / 0,2	200 / 0,3	250 / 0,3
1,0	≥ 0,9	80 / 0,0	300 / 0,7	-	-	-	80 / 0,0	270 / 0,4	300 / 0,6	-	-
	≥ 1,5	80 / 0,0	300 / 0,4	300 / 0,7	-	-	80 / 0,0	240 / 0,3	270 / 0,4	300 / 0,6	-
	≥ 2,0	70 / 0,0	300 / 0,3	300 / 0,6	300 / 0,8	350 / 1,0	70 / 0,0	190 / 0,3	210 / 0,4	270 / 0,5	320 / 1,0
	≥ 3,0	70 / 0,0	240 / 0,2	300 / 0,4	300 / 0,6	350 / 0,8	70 / 0,0	170 / 0,2	190 / 0,4	240 / 0,5	300 / 0,8

*) Genaue Regelung zur Schubdeckung siehe DIN 4102 Teil 4, 7.2.2.1.

Tab. 7.3 **Mindestachsabstände für die Zulagebewehrung bei Verbundträgern**

Profilbreite b [mm]	Mindestachsabstand u [mm]				Mindestachsabstand u_S [mm]			
	F 60-A	F 90-A	F 120-A	F 180-A	F 60-A	F 90-A	F 120-A	F 180-A
170	100	120	-	-	45	60	-	-
200	80	100	120	-	40	55	60	-
250	60	75	90	120	35	50	60	60
300	40	50	70	90	25	45	60	60

Die zur Brandbemessung erforderliche zusätzliche Längsbewehrung A_S ist dem Verhältniswert A_S/A_{Fl} aus Tab. 7.2 zu entnehmen.

Für F 30-A ist grundsätzlich keine zusätzliche Längsbewehrung erforderlich. Der Kammerbeton ist auch hier durch Verbügelung und konstruktive Bewehrung in den Bügelkanten zu sichern.

Brandschutz durch Brandlaschen

Brandlaschen werden beidseits am Steg angeschweißt, siehe Bild 7.6. Als Nachweis wird hier außer der üblichen "Kaltbemessung" noch eine "Warmbemessung" durchgeführt, bei der die reduzierte Tragfähigkeit der erwärmten Bauteile berücksichtigt wird. Genormte Rechenregeln hierfür gibt es nicht.

Überschlägig geht man bei der Warmbemessung für F 90 so vor: Der Unterflansch des Stahlträgers und ein Stück (40 bis 60 mm) des anschließenden Steges werden als ausgefallen angenommen, der restliche Querschnitt als voll tragfähig vorausgesetzt. Der Restquerschnitt muß im Brandfall noch in der Lage sein, die Gebrauchslasten zu tragen; die Belastung wird also für diesen Fall mit $\gamma_F = 1$ angesetzt. Die Bemessung statisch unbestimmter Systeme erfolgt auf jeden Fall nach dem Verfahren P-P, mit optimaler Umlagerung der Biegemomente.

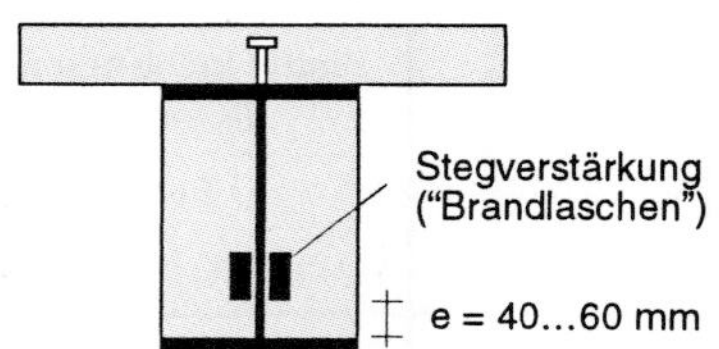

Bild 7.6 **Verbundträger mit Kammerbeton und Stegverstärkung**

In [22] wird als grobe Näherung angegeben, daß die Brandlaschen etwa der im Brandfall ausgefallenen Untergurtfläche entsprechen müssen, um der genannten Anforderung gerecht zu werden. Brandlaschen müssen *nicht* über die ganze Trägerlänge angeordnet werden. Eine konstruktive Bewehrung des Kammerbetons ist erforderlich (in Bild 7.6 nicht dargestellt).

Aus Versuchen sind Bemessungsdiagramme bekannt, mit denen Zusatzlaschen oder Bewehrung auf die statischen Erfordernisse und die geforderte Feuerwiderstandsklasse abgestimmt werden können, siehe z.B. [22].

7.3.2 Brandschutz bei Verbundstützen

Entsprechend den unterschiedlichen Typen von Verbundstützen ergeben sich auch unterschiedliche Verhaltensweisen derselben im Brandfall.

Betongefüllte Rohrprofile

Die stählerne Hülle erwärmt rasch und fällt dann ganz aus. Die Last wird ganz auf den Betonkern umgelagert. Deshalb wird von vorn herein empfohlen, relativ dünne Rohre in S 235 und hochwertigen Beton, z.B. B 45, zu verwenden.

Die Stützen müssen oben und unten und in wenigstens etwa 4 m Abstand angebohrt sein, damit der im Brandfall infolge Eigenfeuchte des Betons entstehende Dampfdruck entweichen kann (sonst besteht Explosionsgefahr!). - Die Rohre müssen innen wie Stahlbetonstützen bewehrt werden.

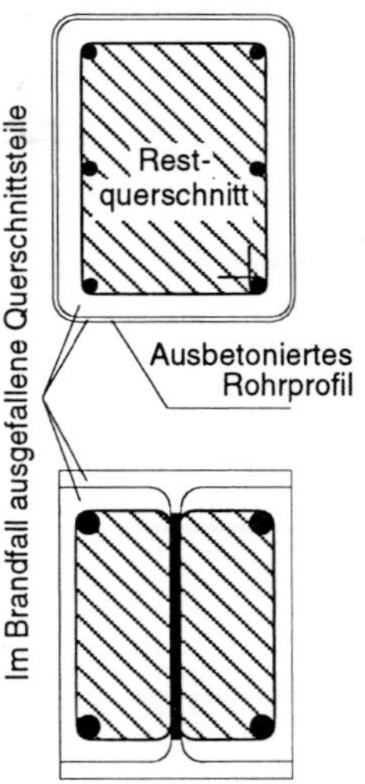

Profile mit ausbetonierten Kammern

Die Flanschbereiche erwärmen rasch und fallen aus. Der geschützte Stegbereich im Innern bleibt weitgehend für die Tragfähigkeit erhalten. Als Konsequenz ist nach Profilen mit relativ dickem Steg zu suchen (etwa HEA- und HEB-Profile); die Verwendung von S 355 kann wirtschaftlich sein. Der Kammerbeton ist zu bewehren, wobei auf ausreichende Betondeckung (entsprechend DIN 4102 für Stahlbeton) zu achten ist.

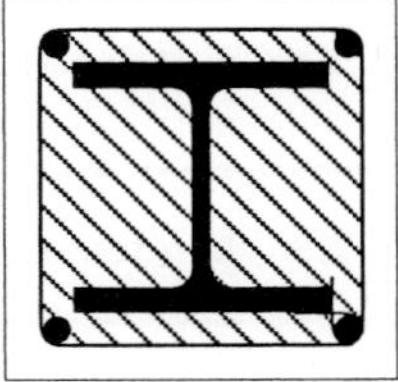

Bild 7.7 **Tragende Restquerschnitte im Brandfall**

Anstatt den Feuerwiderstand über tragende Restquerschnitte zu gewährleisten, kann die Einstufung auch gemäß DIN 4102 Teil 4, 7.3.5, durch die Erfüllung gewisser geometrischer Anforderungen erfolgen. Während danach für den Nachweis der Feuerwiderstandsklassen F 30 und F 60 nur gewisse geometrische Anforderungen zu erfüllen sind, lassen sich höhere Feuerwiderstandsklassen nur über abgeminderte statische Ausnutzung verwirklichen, siehe Tab. 7.4.

Einbetonierte Stahlprofile

Das Brandverhalten ist hier am günstigsten. Bei ausreichender Betondeckung ist auch das Stahlprofil thermisch gut abgedeckt. Eine Betondeckung c ≥ 50 mm führt bei üblichen Stützenlängen und der Anforderung F 90 nicht zu einer Verminderung der Stützentraglast. Massige Querschnitte führen zu günstigerem Brandverhalten. Die Verwendung von S 355 kann wirtschaftlich sein. Es ist erlaubt, für den Brandlastfall günstigere Knicklängen anzunehmen, wenn Teileinspannungen in die Deckenträger gegeben sind, siehe [31].

Zum Nachweis nach DIN 4102 Teil 4, 7.3.4, siehe Tab. 7.5.

Tab. 7.4 **Mindestquerschnitte für Verbundstützen mit Kammerbeton**

Statischer Ausnutzungsfaktor α_6	Voraussetzungen: $t \leq d/10$, $t \leq 40$ mm, Beton ≥ B 25, Bewehrung BSt 500 S	Feuerwiderstandsklasse F 30-A	F 60-A	F 90-A	F 120-A	F 180-A
0,4	Mindestdicken d und b in [mm]	160	260	300	300	400
	Mindestachsabstand u der Längsbewehrung	40	40	50	60	60
	Mindestverhältnis Steg-/Flansch s/t	0,6	0,5	0,5	0,7	0,7
0,7	Mindestdicken d und b in [mm]	200	300	300	-	-
	Mindestachsabstand u der Längsbewehrung	35	40	50	-	-
	Mindestverhältnis Steg-/Flansch s/t	0,5	0,6	0,7		
1,0	Mindestdicken d und b in [mm]	250	300	-	-	-
	Mindestachsabstand u der Längsbewehrung	30	40	-	-	-
	Mindestverhältnis Steg-/Flansch s/t	0,6	0,7	-	-	-

Tab. 7.5 **Mindestquerschnitte für Verbundstützen aus einbetonierten Stahlprofilen**

	Voraussetzungen: Beton ≥ B 25, Bewehrung BSt 500 S	Feuerwiderstandsklasse F 30-A	F 60-A	F 90-A	F 120-A	F 180-A
	Mindestdicken d und b in [mm]	150	180	220	300	350
	Mindestbetondeckung c des Stahlprofils	40	50	50	75	75
	Mindestachsabstand u der Längsbewehrung	20	30	30	40	50
alternativ	Mindestdicken d und b in [mm]	150	200	250	350	400
	Mindestbetondeckung c des Stahlprofils	40	40	40	50	60
	Mindestachsabstand u der Längsbewehrung	20	20	20	30	40

Zur Brandfallbemessung für Stützen sind in [22] Diagramme, in [30], [31] und [36] Tabellen zu finden, auch mit Hinweisen auf weiterführende Literatur. In [32] werden verschiedene Rechenverfahren zum Brandschutz bei Profilen mit ausbetonierten Kammern kritisch verglichen und ihre schlechte Übereinstimmung untereinander wie auch mit Brandversuchen verdeutlicht.

7.4 Beispiele

7.4.1 Verbundträger - Brandschutzbemessung nach Tabellen

Statisches System und Belastung - siehe Beispiel Abschnitt 4.7.1.

Für den dort definierten Verbundträger als Einfeldträger, L = 10,0 m, mit Betonplatte B 25, d = 16 cm, und Nutzlast p = 7,5 kN/m^2 soll die Feuerwiderstandsklasse F 90 mittels zusätzlicher Längsbewehrung in Kammerbeton erfüllt werden.

Stahlträger IPE 400, S 355

Stahlträger IPE 400: Flanschbreite b = 170 mm, h/b = 400/170 = 2,35 > 2,0.

Bei der gegebenen Auslastung des Stahlträgers mit $\alpha_5 = M/M_{pl} \approx 1$ zeigt ein Blick in Tab. 7.2, daß die Anforderung (selbst für Werte mit nachgewiesener Schubdeckung) *min* b = 210 mm nicht erfüllt ist. Es muß also ein Stahlprofil mit breiteren Flanschen gewählt werden! - Gewählt:

Stahlträger HEB-360, S 355

Kammerbetonfläche: $A_b = 30 \cdot 36 - 181 = 899 \approx 900 \text{ cm}^2$

Ständige Last: $g = 1,42 + (0,09 + 3,50 \cdot 0,16) \cdot 25 = 17,67 \text{ kN/m}$

Verkehrslast: $p = 3,50 \cdot 7,50 = 26,25 \text{ kN/m}$

Bemessungslast: $q_\gamma = 1,7 \cdot (17,67 + 26,25) = 74,66 \text{ kN/m}$

Bemessungsmoment: $M = 74,66 \cdot 10^2/8 = 933 \text{ kNm}$

Tafel 4.2 mit $h_r = 0$, d = 160 mm, $b_m = 3{,}0$ m, Verdübelungsgrad $\eta = 0{,}5$:

$M_{pl} = (1476 + 1610)/2 = 1543 \text{ kNm}.$

Ausnutzungsfaktor: $\alpha_5 = 933/1543 = 0,60$

Brandbemessung *ohne* besondere Anforderungen an die Plattenbewehrung

Voraussetzungen: Verhältniswerte b/s = 300/12,5 = 24 > 18
t/s = 22,5/12,5 = 1,8 < 2
Betonplatte d = 16 cm > *min* d = 15 cm
Betongüte B25 = Mindestgüte
Mittragende Breite $b_m = 3{,}33$ m < *max* $b_m = 5{,}0$ m

aus Tab. 7.2: *min* b = 200 mm < *vorh* b = 300 mm für $\alpha_5 = 0{,}7$

Diese Voraussetzungen sind erfüllt. Außerdem ist einzuhalten die Größtbewehrung:

$max\ A_S = 0,05 \cdot A_b = 0,05 \cdot 900 = 45 \text{ cm}^2$

Zulagebewehrung: Tab. 7.2 mit h/b = 360/300 = 1,2 > 0,9
und $\alpha_5 = 0{,}6 < 0{,}7$

Ablesewert: $A_S = 0,7 \cdot A_{Fl} = 0,7 \cdot 30 \cdot 2,25 = 47,25 \text{ cm}^2 > max\ A_S$

Genauer mit linearer Interpolation der Tafelwerte:

a) für $\alpha_5 = 0{,}4$ ist $A_S = 0$, insgesamt also 2/3 der Werte für $\alpha_5 = 0{,}7$,

b) h/b = 1,2 liegt genau zwischen h/b = 0,9 und h/b = 1,5.

$A_S = 2/3 \cdot (0,7 + 0,6)/2 \cdot 67,5 = 29,25 \text{ cm}^2 < max\ A_S = 45 \text{ cm}^2$

Gewählt: 4 Ø 20 + 4 Ø 25 = 32,2 cm^2

Es wird eine Bewehrungsanordnung in 2 Lagen erforderlich; wegen des geringeren Hebelarms der 2. Lage ist die Bewehrung etwas erhöht gewählt. Insgesamt ist die starke Bewehrung unbefriedigend. Daher schließt sich eine alternative Bemessung an.

Brandbemessung *mit* besonderen Anforderungen an die Plattenbewehrung

Voraussetzungen: wie zuvor (jedoch *min* d = 12 cm).

Zulagebewehrung: mit linearer Interpolation der Tafelwerte wie zuvor:

$$A_S = 2/3 \cdot (0,4 + 0,2)/2 \cdot 67,5 = 13,50 \text{ cm}^2 < max\ A_S = 45 \text{ cm}^2$$

Gewählt: 2 Ø 20 + 2 Ø 25 cm^2 = 16,1 cm^2 Bewehrung in *einer* Lage.

Länge der Stäbe: Die Bewehrung ist beidseits bis 50 mm vor das Balkenende zu führen!

Achsabstände der Bewehrung: *min* u = 50 mm *min* u_S = 45 mm

Schubbemessung nach DIN 4102 Teil 4, 7.2.2.1, u.a. und DIN 4227, 12.4.2

Verdübelungsgrad η = 0,5: $D'_{pl} = \eta \cdot N_{pl,a} = 0,5 \cdot 181 \cdot 36 = 3258$ kN

Ausnutzungsfaktor α_5 = 0,6: $D''_{pl} = 0,6 \cdot 3258 = 1955$ kN

Gleichmäßige Dübelverteilung: $T = 1955/5,0 = 391$ kN/m

Schubfluß im Anschnitt I-I: $T_{I-I} = \frac{1}{2} \cdot \frac{333-30}{333} \cdot 391 = 178$ kN/m

Schubspannung im Schnitt I-I: $\tau_{I-I} = \frac{178}{16 \cdot 100} = 0,111 \text{ kN/cm}^2 = 1,11 \text{ N/mm}^2$

Nach DIN 4227 Teil 1, 12.3.1 (2) ist *grenz* τ = 2,5 N/mm² > 1,11 N/mm²

Damit darf der Nachweis der erforderlichen Schubbewehrung in "Zone a" geführt werden.

In Plattenmitte ist die Normalspannung $\sigma = 0$. Es tritt nur die Schubspannung τ_{I-I} auf. Die Neigung der schiefen Hauptspannungen gegen die Trägerachse ist $\vartheta_1 = 45°$ bzw. *tan* $\vartheta_1 = 1$.

Aus DIN 4227 Teil 1, Formel (11) folgt: $tan\,\vartheta = 1 - \frac{\Delta\tau}{\tau_u} = 1 - \frac{0,6 \cdot 1,4}{2,5} = 0,664 > 0,4 = min\ tan\,\vartheta$

Erforderliche Schubbewehrung: $erf\ a_S = 178 \cdot 0,664/28,6 = 4,13 \text{ cm}^2/\text{m}$

Erforderliche Biegebewehrung (oben): *erf* a_S = 3,0 cm²/m(aus gesonderter Berechnung)

Anrechenbar auf die Schubbewehrung: $anrech\ a_S = 0,4 \cdot 3,0 = 1,20 \text{ cm}^2/\text{m}$ (40 % *erf* a_S-Bieg.)

Nachweis der oberen Bewehrung gesamt:

$erf\ a_S = 3,00 + (4,13/2 - 1,20) = 3,87 \text{ cm}^2/\text{m}$

Gewählt: R 378

Nachweis der unteren Bewehrung gesamt:

$erf\ a_S = 4,13/2 = 2,07 \text{ cm}^2/\text{m}$

Gewählt: R 295
(mit Rücksicht auf die erforderliche Biegebewehrung im Feld)

Achsabstand der Plattenbewehrung nach DIN 4102 Teil 4, Tab. 12, 3.1.1.1 für F 90: u = 35 mm

Verbügelung der Kammer-Bewehrung:

Angeschweißte Bügel *min* Ø6 / e≤250
Eckstäbe *min* Ø8 oder Bügelmatte *min* Ø4

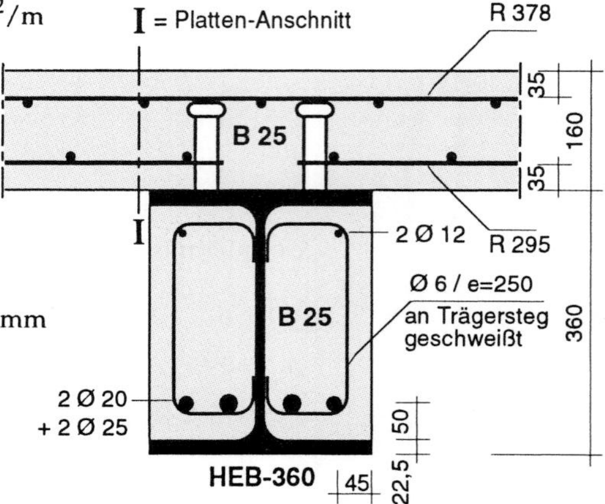

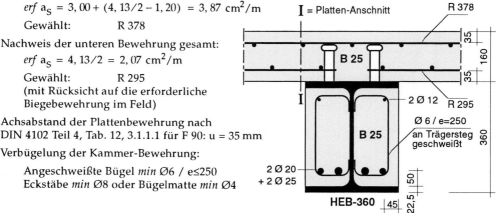

Achsabstand der Eckstäbe: u = 50 mm, u_S = 45 mm.

7.4.2 Verbundträger - Genauer rechnerischer Brandschutznachweis

Statisches System und Belastung - siehe dazu Beispiel Abschnitt 1.10.3.

Die in Abschnitt 1.10.3 behandelte Hoesch Additiv-Decke ist in 5,0 m Abstand auf Verbundträger abgestützt. Decken- und Verkehrslasten wie dort.

Verbundträger als Einfeldträger, Spannweite L = 14,75 m. Stahlprofil: HEB-400, S 355, mit Kammerbeton B 25, bewehrt unten mit 4 Ø 28, oben mit 2 Ø 16, BSt 500 S.

Gefordert: Feuerwiderstandsklasse F 90 - A.

Nachweise:
1) Tragsicherheitsnachweis im Gebrauchszustand,
2) Brandschutznachweis nach DIN 4102 mit Tabellenwerten,
3) Rechnerischer Brandschutznachweis

1) Tragsicherheitsnachweis im Gebrauchszustand

Belastung	Decke (aus Pos. 1):	$q_D = 6,74 \cdot 5,00$ kN/m	q_D = 33,70 kN/m
	Eigenlast Stahlträger:	HEB 400	g_{TR} = 1,55 kN/m
	Kammerbeton:	$g_B = (30 \cdot 40 - 198) \cdot 25/10000$	g_B = 2,50 kN/m
	Gebrauchslast:	insgesamt	q = 37,75 kN/m
	Bemessungslast:	$q_\gamma = 1,7 \cdot 37,75$	q_γ = 64,18 kN/m

Bemessungsmoment $M_\gamma = 64,18 \cdot 14,75^2/8 = 1745$ kNm

Bemessungsquerkraft $V_\gamma = 64,18 \cdot 14,75/2 = 473$ kN

Tragsicherheitsnachweis

Rechenfestigkeit:	Profilstahl	S 355	$\beta_a = 36,0$ kN/cm²
	Betonstahl	BSt 500 S	$\beta_a = 50,0$ kN/cm²
	Beton	B 35	$\beta_R = 2,10$ kN/cm²

Zugkraft: HEB 400 $N_{pl,a} = A_a \cdot \beta_a = 198 \cdot 36 = 7128$ kN

4 ø 28 $N_{pl,s} = 24,63 \cdot 50 = 1232$ kN

Im Gegensatz zum vorherigen Beispiel wurde das Mittragen der schlaffen Bewehrung berücksichtigt.

Mittrag. Breite: $max\ b_m = l_0/3 = 14,75/3 = 4,92$ m < *vorh* a = 5,00 m

Betondruckzone: $max\ x_{pl} = \dfrac{N_{pl,a}}{b_m \cdot \beta_R} = \dfrac{7128 + 1232}{492 \cdot 2,10} = 8,09 \approx 8,0$ cm = *vorh* d = 8,0 cm

Damit ist: $Z = Z_a + Z_s = N_{pl,a} + N_{pl,s} = D_b = N_{pl,a} = 8360$ kN

Tragmoment: $M_{pl} = Z_a \cdot z_{pl,a} + Z_s \cdot x_{pl,s} = 7128 \cdot 0,24 + 1232 \cdot 0,365$

$M_{pl} = M_{pl,a} + M_{pl,s} = 1711 + 450 = 2161$ kNm

Nachweis: $M_\gamma / M_{pl} = 1745/2161 = 0,807 < 1$

Querkraft: $V_{pl} = A_{St} \cdot \beta_a / \sqrt{3} = (40 - 2 \cdot 2,4) \cdot 1,35 \cdot 36/\sqrt{3} = 988 \text{ kN}$

Nachweis: $V_\gamma / V_{pl} = 473/988 = 0,479 < 0,9$

Verdübelung

Kopfbolzendübel: $d = 19$ mm, $h = 60$ mm, $h/d_1 = 3,16 < 4,2$ und $h/d_1 > 3,0$.
Der Beiwert α liegt zwischen $\alpha = 1$ für $h/d_1 = 4,2$ und $\alpha = 0,85$ für $h/d_1 = 3,0 \rightarrow \alpha = 0,87$

Dübel-Tragkraft: $max\ D_{KD} = \alpha \cdot 0,25 \cdot d_1^2 \cdot \sqrt{\beta_{WN} \cdot E_b}$ kN und $D_{KD} \leq 95$ kN

$max\ D_{KD} = 0,87 \cdot 0,25 \cdot 1,9^2 \cdot \sqrt{3,5 \cdot 3400} = 85,6 \text{ kN} < 95 \text{ kN}$

Wegen $M_{pl,a} \approx M_\gamma$ soll $N_{pl,a}$ voll verdübelt werden (genügt ohne weiteren Nachweis).

Dübelanzahl: $erf\ n = 7128/85,6 = 83,3 = 84$ Stück je Trägerhälfte

Verteilung: zweireihig, äquidistant: $e = 2 \cdot 1475/(2 \cdot 84) = 17,56$ cm
gewählt, zweireihig: $e = 175$ mm $\rightarrow$ insges. 168 Stück/Träger

2) Nachweis im Brandfall für Feuerwiderstandsklasse F 90 mit Hilfe von Tabellenwerten DIN 4102

Bemessungslast: mit $\gamma_F = 1$ gilt $q_\gamma = 37,75$ kN/m

Bemessungsmoment: $M_\gamma = 37,75 \cdot 14,75^2/8 = 1027 \text{ kNm}$

Vorbemessung (siehe Abschnitt 7.3, Tab. 7.2)

Voraussetzungen: HEB 400 $b/s = 30/1,35 = 22,2 > 18$
$t/s = 2,4/1,35 = 1,78 < 2$
Betonplatte: $b_m = 4,92 \text{ m} < 5,00 \text{ m}$
Betongüte: mindestens B 25 $\rightarrow$ erfüllt
Betonstahlgüte: BSt 500 S $\rightarrow$ erfüllt
Bewehrung: $A_S/(A_b + A_S) \leq 0,05 \rightarrow A_S \leq 0,05 \cdot 1002 = 50 \text{ cm}^2$
Betonplatte: $min\ d = 12 \text{ cm} > vorh\ d = 8 \text{ cm}$
Schubdeckung: durch Verwendung der Hoesch-Additiv-Decke erfüllt

Die Voraussetzungen zur Anwendung der Tabelle sind erfüllt.

Vorwerte: Statische Ausnutzung: $\alpha_5 = M_\gamma/M_{pl} = 1745/2161 = 0,807 \approx 0,8$
Geometrie HEB 400: $h/b = 40/30 = 1,33$

Tabellenwerte für $\alpha_5 = 0,7 + \alpha_5 = 1,0$ und für $h/b = 0,9 + h/b = 1,5$ werden linear interpoliert:

$A_S/A_{Fl} = [0,43 \cdot (0,4 + 2 \cdot 0,2)/3 + 0,17 \cdot (0,6 + 2 \cdot 0,4)/3]/0,6 = 0,323$

Erforderlich: $erf\ A_S = 0,3 \cdot A_{Fl} = 0,323 \cdot 30 \cdot 2,4 = 23,3 \text{ cm}^2$

Gewählt: 4 Ø 28 $\rightarrow vorh\ A_S = 24,63 \text{ cm}^2$

Flanschbreite: Die Anforderung bleibt unter dem vorhandenen Maß b = 300 mm.

3) Nachweis im Brandfall für Feuerwiderstandsklasse F 90 Genauer rechnerischer Nachweis

Genauer Nachweis für den Brandfall

Als Stahl-Restquerschnitt wird der abgebildete Querschnitt mit ca. 50 mm Abstand zur OK des unteren Flansches definiert.

Für die Berechnung wird der Querschnitt aus 1/2 HEB 400 + Fl. 125x13,5 zusammengesetzt.

$$A_a = 98,9 + 16,9 = 115,8 \text{ cm}^2$$

$$N_{pl,a} = (98,9 + 16,9) \cdot 50$$

$$N_{pl,a} = 3560 + 608 = 4168 \text{ kN}$$

Der Bewehrungs-Querschnitt setzt sich aus 4 Ø 28 und 2 Ø 16 (Montagestäbe) zusammen.

$$A_S = 24,63 + 4,02 = 28,65 \text{ cm}^2$$

$$N_{pl,s} = (24,63 + 4,02) \cdot 50$$

$$N_{pl,s} = 1232 + 201 = 1433 \text{ kN}$$

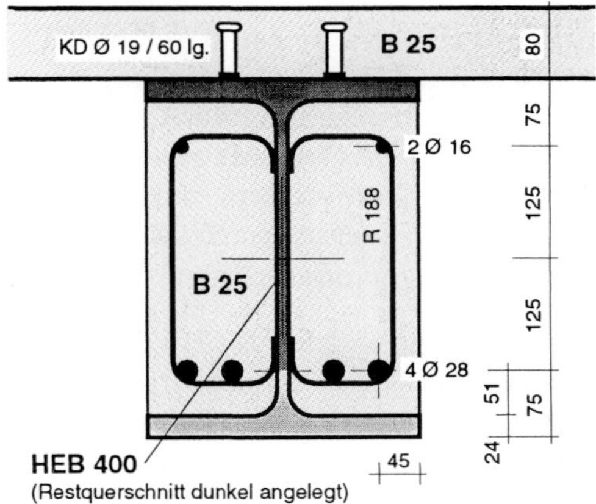

Stahl-Restquerschnitt und Brandbewehrung

Gesamter wirksamer Stahlquerschnitt: $N_{pl} = 4168 + 1433 = 5601 \text{ kN}$

Betondruckzone: $x_{pl} = \dfrac{N_{pl}}{b_m \cdot \beta_R} = \dfrac{5601}{492 \cdot 2,10} = 5,4 \text{ cm} < \textit{vorh } d = 8{,}0 \text{ cm}$

$$M_{pl} = [3560 \cdot (3,66 + 5,30) + 608 \cdot 31,55 + 1232 \cdot 37,80 + 201 \cdot 17,8]/100 = 1012 \text{ kNm}$$

Nachweis: $M/M_{pl} = 1027/1012 = 1,015 \approx 1$

Damit ist der Nachweis im Brandfall für F 90 ausreichend erfüllt.

8 Wärmeschutz

Das langsam gewachsene Bewußtsein, daß die Energie-Ressourcen unserer Erde nur begrenzt verfügbar sind und der CO_2-Ausstoß zur Luftreinhaltung dringend reduziert werden muß, hat (in Folge der ersten "Ölkrise" 1975) den Gesetzgeber 1976 zur Verabschiedung des Energieeinsparungsgesetzes (EnEG) veranlaßt. In § 1 steht: "Wer ein Gebäude errichtet, das seiner Zweckbestimmung nach beheizt oder gekühlt werden muß, hat, um Energie zu sparen, den Wärmeschutz *nach Maßgabe der ... zu erlassenden Rechtsverordnung* so zu entwerfen und auszuführen, daß beim Heizen oder Kühlen vermeidbare Energieverluste unterbleiben."

In dessen Folge wurde jeweils 1977, 1982 und 1995 eine Wärmeschutzverordnung (WSchVO) erlassen. Hier wurde erstmalig der Nachweis einer Energiebilanz gefordert, der gegen die Transmissionswärmeverluste die Aufrechnung von Solarwärmegewinnen, internen Wärmegewinnen und Lüftungswärmegewinnen gestattete. Flankiert wurde die WSchVO 1998 von einer Heizungsanlagen-Verordnung.

Die Energieeinsparverordnung (EnEV) löst WSchVO und Heizungsanlagen-VO ab. Die EnEV ist in Baden-Württemberg zum 01.02.2002 als Gesetz in Kraft getreten. Die in der EnEV verlangten Nachweise gehen über die bisher nach der WSchVO geforderten Nachweise hinaus; sie fordern auch den Ansatz von anlagentechnischen und energieversorgungstechnischen Einflüssen. Die Anforderungen sind verschärft worden und gehen bezüglich der sich ergebenden Wärmeschutzmaßnahmen auf jeden Fall über die der WSchVO hinaus.

Nach wie vor werden für die Anforderungen in den Nachweisen unterschieden:

- Gebäude mit normalen Innentemperaturen (das sind Gebäude, die nach ihrem Verwendungszweck wenigstens 4 Monate im Jahr auf Temperaturen von 19 °C und mehr beheizt werden),
- Gebäude mit niedrigen Innentemperaturen (das sind Gebäude, die nach ihrem Verwendungszweck wenigstens 4 Monate im Jahr auf Temperaturen zwischen 12 °C und 19 °C beheizt werden).

Während sich Berechnungen nach der alten WSchVO noch mit vertretebarem Aufwand "von Hand" durchführen ließen, haben die Nachweisverfahren nach der EnEV einen Umfang und eine Kompliziertheit angenommen, daß sie für den Anwender mit erträglichem Aufwand nur noch mit entsprechender Computer-Software geführt werden können.

Im Gegensatz zu früheren Auflagen dieses Buches, das detaillierte Rechenanweisungen zur WSchVO und zur DIN 4108 enthielt, wird deshalb auf eine rechnerische Anleitung verzichtet und auf die zahlreich erschienene Literatur und die dort angegebenen Hilfsmitteln verwiesen.

Literatur zu "Stahlhochbau und Industriebau"

Die Literaturliste gibt nur Auskunft zu direkt zitierten und verwendeten Abhandlungen. Man beachte auch die Literatur-Hinweise in [1] und im Teil "Stabiliätstheorie" dieses Buches.

[1] Krüger, U.: Stahlbau Teil 1 - Grundlagen. Ernst & Sohn, Berlin. 2. Auflage, 1999.

[2] DIN 18800, Teile 1 bis 4: Stahlbauten. Ausgabe November 1990. Beuth-Verlag, Berlin.

[3] Maaß, G.: Stahltrapezprofile, Konstruktion und Berechnung. Werner-Verlag, Düsseldorf, 1985. Neuauflage für 2000 vorgesehen.

[4] Schwarze, K. / Lohmann, A.: Konstruktion und Bemessung von Dach- und Wandflächen aus Stahl. Stahlbau-Kalender 1999, Ernst & Sohn, Berlin, S. 385 ff.

[5] Stahltrapezprofil im Hochbau. Herausgeber: Industrieverband zur Förderung des Bauens mit Stahlblech e.V. IFBS. Düsseldorf.

[6] IFBS-Info. Zulassungsbescheid. Verbindungselemente zur Verwendung bei Konstruktionen mit "Kaltprofilen" aus Stahlblech ...IfBt-Zulassungs-Nummer Z-14.1-4. Herausgeber: Industrieverband zur Förderung des Bauens mit Stahlblech e.V. IFBS. Düsseldorf, 1990.

[7] Schwarze, K.: Bemessung von Stahltrapezprofilen nach DIN 18807 unter Beachtung der Anpassungsrichtlinie Stahlbau. Bauingenieur 73 (1998), S. (voraussichtlich Juli 98).

[8] Schwarze, K. /Kech, J.: Bemessung von Stahltrapezprofilen nach DIN 18807 - Biege- und Normalkraftbeanspruchung. Stahlbau 59 (1990), S. 257-267.

[9] Schwarze, K. /Kech, J.: Bemessung von Stahltrapezprofilen nach DIN 18807 - Schubfeldbeanspruchung. Stahlbau 60 (1991), S. 65-76.

[10] Berner, K.: Praxisgerechte Nachweise zur Trag- und Gebrauchsfähigkeit von Sandwichbauteilen. Stahlbau 67 (1998), S. 910 ff.

[11] Hebel Handbuch Wirtschaftsbau. Hebel AG, Fürstenfeldbruck. 7. Auflage, 1999.

[12] Weber, H.: Das Porenbeton-Handbuch. 2. Auflage, 1994. Bauverlag GmbH, Wiesbaden, Berlin.

[13] Bucak, Ö.: Glas im konstruktiven Ingenieurbau. Stahlbau-Kalender 1999, Ernst & Sohn, Berlin, S. 515 ff.

[14] Charlier, H.: Bauaufsichtliche Anforderungen an Glaskonstruktionen. Der Prüfingenieur Heft 11 (1997), S. 44-54. Herausgeber: Bundesvereinigung der Prüfingenieure für Baustatik e.v., Hamburg.

[15] Struck / Brünner: Festigkeit und Tragfähigkeit von Flachglas für bauliche Anlagen .... Bautechnik 1989, S. 351-361.

[16] Oberegge, O. / Hockelmann, H.-P.: Bemessungshilfen für profilorientiertes Konstruieren. Stahlbau-Verlags-GmbH, Köln. 1996. Typisierte Verbindungen mit Prüfbescheid des Landes NRW.

[17] Merkblatt 140 des Stahl-Informations-Zentrums, Düsseldorf 1984: Berechnung von Regelanschlüssen im Stahlhochbau.

[18] Vogel, U., Heil, W.: Traglasttabellen. Tabellen für die Bemessung durchlaufender I-Träger mit und ohne Normalkraft nach dem Traglastverfahren. 4. Aufl. 1996. Verlag Stahleisen GmbH, Düsseldorf.

[19] Petersen, Chr.: Statik und Stabilität der Baukonstruktionen. Friedr. Vieweg & Sohn, Braunschweig, Wiesbaden. 2. Auflage 1982.

[20] Ross, A.: Leichtdeckenkonzeption mit hohen, freien Stützweiten in der Betonierphase im Stahlverbundbau. FRILO-Magazin 1/99, Herausgeber J. Friedrich, Friedrich + Lochner GmbH, Stuttgart, S. 63 ff.

[21] Lenzen, K. / Kuhlmann, U. / Fries, J.: Slim-Floor Deckenträger mit UPE-Profilen. FRILO-Magazin 1/99, Herausgeber J. Friedrich, Friedrich + Lochner GmbH, Stuttgart, S. 53 ff.

[22] Stahl im Hochbau. Band II/1: Verbundkonstruktionen. Verlag Stahleisen mbH, Düsseldorf. 1987.

[22a-c] Merkblätter des Stahl-Informations-Zentrums, Düsseldorf.
a) Merkblatt 167: Betongefüllte Stahlhohlprofilstützen.
b) Merkblatt 217: Verbundstützen aus einbetonierten Walzprofilen.
c) Merkblatt 267: Verbundträger im Hochbau.

[23] Roik, K. / Bergmann, R. / Haensel, J. / Hanswille, G.: Verbundkonstruktionen - Bemessung auf der Grundlage des Eurocode 4 Teil 1. Betonkalender 1999 Teil II, Ernst & Sohn, Berlin, S. 373 ff.

[23a]Roik, K. / Hanswille, G.: Beitrag zur Bestimmung der Tragfähigkeit von Kopfbolzendübeln. Stahlbau 58 (1983), S. 301-308.

[23b]Eligehausen, R. / Mallée, R. / Rehm, G.: Befestigungstechnik, Abschnitt 6.7 "Bemessung von Kopfbolzen nach bauaufsichtlicher Zulassung". Betonkalender 1997, Teil II, S. 733-739.

[24] Kuhlmann, U. / Fries, J. / Günther, H.-P.: Beispiele aus dem Verbundhochbau. Stahlbau-Kalender 1999, Ernst & Sohn, Berlin, S. 273 ff.

[25] Maier, D.: Zur Bemessung von Verbundstützen. Festschrift Vogel. Universität Karlsruhe 1993.

[26] v. Berg, D.: Krane und Kranbahnen. Teubner-Verlag, Stuttgart.

[27] Goussinsky / Pasternak: Hallen mit schienenlosen Brückenkranen - Berechnung, Konstruktion und Wirtschaftlichkeit. Bauingenieur 65 (1990), S. 247-253.

[28] Stahlbau-Handbuch. Band 1. Stahlbau-Verlags-GmbH Köln. 1982.

[29] Bock, H.M., Berweger, M.: F 90-Brandschutzbeschichtung für Außenanwendung. Stahlbau 65 (1996), S. 41-46.

[30] Kretz, J.: Brandschutz von Stahlverbundteilen (Teil 1). FRILO-Magazin 1/99, Herausgeber J. Friedrich, Friedrich + Lochner GmbH, Stuttgart, S. 41 ff.

[31] Dortmunder Praxis-Seminar 1995. Fachhochschule Dortmund, Labor für Statik und Stahlbau. Seminar über Verbundbau.

[32] Friemann / Francke / Winter: Vergleich von Rechenverfahren zur Brandschutzbemessung von Profilverbundstützen. Stahlbau 60 (1991), S. 77 ff.

[33] Kindmann, R. / Krahwinkel, M.: Stahl- und Verbundkonstruktionen. Teubner-Verlag Stuttgart-Leipzig, 1999.

[34] Eggert, H. (Herausg.): Stahlbaunormen - angepaßt. Ernst & Sohn, Berlin. 1999.

[35] Schaumann, P. / Heise, A.: Erläuterungen zur DASt-Richtlinie 019: Brandsicherheit von Stahl- und Verbundteilen in Büro- und Verwaltungsgebäuden. Stahlbau 71 (2002), S. 310 ff.

[36] Schaumann, P. / Upmeyer, J.: Neue Nachweistabellen zum Feuerwiderstand kammerbetonierter Verbundstützen. Stahlbau 71 (2002), S. 334 ff.

Sachregister